普通高等教育“十二五”规划教材

山东省精品课程教材

化 工 原 理

上册

王晓红　田文德　主编

化学工业出版社

·北京·

本书共十四章，分上、下两册。上册以流体流动原理及应用、流体输送机械、固体颗粒流体力学基础与机械分离、传热原理及应用、蒸发及液体搅拌为重点；下册包括传质与分离过程概论、液体蒸馏、气体吸收、塔式气液传质设备、液-液萃取、固体干燥、膜分离技术及其他分离单元（结晶、吸附及离子交换）。每章章末均配有阅读资料、习题及思考题。

本书在关注学科最新发展动态的基础上，对单元操作基本概念及原理进行深入浅出的论述，同时着力突出培养工程能力的方法论。

本书可作为大专院校化工及相关专业（石油、制药、生物、环境、材料、自动化、食品、冶金等）的教材，也可供从事科研、设计和生产的技术人员参考。

图书在版编目（CIP）数据

化工原理．上册/王晓红，田文德主编．—北京：化学工业出版社，2011.6

普通高等教育“十二五”规划教材

山东省精品课程教材

ISBN 978-7-122-10800-5

Ⅰ．化…　Ⅱ．①王…②田…　Ⅲ．化工原理-教材

Ⅳ．TQ02

中国版本图书馆 CIP 数据核字（2011）第 044997 号

责任编辑：刘俊之　　文字编辑：冯国庆

责任校对：陶燕华　　装帧设计：刘丽华

出版发行：化学工业出版社（北京市东城区青年湖南街 13 号　邮政编码 100011）

印　　装：三河市延风印装厂

787mm×1092mm　1/16　印张 20¾　字数 561 千字　2011 年 6 月北京第 1 版第 1 次印刷

购书咨询：010-64518888（传真：010-64519686）　售后服务：010-64518899

网　　址：http://www.cip.com.cn

凡购买本书，如有缺损质量问题，本社销售中心负责调换。

定　价：38.00 元

前　言

化工原理作为化学工程学科最重要的核心课程之一，是从基础理论课程过渡到工程专业课程的一个桥梁。本套教材是青岛科技大学化工原理教研室结合山东省精品课程建设编写的一套全新教材，分为上、下两册出版。根据化工类及相关专业人才培养方案、教学体系要求及不同学科发展需要，新教材的编写宗旨是力求知识结构系统完整，突出工程实践教育特色，介绍最新科技成果。

本套教材以动量、热量与质量传递理论为主线，突出工程学科的特点，系统而简明地阐述了典型过程工程单元操作的基本原理、工艺计算、主要设备的结构特点及性能、过程或设备的强化途径等。上册以流体流动原理及应用、流体输送机械、固体颗粒流体力学基础与机械分离、传热原理及应用、蒸发及液体搅拌为重点；下册包括传质与分离过程概论、液体蒸馏、气体吸收、塔式气液传质设备、液液萃取、固体干燥、膜分离技术及其他分离单元（结晶、吸附及离子交换）。

本套教材在编写过程中，注意吸收我校教学方面的丰富经验和体会，力争深入浅出、循序渐进、层次分明、论述严谨。同时注意引入过程工业领域不断更新的新理论、新技术、新设备等最新动态，并注意结合青岛科技大学的化工专业、橡胶专业、材料及机械等特色专业的最新科研成果，以便充分体现最新单元操作理念。

为了保证教学效果，每章章末均配有各类习题，同时提供特色阅读资料，其中包括计算机模拟技术在典型单元操作计算中的应用举例及针对典型工程实际问题的案例分析，以上内容在巩固学习基础的前提下，激发学习兴趣，让读者深切体会到“学有所用”的认同感。

本套教材可作为高等学校化工类及相关专业（化工、石油、制药、生物、环境、材料、自动化、食品、冶金等）的教材，也可供从事科研、设计和实际生产的科技人员参考。

与本套教材配套的《化工过程计算机设计基础》和《化工原理课程设计》也即将于2011年出版，可有效辅助化工原理课程的学习。

参加本书编写工作的人员是青岛科技大学化工学院化工原理教研室王晓红（绪论、流体流动原理及应用、流体输送机械、传热原理及应用、传质与分离过程概论、液体蒸馏、气体吸收、塔式气液传质设备、液液萃取）、田文德（固体颗粒流体力学基础与机械分离、蒸发、液体搅拌、固体干燥、膜分离技术、其他分离单元）。另外，该教研室的王立新、王许云、李红海、丁军委、王英龙、张俊梅及化工学院的张青瑞、段继海和杨霞老师均参与了本书的编写方案拟定和习题校核工作，对此，一并致以诚挚的谢意。

由于水平有限，书中不妥之处在所难免，恳请读者提出宝贵意见。

编　者

2010 年 12 月

目　录

下册

绪　论

0.1 化工原理课程的基本内容及特点

化工原理是化工、生物、冶金、食品等多个专业的一门重要的技术基础课，其主要任务是研究化工类型生产中各种物理操作问题的基本原理、典型设备的结构原理、操作性能和设计计算。化工原理是工程类专业学生在大学学习中的一个转折点，是从基础课程过渡到专业课程的一个桥梁，它的教学目的是初步建立起学生的工程观念。

为了清晰介绍化工原理课程的任务及特点，首先需要了解以下基本概念。

0.1.1 单元操作

过程工业是指对原料进行大规模加工处理，使其不仅在状态与物理性质上发生变化，而且在化学性质上也发生变化，最终得到具有特定物理化学性质产品的工业。过程涉及的范围相当广泛，如石油炼制、化工、冶金、制药等，在国民经济中占有十分重要的地位。

通常，一种产品的生产过程往往需要几个或几十个物理加工过程，而且各种生产过程工艺路线千差万别，但所发生的各种物理变化过程及操作原理基本相同，所用设备也可以大同小异。例如聚氯乙烯和纯碱生产中最后工序都要脱水、干燥；酿酒和乙烯生产中都要将液体混合物分开；制糖和制盐生产中都要将水溶液中的水分蒸发等。这些操作工序是过程工业中共有的，像物料的加热与冷却，即传热操作几乎在所有的工业领域，甚至在日常生活中都是离不开的。正是这些共有的操作工序，引起了人们的研究兴趣。20 世纪 20 年代提出了“单元操作”（unit operations）的概念。

单元操作在 20 世纪 50～60 年代曾称为“化工过程及设备”，80 年代也曾称为“化学工程”、“化学工程基础”。现在称为“化工原理”（principles of chemical engineering）。

单元操作以“三传”理论为基本依据，动量传递是研究动量在运动的介质中所发生的变化规律，如流体流动、沉降和混合等操作中的动量传递；热量传递是研究热量由一个地方到另一个地方的传递，如传热、干燥、蒸发、蒸馏等操作中存在这种传递；质量传递涉及物质由一相转移到另一不同的相，在气相、液相和固相中，其传递机理都是一样的，如蒸馏、吸收、萃取等操作中存在这种传递。

常用的单元操作已有几十种之多，典型的操作单元见表 0-1。

表 0-1　化工常用单元操作

单元操作名称	原理与目的	基本理论基础
流体输送	输入机械能将一定量流体由一处送到另一处	流体动力过程（动量传递）
沉降	利用密度差，从气体或液体中分离悬浮的固体颗粒、液滴或气泡	
过滤	根据尺寸不同的截留，从气体或液体中分离悬浮的固体颗粒	
搅拌	输入机械能使流体间或与其他物质均匀混合	
流态化	输入机械能使固体颗粒悬浮，得到具有流体状态的特性，用于燃烧、反应、干燥等过程	
换热	利用温差输入或移出热量，使物料升温、降温或改变相态	传热过程（热量传递）
蒸发	加热以气化物料，使之浓缩	

续表

单元操作名称	原理与目的	基本理论基础
蒸馏	利用各组分间挥发度不同,使液体混合物分离	传质过程(质量传递)
吸收	利用各组分在溶剂中的溶解度不同,分离气体混合物	
萃取	利用各组分在萃取剂中的溶解度不同分离液体混合物	
吸附	利用各组分在吸附剂中的吸附能力不同分离气、液混合物	
膜分离	利用各组分对膜渗透能力的差异,分离气体或液体混合物	
干燥	加热湿固体物料,使之干燥	热、质同时传递过程
增减湿	利用加热或冷却来调节或控制空气或其他气体中的水汽含量	
结晶	利用不同温度下溶质的溶解度不同,使溶液中溶质变成晶体析出	
压缩	利用外力做功,提高气体压力	热力过程
冷冻	加入功,使热量从低温物体向高温物体转移	
粉碎	用外力使固体物质破碎	机械过程
颗粒分级	将固体颗粒分成大小不同的部分	

0.1.2 化工原理与其他课程的关系

虽然化工原理有时也叫做化学工程，实际上前者仅是后者的基础。就化学工程的发展来看，包括如下几个分支。①化工传递过程：在许多单元操作的发展过程中，人们逐渐认识到它们之间存在共同的原则，可进一步归纳为动量传递、热量传递和质量传递，总称为化工传递过程。②化工热力学：是在化学热力学和工程热力学的基础上形成的，主要研究多组分系统的温度、压力、各相组成和各种热力学性质间相互关系的数学模型以及能量（包括低品位能量）的有效利用问题。③化学反应工程：从化学反应设备的实际出发，深入分析其中的过程规律性，找出其共同点，逐渐形成了化学反应工程，其研究的核心问题是反应器中化学反应速率的快慢及其影响因素，从而能够正确选择反应器类型和操作条件，使化学反应实现工业化。④化工系统工程：主要研究化工过程模拟分析、综合和最优化等。过程综合指已知过程的输入和输出，确定过程的结构，即选择适宜的设备类型、流程结构和操作条件等；最优化指要求过程的性能指标达到某些最优数值，包含了过程最优设计、最优控制和最优管理等意义。

化学工程是直接支撑化学工业的主要工程技术，是重要的学科支持。化学工程经过近一个世纪的发展，其应用领域不但覆盖了几乎所有的过程工业，而且新的生长点正不断产生，如“生化工程”、“环境工程”等，其研究对象广泛而复杂，已远远地超出了化学工程的范畴，遍布于能源、资源、环境、运输、医药卫生、材料、农业以及生物等诸多领域。

0.1.3 化工原理课程的任务及特点

化工原理课程的主要任务是培养学生运用本学科的基础理论及基本技能，来分析解决化工生产实际问题的能力，包括：①选型，即根据生产工艺要求、物料特性及技术要求等，能合理选择恰当的单元操作及设备；②设计，对已选的单元操作进行设备设计和工艺计算；③操作，熟悉该单元的操作原理、操作方法，具备初步的分析及解决操作故障的能力。

化工原理课程突出特点是符号多、公式多、单位换算多。尤其是刚开始学习的时候总觉得没有头绪。尽管如此，只要下点工夫仍然可以把它学好。然而，要强调指出的是，化工原理面临着真实的、复杂的生产问题，即特定的物料，在特定的设备内，进行特定的过程，这就使问题的复杂性不完全在于过程本身，而首先在于过程工业设备复杂的几何形状和多变的物性。所以，研究工程问题的方法论和解决生产实际问题的能力，在化工原理的学习中上升到了显著的地位。

0.2 单位制与单位换算

0.2.1 单位制

凡是物理量均有单位，可分为基本单位和导出单位两类。在描述单元操作的众多物理量中，独立的物理量叫做基本量，其单位叫做基本单位，如时间、长度、质量等。不独立的物理量叫做导出量，其单位叫做导出单位，如速度、加速度、密度等。基本单位仅有几个，而导出单位由基本单位组成，数量很多。

基本单位加上导出单位称为单位制度。由于历史和地区的原因，出现了对基本单位的不同选择，因而产生了不同的单位制度。常用的单位制有绝对单位制（包括物理单位制和米制）、重力单位制（工程单位制）、国际单位制（SI 制）和英制。

长期以来，科技领域存在多种单位制度并用的局面。同一个物理量，有时在不同的单位制中具有不同的单位和数值，给计算和交流带来麻烦，且很容易出错。为了改变这一局面，1960 年 10 月，第十一届国际计量大会通过了一种新的单位制，叫国际单位制。该单位制共有七个基本单位，分别为长度、时间、质量、热力学温度、电磁强度、光强度和物质的量，外加平面角和立体角两个辅助单位。其优点是所有的物理量都可以用上述七个基本单位导出(有时要借助辅助单位)，且任何一个导出量由上述七个基本单位导出时，都不需要引入比例系数。

1984 年，国内确定了统一实行以 SI 制为基础，包括由我国指定的若干非 SI 制在内的法定单位制，并规定，自 1991 年起除个别领域外不允许使用非法定单位制。本课程主要采用法定单位制，兼顾各单位制之间的换算。

0.2.2 单位换算

单位换算虽然简单，但即使是一个经验丰富的工程师，稍一马虎也会出错，所以必须认真对待。如 SI 制与工程单位制的换算。

（1）质量与重力　在 SI 制中 1kg 质量的物体，若用工程单位制表示，该物体的重力为 1kgf。即同一物体用 SI 制表示的质量与用工程单位制表示的重力在数值上相等。所以在有关手册中查得工程单位制的重力，SI 制的质量可直接取其数值。但应注意，两者数值相等，但概念不同。质量是物体所含物质的多小，而重力是物体受地球引力的大小，一般认为地球附近的引力大小近似不变。

（2）重力　在工程单位中重力是基本单位，但在 SI 制中重力是导出单位。因此，在工程单位制中重力为 1kgf 的物体，若用 SI 制表示，该物体的重力为 9.81N。

0.2.3 量纲分析

量纲与单位不是一个概念。如长度的单位有米、厘米、毫米、英尺和英寸等，为了明确长度的特性，可用量纲 L 表示。人们规定，用一个符号表示一个基本量，这个符号连同它的指数叫做基本量纲。而基本量纲的组合叫做导出量纲。基本量纲和导出量纲统称为量纲。各物理量均可以用量纲表示，如长度用 L，质量用 M，时间用 θ，温度用 T，密度用 ML^{-3}等。

在过程工业中，由于一些物理过程十分复杂，建立理论模型颇为困难。如果过程的影响因素已经明了，作为影响因素的物理量的相互关系，可进行某种程度的预测，这种预测方法称为量纲分析。量纲分析的依据是量纲一致性原则或 π 定理。所谓量纲一致性原则指，一个物理量方程的各项量纲必相同。所谓 π 定理指，量纲一致性的方程都可以化为无量纲数群的形式，方法是将方程中的各项同除以其中的任何一项即可，且有：

无量纲数群的数量＝变量数－基本量纲的数量

若能找出过程的影响因素，使用量纲分析的方法将其归纳为无量纲数群表示的经验模型，用实验确定模型的系数和指数，这在化工原理上是可行的。这样的经验模型不仅关联式简单，而且可减少实验的工作量。

0.3 化工原理的基本概念及定律

要做一个合格的工程师是不容易的，过程工业的复杂性和影响过程的众多因素，使得问题的解决十分困难，一般的处理方法是：理论分析，实验研究，经验估计，权衡调整，要运用以上各类方法处理问题，首先从掌握以下概念入手。

0.3.1 平衡关系及过程速率

在化学工业的许多单元操作中，例如吸收、蒸馏等，平衡关系具有重要的意义。平衡关系是一种动态平衡，平衡条件可以用热力学法则来描述，而过程进行的方向和所能达到的极限都可以由平衡关系推知。因此，物理化学是化工原理的一个重要基础。

任何一个物系如果不是处在平衡状态，则必然会发生趋向平衡的过程，而过程变化的速率总是和它所处状态与平衡状态的差距（推动力）成正比，而与阻力成反比，即过程速率＝过程推动力/过程阻力。推动力的性质取决于过程的内容，如传热的推动力是温度差，流体流动的推动力是压力差；与推动力相对应的阻力则与操作条件和物性有关。过程速率指明了过程进行的快慢程度，属于动力学在工程问题中的应用，动力学特征主要取决于过程的机理，而大部分过程的机理与动量、热量和质量传递密切相关，所以，传递过程是化工原理的另一个重要基础。

0.3.2 质量衡算

质量衡算的依据是质量守恒定律，即物质既不会产生也不会消失，参与任何化工过程的物料质量是守恒的。因此，进行质量衡算时，可以认为，进入与离开某一化工过程的物料质量之差，等于该过程中累积的物料质量，即：

输入质量－输出质量＝累积质量

衡算的一般步骤是：首先确定衡算范围，具体包括微分衡算和总衡算。微分衡算取微元体为衡算范围，而总衡算的衡算范围可以是单个装置，也可以是一段流程、一个车间或一个工厂；其次是确定衡算对象和衡算基准；最后按如上的衡算通式进行计算。

当过程为稳态时，在衡算范围内累积的量等于零，即：

输入质量＝输出质量

【例 0-1】 双效并流蒸发器是将待浓缩的原料液加入第一效中浓缩到某组成后由底部排出送至第二效，再继续浓缩到指定的组成，完成液由第二效底部排出。加热蒸汽也送入第一效，在其中放出热量后冷凝水排至器外。由第一效溶液中蒸出的蒸汽送至第二效作为加热蒸汽，冷凝水也排至器外。由第二效溶液中蒸出的蒸汽送至冷凝器中。

每小时将 5000kg 无机盐水溶液在双效并流蒸发器中从 12%（质量分率，下同）浓缩到 30%。已知第二效比第一效多蒸出 5%的水分。试求：

(1) 每小时从第二效中取出完成液的量及各效蒸出的水分量；

(2) 第一效排出溶液的组成。

解： 应按照物料衡算的步骤如下进行。

① 根据题意画出如本题附图所示的流程示意图，在图上用箭头标出物料的流向，并用数字和符号说明物料的数量和单位。

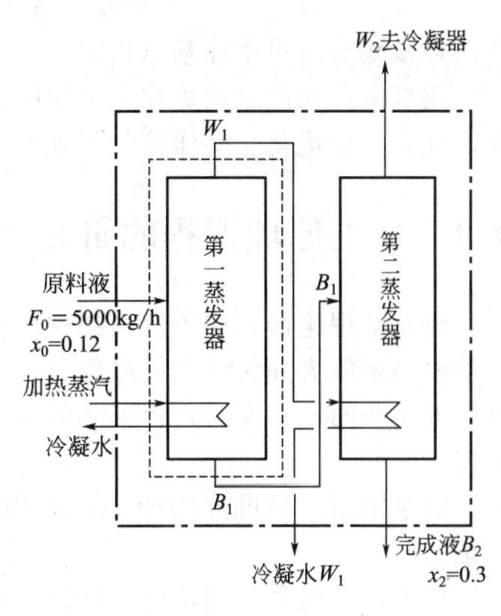

【例 0-1】 附图

F_0为原料液的质量流量，kg/h；B_1为第一效排出液流量，kg/h；B_2为完成液流量，kg/h；x为溶液中无机盐的质量分率；下标 0 表示原料液，下标 1、2 为蒸发器序号

② 划出衡算范围。如图中虚线 1 及虚线 2 所示。在工程计算中，可以根据具体情况以一个生产过程或一个设备，甚至设备某一局部作衡算范围。凡穿越所划范围的流股，其箭头向内的为输入物料，向外的为输出物料。没有穿越所划范围的流股不参与物料衡算。

③ 定出衡算基准。对连续操作常以单位时间为基准；对间歇操作，常以一批物料（即一个操作循环）为基准。基准选得不当，会使计算过程变得复杂。基准选定后，参与衡算的各流股都按所选的基准进行计算。本题选 1h 为基准。

(1) 每小时从第二效中取出完成液的量及各效蒸出的水分量　在图中虚线 1 范围内列盐及总物料衡算，这里要说明两点：一是第一效蒸发器的加热蒸汽与冷凝水都是穿越虚线 1 的两个流股；它们进、出虚线 1 各一次，只与系统有热量交换而没有质量交换，故不参与衡算；二是第一效蒸出的 W_1(kg/h) 的蒸汽送至第二效蒸发器放出热量后排至外界，故 W_1 应参与衡算。

盐的衡算　　$F_0x_0=B_2x_2$

总物料衡算　　$F_0=W_1+W_2+B_2$

将已知值代入以上两式：

$$5000\times0.12=0.3B_2$$

$$5000=W_1+W_2+B_2$$

由题知　　$W_2=1.05W_1$

联立以上三式，得：

完成液流量　　$B_2=2000$kg/h

第一效蒸出的水分　　$W_1=1463$kg/h

第二效蒸出的水分　　$W_2=1537$kg/h

(2) 第一效排出溶液的组成　在图中虚线 2 范围内列盐及总物料衡算。

盐　　$F_0x_0=B_1x_1$

总物料　　$F_0=W_1+B_1$

将已知值代入上两式：

$$5000\times0.12=B_1x_1$$

$$5000=1463+B_1$$

联立以上两式解得

第一效排出溶液组成　　$x_1=0.1696=16.96\%$

0.3.3 能量衡算

过程工业中涉及的能量主要是机械能和热能，能量衡算的依据是能量守恒定律，即：

$$输入系统总能量-输出系统总能量=系统累积能量$$

对于稳态过程，系统内无能量累积，则：

$$输入系统总能量=输出系统总能量$$

其衡算步骤与质量衡算基本相同。

质量衡算和能量衡算均为常用的计算手段，将贯穿于本书的各个知识点中，在过程的开发设计、模拟优化、操作控制等工作中，都是必不可少的依据。

0.4 化工原理课程的研究方法

将基础理论研究成果应用到现代大型工业设备中，主要采用数学模型法，其实质是通过数学模型来放大和设计工业过程与设备。该方法的关键在于所建立的数学模型是否能够描述过程的本质问题，而对过程本质的认识又来源于实践，因此，实验仍然是数学模型法的主要依据。

数学模型大体可分为四类，即理论模型、经验模型、半经验半理论模型和人工智能模型。

(1) 理论模型　理论模型是指模型方程完全是在理论分析的基础上建立起来的数学表达式。尽管这类模型严格可靠，但面对复杂的工程问题常常是难以做到，只有那些过程十分简单，关系极其明确的少数操作才有可能属于此类。

(2) 经验模型　经验模型是指模型方程完全是靠回归实验数据得到的数学表达式，没有任何理论依据。这类模型的主要缺点是，从模型方程的形式上看不出所研究问题的内在规律，且受实验范围所限，外推性很差。但是，若其他类型的数学模型难以得到时，使用经验模型仍不失为一种补偿的方法。

(3) 半经验半理论模型　半经验半理论模型介于上述两种模型之间，是处理复杂工程问题的最有效、最常用的模型。这种模型的建立是理论与实验的结合，即：通过对所研究对象的过程机理进行理论分析，建立模型方程的表达式，进而通过实验确定模型参数。这样，可减少盲目性，增加可信性，外推性也有较大改善。

(4) 人工智能模型　模拟或部分模拟人类智能的数学模型称为人工智能模型。人工神经网络模型是典型的智能模型，它是由大量的神经元互连而成的网络，模拟人脑神经系统的学习和记忆功能是人工神经网络的核心任务。近些年来，人工智能模型的理论研究已取得了突破性进展并在解决某些复杂的工程问题中获得了成功。相信随计算机技术的发展和非经典数学方法的研究，人工智能模型必将广泛地应用到各种工程系统和生产系统中去。

本书主要介绍和应用经验模型、半经验半理论模型。

第1章 流体流动原理及应用

在过程工业生产中所处理的物料包括原料、半成品及产品等，大多数是流体。流体定义为不可能永久抵抗形变的物质，它包括液体和气体。生产中通常需要将流体从一个装置输送到另一个装置，使之进行后续的加工处理，流体的流动和输送是最普遍的过程单元操作之一。流体输送设备及流体流量测量仪表的选择，以及其他过程单元操作，例如传热或传质过程，都与流体的流动有关。流体的特性及流体流动的基本原理与规律是单元操作的重要基础。本章主要讨论流体的特性及流体在管路中流动过程的基本原理。

1.1 流体的基本特性

1.1.1 连续性假设

流体是由大量的彼此之间有一定间隙的单个分子所组成，而且各单个分子一直作着随机的、混乱的运动。如果以单个分子作为考察对象，那么，流体将是一种不连续的介质，所需处理的运动是一种随机运动，问题将是非常复杂的。

由于讨论流体流动问题时，着眼点不在于研究流体复杂的分子运动，而是流体宏观的机械运动，因此本章采用连续性假设，即把流体看成是由大量质点（又称分子集团）组成的连续介质，因为质点的大小与管道或设备的尺寸相比是微不足道的，但比起分子自由程却要大得多。这样，可以假定流体是由大量质点组成的，彼此间没有间隙，完全充满所占空间的连续介质，其物理性质及运动参数可用连续函数描述。

实践证明，该假设在绝大多数情况下是适合的，但是，对于高真空稀薄气体，连续性假定不能成立。

1.1.2 流体力学的基本概念

流体力学是研究流体在相对静止和运动时所遵循的宏观基本规律，同时研究流体与固体相互作用的学科，流体力学有许多分支，例如“水利学”及“空气动力学”等。“流体流动”是为“化工原理”课程需要而编写的流体力学最基础的内容，主要是研究流体的宏观运动规律，其介绍范围主要局限在流体静力学、流体在管道内流动的基本规律及流量测量等方面。

运用流体流动基本知识，可以解决管径的选择及管路的布置；估算输送流体所需的能量、确定流体输送机械的型式及其所需的功率；测量流体的流速、流量及压强等；为强化设备操作及设计高效能设备提供最适宜的流体流动条件。

1.2 流体静力学及应用

流体静力学是研究平衡状态下流体性质在受力作用下变化规律的科学，是流体力学的一个分支。流体的静力平衡规律在工程技术领域应用很多，例如流体贮存容器和输送管道的受力计算、压强的变化与测量、液位的测量和液封技术、压力传感器的设计等。

描述静态平衡下流体性质的物理量很多，常用的有密度、压强、温度等，因此在研究流体的静力平衡规律之前，必须了解表示流体性质的有关物理量。

1.2.1 流体密度

单位体积流体所具有的质量，称为流体密度。通常以 ρ 表示，单位为 kg/m^3。

$$\rho=\frac{m}{V} \tag{1-1}$$

式中，m 为流体的质量，kg；V 为流体的体积，m^3。

不同流体的密度是不同的。对任何一种流体，其密度是压力与温度的函数。其中，压力对液体的密度影响很小，可忽略不计，故液体可视为不可压缩流体；而气体是可压缩性流体，其密度随系统压力明显变化。

温度对气体及液体的密度均有一定的影响，故在平时查取流体密度时应注明温度条件。

(1) 气体密度计算　因为气体具有可压缩性及膨胀性，其密度随温度、压力的变化较大。当温度不太低，压力不太高时，气体可按理想气体处理，根据理想气体状态方程：

$$pV=nRT=\frac{m}{M}RT$$

则

$$\rho=\frac{pM}{RT} \tag{1-2}$$

式中，n 为气体的物质的量，kmol；p 为气体的绝对压力，kPa；T 为气体的绝对温度，K；M 为气体的千摩尔质量，kg/kmol；R 为气体常数，$R=8.314\text{kJ}/(\text{kmol}\cdot\text{K})$。

理想气体操作状态（压强 p，温度 T）下的密度 ρ 与标准状态［压强 $p_0=1\text{atm}$（1atm=101330Pa），温度 $T_0=273\text{K}$］下的密度 ρ_0 之间可由下式进行换算：

$$\rho=\rho_0\frac{p}{p_0}\times\frac{T_0}{T} \tag{1-3}$$

若气体按真实气体计算，则需引入压缩系数进行校正。

当计算气体混合物密度时，可假设混合物各组分在混合前后质量不变，取 $1m^3$ 混合气体为基准，则气体混合物密度可由下式计算。

$$\rho_m=\rho_1y_1+\rho_2y_2+\rho_3y_3+\cdots+\rho_ny_n \tag{1-4}$$

式中　ρ_m——气体混合物的密度，kg/m^3；

ρ_1，ρ_2，…，ρ_n——气体中各组分的密度，kg/m^3；

y_1，y_2，…，y_n——各组分的体积分率，由于理想气体遵守道尔顿分压定律，所以混合气体中各组分的体积分率同时等于该组分的摩尔分率或分压比。

气体混合物的密度也可由式(1-2) 计算，此时式中的千摩尔质量 M 应由混合气体的平均千摩尔质量 M_m 代替。

$$M_m=M_1y_1+M_2y_2+\cdots+M_ny_n \tag{1-5}$$

式中　M_1，M_2，…，M_n——气体混合物中各组分的千摩尔质量，kg/kmol。

(2) 液体密度计算　对于纯组分液体密度，可查取附录或有关的工艺及物性手册。

液体混合物密度的计算，可取 1kg 混合物为基准，并假定混合前、后总体积不变。液体混合物组成常用组分的质量分率表示，故液体混合物密度 ρ_m 可表示为

$$\frac{1}{\rho_m}=\frac{x_1}{\rho_1}+\frac{x_2}{\rho_2}+\cdots+\frac{x_n}{\rho_n} \tag{1-6}$$

式中　x_1，x_2，…，x_n——液体混合物中各组分的质量分率；

ρ_1，ρ_2，…，ρ_n——液体混合物中各组分的密度，kg/m^3。

1.2.2 流体静压强

静止流体单位面积上所承受的垂直作用力，称为流体的静压强，简称压强，以符号 p

示之，而流体的压力 P 称为总压力。在静止流体内部某点任取一个微元面积 dA，令垂直作用于该微元面积上的压力为 dP，则该点的静压强可表示为：

$$p=\frac{dP}{dA} \tag{1-7}$$

式中，p 为流体压强，Pa；P 为总压力，N；A 为受力面积，m^2。

压强的单位除用 Pa 表示外，还可用大气压（atm）、米水柱（mH_2O）、毫米汞柱（mmHg）、巴（bar）等表示，所以熟练掌握压强不同单位间的换算十分重要。

1atm（物理大气压）$=760mmHg=10.33mH_2O=1.033kgf/cm^2$（工程大气压，at）$=1.0133\times10^5Pa=1.0133bar$

工程上为计算方便，还引入工程大气压换算系统。

1at（工程大气压）$=735.6mmHg=10mH_2O=1kgf/cm^2=9.807\times10^4Pa=0.9807bar$

此处需要指出：1kgf 指 1kg 物体在 $g-9.81m/s^2$ 重力场中受到的重力，称为“千克力”，$1kgf/cm^2$ 作为压强单位有时在有些文献或工程现场中用到。

压强的大小常以两种不同的基准来表示：一是绝对真空即绝对零压；二是大气压强。以绝对真空即绝对零压为基准测得的压强称为绝对压强，简称绝压；以大气压强为基准测得的压强称为表压强或真空度。

通常当设备内流体的绝对压强高于外界大气压时，常在设备上安装压强表，压强表上的读数称为表压强，它反映流体的绝对压强高于外界大气压的数值，即可表示为：

表压强＝绝对压强－外界大气压（当时当地）

当设备内流体的绝对压强低于外界大气压时，工程上视为负压操作，常在设备上安装真空表，真空表上的读数称为真空度，它反映流体绝压低于外界大气压的数值，即可表示为：

真空度＝外界大气压（当时当地）－绝对压强

绝对压强、大气压、表压强和真空度之间的关系如图 1-1 所示。不难看出，真空度实际上是流体表压强的负值。例如，体系的真空度为 3.3×10^3Pa，则其表压强为 -3.3×10^3Pa。

为了避免不必要的错误，在工程计算中，必须在压强的单位后加括号或加注脚注明压强的不同表示方法。例如：$p=2.0kgf/cm^2$（表压），$p_{真空度}=300mmHg$，$p=4.9\times10^5Pa$（绝压）等。

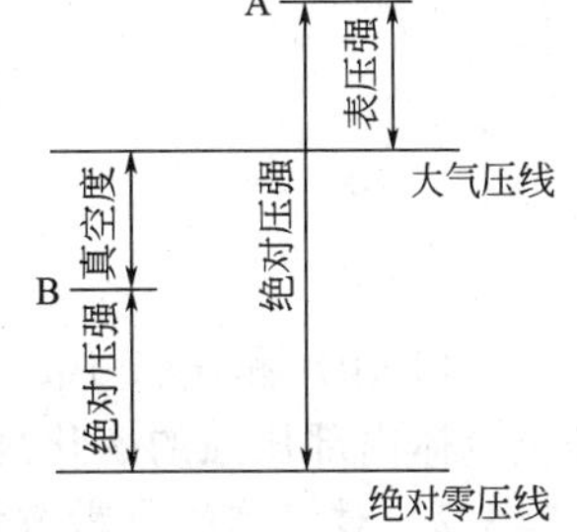

图 1-1　绝对压强、大气压、表压强和真空度的关系

【例 1-1】 在兰州操作的苯乙烯真空精馏塔塔顶的真空表读数为 80×10^3Pa。在天津操作时，若要求塔内维持相同的绝对压强，真空表的读数应为多少？兰州地区的平均大气压强为 85.3×10^3Pa，天津地区的平均大气压强为 101.33×10^3Pa。

解： 根据兰州地区的大气压强条件，可求得操作时塔顶的绝对压强为：

绝对压强＝大气压强－真空度＝85300－80000＝5300（Pa）

在天津操作时，要求塔内维持相同的绝对压强，由于天津当地的大气压强与兰州的不同，则塔顶的真空度也不相同，其值为：

真空度＝大气压强－绝对压强＝101330－5300＝96030（Pa）

1.2.3　流体静力学基本方程

1.2.3.1　方程推导

流体的静止状态是流体运动的一种特殊形式，它之所以能在设备内维持相对静止状态，是它在重力与压力作用下达到平衡的结果。所以，静止流体的规律就是流体在重力场的作用下流体内部压力变化的规律。该变化规律的数学描述，称为流体静力学基本方程，简称静力学方程。

静力学方程导出的思路是，在静止的流体中取微元体作受力分析，建立微分方程，然后在一定的边界条件下积分。

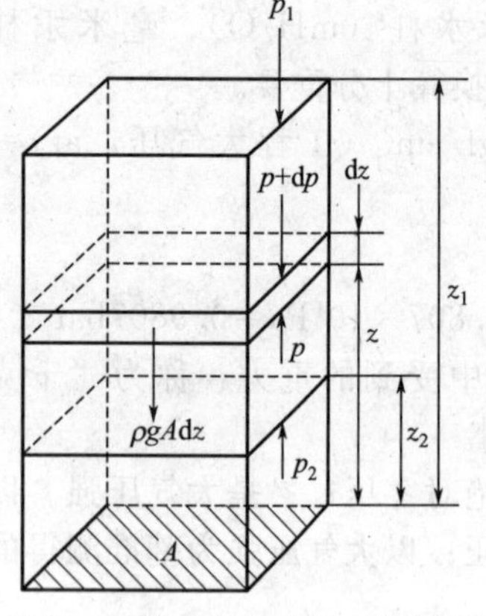

图 1-2　静止流体内部力的平衡

如图 1-2 所示，在面积为 A 的液柱（方形、矩形、圆形均可）上取微元高度 dz，对微元体 Adz 作受力分析：

下底面总压力　　pA

上底面总压力　　$-(p+dp)A$

本身重力　　$\rho A dz g$

流体静止时，上述三力之和等于零，即

$$dp+\rho gz=0 \tag{1-8}$$

一般来说，在过程工程领域中须把流体密度作为变量的情况很少，流体密度往往可按常数处理，即使在气体输送中，在输送管的起端与终端气体密度存在差异，但因气体密度的相对变化量通常很小，还是允许取两端气体密度的均值来按常量处理。所以，在下面的讨论中，流体均按恒密度流体计算，即 $\rho=$常数，则上式不定积分求得：

$$\frac{p}{\rho}+gz=常数 \tag{1-9}$$

若取边界条件为：$z=z_1$，$p=p_1$；$z=z_2$，$p=p_2$，则将式(1-9) 定积分得：

$$\frac{p_1}{\rho}+gz_1=\frac{p_2}{\rho}+gz_2 \tag{1-10}$$

对式(1-10) 整理变形还可以得到如下几式：

$$\frac{p_2-p_1}{\rho}=g(z_1-z_2)=gh \tag{1-10a}$$

$$p_2=p_1+\rho gh \tag{1-10b}$$

$$\frac{p_2-p_1}{\rho g}=z_1-z_2=h\ (\text{m 流体柱高}) \tag{1-10c}$$

式(1-10) 和式(1-10a)～式(1-10c) 均称为流体静力学基本方程式，说明了在重力场中，静止流体内部压强的变化规律。

1.2.3.2　对流体静力学方程的讨论

① 静力学基本方程成立的前提条件：在重力场中，流体是静止的、连续的同一种流体，且流体的密度恒定。否则，式(1-10) 和式(1-10a)～式(1-10c) 表示的静力学基本方程式不成立。

② 由式(1-10b) 可知，液体中任一点的压强大小与液面上方压强 p_1 及液体密度 ρ 和该点所处深度 h 有关，所在位置越低、密度越大，则其压力越大。而且，液面上方压力有任何数量的改变，液体内部任一点的压力也将有同样大小和方向的改变，即压力可以同样大小传至液体内各点处。

③ 液体中任意水平面上各点的压强相同，称为等压面。等压面可用静止、连续、均一、水平八个字来体现，等压面的正确选取是流体静力学基本方程应用的关键所在。

④ 因各类常见工业容器中气体密度变化不大，所以上述静力学基本方程式也适用于气体。

【例 1-2】 本题附图所示的开口容器内盛有油和水。油层高度 $h_1=0.8\text{m}$，密度 $\rho_1=800\text{kg/m}^3$，水层高度 $h_2=0.6\text{m}$，密度 $\rho_2=1000\text{kg/m}^3$。(1) 判断下列关系是否成立，即：$p_A=p'_A$，$p_B=p'_B$。(2) 计算水在玻璃管内的高度 h。

【例 1-2】 附图

解： 本题是静力学基本方程的应用，解题要点是找恰当的等压面。

(1) 判断题给两关系式是否成立

$p_A=p'_A$的关系成立，因 A 及 A' 两点在静止的连通着的同一种流体内，并在同一水平面上，所以截面 A—A' 称为等压面。

$p_B=p'_B$的关系不成立。因 B 及 B' 两点虽在静止流体的同一水平面上，但不是连通着的同一种流体，即截面 B—B' 不是等压面。

(2) 计算玻璃管内水的高度 h

由上面讨论知，$p_A=p'_A$，而 p_A 与 p'_A 都可以用流体静力学方程式计算，即 $p_A=p_a+\rho_1 gh_1+\rho_2 gh_2$ 及 $p'_A=p_a+\rho_2 gh$。

于是：
$$h=h_2+\frac{\rho_1}{\rho_2}h_1=0.6+\frac{800}{1000}\times 0.8=1.24\ (\text{m})$$

1.2.4 流体静力学基本方程的应用

静力学方程的应用十分广泛，如流体在设备或管道内压力变化的测量，液体在贮罐内液位的测量，设备的液封高度的确定等，均以静力学方程为依据，以下举例说明。

1.2.4.1 压差计的应用

以流体静力学方程为依据的测压仪表称为液柱压差计，典型的有如下几种。

(1) U 形管压差计　如图 1-3 所示为 U 形管压差计。U 形管内装有指示液 A，U 形管两端连接被测的流体 B，且指示液密度 ρ_A 要大于被测流体的密度 ρ_B。

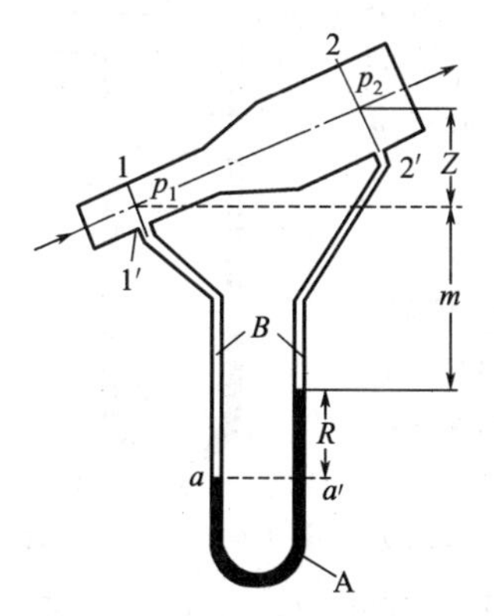

图 1-3　U 形管压差计示意图

U 形管两端的流体压力是不相等的 ($p_1>p_2$)，两端的压差值 ($\Delta p=p_1-p_2$) 可通过静力学方程的应用来得到。如图 1-3 所示，a，a' 两点的静压力是相等的。而且，由此向下，在 U 形管内的任意水平线都为等压面。按静力学方程可得到

$$p_a=p_1+(m+R)g\rho_B$$
$$p_{a'}=p_2+\rho_B g(Z+m)+\rho_A gR$$

因为 $p_a=p_{a'}$，故：

$$\Delta p=p_1-p_2=Rg(\rho_A-\rho_B)+\rho_B gZ \tag{1-11}$$

当流体输送管段水平放置时，$Z=0$，则上式可化成：

$$\Delta p=p_1-p_2=Rg(\rho_A-\rho_B) \tag{1-11a}$$

常用的指示液有汞、乙醇水溶液、四氯化碳及矿物油等。

当被测流体是气体时，由于气体密度远小于指示液密度，即 $\rho_A\gg\rho_B$，此时上式可简化写成：

$$\Delta p\approx Rg\rho_A \tag{1-11b}$$

U 形管压差计不但可用来测量流体的压强差，也可测量流体在任一处的压强。若 U 形管一端与设备或管道某一截面连接，另一端与大气相通，这时读数 R 所指示的是管道中某截面处流体的绝对压强与大气压强之差，即为该处的表压强或真空度。

【例 1-3】 以复式 U 形压差计测容器内水面的静压强 p，有关数据如附图所示。已知 2～4 段内空气的密度为 1.405kg/m^3，试计算 p 值，按表压计。若测压装置改为单个 U 形压差计，指示液为汞，两支管内汞的上方均为水且测压时两水面等高，问读数 R' 为多少？（略去大气压强随高度的变化）

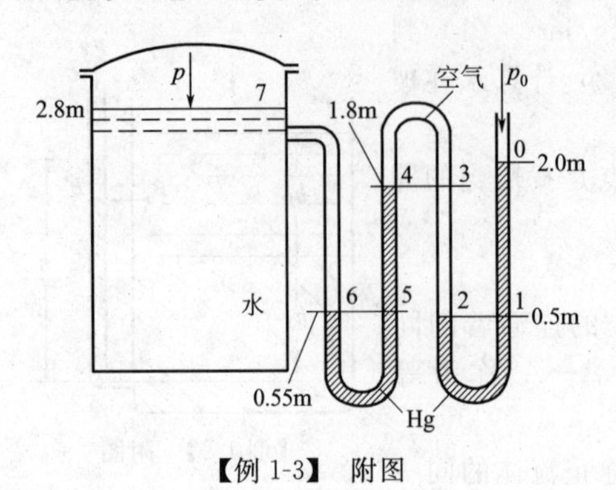

【例 1-3】 附图

解：(1) 按复式 U 形压差计计算

$$p_1 = p_2 = p_0 + \rho_{\text{Hg}} g (Z_0 - Z_1)$$

$$p_3 = p_4 = p_2 - \rho_{空} g (Z_3 - Z_2)$$

$$p_5 = p_6 = p_4 + \rho_{\text{Hg}} g (Z_4 - Z_5)$$

$$p = p_6 - \rho_{水} g (Z_7 - Z_6)$$

以上各式相加，可得：

$$p - p_0 = \rho_{\text{Hg}} g (Z_0 - Z_1) - \rho_{空} g (Z_3 - Z_2) + \rho_{\text{Hg}} g (Z_4 - Z_5) - \rho_{水} g (Z_7 - Z_6)$$

$$= 13.6 \times 10^3 \times 9.81 \times (2.0 - 0.5) - 1.405 \times 9.81 \times (1.8 - 0.5) + 13.6 \times 10^3 \times 9.81 \times (1.8 - 0.55) - 1000 \times 9.81 \times (2.8 - 0.55)$$

$$= 3.448 \times 10^5 \ (\text{Pa})$$

(2) 按单个 U 形压差计计算

因为 $$p - p_0 = (\rho_{\text{Hg}} - \rho_{水}) g R'$$

即 $$3.448 \times 10^5 = (13.6 - 1) \times 10^3 \times 9.81 R'$$

所以 $$R' = 2.79\text{m}$$

由以上计算可知，若用单个 U 形压差计测压差，压差计读数高达 2.79m。读数太大，不便于对指示液上、下两液面高度的测量，这时宜采用复式 U 形压差计。

(2) 微差压差计 当 U 形管压差计所测两点的压差很小，而指示液与被测流体的密度差又比较大时，压差计的读数 R 就会很小，从而引起较大的测量误差。为了把读数 R 放大，除了选用与被测流体密度相近的指示液外，还可以采用如图 1-4 所示的微差压差计。

如图 1-4 所示的微差压差计的 U 形管的上部分别增设两个扩大室，装入 A、C 两种密度接近但不互溶的指示液，扩大室上端口与被测流体 B 相接。由于扩大室的截面积远大于 U 形管的截面积，因此使 U 形管内指示液 A 的液面高度差很大，而两扩大室内指示液 C 的液面高度差则变化很小，可以认为维持等高。于是压强差可用下式计算：

$$p_1 - p_2 = (\rho_{\text{A}} - \rho_{\text{C}}) g R \tag{1-12}$$

图 1-4 微差压差计

式中，$(\rho_{\text{A}} - \rho_{\text{C}})$ 为 A、C 两种指示液的密度差，而式(1-11a) 中的 $(\rho_{\text{A}} - \rho_{\text{B}})$ 为指示液与被测流体的密度差，在测压时须加以注意。

【例 1-4】 采用普通 U 形管压差计测量某气体管路上两点的压强差，指示液为水，读数 $R = 10\text{mm}$。为了提高测量精度，改用微差压差计，指示液 A 是含 40% 乙醇的水溶液，密度 ρ_{A} 为 910kg/m^3，指示液 C 为煤油，密度 ρ_{C} 为 820kg/m^3。试求微差压差计的读数可以放大的倍数？已知水的密度为 1000kg/m^3。

解：用普通 U 形管压差计测量时，其压强差为：

$$p_1 - p_2 = \rho_{水} g R \tag{1}$$

用微差压差计测量时，其压强差为：

$$p_1 - p_2 = (\rho_{\text{A}} - \rho_{\text{C}}) g R' \tag{2}$$

由于两种压差计所测的压强差相同，故式(1) 与式(2) 联立，可得：

$$R'=\frac{R\rho_{水}}{\rho_A-\rho_C}=\frac{10\times1000}{910-820}=111\ (\mathrm{mm})$$

计算结果表明，微差压差计的读数是原来读数的 $\frac{111}{10}=$ 11.1 倍。

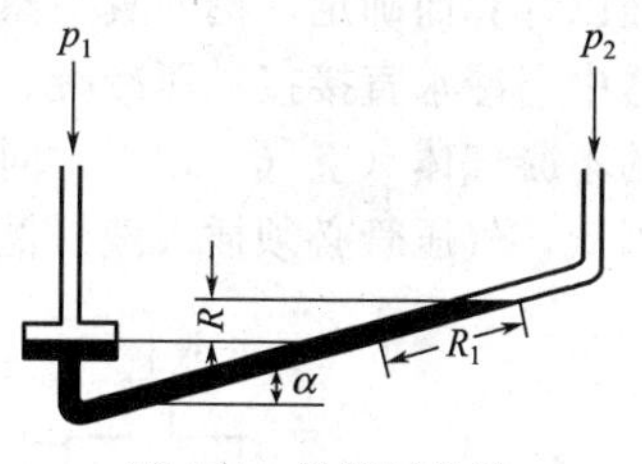

图 1-5　斜管压差计

(3) 斜管压差计　斜管压差计是在被测压差不是很小，也不是太大时使用的一种压差计。它是将 U 形管压差计倾斜放置以放大读数，如图 1-5 所示。压差的计算方法仍可应用式(1-11a)，只是这时的 $R=R_1\sin\alpha$。式中，α 为倾斜角，其值越小，R_1 值就越大。

1.2.4.2　液面测量

过程工业中经常需要了解各类容器的贮存量，或要控制设备里的液面，这就要对液面进行测定，液面测定是依据同一流体在同一水平面上的压力相等的原则来设计的。如图 1-6(a) 所示为液柱压差计测定液面的示意图，将 U 形管压差计的两端分别接在贮槽的顶端和底端，利用 U 形管压差计上 R 的数值，即可得出容器内液面的高度，所测液面高度与液面计玻璃管粗细无关；当容器或设备的位置离操作室较远时，可采用远距离液位测量装置，如图 1-6(b) 所示，压缩氮气经调节阀 1 调节后进入鼓泡观察器 2。管路中氮气的流速控制得很小，只要在鼓泡观察器 2 内看出有气泡缓慢逸出即可。因此气体通过吹气管 4 的流动阻力可以忽略不计。吹气管某截面处的压力用 U 形管压差计 3 来计量。压差计读数 R 的大小，即反映贮罐 5 内液面的高度。

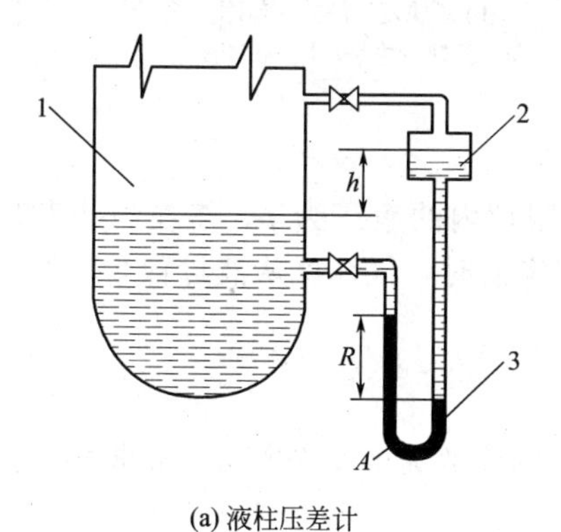

(a) 液柱压差计

1—容器；2—平衡器的小室；3—U形管压差计

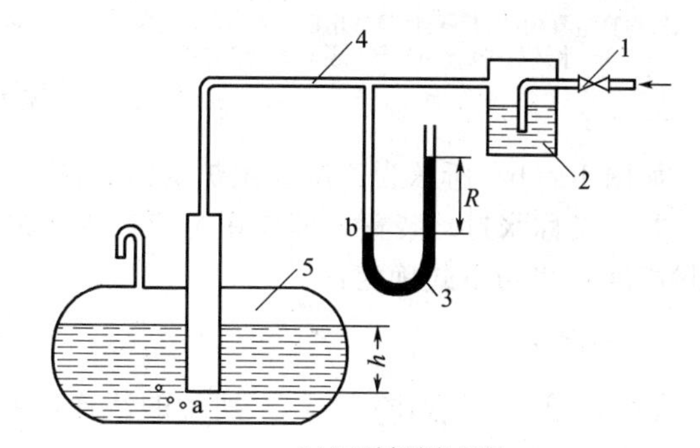

(b) 远距离液位测量

1—调节阀；2—鼓泡观察器；3—U形管压差计；
4—吹气管；5—贮罐

图 1-6　压差法测量液位

【例 1-5】 如图 1-6(b) 所示装置，现已知 U 形管压差计的指示液为水银，其读数 $R=130\mathrm{mm}$，罐内有机液体的密度 $\rho=1250\mathrm{kg/m^3}$，贮罐上方与大气相通。试求贮罐中液面离吹气管出口的距离 h 为多少？

解： 由于吹气管内氮气的流速很低，且管内不能存有液体，故可认为管出口 a 处与 U 形管压差计 b 处的压力近似相等，即 $p_a\approx p_b$。若 p_a 与 p_b 均用表压强表示，根据流体静力学平衡方程，得：

$$p_a=\rho gh,\quad p_b=\rho_{Hg}gR$$

故

$$h=R\frac{\rho_{Hg}}{\rho}=0.13\times\frac{13600}{1250}=1.41\ (\mathrm{m})$$

1.2.4.3　液封

液封在化工生产中应用非常广泛。为了防止设备中气体的泄漏，往往将带有压力的气体管路插入液体中，让足够的液层高度阻止气体外泄。这个液层高度可用流体静力学基本方程加以计算而确定。例如真空蒸发操作中产生的水蒸气，往往送入如图 1-7(a) 所示的混合冷凝器中与冷水直接接触而冷凝。为了维持操作的真空度，冷凝器上方与真空泵相通，随时将器内的不凝气体（空气）抽走。同时为了防止外界空气由气压管 4 漏入，致使设备内真空度降低，因此，气压管必须插入液封槽 5 中，水即在管内上升一定的高度 h，这种措施即为液封。

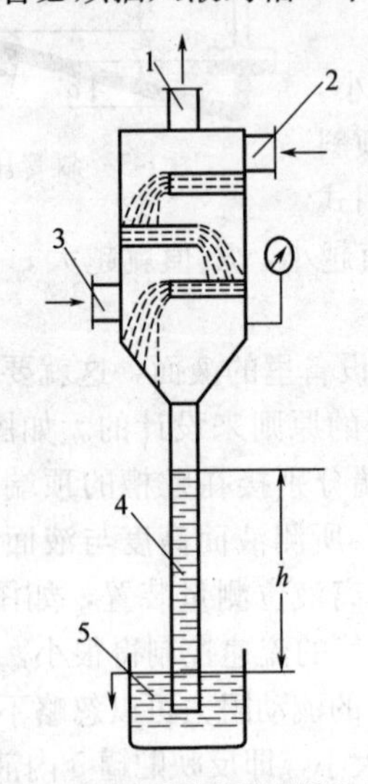

(a) 真空蒸发操作的液封图

1—与真空泵相通的不凝性气体出口；2—冷水进口；3—水蒸气进口；4—气压管；5—液封槽

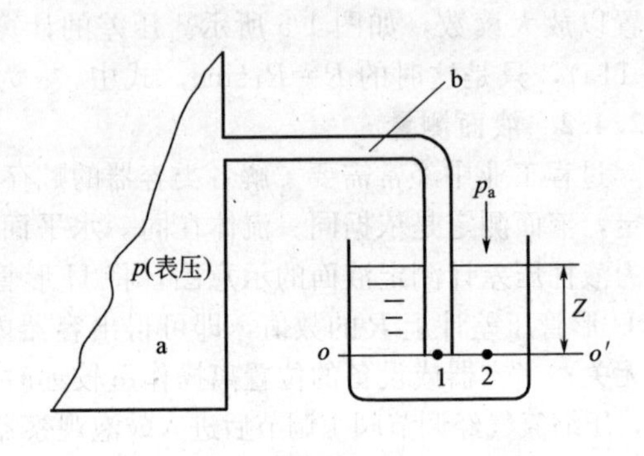

(b) 乙炔发生炉的液封图

a—乙炔发生炉；b—液封管

图 1-7 液封举例

如图 1-7(b) 所示为乙炔发生炉的液封图。为了控制炉内的表压为 p，需在炉外安装安全液封（又称水封）装置，其作用是当炉内压强超过规定值时，气体就从液封管 b 排出。其水封高度 Z 可由下式确定：

$$Z \leqslant \frac{p}{\rho_{水} g} \tag{1-13}$$

【例 1-6】 对于如图 1-7(a) 所示的装置，若真空表的读数为 80×10^3 Pa，试求气压管中水上升的高度 h。

解： 设气压管内水面上方的绝对压强为 p，作用于液封槽内水面的压强为大气压强 p_a，根据流体静力学基本方程式知：

$$p_a = p + \rho g h$$

于是：
$$h = \frac{p_a - p}{\rho g} = \frac{80\times10^3}{1000\times9.81} = 8.15 \text{ (m)}$$

【例 1-7】 对于如图 1-7(b) 所示的装置，若要求乙炔发生炉内的表压强不超过 10.7×10^3 Pa，试求此炉的安全液封管应插入槽内水面下的深度是多少？

解： 过液封管口作等压面 $o-o'$，则炉内压强：

$$p_{表} = \rho_{水} g Z \Rightarrow Z = \frac{10.7\times10^3}{1000\times9.81} = 1.09 \text{ (m)}$$

1.3 流体动力学基础

流体动力学主要是研究流体流动速度、加速度、压力等流动参数与流体流动时所受的力之间关系的科学。因此，流体动力学涉及能量传递、动量传递及质量传递等。

过程工业中，流体往往在密闭的管路中流动，其流动规律可用其流动的基本方程来描述，基本方程包括连续性方程和柏努利方程。流体在管内宏观上的流动是轴向流动，所以，本节所研究的对象为一维流动。

1.3.1 流量与流速

（1）流量 流体在单位时间内流经管道任一截面的量称为流量，流量常分为体积流量和质量流量两种。

① 体积流量 V_s

$$V_s=\frac{V}{\theta} \tag{1-14}$$

单位为：m^3/s。

② 质量流量 m_s

$$m_s=\frac{m}{\theta} \tag{1-15}$$

单位为：kg/s。

③ 体积流量 V_s 与质量流量 m_s的关系

$$m_s= V_s\rho \tag{1-16}$$

（2）流速 流体在单位时间内流经管道单位截面的量称为流速。

① 平均流速（简称为流速）u

$$u=\frac{V_s}{A} \tag{1-17}$$

单位为：m/s。

② 质量流速 G（又称质量通量）

$$G=\frac{m_s}{A} \tag{1-18}$$

单位为：$kg/(m^2 \cdot s)$。

③ 平均流速 u 与质量流速 G 的关系

$$G=\frac{m_s}{A}=\frac{V_s\rho}{A}=u\rho \tag{1-19}$$

式中 A——管道截面积，m^2。

1.3.2 稳态流动与非稳态流动

流体在流动过程中，任一截面处的流速、流量和压力等有关物理参数都不随时间变化，只随空间位置而变化，这种流动称为稳态流动。

若各流动参数不仅随空间位置变化，而且还是时间的函数，则称为非稳态流动。

图 1-8(a) 中的水槽有进水管补充水，又有溢流装置，使水槽液面维持恒定，则排水管任一截面处的流速、压力等参数均不随时间变化，只随位置而变，即属于稳态流动；而图1-8(b) 中，由于水槽中的液位不断下降，使得各流动参数都随时间和空间而不断变化，所以属于非稳态流动。

连续化生产的过程工业中，正常情况下多数为稳态流动，但开车、停车阶段及间歇操作属于非稳态流动，本章主要介绍稳态流动。

1.3.3 牛顿黏性定律

1.3.3.1 牛顿黏性定律

两个固体之间做相对运动时，必须施加一定的外力以克服接触表面的摩擦力（外摩擦）。

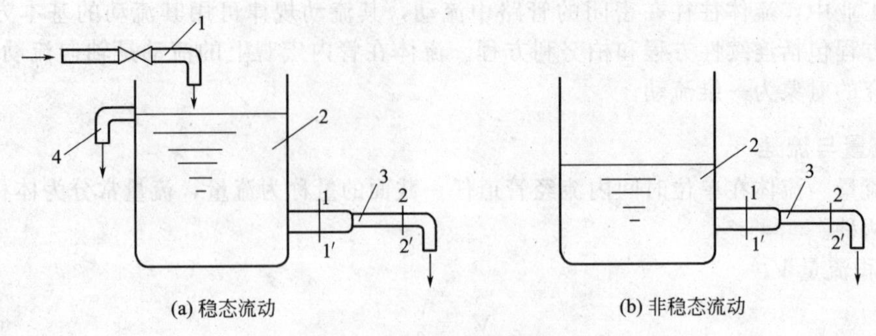

图 1-8　稳态流动和非稳态流动

1—进水管；2—出水管；3—排水管；4—溢流管

与固体间的相对运动类似，流体流动时，不同速度的流体层之间产生内摩擦，可看作是一层流体抵抗另一层流体引起形变的力，称为剪切力。运动一旦停止，这种剪切力随即消失。通常，这种表明流体受剪切力作用时，本身抵抗形变的物理特性叫黏性。实际流体都有黏性，但各种流体的黏性差别很大，如空气、水等流体的黏性较小，而蜂蜜、油类等流体的黏性较大。应该注意，黏性是流体在运动中表现出来的一种物理属性。

假设相距很近的两个平行大平板间充满黏稠液体，如图 1-9 所示。若下面平板保持不动，上板施加一个平行于平板的外力，使其以速度 u 沿 x 方向运动，此时，两板间的液体就分成许许多多的流体层而运动，附在上平板的流体层随上板以速度 u 运动，以下各层流体流速逐渐降低，附在下平板表面上的流体层速度为零。

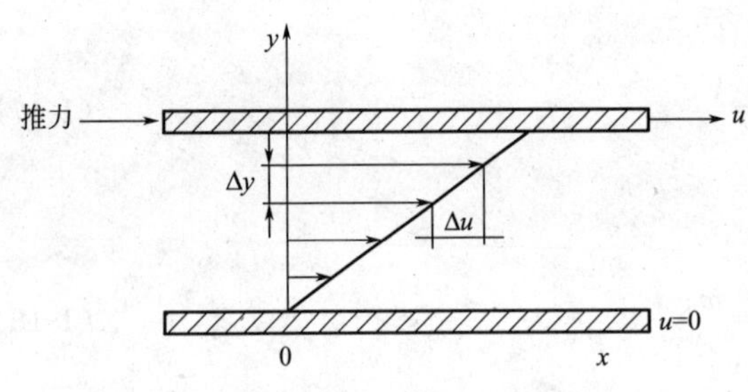

图 1-9　平板间液体速度变化图

在流体层之间有速度分布（速度差异），相邻流体层以大小相等方向相反的剪切力 F 相互作用。实验证明，对全部气体与大部分液体而言，任意两相邻流体层之间作用的剪切力 F 与两流体层的作用面积 A 以及速度梯度 $\mathrm{d}u/\mathrm{d}y$ 成正比，即：

$$F \propto A\frac{\mathrm{d}u}{\mathrm{d}y} \tag{1-20}$$

若把上式写成等式，就需要引入一个比例系数 μ，即：

$$F=\mu A\frac{\mathrm{d}u}{\mathrm{d}y} \tag{1-21}$$

单位面积上的内摩擦力称为剪应力，以 τ 表示，则上式可写成：

$$\frac{F}{A}=\tau=\mu\frac{\mathrm{d}u}{\mathrm{d}y} \tag{1-22}$$

式中　τ——剪应力，N/m^2；

A——相邻的两流体层的作用面积，m^2；

$\frac{\mathrm{d}u}{\mathrm{d}y}$——流体速度沿法线方向上的变化率，称为速度梯度，$s^{-1}$；

μ——比例系数，称为黏性系数或动力黏度，简称黏度，$N\cdot s/m^2$（$Pa\cdot s$）。

式(1-22) 所示的剪应力与剪切速率的关系称为牛顿黏性定律。凡遵循牛顿黏性定律的流体都称为牛顿型流体，否则为非牛顿型流体。所有气体和大多数低相对分子质量液体均属牛顿型流体，例如水、空气等，而某些高分子溶液、悬浮液、泥浆、血液等则属于非牛顿型流体。

本书以工程中常见的牛顿型流体为研究重点。

1.3.3.2 流体的黏度

流体的黏度是影响流体流动的重要物理性质之一，是用来度量流体黏性大小的物理量。由式(1-22) 可看出，当流体的速度梯度$\frac{du}{dy}$为 1 时，流体的黏度 μ 在数值上即等于单位面积上的剪切力。因此，在相同的流速下，黏度愈大的流体，所产生的黏性力也愈大，即流体因克服阻力而损耗的能量愈大，所以，对于黏度较大的流体，应选用较小的流速。流体的黏度愈大，表示其流动性愈差，如油的黏度比水大，则油比水的流动性差，在相同流速下，输送油所消耗的能量要比输送水的大得多。

黏度的 SI 制单位可由式(1-22) 导出：

$$[\mu]=\left[\frac{F}{A\,\frac{du}{dy}}\right]=\frac{N}{m^2\cdot\frac{m/s}{m}}=\frac{N\cdot s}{m^2}=Pa\cdot s$$

黏度值一般由实验测定，通过手册可查取流体在某一温度下的黏度，手册查得的黏度单位多为物理制（CGS 制）单位 g/(cm・s)，称为泊（P）。

$$[\mu]=\left[\frac{\frac{F}{A}}{\frac{du}{dy}}\right]=\frac{dyn/cm^2}{cm/s/cm}=\frac{dyn\cdot s}{cm^2}=\frac{g}{cm\cdot s}=P\ (\text{泊})$$

由于泊（P）的单位较大，通常以泊的 1/100，即厘泊（cP）作为黏度的单位，CGS 制与 SI 制单位之间的换算关系如下：

$$1\ \text{厘泊(cP)}=10^{-2}\ \text{泊(P)}=10^{-3}\ Pa\cdot s$$

流体的黏度也可用黏度 μ 与密度 ρ 的比值来表示，该比值称为运动黏度，以 ν 表示，即：$\nu=\frac{\mu}{\rho}$。在 SI 单位中，ν 的单位为 m^2/s；在物理制单位中，ν 的单位为 cm^2/s，称为斯托克斯，简称沲，以 St 表示，1St＝100cSt（厘沲）＝$10^{-4}\,m^2/s$。

液体黏度随温度升高而减小，气体黏度则随温度升高而增大；液体黏度随压力变化而基本不变，气体黏度只有当压力较高时（如 4×10^6 Pa 以上）才略有增大。

一些常见纯液体和气体的黏度可从本书的附录中查到。

混合物的黏度一般用实验测定，当缺乏实验数据时，可由如下经验式求算。

（1）低压混合气体

$$\mu_m=\frac{\sum y_i\mu_i M_i^{\frac{1}{2}}}{\sum y_i M_i^{\frac{1}{2}}} \tag{1-23}$$

式中 μ_m——混合气体的黏度，Pa・s；

y_i——混合气体中 i 组分的摩尔分数；

μ_i——混合气体中 i 组分的黏度，Pa・s；

M_i——混合气体中 i 组分的摩尔质量。

（2）不缔合混合液体

$$\lg\mu_m=\sum_{i=1}^{n}x_i\lg\mu_i \tag{1-24}$$

式中 μ_m——混合液体的黏度，Pa・s；

x_i——混合液体中 i 组分的摩尔分数；

μ_i——混合液体中 i 组分的黏度，Pa・s。

【例 1-8】 甲烷与丙烷组成混合气体，其摩尔分率分别为 0.4 和 0.6，求在常压下及 293K 时混合气体的黏度。

解：由附录查得常压下 293K 时纯组分的黏度：

$$\mu_{甲烷}=0.0107\text{mPa}\cdot\text{s};\mu_{丙烷}=0.0077\text{mPa}\cdot\text{s}$$

各组分的摩尔质量：$M_{甲烷}=16$，$M_{丙烷}=44$。

将各数值代入式(1-23)，可计算出混合气体的黏度。

$$\mu_m=\frac{0.4\times0.0107\times16^{\frac{1}{2}}+0.6\times0.0077\times44^{\frac{1}{2}}}{0.4\times16^{\frac{1}{2}}+0.6\times44^{\frac{1}{2}}}=\frac{0.0171+0.0306}{1.6+3.97}=0.00857\ (\text{mPa}\cdot\text{s})$$

1.3.3.3 理想流体与黏性流体

自然界中存在的所有流体都具有黏性，具有黏性的流体统称为黏性流体或实际流体。完全没有黏性（$\mu=0$）的流体称为理想流体。自然界中并不存在真正的理想流体，它只是为处理某些流动问题所作的假设而已。研究理想流体运动特性和规律的学科称为理论流体力学，可参阅有关书籍。

1.3.4 流动型态与雷诺数

1.3.4.1 雷诺实验及流动型态

1883 年英国科学家雷诺（Reynolds）按如图 1-10 所示的装置进行实验。透明贮水槽中的液位由溢流装置维持恒定，水槽的下部插入一根带有喇叭口的水平玻璃管，管内水的流速由出口阀门调节。水槽上方设置一个盛有色液体的吊瓶，有色液体通过导管及针形细嘴由玻璃管的轴线引入。

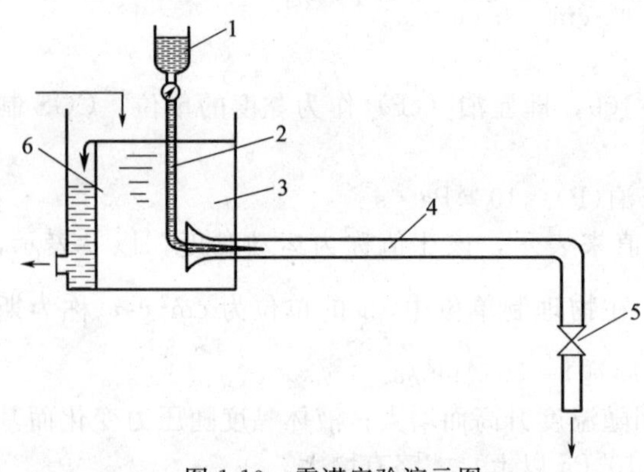

图 1-10 雷诺实验演示图

1—小瓶；2—细管；3—水箱；4—水平玻璃管；5—阀门；6—溢流装置

从实验观察到，当水的流速很小时，有色液体沿管轴线作直线运动，与相邻的流体质点无宏观上的混合，如图 1-11(a) 所示；随着水的流速增大至某个值后，有色液体流动的细线开始抖动、弯曲，呈现波浪形，如 1-11(b) 所示；当流速再增大时，波形起伏加剧，出现强烈的骚扰滑动，全管内水的颜色均匀一致，如图 1-11(c) 所示。

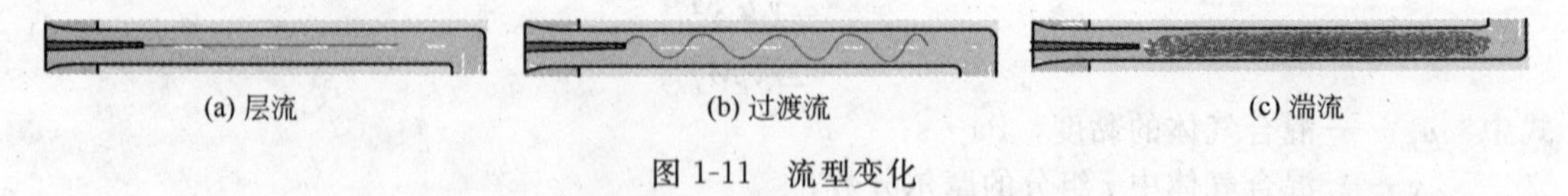

(a) 层流　(b) 过渡流　(c) 湍流

图 1-11 流型变化

据此，雷诺把流体的流动形态划分为两类。

(1) 层流　指在低流速下流体流动时，不会出现侧向的混合，相邻流体层之间表现为层状的相对滑动，既没有交叉流动，也没有回旋流动的涡流，如图 1-11(a) 所示。因此，层流是以黏性流体为特征的，是一种黏性起重要作用的流动。

(2) 湍流　指在高流速下流体流动时，流体没有确定的迹线，存在交叉流动和涡流，如图 1-11(c) 所示。

1.3.4.2 雷诺数

雷诺采用不同的流体和不同的管径多次进行了上述实验，所得结果表明：流体的流动形

态除了与流速 u 有关外，还与管径 d、密度 ρ、黏度 μ 这三个因素有关。雷诺将这四个因素组成一个如下的无量纲数群，以符号 Re 表示，即：

$$Re=\frac{du\rho}{\mu} \tag{1-25}$$

该数群称为雷诺数，是一个无量纲数群，所以也称雷诺准数。例如用 SI 制表示：

$$[Re]=\left[\frac{du\rho}{\mu}\right]=\frac{(\mathrm{m})(\mathrm{m/s})(\mathrm{kg/m^3})}{\mathrm{N\cdot s/m^2}}=\mathrm{m^0\cdot kg^0\cdot s^0}$$

由于雷诺数是无量纲数群，所以不论采用哪种单位制，雷诺数的数值都是一样的。实验结果表明，对于常见的流体在圆管内流动，当 $Re\leqslant2000$ 时，流动形态为层流；当 $Re\geqslant4000$ 时，流动形态为湍流；当 $Re=2000\sim4000$，称为过渡流，但它不是一种流型，实际上是流动的过渡状态，即流动可能是层流，也可能是湍流，受外界条件的干扰而变化（例如在管道入口处，流道弯曲或直径改变，管壁粗糙或有外来震动都易造成湍流发生）。所以，可用雷诺数的数值大小来判断流体的流动形态，雷诺数越大说明流体的湍动程度越剧烈，产生的流体流动阻力越大。

雷诺数中的 u 和 d 称为流体流动的特征速度和特征尺寸。不同的流动情况，其特征速度和特征尺寸代表不同的涵义。例如上述讨论的流体在管内流动时，特征速度指流体的主体平均流速，特征尺寸为管内径。再如，细小颗粒在大量流体中沉降时，特征速度是指粒子的沉降速度 u_0，特征尺寸为粒子的平均直径。因此，在应用雷诺数判别流动形态时，一定要对应相应的流动情况。

【例 1-9】 20℃的水在内径为 50mm 的管内流动，流速为 2m/s。试分别用 SI 和物理（CGS）单位制计算雷诺数的数值。

解：(1) 用 SI 计算　从本书附录查得水在 20℃时，$\rho=998.2\mathrm{kg/m^3}$，$\mu=1.005\mathrm{mPa\cdot s}$。管径 $d=0.05\mathrm{m}$，流速 $u=2\mathrm{m/s}$。

$$Re=\frac{du\rho}{\mu}=\frac{0.05\times2\times998.2}{1.005\times10^{-3}}=99323$$

(2) 用 CGS 单位制计算

$$\rho=998.2\mathrm{kg/m^3}=0.9982\mathrm{g/cm^3}$$

$$\mu=1.005\times10^{-3}\mathrm{Pa\cdot s}=\frac{1.005\times10^{-3}\times1000}{100}\mathrm{P}=1.005\times10^{-2}\mathrm{g/(cm\cdot s)}$$

$$u=2\mathrm{m/s}=200\mathrm{cm/s},\ d=5\mathrm{cm}$$

所以

$$Re=\frac{du\rho}{\mu}=\frac{5\times200\times0.9982}{1.005\times10^{-2}}=99323$$

1.3.5　流体在圆形管中的流动特性

流体在圆形管中的流动形态分为层流与湍流两种，对不同的流动形态进行比较，简单地说，两者的本质区别在于流体内部质点的运动方式不同。前者是流体质点沿着与管轴平行方向作有规则的直线运动，是一维流动，流体质点互不干扰，互不碰撞，没有位置交换，是很有规律的分层运动；后者是流体质点除沿轴线方向作主体流动外，还在径向方向上作随机的脉动，湍流质点间发生位置交换，相互剧烈碰撞与混合，使流体内部任一位置上流体质点的速度大小及方向都会随机改变，因而湍流是一个杂乱无章、无规则的运动。下面对湍流特性进行详细讨论。

1.3.5.1　湍流的特点

前已述及，层流流动宏观上是一种规则的流体流动，即流体的质点是有规则地层层向下游流动；而湍流流体的质点除了向下游的主体流动外，还同时在其他各个方向作杂乱无章的、速度大小不同的脉动，流体的质点发生强烈的混合，亦即在流动的任意空间位置上，流体的流速与压力等物理量均随时间呈随机的高频脉动。因此，质点的脉动是湍流最基本的特点。

其次，由于湍流流体质点之间相互碰撞，使得流体层之间的应力急剧增加。这种由于质点碰撞与混合所产生的湍流应力，较之由于流体黏性所产生的黏性应力要大得多。因此，湍流流动的阻力远远大于层流。这是湍流的又一特点。

湍流的第三个特点是由于质点的高频脉动与混合，使得在与流动垂直的方向上流体的速度分布比层流均匀。

1.3.5.2 湍流的表征

时均速度与脉动速度：总体来说，湍流时流体质点在沿管轴流动的同时还做随机的脉动，空间任一点的速度（包括大小和方向）都随时变化。如果在某一点测定该点沿管轴 x 方向以及在其他方向上的分量随时间的变化，可得如图1-12所示的波形。据此，可将任意一点的速度分解成两部分：一个是按时间平均而得到的恒定值，称为时均速度；另一个是因脉动而高于或低于时均速度的部分，称为脉动速度。在直角坐标系中，令 x、y、z 方向上流体质点的瞬时速度分别为 u_x、u_y、u_z，时均速度分别为$\bar{u}_x$、$\bar{u}_y$、$\bar{u}_z$，脉动速度分别为 u'_x、u'_y、u'_z，则它们之间的关系如下。

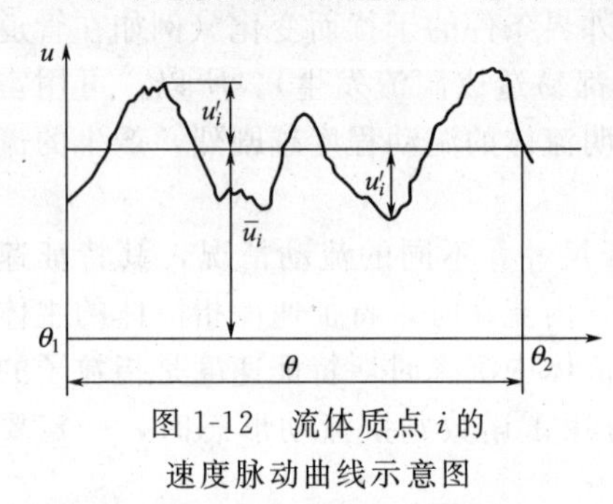

图 1-12　流体质点 i 的速度脉动曲线示意图

$$u_x = \bar{u}_x + u'_x \tag{1-26}$$

$$u_y = \bar{u}_y + u'_y \tag{1-26a}$$

$$u_z = \bar{u}_z + u'_z \tag{1-26b}$$

除流速外，湍流中的其他物理量，如温度、压力、密度等也都是脉动的，亦可采用同样的方法表征。

上述时均速度的定义，可以用数学式表达。以 x 方向为例，$\bar{u}_x$可以表达为

$$\bar{u}_x = \frac{1}{\theta}\int_{\theta_1}^{\theta_2} u_x \mathrm{d}\theta \tag{1-27}$$

式中的 θ 为能使$\bar{u}_x$不随时间而变的一段时间，由于湍流中速度脉动的频率很高，故一般只需数秒即可满足上述要求。

湍流瞬时速度可以用热线风速仪或激光测速仪测定，而常规的速度测量仪表（例如皮托管）只能测定时均速度。

1.3.5.3 湍流的强度

湍流也可用另一种方法描述，即把湍流看成是在一个主体流动上叠加各种不同尺度、强弱不等的漩涡。大漩涡不断生成，并从主流的总能中获得能量。与此同时，大漩涡逐渐分裂成越来越小的漩涡，其中最小的漩涡中由于存在大的速度梯度，机械能因流体黏性而最终变为热能，小漩涡随之消亡。因此，湍流流动时的机械能损失比层流时的大得多。

湍流强度通常用脉动速度的均方根值表示。对 x 方向的湍流强度可表示为：

$$I_x = \sqrt{\overline{u'_x{}^2}} \tag{1-28}$$

其数值与漩涡的旋转速度和所包括的机械能有关，也可将湍流强度表示为脉动速度的均方根与平均流速的比值，即：

$$I_x = \frac{\sqrt{\overline{u'_x{}^2}}}{\bar{u}} \tag{1-29}$$

对无障碍物的湍流流场，此湍流强度为 0.5%～2%，但在障碍物后的高度湍流区，湍流强度可达 5%～10%。

1.3.5.4 湍流剪应力

湍流流动的剪应力，主要取决于脉动速度的大小，其数值远大于层流流动的剪应力。湍流流动的剪应力由两部分组成，即分子运动引起的黏性剪应力 τ 和质点脉动引起的涡流剪应力 τ_e。模仿牛顿黏性定律的形式，可以将湍流剪应力写成如下形式。

$$\tau_t=\tau+\tau_e=(\mu+\varepsilon)\frac{du}{dy} \tag{1-30}$$

式中，ε 为涡流黏度，它不仅与流体的物性有关，还随流动状况而变化，反映了湍流流动中流体的脉动特性。与黏度 μ 完全不同，涡流黏度 ε 不是流体的物理性质，仅具有反映湍流状态的象征意义。

1.3.6 边界层理论

早期的流体力学研究，理论与实验结果差异很大。例如，对于黏度很小的流体，一般的理解是产生的摩擦力也很小，但是按理想流体处理，理论推断结果与实验数据不符。类似的问题一直没能得到圆满的解释。直到 20 世纪初，普兰特（Plandt）提出了边界层概念，深刻地揭示了理论与实验结果的差异所在，从此，流体力学得到了迅速的发展。

如前所述，实际流体与固体壁面做相对运动时，流体内部都会有剪应力的作用。对于雷诺数很高的流动问题，由于速度梯度集中在壁面附近，故剪应力也集中在壁面附近。远离壁面处的速度变化很小，作用于流体层间的剪切应力变化也很小，这部分流体可视为理想流体。于是可将流动分成两个区域：远离壁面的大部分区域和壁面速进的一层很薄的流体层。在远离壁面的主流区域，可按理想流体处理。而对于壁面附近的薄流体层，由于流体的黏性作用，必须考虑黏性力的影响，这就是普兰特提出的边界层理论的主要思想，下面仅简单介绍边界层的有关概念。

1.3.6.1 边界层的形成与发展

如图 1-13 所示，当黏性流体以均匀速度 u_0 流近水平放置的平板时，当到达平板前沿时，由于流体具有黏性且能完全湿润壁面，则紧贴壁面处的流体附着在壁面上而“不滑脱”，即在壁面上的流速为零。在此静止流体层和与其相邻的流体层之间，由于剪切作用，使得相邻流体层的速度减慢。这种减速作用，由壁面开始依次向流体内部传递。离壁面越远，减速作用越小。实验发现，这种减速作用并不遍及整个流动区域，而是集中于壁面附近的流体层内。

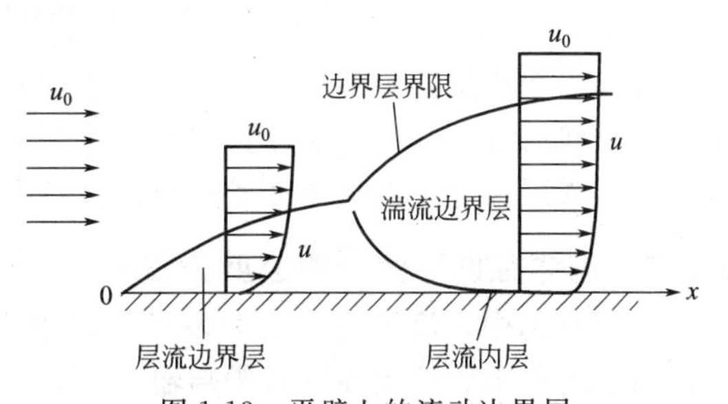

图 1-13 平壁上的流动边界层

由此可知，流体流过平板壁面时，由于流体黏性的作用，在垂直于流动的方向上便产生了速度梯度。在壁面附近存在一薄层流体，速度梯度很大；而在此薄层之外，速度梯度很小，可视为零。壁面速进速度梯度较大的流体层称为边界层，边界层之外，速度梯度接近于零的区域称为主流区。

实际上，随着离开壁面前缘距离的增加，流速受影响的区域相应增大。通常定义 $u\leqslant 99\%u_0$ 的区域为边界层，即边界层是固体壁面对流体流动的影响所波及的区域。由于边界层内的减速作用是逐渐消失的，所以边界层的界限应延伸至距壁面无穷远处。同时，将该条件下边界层外缘与壁面间的垂直距离定义为边界层厚度，这种人为的规定，对解决实际问题所引起的误差可以忽略不计。应指出，边界层的厚度与从平板前缘算起的距离相比是很小的。

由于边界层内存在很大的速度梯度，因而必须考虑黏度的影响；而在边界层外，速度梯度小到可以忽略，则无需考虑黏性的影响。这样，在研究实际流体沿固体界面流动的问题时，只要集中注意力于边界层内的流动即可。

1.3.6.2 层流边界层与湍流边界层

边界层内也有层流与湍流之分。流体流经固体壁面的前段，若边界层内的流型为层流，则称为层流边界层；当流体离开前沿若干距离后，边界层内的流型转变为湍流，则称为湍流边界层。

湍流边界层发生处，边界层突然加厚，且其厚度较快地扩展。即使在湍流边界层内，壁面附近仍有一层薄薄的流体层呈层流流动，把这个薄层称为层流内层或滞流底层。层流内层到湍流主体间还存在过渡层。层流内层的厚度随 *Re* 值增加而减少，但不论流体湍动得如何剧烈，层流内层的厚度都不会为零。层流内层的厚度对传热和传质过程有很大的影响。

对于过程工程中经常遇到的流体在圆管内流动的情况而言，流体在管内流动同样也形成边界层。

对于圆管流体流动来说，仅在进口段附近一段距离内（入口段），边界层有内外之分，经过此段距离后，如图 1-14 所示，边界层扩展至管中心汇合，边界层厚度即为管道的半径且不再变化，即管壁对流体的影响波及整个管内的流体，这种流动称为充分发展的流动。

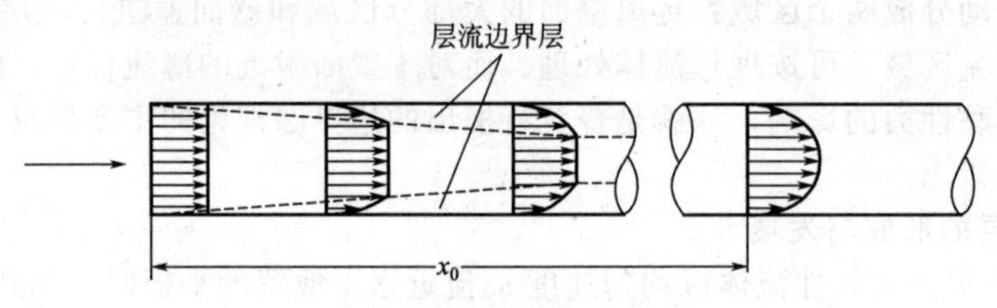

图 1-14　圆管中边界层的发展

圆管内边界层的形成与发展有两种情况：一是 u_0 较大，在进口附近区域首先形成层流边界层，然后逐渐过渡到湍流边界层，最后在管中心汇合而形成充分发展的湍流；二是 u_0 较小，形成层流边界层后便在管中心汇合，而后达到充分发展的层流。

1.3.7 流体在圆形管中的速度分布

工程应用中，流体的输送大多在管道中进行，因此研究管内流动速度分布具有重要意义。由于工程上管道流体的长距离输送，大多在稳态流动下进行，进出口流动区域相对于完全发展段流动区域要短很多，因此下面的分析以稳态流动的牛顿型流体为例，研究完全发展段的流动速度分布，在该区域，流速的分布和流动形态始终保持不变。

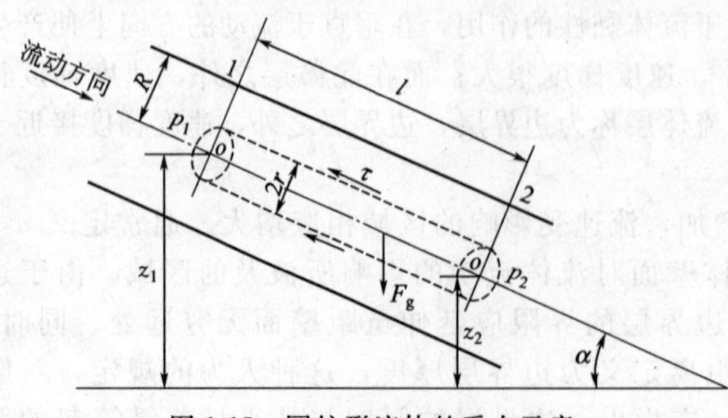

图 1-15　圆柱形流体的受力示意

1.3.7.1 圆管内流体的受力分析

如图 1-15 所示的是流体通过一段均匀直管作稳态流动的情况。在圆管内，以管轴为中心，任取一段半径为 *r*、长度为 *l* 的流体圆柱，该圆柱体所受各力分别如下。

两端面上的压力：

$$F_1=\pi r^2 p_1$$
$$F_2=\pi r^2 p_2$$

流体层外表面上的摩擦力：

$$F=2\pi rl\tau$$

圆柱体的重力：

$$F_g=\pi r^2 l\rho g$$

式中 p_1，p_2——两端面中心处的压强，Pa；

τ——圆柱体外表面上所受的剪应力，Pa；

ρ——流体密度，kg/m^3。

因流体在均匀直管中作等速运动，各外力之和必为零，即：

$$F_1-F_2+F_g\sin\alpha-F=0$$

将 F_1、F_2、F 及 F_g 代入上式并整理可得：

$$\tau=\frac{p_1-p_2}{2l}r \tag{1-31}$$

式(1-31) 表示圆管中沿管截面上的剪应力分布。由以上推导可知，剪应力分布与流动截面的几何形状有关，与流体种类、层流或湍流无关，即对层流和湍流皆适用。由此式可以看出，在圆形直管内剪应力与半径 r 成正比。在管中心 $r=0$ 处，剪应力为零；在管壁 $r=R$ 处，剪应力最大，其值为 $\left(\frac{p_1-p_2}{2l}\right)R$。剪应力分布如图 1-16 所示。

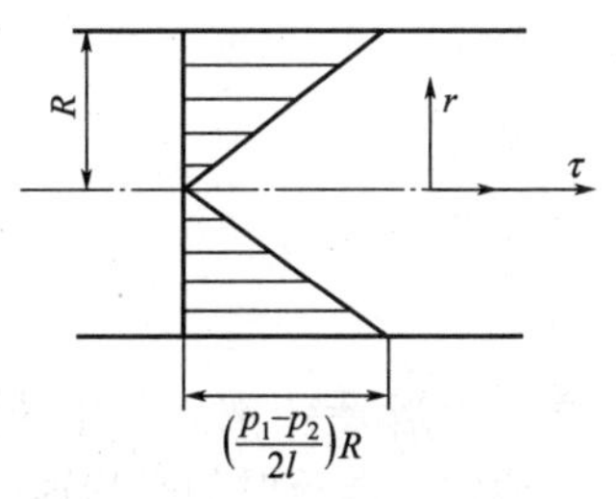

图 1-16 圆管中剪应力分布示意

1.3.7.2 层流速度分布

流体在管内作层流流动时，剪应力与速度梯度的关系服从牛顿黏性定律，即

$$\tau=-\mu\frac{du}{dr} \tag{1-32}$$

由于管内流动的 du/dr 为负，为使剪应力保持正号，上式右方加一个负号。此式是描述牛顿型流体层流流动的特征方程式。将此式代入式(1-31)，并利用壁面上流体速度为零（即 $r=R$ 时，$u=0$）的边界条件将其积分，可以得到圆管内层流速度分布为：

$$u=\frac{p_1-p_2}{4\mu l}(R^2-r^2) \tag{1-33}$$

管中心的最大流速为：

$$u_{max}=\left(\frac{p_1-p_2}{4\mu l}\right)R^2 \tag{1-34}$$

将 u_{max} 代入上式得：

$$u_r=u_{max}\left[1-\left(\frac{r}{R}\right)^2\right] \tag{1-35}$$

式中 u_r——与管中轴线垂直距离为 r 处的点速度，m/s；

u_{max}——管中轴线上的最大速度，m/s；

r——与管中轴线的垂直距离，m；

R——管半径，m。

其中：①当 $r=0$ 时，即管中轴线处流速最大；②当 $r=R$ 时，即管壁处流体流速为零；③理论和实验结果都表明，层流时各点速度的平均值 u 等于管中心处最大速度 u_{max} 的 0.5 倍。

从上式可知，层流时圆管截面上的速度沿管径呈抛物线分布，如图 1-17 所示。

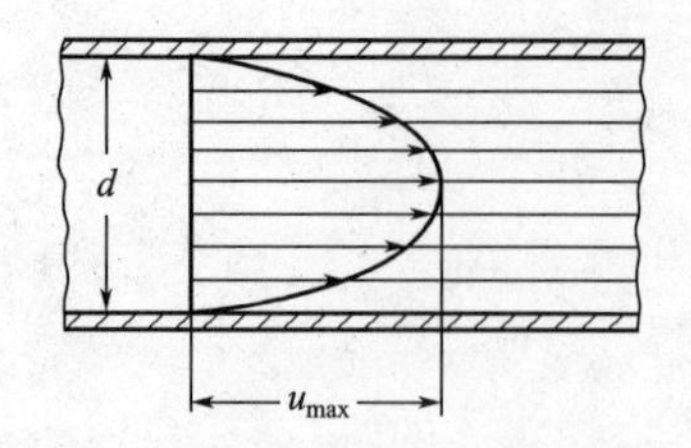

图 1-17　层流时圆管内的速度分布

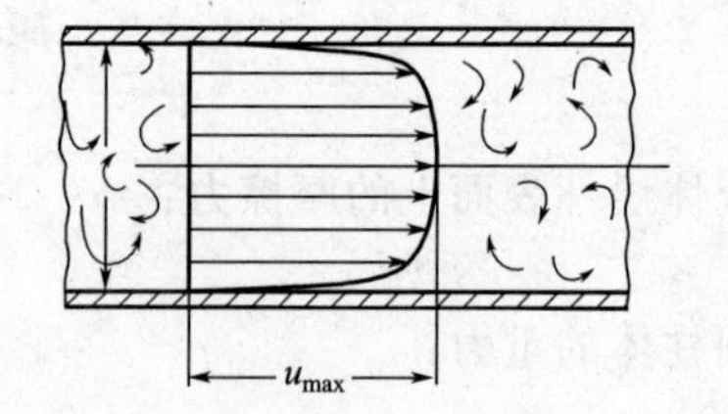

图 1-18　湍流时圆管内的速度分布

1.3.7.3　湍流速度分布

湍流时，流体质点运动比较复杂，其速度分布曲线一般由实验测定，如图 1-18 所示。由于流体质点强烈碰撞混合，使截面上靠管中心部分彼此拉平，速度分布比较均匀。管内流体 Re 值愈大，湍动程度愈高，曲线顶端愈平坦，其速度分布式为：

$$u=u_{max}\left(1-\frac{r}{R}\right)^{n} \tag{1-36}$$

式中　n——与 Re 有关的指数，在不同的 Re 范围内取不同的值。

$$4\times10^{4}<Re<1.1\times10^{5}\text{ 时，}n=\frac{1}{6}$$

$$1.1\times10^{5}<Re<3.2\times10^{6}\text{ 时，}n=\frac{1}{7}$$

$$Re<3.2\times10^{6}\text{ 时，}n=\frac{1}{10}$$

同样：①当 $r=0$ 时，管中轴线处流速最大；②当 $r=R$ 时，管壁处流体流速为零。

通常，湍流时的平均速度 u 与管内最大速度 u_{max} 的比值随雷诺数变化，如图 1-19 所示，图中 Re 和 Re_{max} 是分别以平均速度 u 与管内最大速度 u_{max} 计算的雷诺数。

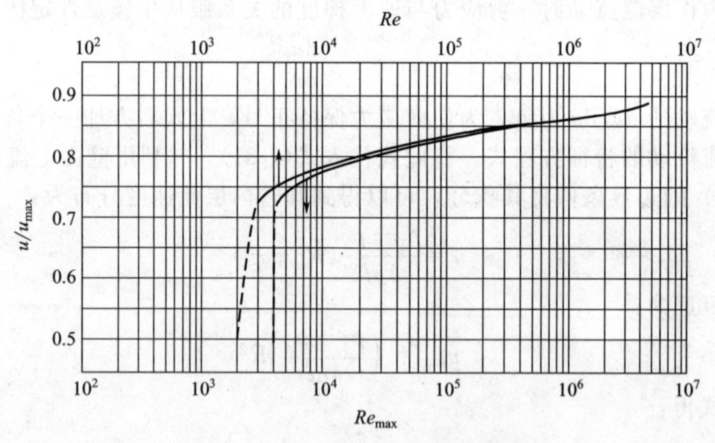

图 1-19　u/u_{max} 与 Re、Re_{max} 的关系

既然湍流时管壁处的速度也等于零，则靠近管壁的流体仍作层流流动，这一作层流流动的流体薄层，称为层流内层或层流底层。自层流内层往管中心推移，速度逐渐增大，出现了既非层流流动也非完全湍流流动的区域，这个区域称为缓冲层或过渡层，再往中心才是湍流主体。层流内层的厚度随 Re 值的增加而减少。层流内层的存在，对传质和传热过程都有重大影响，该内容将在后面有关章节中讨论。

层流与湍流的区别也可以从动量传递的角度更深入地理解。根据牛顿第二定律：

$$F=m\frac{du}{d\theta}=\frac{d(mu)}{d\theta} \tag{1-37}$$

则 $$\tau=\frac{F}{A}=\frac{1}{A}\frac{\mathrm{d}(mu)}{\mathrm{d}\theta} \tag{1-37a}$$

式中 θ——时间，s；

mu——动量，kg·m/s。

因此，剪应力意味着相邻的两流体层之间，单位时间单位面积所传递的动量，即动量通量。对于层流流动，两流体层间的动量传递是分子交换；对于湍流流动，两流体层间的动量传递是分子交换加质点交换，而且是以质点交换为主。

1.4 流体流动的质量与能量衡算

1.4.1 质量衡算

对于一个稳态流动系统，系统内任意空间位置上均无物料积累，所以物料衡算关系为，流入系统的质量流量等于离开系统的质量流量。如图1-20所示的管路系统，流体从截面1—1′进入系统的质量流量 m_{s_1} 应等于离开系统的质量流量 m_{s_2}。

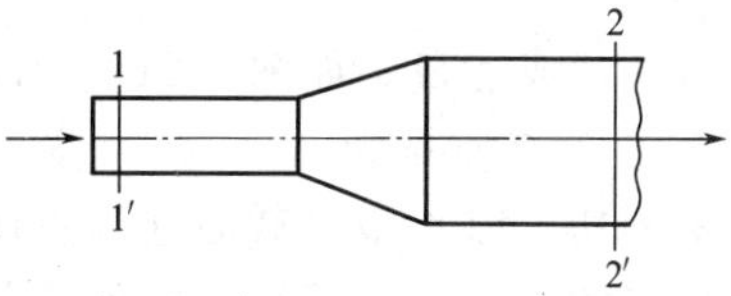

1
2
1′
2′

图1-20 连续性方程的推导

即

$$m_{s_1}=m_{s_2} \tag{1-38}$$

或

$$m_s=u_1\rho_1A_1=u_2\rho_2A_2 \tag{1-38a}$$

若上式推广到管路上任何一个截面，即：

$$m_s=u_1\rho_1A_1=u_2\rho_2A_2=\cdots=u\rho A=\text{常数} \tag{1-38b}$$

式(1-38b) 表示在稳态流动系统中，流体流经各截面的质量流量不变，而流速 u 随管道截面积 A 及流体的密度 ρ 而变化。

若流体可视为不可压缩性流体，即 ρ 可取常数，则上式可改写成：

$$V_s=u_1A_1=u_2A_2=\cdots=uA=\text{常数} \tag{1-38c}$$

式(1-38c) 说明不可压缩性流体不仅流经各截面的质量流量相等，它们的体积流量也相等。

式(1-38)～式(1-38c) 称为流体在管道内流动时的连续性方程式，它反映了在稳态流动系统中，流量一定时，管路各截面上流速的变化规律。此流动规律与管道的放置方式、管道上是否装有管件、阀门及输送机械的布置情况无关，它只是描述流体在圆形管道中的物料衡算关系。

在圆形管道中，对于不可压缩流体稳态流动的连续性方程还可以改写为：

$$\frac{u_1}{u_2}=\left(\frac{d_2}{d_1}\right)^2 \tag{1-38d}$$

式(1-38d) 说明，当流体的体积流量一定时，流速与管径的平方成反比。

1.4.2 总能量衡算

对于流体流动过程，除了掌握流动体系的物料衡算外，还要了解流动体系能量间的相互转化关系。本节介绍能量衡算方法，进而导出可用于解决工程实际问题的柏努利方程。

流体流动过程必须遵守能量守恒定律。如图1-21所示，流体在系统内作稳态流动，管路中有对流体做功的泵和与流体发生热量交换的换热器。在单位时间内，有质量为 m 的流体从截面1—1′进入，则同时必有相同量的流体从截面2—2′处排出。这里对1—1′与2—2′两截面间及管路和设备的内表面所共同构成的系统进行能量衡算，并以0—0′为基准水平面。

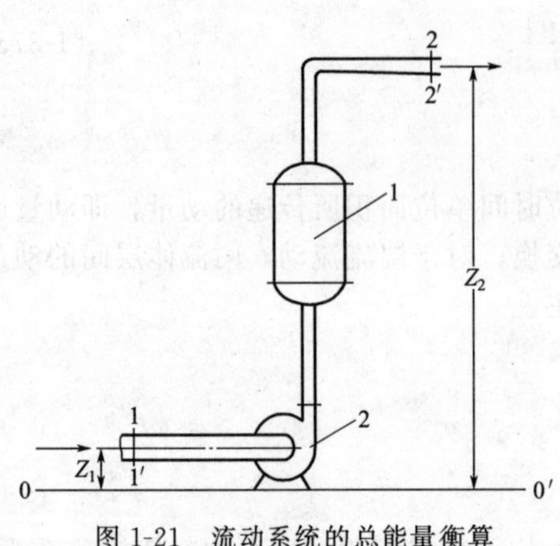

图 1-21　流动系统的总能量衡算

1—换热器；2—泵

流体由 1—1′截面所输入的能量如下。

(1) 内能　内能是贮存于物质内部的能量，它是由分子运动、分子间作用力及分子振动等而产生的。从宏观来看，内能是状态函数，它与温度有关，而压力对其影响较小。以 U 表示单位质量流体的内能，对于质量 m（kg）的流体由 1—1′截面带入的内能为 mU_1。

(2) 位能　位能是流体在重力作用下，因高出某基准水平面而具有的能量，相当于将质量为 m（kg）的流体，由基准水平面提高到某一高度克服重力所需的功。位能是一个相对值。输入 1—1′截面流体的位能为 mgZ_1。

(3) 静压能　静压能是将流体推进流动体系所需的功或能量。如图 1-21 所示，1—1′截面处的压强为 p_1，则作用于该截面上的总压力为 p_1A_1。现有质量为 m（kg）、体积为 V_1 的流体，要流过 1—1′截面进入体系，必须对其做一定量的功，以克服该截面处的总压力 p_1A_1。换言之，通过 1—1′截面的流体必定携带与所需功相当的能量进入系统，则把这部分能量称为静压能。因为静压能是在流动过程中表现出来的，所以也可叫做流动功。

在 p_1A_1 总压力的作用下，质量为 m（kg）的流体流经的距离为 $L=V_1/A_1$，则质量为 m（kg）的流体的静压能为：

$$p_1A_1L=p_1A_1\frac{V_1}{A_1}=p_1V_1$$

(4) 动能　流体因运动而具有的能量称为动能，它等于将流体由静止状态加速到速度为 u 时所需的功，所以，m（kg）流体在 1—1′截面的动能为 $mu_1^2/2$。

以上四种能量的总和为 m（kg）流体输入 1—1′截面的总能量，即：

$$mU_1+mgZ_1+\frac{mu_1^2}{2}+p_1V_1$$

同理，m（kg）流体离开系统 2—2′截面的总能量为：

$$mU_2+mgZ_2+\frac{mu_2^2}{2}+p_2V_2$$

(5) 外加功　若系统中有泵或风机等输送机械的外加功输入，其单位质量流体所获得能量用 W_e 表示，单位为 J/kg，并规定系统接受外加功为正，反之为负。

(6) 热　若利用加热器或冷却器与系统交换能量，其单位质量流体所获得能量用 Q_e 表示，单位为 J/kg，并规定系统吸热为正，反之为负。

当考虑以上 6 类能量的输入输出关系后，则根据能量守恒定律有：

$$mU_1+mgZ_1+\frac{mu_1^2}{2}+p_1v_1+mW_e+mQ_e=mU_2+mgZ_2+\frac{mu_2^2}{2}+p_2v_2 \tag{1-39}$$

若等式两边均除以 m，则表示以单位质量流体为基准的能量衡算式如下：

$$U_1+gZ_1+\frac{u_1^2}{2}+p_1v_1+W_e+Q_e=U_2+gZ_2+\frac{u_2^2}{2}+p_2v_2 \tag{1-40}$$

式(1-40) 称为单位质量流体稳态流动过程的总能量衡算式，各项的单位均为 J/kg。

上式可整理为：

$$\Delta U+g\Delta Z+\Delta\frac{u^2}{2}+\Delta(pv)=Q_e+W_e \tag{1-40a}$$

1.4.3 机械能衡算

1.4.3.1 方程式推导

上述的总能量衡算式中，各项能量可分成机械能和非机械能两类。其中，动能、位能、静压能及外加功属于机械能；内能和热是非机械能。机械能和非机械能的区别是，前者在流动过程中可以相互转化，既可用于流体输送，也可转变成热和内能；而后者不能直接转变成机械能用于流体的输送。因此，为了工程应用的方便，需将总能量衡算式转变为机械能衡算式。

根据热力学第一定律，流体内能的变化仅涉及流体获得的热量与流体在该过程的有用功，即：

$$\Delta U = Q_e - W = Q_e - \left(\int_1^2 p\mathrm{d}v - \sum h_f\right) \tag{1-41}$$

式中 W——每千克流体的可逆功，它等于流体的膨胀功$\int_1^2 p\mathrm{d}v$与流体因克服流动阻力而损耗的能量$\sum h_f$之差。

此外
$$\Delta(pv) = p_2 v_2 - p_1 v_1 = \int_1^2 \mathrm{d}(pv) = \int_1^2 p\mathrm{d}v + \int_1^2 v\mathrm{d}p \tag{1-42}$$

将式(1-41) 和式(1-42) 代入式(1-40a) 可得：

$$g\Delta Z + \Delta\frac{u^2}{2} + \int_{p_1}^{p_2} v\mathrm{d}p = W_e - \sum h_f \tag{1-43}$$

将该式展开即得到：

$$gZ_1 + \frac{u_1^2}{2} + W_e = gZ_2 + \frac{u_2^2}{2} + \int_{p_1}^{p_2} v\mathrm{d}p + \sum h_f \tag{1-43a}$$

根据 $v=1/\rho$ 的关系，对于不可压缩流体，ρ 等于常数，则式(1-43a) 可简化为

$$gZ_1 + \frac{u_1^2}{2} + \frac{p_1}{\rho} + W_e = gZ_2 + \frac{u_2^2}{2} + \frac{p_2}{\rho} + \sum h_f \tag{1-44}$$

式(1-44) 称为不可压缩流体作稳态流动时的机械能衡算式——柏努利 (Bernoulli) 方程式。

1.4.3.2 柏努利方程的讨论

(1) 对于理想流体（黏度为零的流体），又无外加功的情况下，柏努利方程可写成：

$$gZ_1 + \frac{u_1^2}{2} + \frac{p_1}{\rho} = gZ_2 + \frac{u_2^2}{2} + \frac{p_2}{\rho} = \text{常数}$$

由此可以看出，流体流动过程中，任一截面的总机械能保持不变，而每项机械能不一定相等，能量的形式可相互转化，但必须保证机械能之和为一个常数值。

(2) 柏努利方程通常还采用以单位重量流体为衡算基准，即以压头形式表示，就是将式(1-44) 各项均除以重力加速度 g，可得：

$$Z_1 + \frac{u_1^2}{2g} + \frac{p_1}{\rho g} + H_e = Z_2 + \frac{u_2^2}{2g} + \frac{p_2}{\rho g} + H_f \tag{1-45}$$

式中，Z 为位压头，单位为 m 流体柱；$\frac{u^2}{2g}$为动压头，单位为 m 流体柱；$\frac{p}{\rho g}$为静压能以压头形式表示，称为静压头，单位为 m 流体柱；设 $H_e=\frac{W_e}{g}$为外加功以压头形式表示，称为有效压头，单位为 m 流体柱；设$H_f=\frac{\sum h_f}{g}$为压头损失，单位为 m 流体柱。

(3) 对于气体流动过程，若$\frac{p_1-p_2}{p_1}<20\%$时，也可用式(1-44) 进行计算，此时式中的密度 ρ 须用气体平均密度 ρ_m 代替，即 $\rho_m=\frac{\rho_1+\rho_2}{2}$。

（4）当速度 u 为零时，则摩擦损失$\sum h_f$不存在，此时体系无需外功加入，则柏努利方程演变为流体静力学方程。因而，流体静力学方程可视为柏努利方程的一种特例。

（5）输送单位质量流体所需外加功，是选择输送设备的重要依据，若输送流体的质量流量为 m_s（kg/s），则输送流体所需供给的功率（即输送设备的有效功率）为：

$$N_e = W_e m_s \ (\text{W}) \tag{1-46}$$

（6）摩擦阻力损失$\sum h_f$是流体流动过程的能量消耗，一旦损失能量不可挽回，其值永远为正值。

1.4.3.3 柏努利方程的应用

柏努利方程的应用极为广泛，在应用中必须注意下面几个问题。

• 根据题意绘出流程示意图，选择两个截面构成机械能的衡算范围。选截面时，应考虑流体在衡算范围内必须是连续的，所选截面要与流体流动方向垂直，同时要便于有关物理量的求取。

• 基准水平面可以任意选定，只要求与地面平行即可。但为了计算方便，通常选取基准水平面通过两个截面中相对位置较低的一个，如果该截面与地面平行，则基准水平面与该截面重合。尤其对于水平管道，应使基准水平面与管道的中心线重合。

• 方程中各项的单位应是同一单位制，尤其是应注意流体的压力，方程两边都用绝对压力或都用表压。

• 衡算范围内所含的外加功及阻力损失不能遗漏。

以下是柏努利方程的应用示例。

（1）计算输送机械的有效功及功率

【例 1-10】 如本题附图所示为 CO_2 水洗塔的供水系统。水洗塔内绝对压强为 2100kPa，贮槽水面绝对压强为 300kPa，塔内水管与喷头连接处高于贮槽水面 20m，管路为 ϕ57mm×2.5mm 钢管，送水量为 15m³/h。塔内水管与喷头连接处的绝对压强为 2250kPa。设能量损失为 49J/kg，水的密度取 1000kg/m³，求水泵的有效功率？

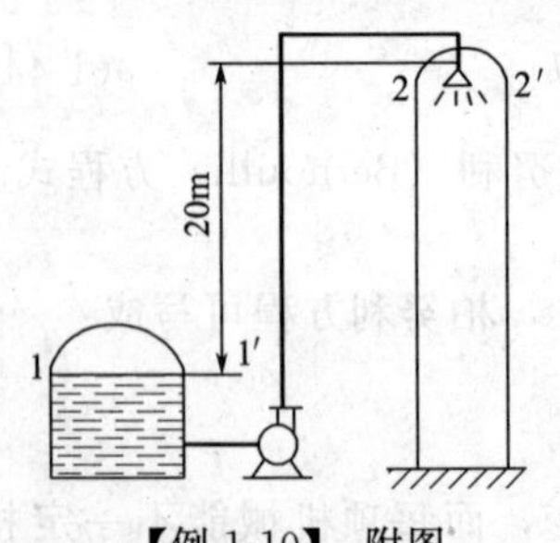

【例 1-10】 附图

解： 取水槽水面为 1—1′截面，塔内水管与喷头连接处为 2—2′截面。以 1—1′截面为基准水平面，列出 1—1′、2—2′截面间柏努利方程式。

$$gZ_1 + \frac{u_1^2}{2} + \frac{p_1}{\rho} + W_e = gZ_2 + \frac{u_2^2}{2} + \frac{p_2}{\rho} + \sum h_f$$

已知 $Z_1 = 0$　　　　$Z_2 = 20\text{m}$

$p_1 = 300 \times 10^3 \text{Pa}$（绝压）　　　　$p_2 = 2250 \times 10^3 \text{Pa}$（绝压）

$u_1 = 0$　　　　$\sum h_f = 49\text{J/kg}$

将各已知值代入柏努利方程式，可得：

$$W_e = (20-0) \times 9.81 + \frac{(2250 \times 10^3 - 300 \times 10^3)}{1000} + \frac{(1.97^2 - 0)}{2} + 49$$

$$= 196.2 + 1950 + 1.93 + 49$$

$$= 2197 \ (\text{J/kg})$$

则水泵的有效功率 Ne 为：

$$Ne = W_e m_s = \frac{2197 \times 15 \times 10^3}{3600} = 9160 \ (\text{W}) = 9.16 \ (\text{kW})$$

（2）确定管道中流体的流量

【例 1-11】 如本题附图所示，为测量某水平通风管道内空气的流量，在该管道的某一截面处安装一个锥形接头，使管道直径自 200mm 渐缩到 150mm，并在锥形接头的两端各引出一个测压口连接 U 形管压差计，用水作指示液测得读数 $R=40$mm。已知空气的平均密度为 1.2kg/m³，设空气流过锥形接头的能量损失可忽略，试求空气的体积流量。

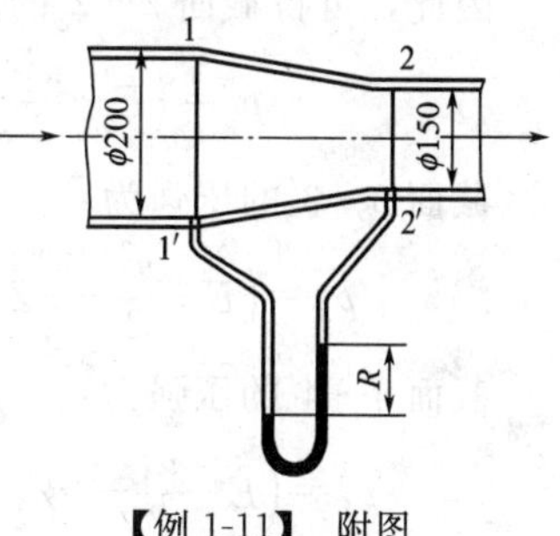

【例 1-11】 附图

解：通风管道内空气温度不变，压力变化也很小，故可按不可压缩流体处理，在截面 1—1′与截面 2—2′之间列柏努利方程，以管中心线为基准水平面。

由于 $Z_1=Z_2$，$W_e=0$，$\sum h_f=0$，故有：

$$\frac{u_1^2}{2}+\frac{p_1}{\rho}=\frac{u_2^2}{2}+\frac{p_2}{\rho}$$

p_1 与 p_2 之差可根据 U 形管压差计读数 R 利用式(1-11b) 计算，即

$$\Delta p=p_1-p_2=Rg\rho_A=0.04\times 9.81\times 1000=392.4\ (\text{Pa})$$

于是

$$\frac{u_2^2-u_1^2}{2}=\frac{p_1-p_2}{\rho}=\frac{392.4}{1.2}=327\ (\text{m}^2/\text{s}^2)$$

即

$$u_2^2-u_1^2=654\text{m}^2/\text{s}^2 \tag{1}$$

根据连续性方程，得：

$$u_2=u_1\left(\frac{A_1}{A_2}\right)=u_1\left(\frac{d_1}{d_2}\right)^2=u_1\left(\frac{0.2}{0.15}\right)^2$$

即

$$u_2=1.78u_1 \tag{2}$$

式(1) 及式(2) 联立，可得：

$$u_1=17.4\ (\text{m/s})$$

因此

$$V_s=\frac{\pi}{4}\times 0.2^2\times 17.4=0.55\ (\text{m}^3/\text{s})$$

(3) 计算管道内流体的流速及压强

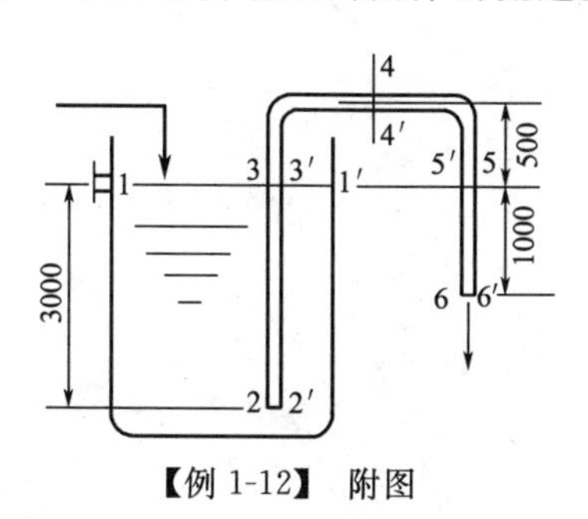

【例 1-12】 附图

【例 1-12】 如本题附图所示，水在直径均一的虹吸管内稳态流动，设管路的能量损失可忽略不计。试求：①管内水的流速；②管内截面 2—2′、3—3′、4—4′和 5—5′处的流体压强。已知大气压为 1.0133×10^5 Pa，图中所注尺寸均为 mm。

解：① 在截面 1—1′与管子出口内侧截面 6—6′之间列柏努利方程式，并以 6—6′为基准水平面。由于管路的能量损失忽略不计，即$\sum h_f=0$，故有：

$$gZ_1+\frac{u_1^2}{2}+\frac{p_1}{\rho}=gZ_6+\frac{u_6^2}{2}+\frac{p_6}{\rho}$$

式中，$Z_1=1$m，$Z_6=0$，$p_1=0$（表压），$p_6=0$（表压），$u_1=0$。

将以上各值代入上式中，得：

$$9.81\times 1=\frac{u_6^2}{2}\Rightarrow u_6=4.43\ (\text{m/s})$$

由于管径不变，故水在管内各截面上的流速均为 4.43m/s。

② 由于该系统内无输送泵，能量损失又可不计，故任一截面上的总机械能相等。按截面 1—1′算出其值为（以 2—2′为基准水平面）：

$$E=gZ_1+\frac{u_1^2}{2}+\frac{p_1}{\rho}=9.81\times 3+\frac{101330}{1000}=130.8\ (\text{J/kg})$$

因此，可得截面 2—2′的压强为：

$$p_2=\left(E-\frac{u_2^2}{2}-gZ_2\right)\rho=(130.8-9.81)\times1000=120990\ \text{(Pa)}$$

截面 3—3′的压强为：

$$p_3=\left(E-\frac{u_3^2}{2}-gZ_3\right)\rho=(130.8-9.81-9.81\times3)\times1000=91560\ \text{(Pa)}$$

截面 4—4′的压强为：

$$p_4=\left(E-\frac{u_4^2}{2}-gZ_4\right)\rho=(130.8-9.81-9.81\times3.5)\times1000=86660\ \text{(Pa)}$$

截面 5—5′的压强为：

$$p_5=\left(E-\frac{u_5^2}{2}-gZ_5\right)\rho=(130.8-9.81-9.81\times3)\times1000=91560\ \text{(Pa)}$$

由以上计算可知，$p_2>p_3>p_4$，而 $p_4<p_5<p_6$，这是由于流体在管内流动时，位能与静压能相互转换的结果。

(4) 非稳态流动过程计算示例——高位槽排液

【例 1-13】 有一个高位槽，水从底部的接管流出，如本题附图所示。高位槽直径 $D=1\text{m}$，槽内水深 2m，底部接管长 4m，管径 $d=20\text{mm}$，液体流过该系统的能量损失可以按 $\sum h_f=2.25u^2$ 计算，问槽内液面下降 1m 所需要的时间。

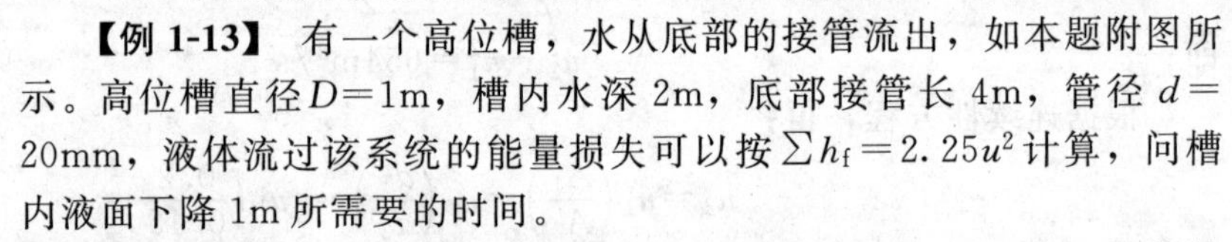

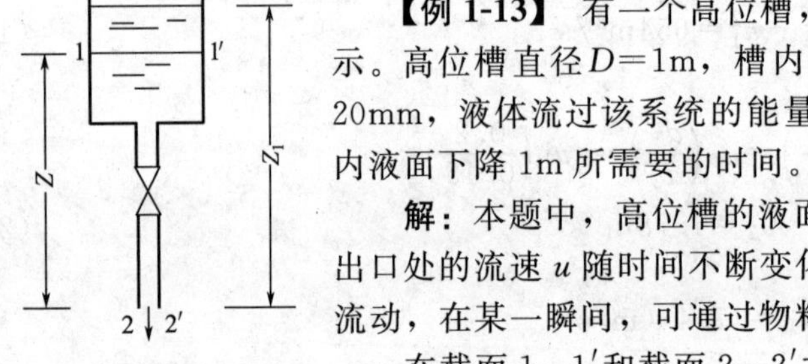

【例 1-13】 附图

解：本题中，高位槽的液面在流体流动过程中不断下降，故接管出口处的流速 u 随时间不断变化，属于非稳态流动问题。对于非稳态流动，在某一瞬间，可通过物料衡算和瞬时的柏努利方程求解。

在截面 1—1′和截面 2—2′之间的物料衡算式为：

$$-\frac{\pi}{4}d^2u=\frac{\pi}{4}D^2\frac{\mathrm{d}Z}{\mathrm{d}t}$$

式中 Z——槽内水面距出口端的垂直高度，m；

t——时间，s。

上式可写成：

$$\mathrm{d}t=-\left(\frac{D}{d}\right)^2\frac{\mathrm{d}Z}{u}$$

在某一瞬间 t，流体的流动仍可按稳态流动来处理。从而可列出柏努利方程：

$$gZ=\frac{u^2}{2}+2.25u^2$$

$$u=\sqrt{\frac{gZ}{2.75}}$$

将 u 与 Z 的关系代入物料衡算微分式，积分得：

$$t=\int_0^t\mathrm{d}t=-\left(\frac{D}{d}\right)^2\sqrt{\frac{2.75}{g}}\int_0^5\frac{1}{\sqrt{Z}}\mathrm{d}Z=565\ \text{s}$$

综上所述,应用柏努利方程的解题要点可归纳如下：

柏努利方程式,能量衡算是实质；

两个截面划系统,系统以外不考虑；

截面垂直流动向,基准平面选合适；

输入输出两本账,各项单位要统一；

外功加在输入端,损失总是算输出。

另外，有时还要结合静力学方程、连续性方程及阻力计算公式联合求解。

1.5 流体流动阻力

在上述讨论实际流体的柏努利方程时指出，实际流体由于具有黏性会使流体流动时产生阻力损失。阻力损失产生的根源是由于黏性流体的内摩擦造成的。在流体流经不规则物体时，有可能发生边界层分离，也会导致能量损失，这部分能量损失就是前面所讲的形体阻力。因此，流体流动的阻力损失不仅取决于流体的物性和流动状况，还取决于流体流道的几何形状。所以，流体流动的阻力损失可分为直管阻力和局部阻力两部分。直管阻力是指流体流经直管段时的阻力，可用 h_f 表示；局部阻力则是指流经管路中的各种管件或管截面突然扩大或缩小时等局部位置的阻力，可用 h'_f 表示。

因此，在实际流体的柏努利方程中，总的能量损失 $\sum h_f$ 可表示为：

$$\sum h_f = h_f + h'_f \tag{1-47}$$

式中 $\sum h_f$——单位质量流体在两截面之间所损失的总机械能，J/kg。

阻力损失也可用单位体积流体所损失的机械能来表示，即令：

$$\Delta p_f = \rho \sum h_f \tag{1-48}$$

由于 Δp_f 具有压强的单位，所以将其称为压强降。值得注意的是，压强降 Δp_f 不同于两截面之间的压强差 Δp，压强降是因流动阻力而引起的，而压强差则是两截面之间的压降差。

由实际流体的柏努利方程式(1-44) 可知，压强差与压强降的关系如下：

$$\Delta p = p_2 - p_1 = \rho W_e - \rho \Delta Z - \rho \Delta \frac{u^2}{2} - \Delta p_f \tag{1-49}$$

式中 Δp_f——由阻力损失导致的压强降，总是正值。

而压强差则是由多种因素决定的。只有在没有外功、等直径的水平管内，流体流动的压强差的绝对值才与压强降相同。

1.5.1 直管阻力计算通式

直管阻力是流体流经一定管径的直管时，由于流体内摩擦力的作用而产生的阻力，通常也称为沿程阻力。

如图 1-22 所示，流体在直管内以一定的速度流动时，同时受到静压力的推动和摩擦阻力的阻碍，当两个力达到力平衡时，流体的流动速度才能维持不变，即达到稳态流动。

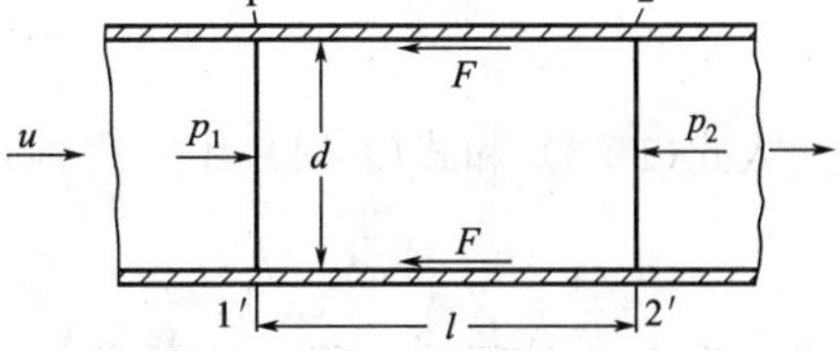

1 2 F u p_1 d p_2 F 1′ l 2′

图 1-22 直管阻力通式的推导

可在 1—1′和 2—2′截面间列柏努利方程：

$$gZ_1 + \frac{u_1^2}{2} + \frac{p_1}{\rho} + W_e = gZ_2 + \frac{u_2^2}{2} + \frac{p_2}{\rho} + \sum h_f$$

这里将 $Z_1 = Z_2$，$u_1 = u_2$，$W_e = 0$ 代入上式中，可得到：

$$\sum h_f = \frac{p_1 - p_2}{\rho} = \frac{-\Delta p}{\rho} = \frac{\Delta p_f}{\rho} \tag{1-50}$$

通过实验可测定流体流过 l 管长后的压降 Δp，进而可得出直管阻力 $\sum h_f$。利用流体在圆管中流动时力的平衡原理，可推导出直管阻力的一般计算式，现分析流体在直径为 d、管长为 l 的水平管内的受力情况：

$$推动力 = (p_1 - p_2)A = -\Delta p \times \frac{\pi d^2}{4}$$

$$流体流动阻力 = \tau \pi d l$$

式中　τ——剪应力。

由于流体在圆管内是稳态等速流动，故以上两个力必达到大小相等，方向相反，则平衡方程为：

$$-\Delta p\times\frac{\pi d^2}{4}=\tau\pi dl \tag{1-51}$$

经处理得到：

$$\Delta p_{\mathrm{f}}=\frac{8\tau}{\rho u^2}\times\frac{l}{d}\times\frac{\rho u^2}{2} \tag{1-52}$$

令：

$$\lambda=\frac{8\tau}{\rho u^2} \tag{1-53}$$

则上式可得：

$$\Delta p_{\mathrm{f}}=\lambda\frac{l}{d}\times\frac{\rho u^2}{2} \tag{1-54}$$

或

$$\sum h_{\mathrm{f}}=\frac{\Delta p_{\mathrm{f}}}{\rho}=\lambda\frac{l}{d}\times\frac{u^2}{2} \tag{1-55}$$

上两式称为范宁（Fanning）公式，是计算圆形直管阻力损失的通式，此式对于层流与湍流，管道水平、垂直、倾斜放置的情况均适用。式中，λ 称为摩擦系数，无量纲，它与 Re 或 Re 及管壁粗糙度 ε 有关，可通过实验测定，也可由相应的关联式计算。

1.5.2　圆形管内层流阻力计算

根据圆管中层流流体遵循的牛顿黏性定律：

$$\tau=-\mu\frac{\mathrm{d}u}{\mathrm{d}r} \tag{1-56}$$

又根据圆管中层流速度分布式：

$$u=u_{\max}\left[1-\left(\frac{r}{R}\right)^2\right] \tag{1-57}$$

对上式微分得到：

$$\left.\frac{\mathrm{d}u}{\mathrm{d}r}\right|_{r=R}=u_{\max}\left(-\frac{4}{d}\right)=-\frac{8u}{d} \tag{1-58}$$

将上式代入式(1-56) 中，得到：

$$\tau=\frac{8\mu u}{d}$$

再代入式(1-53) 和式(1-54) 中，得到：

$$\Delta P_{\mathrm{f}}=\frac{32\mu ul}{d^2} \tag{1-59}$$

该式称为哈根-泊稷叶方程，是圆管内层流流动时的直管阻力损失计算式。由该式可以看出，层流时，直管阻力损失与速度的一次方成正比，与范宁公式比较可知，层流时的摩擦系数可由下式计算：

$$\lambda=\frac{64}{Re} \tag{1-60}$$

【例 1-14】　甘油在 20℃下以 $5\times10^{-4}\,\mathrm{m^3/s}$ 的流量在内径为 27mm 的钢管内流动，试计算通过每米管长所产生的压降？

解：由附录可查表得 20℃甘油的密度为 $1261\,\mathrm{kg/m^3}$，黏度为 1499mPa·s，则管内流速为：

$$u=\frac{V_{\mathrm{S}}}{A}=\frac{5\times10^{-4}}{0.785\times0.027^2}=0.874\ (\mathrm{m/s})$$

雷诺数为：

$$Re=\frac{du\rho}{\mu}=\frac{0.027\times0.874\times1261}{1499\times10^{-3}}=19.85<2000$$

故流动为层流，摩擦系数为：

$$\lambda=\frac{64}{Re}=\frac{64}{19.85}=3.224$$

则每米管长所产生的压降为：

$$\Delta p_f=\rho\sum h_f=\lambda\frac{l}{d}\times\frac{\rho u^2}{2}=3.224\times\frac{1}{0.027}\times\frac{1261\times0.874^2}{2}=57.5\ (\text{kPa})$$

1.5.3 圆形管内湍流阻力计算

1.5.3.1 湍流阻力损失影响因素——因次分析法

目前对于湍流阻力计算中的 λ 值，还无法从理论上导出，采用的方法是通过量纲分析和实验确定计算 λ 的关联式。所谓量纲分析，是指当所研究的过程涉及变量较多，且通过理论依据或数学模型求解很困难时，要用实验方法进行经验关联。利用量纲分析的方法，可将几个变量组合成一个无量纲数群，用无量纲数群代替个别变量做实验，这样因无量纲数群数量必小于变量数，所以实验简化，准确性提高。

量纲分析法的理论基础是量纲一致性原则和 π 定理，其中，量纲一致性原则表明，凡是根据基本物理规律导出的物理方程，其中各项的量纲必然相同；π 定理指出：任何物理量方程都可转化为无量纲的形式，以无量纲数群的关系式代替原物理量方程，且无量纲数群的个数等于原方程中的变量总数减去所有变量涉及的基本量纲个数。

（1）量纲分析的基本步骤

① 找出影响湍流直管阻力的影响因数

$$h_f=f(d,l,u,\rho,\mu,\varepsilon)$$

式中　ε——粗糙度，指固体表面凹凸不平的平均高度，m。

② 写出各变量的量纲

$[h_f]=L^2\theta^{-2}$，$[d]=L$，$[l]=L$，$[u]=L\theta^{-1}$，$[\rho]=ML^{-3}$，$[\mu]=ML^{-1}\theta^{-1}$，$[\varepsilon]=L$

所有变量涉及的基本因次是 3 个，即 M、θ、L。

③ 选择核心物理量　选择核心物理量的依据是：a. 核心物理量不能是待定的物理量（本例是 h_f）；b. 核心物理量要涉及全部的基本量纲，且不能形成无量纲数群。

本例选择 d、u、ρ 为核心物理量符合要求。

④ 将非核心物理量分别与核心物理量组合成无量纲准数 π_i　本例的非核心物理量是 μ、l、ε、h_f，分别与核心物理量 d、u、ρ 组合得：

$$\pi_1=d^a u^b \rho^c \mu$$

$$\pi_2=d^i u^f \rho^g l$$

$$\pi_3=d^h u^o \rho^p \varepsilon$$

$$\pi_4=d^r u^s \rho^t h_f$$

以 π_1 为例，按量纲一致性原则，对其展开得：

$$M^0\theta^0L^0=[L]^a[L\theta^{-1}]^b[ML^{-3}]^c[ML^{-1}\theta^{-1}]$$

即
$$M:\ 0=c+1$$
$$\theta:\ 0=-b-1$$
$$L:\ 0=a+b-3c-1$$

解得
$$a=-1,\ b=-1,\ c=-1$$

故 $$\pi_1=\frac{\mu}{du\rho}=\frac{1}{Re}$$

同理 $$\pi_2=\frac{l}{d},\ \pi_3=\frac{\varepsilon}{d},\ \pi_4=\frac{h_f}{u^2}$$

那么，湍流阻力式可写为：

$$F(\pi_1,\pi_2,\pi_3,\pi_4)=F\left(\frac{\mu}{du\rho},\frac{l}{d},\frac{\varepsilon}{d},\frac{h_f}{u^2}\right)=0$$

以上说明，由过程函数式变成无量纲数群式时，变量数减少了 3 个，使得变量数目明显降低，实验研究更有针对性。

（2）湍流 λ 的关联式　将上式变化形式：

$$\frac{h_f}{u^2}=f\left(Re,\frac{l}{d},\frac{\varepsilon}{d}\right)$$

将上式与范宁公式［式(1-55)］比较，可知：

$$\lambda=f\left(Re,\frac{\varepsilon}{d}\right) \tag{1-61}$$

式中 Re——雷诺数；

ε/d——管子的相对粗糙度，也是个无量纲数群。

上式说明湍流时摩擦系数 λ 仅是雷诺数 Re 及管子相对粗糙度 ε/d 的函数。

量纲分析只能确定湍流直管阻力与各无量纲数群之间的大致关系，但各待定系数仍需进一步通过试验确定。

1.5.3.2　管壁粗糙度对摩擦系数的影响

过程工业中的管道可分为光滑管与粗糙管。通常把玻璃管、铝管、铜管、塑料管等称为光滑管；把钢管和铸铁管称为粗糙管。各种管材，在经过一段时间使用后，其粗糙程度都会产生很大差异。管壁粗糙面凸出部分的平均高度，称为管壁绝对粗糙度，以 ε 表示。绝对粗糙度 ε 与管径 d 之比 ε/d 称为管壁相对粗糙度。表 1-1 列出了某些工业管道的绝对粗糙度。

表 1-1　某些工业管道的绝对粗糙度

类别	管道类别	绝对粗糙度 ε/mm
金属管	无缝黄铜管、铜管及铝管	0.01～0.05
	新的无缝钢管或镀锌铁管	0.1～0.2
	新的铸铁管	0.3
	具有轻度腐蚀的无缝钢管	0.2～0.3
	具有显著腐蚀的无缝钢管	0.5 以上
	旧的铸铁管	0.85 以上
非金属管	干净玻璃管	0.0015～0.01
	橡皮软管	0.01～0.03
	木管道	0.25～1.25
	陶土排水管	0.45～6.0
	很好整平的水泥管	0.33
	石棉水泥管	0.03～0.8

在讨论层流流动的直管阻力损失时，并未考虑管壁粗糙度的影响，这是因为流体作层流流动时，管壁上凹凸不平的地方都被有规则的流体层所覆盖，流体质点对管壁凸出部分不会有碰撞作用。所以层流时，摩擦系数与管壁粗糙度无关，λ 仅为 Re 的函数。

当流体作湍流流动时，靠管壁处总存在着一层层流内层，如果层流内层的厚度 δ_b 大于壁面的绝对粗糙度，即 $\delta_b>\varepsilon$，如图 1-23(a) 所示，此时管壁粗糙度对摩擦系数的影响与层流相近，管道也可称为水力学光滑管，表明摩擦系数与管壁粗糙度无关，λ 仅为 Re 的函数。随着 Re 的增加，层流内层的厚度逐渐变薄，当 $\delta_b<\varepsilon$ 时，如图 1-23(b) 所示，壁面凸出部

分便伸入湍流区内与流体质点发生碰撞，使湍流加剧，此时壁面粗糙度对摩擦系数的影响便成为重要的因素，从而使湍流阻力损失大大增加，Re 值愈大，滞流内层愈薄，这种影响愈显著，此时的管道可称为水力学粗糙管。

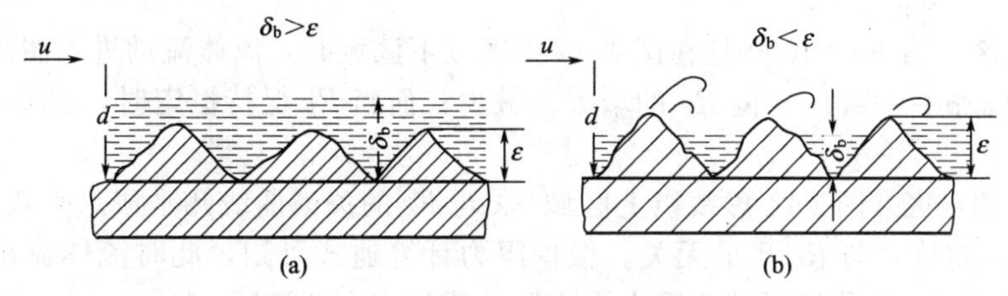

图 1-23　流体流过管壁面的情况

1.5.3.3　管内湍流的摩擦系数

典型的几个计算湍流 λ 的关联式如下。

(1) 光滑管内

① 尼库拉则 (Nikurades) 式

$$\lambda=0.0032+\frac{0.221}{Re^{0.237}} \tag{1-62}$$

该式适用于 $Re<10^5$。

② 柏拉修斯 (Blasius) 式

$$\lambda=\frac{0.3164}{Re^{0.25}} \tag{1-63}$$

该式适用于 $Re=3000\sim1\times10^5$ 的光滑管内流动。

③ 顾毓珍式

$$\lambda=0.0056+\frac{0.5}{Re^{0.32}} \tag{1-64}$$

该式适用于 $Re=3000\sim3\times10^6$。

(2) 粗糙管　对于粗糙管内的湍流流动，工程上常采用 Colebrook 提出的适用于所有湍流管道的如下隐函数公式。

$$\frac{1}{\sqrt{\lambda}}=1.74-2\lg\left(\frac{2\varepsilon}{d}+\frac{18.7}{Re\sqrt{\lambda}}\right) \tag{1-65}$$

式(1-65) 适用于全部湍流区，其误差仅在 10%～15%以内，在很长时间内都是工程设计的主要公式。该式的主要缺点就是由于隐函数的特性，使得手工计算很不方便。

Haaland 于 1983 年提出的摩擦系数的显函数公式如下。

$$\frac{1}{\sqrt{\lambda}}=-1.8\lg\left[\left(\frac{1}{3.7}\times\frac{\varepsilon}{d}\right)^{1.11}+\frac{6.9}{Re}\right] \tag{1-66}$$

式(1-66) 与式(1-65) 具有相同的渐近表现，也适用于全部湍流区，而且在 $4000\leqslant Re\leqslant10^8$ 范围内，式(1-66) 与式(1-65) 的差别小于±1.5%。它们兼顾了光滑管内的湍流，又兼顾了粗糙管内的湍流。

1.5.3.4　Moody 摩擦系数图

在 Haaland 公式提出之前，许多摩擦系数公式应用起来很不方便。为了应用方便，1944 年 Moody 将实验数据整理后，以 ε/d 为参数，标绘出了 Re 与 λ 的关系，如图 1-24 所示，称为 Moody 摩擦系数图。

图中有如下四个不同区域。

(1) 层流区　$Re\leqslant2000$ 时，因有 $\lambda=64/Re$，则 $\lg\lambda$ 随 $\lg Re$ 的增大呈线性下降，此时 λ

只与 Re 有关，与相对粗糙度 ε 无关。

（2）过渡区　当 $2000<Re<4000$ 时，管内流动属过渡状态且受外界条件影响，使 λ 值波动较大，为安全起见，工程上一般都按湍流处理，即用湍流时的曲线延伸至过渡区来查取 λ 值。

（3）湍流区　当 $Re>4000$ 且在图 1-24 虚线以下区域时，流体流动进入湍流区。对于一定的管型（即 ε/d＝常数），λ 随 Re 的增大而减少；而当 Re 保持恒定时，λ 随 ε/d 的增大而增大。

（4）完全湍流区　图 1-24 虚线以上区域，λ 与 Re 的关系曲线几乎成水平线，说明当 ε/d 一定时，λ 为一定值，与 Re 几乎无关。根据阻力计算通式可知，此时流体流动产生的阻力与速度平方成正比，故称该区域为阻力平方区，或称完全湍流区。

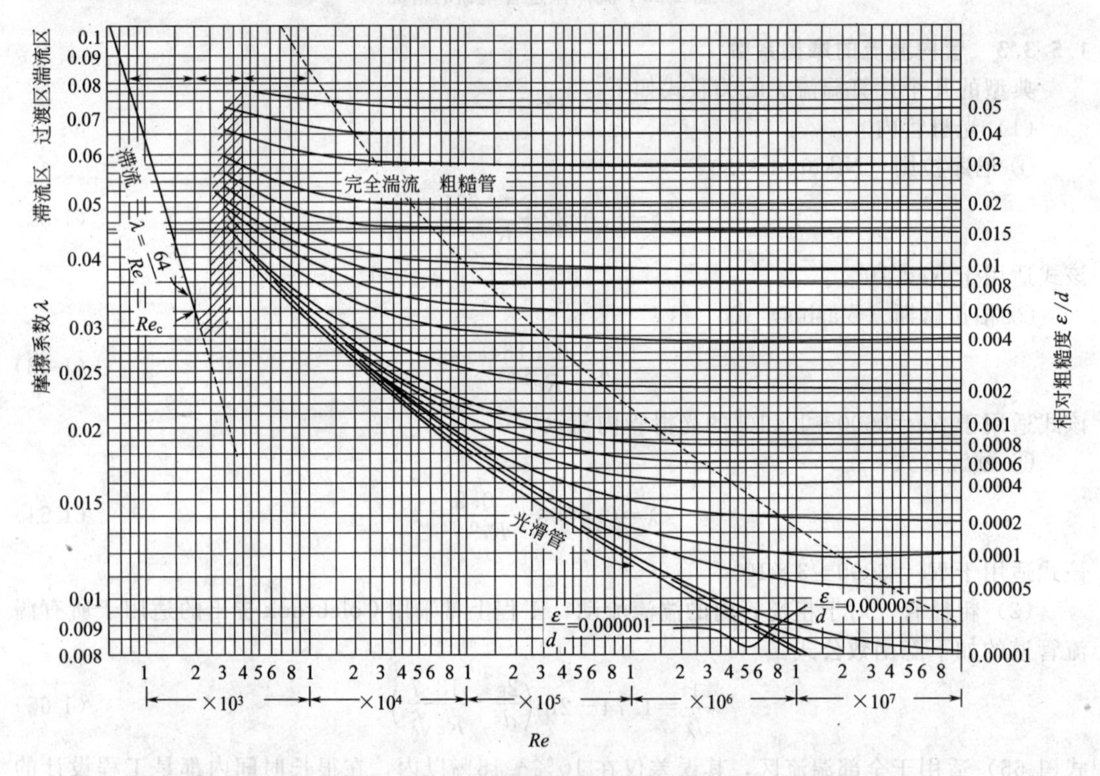

图 1-24　摩擦系数 λ 与雷诺数 Re 及相对粗糙度 ε/d 之间关系

【例 1-15】　20℃的水以 2m/s 的平均流速流过一根内径为 68mm、长 200m 的水平直管，管道的材质为新的铸铁管。试求单位质量流体的直管能量损失和压强降。

解： 20℃水的物性为 $\rho=998.2\text{kg/m}^3$，$\mu=1.005\times10^{-3}\text{Pa}\cdot\text{s}$，雷诺数：

$$Re=\frac{du\rho}{\mu}=\frac{0.068\times2\times998.2}{1.005\times10^{-3}}=1.351\times10^5>4000$$

故流动属于湍流，又由表 1-1 查得，新铸铁管的 $\varepsilon=0.3\text{mm}$。

则
$$\frac{\varepsilon}{d}=\frac{0.3\times10^{-3}}{0.068}=0.00441$$

根据 Re 及 ε/d 值，查图 1-24 得：$\lambda=0.03$。

故阻力损失：

$$\sum h_f=\lambda\frac{l}{d}\times\frac{u^2}{2}=0.03\times\frac{200}{0.068}\times\frac{2^2}{2}=176.5\ (\text{J/kg})$$

$$\Delta p_f=\rho\sum h_f=998.2\times176.5=1.762\times10^5\ (Pa)$$

1.5.4 非圆形管阻力计算

1.5.4.1 当量直径d_e

当流体通过的管道截面是非圆形时（例如套管环隙、列管的壳程、长方形气体通道等），Re 的计算式中的 d 应采用当量直径 d_e代替，即：

$$Re=\frac{d_e u\rho}{\mu} \tag{1-67}$$

式中

$$d_e=4\times r_{水力}=4\times\frac{流体流通截面积}{流体湿润周边长} \tag{1-68}$$

即水力半径 $r_{水力}$可看成流体流通截面积与流体湿润周边长之比。

由式(1-68) 可以计算出一些非圆形管道的当量直径，例如，对于一根内径为 d_2的外管和一根外径为 d_1的内管构成的环形管道（又称套管环隙），其当量直径为：

$$d_e=4\times r_{水力}=4\times\frac{\frac{\pi}{4}d_2^2-\frac{\pi}{4}d_1^2}{\pi(d_1+d_2)}=d_2-d_1$$

再如由 a、b 分别代表矩形长和宽的矩形截面的当量直径为：

$$d_e=4\times\frac{ab}{2(a+b)}=\frac{2ab}{a+b}$$

必须指出，当量直径的计算方法完全是经验性的，只能用以计算非圆管的当量直径，绝不能用来计算非圆管的管道截面积，且式(1-67) 中的流速指流体的真实流速。

1.5.4.2 非圆形管内阻力计算方法

流体在非圆形管内流动时所产生的阻力，仍可用范宁公式计算，但计算时应以当量直径 d_e 代替管径 d。试验表明，当量直径用于湍流情况下的阻力计算比较可靠；用于矩形管道时，其截面的长宽比不应超过 3∶1；用于环形管道时，可靠性较差。

尤其对于层流流动时，用当量直径计算阻力的误差更大，当使用范宁公式，除管径用当量直径取代外，摩擦系数应采用下式予以修正：

$$\lambda=\frac{C}{Re} \tag{1-69}$$

式中 C——无量纲修正系数，根据管道截面的形状而定，其值列于表 1-2。

表 1-2 某些非圆形管的常数 C 值

非圆管型的截面形状	正方形	等边三角形	环形	长方形	
				长∶宽=2∶1	长∶宽=4∶1
常数 C	57	53	96	62	73

【例 1-16】 一套管式换热器，内管与外管均为光滑管，分别为 ϕ30mm×2.5mm 与 ϕ56mm×3mm，平均温度为 40℃的水以 10m³/h 的流量流过套管环隙，试估算水通过环隙时每米管长的压强降。

解：根据题意，外管的内径 d_2和内管的外径 d_1分别为 0.05m 和 0.03m。

水流过套管环隙的流速：

$$u=\frac{V_s}{A}$$

式中，水的流通截面积为：

$$A=\frac{\pi}{4}(d_2^2-d_1^2)=\frac{\pi}{4}\times(0.05^2-0.03^2)=0.00126(m^2)$$

所以：

$$u=\frac{V_s}{A}=\frac{10}{3600\times 0.00126}=2.2\ (\text{m/s})$$

套管环隙的当量直径：

$$d_e=d_2-d_1=0.05-0.03=0.02\ (\text{m})$$

由附录查得 40℃水的物性为：

$$\rho=992\text{kg/m}^3,\ \mu=65.6\times 10^{-5}\text{Pa}\cdot\text{s}$$

所以：

$$Re=\frac{d_e u\rho}{\mu}=\frac{0.02\times 2.2\times 992}{65.6\times 10^{-5}}=66537>4000$$

故流动为湍流，在图 1-24 的光滑管曲线上查得 $\lambda=0.0196$。

根据范宁公式得：

$$\frac{\Delta p_f}{l}=\lambda\frac{1}{d_e}\times\frac{\rho u^2}{2}=\frac{0.0196}{0.02}\times\frac{992\times 2.2^2}{2}=2353\ (\text{Pa/m})$$

1.5.5 管路上的局部阻力

局部阻力又称形体阻力，是指流体通过管路中的管件（如三通、弯头、大小头等）、阀门、管子出入口及流量计等局部障碍处而发生的阻力。由于在局部障碍处，流体流动方向或流速发生突然变化，产生大量漩涡，加剧了流体质点间的内摩擦，因此，局部障碍造成的流体阻力比等长的直管阻力大得多。

1.5.5.1 局部阻力产生原因

以如图 1-25 所示的不可压缩黏性流体以均匀流速 u_0 绕过一长圆柱体的流动为例进行分析。当流体接近柱体时，在柱体表面上形成边界层，其厚度随着流过的距离而增加。流体的流速与压力沿柱体周边不同位置而变化。当流体到达 A 点时，受到壁面的阻滞，流速降为零。A 点称为驻点，在 A 点处，流体的压力最高。在 A 点到 B 点的上游区，压力逐渐降低，相应的流速逐渐加大。因此在上游区，流体处于顺压梯度之下，即压力推动流体向前。流体压力能的降低，一部分转化为动能，另一部分消耗于流体的摩擦阻力损失。至 B 点处，流速最大而压力降至最低。在 B 点之后的下游区，流速逐渐降低，压力逐渐升高，因此流体处于逆压梯度之下，即压力阻止流体向前。在此区域内，流体的动能一部分转化成压力能，另外还需一部分克服摩擦阻力损失。在逆压和摩擦阻力的双重作用下，当流体流至某点 C 处，其本身的动能将消耗殆尽而停止流动，形成新的驻点。由于流体是不可压缩的，后续流体到达 C 点时，在较高压力的作用下被迫离开壁面沿新的路径向下流去。此种边界层脱离壁面的现象称为边界层分离，C 点则称为分离点。

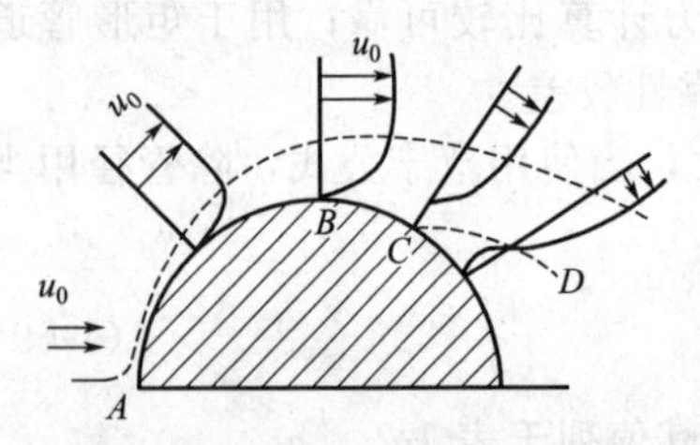

图 1-25 流体流过圆柱体表面的边界层分离

在 C 点的下游，由于形成了流体的空白区，因此在逆压梯度作用下，必有倒流的流体来补充。这些流体当然不能靠近处于高压下的 C 点而被迫退回，产生漩涡。在主流和回流两区之间，存在一个分界面，如图 1-25 所示。在回流区，流体质点强烈碰撞与混合而消耗能量，这种能量损失是因固体表面的形状以及压力在物面上分布不均造成的，故称为形体阻力。

流体流经管件、阀门、管子进出口等局部时，由于流向的改变和流道的突然改变，都会出现边界层分离现象，边界层分离是黏性流体产生能量损失的重要原因之一。工程上，为减小边界层分离造成的流体能量损失，通常将物体设计成流线型，如飞机的机翼、轮船的船体等均为流线型。

1.5.5.2 常用管件及阀门

(1) 常用管件　常用管件如图 1-26 所示。用以改变流体流向的管件有 90°弯头、45°弯头、180°回弯头等；用以堵截管路的管件有堵头（丝堵）、管帽、盲板等；用以连接支管的管件有三通、四通；用以改变管径的管件有异径管（大小头）以及内、外螺纹接头等；用以延长管路的管件有管箍（束节）、外二头丝、活接头、法兰等。

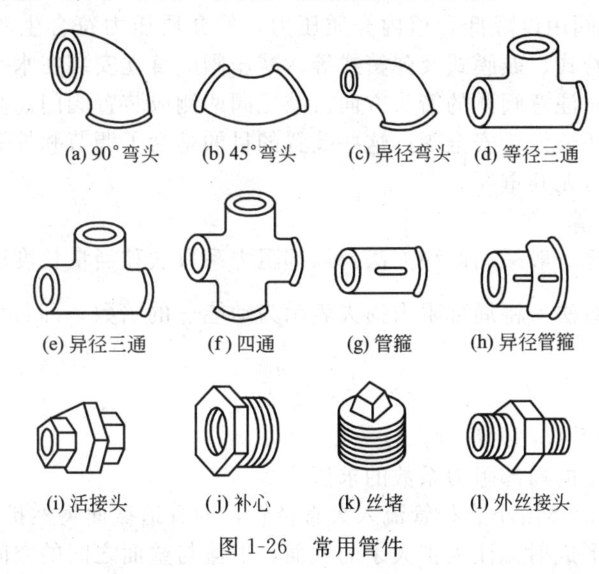

图 1-26　常用管件

(2) 常用阀门　常用阀门如图 1-27 所示。

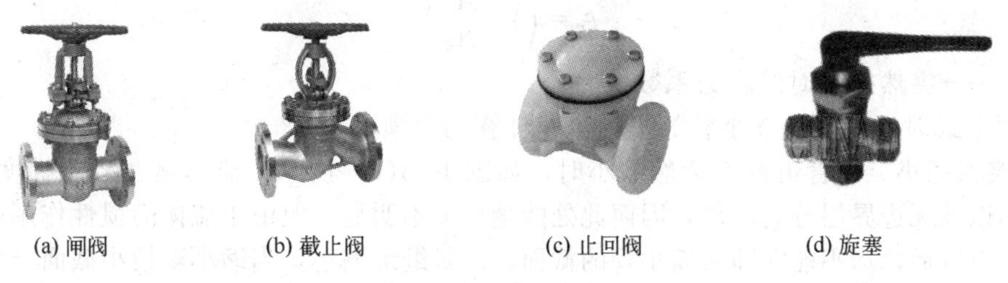

图 1-27　常用阀门

① 闸阀　阀体内装有一块闸板，使用时由螺旋升降，其移动方向与管道轴线垂直，如图 1-27(a) 所示。它密封性好，流动阻力小，应用广泛，多用于管路作切断或全开之用。这种阀门结构比较复杂，密封面易擦伤，不适用于控制流量的大小及有悬浮物的介质，常用于上水管道和热水供暖管道，但通常不用在蒸汽管道上，因为压力较高时，闸阀会因单面承受压力而难于开启。

② 截止阀　截止阀是利用圆形阀盘在阀体内的升降来改变阀盘与阀座间的距离，以开关管路和调节流量，如图 1-27(b) 所示。该阀门的流体阻力大于闸阀，但较严密可靠，可用于流量调节，不适用于有悬浮物的流体管道。

③ 球阀　球阀有一个中间开孔的球体作阀芯，靠旋转球体来开关管路。它的特点是结构简单，体积小，开关迅速，操作方便，流动阻力小，但制造精度要求高。

旋塞和球阀均是快开式阀门，阻力小、流量大。但它的密封面易磨损，开关力较大，容易卡住，故不适用于高温高压的情况。旋塞用于开关管路中的介质也可作节流阀门；球阀只用于开关管道介质，不宜作节流阀用，以免阀门长时间受介质冲刷而失去严密性。

④ 止回阀　止回阀又称单向阀或止逆阀，它只允许流体朝一个方向流动，靠流体的压

力自动开启，可防止管道或设备中的介质倒流，如图 1-27(c) 所示。离心泵吸入管端的底阀就属于此类，另外，止回阀多用于给水管路，安装时有严格的方向性，一定不可装反。

⑤ 旋塞　旋塞亦称考克，是依靠阀体内带中心孔锥形体来控制启闭的阀门，如图 1-27 (d) 所示。其特点是结构简单，开闭迅速，流体阻力小，适用于含有固相的液体，但不适用于高温、高压的场合，制造维修费工时。

⑥ 减压阀　减压阀用以降低管道内介质压力，使介质压力符合生产的需要，常用的减压阀有活塞式、波纹管式、鼓膜式及弹簧式等。减压阀应直立安装在水平管道上，阀盖要与水平管道垂直，安装时注意阀体的箭头方向。减压阀两侧应装置阀门。高低压管上都设有压力表，同时低压系统还要设置安全阀。这些装置的目的是为了调节和控制压力方便可靠，对低压系统保证安全运行尤其重要。

1.5.5.3　局部阻力计算

局部阻力损失计算一般采用两种方法：局部阻力系数法和当量长度法。

(1) 局部阻力系数法　将局部阻力损失表示为动能$\frac{u^2}{2}$的倍数，即：

$$h'_f=\xi\frac{u^2}{2} \tag{1-70}$$

式中　ξ——局部阻力系数，无量纲。

下面介绍几种常见的局部阻力系数的求法。

① 突然扩大　当流体由小直径管流入大直径管，即管道截面突然扩大时，如图 1-28(a) 所示，流体脱离壁面形成射流注入扩大了的截面，射流与壁面之间的空间产生涡流，出现了边界层分离现象，这种由于涡流而产生的能量损失可以按下式估算。

$$\xi_e=\left(1-\frac{A_1}{A_2}\right)^2 \tag{1-71}$$

式中　ξ_e——突然扩大时的阻力系数。

应用上式时，应注意按小管的平均流速计算动能项。

② 突然缩小　当管道截面突然缩小时，如图 1-28(b) 所示，流体是在顺压梯度下流动，故在收缩以前无边界层分离现象，因而此处能量损失不明显。但由于流体的惯性作用，当流体进入收缩口以后，却不能立即充满小管的截面，而是继续缩小，当缩小至最小截面（缩脉）之后，才逐渐充满小管的整个截面。在缩脉附近处，流体产生边界层分离现象和大的涡流阻力。

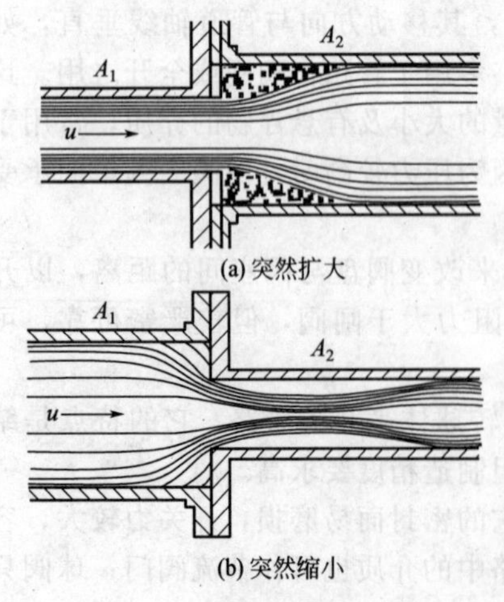

图 1-28　截面突然扩大和突然缩小示意

这种突然缩小引起的局部阻力系数，通常用以下经验公式计算。

$$\xi_c=0.5\times\left(1-\frac{A_2}{A_1}\right)^2 \tag{1-72}$$

式中　ξ_c——突然扩大时的阻力系数。

需要注意，不管是计算管道的突然扩大或突然缩小，式(1-70) 中的流速均应取小截面处的流速。

③ 管道的进口和出口　流体自容器进入管内，可看作流体的流道由很大截面突然进入很小的截面，相当于突然缩小时 $A_1 \gg A_2$，即 $A_2/A_1\approx0$，则由式(1-72) 得：

$$\xi_i=0.5 \tag{1-73}$$

此时局部阻力系数 ξ_i 为进口阻力系数。

相反，流体自管道进入容器或直接排放到管外空间，可看作流体的流道突然扩大时 $A_2\gg A_1$，即 $A_1/A_2\approx0$，则由式(1-71) 得：

$$\xi_o = 1 \tag{1-74}$$

此时局部阻力系数 ξ_o 为出口阻力系数。

(2) 当量长度法　若将流体局部阻力折合成相当于流体流经同直径管长为 l_e 的直管时所产生的阻力，则局部阻力可表示为：

$$h'_f = \lambda \frac{l_e}{d} \times \frac{u^2}{2} \tag{1-75}$$

式中　l_e——管件的当量长度，m，其值由实验测定。

常见的管件和阀门局部阻力系数见表 1-3，当量长度共线图如图 1-29 所示。

表 1-3　常见的管件和阀门的局部阻力系数 ξ

<table>
<tr><td>管件和阀件名称</td><td colspan="12">ξ值</td></tr>
<tr><td>标准弯头</td><td colspan="6">45°,ξ=0.35</td><td colspan="6">90°,ξ=0.75</td></tr>
<tr><td>90°方形弯头</td><td colspan="12">1.3</td></tr>
<tr><td>180°回弯头</td><td colspan="12">1.5</td></tr>
<tr><td>活管接</td><td colspan="12">0.4</td></tr>
<tr><td rowspan="3">弯管</td><td colspan="5">R/d \ φ</td><td>30°</td><td>45°</td><td>60°</td><td>75°</td><td>90°</td><td>105°</td><td>120°</td></tr>
<tr><td colspan="5">1.5</td><td>0.08</td><td>0.11</td><td>0.14</td><td>0.16</td><td>0.175</td><td>0.19</td><td>0.20</td></tr>
<tr><td colspan="5">2.0</td><td>0.07</td><td>0.10</td><td>0.12</td><td>0.14</td><td>0.15</td><td>0.16</td><td>0.17</td></tr>
<tr><td rowspan="3">突然扩大</td><td colspan="12">$\xi=\left(1-\frac{A_1}{A_2}\right)^2$　$h_f=\xi\frac{u_1^2}{2}$</td></tr>
<tr><td>$\frac{A_1}{A_2}$</td><td>0</td><td>0.1</td><td>0.2</td><td>0.3</td><td>0.4</td><td>0.5</td><td>0.6</td><td>0.7</td><td>0.8</td><td>0.9</td><td>1.0</td></tr>
<tr><td>ξ</td><td>1</td><td>0.81</td><td>0.64</td><td>0.49</td><td>0.36</td><td>0.25</td><td>0.16</td><td>0.09</td><td>0.04</td><td>0.01</td><td>0</td></tr>
<tr><td rowspan="3">突然缩小</td><td colspan="12">$\xi=0.5\left(1-\frac{A_2}{A_1}\right)$　$h_f=\xi\frac{u_2^2}{2}$</td></tr>
<tr><td>$\frac{A_2}{A_1}$</td><td>0</td><td>0.1</td><td>0.2</td><td>0.3</td><td>0.4</td><td>0.5</td><td>0.6</td><td>0.7</td><td>0.8</td><td>0.9</td><td>1.0</td></tr>
<tr><td>ξ</td><td>0.5</td><td>0.45</td><td>0.40</td><td>0.35</td><td>0.30</td><td>0.25</td><td>0.20</td><td>0.15</td><td>0.10</td><td>0.05</td><td>0</td></tr>
<tr><td>流入大容器的出口</td><td colspan="12">ξ=1(用管中流速)</td></tr>
<tr><td>入管口(容器→管)</td><td colspan="12">ζ=0.5</td></tr>
<tr><td rowspan="3">水泵进口</td><td>没有底阀</td><td colspan="11">2～3</td></tr>
<tr><td rowspan="2">有底阀</td><td colspan="3">d/mm</td><td>40</td><td>50</td><td>75</td><td>100</td><td>150</td><td>200</td><td>250</td><td>300</td></tr>
<tr><td colspan="3">ξ</td><td>12</td><td>10</td><td>8.5</td><td>7.0</td><td>6.0</td><td>5.2</td><td>4.4</td><td>3.7</td></tr>
<tr><td rowspan="2">闸阀</td><td colspan="3">全开</td><td colspan="3">3/4 开</td><td colspan="3">1/2 开</td><td colspan="3">1/4 开</td></tr>
<tr><td colspan="3">0.17</td><td colspan="3">0.9</td><td colspan="3">4.5</td><td colspan="3">24</td></tr>
<tr><td>标准截止阀(球心阀)</td><td colspan="6">全开 ξ=6.4</td><td colspan="6">1/2 开 ξ=9.5</td></tr>
<tr><td rowspan="2">碟阀</td><td colspan="3">α</td><td>5°</td><td>10°</td><td>20°</td><td>30°</td><td>40°</td><td>45°</td><td>50°</td><td>60°</td><td>70°</td></tr>
<tr><td colspan="3">ξ</td><td>0.24</td><td>0.52</td><td>1.54</td><td>3.91</td><td>10.8</td><td>18.7</td><td>30.6</td><td>118</td><td>751</td></tr>
<tr><td rowspan="2">旋阀</td><td colspan="2">θ</td><td colspan="2">5°</td><td colspan="2">10°</td><td colspan="2">20°</td><td colspan="2">40°</td><td colspan="2">60°</td></tr>
<tr><td colspan="2">ξ</td><td colspan="2">0.05</td><td colspan="2">0.29</td><td colspan="2">1.56</td><td colspan="2">17.3</td><td colspan="2">206</td></tr>
<tr><td>角阀(90°)</td><td colspan="12">5</td></tr>
<tr><td>单向阀</td><td colspan="6">摇板式 ξ=2</td><td colspan="6">球形式 ξ=70</td></tr>
<tr><td>水表(盘形)</td><td colspan="12">7</td></tr>
</table>

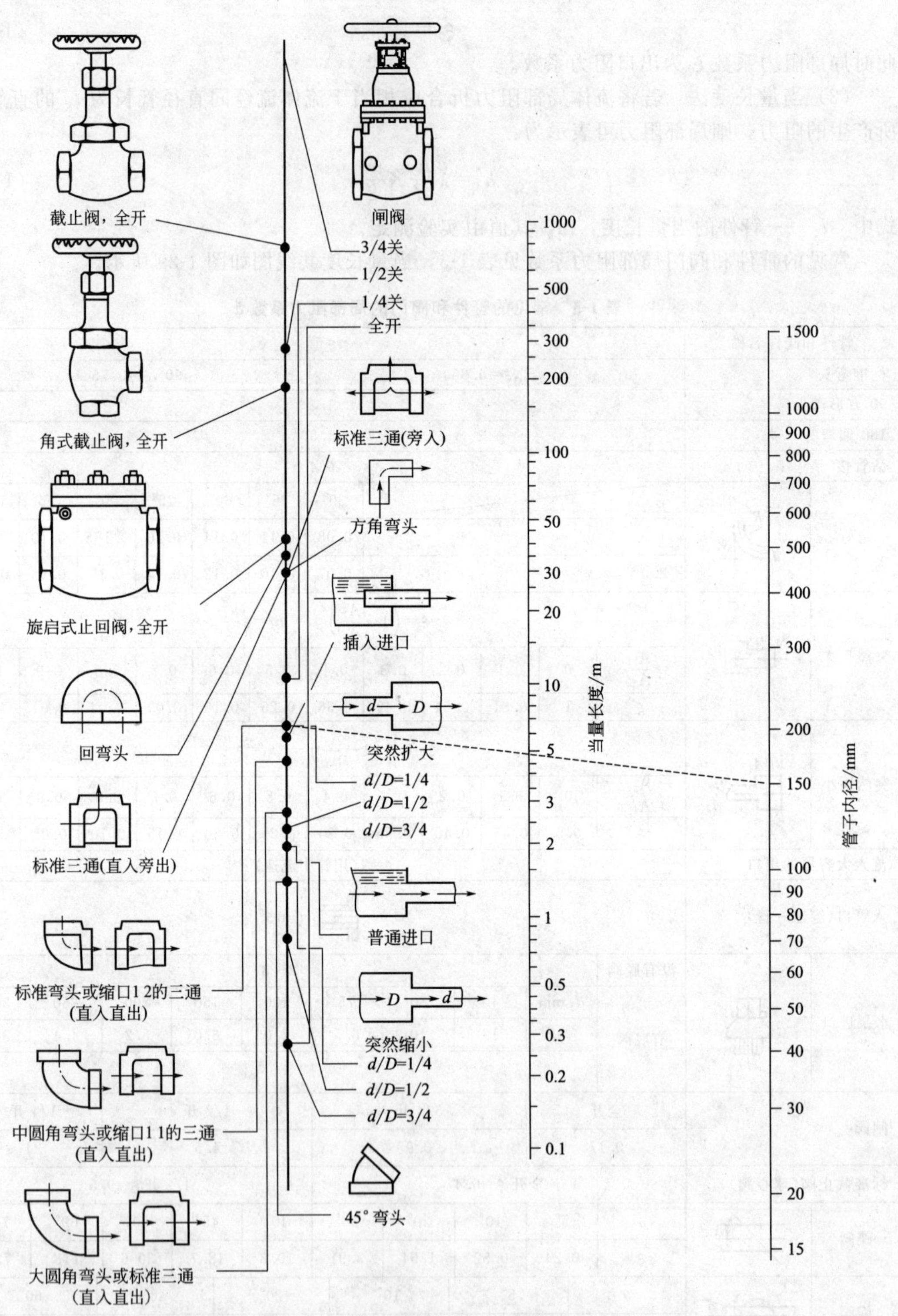

图 1-29 管件和阀门的当量长度共线图

1.5.6 管路系统总阻力计算

管路系统总阻力计算为流体流经直管阻力与各局部阻力之和，其表达式既可用局部阻力系数法表示，也可用当量长度法表示。

当总阻力的计算用局部阻力系数法表示时：

$$\sum h_f = h_f + h_f = \lambda \frac{l}{d} \times \frac{u^2}{2} + \xi_1 \frac{u^2}{2} + \xi_2 \frac{u^2}{2} + \cdots + \xi_n \frac{u^2}{2} = \left(\lambda \frac{l}{d} + \sum \xi\right) \frac{u^2}{2} \tag{1-76}$$

式中　$\sum \xi$——管路系统中全部管件和阀门等局部阻力系数之和，无量纲。

当总阻力的计算用当量长度法又可表示为：

$$\sum h_f = h_f + h'_f = \lambda \frac{l}{d} \times \frac{u^2}{2} + \lambda \frac{l_{e_1}}{d} \times \frac{u^2}{2} + \lambda \frac{l_{e_2}}{d} \times \frac{u^2}{2} + \cdots + \lambda \frac{l_{e_n}}{d} \times \frac{u^2}{2}$$

$$= \lambda \frac{l + \sum l_e}{d} \times \frac{u^2}{2} \tag{1-77}$$

式中　$l + \sum l_e$——直管长度与各种局部阻力当量长度之和，m。

应用上两式应注意，当管路中各段的流速不同时，则总阻力应按各段分别计算，再加和。

【例 1-17】 用泵将 25℃的甲苯液体从地面贮罐输送至高位槽，体积流量为 $5 \times 10^{-3} m^3/s$，如本题附图所示。已知高位槽高出贮罐液面 10m，泵吸入管为 ϕ89mm×4mm 的无缝钢管，其直管部分总长为 5m，管路上装有一个底阀（可按旋启式止回阀全开计），一个标准弯头；泵排出管为 ϕ57mm×3.5mm 的无缝钢管，其直管部分总长为 30m，管路上装有一个全开的闸阀、一个全开的截止阀和三个标准弯头。贮罐及高位槽液面上方均为大气压。贮罐液面维持恒定。设泵的效率为 70%，试求泵的轴功率。

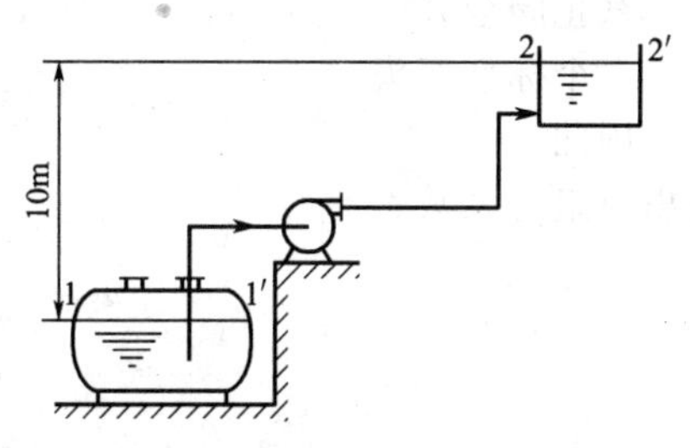

【例 1-17】 附图

解： 取贮罐液面为截面 1—1′并为基准面，高位槽截面为截面 2—2′。在两截面间列机械能衡算方程，得：

$$gZ_1 + \frac{u_1^2}{2} + \frac{p_1}{\rho} + W_e = gZ_2 + \frac{u_2^2}{2} + \frac{p_2}{\rho} + \sum h_f \tag{1}$$

由于贮罐和高位槽的截面均远大于相应的管道截面，故 $u_1 = 0$，$u_2 = 0$。于是式(1)变为：

$$W_e = 10g + \sum h_f = 98.1 + \sum h_f \tag{2}$$

因吸入管路与排出管路直径不同，故应分别计算。

(1) 吸入管路能量损失 $\sum h_{f_1}$

$$\sum h_{f_1} = h_{f_1} + h'_{f_1} = \left(\lambda_1 \frac{l_1 + \sum l_{e_1}}{d_1} + \xi_i\right) \frac{u_1^2}{2}$$

式中，$d_1 = (89 - 2 \times 4) = 81(mm) = 0.081(m)$。

由图 1-29 可查出相应管件的当量长度为：

底阀（按旋启式止回阀全开考虑）　$l_e = 6.3m$

标准弯头　$l_e = 2.7m$

因此　$\sum l_{e_1} = 6.3 + 2.7 = 9$ (m)

管进口阻力系数

$$\xi_i = 0.5$$

$$u_1 = \frac{5 \times 10^{-3}}{\frac{\pi}{4} \times 0.081^2} = 0.97 \text{ (m/s)}$$

由本书附录查得 20℃时甲苯的物性为 $\rho = 867 kg/m^3$，$\mu = 0.675 \times 10^{-3} Pa \cdot s$。

$$Re_1=\frac{0.081\times0.97\times867}{0.675\times10^{-3}}=1.01\times10^5$$

故为湍流。

取管壁粗糙度为 $\varepsilon=0.3\text{mm}$，则 $\frac{\varepsilon}{d_1}=\frac{0.3}{81}=0.0037$。查图 1-24 得 $\lambda_1=0.027$，于是：

$$\sum h_{f_1}=\left(0.027\times\frac{5+9}{0.081}+0.5\right)\times\frac{0.97^2}{2}=2.43\ (\text{J/kg})$$

(2) 排出管路能量损失 $\sum h_{f_2}$

$$\sum h_{f_2}=\left[\lambda_2\frac{(l_2+l_{e_2})}{d_2}+\xi_o\right]\frac{u_2^2}{2}$$

式中，$d_2=57-2\times3.5=0.05$ (m)。

由图 1-29 可查出相应管件的当量长度为：

闸阀全开 $l_e=0.33\text{m}$

截止阀全开 $l_e=17\text{m}$

三个标准弯头 $l_e=1.6\times3=4.8$ (m)

因此 $\sum l_{e_2}=0.33+17+4.8=22.13$ (m)

管出口阻力系数 $\xi_o=1$。

$$u_2=\frac{0.005}{\frac{\pi}{4}\times0.05^2}=2.55\ (\text{m/s})$$

$$Re_2=\frac{0.05\times2.55\times867}{0.675\times10^{-3}}=1.64\times10^5$$

故为湍流。

仍取壁面粗糙度 $\varepsilon=0.3\text{mm}$，$\frac{\varepsilon}{d_2}=\frac{0.3}{50}=0.006$，由图 1-24 查得 $\lambda_2=0.032$，于是：

$$\sum h_{f_2}=\left(0.032\times\frac{30+22.13}{0.05}+1\right)\times\frac{2.55^2}{2}=111.7\ (\text{J/kg})$$

(3) 管路系统的总能量损失

$$\sum h_f=2.43+111.7=114.1\ (\text{J/kg})$$

于是：

$$W_e=98.1+114.1=212.2\ (\text{J/kg})$$

甲苯的质量流量为：

$$m_s=V_s\rho=0.005\times867=4.34\ (\text{kg/s})$$

泵的有效功率为：

$$N_e=m_sW_e=212.2\times4.34=920.9\ (\text{W})=0.92\ (\text{kW})$$

泵的轴功率为：

$$N=\frac{N_e}{\eta}=\frac{0.92}{0.7}=1.31\ (\text{kW})$$

1.6 流体输送管路的计算

管路计算是工程上流体输送管路设计与校核常面对的问题，通常分为设计型和操作型两类计算。

管路计算是流体流动连续性方程、柏努利方程和流体流动阻力计算式的综合应用。管路计算按配管情况可分为简单管路和复杂管路，后者又可分为分支管路和并联管路。

1.6.1 管路组成

1.6.1.1 管子材料和用途

(1) 铸铁管　铸铁管常用作埋入地下的给水总管、煤气管及污水管等，也可用来输送碱液及浓硫酸。铸铁管价廉、耐腐蚀性强，但管壁厚较笨重，强度差，故不宜输送蒸汽及在压力下输送爆炸性或有毒性气体。

(2) 有缝钢管　有缝钢管一般用于压力小于 1.6MPa 的低压管路。小直径的有缝钢管（公称直径 D_g为 10～150mm）又称水煤气管，是用低碳钢焊制而成，分镀锌管（白铁管）、不镀锌管（黑铁管）两种，常用于水、煤气、空气、低压蒸汽和冷凝液及无腐蚀性的物料管路，其工作温度范围为 0～200℃。

(3) 无缝钢管　无缝钢管分为热轧和冷拔两种，其特点是品质均匀和强度高，可用于输送有压力的物料，如蒸汽、高压水、过热水以及有燃烧性、爆炸性和毒性的物料。

(4) 紫铜管和黄铜管　铜管重量较轻，导热性能好，低温下冲击韧性高。适宜作热交换器用管及低温输送管，黄铜管可用于海水处理，紫铜管常用于压力输送，适用温度小于 250℃。

(5) 铅管　铅管性软，易于锻制和焊接，但机械强度差，不能承受管子自重，必须铺设在支承托架上，能抗硫酸、60%的氢氟酸、浓度小于 80%的醋酸等。多用于耐酸管道，但硝酸、次氯酸盐和高锰酸盐类等介质不宜使用。最高使用温度为 200℃。

(6) 铝管　铝管能耐酸腐蚀，但不耐碱、盐水及盐酸等含氯离子的化合物，多用于输送浓硝酸、醋酸等，使用温度小于 200℃。

(7) 陶瓷管及玻璃管　耐腐蚀性好，但性脆，强度低，不耐压。陶瓷管多用于排除腐蚀性污水，而玻璃管由于透明，可用于某些特殊介质的输送。

(8) 塑料管　常用的塑料管有聚氯乙烯管、聚乙烯管、玻璃钢管等，其特点是质轻、抗腐蚀性好，易加工，但耐热耐寒性差，强度低，不耐压。一般用于常压、常温下酸、碱液的输送。

(9) 橡胶管　能耐酸、碱，抗腐蚀，有弹性，能任意弯曲，但易老化，只能用于临时管路。

(10) 铝塑复合管　抗腐蚀性强，可任意弯曲，与管件连接方便，使用寿命较长。

1.6.1.2 管路布置的一般原则

布置管路时，应对车间所有管路（生产系统管路、辅助系统管路，电缆、照明、仪表管路，采暖通风管路等）全盘规划，各安其位，这项工作的一般原则如下。

① 管路应成列平行铺设，尽量走直线，少拐弯，少交叉，力求整齐美观。

② 房内的管路应尽量沿墙或柱子铺设，以便设置支架；各管路之间与建筑物间的距离应能符合检修要求；管路通过人行道时，最低点离地面应在 2m 以上。

③ 并列管路上加管件与阀件应错开安装，阀门安装的位置应便于操作，温度计、压力表的位置应便于观察，同时不易损坏。

④ 输送有毒或腐蚀性介质的管路，不得在人行道上设置阀件、伸缩器、法兰等，以免管路泄露发生事故。输送易燃易爆介质的管路，一般应设有防火安全装置和防爆安全装置。

⑤ 长管路要有支承，以免弯曲存液及受震，并要保持适当的坡度。

⑥ 平行管路的排列要遵守一定的原则，如垂直排列时，热介质管路在上，冷介质管路在下；高压管路在上，低压管路在下；走无腐蚀性介质的管路在上，走有腐蚀性介质的管路在下。水平排列时，低压管路在外，高压管路靠近墙柱；检修频繁的在外，不常检修的靠近

墙柱；重量大的管路要靠近管件支柱或墙。

⑦ 必须对输送需保持温度稳定的热流体或冷流体的管路进行保温或保冷。

⑧ 管路安装完毕后，应按规定进行强度及密度试验。未经试验合格，焊缝及连接处不得涂漆及保温。管路在开工前需要用压缩空气或惰性气体吹扫。

对于各种非金属管路及特殊介质管路的布置与安装，还应考虑一些特殊性问题，如聚氯乙烯管应避开热的管路，氧气管路安装前应脱油等。

1.6.2 简单管路计算

简单管路是指流体从入口至出口是在一条管路（管径可以相同，也可以不同）中流动，中间没有出现分支或汇合的情况。

简单管路计算常用三类方程联立求解。

连续性方程：

$$V_s=\frac{\pi}{4}d^2u \tag{1-78}$$

柏努利方程：

$$gZ_1+\frac{u_1^2}{2}+\frac{p_1}{\rho}+W_e=gZ_2+\frac{u_2^2}{2}+\frac{p_2}{\rho}+\left(\lambda\frac{\sum l}{d}+\sum\xi\right)\frac{u^2}{2} \tag{1-79}$$

摩擦阻力系数计算式：

$$\lambda=f\left(\frac{du\rho}{\mu},\frac{\varepsilon}{d}\right) \tag{1-80}$$

用上述三类方程联立求解，由于给定的已知变量不同，就构成了不同类型的计算问题，下面分别介绍。

1.6.2.1 简单管路的设计型计算

设计型计算的目的是针对给定的流体输送任务，选择合理且经济的输送管道与设备，典型的设计型命题如下。

设计要求：规定流体输送量 V，确定最经济的管径 d 和需由供液点提供的压力 p_1。

给定条件：

① 供液与需液点间的距离，即管长 l；

② 管道材料及管件配置，即 ε 及 $\sum\xi$；

③ 需液点的压力 p_2。

在以上命题中只给定了 5 个变量，式(1-78)～式(1-80) 仍无定解，需再补充一个条件才能求解。例如，对上述命题可指定流速 u，计算管径 d 及所需的供液点压力 p_1。指定不同的流速 u，可对应地求出一组 d 和 p_1，设计时的任务就是在一系列计算结果中，选出最经济合理的管径 d_{opt}，即进行优化。

对于圆形管道，由式(1-78) 可得：

$$d=\sqrt{\frac{4V_s}{\pi u}} \tag{1-81}$$

对于一定的流量，随着流速 u 的增加，管道直径 d 减少，反之亦然。由于流速 u 的大小体现了操作费用的高低，而管径 d 的大小则体现了设备投资费用的多少。所以，对于较长的管道，两者要权衡考虑。最经济合理的管径或流速的选择应使每年的包括能耗及年大修费之和的操作费与按使用年限计的设备折旧费之和为最小，如图 1-30 所示。

原则上说，为确定最优管径，可选用不同的流速为计算方案，从中找出经济、合理的最佳流速（或管径)。对于车间内部的管道，可根据表 1-4 列出的常用流速范围，经验地选用流速，然后由上式计算出管径，然后按管子的规格圆整管径，最后用圆整后的管径重新核算流速。

查取管子规格时需确定管材。其中，水煤气管（英制）的规格以公称直径表示，公称直径既不是管子外径，也不是管子内径，而是与其相近的整数；无缝钢管（公制）的规格是采用外径×壁厚来表示。各种常用管子的规格见附录。

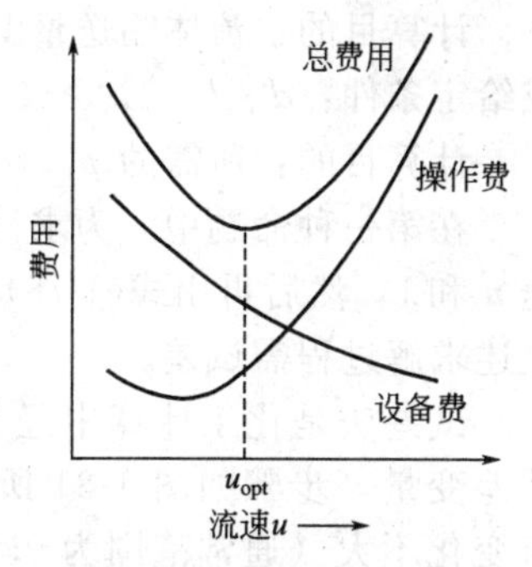

图 1-30　最优流速的确定

当最优管径确定后，管子的壁厚应按其承受的压力及管材在操作温度下的许用压力来确定。一般铸铁管的每种内径只有一个厚度，故定出内径，壁厚也就确定了。有缝钢管一般有两种壁厚，可根据操作压强先决定选用普通管还是加强管，然后根据算出的内径找出合适的规格。无缝钢管同一种管径有许多壁厚，壁厚是按公称压力 P_g 分级的，即可按 P_g 决定壁厚。

某些流体在管道中的常用流速范围见表 1-4。

表 1-4　某些流体在管道中的常用流速范围

流体及其流动类别	流速范围/(m/s)	流体及其流动类别	流速范围/(m/s)
自来水(3×10^5Pa 左右)	1～1.5	高压空气	15～25
水及低黏度液体(1×10^5～1×10^6Pa)	1.5～3.0	一般气体(常压)	10～20
高黏度液体	0.5～1.0	鼓风机吸入管	10～20
工业供水(8×10^5Pa 以下)	1.5～3.0	鼓风机排出管	15～20
锅炉供水(8×10^5Pa 以下)	>3.0	离心泵吸入管(水类液体)	1.5～2.0
饱和蒸汽	20～40	离心泵排出管(水类液体)	2.5～3.0
过热蒸汽	30～50	往复泵吸入管(水类液体)	0.75～1.0
蛇管、螺旋管内的冷却水	<1.0	往复泵排出管(水类液体)	1.0～2.0
低压空气	12～15	液体自流速度(冷凝水等)	0.5
		真空操作下气体流速	<10

【例 1-18】　某厂精馏塔进料量为 50000kg/h，料液的性质和水相近，密度为 960kg/m³，试选择进料管的管径。

解：根据式(1-81) 计算管径，即：

$$d=\sqrt{\frac{4V_s}{\pi u}}$$

式中
$$V_s=\frac{m_s}{\rho}=\frac{50000}{3600\times960}=0.0145\ (\mathrm{m^3/s})$$

因料液的性质与水相近，参考表 1-4，选取 $u=1.8$m/s，故：

$$d=\sqrt{\frac{4\times0.0145}{\pi\times1.8}}=0.101\ (\mathrm{m})$$

根据附录中的管子规格，选用 ϕ108mm×4mm 的无缝钢管，其内径为：

$$d=108-4\times2=100\ (\mathrm{mm})=0.1\ (\mathrm{m})$$

重新核算流速，即：

$$u=\frac{4\times0.0145}{\pi\times0.1^2}=1.85\ (\mathrm{m/s})$$

1.6.2.2　简单管路的操作型计算

操作型问题即指管路已经确定，并且要求核算在某给定条件下管路的输送能力或某项技术指标，该类问题的命题方式如下。

给定条件：d、l、$\sum\xi$、ε、p_1、p_2。

计算目的：流体输送量 V_s。

或给定条件：d、l、$\sum\xi$、ε、p_2、V_s。

计算目的：所需的 p_1。

在第一种命题中，为求得流量，必须联立求解方程(1-79)和方程(1-80)两式，计算流速 u 和 λ，然后再用式(1-78)求得 V_s。由于式(1-80)或图 1-24 是一个复杂的非线性函数，上述求解过程需试差。

试差法是化工计算中经常采用的方法。上述求解流量试差时，既可采用摩擦系数为试差变量，步骤如图 1-31 所示，也可选流速为试差变量。若选取 λ 为试差变量，由于 λ 值变化不大（通常范围为 0.02～0.03），其值选取可采用流动已进入阻力平方区的 λ 值为初值；选取流速时，应在适宜流速范围内（表 1-4）选取中间值，采用对等分布方法进行。

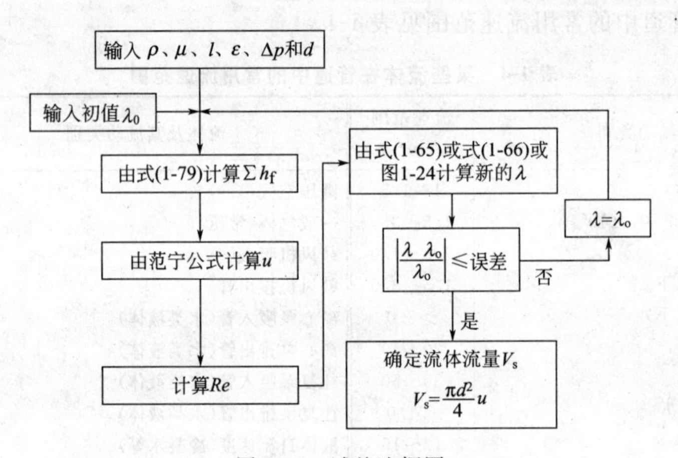

图 1-31　试差法框图

【例 1-19】　某水塔的排水流程如附图所示。已知排水管长 120m，排水管有标准 90°弯头 4 个，开度为 1/2 的闸阀 1 个，全开截止阀 1 个。水温 20℃。塔内水位高 25m。管子为碳钢水煤气管，管子规格是 ϕ33.5mm×3.25mm，试计算流量。

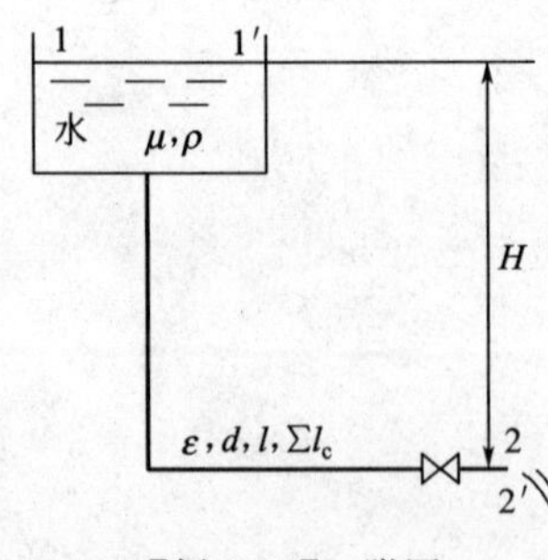

【例 1-19】　附图

解：管内径 $d=33.5-2\times3.25=27$（mm）。查表 1-1 可知管壁绝对粗糙度 $\varepsilon=0.1\sim0.3$mm，取 $\varepsilon=0.2$mm，则 $\varepsilon/d=0.2/27=7.41\times10^{-3}$。在图 1-24 中按"阻力平方区"估计 λ 值，由 ε/d 值查得 $\lambda=0.035$。初设 $\lambda=0.035$。

局部阻力系数由表 1-3 查得：标准 90°弯头，$\xi=0.75$，开度为 1/2 的闸阀，$\xi=4.5$，全开截止阀，$\xi=6.4$，突然缩小，按 $A_2/A_1=0$ 计，$\xi=0.5$，故 $\sum\xi=4\times0.75+4.5+6.4+0.5=14.4$。

20℃水，查得 $\rho=1000\text{kg/m}^3$，$\mu=1\text{cP}=0.001\text{kg/(s·m)}$。

因为

$$gH=\frac{\left[\lambda\left(\frac{l}{d}\right)+\sum\xi+1\right]u^2}{2}$$

即

$$9.81\times25=\frac{\left(\frac{0.035\times120}{0.027}+14.4+1\right)u^2}{2}$$

所以

$$u=1.69\text{m/s}$$

校核 $$Re=\frac{du\rho}{\mu}=\frac{0.027\times1.69\times1000}{0.001}=4.56\times10^4$$

查得 $$\lambda'=0.036$$

再设 $\lambda=0.036$，算得 $u=1.672\text{m/s}$，$Re=4.52\times10^4$，查得 $\lambda'=0.036$。可见，原假设正确，计算有效。

$$V_s=\frac{\pi}{4}d^2u=\frac{\pi}{4}\times0.027^2\times1.672=9.57\times10^{-4}\ (\text{m}^3/\text{s})$$

1.6.3 复杂管路计算

管路中存在分支与汇合流时，称为复杂管路。如图 1-32(a) 所示，流体分流后不再汇合称为分支管路；同理也可有汇合管路，如图 1-32(b) 所示；如图 1-32(c) 所示，流体分流后又汇合称为并联管路。

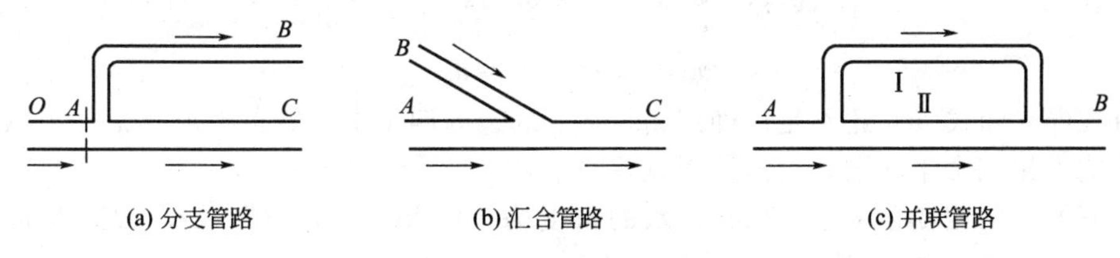

图 1-32 复杂管路示意图

分支（或汇合）管路与并联管路中各支管的流量彼此影响，相互制约。其流动规律虽比简单管路复杂，但仍满足连续性方程和能量守恒定律。

分支（或汇合）管路与并联管路计算的主要内容为：①规定总管流量和各支管的尺寸，计算各支管的流量；②规定各支管的流量、管长及管件与阀门的设置，选择合适的管径；③在已知的输送条件下，计算输送设备应提供的功率。

1.6.3.1 分支或汇合管路

分支（或汇合）管路的计算遵循以下两条流动规律。

① 总流量等于各支管流量之和，即：

$$V_s=\sum V_{s_i} \tag{1-82}$$

② 分支点处的总机械能相等，即：

$$Z_A+\frac{u_A^2}{2g}+\frac{p_A}{\rho g}=Z_B+\frac{u_B^2}{2g}+\frac{p_B}{\rho g}+H_{f,A-B}=Z_C+\frac{u_C^2}{2g}+\frac{p_C}{\rho g}+H_{f,A-C} \tag{1-83}$$

【例 1-20】 12℃的水在如本题附图所示的管路系统中流动，已知左侧支管的尺寸为 ϕ70mm×2mm，支管长度及管件、阀门的当量长度之和为 42m；右侧支管的尺寸为 ϕ76mm×2mm，支管长度及管件、阀门的当量长度之和为 84m。连接两支管的三通及管路出口的局部阻力可以忽略不计。a、b 两槽的水面维持恒定，且两水面间的垂直距离为 2.6m。若总流量为 55m³/h，试求流往两槽的水量。

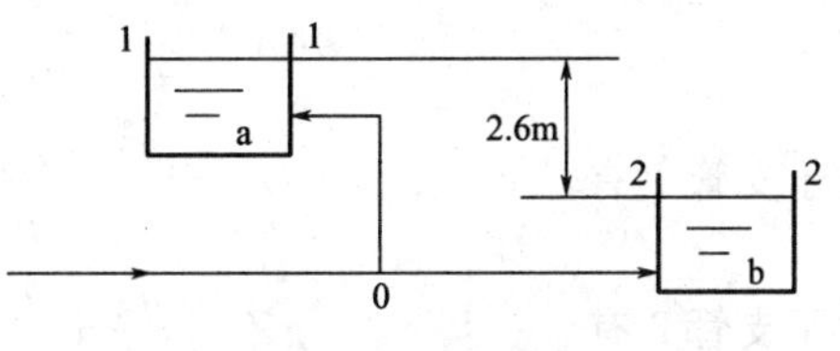

【例 1-20】 附图

解： 根据式(1-83) 有

$$E_0=gZ_1+\frac{u_1^2}{2}+\frac{p_1}{\rho}+\sum h_{f,0-1}=gZ_2+\frac{u_2^2}{2}+\frac{p_2}{\rho}+\sum h_{f,0-2}$$

由于 a、b 两槽均为敞口，故 $p_1=p_2$；两槽截面比管路截面大得多，故 $u_1\approx0$，$u_2\approx0$；若以截面 2—2 为基准水平面，则 $Z_2=0$，$Z_1=2.6\text{m}$。故上述等式简化为：

$$9.81\times2.6+\sum h_{f,o-1}=\sum h_{f,o-2}$$

由于 $$\sum h_{f,0-1}=\lambda_a\frac{l_a+\sum l_{ea}}{d_a}\times\frac{u_a^2}{2}=\lambda_a\times\frac{42}{0.066}\times\frac{u_a^2}{2}=318.2\lambda_a u_a^2$$

$$\sum h_{f,0-2}=\lambda_b\frac{l_b+\sum l_{eb}}{d_b}\times\frac{u_b^2}{2}=\lambda_b\times\frac{84}{0.072}\times\frac{u_b^2}{2}=583.3\lambda_b u_b^2$$

式中 a、b 分别表示通向 a、b 两槽的支管，于是：

$$9.81\times2.6+318.2\lambda_a u_a^2=583.3\lambda_b u_b^2$$

所以 $$u_a=\sqrt{\frac{583.3\lambda_b u_b^2-25.5}{318.2\lambda_a}} \tag{a}$$

由式(1-82) 得 $$V=V_a+V_b=55$$

即 $$\frac{\pi}{4}\times0.066^2\times u_a+\frac{\pi}{4}\times0.072^2\times u_b=\frac{55}{3600}$$

因此有 $$u_b=3.75-0.84u_a \tag{b}$$

只有式(a) 和式(b) 还不足以确定 λ_a、u_a、λ_b、u_b 四个未知数，必须有 λ_a-u_a、λ_b-u_b 的关系，才能求出四个未知数，故需采用试差法求解。

取管壁的绝对粗糙度 $\varepsilon=0.2$mm，水的密度为 1000kg/m^3，查附录得 12℃ 水的黏度为 1.236mPa·s，试差法的步骤如下所示。

次数	假设的 u_a/(m/s)	Re_a	ε/d	查图 1-24 得 λ_a	由式(b) 计算的 u_b/(m/s)	Re_b	ε/d	查图 1-24 得 λ_b	由式(a) 计算的 u_a/(m/s)	结论
1	2.5	133500	0.003	0.0271	1.65	96120	0.0028	0.0274	1.45	假设值偏高
2	2	106800	0.003	0.0275	2.07	120600	0.0028	0.027	2.19	假设值偏低
3	2.1	112100	0.003	0.0273	1.99	115900	0.0028	0.0271	2.07	假设值可接受

由试差结果得 $$u_a=2.1\text{m/s},\quad u_b=1.99\text{m/s}$$

故 $$V_a=\frac{\pi}{4}\times0.066^2\times2.1\times3600=25.9\text{m}^3/\text{h}$$

$$V_b=55-25.9=29.1\text{m}^3/\text{h}$$

1.6.3.2 并联管路

式(1-82) 仍适用于并联管路。

对于如图 1-32(c) 所示的并联管路，在 A、B 之间列机械能衡算式，得到

$$gZ_A+\frac{u_A^2}{2}+\frac{p_A}{\rho}=gZ_B+\frac{u_B^2}{2}+\frac{p_B}{\rho}+\sum h_{f,A-B}$$

对于支管 1 有 $$gZ_A+\frac{u_A^2}{2}+\frac{p_A}{\rho}=gZ_B+\frac{u_B^2}{2}+\frac{p_B}{\rho}+\sum h_{f,1}$$

对于支管 2 有 $$gZ_A+\frac{u_A^2}{2}+\frac{p_A}{\rho}=gZ_B+\frac{u_B^2}{2}+\frac{p_B}{\rho}+\sum h_{f,2}$$

比较以上三式，可得：

$$\sum h_{f,A-B}=\sum h_{f,1}=\sum h_{f,2} \tag{1-84}$$

上式表明，并联管路中各支管的机械能损失相等，而 AB 间的总阻力应等于其中任意一条支路的阻力，而不是各支管的阻力加和。

【例 1-21】 三个管道 A、B、C 互相连接，如附图所示。水最终从 C 管排向外部空间。管道的特征尺寸如下所示，试求每根管道中水的流量。忽略进口阻力损失。

管道	A	B	C	管道	A	B	C
d/mm l/m	500 2000	333 1600	667 4000	λ	0.02	0.032	0.024

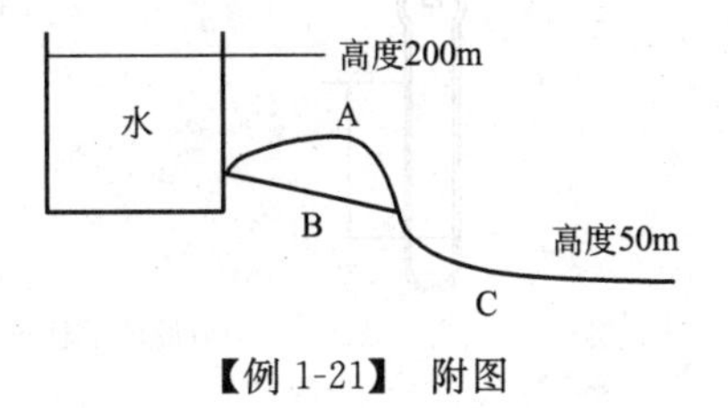

【例 1-21】 附图

解：由题意，C 管出口的局部阻力系数 $\xi_o=1$。

根据机械能衡算方程有：

$$g(Z_1-Z_2)=h_{fA}+h_{fC}+h'_{fC}$$

$$(200-50)g=0.02\times\frac{2000}{0.5}\times\frac{u_A^2}{2}+0.024\times\frac{4000}{0.667}\times\frac{u_C^2}{2}+\frac{u_C^2}{2}$$

$$150g=40u_A^2+72.5u_C^2$$

根据式(1-84) 有 $h_{fA}=h_{fB}$，得 $0.02\times\frac{2000}{0.5}\times\frac{u_A^2}{2}=0.032\times\frac{1600}{0.333}\times\frac{u_B^2}{2}$

即 $40u_A^2=76.8u_B^2$，$u_B=0.722u_A$

根据式(1-82) 有：$V_A+V_B=V_C$，有 $d_A^2u_A+d_B^2u_B=d_C^2u_C$

即 $$9u_A+4u_B=16u_C$$

联立求解得 $u_A=1.346u_C$

将 u_A代入，有 $$150g=144.95u_C^2$$

解得 $$u_C=5.77\text{m/s},\ V_C=u_C\frac{\pi}{4}d_C^2=2.015\text{m}^3/\text{s}$$

$$u_A=1.346u_C,\ u_C=7.77\text{m/s},\ V_A=u_A\frac{\pi}{4}d_A^2=1.525\text{m}^3/\text{s}$$

$$u_B=0.722u_A,\ u_A=5.61\text{m/s},\ V_B=u_B\frac{\pi}{4}d_B^2=0.488\text{m}^3/\text{s}$$

通过验算 $$V_A+V_B=1.525+0.488=2.013\ (\text{m}^3/\text{s})$$

可见 $V_A+V_B=V_C$的关系得到满足。

在本例题中需要注意的是，每根管道的摩擦系数是已知的。实际上，摩擦系数 λ 取决于雷诺数 Re，通常情况下，管道的绝对粗糙度 ε 是已知的，这时需要通过试差法求解，直到 λ 和 Re 收敛为止。

1.7 流体动力学在工程上的应用

流量或流速是工业生产和科学研究中进行调节、控制的重要参数之一，其测量方法很多，本节仅介绍几种常用的测量仪表。

1.7.1 流速的测量

如图 1-33 所示为测速管（又称皮托管），是 1732 年法国物理学家亨利·皮托发明的皮托管测速计，是测定点速度的测速仪表，它根据流体流动时各种机械能相互转换关系而设计。

如图 1-33(a) 所示，皮托管由两根弯成直角的同心套管构成，套管的前端经常做成半球形以减少涡流。套管的内管前端敞开，如图中的开口 A 所示，开口正对着流体流动方向；外管的前端是封闭的，而在离端点一定距离的壁面上开有若干测压小孔，如图中的开孔 B 所示。测量流速时，测速管置于管道中，同心套管的轴向与流动方向平行，外管与内管的末

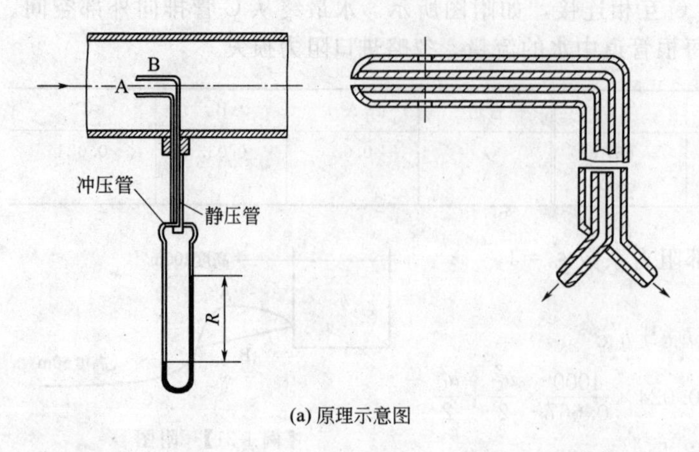

(a) 原理示意图

(b) 仪表图

图 1-33　测速管

端分别与 U 形管压差计的两臂相连。

对于水平管路，当流体以流速 u 接近测速管前端，由于测速管内充满液体，因而在测速管前端的开口 A 处形成驻点，流体流动的动能在 A 处全部转化为静压能。这样内管在开口 A 处传递的静压能相当于开口前端流体动能和静压能之和，称为冲压能，即：

$$h_A=\frac{p_A}{\rho}=\frac{p}{\rho}+\frac{u_A^2}{2}$$

式中　u_A——开口前端正面而来的流体流速，即测量点处的流速；

p——开口前端在流速 u 下流体所具有的静压强。

测速管外管壁面小孔 B 的法向方向与流动方向垂直，因此外管通过小孔 B 所传递的仅仅是流体流动的静压能 p/ρ，即：

$$h_B=\frac{P_B}{\rho}=\frac{p}{\rho}$$

因此，内管传递的冲压能和外管传递的静压能之差为：

$$\Delta h=\frac{P_A-P_B}{\rho}=\frac{u_A^2}{2}\Rightarrow u_A=\sqrt{\frac{2(P_A-P_B)}{\rho}}$$

由于上式中的压差可以由压差计读数 R 反映出来，则可以导出驻点处的点速度为：

$$u_A=\sqrt{\frac{2R(\rho'-\rho)g}{\rho}} \tag{1-85}$$

式中　ρ'——指示液的密度，kg/m^3；

ρ——被测流体的密度，kg/m^3。

上式是皮托管测量流速的理论公式，但由于测速计制作的精度问题，实际测量值与理论值存在微小偏差，实际常通过实验所得的校正系数 C 来校正，即上式可写成：

$$u_A=C\sqrt{\frac{2R(\rho'-\rho)g}{\rho}} \tag{1-86}$$

一般情况下，校正系数 C 在 0.98～1.00 之间，可见测速计的精度还是很高的，因此实际应用时大多可直接应用。

皮托测速管只能测出流体在管道截面上某一点处的流速，若要得到截面上的平均流速，则需利用管内速度分布的相关知识，通过测量管道中心的最大流速来获取，如图 1-19 所示。

测速管的优点是对流体的阻力较小，更适合于测量大直径管路中的气体流速。在应用中还需注意的是测速孔的堵塞。

测速管安装时应使其处于均匀的流场中，位于速度分布稳定段，即要求测量点的上、下游最好各有 50d 以上的直管距离；另外，安装时必须保证皮托管口截面严格垂直于流动方向，否则，任何偏离都将造成负的偏差；为减少测速管插入流场中对流动的干扰，测速管直径应小于管径的 2%。

【例 1-22】 50℃的空气流经直径为 300mm 的管路，管中心放置皮托管以测量其流量。已知压差计读数 R 为 15mm（指示液为水），测量点表压为 4kPa。试求管路中空气的质量流量（kg/s）。

解：管道中空气的密度：

$$\rho=\frac{29}{22.4}\times\frac{273}{273+50}\times\frac{101.3+4}{101.3}=1.14\ (\text{kg/m}^3)$$

指示液水的密度 $\rho'=1000\text{kg/m}^3$

由式(1-85）得：

$$u_{\max}=\sqrt{\frac{2R(\rho'-\rho)g}{\rho}}=\sqrt{\frac{2\times0.015\times(1000-1.14)\times9.81}{1.14}}=16.1\ (\text{m/s})$$

由书后附录查得空气的黏度　$\mu=1.96\times10^{-5}\text{Pa}\cdot\text{s}$

$$Re_{\max}=\frac{du_{\max}\rho}{\mu}=\frac{0.3\times16.1\times1.14}{1.96\times10^{-5}}=2.80\times10^5$$

由图 1-19 查得

$$\frac{\overline{u}}{u_{\max}}=0.82$$

故

$$\overline{u}=0.82\times16.1=13.2\ (\text{m/s})$$

所以管路中的质量流量：

$$m_s=\frac{\pi}{4}d^2\overline{u}\rho=0.785\times0.3^2\times13.2\times1.14=1.06\ (\text{kg/s})$$

1.7.2　流量的测量

1.7.2.1　孔板流量计

孔板流量计是通过改变流体在管道内的流通截面积而使流体的动能和静压能发生转换，从而进行流量测量的装置。

孔板流量计的结构如图 1-34 所示，在管道里插入一片带有圆孔的金属板，其圆孔的中心应位于管道中心线上。流体流经孔口，不是马上扩大到整个管截面，而是在惯性作用下，继续收缩到一定距离后，才逐渐扩大到整个管截面。流体流动截面最小处称为缩脉。流体在缩脉处的流速最高，即动能最大，而相应的静压强就最低。因此，当流体流过孔板时，在孔板前后就产生一定的压强差，流量越大，所产生的压强差就越大，通过这一压强差的测量就可以计算出流体的流量。

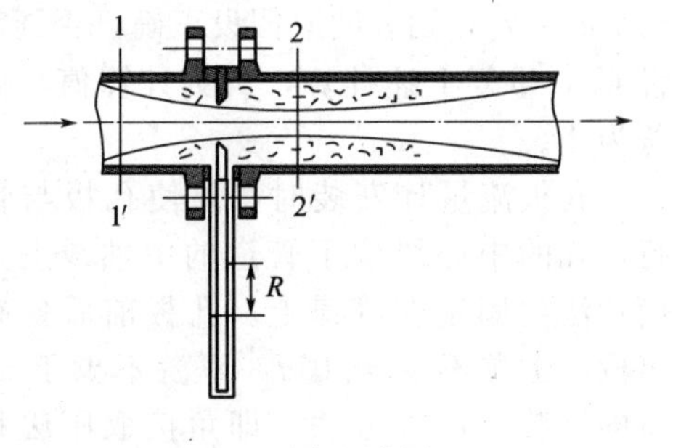

(a) 原理示意图

(b) 仪表图

图 1-34　孔板流量计

在孔口上游不受孔板影响处取1—1′截面，缩脉处取2—2′截面，两截面间列柏努利方程，若忽略阻力损失，可得：

$$\frac{p_1}{\rho}+\frac{u_1^2}{2}=\frac{p_2}{\rho}+\frac{u_2^2}{2}$$

设管道截面积为A_1，孔口截面积为A_0。由于缩脉处的截面积无法测取，所以可用孔口处流速u_0代替缩脉处的流速u_2。再考虑到忽略了阻力损失以及U形压差计的测压位置与所选截面的差异，引进校正系数C，故有：

$$\sqrt{u_0^2-u_1^2}=C\sqrt{\frac{2(p_1-p_0)}{\rho}}$$

根据连续性方程有：

$$u_1A_1=u_0A_0$$

可得孔板处的流速为：

$$u_0=\frac{C}{\sqrt{1-\left(\frac{A_0}{A_1}\right)^2}}\sqrt{\frac{2(p_1-p_0)}{\rho}}$$

若令：$C_0=\dfrac{C}{\sqrt{1-\left(\frac{A_0}{A_1}\right)^2}}$表示孔板的流量系数，则上式可表示为：

$$u_0=C_0\sqrt{\frac{2(p_1-p_0)}{\rho}}=C_0\sqrt{\frac{2Rg(\rho'-\rho)}{\rho}} \tag{1-87}$$

则管道中的体积流量为：

$$V_s=u_0A_0=C_0A_0\sqrt{\frac{2gR(\rho'-\rho)}{\rho}} \tag{1-88}$$

式中　C_0——孔流系数，需由实验测定。

用角接取压法安装的孔板流量计，其C_0与A_0/A_1及Re有关，如图1-35所示。当Re超过某界限值Re_c之后，则C_0不再随Re而改变，成为定值。流量计所测的流量范围最好落在C_0为定值的区域内。此时，流量与压差计的读数R的平方根成正比。常用的C_0值一般在0.6～0.7之间。在用孔板流量计测量流量时，由于孔流系数C_0与流速有关，这两者均未知，因此需要采用试差法。先假设$Re>Re_c$，由A_0/A_1从图1-35中查出孔流系数C_0，然后根据式(1-88)计算流量，再求管路中的流速和相应的Re，若所得$Re>Re_c$，则表明原假设正确，否则需重新假设C_0，重复上述计算，直到计算值与假设值相符为止。

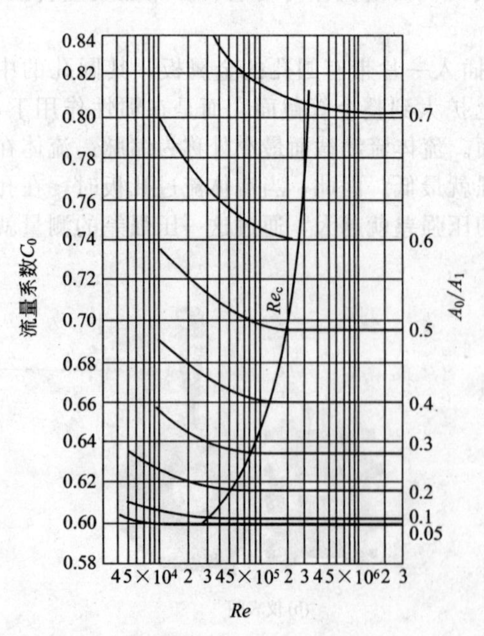

图1-35　孔流系数C_0与Re、A_0/A_1的关系曲线

孔板流量计安装时，要使孔板与管截面平行，孔的中心线位于管道的中轴线上，孔板用两片法兰固定在管道上。孔板前后各有一段稳定段，上游不少于$10d$，下游不少于$5d$。测压口的安装有两种方法，即角接取压法和径接取压法。角接取压法是将上下游测压口紧靠在孔板的前后位置上；径接取压法是上游测压口距

孔板1倍管径，下游测压口距孔板0.5倍管径。

孔板流量计的特点是，造价低，安装简单，但是孔口面积的突然收缩导致其阻力损失比其他流量计大。

由于流体流过孔板时的阻力损失较大，即使当最后流体的速度恢复到孔板前的管道内流速，流体的静压强仍比孔板前截面1—1′处的压强小很多，这种能量损失称为永久能量损失，可按下式估算：

$$h_f' = \frac{\Delta p_f'}{\rho} = \frac{p_a - p_b}{\rho}\left(1 - 1.1\frac{A_0}{A_1}\right) \tag{1-89}$$

【例1-23】 20℃苯在ϕ133mm×4mm的钢管中流过，为测量苯的流量，在管路中安装一个孔径为75mm的孔板流量计。当孔板前后U形压差计的读数R为80mmHg时（1mmHg=133.32Pa），求管中苯的流量（m^3/h）。

解： 查得20℃苯的物性为$\rho=880kg/m^3$，$\mu=0.67\times10^{-3}Pa.s$

面积比 $$\frac{A_0}{A_1} = \left(\frac{d_0}{d_1}\right)^2 = \left(\frac{75}{125}\right)^2 = 0.36$$

设$Re>Re_c$，由图1-35查得：$C_0=0.648$，$Re_c=1.5\times10^5$。

由式(1-88)计算苯的体积流量：

$$V_s = C_0 A_0\sqrt{\frac{2gR(\rho'-\rho)}{\rho}}$$

$$=0.648\times0.785\times0.075^2\times\sqrt{\frac{2\times0.08\times9.81\times(13600-880)}{880}}=0.0136\ (m^3/s)$$

$$=48.96\ (m^3/h)$$

校核Re：

管内的流速 $$u = \frac{V_s}{\frac{\pi}{4}d_1^2} = \frac{0.0136}{0.785\times0.125^2} = 1.11\ (m/s)$$

管路的 $$Re = \frac{d_1 u\rho}{\mu} = \frac{0.125\times880\times1.11}{0.67\times10^{-3}} = 1.82\times10^5 > Re_c$$

所以假设成立，以上计算有效，即苯在管路中的流量为48.96m^3/h。

1.7.2.2 文丘里流量计

为了减少由于流体流过孔板流量计孔口的突然缩小而引起的阻力损失，意大利物理学家文丘里使用一种渐缩、渐扩管道，即文丘里管代替孔板来测量流量，这样构成的流量计称为文丘里流量计（简称文氏流量计），如图1-36所示。

文丘里流量计上游的测压口距离管径开始收缩处的距离至少应为1/2管径，下游测压口

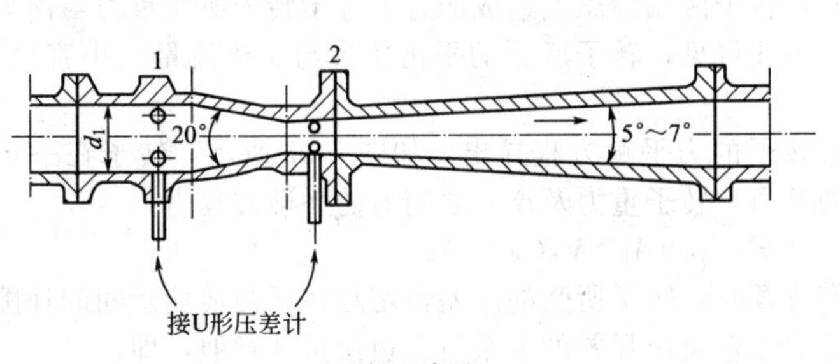

(a) 原理示意图

(b) 仪表图

图1-36 文丘里流量计

设在最小流通截面处（A_0 处），该处称为文氏喉。由于有渐缩、渐扩管段，流体在其中流动时流速变化平稳，涡流较少，所以能量损失比孔板流量计大大降低。

文丘里流量计的流量计算式与孔板流量计相似，即：

$$V_s = C_v A_0 \sqrt{\frac{2gR(\rho' - \rho)}{\rho}} \tag{1-90}$$

式中 C_v——文丘里流量计的流量系数，其值一般为 0.98～0.99，可见文丘里流量计的精度很高。

文丘里流量计的优点是能量损失小，但各部分尺寸要求严格，加工精细度较高，所以造价较高。

1.7.2.3 转子流量计

转子流量计是流体动力学与流体静力学的综合应用，是一种典型的变截面流量计。转子流量计的结构如图 1-37 所示，它是由带有刻度的倒锥形玻璃管为主件，上下通过法兰连接管路。玻璃管内有一个可以上下浮动的转子，转子材料可为金属或其他材质构成，其密度大于被测流体的密度。

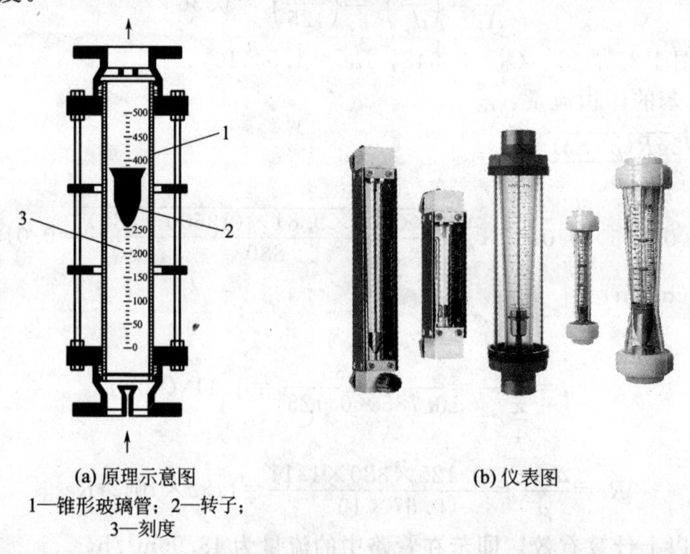

(a) 原理示意图
1—锥形玻璃管；2—转子；
3—刻度

(b) 仪表图

图 1-37　转子流量计

当流体自下而上流过转子与玻璃管壁的环隙，由于转子上方截面较大，则环隙的截面较小，此处流速增大，压强降减少，使转子上下两端产生压强差，在此压差作用下对转子产生一个向上的推力。当该力超过转子的重力与浮力之差时，转子将上移，由于玻璃管是一个倒锥形体，故该流体流道截面随之增大，在同一流程下，环隙流速减少，转子两端压差也随之降低。当转子上升到一定高度时，转子两端的压差造成的升力等于转子所受重力与浮力之差时，转子将稳定在这个高度上。由此可见，转子所处的平衡位置与流体流量大小直接相关，流量可由玻璃管上的刻度读出。

转子流量计的流量计算可由转子的力平衡方程导出。如图 1-37 所示，转子在一定流量下处于平衡状态，即压差产生的升力，转子重力及浮力之间力的平衡方程为：

$$(p_1 - p_2)A_f = V_f(\rho_f - \rho)g \tag{1-91}$$

式中，当转子处于某一平衡位置时，转子所受的压差恒定且转子与玻璃管间的环隙面积也固定，因此流体流过环隙通道的流量及压强差的关系与孔板流量计相似，即：

$$V_s = C_R A_R \sqrt{\frac{2(p_1 - p_2)}{\rho}} \tag{1-92}$$

式中　C_R——转子流量计的校正系数；

A_R——玻璃管与转子之间的环隙面积。

将式(1-91) 代入式(1-92)，可得转子流量计的流量计算公式：

$$V_s = C_R A_R \sqrt{\frac{2gV_f(\rho_f - \rho)}{A_f \rho}} \tag{1-93}$$

转子流量计的流量系数 C_R 与 Re 和转子形状有关，由实验测定。

转子流量计在出厂前要采用标准流体进行标定，对于液体流量计，通常用 20℃的水（密度为 1000kg/m^3）标定，对于气体流量计，则用 20℃和 101.3kPa 下的空气（密度为 1.2kg/m^3）标定，并将流量数值刻在玻璃管上。当被测流体与标定条件不相符时，应对原刻度值加以校正。

由于在同一刻度下的流量系数 C_R 相同，则：

$$\frac{V_{s_2}}{V_{s_1}} = \sqrt{\frac{\rho_1(\rho_f - \rho_2)}{\rho_2(\rho_f - \rho_1)}} \tag{1-94}$$

式中　下标 1——标定流体（水或空气）的流量和密度值；

下标 2——实际操作流体的流量和密度值。

【例 1-24】 某转子流量计，转子为不锈钢（$\rho_{钢} = 7920$kg/m^3），水的流量刻度范围为 250～2500L/h，如将转子改为硬铅（$\rho_{铅} = 10670$kg/m^3），保持形状和大小不变，用来测定 $\rho_{液} = 800$kg/m^3 的液体，问转子流量计的最大流量约为多少？

解：由式(1-94) 可知：

$$\frac{V_{液}}{V_{水}} = \sqrt{\frac{(\rho_{铅} - \rho_{液})\rho_{水}}{(\rho_{钢} - \rho_{水})\rho_{液}}} = \sqrt{\frac{1000 \times (10670 - 800)}{800 \times (7920 - 1000)}} = 1.34$$

可测得液体最大流量 $Q_{液} = 1.34 \times 2500 = 3338$（L/h）。

1.7.2.4　涡轮流量计

涡轮流量计是一种速度式流量仪表，它的工作原理如图 1-38 所示，流体从机壳的进口流入，通过支架将一对轴承固定在管中心轴线上，涡轮安装在轴承上。在涡轮上下游的支架上装有呈辐射形的整流板，对流体起导向作用，以避免流体自旋而改变对涡轮叶片的作用角度。在涡轮上方机壳外部装有传感线圈，接收磁通变化信号。

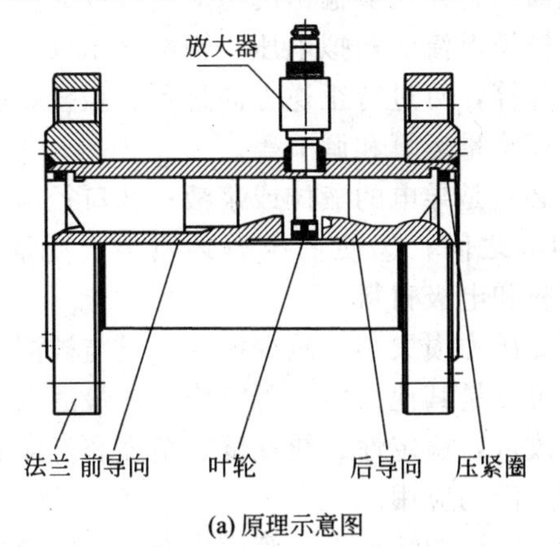

(a) 原理示意图

(b) 仪表图

图 1-38　涡轮流量计

使用时，在管道中心安放一个涡轮流量计，两端由轴承支撑。当流体通过管道时，冲击涡轮叶片，对涡轮产生驱动力矩，使涡轮克服摩擦力矩和流体阻力矩而产生旋转。在一定的流量范围内，对一定的流体介质黏度，涡轮的旋转角速度与流体流速成正比。由此，流体流速可通过涡轮的旋转角速度得到，从而可以计算得到通过管道的流体流量。

使用注意事项如下。

① 安装涡轮流量计前，管道要清扫；被测介质不洁净时，要加过滤器，否则涡轮、轴承易被卡住，测不出流量来。

② 拆装流量计时，对磁感应部分不能碰撞。

③ 投运前先进行仪表系数的设定，仔细检查，确定仪表接线无误，接地良好，方可送电。

④ 安装涡轮流量计时，前后管道法兰要水平，否则管道应力对流量计影响很大。

由于涡轮流量计具有测量精度高、反应速度快、测量范围广、价格低廉、安装方便等优点，被广泛应用于化工生产中。

1.7.2.5 电磁流量计

电磁流量计是基于法拉第电磁感应原理研制出的一种测量导电液体体积流量的仪表。根据法拉第电磁感应定律，导电体在磁场中作切割磁力线运动时，导体中产生感应电压，该电动势的大小与导体在磁场中作垂直于磁场运动的速度成正比，由此再根据管径、介质的不同，转换成流量，如图 1-39 所示。

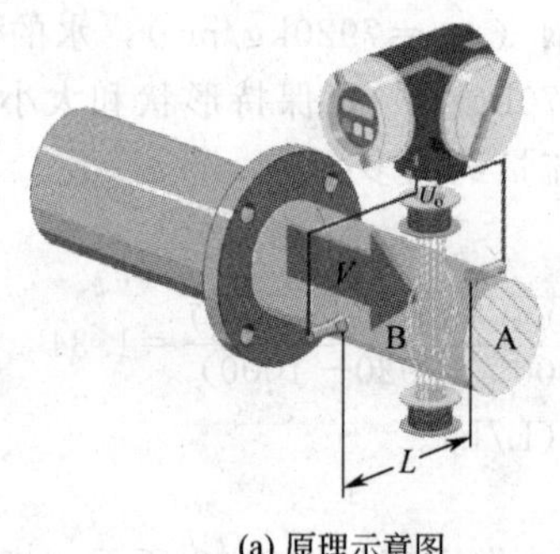

(a) 原理示意图

(b) 仪表图

图 1-39 电磁流量计

电磁流量计主要由变送器和转换器及流量显示仪表三部分组成。变送器把流过的被测流体的流量转换为相应的感应电动势；转换器则将变送器输出的感应电势放大并转换为可被工业仪表接受的标准电信号。电信号可以是模拟电流、模拟电压，输给显示仪表、记录仪表及电动单元组合仪表进行流量显示、记录和计算，可进行正逆方向显示、报警，电信号可以是脉冲信号，作为计算机输入信号使用，进行流量运算和调节等。

电磁流量计选型原则：①被测量液体必须是导电的液体或浆液；②口径与量程最好是正常量程超过满量程的一半，流速在 2～4m 之间；③使用压力必须小于流量计耐压极限；④不同温度及腐蚀性介质选用不同内衬材料和电极材料。

电磁流量计的优点：无节流部件，因此压力损失小，减少能耗，只与被测流体的平均速度有关，测量范围宽；只需经水标定后即可测量其他介质，无需修正，最适合作为结算用计量设备使用。由于技术及工艺材料的不断改进，稳定性、线性度、精度和寿命的不断提高及管径的不断扩大，电磁流量计得到越来越广泛的应用。

电磁流量计的测量精度建立在液体充满管道的情形下，管道中有空气的测量问题目前尚未得到很好解决。

1.7.2.6 超声波流量计

如图 1-40 所示，超声波在流动的流体中传播时就载上流体流速的信息。因此通过接收到的超声波就可以检测出流体的流速，从而换算成流量。根据检测的方式，可分为多普勒

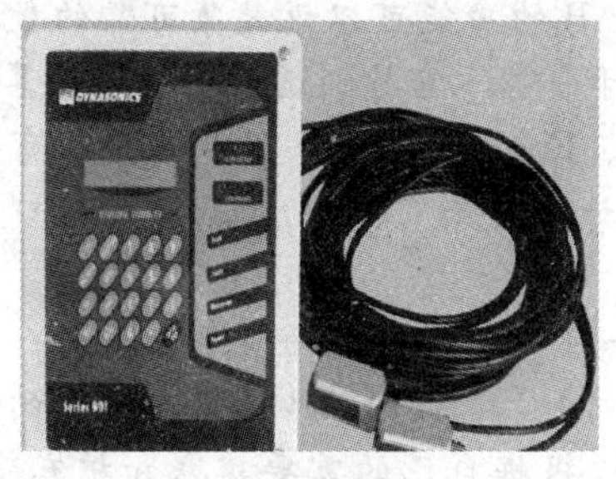

(a) 多普勒式

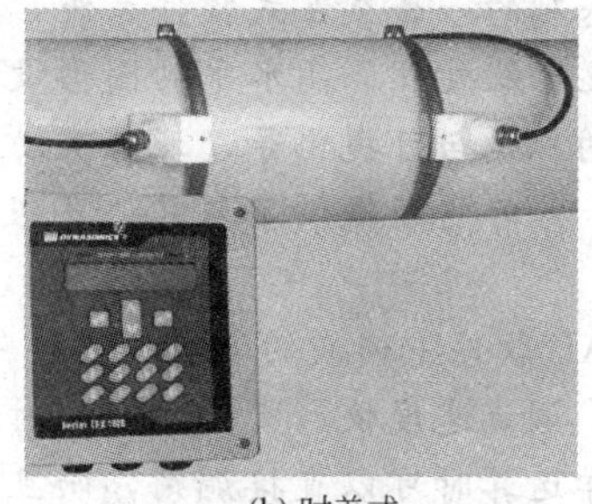

(b) 时差式

(c) 管道式

(d) 固定式

图 1-40　超声波流量计

式、时差式、便携式、管道式及固定式等不同类型的超声波流量计。

众所周知，目前的工业流量测量普遍存在着大管径、大流量、测量困难的问题，这是因为一般流量计随着测量管径的增大会带来制造和运输上的困难，造价提高、能损加大、安装不紧这些缺点，超声波流量计均可避免。因为各类超声波流量计均可管外安装、非接触测流，仪表造价基本上与被测管道口径大小无关，而其他类型的流量计随着口径增加，造价大幅度增加，故口径越大超声波流量计比相同功能其他类型流量计的功能价格比越优越。被认为是较好的大管径流量测量仪表，多普勒法超声波流量计可测双相介质的流量，故可用于下水道及排污水等脏污流的测量。在发电厂中，用便携式超声波流量计测量水轮机进水量、汽轮机循环水量等大管径流量，比过去的皮脱管流速计方便得多。超声波流量计也可用于气体测量。

另外，超声测量仪表的流量测量准确度几乎不受被测流体温度、压力、黏度、密度等参数的影响，又可制成非接触及便携式测量仪表，故可解决其他类型仪表所难以测量的强腐蚀性、非导电性、放射性及易燃易爆介质的流量测量问题。另外，鉴于非接触测量的特点，再配以合理的电子线路，一台仪表可适应多种管径测量和多种流量范围测量。超声波流量计的适应能力也是其他仪表不可比拟的。超声波流量计具有上述一些优点，因此它越来越受到重视并且向产品系列化、通用化发展，现已制成不同声道的标准型、高温型、防爆型、湿式型仪表以适应不同介质、不同场合和不同管道条件的流量测量。

超声波流量计目前所存在的缺点主要是可测流体的温度范围受限，一般只能测量温度低于 200℃的流体；抗干扰能力差，易受泵及其他声源混入的超声杂音的干扰而影响测量精度；重复性差，使用寿命短（一般精度只能保证一年），价格较高。

阅读资料

一、计算机应用举例——利用 MATLAB 软件计算复杂管路问题

MATLAB（Matrix Laboratory，即矩阵实验室）是由美国学者 Cleve Moler 开发的以

矩阵计算为基础的一套交互式软件系统，MATLAB的功能可以说是集可靠的数值运算、图像与图形的显示及处理、高水平的图形设计风格于一身，它特别适用于科学计算、图形图像处理、数据的拟合与可视化等，还具有动画处理、Fourier变换、有限差分和有限元的处理等高级功能，此外它还提供了与其他高级程序设计语言如C、Fortran等的接口，使得其功能日益强大。

MATLAB软件中内嵌的MATLAB语言是一种解释执行的语言，它灵活、方便，其调试手段丰富，调试速度快，需要学习的时间少。同时，MATLAB语言有丰富的库函数，进行复杂的数学运算时可以直接调用，而且用户可以根据自己的需要建立和扩充新的库函数，以便有效提高MATLAB的使用效率。

鉴于MATLAB的上述优越性，非计算机专业的化工类学生学习使用该软件后，可以直接解决化工原理学习中的大量工程计算问题。下面以本章中管路计算问题为例，简单介绍MATLAB的应用过程，但由于本书的篇幅所限，MATLAB软件的具体使用方法请参见相关MATLAB教程。

如前面的1.6.3中介绍的管路计算问题，如果多段简单管路间存在分支和/或汇合关系，则构成复杂管路。复杂管路有两个重要的特征：一是总管路流量等于其分支管路流量之和；二是分支或汇合点的机械能唯一。由于复杂管路计算工作量较大，普通的试差法往往效率较低，再加上试差法本质上属于方程组求解，所以复杂管路计算问题更多地采用方程组联立求解的方法来解决。在MATLAB中，可以利用函数fsolve求解方程组。

下面以某个具体问题为例，简单介绍求解过程。

【问题】 如附图1所示为输水系统，高位槽的水面维持恒定。水分别从BC与BD两个管排出，高位槽液面与两个管出口间的距离均为11m。AB管段内径为38mm、长58m；BC支管的内径为32mm、长为12.5m；BD支管的内径为26mm、长为14m。各段管长均包括管件及阀门全开时的当量长度。试计算当所有的阀门全开时，两支管的排水量各为多少（m^3/h）？已知各段管的管壁绝对粗糙度均为0.15mm，水的密度为1000kg/m^3，黏度为0.001Pa·s。

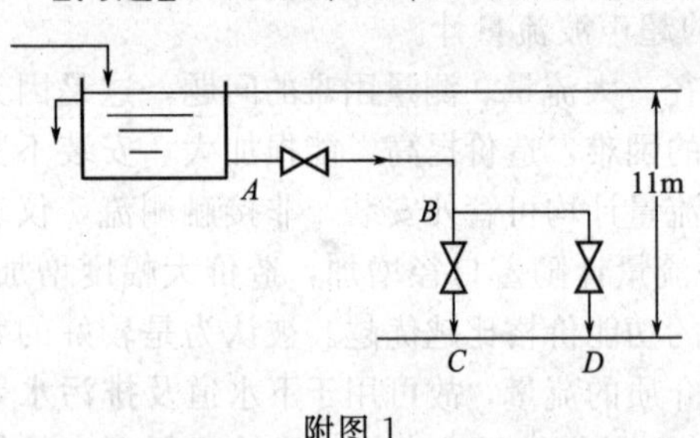

附图1

解：定义高位槽液面为1面，在1面和B点间列柏努利方程：

$$gZ_1+\frac{u_1^2}{2}+\frac{p_1}{\rho}=gZ_B+\frac{u_B^2}{2}+\frac{p_B}{\rho}+\left(\lambda_{AB}\frac{l_{AB}}{d_{AB}}+0.5\right)\frac{u_{AB}^2}{2}=E_B+\left(\lambda_{AB}\frac{l_{AB}}{d_{AB}}+0.5\right)\frac{u_{AB}^2}{2}$$

其中的E_B代表B点的机械能总和。

同样可以在BC两点间列柏努利方程：

$$E_B=gZ_C+\frac{u_C^2}{2}+\frac{p_C}{\rho}+\left(\lambda_{BC}\frac{l_{BC}}{d_{BC}}+1.0\right)\frac{u_{BC}^2}{2}$$

在BD两点间列柏努利方程：

$$E_B=gZ_D+\frac{u_D^2}{2}+\frac{p_D}{\rho}+\left(\lambda_{BD}\frac{l_{BD}}{d_{BD}}+1.0\right)\frac{u_{BD}^2}{2}$$

以上三式均已包括进出口阻力，将它们联立消去其中的E_B后得到：

$$gZ_1+\frac{u_1^2}{2}+\frac{p_1}{\rho}=gZ_C+\frac{u_C^2}{2}+\frac{p_C}{\rho}+\left(\lambda_{BC}\frac{l_{BC}}{d_{BC}}+1.0\right)\frac{u_{BC}^2}{2}+\left(\lambda_{AB}\frac{l_{AB}}{d_{AB}}+0.5\right)\frac{u_{AB}^2}{2}$$

$$gZ_1+\frac{u_1^2}{2}+\frac{p_1}{\rho}=gZ_D+\frac{u_D^2}{2}+\frac{p_D}{\rho}+\left(\lambda_{BD}\frac{l_{BD}}{d_{BD}}+1.0\right)\frac{u_{BD}^2}{2}+\left(\lambda_{AB}\frac{l_{AB}}{d_{AB}}+0.5\right)\frac{u_{AB}^2}{2}$$

由于$h=Z_1-Z_B=Z_1-Z_C$，$u_1=u_C=u_D=0$，$p_1=p_C=p_D$，所以上述两式可化简为：

$$gh=\left(\lambda_{BC}\frac{l_{BC}}{d_{BC}}+1.0\right)\frac{u_{BC}^2}{2}+\left(\lambda_{AB}\frac{l_{AB}}{d_{AB}}+0.5\right)\frac{u_{AB}^2}{2} \tag{a}$$

$$gh=\left(\lambda_{BD}\frac{l_{BD}}{d_{BD}}+1.0\right)\frac{u_{BD}^2}{2}+\left(\lambda_{AB}\frac{l_{AB}}{d_{AB}}+0.5\right)\frac{u_{AB}^2}{2} \tag{b}$$

此外，对于分支管路，总流量等于各分支管流量之和，即：

$$\frac{\pi d_{AB}^2}{4}u_{AB}=\frac{\pi d_{BC}^2}{4}u_{BC}+\frac{\pi d_{BD}^2}{4}u_{BD}$$

简化为：

$$d_{AB}^2u_{AB}=d_{BC}^2u_{BC}+d_{BD}^2u_{BD} \tag{c}$$

这样，方程（a）～(c）描述了上述复杂管路系统的流动规律，变量为三段的流速。因此，该模型的自由度为0，存在唯一解，可采用fsolve来解上述方程组。各段的摩擦系数可依照式(1-60）和式(1-66）来计算，但由于式(1-66）不能显示给出λ，所以需要单独求解该方程，这里采用单变量方程求根函数fzero求解。

(1）初始化

```
function ComplexPipeCal
%复杂管路计算
%初始化
clc
clear
```

由于fsolve和fzero均需输入函数名称，所以主程序中要定义两个函数。依照MATLAB的规定，凡需要定义子函数的程序，其自身也必须定义为函数。所以，程序第一行用关键字function说明主程序为函数，其后的ComplexPipeCal为主程序名称。可以看出，这是一个不需要输入和输出的特殊函数。

(2）给定已知

```
%已知
d=[0.038 0.032 0.026];% AB，BC，BD段的管径，m
L=[58 12.5 14];% AB，BC，BD段的管长，m
e=0.15e-3;%各段管的管壁绝对粗糙度，m
den=1000;%水的密度，kg/m3
vis=0.001;%水的黏度，Pa·s
h=11;%高位槽液面距管路出口高度，m
g=9.8;%重力加速度，m/s2
```

(3）调用fsolve求解方程组（a）～(c）

```
%联立方程计算
x0=[1,1,1];%流速、摩擦系数初值
options=optimset('Display','iter');%要求fsolve显示中间迭代过程
u=fsolve(@myfun,x0,options,d,L,e,den,vis,g,h);%开始计算
```

此处，各段流速的初值均选为1m/s。程序中给定的算法参数options的含义是：显示迭代过程的中间结果，以便于用户掌握计算进展情况。函数myfun定义了方程组（a）～(c)，它需要管径d、管长L、管壁粗糙度e、水的密度den、黏度vis、重力加速度g和位差h作为已知常量。函数fsolve返回的u，代表了各段流速的计算结果。

(4）显示结果

```
%获取结果
V=pi. * d. ^2. * u. /4 * 3600;
fprintf('\nVab=%fm3/h\tVbc=%fm3/h\tVbd=%fm3/h', V(1), V(2), V(3));
```

变量 V 的赋值语句中，由于 d 和 u 均为向量，所以 V 也为向量，代表各管段的流量。

(5) 定义方程组

```
%--------------------------------定义方程组--------------------------------
function f=myfun(u,d,L,e,den,vis,g,h)
Re=d. * u* den/vis;
for i =1:3
    if Re(i)<=2000
        Lamda(i)=64/Re(i);
    else
        Lamda(i)=fzero(@Lfun,0.03,optimset('fzero'),e,d(i),Re(i));
    end
end
f=[g* h-(Lamda(2) * L(2)/d(2)+1) * u(2)^2/2-(Lamda(1) * L(1)/d(1)+0.5) * u(1)^2/2;
   g* h-(Lamda(3) * L(3)/d(3)+1) * u(3)^2/2-(Lamda(1) * L(1)/d(1)+0.5) * u(1)^2/2;
   d(1)^2* u(1)-d(2)^2* u(2)-d(3)^2* u(3)];
```

该函数根据 Re 的大小分别计算层流和湍流时的摩擦系数，而后者通过调用 fzero 函数计算得到。函数 fzero 中的 Lfun 定义了 Colebrook 公式，0.03 为摩擦系数的初值。

(6) 定义摩擦系数计算式

```
%------------------------------定义 Colebrook 公式------------------------------
function f=Lfun(Lamda,e,d,Re)
f=1/sqrt(Lamda)-1.74+2* log10(2* e/d+18.7/(Re* sqrt(Lamda)));
```

该函数需要 e、d 和 Re 三个常量，输入变量为摩擦系数，返回值为方程(1-66) 的残差值（等式左边减去等式右边），注意 myfun 函数返回的也是对应方程组的残差值。

计算结果如下：

```
                                          Norm of      First-order   Trust-region
Iteration   Func-count      f(x)            step        optimality      radius
    1           4        11420.5                        6.94e+003         1
    2           8        120.496              1         1.3e+003          1
    3          12        9.03134          0.723516         305            2.5
    4          16        0.0013423        0.0727339        4.52           2.5
    5          20        4.91447e-012     0.000374781      0.000273       2.5
    6          24        4.03897e-028     2.33176e-008     2.48e-012      2.5
Optimization terminated successfully:
First-order optimality is less than options. TolFun.
Vab=7.945642 m3/h Vbc=5.130173m3/h Vbd=2.815469m3/h
```

二、工程案例分析——管路安装问题

某化工厂有一台鼓风机，其轴瓦需用冷却水冷却，用量约在 $10m^3/h$，出口水温为 20℃，冷却水直接排入地沟。在其附近有一个吸收罐，需连续加水稀释，用量在 $5m^3/h$ 左右。为此对轴瓦冷却系统进行改造，将鼓风机的冷却水，一部分引入吸收罐，其余的水再排至地沟，构成如附图2所示的分支管路。要求如下：

① 为确保鼓风机的正常运转，流经轴瓦的冷却水量不得少于$10m^3/h$；

② 多余水的排出口附近不能安装阀门，以免被误关闭，造成事故；

③ 吸收罐的加水量应根据需要经常改变。

管路的基础数据如下：阀A全开时，1截面处压力表读数为150kPa，各段的管径相同，均为$\phi57mm\times3.5mm$，绝对粗糙度为0.3mm，各段的管长（包括所有局部阻力的当量长度）分别为：总管1-2，28m，支管2-4，20m（其中2-3、3-4各10m），支管2-5，12m。

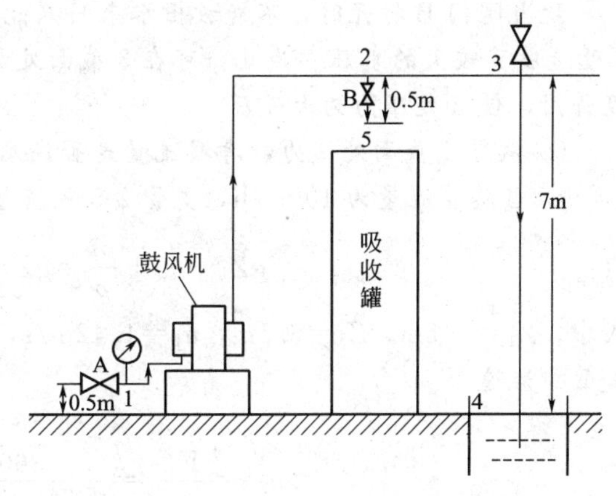

附图2 鼓风机轴瓦冷却系统

现分析该流程的合理性：

① 在支管2-4中不加阀门，以避免发生事故；而在支管2-5中安装调节阀，以满足吸收罐中用水量可随时调节的要求；

② 核算2截面的机械能，考察阀B打开后水是否可以流出。

设阀B关闭，以流量$10m^3/h$为基准，则管内流速为：

$$u=\frac{V_s}{\frac{\pi}{4}d^2}=\frac{\frac{10}{3600}}{0.785\times0.05^2}=1.42\ (m/s)$$

在2—4截面间列柏努利方程：

$$gZ_2+\frac{u_2^2}{2}+\frac{p_2}{\rho}=gZ_4+\frac{u_4^2}{2}+\frac{p_4}{\rho}+\sum h_{f,2\text{-}4}$$

式中，$Z_2=7m$，$Z_4=0$，$u_4=0$，$p_4=0$（表压）。

水的黏度以$1\times10^{-3}Pa\cdot s$计，密度以$1000kg/m^3$计，则：

$$Re_1=\frac{du\rho}{\mu}=\frac{0.05\times1000\times1.42}{1\times10^{-3}}=7.1\times10^4$$

相对粗糙度：

$$\frac{\varepsilon}{d}=\frac{0.3}{50}=0.006$$

查得摩擦系数：

$$\lambda_1=0.033$$

$$\sum h_{f,2\text{-}4}=\lambda_1\frac{l+\sum l_e}{d}\times\frac{u^2}{2}=0.033\times\frac{20}{0.05}\times\frac{1.42^2}{2}=13.3\ (J/kg)$$

所以：

$$p_2=\rho\left[(Z_4-Z_2)g-\frac{1}{2}u_2^2+\sum h_{f,2\text{-}4}\right]=1000\times\left(-7\times9.81-\frac{1}{2}\times1.42^2+13.3\right)$$
$$=-56.4\ (kPa)$$

以5截面为基准，则2截面的能量为：

$$\frac{p_2}{\rho}+Z_2g=-\frac{56.4\times10^3}{1000}+0.5\times9.81=-51.5\ (J/kg)\ (<0)$$

故当阀门B打开时，不能放出水来而只能吸进空气，其原因在于3-4段有虹吸作用，在2处造成了较大的负压。为此，可在3截面处加一个放空阀（见附图所示），破坏3-4段的虹吸作用，使3处压力为大气压。

③ 核算1截面处压力，考察流量是否满足要求。

a. 当总管流量为$10m^3/h$，支管2-5中流量为$5m^3/h$时，在1-5截面间列柏努利方程：

$$gZ_1+\frac{u_1^2}{2}+\frac{p_1}{\rho}=gZ_5+\frac{u_5^2}{2}+\frac{p_5}{\rho}+\sum h_{f,1\text{-}5}$$

式中，$Z_1=0.5m$，$Z_5=6.5m$，$u_1=1.42m/s$，$u_5=0$，$p_5=0$（表压）。

支管中流速：

$$u_{2\text{-}5}=\frac{V_{s,2}}{\frac{\pi}{4}d^2}=\frac{\frac{5}{3600}}{0.785\times0.05^2}=0.71\ (m/s)$$

$$Re_2=\frac{d\rho u_{2\text{-}5}}{\mu}=\frac{0.05\times1000\times0.71}{1\times10^{-3}}=3.55\times10^4$$

查得摩擦系数：

$$\lambda_2=0.034$$

$$\sum h_{f,1\text{-}5}=h_{f,1\text{-}2}+h_{f,2\text{-}5}=\lambda_1\frac{(l+\sum l_e)_{1\text{-}2}}{d}\times\frac{u_1^2}{2}+\lambda_2\frac{(l+\sum l_e)_{2\text{-}5}}{d}\frac{u_{2\text{-}5}^2}{2}$$

$$=0.033\times\frac{28}{0.05}\times\frac{1.42^2}{2}+0.034\times\frac{12}{0.05}\times\frac{0.71^2}{2}=20.7\ (J/kg)$$

所以：

$$p_1=\rho\left[(Z_5-Z_1)g-\frac{1}{2}u_1^2+\sum h_{f,1\text{-}5}\right]=1000\times\left[(6.5-0.5)\times9.81-\frac{1}{2}\times1.42^2+20.7\right]$$

$=78.5$（kPa）（表压）

b. 当总管流量为$10m^3/h$，支管2-3中流量为$5m^3/h$时，在1-3截面间列柏努利方程：

$$gZ_1+\frac{u_1^2}{2}+\frac{p_1}{\rho}=gZ_3+\frac{u_3^2}{2}+\frac{p_3}{\rho}+\sum h_{f,1\text{-}3}$$

式中，$Z_1=0.5m$，$Z_3=7m$，$u_1=1.42m/s$，$u_3=0.71m/s$，$p_3=0$（表压）。

支管2-3中流速及摩擦系数与支管2-5中相同，则：

$$\sum h_{f,1\text{-}3}=h_{f,1\text{-}2}+h_{f,2\text{-}3}=\lambda_1\frac{(l+\sum l_e)_{1\text{-}2}}{d}\times\frac{u_1^2}{2}+\lambda_2\frac{(l+\sum l_e)_{2\text{-}3}}{d}\times\frac{u_{2\text{-}3}^2}{2}$$

$$=0.033\times\frac{28}{0.05}\times\frac{1.42^2}{2}+0.034\times\frac{10}{0.05}\times\frac{0.71^2}{2}=20.4\ (J/kg)$$

所以：

$$p_1=\rho\left[(Z_3-Z_1)g+\frac{1}{2}(u_3^2-u_1^2)+\sum h_{f,1\text{-}3}\right]$$

$$=1000\times\left[(7-0.5)\times9.81+\frac{1}{2}\times(0.71^2-1.42^2)+20.4\right]=83.4\ (kPa)$$

综合以上两种情况可知，只要保证1截面处表压超过83.4kPa，即可保证流量的要求。由工艺条件可知，当阀A全开时，1截面处表压为150kPa，适当关小该阀门，维持该处表压在83.4kPa以上，即可使总管中的流量达$10m^3/h$以上，支管2-5中流量达$5m^3/h$以上，满足工艺要求。

上述分析表明，该流程合理、可行。

习　题

一、填空题

1. 由实验确定直管摩擦系数 λ 与 Re 的关系。层流区摩擦系数 λ 与管壁________无关，λ 和 Re 的关系为________。湍流区，摩擦系数 λ 与________及________都有关。而完全湍流区，摩擦系数 λ 与________无关，仅与________有关。

2. 无论层流或湍流，在管道任意截面流体质点的速度沿管径而变，管壁处速度为________，管中心处速度为________。层流时，圆管截面的平均速度 u 为最大速度 u_{max} 的________倍。

3. 20℃水在内径为 100mm 的管道中流过时，其质量流量为 5×10^4 kg/h，则其体积流量为________m^3/h，流速为________m/s，质量流速为________$kg/(m^2 \cdot s)$（假定水的密度为 $1000kg/m^3$）。

4. 外界大气压是 753mmHg（绝压），某容器内气体的真空度为 7.34×10^4 Pa，其绝压为________Pa，表压为________Pa。

5. 水在 ϕ60mm×3mm 钢管内流过，流量为 $2.75\times10^{-3}\,m^3/h$，水的黏度为 1.005×10^{-3} Pa·s，则 Re=________，流型为________。

6. 20℃的水在管径为 100mm 的直管中流动，$\lambda=0.32Re^{-0.2}$。管上 A、B 两点间的距离为 10m，水速为 2m/s。A、B 间接一个 U 形压差计，如附图所示，指示液为 CCl_4，其密度为 $1630kg/m^3$。U 形管与管子的接管中充满水。求下列三种情况下。

① A、B 两点间的压差

图（a），________Pa；图（b），________Pa；图（c），________Pa。

② U 形管中指示液读数 R

图（a），________m；图（b），________m；图（c），________m。

③ U 形管中指示液高的一侧

图（a），________；图（b），________；图（c），________。

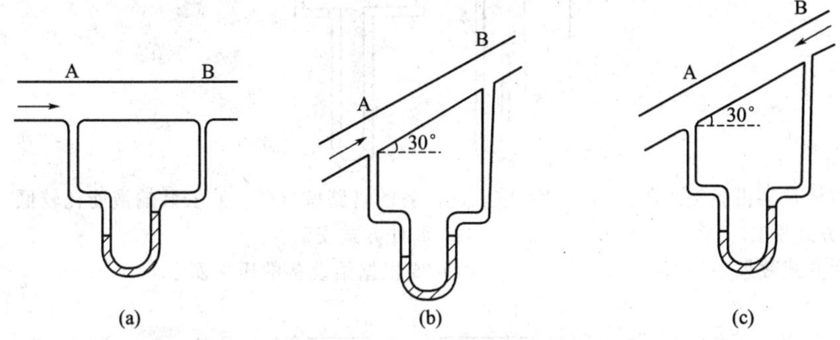

7. 流体在一个圆形直管内流动，Re=700，若流量加倍，对同一管路而言，阻力消耗的功率为原来的________倍。

二、单项选择题

1. 据牛顿黏性定律，黏度的定义可用数学式表示如下：

$$\mu=\frac{F}{A\mathrm{d}u/\mathrm{d}y}=\frac{\tau}{\mathrm{d}u/\mathrm{d}y}$$

下列关于该式的四种论述中正确的是（　　）。

（1）倘若流体不受力，其黏度为零

（2）牛顿型流体的黏度与流体内部的速度梯度成反比

（3）对于牛顿型流体，运动流体所受的剪应力与其速度梯度成正比

（4）流体运动时所受的剪应力与其速度梯度之比即是黏度

2. 速度分布均匀，无黏性（黏度为零）的流体称为（　　）

（1）牛顿型流体　（2）非牛顿型流体　（3）理想流体　（4）实际流体

3. 不可压缩流体在均匀直管内作稳态流动时，平均速度沿流动方向的变化为（　　）

（1）增大　（2）减小　（3）不变　（4）无法确定

4. 对湍流概念描述不正确的是（　　）。

(1) 湍流时流体质点在沿管轴流动的同时还做着随机的脉动

(2) 湍流的基本特征是出现了速度的脉动。它可用频率和平均振幅两个物理量来粗略描述，而且脉动加速了径向的动量、热量和质量的传递

(3) 湍流时，动量的传递不仅起因于分子运动，而且来源于流体质点的脉动速度，故动量的传递不再服从牛顿黏性定律

(4) 湍流时，若仍用牛顿黏性定律来表示动量的传递，则黏度和湍流度均为流体的物理性质

5. 有一个串联管道，分别由管径为 d_1 与 d_2 的两管段串接而成，$d_1 < d_2$。某流体稳定流过该管道。今确知 d_1 管段内流体呈层流，则流体在 d_2 管段内的流型为（　　）：

(1) 湍流　　(2) 过渡流　　(3) 层流　　(4) 须计算确定

6. 下面有关直管阻力损失与固体表面间摩擦损失论述中错误的是（　　）。

(1) 固体摩擦仅发生在接触的外表面，摩擦力大小与正压力成正比

(2) 直管阻力损失发生在流体内部，紧贴管壁的流体层与管壁之间并没有相对滑动

(3) 实际流体由于具有黏性，其黏性作用引起的直管阻力损失也仅发生在紧贴管壁的流体层上

7. 下列有关局部阻力论断中错误的是（　　）。

(1) 局部阻力损失是由于流道的急剧变化使边界层分离而引起的

(2) 局部阻力可用局部阻力系数和当量长度两种方法来进行计算

(3) 在不同两截面之间列机械能衡算式时，若所取截面不同，不会影响到局部阻力的总量

8. 如附图所示，A、B两管段中均有液体流过。从所装的压差计显示的情况，能判断（　　）。

(1) A管段内流体的流向　　(2) B管段内流体的流向

(3) A、B管段内流体的流向　　(4) 无法作出任何判断

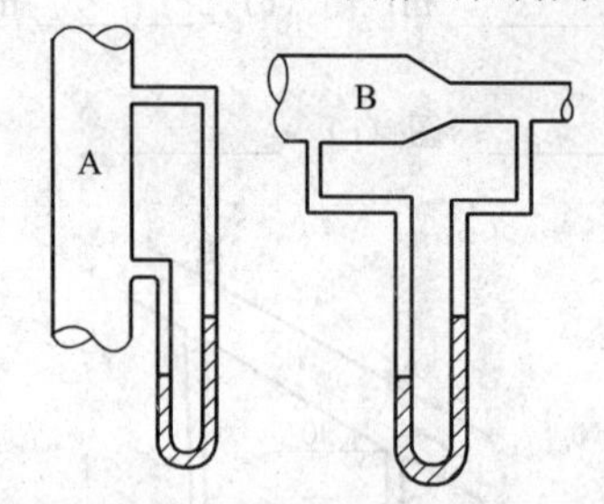

9. 要将流体从某设备输入附图所示设备中，进设备的管路按（　　）安装输液能耗较低。

(1) a种方式安装　　(2) b种方式安装

(3) a、b方式效果一样　　(4) 要根据给设备的压强而定

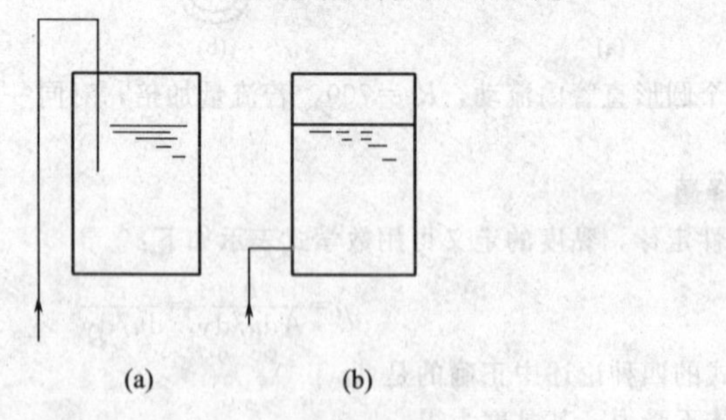

三、计算题

1. 燃烧重油所得的燃烧气，经分析得知其中含 CO_2 8.5%，O_2 7.5%，N_2 76%，H_2O 8%（体积分数），试求在温度为500℃，压力为0.1MPa时，该混合气体的密度。

2. 在大气压为0.101MPa的地区，某真空蒸馏塔塔顶真空表的读数为0.095MPa。若在大气压为0.088MPa的地区使该塔内绝对压强维持相同的数值，则真空表的读数应为多少？

3. 敞口容器底部有一层深0.52m的水（密度＝1000kg/m³），其上为深3.46m的油（密度＝916kg/m³）。求容器底部的压强（Pa），并需注明是绝对压强还是表压。

4. 某流化床反应器上装有两个U形管压差计，如本题附图所示，测得 R_1＝400mm，R_2＝50mm，指

示液为水银，为防止水银蒸气向空间扩散，在上面的 U 形管与大气连通的玻璃管内注入一段水，其高度 $R_3=50\text{mm}$，试求 A、B 两处的表压。

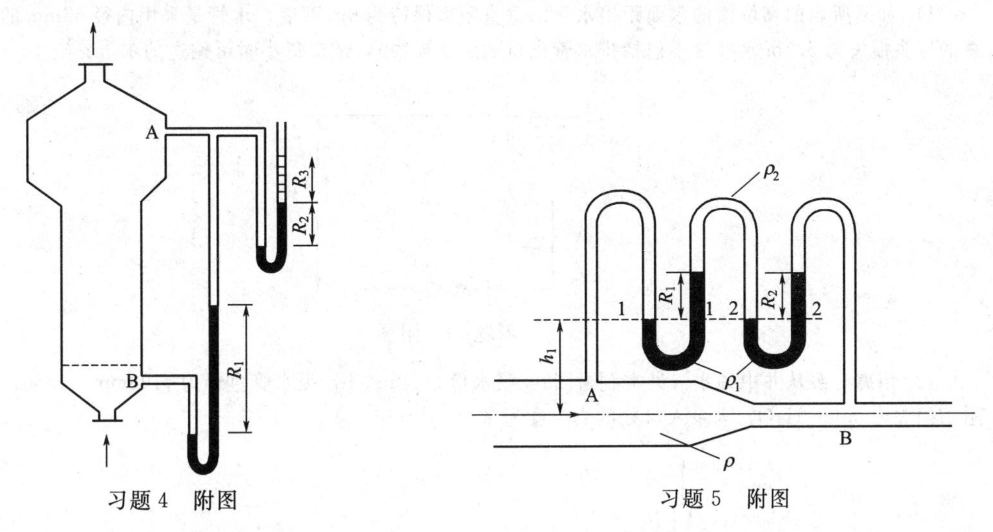

习题 4　附图　　　　习题 5　附图

5. 如本题附图所示，某气体（密度 $\rho=1\text{kg/m}^3$，黏度很小，可视为理想流体）从变径管流过，大管为 $\phi48\text{mm}\times3.5\text{mm}$，小管为 $\phi18\text{mm}\times2.5\text{mm}$。在 A、B 两点间接一个复式压差计，内放等量的水作为指示剂（密度 $\rho_1=1000\text{kg/m}^3$），两指示剂之间充满煤油（密度 $\rho_2=810\text{kg/m}^3$）。已知大管中气速为 10m/s，试求复式压差计读数 R_1 和 R_2 的大小。

6. 如本题附图所示的一个垂直水管，从相距 5m 的两点 A、B 接测压管至一倒 U 形管压差计上。压差计的指示液为苯，压差计读数为 0.2m，试问管中水的流向？A、B 两点间的压差为多少？测压管中充满水。

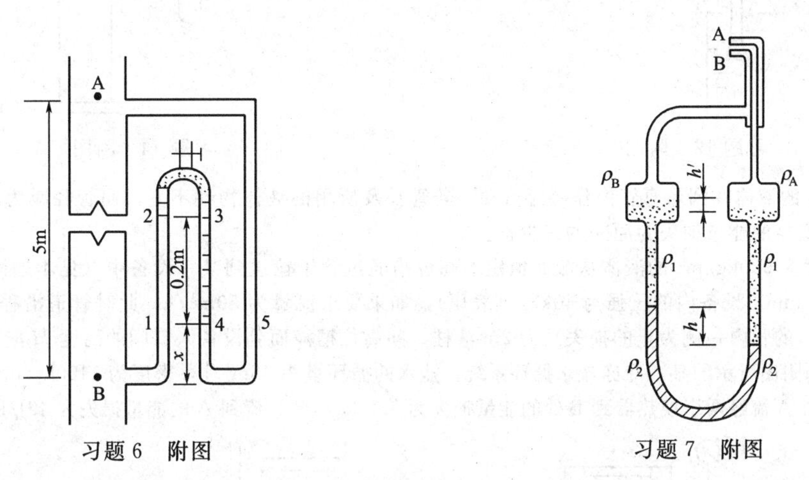

习题 6　附图　　　　习题 7　附图

7. 用一个微差压差计测量皮托管流速计（测量气体流速）两接口间的压差，两液体的密度分别为 900kg/m^3 与 1000kg/m^3，U 形管内径为 8mm，扩大室内径为 80mm，测得读数为 200mm，求压差为多少？又若扩大室的内径为 40mm，则读数应为多少？两种情况测得的压差值与压差的真值间的误差各为多少？（注：未测得压差时，两扩大管中的液面高度相同）

8. 管壳换热器的管束由 121 根 $\phi25\text{mm}\times2.5\text{mm}$ 的钢管组成，空气以 9m/s 速度在管内流动。空气在管内的平均温度为 50℃、压强为 $196\times10^3\text{Pa}$（表压），当地大气压为 $98.7\times10^3\text{Pa}$。试求：(1) 空气的质量流量；(2) 操作条件下空气的体积流量；(3) 将 (2) 的计算结果换算为标准状况下空气的体积流量。

9. 90℃的水流经内径 20mm 的管子，问水的流速不超过何值时管中流型才一定为层流？若管内流动的是 90℃的空气，则此值又应为多少？

10. 某油品连续稳定地流过一根异径管。细管直径为 $\phi57\text{mm}\times3.5\text{mm}$，油品通过细管的流速为 $u=$

1.96m/s。粗管直径为 $\phi 76mm \times 3mm$，则油品通过粗管的雷诺数为多少？（油品的密度为 $900kg/m^3$，黏度 $7 \times 10^{-2} Pa \cdot s$）

11. 如图所示的高位槽的水面距出水管的垂直距离保持为 6m 不变，水管是采用内径 68mm 的钢管，设总的压头损失为 5.7m 水柱（不包括排水管出口的压头损失），试求每小时可输送的水量？

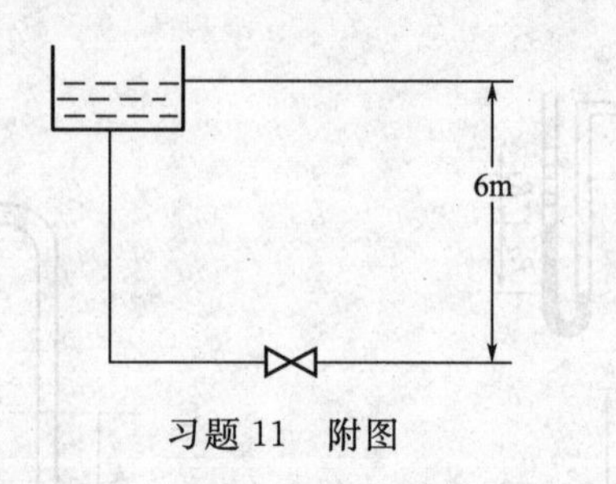

习题 11　附图

12. 用离心泵从井中抽水（见本题附图），吸水量为 $20m^3/h$，吸水管直径为 $\phi 108mm \times 4mm$，吸水管路阻力损失为 0.5m H_2O，求泵入口处的真空度为多少？

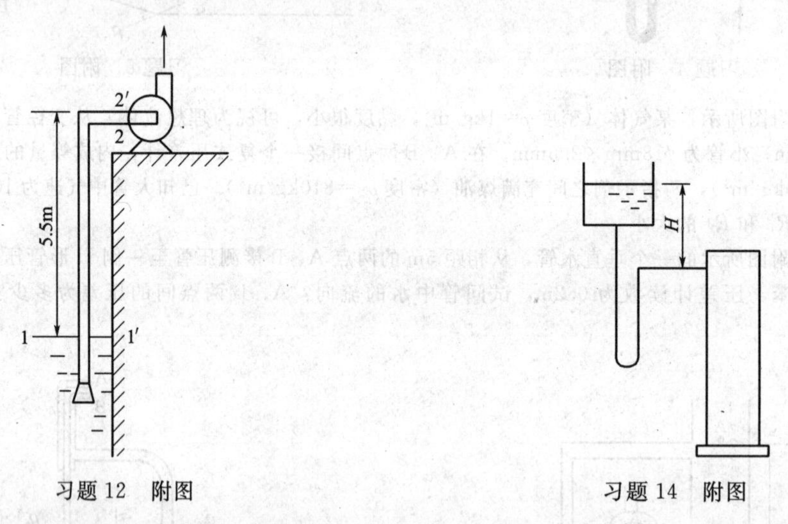

习题 12　附图　　习题 14　附图

13. 一定量的液体在圆形直管内作层流流动，若管长及所用的液体物性不变，而管径减为原来的 1/2，因流动阻力而产生的能量损失为原来的多少倍？

14. 将密度为 $900kg/m^3$ 的液体从液面恒定的高位槽通过管子输送到某一设备中（见本题附图），管子为 $\phi 89mm \times 3.5mm$，设备内的压强为 40kPa（表压），如果要求流量为 $50m^3/h$，此时管道沿程损失（指高位槽到管子出口的管内一侧为止的损失）为 2m 液柱。问高位槽液面到设备入口间的高度 H 应为多少米？

15. 如本题附图所示的某一冷冻盐水循环系统，盐水的循环量为 $45m^3/h$，密度为 $1100kg/m^3$。管路的直径相同，盐水自 A 流经两个换热器到 B 处的能量损失为 98J/kg，自 B 流到 A 的能量损失为 49J/kg，试计算：

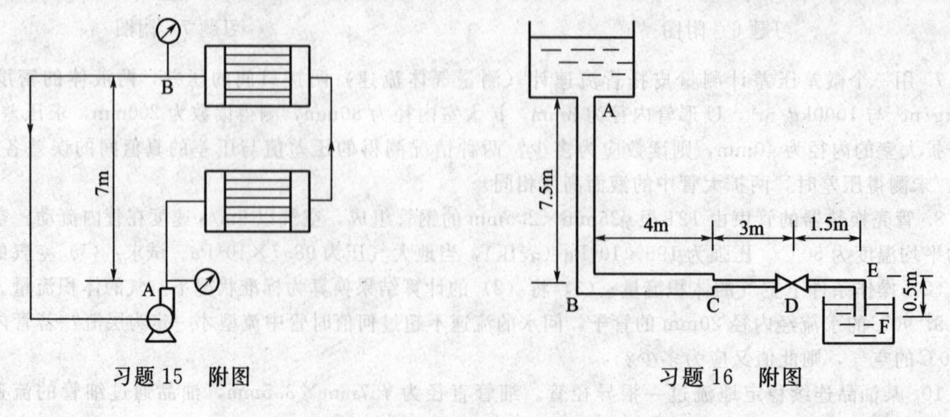

习题 15　附图　　习题 16　附图

(1) 泵的轴功率为多少千瓦？设泵的效率为70%。

(2) 若A处压强表读数为0.25MPa，则B处的压强表读数为多少？

16. 计算水流经附图中所示管路的摩擦阻力损失。已知大管为ϕ57mm×3.5mm的钢管，小管为ϕ32mm×2.5mm的钢管。管子均已经生锈，其绝对粗糙度ε为0.5mm。小管中阀门为截止阀（标准球心阀），半开。水温20℃，水在大管中的流速为0.5m/s。并根据所得结果，对各部分的阻力大小进行比较。

17. 如本题附图所示，每小时将2×10^4kg的溶液用泵从反应器输送到高位槽。反应器液面上方保持26.7×10^3Pa的真空度，高位槽液面上方为大气压强。管道为ϕ76mm×4mm的钢管，总长为50m，管线上有两个全开的闸阀、一个孔板流量计（局部阻力系数为4）、五个标准弯头。反应器内液面与管路出口的距离为15m。若泵的效率为0.7，求泵的轴功率。

溶液的密度为1073kg/m³，黏度为6.3×10^{-4}Pa·s，管壁的绝对粗糙度ε为0.3mm。

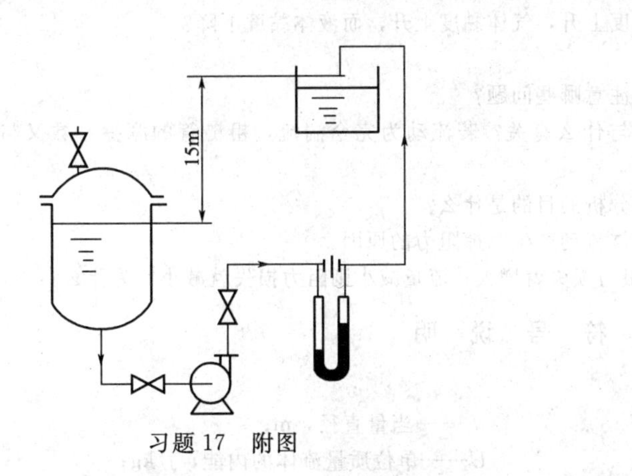

习题17 附图

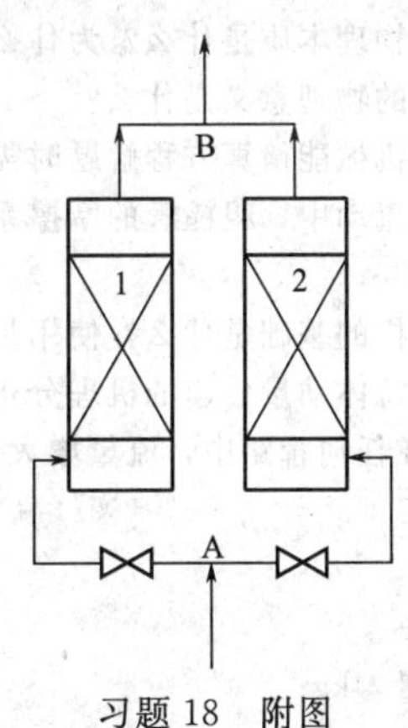

习题18 附图

18. 如本题附图所示，在两座尺寸相同的吸收塔内，各填充不同的填料，并以相同的管路并联组合。每条支管上均装有闸阀，两支路的管长均为5m（包括除了闸阀以外的管件局部阻力的当量长度），管内径为200mm。通过填料层的能量损失可分别折算为$5u_1^2$与$4u_2^2$，式中u为气体在管内的流速（m/s）。气体在支管内流动的摩擦系数$\lambda=0.02$。管路的气体总流量为0.3m³/s。试求：(1) 当两阀全开时，两塔的通气量；(2) 附图中AB的能量损失。

19. 如本题附图所示，用水泵将20℃的清水从水池送到洗涤塔B与高位槽A，从泵出口a到b的管子上装一个文丘里流量计，这段管子的内径为0.1m，管长为40m（包括全部局部阻力的当量长度及文丘里管阻力）。从管路分支点b到高位槽入口c的管子内径为0.05m，管长45m（包括全部局部阻力的当量长度及出口阻力），b点到洗涤塔入口d的管子内径0.05m，管长60m（包括全部局部阻力的当量长度及出口阻力）。所有管路的摩擦系数$\lambda=0.025$，高位槽通大气，洗涤塔顶部压力为0.1MPa（表压），文丘里流量计喉部截面与入口截面之比为1∶4，其流量系数C_v可根据收缩管入口至喉部的阻力系数$\zeta=0.1$求出，当文

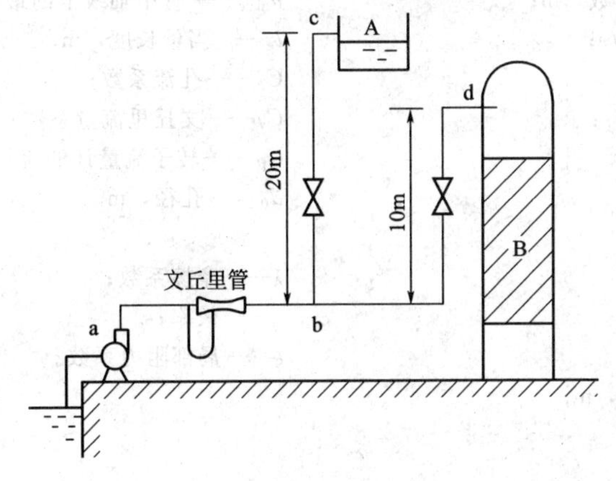

习题19 附图

丘里流量计所连U形压差计读数 $R=0.269\text{mmHg}$（测压管内充满水）时，求：(1) ab、bc、bd各管流速分别为多少？(2) 泵出口a点压力为多少？

20. 在内径为156mm的管道中，装上一块孔径为78mm的孔板流量计，用以测定管路中苯的流量。已知苯的温度为293K，流量计中测压计的指示液为汞，读数 $R=30\text{mm}$，设孔流系数 $C_0=0.625$，试求管路中每小时苯的流量？

思考题

1. 什么是连续性假设？质点的含义是什么？

2. 表压、真空度、绝对压强及大气压强的关系如何？

3. 稳态流动和非稳态流动的特点是什么？

4. 黏性的物理本质是什么？为什么温度上升，气体黏度上升，而液体黏度下降？

5. 雷诺数的物理意义是什么？

6. 在应用机械能衡算方程解题时需要注意哪些问题？

7. 在层流流动中，粗糙管的摩擦系数与什么有关？若流动为完全湍流，粗糙管的摩擦系数又与什么有关？

8. 量纲分析的基础是什么？使用量纲分析的目的是什么？

9. 试通过流体动量传递的机理分析流体流动产生摩擦阻力的原因。

10. 是否在任何管路中，流量增大则阻力损失就增大；流量减小则阻力损失就减小？为什么？

符号说明

英文字母：

m——质量，kg；

V——体积，m^3；

R——气体常数，$R=8.314\text{kJ/(kmol·K)}$；

T——温度，K；

p——压强，kPa；

P——压力，N；

n——物质的量，mol；

M——分子量，kg/kmol；

x——质量分率；

y——体积分率；

g——重力加速度，m/s^2；

A——截面积，m^2；

Z——高度，或单位重量流体所具有的能量，m；

R——液柱压差计的读数，m；

V_s——体积流量，m^3/s；

v——比容，m^3/kg；

m_s——质量流量，kg/s；

u——流速，m/s；

d——管道直径，m；

d_e——当量直径，m；

U——单位质量流体的内能，J/kg；

h_f——1kg流体流动时为克服流动阻力而损失的能量，简称能量损失，J/kg；

W_e——1kg流体通过输送设备获得的能量，简称净功或有效功，J/kg；

H_e——输送设备对流体提供的有效压头，m；

H_f——压头损失，m；

N——输送设备的轴功率，kW；

N_e——输送设备的有效功率，kW；

F——流体的内摩擦力，N；

Re——雷诺数，无量纲；

u_r——与管中轴线垂直距离为 r 处的点速度，m/s；

u_{max}——管中轴线上的最大速度，m/s；

l_e——当量长度，m；

C_0——孔流系数；

C_v——文丘里流量系数；

C_R——转子流量计的流量系数；

d_0——孔径，m。

希腊字母：

ρ——密度，kg/m^3；

τ——剪应力，Pa；

μ——黏度，Pa·s；

δ——流动边界层厚度，m；

λ——摩擦系数；

η——效率；

ξ——局部阻力系数。

第 2 章　流体输送机械

2.1　概述

在过程工业中，所处理的物料多数是流体。生产上经常需要按照一定的工艺要求将流体从某一设备输送到另一设备中，这就需要使用各种流体输送机械。流体输送机械就是向流体做功以提高流体机械能的装置，因此流体获得能量后，可用于克服流体输送沿程的机械能损失，提高位能以及提高流体压强（或减压）等。通常，将输送液体的装置称为泵；将输送气体的装置按所产生压强的高低分别称为通风机、鼓风机、压缩机和真空泵。

流体输送机械按其工作原理可分为离心式（如离心泵）、往复式（如往复泵、柱塞泵、计量泵等）、旋转式（如齿轮泵、螺杆泵等）和流体动力作用式（如喷射式等）。

本章主要介绍常用流体输送机械的基本结构、工作原理、主要性能参数以及如何根据输送任务和管路特性，合理选择流体输送机械以及输送机械的安装、使用方法等。

输送机械的种类虽然繁多，但离心式使用得最广泛，例如化工生产中使用离心泵大约占所用泵的 80%以上，所以首先重点介绍离心式输送机械。

2.2　离心泵

2.2.1　离心泵的主要部件和工作原理

2.2.1.1　离心泵的主要部件

离心泵的结构如图 2-1 所示，主要由两部分组成：旋转部件——叶轮和泵轴；静止部件——壳体、密封、轴承等。

(1) 叶轮　叶轮是离心泵的关键部件，它的作用是将原动机的机械能传给液体。叶轮一般由 6～12 片沿旋转方向后弯的叶片组成，按其结构常分为闭式、半闭式和开式三种，

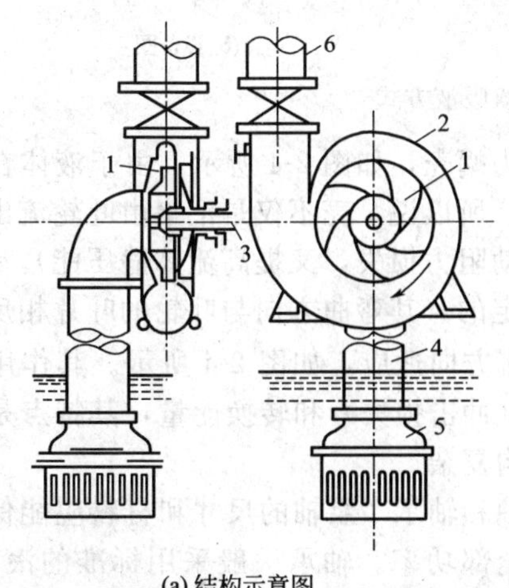

(a) 结构示意图
1—叶轮；2—泵壳；3—泵轴；4—吸入管；5—底阀；6—压出管

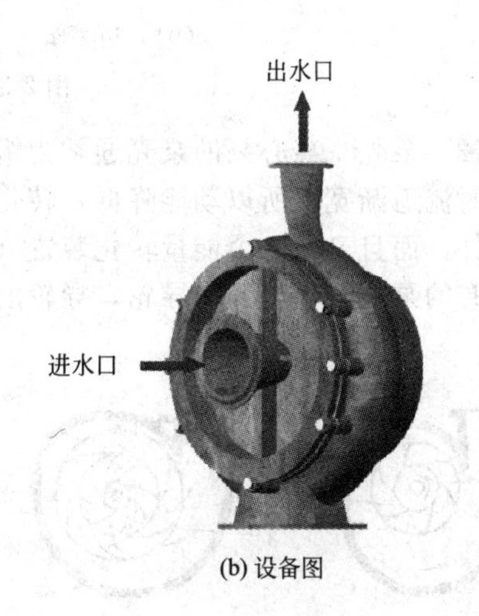

(b) 设备图

图 2-1　离心泵

如图 2-2 所示。其中，闭式叶轮有前后盖板，叶片在两盖板之间。这种叶轮操作效率高，但只适用于输送不含固体颗粒的清液。当液体中含有固体时（例如含有砂、石、贝壳等），不仅有磨损问题，还会堵塞叶轮，故此时不能采用闭式叶轮，必须根据固体含量的多少分别采用半闭式或开式叶轮，但是由于没有盖板，液体在叶片间流动时易产生倒流，可使效率降低。

图 2-2 离心泵的叶轮

闭式和半闭式叶轮由于侧面加了盖板，易产生轴向推力，轴向推力使叶片与壳体接触，引起振动、磨损，增加电机负荷，消除方法是在盖板上钻若干个平衡小孔，可减少叶轮两侧的压力差，从而减轻轴向推力的不利影响，但同时会使泵的效率降低。

按吸液方式不同，可将叶轮分为单吸式与双吸式两种，如图 2-3 所示。单吸式叶轮结构简单，液体只能从一侧吸入。双吸式叶轮可同时从叶轮两侧对称吸入液体，它具有较大的吸液能力，而且基本上消除了轴向推力。

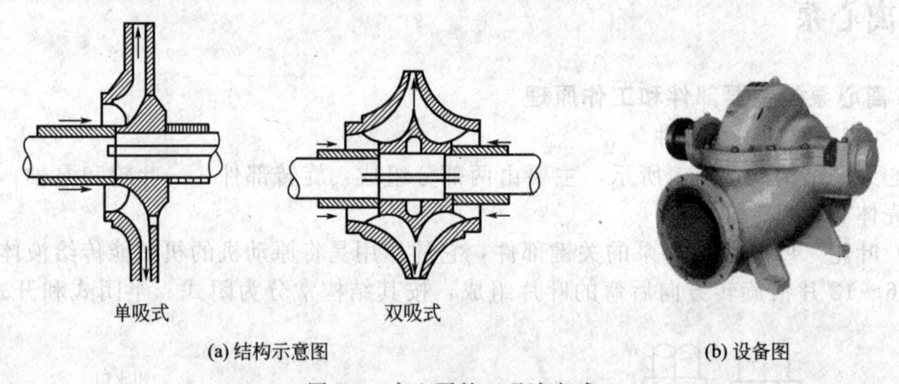

图 2-3 离心泵的双吸液方式

（2）泵壳 离心泵的泵壳通常为蜗牛形，称为蜗壳，如图 2-4 所示。由于液体在蜗壳中流动时流道渐宽，所以动能降低，转化为静压能，所以说泵壳不仅是汇集由叶轮流出的液体的部件，而且又是一个能量转化装置（既降低流动阻力损失，又提高流体静压能）。

有的泵在泵体上装有导轮，导轮的叶片是固定的，其弯曲方向与叶轮的叶片相反，弯曲角度与液流方向适应，如图 2-4 所示。其作用为减少能量损失（冲击损失）和转换能量，其特点是效率较高，但结构复杂。

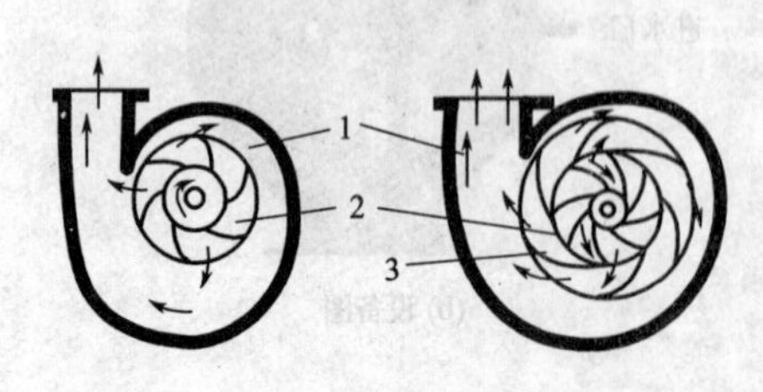

图 2-4 泵壳与导轮

1—泵壳；2—叶轮；3—导轮

（3）轴和轴承 泵轴的尺寸和材料应能保证传递驱动机的全部功率。轴承一般采用标准的滚珠轴承、滚柱轴承或滑动轴承，必要时设推力轴承。当液体温度超过 117℃或轴向力较大时，轴承应进行水冷。对低温泵的滑动轴承要注意轴承间隙和材料的选取。

(4) 轴封装置　轴封装置的作用是封住转轴与壳体之间的缝隙，以防止泄漏。可分为填料密封和机械密封两种型式。

① 填料密封（填料函或盘根纱）　填料采用浸油或涂石墨的石棉绳。应注意不能用于填料；不要压得过紧，允许有液体滴漏（1 滴/s）；不能用于酸、碱、易燃、易爆的液体输送。

② 机械密封（又称端面密封）　由转轴上的动环（合金硬材料）和壳体上的静环（非金属软材料）构成，两环之间形成一层薄薄的液膜起密封和润滑作用。其特点是：密封性好，功率消耗低，可用于酸、碱、易燃、易爆的液体输送，但价格较高。

2.2.1.2　离心泵工作原理

离心泵是依靠叶轮高速旋转时产生的离心力来输送液体的装置，其工作过程可由排液和吸液两个步骤配合完成。

需特别注意，由于离心泵无自吸能力，所以在启动以前，应首先向泵内灌满待输送液体，则泵启动后，叶轮带动液体高速旋转并产生离心力，将液体从叶片间甩出并在蜗壳体内汇集。由于壳体内流道渐大，流体的部分动能转化为静压能，则在泵的出口处，液体可获得较高的静压头而排液。

离心泵在排液过程中，当液体自叶轮中心被甩向四周后，叶轮中心处（包括泵入口）形成低压区，此时由于外界作用于贮槽液面的压强大于泵吸入口处的压强而使泵内外产生足够的压强差，从而保证了液体连续不断地吸入叶轮中心。

若离心泵在启动之前没有向泵内灌满待输送液体，则泵内存在空气，由于空气的密度比液体的密度小得多，故产生的离心力不足以在叶轮中心处形成要求的低压区，导致不能吸液，这种现象叫气缚。消除方法是启动前必须向泵内灌满待输送液体，并保证离心泵的入口底阀不漏，同时防止吸入管路漏气。

2.2.2　离心泵的基本方程

离心泵的基本方程又称能量方程，是从理论上描述在理想情况下离心泵可能达到的最大扬程与泵的结构、尺寸、转速及液体流量诸因素之间关系的表达式。由于液体在叶轮中的运动情况十分复杂，很难提出一个定量表达上述各因素之间关系的方程。工程上采用数字模型法来研究此类问题。

2.2.2.1　液体通过叶轮的流动

由于液体在叶轮中的运动情况十分复杂，为便于分析作以下两点假设：①叶轮为具有无限薄、无限多叶片的理想叶轮，流体质点将完全沿着叶片表面而流动，流体无漩涡、无冲击损失；②被输送的是理想液体，液体在叶轮内流动不存在流动阻力。

根据上述假设，在叶轮中液体的任意质点，除了以切向速度 u 随叶轮旋转外，还以相对速度 w 沿叶片之间的通道流动。液体在叶片之间任一点的绝对速度 c 等于该点的切向速度 u（$u=wr$）和相对速度 w 的向量和，上述三个速度 w、u、c 所组成的矢量图称为速度三角形，如图 2-5 所示。图中 α 表示绝对速度与切向速度两个矢量之间的夹角。

由速度三角形并应用余弦定理得到：

$$w_1^2=c_1^2+u_1^2-2c_1u_1\cos\alpha_1 \tag{2-1}$$

$$w_2^2=c_2^2+u_2^2-2c_2u_2\cos\alpha_2 \tag{2-2}$$

2.2.2.2　离心泵基本方程的推导

如图 2-5 所示，以静止的物体为参照系，对叶轮进口（截面 1）与出口（截面 2）

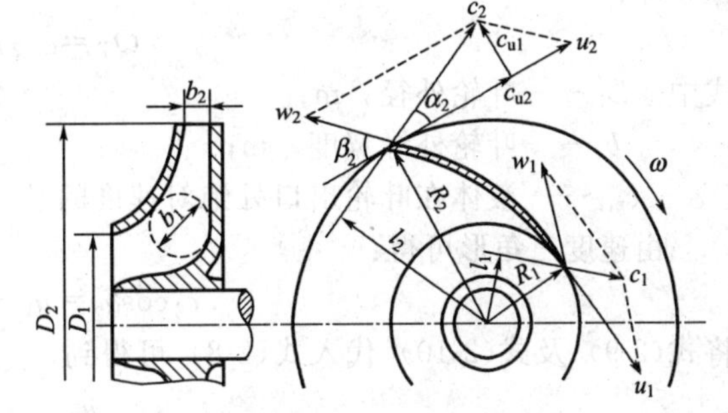

图 2-5　液体在离心泵内叶轮中的流动

两流动截面之间列柏努利方程：

$$H_T = H_P + H_C = \frac{p_2 - p_1}{\rho g} + \frac{c_2^2 - c_1^2}{2g} \tag{2-3}$$

式中 H_T——具有无穷多叶片的离心泵对理想液体所提供的理论压头，m；

H_P——1N（牛顿）理想液体流经叶轮后的静压头增量，m；

H_C——1N（牛顿）理想液体流经叶轮后的动压头增量，m。

静压头的增量由离心力做功及相对速度转化而获得，即：

$$离心力做功 = \frac{u_2^2 - u_1^2}{2g}$$

$$相对速度转化 = \frac{w_1^2 - w_2^2}{2g}$$

则
$$H_P = \frac{p_2 - p_1}{\rho g} = \frac{u_2^2 - u_1^2}{2g} + \frac{w_1^2 - w_2^2}{2g} \tag{2-4}$$

动压头的增量为：

$$H_C = \frac{c_2^2 - c_1^2}{2g} \tag{2-5}$$

综合上两式可得到：

$$H_T = \frac{u_2^2 - u_1^2}{2g} + \frac{w_1^2 - w_2^2}{2g} + \frac{c_2^2 - c_1^2}{2g} \tag{2-6}$$

式(2-6) 即为离心泵基本方程的一种表达式。它说明离心泵的静压头由液体做旋转运动的圆周速度和径向的相对速度转换而获得。式(2-5)所表示的动压头有一部分在液体流经蜗壳和导轮后变为静压头。

为了便于分析各项因素对离心泵理论压头的影响，利用速度三角形和连续性方程，可推得基本方程的另一种表达式。

将速度三角形中各速度关系式(2-1) 及式(2-2) 代入式(2-6) 中，并整理可得到：

$$H_T = \frac{c_2 u_2 \cos\alpha_2 - c_1 u_1 \cos\alpha_1}{g} \tag{2-7}$$

在离心泵设计中，为提高理论压头，一般取 $\alpha_1 = 90°$，则 $\cos\alpha_1 = 0°$，故式(2-7) 可简化为：

$$H_T = \frac{c_2 u_2 \cos\alpha_2}{g} \tag{2-8}$$

式(2-7) 及式(2-8) 为离心泵基本方程的又一表达式。为了能明显看出影响离心泵理论压头的因素，需要将式(2-8) 作进一步变换。

离心泵的理论流量可表示为在叶轮出口处的液体径向速度和叶片末端圆周出口面积的乘积，即：

$$Q_T = c_{r,2} \pi D_2 b_2 \tag{2-9}$$

式中 D_2——叶轮外径，m；

b_2——叶轮外缘宽度，m；

$c_{r,2}$——液体在叶轮出口处绝对速度的径向分量，m/s。

由速度三角形可得：

$$c_2 \cos\alpha_2 = u_2 - c_{r,2} \cot\beta_2 \tag{2-10}$$

将式(2-9) 及式(2-10) 代入式(2-8) 可得到

$$H_T = \frac{u_2^2}{g} - \frac{u_2 \cot\beta_2}{g \pi D_2 b_2} Q_T \tag{2-11}$$

$$u_2=\frac{\pi D_2 n}{60} \tag{2-12}$$

式中　n——叶轮转速，r/min。

式(2-11) 是离心泵基本方程的另一种表达式，可用来分析各项因素对离心泵理论压头的影响。

2.2.2.3　离心泵理论压头影响因素分析

(1) 叶轮转速和直径　当理论流量 Q_T 和叶片几何尺寸（b_2、β_2）一定时，H_T 随 D_2 和 n 的增大而增大，即加大叶轮直径和提高转速均可提高泵的压头。这是后面将要介绍的离心泵的比例定律和切割定律的理论依据。

(2) 叶片的几何形状　根据流动角 β_2 的大小，叶片形状可分为后弯、径向、前弯三种，如图 2-6 所示。

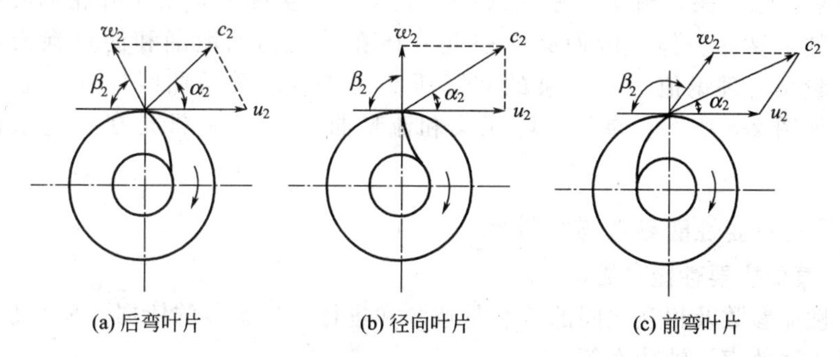

图 2-6　叶片形状及出口速度三角形

由式(2-11) 可看出，当 n、D_2、u_2 及 Q_T 一定时，离心泵的理论压头 H_T 随叶片形状而变，即：

后弯叶片	$\beta_2<90°$	$\cot\beta_2>0$	$H_T<\frac{u_2^2}{g}$
径向叶片	$\beta_2=90°$	$\cot\beta_2=0$	$H_T=\frac{u_2^2}{g}$
前弯叶片	$\beta_2>90°$	$\cot\beta_2<0$	$H_T<\frac{u_2^2}{g}$

离心泵的理论压头如式(2-3) 所示，由静压头和动压头两部分组成。实测结果表明，对于前弯叶片，动压头的提高大于静压头的提高；而对于后弯叶片，静压头的提高大于动压头的提高，其净结果是获得较高的有效压头。为获得较高的能量利用率，提高离心泵的经济指标，应采用后弯叶片。

(3) 理论流量　式(2-11) 表达了一定转速下指定离心泵（b_2、D_2、β_2 及转速 n 一定）的理论压头与理论流量的关系，这个关系式是离心泵的主要特性。H_T-Q_T 的关系曲线称为离心泵的理论特性曲线，如图 2-7 所示。该线的截距 $A=\frac{u_2^2}{g}$，斜率 $B=\frac{u_2\cot\beta_2}{g\pi D_2 b_2}$。于是式(2-11) 可表示为：

$$H_T=A-BQ_T \tag{2-13}$$

显然，对于后弯叶片，$B>0$，H_T 随 Q_T 的增加而降低。

(4) 液体密度　在式(2-11) 中并未出现液体密度这样一个重要参数，这表明离心泵的理论压头与液体密度无关。因此，同一台离心泵，只要转速恒定，不论输送何种液体，都可提供相同的理论压头。但是，在同一压头下，离心泵进出口的压力差却与液体密度成正比。

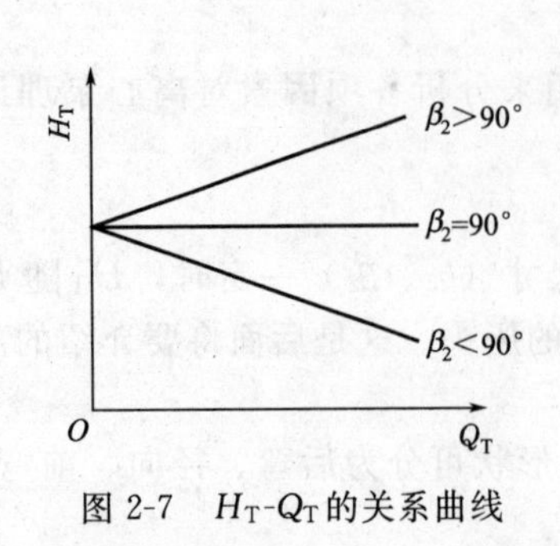

图 2-7 H_T-Q_T的关系曲线

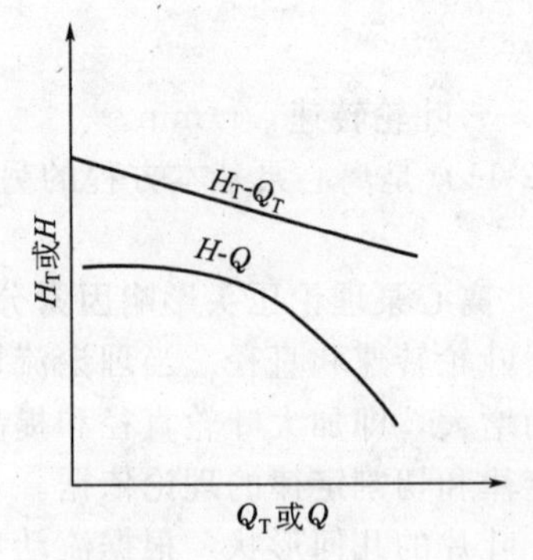

图 2-8 离心泵的 H_T-Q_T与 H-Q 的关系曲线

(5) 离心泵实际压头、流量关系曲线的实验测定　实际上，由于叶轮的叶片数目是有限的，且输送的是黏性液体，因而必然引起液体在叶轮内的泄漏和能量损失，致使泵的实际压头和流量小于理论值。所以泵的实际压头与流量的关系曲线应在离心泵理论特性曲线的下方，如图 2-8 所示。泵的实际压头和流量曲线 H-Q 通常是在一定条件下由实验测定的。

2.2.3　离心泵的主要性能参数与特性曲线

2.2.3.1　离心泵的主要性能参数

离心泵的性能参数及相互之间的关系是选泵和进行流量调节的依据。离心泵的性能参数包括流量、压头、效率、轴功率等。

(1) 流量 Q　离心泵的流量又称送液能力，指离心泵在单位时间内排送到输出管路系统中的液体体积，单位为 m^3/s。该流量的大小受到泵的转速、结构及尺寸的影响。

(2) 压头（扬程）H　离心泵的压头指泵对单位重量流体所提供的有效能量，单位为m 液柱。压头的大小受到泵的转速、结构、尺寸及流量的影响。由于泵内流动情况复杂，目前还不能从理论上导出压头的计算式，一般采用实验测定。离心泵的压头又称扬程，应注意扬程与升扬高度不是同一概念，扬程是泵的性能，而升扬高度是管路系统的特征。

(3) 效率 η　离心泵在实际运转中，由于存在各种能量损失，致使泵的实际压头和流量低于理论值，反映泵中能量损失的参数称为效率。

离心泵的能量损失包括以下三项。

① 容积损失　指泄漏造成的损失，即在离心泵运转过程中，获得能量的高压液体可能从叶轮与泵壳间的缝隙漏回吸入口或从平衡孔返回低压区，从而导致泵的流量减少，消耗一部分能量，称为容积损失。无容积损失时泵的功率与有容积损失时泵的功率之比称为容积效率 η_V。

② 水力损失　由于液体流经叶片、蜗壳的沿程阻力，流道面积和方向变化的局部阻力，以及叶轮通道中的环流和漩涡等因素造成的能量损失。这种损失即可用水力效率 η_w 表示。

③ 机械损失　指各个机械部件间的摩擦损失，机械效率可用 η_c 表示。离心泵的总效率由上述三部分构成，即：

$$\eta=\eta_V\eta_w\eta_c \tag{2-14}$$

η 由实验测定，一般中小型泵的效率为 50%～70%，大型泵可达到 90%。

(4) 功率

① 有效功率 N_e　表示离心泵单位时间内对流体做的功，可用下式计算：

$$N_e = HQ\rho g \tag{2-15}$$

② 轴功率 N　指单位时间内由电机输入离心泵的能量，可由功率表直接测定。N 与有效功率的关系是：

$$N = \frac{N_e}{\eta} \tag{2-16}$$

为了防止电机超负荷，应选取（1.1～1.2）N 电机。

2.2.3.2　离心泵的特性曲线（性能曲线）及其应用

从前面的讨论可知，对一台特定的离心泵，在转速固定的情况下，其压头、轴功率和效率都与其流量有一一对应的关系，其中以压头与流量之间的关系最为重要。描述这些关系的图形称为离心泵特性曲线，一般通过实验测定。

离心泵特性曲线一般由离心泵的生产厂家提供，厂方以 20℃的清水，在一定的转速下将离心泵的 H-Q、N-Q 和 η-Q 的关系由实验数据作图后，标绘于离心泵的出厂产品说明书中，典型的离心泵特性曲线如图 2-9 所示。

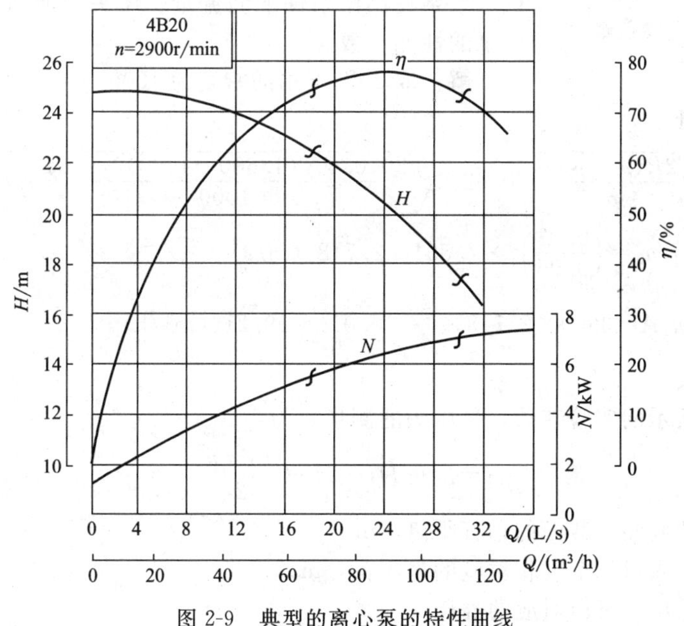

图 2-9　典型的离心泵的特性曲线

（1）扬程-流量曲线（H-Q 线）　该曲线表明离心泵的压头与流量的对应关系，即随着流量的增加，泵的压头是下降的，即离心泵的送液量越大，泵向单位重量流体提供的机械能越小。当流量为零时（即指出口阀门关闭），压头可以达到一个极限值。

（2）轴功率-流量曲线（N-Q 线）　该曲线表明电机传到泵轴上的功率 N 与流量的关系。当流量增大时，轴功率随之增大。而流量为零时，轴功率最小。因此，离心泵应该采用关闭出口阀门的闭路启动，目的是为了降低启动功率，保护电机。待运转正常后，再打开泵出口阀并调节流量至规定值。同理，停泵时也要先关闭出口阀，可以防止排出管中的液体倒流，保护叶轮。

（3）效率-流量曲线（η-Q 线）　该曲线反映了离心泵的总效率与流量的关系。即随着流量的增加，效率开始增加，达到最大值后，则随流量的继续增加而减小。这说明，离心泵在一定的转速下，有一个最高效率点。在最高效率点下操作，泵内的压头损失最小，泵的设计应以此点为设计点。对应于最高效率点下的流量、压头、功率均称为额定值，是该泵在此条件下的最佳操作参数，标示在泵的铭牌上。

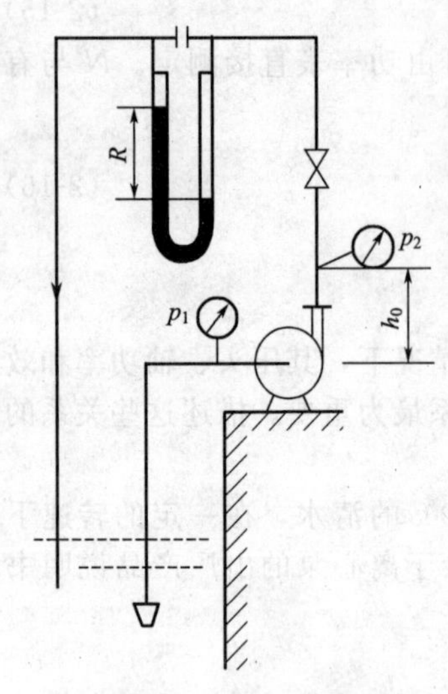

附图　离心泵性能参数测定

对于选泵和操作，应在不低于最高效率的92%左右的区域（称为高效率区）考虑，这样比较经济适用。

【例 2-1】 在本例附图所示的实验装置上于2900r/min转速下用20℃的清水在常压下测定离心泵的性能参数。测得一组数据如下：

泵入口真空表的读数为68kPa，泵出口压力表的读数为262kPa；

两测压口之间的垂直距离 $h_0=0.4$m；

电动机功率为2.5kW，电动机的传动效率为96%；

在泵的排出管路上孔板流量计U形管压差计读数 $R=0.6$m，指示液为汞（密度为13600kg/m^3），孔流系数 $C_0=0.62$，孔径 $d_0=0.03$m；

泵的吸入管和排出管内径分别为80mm和50mm。

试求该泵在操作条件下的流量、压头、轴功率和效率，并列出泵的性能参数。

解： 取20℃下水的密度为1000kg/m^3，各项计算如下。

（1）泵的流量

$$u_0=C_0\sqrt{\frac{2R(\rho'-\rho)g}{\rho}}=0.62\times\sqrt{\frac{2\times0.6\times(13600-1000)\times9.81}{1000}}=7.551\ (\text{m/s})$$

$$u_2=\left(\frac{d_0}{d_2}\right)^2u_0=\left(\frac{0.03}{0.05}\right)^2\times7.551=2.718\ (\text{m/s})$$

$$Q=3600u_2A=3600\times2.718\times\frac{\pi}{4}\times0.05^2=19.21\ (\text{m}^3/\text{h})$$

（2）泵的压头

对本例附图所示的实验装置，泵压头的测量式为：

$$H=h_0+H_1+H_2+\frac{u_2^2-u_1^2}{2g}$$

式中　h_0——泵的两测压截面的垂直距离，m；

H_1——与泵入口真空度相对应的静压头，m；

H_2——与泵出口表压对应的静压头，m；

u_1，u_2——泵的入口和出口截面上液体的平均流速，m/s。

由题给数据，得到：

$$u_1=u_2\left(\frac{d_2}{d_1}\right)^2=2.718\times\left(\frac{0.05}{0.08}\right)^2=1.062\ (\text{m/s})$$

$$H=0.4+\frac{(68+262)\times10^3}{1000\times9.81}+\frac{2.718^2-1.062^2}{2\times9.81}=34.36\ (\text{m})$$

（3）泵的轴功率

$$N=0.96\times2.5=2.4\ (\text{kW})$$

（4）泵的效率

$$\eta=\frac{HQ\rho}{102N}=\frac{34.36\times19.21\times1000}{102\times2.4\times3600}=0.749=74.9\%$$

泵的性能参数为：在 $n=2900$r/min 转速下，$Q=19.21$m^3/h，$H=34.36$m，$N=2.4$kW，$\eta=74.9\%$。

测定不同流量下对应的各组数据，可计算一系列 Q、H、N 和 η 数值，从而可得到离心泵的特性曲线。

2.2.3.3 离心泵特性的影响因素

(1) 液体性质的影响 由于离心泵出厂时所提供的特性曲线一般是用20℃的清水测定的，如果被输送的液体与该清水的物性相差较大，泵的特性参数就要发生变化。

① 液体密度的影响 由式(2-9) 和式(2-11) 可见，离心泵的流量和压头均与液体密度无关，因此泵的效率也不随液体密度的变化而变化。但从式(2-15) 及式(2-16) 可知，有效功率和轴功率随密度的增加而增加，这是因为离心力及其所做的功与密度成正比。

由上可知，液体密度变化时，离心泵特性曲线中的 H-Q 曲线、η-Q 曲线保持不变，但 N-Q 曲线必须重新标绘。

轴功率应用下式进行校正。

$$N'=N\frac{\rho'}{\rho} \tag{2-17}$$

式中 ρ——20℃清水的密度，kg/m^3；

ρ'——工作流体的密度，kg/m^3。

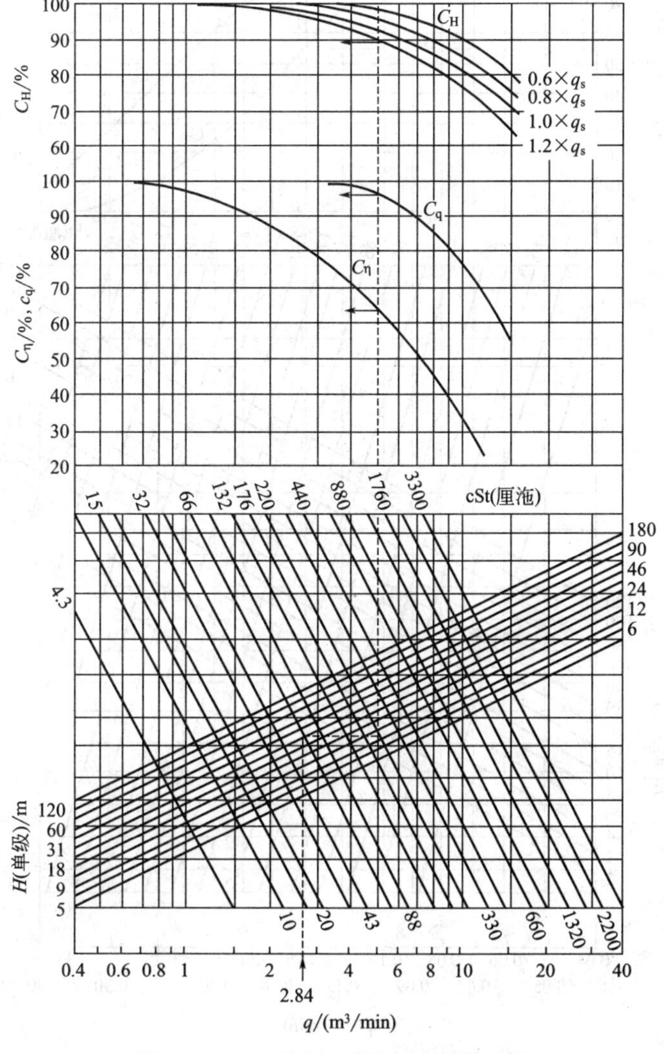

图 2-10 大流量离心泵的黏度换算系数

1cSt$=10^{-6}m^2/s$

② 液体黏度的影响

若被输送液体的黏度大于常温下清水的黏度，则泵内液体的能量损失增大，因此泵的压头、流量都要减小，效率下降，而轴功率增大，即会导致离心泵的特性曲线发生改变。当液体的运动黏度 $\nu > 20 \times 10^{-6}\,m^2/s$ 时，离心泵的性能参数需要修正。

但由于黏度变化对离心泵特性参数的影响计算复杂，所以无准确的计算方法，通常采用式(2-18) 进行修正。

$$Q' = C_q Q$$
$$H' = C_H H$$
$$\eta' = C_\eta \eta \tag{2-18}$$

式中 C_q，C_H，C_η——离心泵的流量、压头和效率的校正系数，其值可查有关手册获得，也可从以下的图 2-10、图 2-11 查得。

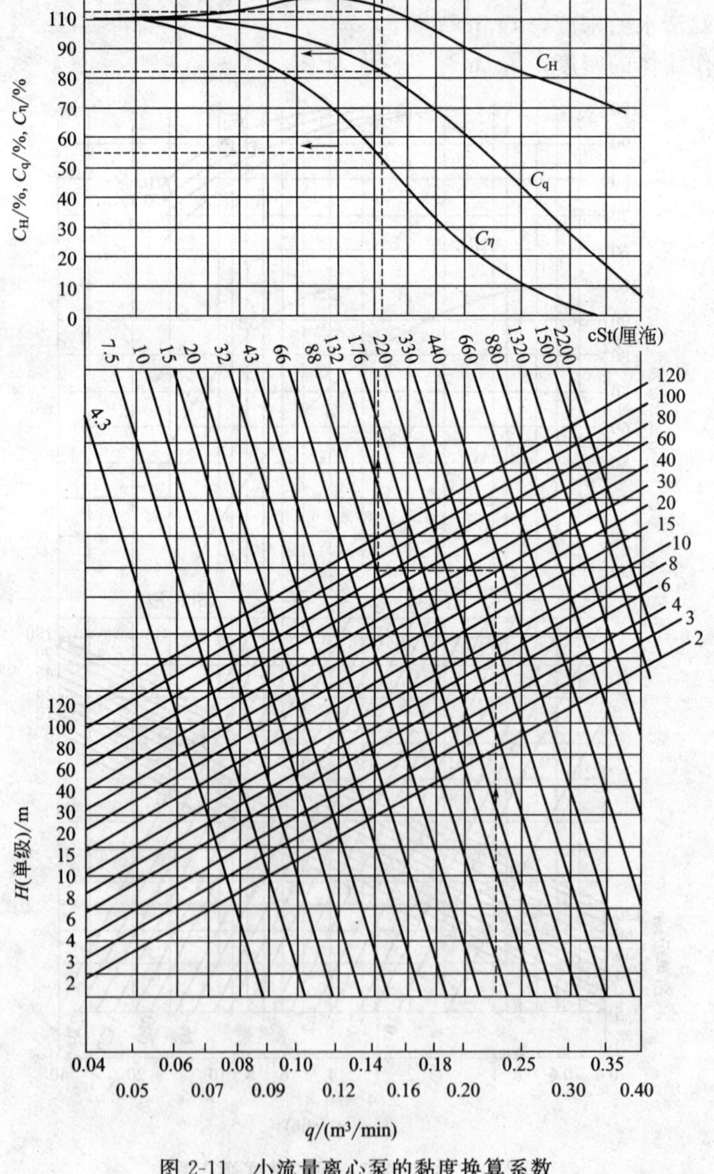

图 2-11 小流量离心泵的黏度换算系数

$1cSt = 10^{-6}\,m^2/s$

对于运动黏度 $\nu<20\times10^{-6}\,m^2/s$ 的液体，例如汽油、煤油、柴油等，黏度的影响可以忽略。

【例 2-2】 IS100-65-200 型离心水泵，在 2900r/min 转速和额定流量下对应的一组参数：$Q=100m^3/h(1.67m^3/min)$，$H=50m$，$\eta=76\%$，$N=17.9kW$。现用该泵输送密度为 $930kg/m^3$、运动黏度 $\nu=220\times10^{-6}\,m^2/s$ 的油品，试求此情况下的泵 Q'，H'，η'及 N'。

解：由于油品黏度 $\nu>20\times10^{-6}\,m^2/s$，需对泵的性能参数进行换算。输送油品时的换算系数由图 2-10 查取。

由输送清水时额定流量 $Q=1.67m^3/min$ 在图的横坐标上找出相应的点，由该点作垂线与已知的压头线（$H=50m$）相交。从交点引水平线与表示油品运动黏度（$\nu=220\times10^{-6}\,m^2/s$）的斜线交于一点，再由此点作垂线分别与 C_q、C_H、C_η 曲线相交，便可从纵坐标读得相应值，即：

$$C_q=0.96,\ C_H=0.93,\ C_\eta=0.65$$

于是，输送油品时的性能参数为：

$$Q'=C_qQ=0.96\times1.67=1.603\ (m^3/min)=96.2\ (m^3/h)$$

$$H'=C_HH=0.93\times50=46.5\ (m)$$

$$\eta'=C_\eta\eta=0.65\times0.76=0.494=49.4\%$$

$$N'=\frac{Q'H'\rho'}{102\eta'}=\frac{1.603\times46.5\times930}{60\times102\times0.494}=22.93\ (kW)$$

同样方法可求得其他流量下对应的性能参数，进而绘制出输送油品时的特性曲线。

（2）转速的影响　由离心泵的基本方程可知，当泵的转速发生变化时，泵的流量、压头和轴功率都要发生变化。当转速改变后液体离开叶轮处的速度三角形与改变前相似，且效率变化不明显时，对同一台泵，设 n 为原转速、n'为新转速，则可以导出：

$$\frac{Q'}{Q}=\frac{n'}{n};\quad \frac{H'}{H}=\left(\frac{n'}{n}\right)^2;\quad \frac{N'}{N}=\left(\frac{n'}{n}\right)^3 \tag{2-19}$$

上式称为离心泵的比例定律，其适用条件是泵的转速变化不大于±20%。

【例 2-3】 如本题附图所示，已知某离心泵在 $n=2900r/min$，输送 20℃清水时的 H-Q 曲线。在该曲线上的某一点 a 为（$H=24m$，$Q=60m^3/h$），试求该泵同样输送 20℃清水但转速改为 $n'=2800r/min$ 时与点 a 对应的 a'点的扬程 H'及流量 Q'的值。

解：转速变化率$=\frac{2800-2900}{2900}=-0.0345<\pm20\%$，且其他条件满足对应点要求，可用比例定律。

因为$\frac{Q'}{Q}=\frac{Q'}{60}=\frac{n'}{n}=\frac{2800}{2900}$　　所以 $Q'=57.9m^3/h$

$\frac{H'}{H}=\frac{H'}{24}=\left(\frac{n'}{n}\right)^2=\left(\frac{2800}{2900}\right)^2$　　所以 $H'=22.4m$

这样，在 $n'=2800r/min$ 的 H'-Q'曲线上与 a 点对应的 a'点（$H'=22.4m$，$Q'=57.9m^3/h$）便可确定。

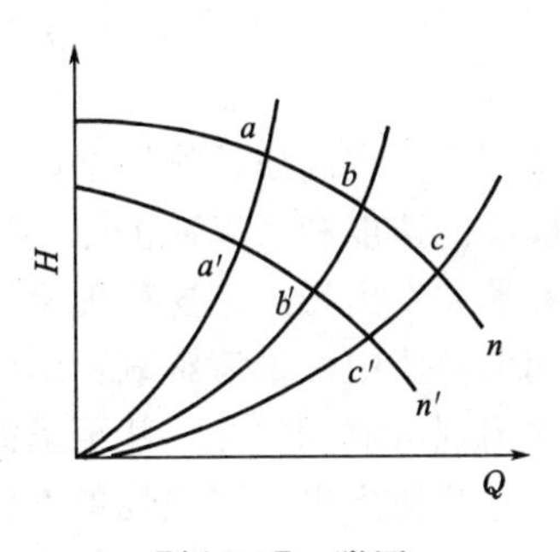

【例 2-3】 附图

按照上述【例 2-3】所示的方法，只要在已知转速的 H-Q 曲线上任意多选几个点，按照比例定律确定上述各点在转速 n'时 H'-Q'曲线上的各自的对应点，这些对应点连成的光滑曲线便是 n'时 H'-Q'曲线。

若转速 n 时 H-Q 的关系可表达为 $H=A-BQ^2$，根据比例定律，$\frac{Q'}{Q}=\frac{n'}{n}$，$\frac{H'}{H}=\left(\frac{n'}{n}\right)^2$，把这两式代入 $H=A-BQ^2$

中，可得：

$$\left(\frac{n}{n'}\right)^2 H' = A - B\left(\frac{n}{n'}\right)^2 \quad (Q')^2$$

则

$$H' = A\left(\frac{n'}{n}\right)^2 - B(Q')^2$$

去掉 H 及 Q 上的“′”号，可得：

$$H = A\left(\frac{n'}{n}\right)^2 - BQ^2$$

上式便是离心泵转速为 n' 时的 H-Q 关系数学表达式。

(3) 叶轮直径的影响　当离心泵的转速一定时，泵的基本方程式表明，其流量、压头和轴功率与叶轮直径有关。对于某一型号的离心泵，若对其叶轮的外径进行切割，经第1次切割泵的型号后加字母“A”，在此基础上再切割，则写上字母“B”，例如200S95型泵便有200S95A及200S95B两种衍生的型号。

可推出如下关系：

$$\frac{Q'}{Q} = \frac{D'}{D};\quad \frac{H'}{H} = \left(\frac{D'}{D}\right)^2;\quad \frac{N'}{N} = \left(\frac{D'}{D}\right)^3 \tag{2-20}$$

上式称为离心泵的切割定律，其适用条件是在固定泵的转速下，叶轮直径的切割不大于 $5\%D$。

同样可以推得切割后泵的 H-Q 关系为 $H = A\left(\frac{D'}{D}\right)^2 - BQ^2$。

2.2.4　离心泵的安装高度限制

如图2-12所示，离心泵的安装高度（H_g）是指离心泵入口中轴线与吸入槽液面之间的垂直距离。若离心泵在液面之上，安装高度为正值；若离心泵在液面之下，安装高度为负值（称为倒灌）。

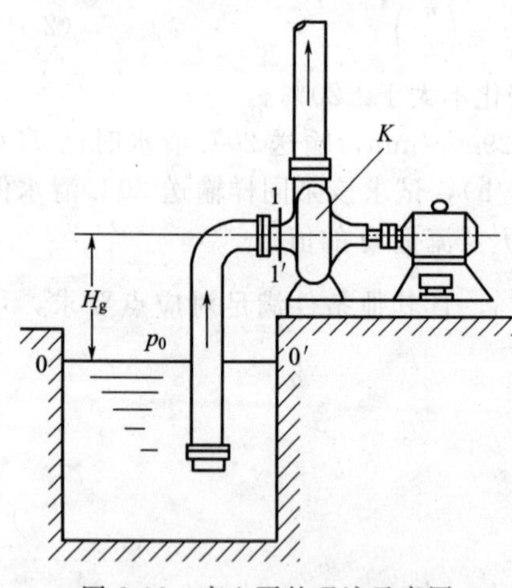

图2-12　离心泵的吸液示意图

在工业生产中，离心泵的安装高度不是任意的，是有限制的，而这个限制就是因为离心泵在工作中容易产生“汽蚀现象”。

2.2.4.1　汽蚀现象

如图2-12所示，离心泵运转时，在叶片入口附近的 K 点（入口叶片的背面）静压强最低，随着 H_g 的增大，K 点（入口叶片的背面）静压强会不断降低，当该处的最低压强降低到接近被输送液体在操作温度下的饱和蒸汽压 p_v 时，则叶轮中心被输送液体会发生部分汽化现象，产生的大量气泡随同液体从低压区（叶片入口）进入高压区（叶片出口）的过程中，在高压的作用下，气泡迅速凝结。气泡的消失产生了局部真空，此时周围的液体以极高的速度和频率冲击原气泡空间，产生非常大的冲压强，造成对叶轮和壳体的冲击，使其震动并发出噪声，这种现象叫“汽蚀”。汽蚀现象发生时，传递到叶轮和壳体上的冲击力再加上液体中微量溶解氧释出时对金属产生化学腐蚀的共同作用，在一定的时间后，可使其表面出现斑痕和裂缝，甚至呈海绵状逐渐脱落，有的还出现穿孔。

顺便指出，汽蚀现象不仅在离心泵等水利机械中存在，在流量计、阀门、管道及内燃机汽缸的冷却水套壁面上，也会发生。可以毫不夸张地说，凡是与液体流动有关的各种设备中都有可能存在汽蚀问题。

离心泵在汽蚀条件下运转，泵体震动剧烈，发出噪声，流量、压头和效率都明显下降，严重时会吸不上液体。

通过以上讨论可知，安装高度过大将会导致叶轮中心的压力过低，从而发生汽蚀。为了避免汽蚀现象发生，保证离心泵正常运转，以下讨论如何计算泵的允许安装高度，只要泵的实际安装高度低于允许安装高度，就会杜绝汽蚀问题。

2.2.4.2 允许安装高度

如图 2-12 所示，在吸入槽液面 0—0′与泵入口处 1—1′两截面间列柏努利方程：

$$0+0+\frac{p_0}{\rho g}=H_g+\frac{u_1^2}{2g}+\frac{p_1}{\rho g}+H_{f,0\text{-}1}$$

则离心泵的允许安装高度计算式为：

$$H_g=\frac{p_0}{\rho g}-\frac{p_1}{\rho g}-\frac{u_1^2}{2g}-H_{f,0\text{-}1} \tag{2-21}$$

式中 p_0——指 0—0′截面的绝对压强，即贮槽液面上方的操作压强，Pa；

p_1——指 1—1′截面的绝对压强，即离心泵入口处的操作压强，Pa；

u_1——指泵入口截面处液体的流速，m/s；

$H_{f,0\text{-}1}$——液体流经吸入管路的压头损失，m。

设当 $p_k=p_v$时，$p_1=(p_1)_{min}\Rightarrow H_g=H_{g,max}\Rightarrow$刚发生汽蚀

$p_k>p_v$时，$p_1>(p_1)_{min}\Rightarrow H_g<H_{g,max}\Rightarrow$泵能正常工作

$p_k<p_v$时，$p_1<(p_1)_{min}\Rightarrow H_g>H_{g,max}\Rightarrow$泵可能被损坏

为了确定离心泵的允许安装高度，需要强调指出的是，离心泵的抗汽蚀能力一般不直接用泵吸入口处的最低压强表示，而是将其转换成相应的其他参数表达，以下介绍汽蚀余量的计算。

(1) 离心泵的必需汽蚀余量 $(NPSH)_r$　为了防止汽蚀现象的发生，在离心泵的入口处规定液体的静压头与动压头之和$\left(\frac{p_1}{\rho g}+\frac{u_1^2}{2g}\right)$必须大于操作温度下液体的饱和蒸汽压头［$p_v/(\rho g)$］某一最小值，此最小值称为离心泵的必需汽蚀余量，即：

$$(NPSH)_r=\frac{p_1}{\rho g}+\frac{u_1^2}{2g}-\frac{p_v}{\rho g} \tag{2-22}$$

$(NPSH)_r$与离心泵的结构、尺寸、转速及流量有关，其值一般由泵的制造厂家在大气压为 $10mH_2O$(9806.65Pa) 下，以 20℃清水为介质，通过汽蚀实验测定，并作为离心泵的性能列于泵的产品样本中，其值随流量的增大而增大。$(NPSH)_r$越小，泵的抗汽蚀性能越好。当输送其他液体时应予修正，求校正系数的曲线常列于泵的说明书中。

Y 型离心泵的必需汽蚀余量用 $(\Delta h)_r$表示。

(2) 离心泵的允许汽蚀余量 NPSH　离心泵正常操作时，允许汽蚀余量 NPSH 必须大于必需汽蚀余量 $(NPSH)_r$的数值，标准规定应大于 0.5m 以上。

即

$$NPSH=(NPSH)_r+0.5 \tag{2-23}$$

(3) 由允许汽蚀余量 NPSH 计算泵的允许安装高度 H_g　将允许汽蚀余量 NPSH 代入允许安装高度计算式(2-21) 中，得到下式：

$$H_g=\frac{p_0}{\rho g}-\frac{p_v}{\rho g}-NPSH-H_{f,0\text{-}1} \tag{2-24}$$

当贮槽液面上方为敞口时，即 $p_0=p_a$ 时，允许安装高度 H_g 计算式如下：

$$H_g=\frac{p_a}{\rho g}-\frac{p_v}{\rho g}-NPSH-H_{f,0\text{-}1} \tag{2-25}$$

(4) 离心泵安装高度计算讨论　离心泵安装高度的确定是使用离心泵的重要环节，其注意事项如下。

① 从前面讨论的内容可知，离心泵的安装高度过高可以引起汽蚀，事实上工程中汽蚀现象的发生有以下三方面的原因：a. 离心泵的安装高度过高；b. 被输送液体的温度太高，则液体蒸气压过高；c. 吸入管路的阻力或压头损失太高。以上三个原因又可以得出这样的结论：一个原先操作正常的泵也可能由于操作条件的变化而产生汽蚀，如被输送物料的温度升高，或吸入管线部分堵塞。

② 有时，计算出的允许安装高度为负值，这说明该泵应该安装在液体贮槽液面以下。

③ 允许安装高度的大小与泵的流量有关。由其计算公式可以看出，流量越大，计算出的 H_g 越小，因此用可能使用的最大流量来计算 H_g 是最保险的。

④ 安装泵时，为保险起见，实际安装高度比允许安装高度还要小 0.5～1.0m，以备操作中输送流体的温度可能会升高，或由贮槽液面降低而引起的实际安装高度的升高。

【例 2-4】 用泵把 10000kg/h 甲苯从绝对压强和温度分别为 1.1atm（1atm＝101330Pa）和 114℃的一个精馏塔的再沸器输送到另一个精馏塔。甲苯在进入泵之前没有被冷却。假如再沸器和泵入口之间的管路摩擦损失是 7kPa，甲苯的密度是 866kg/m³，再沸器的液面必须高出泵入口处多少米才能使汽蚀余量等于 2.5m。

解： 用式(2-24) 可计算泵的允许安装高度

$$H_g=\frac{p_0}{\rho g}-\frac{p_v}{\rho g}-\mathrm{NPSH}-H_{f,0\text{-}1}$$

本题给的必需汽蚀余量 $(\mathrm{NPSH})_r=2.5\mathrm{m}$，则离心泵的允许汽蚀余量为：

$$\mathrm{NPSH}=(\mathrm{NPSH})_r+0.5=3\ (\mathrm{m})$$

再沸器处于沸腾状态，故 $p_0=p_v=1.1\mathrm{atm}$。

依题意 $H_{f,0\text{-}1}=\dfrac{\Delta p_f}{\rho g}=\dfrac{7000}{866\times 9.81}=0.824\ (\mathrm{m})$

故 $H_g=\dfrac{p_0}{\rho g}-\dfrac{p_v}{\rho g}-\mathrm{NPSH}-H_{f,0\text{-}1}=-3.0-0.824=-3.824\ (\mathrm{m})$

由此可见，再沸器的液面必须高于泵吸入口 3.824m 以上。

【例 2-5】 用 IS80-65-125 型离心泵（$n=2900\mathrm{r/min}$）将 20℃的清水以 60m³/h 的流量送至敞口容器。泵安装在水面上 3.5m 处。吸入管路的压头损失和动压头分别为 2.62m 和 0.48m。当地大气压为 100kPa。试计算：(1) 泵入口真空表的读数，kPa；(2) 若改送 60℃的清水，泵的安装高度是否合适？

解： 由泵的性能表查得，当 $Q=60\mathrm{m^3/h}$ 时，$(\mathrm{NPSH})_r=3.5\mathrm{m}$。

60℃时，水的饱和蒸气压 $p_v=19.923\mathrm{kPa}$，密度为 983.2kg/m³。

(1) 泵入口真空表的读数

以水池液面为 0—0′截面（基准面），泵入口处为 1—1′截面，在两截面之间列柏努利方程，并整理得到真空表读数为：

$$p_a-p_1=\left(Z_1+\frac{u_1^2}{2g}+H_{f,0\text{-}1}\right)\rho g=(3.5+0.48+2.62)\times 9.81\times 1000=64.75\ (\mathrm{kPa})$$

(2) 改送 60℃的清水时泵的允许安装高度

将 60℃清水的有关物性参数代入式(2-25)，便可求得泵的允许安装高度，即：

$$H_g=\frac{(p_a-p_v)}{g\rho}-\mathrm{NPSH}-H_{f,0\text{-}1}=\frac{(100-19.923)\times 10^3}{983.2\times 9.81}-(3.5+0.5)-2.62=1.682\ (\mathrm{m})$$

为安全起见，泵的实际安装高度应在 1.5m 以下，而原安装高度 3.5m 显然过高，需要降低 2m 左右。

从本例看出，随着被输送液体温度的升高，泵的允许安装高度将降低。对于易挥发液体或高温液体的输送，常将泵安装在液面之下，以防汽蚀。

2.2.5 离心泵在管路中的运行

2.2.5.1 灌泵及对吸入管路的要求

由前面的讨论可知，当位于吸入贮槽液面以上位置的离心泵启动时，泵体内必须充满待输送液体，以避免气缚现象的发生，这种启动前给泵体灌满液体的操作称为“灌泵”。

为保证灌泵，在吸入管底部需安装单向阀。这种单向阀又称底阀，它只允许液体流进泵体，不允许泵内液体流回吸入管中。

同时，吸入管底部装有滤网，是为了防止固体杂质进入叶轮，防止损坏叶片。另外，若固体杂质进入叶轮，会堵塞叶片间通道，使流量减小，还会影响叶轮动平衡。

一般要求吸入管路对液体流动的阻力尽可能小，为此可令吸入管路比排出管道的直径稍大些，吸入管路上的弯头要少，最好不要装阀门。若必须安装阀门，则考虑装闸阀，操作时闸阀全开。通常不能用吸入管路上的阀门去调节流量，而应在排出管道上安装流量调节阀门。

2.2.5.2 离心泵的工作点

(1) 管路特性曲线　如图 2-13 所示，在 1—1′与 2—2′截面间列柏努利方程：

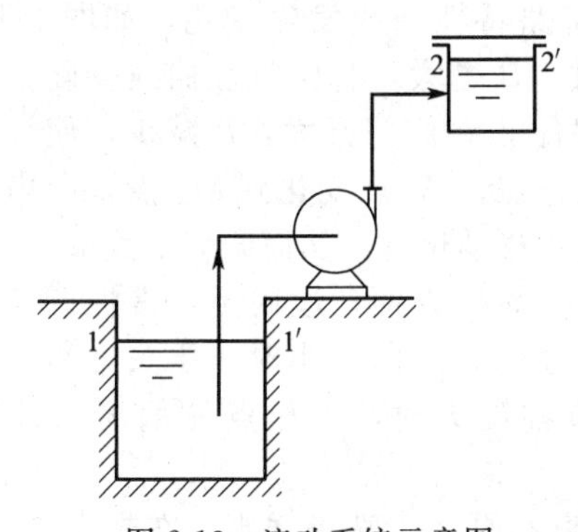

图 2-13　流动系统示意图

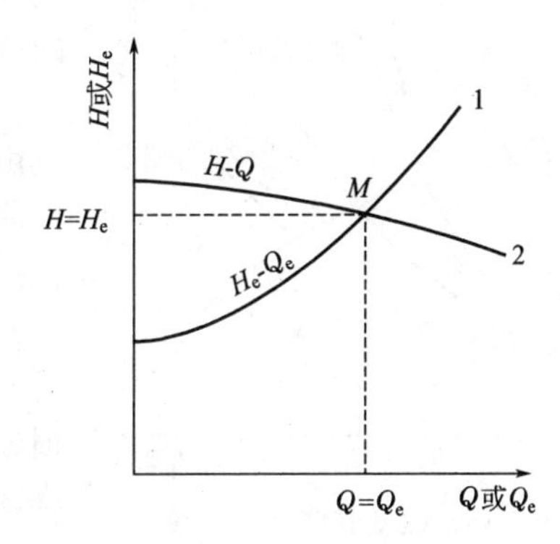

图 2-14　离心泵的工作点

$$H_e=(Z_2-Z_1)+\frac{p_2-p_1}{\rho g}+H_{f,1\text{-}2}=\Delta Z+\frac{\Delta p}{\rho g}+H_{f,1\text{-}2}$$

其中，对于特定管路系统而言，ΔZ、Δp 不变，则令：

$$A=\Delta Z+\frac{\Delta p}{\rho g}$$

而阻力
$$H_{f,1\text{-}2}=\lambda\frac{l+\sum l_e}{d}\times\frac{\left(\frac{4Q_e}{\pi d^2}\right)^2}{2g}=\frac{8\lambda}{\pi^2 g}\times\frac{l+\sum l_e}{d^5}Q_e^2$$

上式中摩擦系数 λ 是流量的函数，即：

$$H_e=A+f(Q_e) \tag{2-26}$$

在流动处于阻力平方区，摩擦系数与流量无关，方程可以表示为：

$$H_e=A+BQ_e^2 \tag{2-27}$$

式中，$B=\frac{8\lambda}{\pi^2 g}\times\frac{l+\sum l_e}{d^5}$。

式(2-27) 称为管路特性方程，表达了管路所需外加压头 H_e 与流量 Q_e 之间的关系，其在压头-流量（H-Q）坐标中对应的曲线称为管路特性曲线，如图 2-14 中的曲线 1 所示。由以上分析可知，管路特性方程与泵的特性无关。

(2) 离心泵的工作点　由上述分析可知，离心泵本身有其固有的特性，它与管路特性无关；而管路本身也有其固有的特性，它与泵的特性无关。但是，若将管路特性曲线 H_e-Q_e与离心泵特性曲线 H-Q 绘在同一个坐标图上，如图 2-14 所示，则两条特性曲线的交点 M 即为离心泵的工作点。离心泵工作点的含义是：一旦离心泵安装在某一特定的管路上，并在一定的操作条件下工作时，泵所提供压头 H 与管路系统所需要的压头 H_e应相等；泵所排出的流量 Q 与管路系统输送的流量 Q_e应相等，这时泵装置处于稳定的工作状态。

即离心泵在 M 点工作时，$H=H_e$；$Q=Q_e$。

同时说明，当泵型及其转速、管路特性与操作条件给定时，离心泵稳定运行，只有一个工作点，如图 2-14 所示。泵在操作时，工作点应落在高效区；若泵不正常操作，如发生汽蚀现象，泵的性能迅速恶化，可能为刚发生汽蚀时的工作点。

2.2.5.3　离心泵的流量调节

离心泵安装在管路上工作，当其工作点对应的流量与生产任务所需的流量不相符合时，就需要进行流量调节，流量调节的实质是通过改变泵的工作点来实现的。由图可知，改变管路特性曲线或者改变泵的特性曲线均能使工作点移动，从而达到调节流量的目的。

(1) 改变管路特性曲线——调节离心泵出口阀开度　改变管路特性曲线最常用的方法是调节离心泵出口阀门的开度，即改变了管路特性方程中的 B 值，从而使管路特性曲线发生变化。如图 2-15 所示，当阀门关小时，B 增大，管路特性曲线变陡，工作点由 M 点变化到 M_1 点；阀门开大，B 减少，使管路特性曲线变平坦，工作点由 M 点变化到 M_2 点，即由于工作点沿泵的特性曲线移动位置，从而调节了流量。

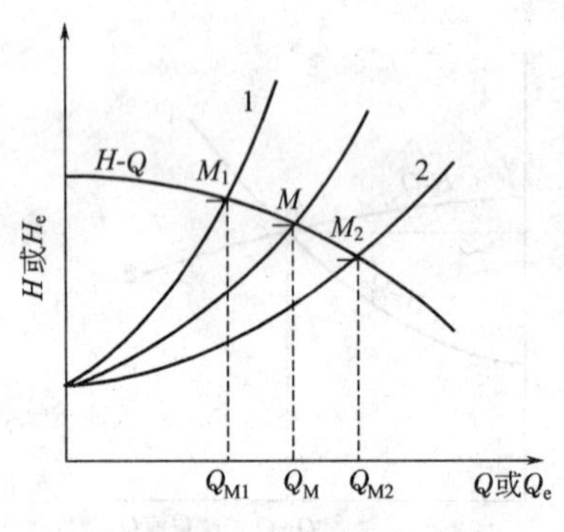

图 2-15　改变管路特性曲线

该方法的优点：简捷方便，适用于经常性调节，广泛使用；缺点是不经济，阀门关小时，压头增高，能量损失增大，且调节幅度大时，工作点易偏离泵的高效率区。

【例 2-6】 用离心泵向水洗塔送水。在规定转速下，泵的送水量为 $0.012\text{m}^3/\text{s}$，压头为 48m。此时管内流动进入阻力平方区。当泵的出口阀全开时，管路特性方程为 $H_e=26+1.1\times10^5 Q_e^2$（$Q_e$ 的单位为 m^3/s）。为了适应泵的特性，用调节泵出口阀开度的方法改变管路特性。试计算：(1) 阀门开度是加大还是关小；(2) 调节阀门开度后的管路特性方程。

解：(1) 如何调节阀门开度

当流量为 $0.012\text{m}^3/\text{s}$ 时，泵提供的压头为 48m，管路要求的压头为：

$$H_e=26+1.1\times10^5\times0.012^2=41.84\ (\text{m})$$

管路要求的压头小于泵提供的压头。为保证流量，需关小出口阀，以增加管路阻力。调节阀门而损失的压头为：

$$H_f'=H-H_e=48-41.84=6.16\ (\text{m})$$

损失的有效功率为：

$$N_e'=H_f'gQ\rho=6.16\times9.81\times0.012\times1000=725\ (\text{W})$$

(2) 调节阀门开度后的管路特性方程

本例条件下，管路特性方程中 B 值因关小阀门而增大。此时应满足如下关系，即：

$$48=26+B'\times0.012^2$$

解得：

$$B'=1.528\times10^{5}\ \mathrm{s^2/m^5}$$

关小阀门后的管路特性方程为：

$$H_e=26+1.528\times10^{5}Q_e^2$$

通过本例看出，用关小阀门开度的方法调节流量，造成泵的压头利用率降低，能耗加大。

(2) 改变泵的特性曲线

① 改变叶轮转数 n　设原工况转数为 n，新工况转数为 n_1，由比例定律知：

$$\frac{Q_1}{Q}=\frac{n_1}{n},\ \frac{H_1}{H}=\left(\frac{n_1}{n}\right)^2$$

依据比例定律可作出新工况下泵的性能曲线。由图 2-16 可知，转数变化后，工作点沿着管路特性曲线移动，从而对应于新的流量和压头。

这种调节流量的方法合理、经济，但曾被认为操作不便，并且不能实现连续调节。但随着现代工业技术的发展，无级变速设备在工业中的应用克服了上述缺点。该调节方法能使泵在高效区工作，这对大型泵的节能尤为重要。

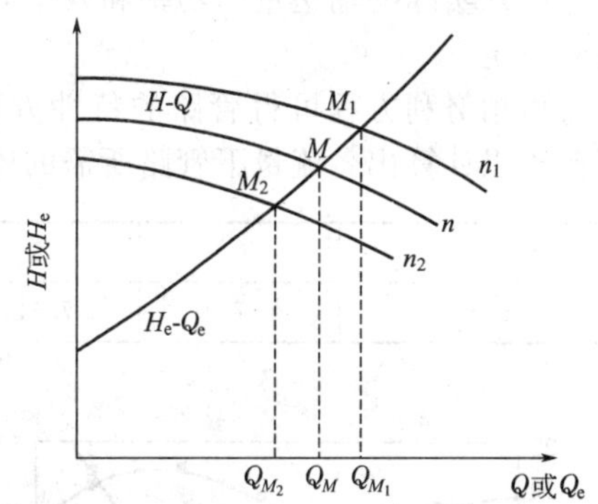

图 2-16　改变转数以改变泵的特性曲线

② 切削叶轮直径 D　与转数变化的情况类似，以切割定律代替比例定律，可作出新工况下的性能曲线，从而看出工作点的变化。

每次车削叶轮时，其直径都会逐渐减小，故这种调节方法实施起来不方便，一般在季节性调节使用，且调节范围有限。

【例 2-7】 确定泵是否满足输送需求。将浓度为 95%的硝酸自常压罐输送至常压设备中去，要求输送量为 36m³/h，液体的扬升高度为 7m。输送管路由内径为 80mm 的钢化玻璃管构成，总长为 160m（包括所有局部阻力的当量长度）。现采用某种型号的耐酸泵，其性能列于本题附表中。试问：(1) 该泵是否适用？(2) 实际的输送量、压头、效率及功率各为多少？

Q/(L/s)	0	3	6	9	12	15
H/m	19.5	19	17.9	16.5	14.4	12
η/%	0	17	30	42	46	44

已知：酸液在输送温度下黏度为 1.15×10^{-3} Pa·s；密度为 1545kg/m³。摩擦系数可取为 0.015。

解：(1) 对于本题，管路所需要的压头通过在贮槽液面 (1—1′) 和常压设备液面 (2—2′) 之间列柏努利方程求得：

$$\frac{u_1^2}{2g}+Z_1+\frac{p_1}{\rho g}+H_e=\frac{u_2^2}{2g}+Z_2+\frac{p_2}{\rho g}+H_f$$

式中，$Z_1=0$；$Z_2=7$m；$p_1=p_2=0$（表压）；$u_1=u_2\approx0$。

管内流速：

$$u=\frac{36}{3600\times0.785\times0.080^2}=1.99\mathrm{m/s}$$

管路压头损失：

$$H_f=\lambda\frac{l+\sum l_e}{d}\times\frac{u^2}{2g}=0.015\times\frac{160}{0.08}\times\frac{1.99^2}{2\times9.81}=6.06\ (\mathrm{m})$$

管路所需要的压头：

$$H_e=(Z_2-Z_1)+H_f=7+6.06=13.06\ (\mathrm{m})$$

管路所需流量：

$$Q=\frac{36\times1000}{3600}=10\ (\mathrm{L/s})$$

由附表可以看出，该泵在流量为 12L/s 时所提供的压头即达到了 14.4m，当流量为管路所需要的 10L/s，它所提供的压头将会更高于管路所需要的 13.06m。因此说明该泵对于该输送任务是可用的。

另一个值得关注的问题是该泵是否在高效区工作。由附表可以看出，该泵的最高工作效率为 46%；流量为 10L/s 时该泵的效率大约为 43%，因此说该泵是在高效区工作的。

(2) 实际的输送量、功率和效率取决于泵的工作点，而工作点由管路的特性和泵的特性共同决定。

由柏努利方程可得管路的特性方程为：$H_e=7+0.006058Q_e^2$（其中流量单位为 L/s），据此可以计算出各流量下管路所需的压头，如下表所示。

$Q/(\mathrm{L/s})$	0	3	6	9	12	15
H/m	7	7.545	9.181	11.91	15.72	20.63

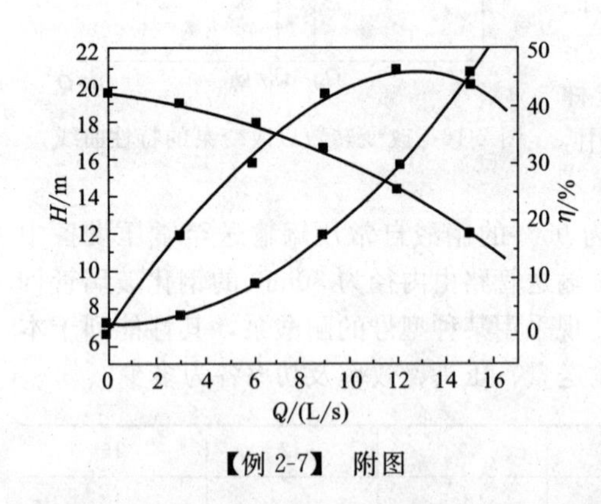

【例 2-7】 附图

据此，可以作出管路的特性曲线和泵的特性曲线，如附图所示。两曲线的交点为工作点，其对应的压头为 14.8m；流量为 11.4L/s；效率为 0.45。

轴功率可计算如下：

$$N=\frac{HQ\rho}{102\eta}=\frac{14.8\times11.4\times10^{-3}\times1545}{102\times0.45}=5.68\ (\mathrm{kW})$$

判断一台泵是否适用，关键是要计算出与要求的送液量对应的管路所需压头，然后将此压头与泵能提供的压头进行比较，即可得出结论。另一个判断依据是泵是否在高效区工作，即实际效率不低于最高效率的 92%。

泵的实际工作状况由管路的特性和泵的特性共同决定，此即工作点的概念。它所对应的流量（如本题的 11.4L/s）不一定是原本所需要的（如本题的 10L/s）。此时，还需要调整管路的特性以适用其原始需求。

2.2.5.4 离心泵的联合操作

在许多情况下，单泵可以送液，只是流量达不到要求，此时，可针对管路的特性选择适当的离心泵组合方式，以增大流量。以两台相同型号的离心泵为例说明。

(1) 离心泵的并联　如图 2-17 所示，两泵性能相同，并联后的合成曲线，可由单泵性能曲线在相等的压头 H 下将流量 Q 加倍，描点作出合成曲线。由图中工作点 a 的位置变化可知，当管路特性一定时，采用两台泵

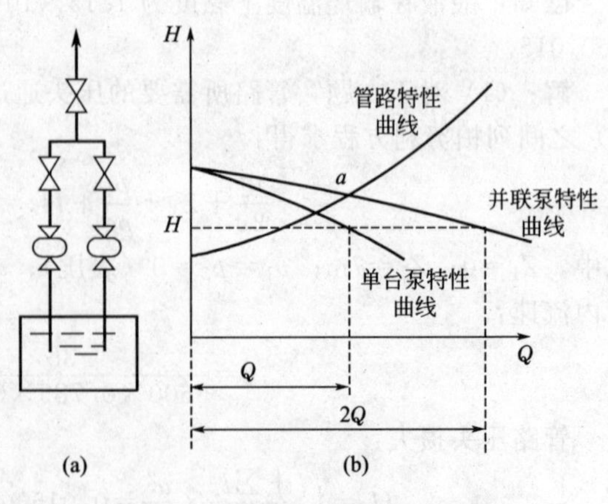

图 2-17 两台同型泵的并联操作

并联组合，并联后的总流量必高于单台泵流量，但低于单台泵流量的两倍，而并联压头略高于单台泵的压头。并联后的总效率与单泵的效率相同。

(2) 离心泵的串联　如图 2-18 所示，两泵性能相同，串联后的合成曲线，可由单泵性能曲线在相等的流量 Q 下将压头 H 加倍描点作出。同样，由图中工作点由 c 到 a 的位置变化可知，串联泵的工作点由串联特性曲线与管路特性曲线的交点决定。两台泵串联操作的总压头必低于单台泵压头的两倍，流量大于单台泵的流量，但低于单台泵的两倍流量，串联后的总效率与单泵的效率相同。

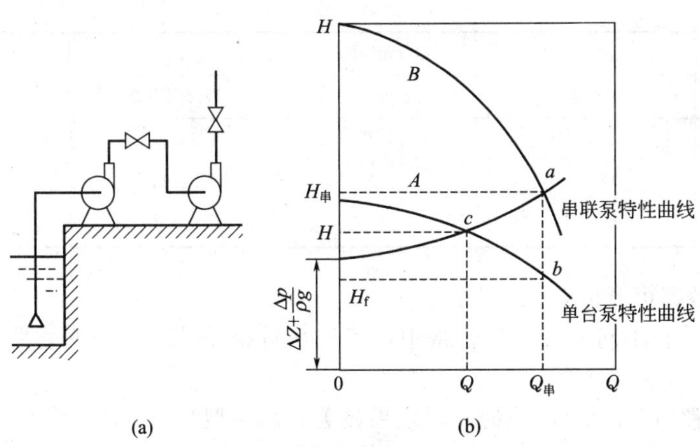

图 2-18　两台同型泵的串联操作

(3) 组合方式的选择　就增大流量而言，可根据管路特性曲线选择组合方式。如图2-19所示，对于低阻管路，并联的 H 和 Q 都高于串联的；而高阻管路：串联的 H 和 Q 都高于并联的。因此，对低阻管路而言，并联优于串联；对高阻管路而言，串联优于并联。但应注意，若特定管路的 $\left(\Delta Z+\dfrac{\Delta p}{\rho g}\right)$ > 单泵所能提供的最大压头，如图中 c 线所示则必须采用串联组合操作。

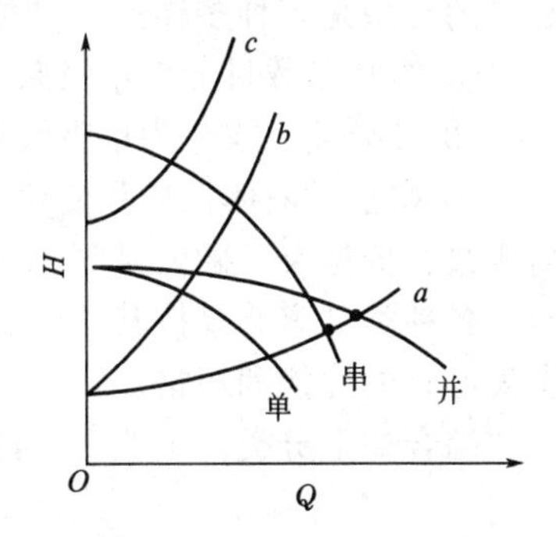

图 2-19　组合方式的选择

【例 2-8】 库房里有两台型号相同的离心泵，单台泵的特性方程为 $H=36-4.8\times10^5Q^2$（Q 的单位为 m^3/s，下同）三个管路系统的特性方程分别为：

1 管路　　$H_e=12+1.5\times10^5Q_e^2$

2 管路　　$H_e=12+4.4\times10^5Q_e^2$

3 管路　　$H_e=12+8.0\times10^5Q_e^2$

试比较两台泵在如上三个管路系统中各如何组合操作能获得较大的送水量。

解： 本例旨在比较在不同管路系统中离心泵组合操作的效果。下面以 1 管路系统为例计算并联和串联操作的送水量。

单台泵操作时的送水量：

$$12+1.5\times10^5Q^2=36-4.8\times10^5Q^2$$

解得：

$$Q=6.172\times10^{-3}\,m^3/s=22.22\,m^3/h\quad H=17.71\,m$$

两台泵并联操作时，单台泵的送水量为管路中心总送水量的 1/2，而泵的压头不变，则有：

$$12+1.5\times10^5Q^2=36-4.8\times10^5\left(\frac{Q}{2}\right)^2$$

解得：

$$Q=9.428\times10^{-3}\text{m}^3/\text{s}=33.94\text{m}^3/\text{h} \qquad H=25.33\text{m}$$

两台泵串联操作时，单台泵的送水量和管路中心总流量一致，而泵的压头加倍，即：

$$12+1.5\times10^5Q^2=2\times(36-4.8\times10^5Q^2)$$

解得：

$$Q=7.352\times10^{-3}\text{m}^3/\text{s}=26.47\text{m}^3/\text{h} \qquad H=20.04\text{m}$$

同样方法可求得 2 管路和 3 管路系统的对应参数，如下所示。

管路特性	$Q/(\text{m}^3/\text{h})$			备　注
	单台泵	两台泵串联	两台泵并联	
$12+1.5\times10^5Q_e^2$	22.22	26.47	33.94	并联效果好
$12+4.4\times10^5Q_e^2$	18.39	23.57	23.57	并、串联无差别
$12+8.0\times10^5Q_e^2$	6.056	9.316	6.139	串联效果好

由本例附表数据可看出以下两点。

① 同一台泵装在不同阻力类型管路中，其送水量相差甚大，说明管路特性对泵的操作参数有明显影响。

② 低阻型管路（1 管路），泵的并联效果显著；高阻型管路（3 管路），泵的串联有利于加大流量；对于 2 管路，两台泵并联和串联获得相同效果。

2.2.6 离心泵的类型与选用

2.2.6.1 离心泵的类型

由于过程工业被输送流体的性质、压强、流量差异很大，为了适应各种不同的要求，离心泵的类型是多种多样的，也可有多种分类方法。

① 按叶轮数目分为单级泵和多级泵。

② 按吸液方式分为单吸泵和双吸泵。

③ 按泵送液体性质和使用条件分为清水泵、油泵、耐腐蚀泵、杂质泵、高温泵、高温高压泵、低温泵、磁力泵等。

各种类型离心泵按其结构特点自成一个系列。同一系列中又有各种规格。泵样本列有各类离心泵的性能和规格。

综合如上分类，工业上广泛应用的几类离心泵如下所示。

离心泵
- 水泵（输送清水及理化性质类似于水的液体）
  - IS 型（单级单吸）
  - D 型（多级泵）
  - Sh 型（双吸泵）
- 油泵（Y 型）——输送石油产品，具有良好密封性能
- 耐腐蚀泵（F 型）——输送酸、碱等腐蚀性液体，由耐腐材料制造
- 杂质泵（P 型）——输送悬浮液及稠厚的浆液，开式或半闭式叶轮
- 屏蔽泵（无密封泵）——输送易燃、易爆、剧毒及放射性液体
- 磁力泵（C 型）——高效节能，输送易燃、易爆、腐蚀性液体

下面仅对几种主要类型离心泵作简单介绍。

（1）清水泵（IS 型、D 型、Sh 型）　系列代号为 IS 型、D 型、Sh 型，适用于清水及物化性质类似于清水的液体输送。

① IS 型　国际标准单级单吸清水离心泵，其结构如图 2-20 所示。全系列扬程范围为 8～98m，流量范围为 4.5～360m^3/h。

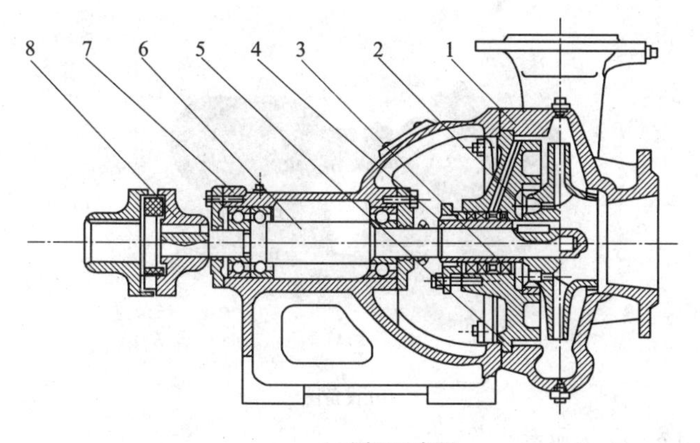

(a) 原理示意图　　(b) 设备图

1—泵体；2—叶轮；3—密封环；4—护轴套；5—后盖；
6—泵轴；7—机架；8—联轴器部件

图 2-20　IS 型清水泵结构图

② D 型　如图 2-21 所示，若所要求的扬程较高而流量不太大时，可采用 D 型多级离心泵。国产多级离心泵的叶轮级数通常为 2～9 级，最多 12 级。全系列扬程范围为 14～351m，流量范围为 10.8～850m^3/h。

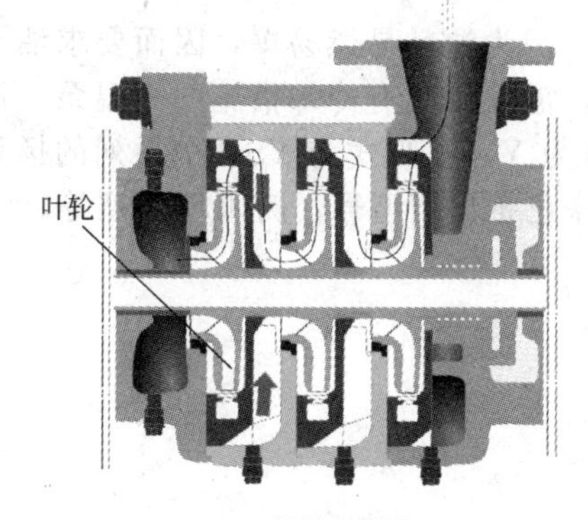

(a) 原理示意图　　(b) 设备图

图 2-21　多级离心泵

③ Sh 型　如图 2-22 所示，若泵送液体的流量较大而所需扬程并不高时，则可采用双吸离心泵。国产双吸泵系列代号为 Sh。全系列扬程范围为 9～140m，流量范围为 120～12500m^3/h。

在离心泵的产品目录或产品样本中，泵的型号是由字母和数字组合而成的，以代表泵的类型、规格等，现举例说明如下。

例如：IS50-32-250

IS——国际标准单级单吸清水离心泵；

50——泵吸入口直径，mm；

32——泵排出口直径，mm；

250——泵叶轮的尺寸，mm。

(2) 耐腐蚀泵（F 型）　当输送酸、碱及浓氨水等腐蚀性液体时应采用防腐蚀泵。该类泵中所有与腐蚀液体接触的部件都用抗腐蚀材料制造，其系列代号为 F。F 型泵多采用机械密封装置，以保证高度密封要求。F 泵全系列扬程范围为 15～105m，流量范围为 2～

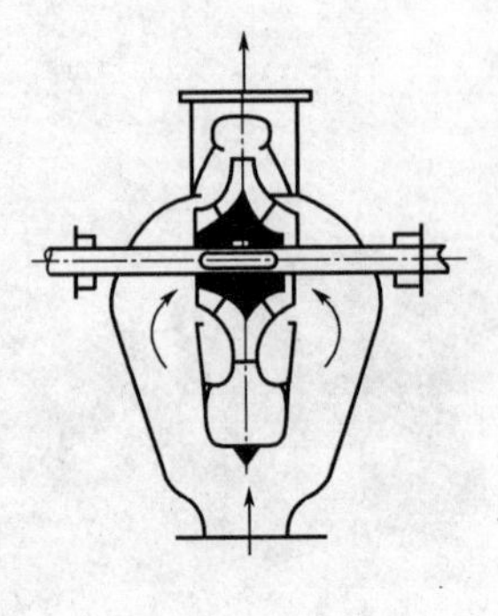

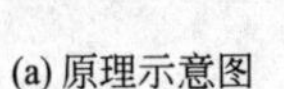

(a) 原理示意图

(b) 设备图

图 2-22 双吸泵

$400m^3/h$。近年来已推出新型号，例如 IH 型等。

例如：40FM1-26

40——泵吸入口直径，mm；

F——系列代号；

M——与液体接触的材料代号（铬、镍、钼、钛合金）；

1——轴封形式代号（1 代表单端面密封）；

26——泵的扬程，m。

（3）油泵（Y 型） 输送石油产品的泵称为油泵。因为油品易燃易爆，因而要求油泵有良好的密封性能。当输送高温油品（200℃以上）时，需采用具有冷却措施的高温泵。油泵有单吸与双吸、单级与多级之分。国产油泵系列代号为 Y、双吸式为 YS。全系列的扬程范围为 60～603m，流量范围为 6.25～$500m^3/h$。近年来已推出新型号，例如 SJA 型等。

例如：100Y-120×2

100——泵吸入口直径，mm；

Y——系列代号；

120——泵的单级扬程，m；

2——叶轮级数。

（4）杂质泵（P 型） 用于输送悬浮液及稠厚的浆液时用杂质泵，这类泵的特点是叶轮流道宽、叶片数目少、常采用半闭式或开式叶轮，泵的效率低。

系列代号为 P 型，分为：PW——污水泵；PS——砂泵；PN——泥浆泵。

（5）磁力泵（C 型） 如图 2-23 所示，磁力泵是高效节能的特种离心泵，采用永磁联轴驱动，无轴封，消除液体渗漏，使用极为安全；在泵运转时无摩擦，故可节能。主要用于输送不含固体颗粒的酸、碱、盐溶液和挥发性、剧毒性液体等，特别适用于易燃、易爆液体的输送。磁力泵输送介质的密度不大于 $1300kg/m^3$，黏度不大于 $30\times10^{-6}Pa\cdot s$ 的不含铁磁性和纤维的液体。常规磁力泵的额定温度对于泵体为金属材质或 F46 衬里，最高工作温度为 80℃，额定压力为 1.6MPa；高温磁力泵的使用温度≤350℃；对于泵体为非金属材质的，最高温度不超过 60℃，额定压力为 0.6MPa。

图 2-23 磁力泵

对于输送介质密度大于 $1600kg/m^3$ 的液体，磁性联轴器需另行设计。磁力泵的轴承采用被输送的介质进行润滑冷却，严禁空载运行。

（6）屏蔽泵　如图 2-24 所示，近年来，输送易燃、易爆、剧毒及具有放射性液体时，常采用一种无泄漏的屏蔽泵。其结构特点是叶轮和电机联为一个整体封在同一泵壳内，不需要轴封装置，又称无密封泵。屏蔽泵在启动时应严格遵守出口阀和入口阀的开启顺序，停泵时先将出口阀关小，当泵运转停止后，先关闭入口阀再关闭出口阀。总之，采用屏蔽泵，完全无泄漏，有效地避免了环境污染和物料损失，只要选型正确，操作条件没有异常变化，在正常运行情况下，几乎没有什么维修工作量。屏蔽泵是输送易燃、易爆、腐蚀、贵重液体的理想用泵。

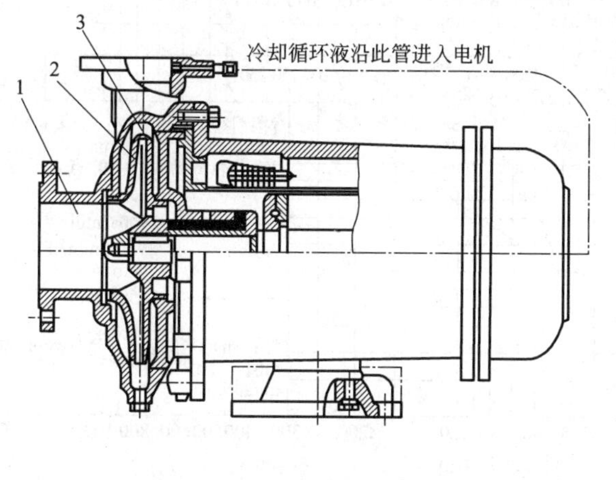

(a) 原理示意图

1—吸入口；2—叶轮；3—集液室

(b) 设备图

图 2-24　屏蔽泵

2.2.6.2　离心泵的选用

根据实际的操作条件选用离心泵时，一般要考虑以下几方面。

（1）根据被输送液体的性质确定泵的类型。

（2）确定输送系统的流量和所需压头。流量由生产任务来定，所需压头由管路的特性方程确定。

（3）根据所需流量和压头确定泵的具体型号。

① 查泵的性能表或特性曲线，要求流量和压头与管路所需值相适应。

② 若生产中流量有变动，以最大流量为准来查找，压头 H 也应以最大流量对应值查找。

③ 若压头 H 和流量 Q 与所需不符，则应在邻近型号中找 H 和 Q 都稍大一点的。

④ 若几个型号都满足，应选一个在操作条件下效率最好的。

⑤ 为了保险起见，所选泵可以稍大；但若太大，工作点离最高效率点太远，则能量利用率低。

⑥ 若被输送液体的性质与标准流体相差较大，则应对所选泵的特性曲线和参数进行校正，看是否能满足要求。

现以图 2-25 为例，介绍 IS 型水泵系列特性曲线：此图分别以 H 和 Q 为纵、横坐标标绘，图中每一小块面积，表示某型号离心泵的最佳（即最高效率区）工作范围。图形中的数字代表泵的具体型号及相应尺寸，例如 100-80-160 表示该泵型的吸入管内径为 100mm，排出管内径为 80mm，泵叶轮直径为 160mm；曲线上的点表示额定参数，该型号（IS100-80-160）泵的额定压头为 8m，额定流量为 $50m^3/h$（在 1450r/min 的转速下）。

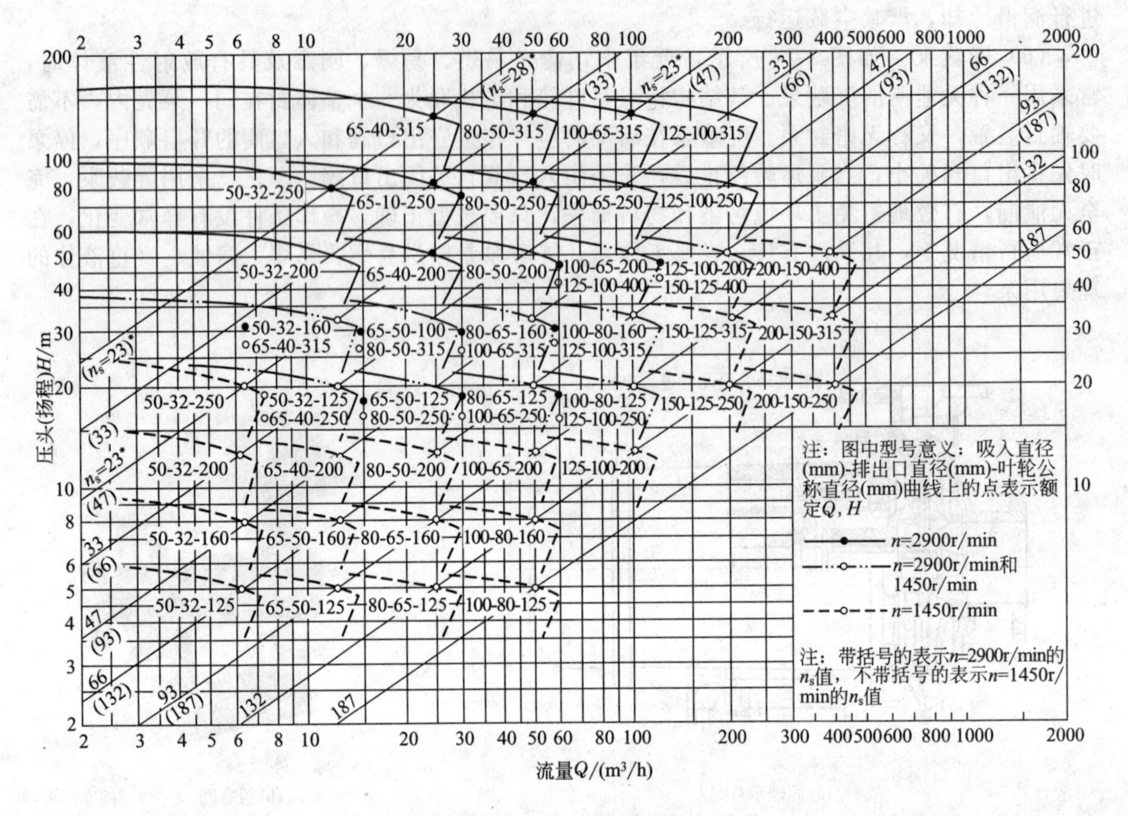

图 2-25 IS型水泵系列特性曲线

利用此图，根据管路要求的流量和压头，可方便地决定泵的具体型号。例如，当输送水时，要求 $H=45\text{m}$，$Q=10\text{m}^3/\text{h}$，选用单级单吸清水泵，则可根据该图选用 IS50-32-200 离心泵。

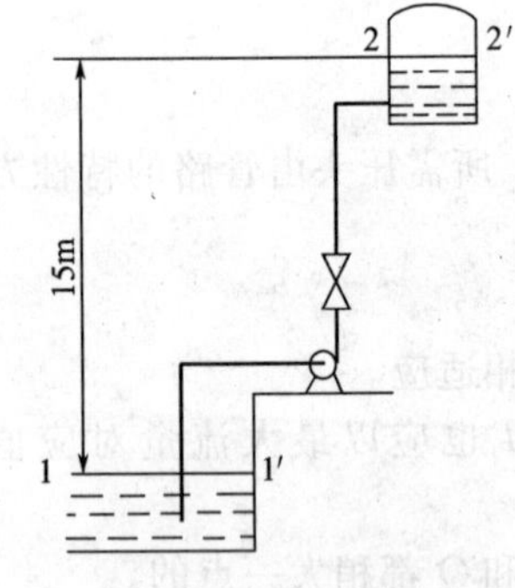

【例 2-9】 附图

【例 2-9】 如附图所示，需用离心泵将水池中的水送至密闭高位槽中，高位槽液面与水池液面高度差为 15m，高位槽中的气相表压为 49.1kPa。要求水的流量为 $15\sim25\text{m}^3/\text{h}$，吸入管长 24m，压出管长 60m（均包括局部阻力的当量长度），管子均为 $\phi68\text{mm}\times4\text{mm}$，摩擦系数可取为 0.021。试选用一台离心泵，并确定安装高度（设水温为 20℃，密度为 1000kg/m^3，当地大气压为 101.3kPa）。

解： 以最大流量 $Q=25\text{m}^3/\text{h}$ 计算，如附图所示，在 1—1′与 2—2′间列柏努利方程

$$Z_1+\frac{u_1^2}{2g}+\frac{p_1}{\rho g}+H_e=Z_2+\frac{u_2^2}{2g}+\frac{p_2}{\rho g}+H_f$$

其中：$Z_1=0$，$u_1\approx0$，$p_1=0$（表压）

$Z_2=15\text{m}$，$u_2\approx0$，$p_2=49.1\text{kPa}$（表压）

管中流速：$u=\dfrac{Q}{\dfrac{\pi}{4}d^2}=\dfrac{\dfrac{25}{3600}}{0.785\times0.06^2}=2.46\ (\text{m/s})$

总阻力

$$H_f=\lambda\frac{l+\sum l_e}{d}\times\frac{u^2}{2g}=0.021\times\frac{24+60}{0.06}\times\frac{2.46^2}{2\times 9.81}=9.07\ (\text{m})$$

所以

$$H_e=Z_2+\frac{p_2}{\rho g}+H_f=15+\frac{49.1\times 10^3}{1000\times 9.81}+9.07=29.07\ (\text{m})$$

根据流量 $Q=25\text{m}^3/\text{h}$ 及扬程 $H=29.07\text{m}$，查图 2-25 可选型号为 IS65-50-160 的离心泵，再查附录的相应内容，确定其流量 Q 为 $25\text{m}^3/\text{h}$，压头 H 为 32m，转速 n 为 2900r/min，必需汽蚀余量 $(\text{NPSH})_r$ 为 2.0m，效率 η 为 65%，轴功率 N 为 3.35kW。

20℃水的饱和蒸气压 $p_v=2.335\text{kPa}$，吸入管路阻力：

$$H_{f,吸入}=\lambda\frac{l+\sum l_e}{d}\times\frac{u^2}{2g}=0.021\times\frac{24}{0.06}\times\frac{2.46^2}{2\times 9.81}=2.59\ (\text{m})$$

则离心泵的允许安装高度为：

$$H_g=\frac{p_0-p_v}{\rho g}-\text{NPSH}-H_{f,吸入}=\frac{(101.3-2.335)\times 10^3}{1000\times 9.81}-(2.0+0.5)-2.59=5.0\ (\text{m})$$

即泵的实际安装高度应低于 5.0m，可取 4.0～4.5m。

2.3 离心式气体输送机械

2.3.1 概述

气体输送与压缩机械主要用于气体输送、克服流动阻力及产生高压气体。例如重油加氢、合成氨是在高压下进行的，气体要加压送入反应器；产生真空，如许多单元操作，要在低于大气压下进行，所以要从设备中抽出气体产生真空。

但是，气体与液体相比，气体是可压缩的流体，经济流速为 15～25m/s，空气的密度为 1.2kg/m^3；液体是不可压缩的流体，经济流速为 1～3m/s，水的密度为 1000kg/m^3。相同的质量流量下，气体的阻力损失大约是液体的 10 倍，此问题对气体输送尤为突出，因此，压头高、流量大的气体输送比较困难。

正是由于气体本身的一些特点，气体输送机械在结构上与液体输送机械相比出现了一些差异。

若按终压（出口压力）或压缩比（出口压力/入口压力）分类，可分为：

	出口压力(表压)	压缩比
通风机	14.7×10^3 Pa(1500mmH_2O)	1～1.5
鼓风机	14.7×10^3～2.94×10^3 Pa(0.15～3kgf/cm^2)	<4
压缩机	>2.94×10^3 Pa(3kgf/cm^2)	>4
真空泵	大气压	视真空度而定

2.3.2 离心式通风机

离心式通风机操作原理与离心泵类似，主要靠高速旋转的叶轮产生离心力提高气体的压强头。离心式通风机如图 2-26 所示，与离心泵相比，其特点是叶轮直径一般比较大，叶片数目多、短，也有前弯、径向和后弯之分，按上述的顺序，效率依次增大，流量依次减小；机壳内逐渐扩大的通道及出口截面常不为圆形而为矩形，这样既易于加工，又可直接与矩形管路相连接。

若按其出口压力，可如下分类：

	出口压力(表压)	
低压风机	<1×10^3 Pa	(<100mmH_2O)
中压风机	1×10^3～3×10^3 Pa	(100～300mmH_2O)
高压风机	3×10^3～14.7×10^3 Pa	(300～1500mmH_2O)

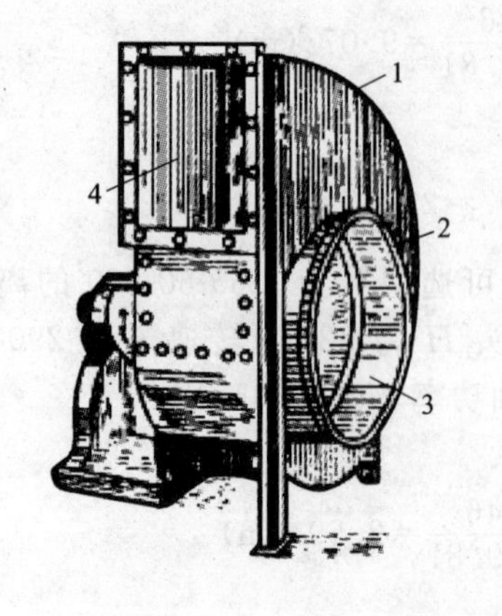

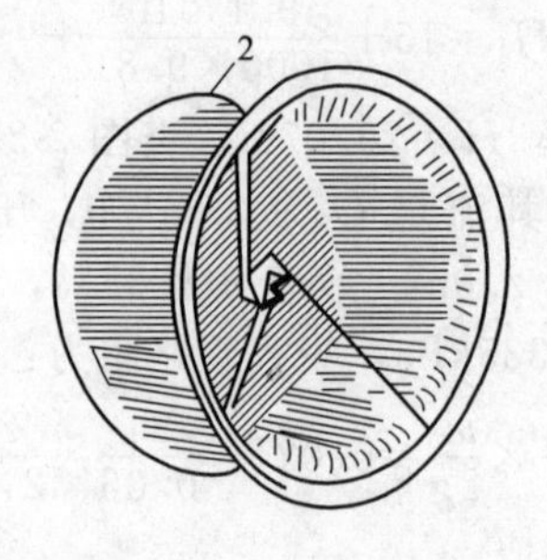

(a) 原理示意图

1—机壳；2—叶轮；3—吸入口；4—排出口

(b) 设备图

图 2-26 离心式通风机

2.3.2.1 离心式通风机的性能参数与特性曲线

（1）离心式通风机的性能参数　离心式通风机的主要性能参数包括流量（风量）、压头（风压）、功率和效率。

① 风量 Q　指单位时间内从风机出口排出的气体体积，规定以风机进口处的气体状态计，单位为 m^3/h。风量的大小与风机的结构、尺寸及转速有关。

② 全风压 p_t　全风压 p_t 是指单位体积气体流过风机所获得的能量，单位为 Pa，与压强的单位相同。

p_t 只能由实验测定，方法是在风机的入口与出口之间列柏努利方程：

$$Z_1\rho g+\frac{\rho u_1^2}{2}+p_1+\rho W_e=Z_2\rho g+\frac{\rho u_2^2}{2}+p_2+\rho\sum h_{f,1\text{-}2}$$

令：
$$p_t=\rho W_e=\rho g(Z_2-Z_1)+\frac{\rho(u_2^2-u_1^2)}{2}+(p_2-p_1)+\rho\sum h_{f,1\text{-}2} \tag{2-28}$$

一般来说，风机入口与大气相通，所以可取 $u_1\approx0$；并取入口、出口间的位差 $Z_2-Z_1\approx0$；因入口、出口之间的管路短，则取 $\sum h_{f,1\text{-}2}\approx0$；而气体经风机后的出口速度 u_2 很大，不能忽略，则上式简化为：

$$p_t=(p_2-p_1)+\frac{\rho u_2^2}{2}=p_{st}+p_{kt} \tag{2-29}$$

式中　p_{st}——静风压；

　　　p_{kt}——动风压。

上式说明，离心式通风机的全风压 p_t 由静风压 p_{st} 与动风压 p_{kt} 之和组成。由于风机入口通常是敞开的，即 $p_1=0$（表压），则通过测定风机出口压强 p_2 和流量 Q（或 u_2）就可求出全风压 p_t。

风机的生产厂家利用 20℃、101330Pa 下的空气（密度为 $1.2kg/m^3$）做实验测定全风压，该值称为标准全风压 p_{t_0}，将其值标示于风机的铭牌上或样本上。若输送介质的条件不同于上述实验介质，则要对风压进行换算，将实际需要的风压按下式换算为出厂前实验状况下的风压，以用于确定风机的型号，即：

$$p_{t_0}=p_t\frac{\rho_0}{\rho}=\frac{1.2}{\rho} \tag{2-30}$$

③ 效率 η 与轴功率 N　离心式通风机的轴功率为：

$$N=\frac{\rho QW_e}{\eta}=\frac{Qp_t}{\eta} \tag{2-31}$$

离心式通风机的效率 η 为：

$$\eta=\frac{Qp_t}{N} \tag{2-32}$$

当采用式(2-31)计算轴功率时，风量和全风压必须采用同一状态下的数值。利用风机性能表上的轴功率数据时，也要根据介质的性质，用下式进行换算：

$$N'=N_0\frac{\rho'}{\rho_0}=N_0\frac{\rho'}{1.2} \tag{2-33}$$

式中　N'——气体密度为 ρ' 时的轴功率；

N_0——气体密度为 $1.2kg/m^3$ 时的轴功率。

(2) 离心式通风机的特性曲线　在一定的转速下，利用 20℃、101330Pa 下的空气（密度为 $1.2kg/m^3$）为介质，实验测得 p_t-Q、p_{st}-Q、N-Q、η-Q 的关系曲线称为离心式通风机的特性曲线，如图 2-27 所示。η_{max}对应的 N、p_t、p_{st} 列于风机的铭牌或样本上。

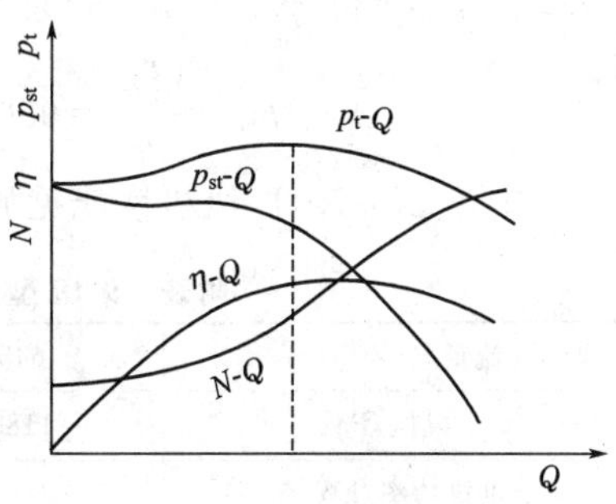

图 2-27　离心式通风机的特性曲线

2.3.2.2　离心式通风机的选型

选用离心式通风机的步骤是，首先根据管道布局和工艺条件，计算输送系统所需的实际全风压 p_t，然后由气体的性质及风压范围确定风机类型；再将操作条件下的全风压 p_t 换算成标准状况全风压 p_{t_0} 并结合实际风量 Q 选择风机型号，并列出风机的主要性能参数。

工业中常用的低、中压通风机为 4-72 型。因同一风机类型中有不同的叶轮直径，则在类型的后面加机号区别。例如：4-72 型 $N_0$12，其中，$N_0$12 是机号，数字 12 表示叶轮的直径为 12dm。

前面加大写字母的含义：

Y——锅炉高温气体用；

L——工业炉用；

F——防腐用；

W——耐高温用；

B——防爆用。

【例 2-10】 某干燥设备拟用热空气干燥湿物料。要求空气质量流量 W 为 8200kg/h。现有两种风机安装位置的方案：(A) 风机置于空气预热器之前；(B) 风机置于空气预热器之后。两方案的情况和有关参量示于本例附图中。已知外界大气为 20℃、常压下的空气。预热器的气流阻力对 (A) 方案为 $180mmH_2O$，对 (B) 方案为 $200mmH_2O$。试按两方案由 9-19 型高压离心式风机系列中选择适宜的型号，并比较所需的功率。

解：(A) 方案

$$Q=\frac{W}{\rho_0}=\frac{8200}{1.20}=6833\ (m^3/h)$$

$$p_{st}=p_1-p_0=800+180=980\ (mmH_2O)$$

初选 9-19 型 No. 7.1D 风机，出口截面尺寸为 227mm×163mm。

$$u_1=\frac{Q}{A_1}=\frac{6833}{3600\times0.227\times0.163}=51.3\ (m/s)$$

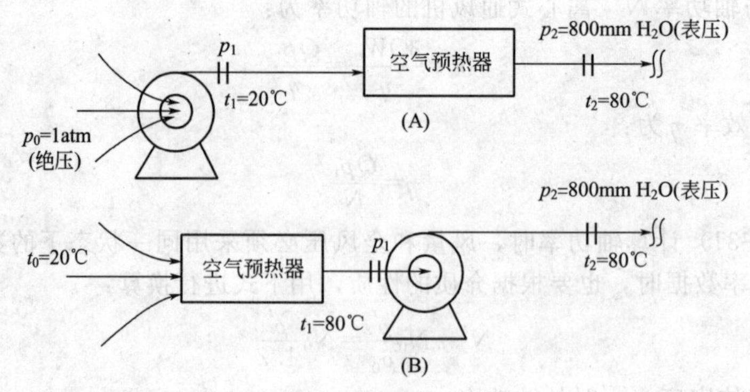

【例 2-10】 附图

1atm=101325Pa；1mmH$_2$O≈9.81Pa

$$\frac{u_1^2\rho_0}{2}=\frac{51.3^2\times1.2}{2}=1579\text{Pa}=161\ (\text{mmH}_2\text{O})$$

所以 $$p_t=p_{st}+\frac{u_1^2\rho_0}{2}=980+161=1141(\text{mmH}_2\text{O})=1.119\times10^4(\text{Pa})$$

9-19 型 No. 7. 1D 风机性能见如下附表。

附表 9-19 型 NO. 7. 1D 风机性能（转速为 2900r/min）

流量/(m³/h)	6454	7376	8144	9066
全风压/Pa	11807	11596	11340	10935
电机功率/kW	37		55	

可见，此风机可满足风量与风压要求，需选用 37kW 的电机。

(B) 方案

初选 9-19 型 No. 7. 1D 风机。在计算风机出口截面处的空气压强时，除考虑预热器阻力外，尚需考虑空气进入预热器时气速增大及局部阻力引起的压降。根据（A）方案的计算值及题给数据：

$$p_1=-(200+1.5\times161)\text{mmH}_2\text{O}=-441.5\text{mmH}_2\text{O}\ (\text{表压})$$

则 $$p_{st}=800+441.5=1241.5\text{mmH}_2\text{O}=1.218\times10^4\text{Pa}=p_t$$

又 $$\rho_1=\rho_0\frac{p_1}{p_0}\times\frac{T_0}{T_1}=1.20\times\frac{10.33\times10^3-441.5}{10.33\times10^3}\times\frac{273+20}{273+80}=0.953\ (\text{kg/m}^3)$$

$$Q=\frac{W}{\rho_1}=\frac{8200}{0.953}=8604\ (\text{m}^3/\text{h})$$

换算为风机样本的试验条件：

$$Q=8604\text{m}^3/\text{h}$$

$$p_{t样本}=\frac{1.218\times10^4\times1.2}{0.953}=1.53\times10^4\ (\text{Pa})$$

由 9-19 型 No. 7. 1D 风机性能可知，即使使用 55kW 的电机，此风机尚不能满足风量及风压的要求。

(A) 方案与（B）方案对比：由计算知，（B）方案所需电机功率更大，所以，为完成同样的空气预热任务，应让风机吸入密度较大的空气。

2.3.3 离心式鼓风机与压缩机

离心式鼓风机与压缩机又称透平式鼓风机与压缩机，其结构与多级离心泵十分相似，每级叶轮之间都有导轮。工作原理与离心式通风机相同。

图 2-28　离心式鼓风机

如图 2-28 所示，离心式鼓风机外形与离心泵相似，其特点是送气量大，但产生的风压仍不高。一般单级出口压力＜0.0294MPa，多级出口压力可达 0.294MPa。由于多级离心式鼓风机中压缩比不高，各级叶轮直径相差不大，也不需要级间冷却。

如图 2-29 所示，离心式压缩机一律是多级，外形与多级离心泵类似。其特点是转速高达 5000r/min，压缩比高，出口压力可达 0.98MPa。常分为几段，压缩时，气体温度升高，段与段之间需设置中间冷却器。与往复压缩机相比，其优点是体积小，重量轻，流量大，供气均匀，运转平稳，应用日趋广泛。目前已有大型透平压缩机，流量大，压头高。

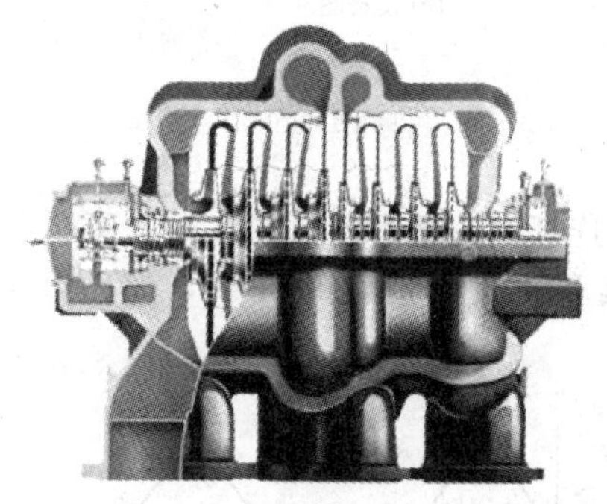

(a) 原理示意图

(b) 设备图

图 2-29　离心式压缩机

离心式鼓风机与压缩机的送气量大，供气均匀，连续运行，安全可靠，维修方便，机体内无润滑油污染气体，因而在现代化大型合成氨工业和石油化工行业中应用广泛，其压力可达几十兆帕，流量可达几十万立方米每小时。

2.4　其他类型输送机械

2.4.1　其他类型泵

2.4.1.1　往复式泵

(1) 往复泵　往复泵是通过活塞的往复运动直接以压力能形式向液体提供能量的输送机械。按照驱动方式，往复泵分为机动泵（电动机驱动）和直动泵（蒸汽、气体或液体驱动）两大类。

① 往复泵的基本结构及工作原理　往复泵的主要部件由泵缸、活塞、活塞杆、吸液和排液阀门（单向阀）组成，如图 2-30 所示。活塞杆与传动机构相连接，从而使活塞在泵缸内作往复运动。

通常，把活塞在泵缸内左右移动的两个端点叫死点，把两个死点之间的距离叫行程（冲程）；把活塞与阀门之间的空间叫工作室。正常工作时，活塞不断地作往复运动，工作室交替地（不连续）吸液、排液，通过活塞将能量以静压能的形式传递给液体。

由于吸液、排液靠工作室的空间变化，所以往复泵是一种容积式泵。活塞往复一次只吸液一次和排液一次的泵称为单动泵。单动泵的吸入阀和排出阀均安装在泵缸的同一侧，吸液

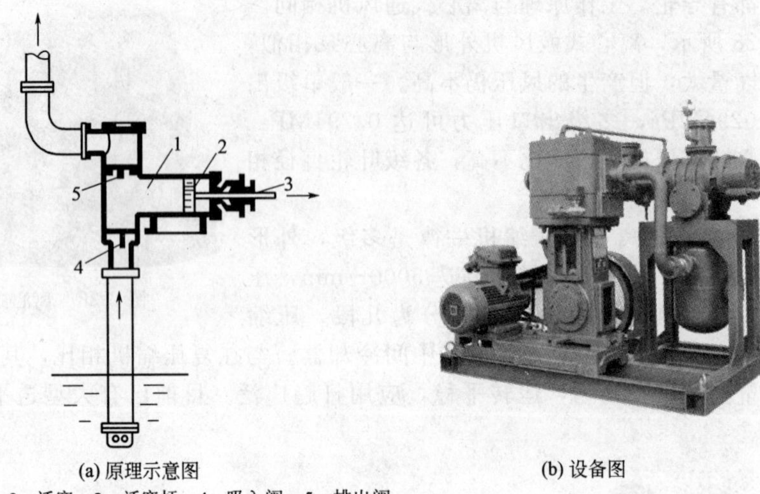

(a) 原理示意图　　　　(b) 设备图

1—泵缸；2—活塞；3—活塞杆；4—吸入阀；5—排出阀

图 2-30　往复泵

时不能排液，因此排液不连续。对于机动泵，活塞由连杆和曲轴带动，它在左右两端点之间的往复运动是不等速的，于是形成了单动泵不连续和不均匀的流量曲线，如图 2-32(a) 所示。

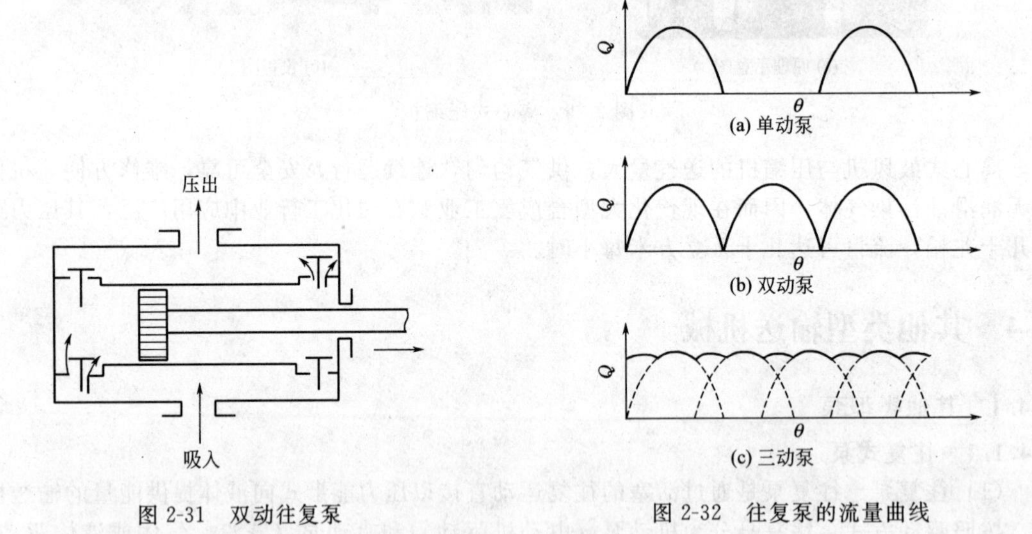

图 2-31　双动往复泵　　　　图 2-32　往复泵的流量曲线

为了改善单动泵流量的不均匀性，设计出了双动泵和三动泵，如图 2-31 所示，双动泵活塞两侧的泵缸内均装有吸入阀和排出阀，活塞每往复一次各吸液和排液两次，使吸入管路和排出管路总有液体流过，所以送液连续，但由于活塞运动的不匀速性，流量曲线仍有起伏，如图 2-32(b) 所示。

三动泵有三个曲柄互成 120°，分别推动三个单动泵。三个泵联合操作，当一个泵排液量开始下降时，另一个泵开始排液，三个泵依次进行。特点是排液连续，流量较均匀，如图 2-32(c) 所示。

为了流量均匀，操作平稳，在往复泵排出口上方设有空气室，借助室内气体压缩与膨胀的作用，当往复泵出口流量变化时，能保持管路中的流量大致不变。

② 往复泵主要性能参数

a. 流量（排液能力） 单动泵的理论流量 Q_T 为单位时间内活塞扫过的体积，单位为 m^3/min，即：

$$Q_T = ASn_r = \frac{\pi}{4}D^2 Sn_r \tag{2-34}$$

式中 A——活塞截面积，m^2；

S——冲程，m；

n_r——往复频率（往复次数/时间）；

D——活塞直径，m。

双动泵的理论流量 Q_T 为：

$$Q_T = (2A-a)Sn_r \tag{2-35}$$

式中 a——活塞杆的截面积，m^2。

实际上，由于填料函、阀门、活塞处的不严密等原因，实际流量低于理论流量，即：

$$Q = \eta_v Q_T \tag{2-36}$$

式中 η_v——往复泵的容积效率，实验测定，其值在0.85～0.95之间。

b. 扬程 H H 的含义与离心泵的一样。但是，对往复泵而言，由于压头与泵本身的几何尺寸和流量几乎无关，只决定于管路情况。只要泵的机械强度和电动机提供的功率允许，输送系统要求多高压头，往复泵即可提供多高压头。

c. 轴功率 N、效率 η 其计算与离心泵相同。

d. 型号 例如：2QS-53/17

2——双缸；

Q——蒸汽驱动；

S——活塞泵；

53——最大流量，m^3/min；

17——最大出口压力。

③ 往复泵的操作要点及流量调节 往复泵有自吸能力，启动之前不需灌泵，但当吸上高度过大时，同样有汽蚀问题。

往复泵的效率一般都在70%以上，最高可达90%，它适用于所需压头较高的液体输送。往复泵可用以输送黏度很大的液体，但不宜直接输送腐蚀性的液体和有固体颗粒的悬浮液，否则泵内阀门、活塞受腐蚀或堵塞，会导致严重泄漏。

与离心泵不同，往复泵不能采用出口阀门来调节流量。因为当出口阀完全关闭时，泵缸内压力将急剧上升，使泵体或电动机损坏。

往复泵的流量调节方法如下。

a. 用旁路阀调节流量。增设旁路调节装置，如图2-33所示，显然，旁路调节流量并没有改变泵的总流量，只是让部分被压出的液体返回贮槽，即改变了流量在旁路与主管路之间的分配。这种调节方法是很不经济的，只适用于流量变化较小的经常性调节。

b. 改变活塞冲程或往复频率：调节活塞冲程或往复频率均可达到改变流量的目的，而且能量利用合理，但不宜于经常性流量调节。

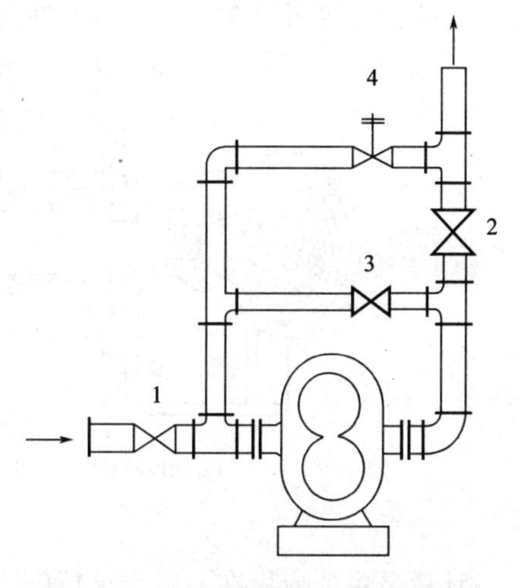

图2-33 往复泵旁路调节流量示意图

1—吸入管路上的调节阀；2—排出管路上的调节阀；3—支路阀；4—安全阀

c. 对于输送易燃易爆液体，采用直动泵可方便地调节进入蒸汽缸的蒸汽压力，实现流量调节。

【例 2-11】 用单动往复泵向表压为 491kPa 的密闭高位槽输送密度为 1250kg/m^3 的黏稠液体。泵的活塞直径 $D=120$mm，冲程 $S=225$mm，往复次数 $n_r=200\text{min}^{-1}$。操作范围内泵的容积效率 $\eta_v=0.96$，总效率 $\eta=0.85$. 管路特性方程为 $H_e=56+182.2Q_e^2$（Q_e 的单位为 m^3/min)，试比较如下三种情况下泵的轴功率，即①泵的流量全部流经主管路；②用旁路调节流量使主管流量减少 1/3；③改变冲程使主管流量减少 1/3。假设改变流量后管路特性方程不变。

解：(1) 全部流经主管路

$$Q=\eta_v ASn_r=0.96\times\frac{\pi}{4}\times0.12^2\times0.225\times200=0.4886\ (\text{m}^3/\text{min})$$

$$H=H_e=56+182.2\times Q_e^2=56+182.2\times0.4886^2=99.5\ (\text{m})$$

则
$$N=\frac{HQ\rho}{60\times102\eta}=\frac{99.5\times0.4886\times1250}{60\times102\times0.85}=11.68\ (\text{kW})$$

(2) 旁路调节流量

此情况下通过泵的总流量不变，主管路压头变小，致使功率降低。

$$H'=H_e'=56+182.2\times\left(0.4886\times\frac{2}{3}\right)^2=75.33\ (\text{m})$$

则
$$N'=\frac{75.33\times0.4886\times1250}{60\times102\times0.85}=8.844\ (\text{kW})$$

(3) 冲程调节流量

此情况下，$H''=75.33$m，$Q''=0.4886\times\dfrac{2}{3}=0.3257\text{m}^3/\text{min}$

$$N''=\frac{75.33\times0.3257\times1250}{60\times102\times0.85}=5.9\ (\text{kW})$$

由以上数据看出，通过改变冲程调节流量最为经济，但用旁路调节流量操作上比较方便。

(2) 计量泵（比例泵） 计量泵就是小流量的往复泵，如图 2-34 所示，它正是利用往复泵流量固定这一特点而发展起来的。它可以用电动机带动偏心轮从而实现柱塞的往复运动。偏心轮的偏心度可以调整，柱塞的冲程则发生变化，以此来实现流量的调节。

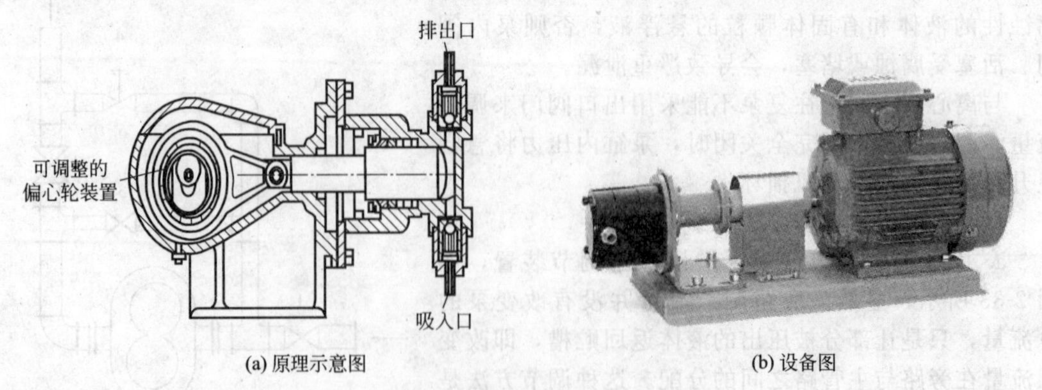

(a) 原理示意图　　(b) 设备图

图 2-34 计量泵

计量泵主要应用在一些要求精确输送液体至某一设备的场合，或将几种液体按精确的比例输送。如化学反应器中一种或几种催化剂的投放，后者是靠分别调节多缸计量泵中每个活塞的行程来实现的。

（3）隔膜泵　隔膜泵也是往复泵的一种，如图 2-35 所示，它用弹性薄膜（耐腐蚀橡胶或弹性金属片）将泵分隔成互补相通的两部分，分别是被输送液体和活柱存在的区域。这样，活柱不与输送的液体接触。活柱的往复运动通过同侧的介质传递到隔膜上，使隔膜亦作往复运动，从而实现被输送液体经球形活门吸入和排出。

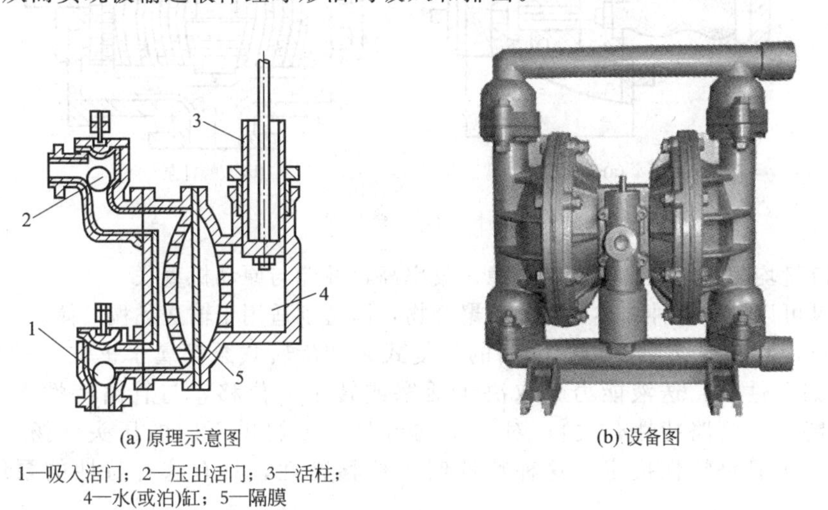

(a) 原理示意图

1—吸入活门；2—压出活门；3—活柱；4—水(或泊)缸；5—隔膜

(b) 设备图

图 2-35　隔膜泵

隔膜泵内与被输送液体接触的唯一部件是球形活门，这易于制作不受液体侵害的形式。因此，在工业生产中，隔膜泵主要用于输送腐蚀性液体或含有固体悬浮物的液体。

2.4.1.2　旋转式泵

旋转式泵又称转子泵，其工作原理是靠泵内的转子转动而吸液、排液。应注意，其工作原理是靠挤压力，而不是离心力。按转子的形式分为以下几种。

（1）齿轮泵　如图 2-36 所示，两齿轮咬合，反向转动，利用齿轮与泵体之间的间隙挤压液体，转化能量，提高液体的压头而排液。特点是压头高，流量小，可输送黏稠液体或膏状物料，也可用于给填料函注油封，但不能送悬浮液；缺点是有噪声，震动。

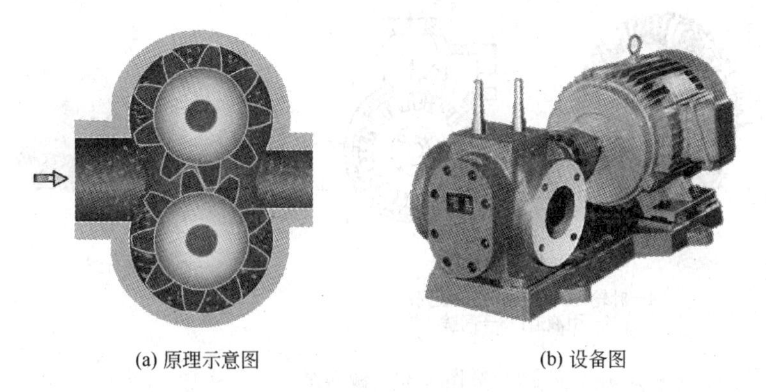

(a) 原理示意图　　(b) 设备图

图 2-36　齿轮泵

（2）螺杆泵　如图 2-37 所示，螺杆泵工作时，液体被吸入后就进入螺纹与泵壳所围的密封空间，当主动螺杆旋转时，螺杆泵密封容积在螺牙的挤压下提高螺杆泵压力，并沿轴向移动。由于螺杆是等速旋转，所以液体排出流量也是均匀的。

螺杆泵通常可分为单螺杆泵、双螺杆泵和三螺杆泵，该类泵的特点是结构紧凑、压力高

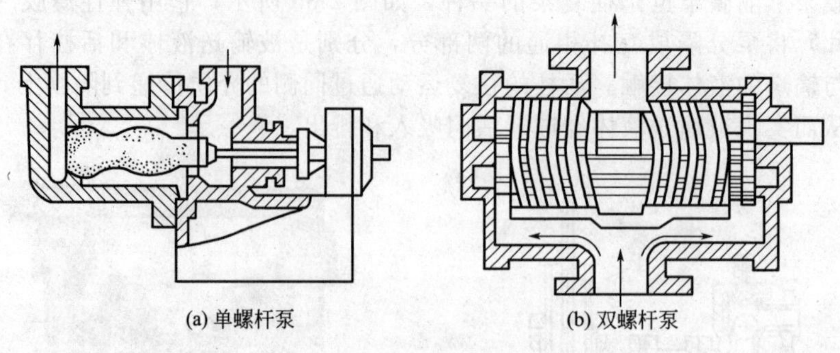

图 2-37　螺杆泵

而均匀，流量均匀、转速高、运转平稳、效率高，并能与原动机直联。

螺杆泵可以输送各种油类及高分子聚合物，即特别适用于输送黏稠液体。

(3) 正位移概念泵型　以上介绍的往复式泵和旋转式泵都属于正位移类型泵，正位移泵具有如下性质：送液能力只取决于活塞或转子的位移，与管路特性无关（而离心泵的送液能力与管路特性有关）；对一定的流量，可提供不同的压头（扬程），提供多大的压头，由管路特性决定。这种特性叫正位移特性，具有这种特性的泵统称正位移泵型。

正位移泵启动前，不用充液体，但必须将出口阀门打开（因泵内液体不倒流，所以必须排出），否则，泵内压头不断升高，设备、管道的强度承受不了；正位移泵安装高度也有一定的限制，以防止汽蚀现象发生。调节流量利用旁路（又称回流支路）阀门，并设有安全阀，一旦出口阀关闭或开得太小，泵内压头急剧上升，可能导致机件损坏及电机超负荷时，自动启用安全阀及时泄压。

2.4.1.3　漩涡泵

如图 2-38 所示，漩涡泵是一种特殊的离心泵，主要部件为圆形的泵壳，圆盘形的叶轮，叶轮两侧分别铣有凹槽，呈辐射状排列的叶片，叶轮与壳体之间的空间为引水道。在进出口间，为使叶轮与壳体间的缝隙很小，把吸液与排液分开，设有间壁。

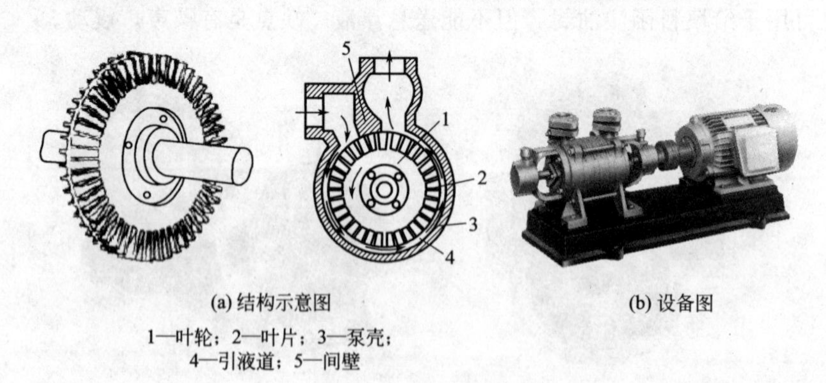

图 2-38　漩涡泵

工作原理是液体随叶轮旋转的同时，在引水道与叶片之间反复作漩涡运动，由于叶片的多次作用，获得较高的能量。

与离心泵比较，其相同点是依靠离心力作用送液，开车前要灌满液体；不同点是流量下降时，压头增加很快，轴功率也增加很快，所以流量的调节要借助于正位移泵的旁路调节方法。漩涡泵的特点是扬程高但送液量小，且效率低，结构简单，在化工上较多采用。

2.4.2 其他类型气体输送机械

2.4.2.1 往复压缩机

往复压缩机与往复泵类似，前者用于气体输送，后者用于液体输送。

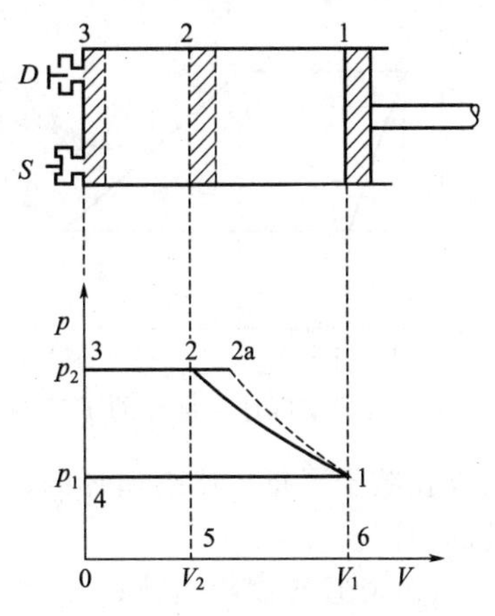

图 2-39 理想压缩循环的 p-V 图

（1）理想压缩循环 如图 2-39 所示，单动往复机的理想压缩循环分三个阶段进行：即吸气阶段、压缩阶段和排气阶段。

① 吸气阶段 当活塞自左向右运动时，排气阀关闭，吸气阀打开，气体被吸入，直至活塞移动到最右端，缸内气体压力为 p_1，体积为 V_1，其状态如图中的点 1 所示，吸气过程由水平线 4-1 表示。

② 压缩阶段 活塞自最右端向左运动，由于吸气阀和排气阀都是关闭的，气体的体积逐渐缩小，压力逐渐升高，直至汽缸内气体的压力升高至排气阀外的气体压力 p_2 为止，此时对应的气体体积为 V_2。若压缩过程为等温过程，则气体状态变化如图中曲线 1-2 所示；若压缩过程为绝热过程，则气体状态变化如图中曲线 1-(2a) 所示。

③ 排气阶段 当汽缸内气体压力达到 p_2 时，排气阀被顶开，随活塞继续向左运动，气体在压力 p_2 下全部被排净。气体状态变化如图中水平线 2 (2a)-3 所示。

当活塞再从左端向右开始运动时，因汽缸内无气体，缸内压力立即降至 p_1，从而开始下一个工作循环。

考察一个理想循环活塞对气体做功 W，包括压缩、排气、吸气三个过程。若规定活塞对气体做功为正，气体对活塞做功为负，可以导出：

$$W = W_{1\text{-}2} + W_{2\text{-}3} + W_{4\text{-}1} = -\int_{V_1}^{V_2} p\mathrm{d}V + p_2V_2 - p_1V_1 = \int_{p_1}^{p_2} V\mathrm{d}p \tag{2-37}$$

式中 W——压缩机理想压缩循环所消耗的理论功，仅与气体压缩过程有关。

根据理想气体状态方程，对于等温过程的外功为：

$$W = p_1V_1\ln\frac{p_2}{p_1} \tag{2-38}$$

式中 W——等温压缩循环功，J；

p_1，p_2——吸入、排出气体的压强，Pa；

V_1——吸入气体的体积，m^3。

对于绝热压缩过程：

$$W = \frac{k}{k-1}p_1V_1\left[\left(\frac{p_2}{p_1}\right)^{\frac{k-1}{k}} - 1\right] \tag{2-39}$$

式中 k——绝热指数，对于多变过程，以多变指数 m 代替绝热指数 k 即可。

绝热压缩时，排出气体的温度为：

$$T_2 = T_1\left(\frac{p_2}{p_1}\right)^{\frac{k-1}{k}} \tag{2-40}$$

式中 T_1，T_2——吸入、排出气体的温度，K。

将上述三个过程在 p-V 图上比较可知，等温过程最省功；绝热过程最费功；多变过程介于上述两者之间。

（2）实际压缩循环 余隙指活塞至左死点后与端面间的空隙，它的存在导致理想和实际的压缩循环不同。理想压缩循环的余隙＝0（把气体全部排净），实际压缩循环的余隙≠0。

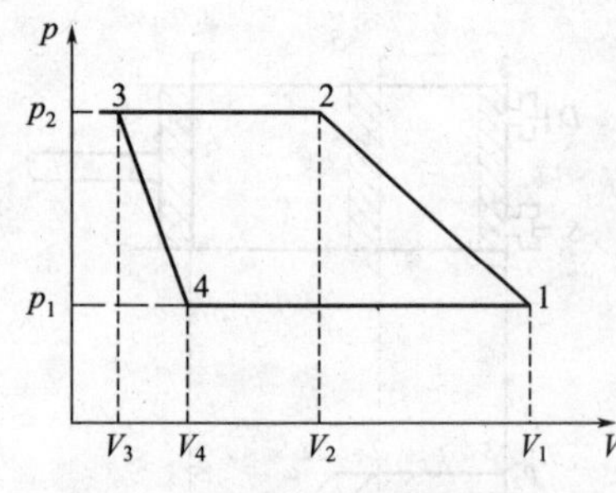

图 2-40　实际压缩循环的 p-V 图

如图 2-40 所示，有余隙存在时，排气终了时使汽缸内残留压力为 p_2，体积为 V_3。当活塞向右运动时，存在于余隙内的气体将不断膨胀，直至压力降至与吸入压力 p_1 相等为止，此过程称为余隙气体的膨胀阶段，如 p-V 图中的曲线 3-4 所示。当活塞从截面 4 继续向右移动时，吸气阀被打开，在恒定压力下进行吸气过程，气体的状态沿图上的水平线 4-1 而变化。

综上所述，有余隙存在的理想气体实际循环过程是由吸气过程、压缩、排气和膨胀四个阶段所组成。余隙的存在减少了每个压缩循环的实际吸气量，同时还增加了动力消耗。因此，应尽量减少压缩机的余隙。

① 余隙系数 ε　余隙的大小可用余隙系数 ε 度量，即为余隙的容积与活塞推进一次扫过的容积之比。

$$\varepsilon=\frac{V_3}{V_1-V_3}\times 100\% \tag{2-41}$$

一般大、中型压缩机的低压汽缸 $\varepsilon<8\%$；高压汽缸的 ε 可达 12%。

② 容积系数 λ_0　压缩机一次循环吸入气体的体积与活塞推进一次扫过体积之比称为容积系数，即

$$\lambda_0=\frac{V_1-V_4}{V_1-V_3} \tag{2-42}$$

对于多变压缩过程有：

$$V_4=V_3\left(\frac{p_2}{p_1}\right)^{\frac{1}{m}} \tag{2-43}$$

式中　m——多变指数。

将式(2-43) 代入式(2-42) 可得：

$$\lambda_0=1-\varepsilon\left[\left(\frac{p_2}{p_1}\right)^{\frac{1}{m}}-1\right] \tag{2-44}$$

由上式可知，当气体的压缩比一定时，随着余隙系数 ε 的增大，使容积系数 λ_0 减小，即压缩机吸气量减小；对于一定的余隙系数 ε，随着 p_2/p_1 增大，λ_0 减小，吸气量减小，当 ε 或 p_2/p_1 高达某一值时，可能 $\lambda_0=0$，即当活塞向右运动时，残留在余隙中的高压气体膨胀后完全充满汽缸，以致压缩机不能吸气。

(3) 往复压缩机的主要性能参数

① 排气量　往复压缩机的排气量又称压缩机的生产能力，它是指压缩机单位时间排出的气体体积，其值以入口状态计算。

若无余隙存在，往复压缩机的理论吸气量计算式和往复泵的相类似，即：

单动往复压缩机　$$V_{\min}=ASn_r \tag{2-45}$$

双动往复压缩机　$$V_{\min}=(2A-a)Sn_r \tag{2-46}$$

式中　$V_{\min}$——理论吸气量，m^3/min；

A——活塞的截面积，m^2；

S——活塞的冲程，m；

n_r——活塞每分钟往复次数，min^{-1}；

a——活塞杆的截面积，m^2。

由于压缩机余隙的存在、气体通过阀门的流动阻力、气体吸入汽缸后温度的升高及压缩

机的各种泄漏等因素的影响，使压缩机的生产能力比理论值低。实际的排气量为：

$$V'_{\min}=\lambda_d V_{\min} \tag{2-47}$$

式中　$V'_{\min}$——实际排气量，m^3/min；

　　λ_d——排气系数，其值为（0.8～0.95）λ_0。

② 轴功率和效率　以绝热压缩过程为例，压缩机的理论功率为：

$$N_a=\frac{k}{k-1}p_1V'_{\min}\left[\left(\frac{p_2}{p_1}\right)^{\frac{k-1}{k}}-1\right]\times\frac{1}{60\times1000} \tag{2-48}$$

式中　N_a——按绝热压缩考虑的压缩机的理论功率，kW。

实际所需的轴功率比理论功率要大，即：

$$N=\frac{N_a}{\eta} \tag{2-49}$$

式中　N——压缩机的轴功率，kW；

　　η——绝热总效率，一般取0.7～0.9，设计完善的压缩机，$\eta\geqslant0.8$。

绝热总效率考虑了压缩机泄漏、流动阻力、运动部件的摩擦所消耗的功率。

（4）多级压缩　若压缩比 p_2/p_1 过大，则吸气量减小，引起气体温度上升，汽缸内润滑油炭化，产生油雾，甚至爆炸。故一般要求压缩比＞8时，采用多级压缩，如图2-41所示，两个以上汽缸串联为多级，压缩的次数为级数 n；汽缸直径逐级减小（气体压缩，体积减小）；两汽缸间加中间冷却器，油水分离器。

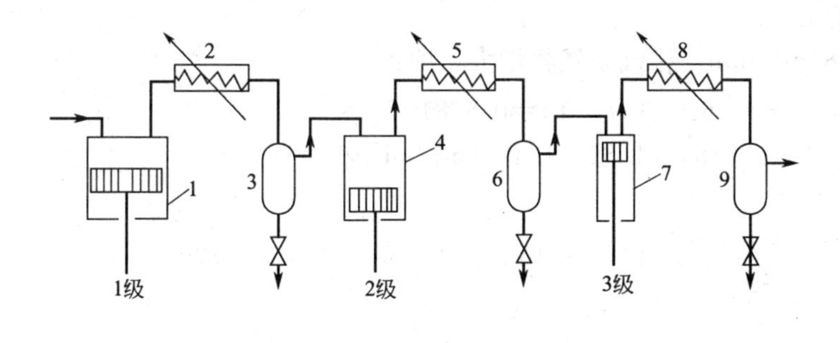

(a) 原理示意图

1，4，7—汽缸；2，5—中间冷却器；8—出口气体冷却器；
3，6，9—油水分离器

(b) 设备图

图2-41　三级压缩机

级数越多，总压缩功越接近于等温压缩功，即最小值。然而，级数越多，整体结构越复杂。因此，常用的级数为2～6，每级压缩比为3～5。

理论上可以证明，在级数相同时，各级压缩比相等，则总压缩功最小。此时，各级的压缩比均为 $\sqrt[n]{p_2/p_1}$。

对于压缩阶段为多变过程的理想循环，所需的总理论功为：

$$W=\frac{nm}{m-1}p_1V_1\left[\left(\frac{p_2}{p_1}\right)^{\frac{m-1}{nm}}-1\right] \tag{2-50}$$

【例2-12】 某生产工艺需要将20℃的空气从100kPa压缩至1600kPa，库房有一台单动往复压缩机，汽缸的直径为200mm，活塞冲程为240mm，往复次数为240min^{-1}，余隙系数为0.06，排气系数为容积系数的0.90。已知多变压缩指数为1.25。试计算单级压缩和两级压缩的生产能力、所需理论功率及第一级气体的出口温度。

解：（1）单级压缩

① 生产能力　由式(2-45) 计算，即：

$$V_{\min}=ASn_{r}=\frac{\pi}{4}\times0.2^{2}\times0.24\times240=1.81\ (\mathrm{m^3/min})$$

$$\lambda_0=1-\varepsilon\left[\left(\frac{p_2}{p_1}\right)^{\frac{1}{m}}-1\right]=1-0.06\times\left[\left(\frac{1600}{100}\right)^{\frac{1}{1.25}}-1\right]=0.5086$$

$$\lambda_d=0.9\lambda_0=0.4577$$

则

$$V'_{\min}=\lambda_d V_{\min}=0.4577\times1.81=0.8284\ (\mathrm{m^3/min})$$

② 理论功率　由式(2-48) 计算，即：

$$N_a=\frac{k}{k-1}p_1V'_{\min}\left[\left(\frac{p_2}{p_1}\right)^{\frac{k-1}{k}}-1\right]\times\frac{1}{60\times1000}$$

$$=100\times10^3\times0.8284\times\frac{1.25}{1.25-1}\times\left[\left(\frac{1600}{100}\right)^{\frac{1.25-1}{1.25}}-1\right]\times\frac{1}{60\times1000}$$

$$=5.116\ (\mathrm{kW})$$

③ 气体出口温度　由式(2-40) 计算，即：

$$T_2=T_1\left(\frac{p_2}{p_1}\right)^{\frac{m-1}{m}}=293\times\left(\frac{1600}{100}\right)^{\frac{1.25-1}{1.25}}=510.1\ (\mathrm{K})$$

(2) 两级压缩　对于两级压缩，每级的压缩比为：

$$x=\sqrt{\frac{p_2}{p_1}}=\left(\frac{1600}{100}\right)^{\frac{1}{2}}=4$$

然后再用相应公式进行重复计算。

① 生产能力　$V_{\min}$仍为1.81m³/min，排气系数将增大，即：

$$\lambda_0=1-0.06\times(4^{\frac{1}{1.25}}-1)=0.8781$$

$$V_{\min}=0.9\times0.8781\times1.81=1.43\ (\mathrm{m^3/min})$$

② 理论功率

$$N_a=100\times10^3\times1.43\times\frac{2\times1.25}{1.25-1}\times(4^{\frac{1.25-1}{1.25}}-1)\times\frac{1}{60\times1000}=7.615\ (\mathrm{kW})$$

③ 第一级气体出口温度

$$T_2=293\times4^{\frac{1.25-1}{1.25}}=386.6\ (\mathrm{K})$$

由上面计算数据看出，在第一级汽缸参数相同的条件下，改为两级压缩后，压缩机的生产能力提高，气体出口温度降低，达到相同生产能力的理论功率减少。

2.4.2.2 旋转式鼓风机及压缩机

旋转式鼓风机及压缩机与旋转式泵类似，壳体内有一个或多个转子，适用于压头不大而流量大的场合。

(1) 罗茨鼓风机　如图 2-42 所示，罗茨鼓风机的工作原理与齿轮泵类似，壳体内有两个特殊形状的转子反向运动，以增加气体的压头。其特点是风量正比于转数，在一定的转数下，出口压力提高，风量可保持大致不变，所以也叫定容式鼓风机。应注意，罗茨鼓风机出口要加稳定罐、安全阀，旁路调节流量，操作温度为80～85℃，防止转子受热膨胀而咬死。

(2) 液环压缩机　如图 2-43 所示，液环压缩机又称纳氏泵，主要由略似椭圆的外壳和旋转叶轮组成，壳中盛有适量的液体。当叶轮旋转时，由于离心力的作用，液体被抛向壳体，形成椭圆形的液环，在椭圆形长轴两端形成两个月牙形空隙。当叶轮回转一周时，叶片和液环间所形成的密闭空间逐渐变大和变小各两次，气体从两个吸入口进入机内，而从两个排出口排出。

液环压缩机内的液体将被压缩的气体与机壳隔开，气体仅与叶轮接触，只要叶轮用耐腐蚀材料制造，则便适宜于输送腐蚀性气体。壳内的液体应与被输送气体不起作用，例如压送

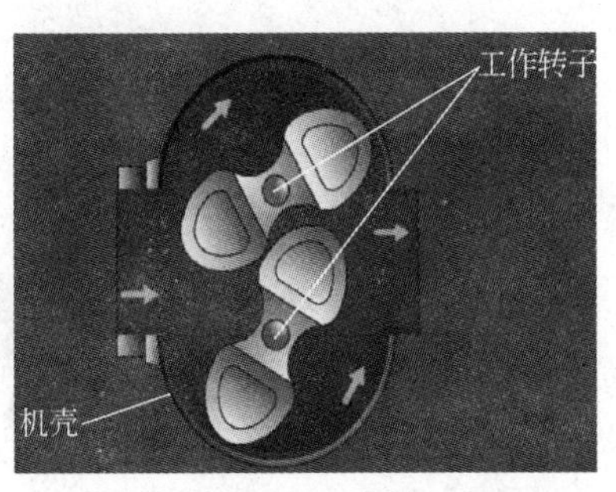

(a) 原理示意图

(b) 设备图

图 2-42 罗茨鼓风机

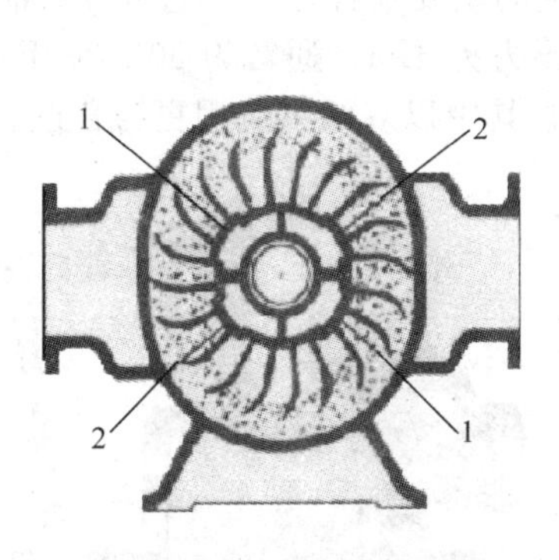

(a) 原理示意图
1—吸入口；2—排出口

(b) 设备图

图 2-43 液环压缩机

氯气时，壳内的液体可采用硫酸。

液环压缩机的压缩比可达 6～7，但出口表压在 150～180kPa 的范围内效率最好。

2.4.2.3 真空泵

原则上讲，真空泵就是在负压下吸气，在大气压下排气的气体输送机械，用于维持工艺系统中要求的真空状态，其主要性能参数为剩余压力和抽气速率。剩余压力（与最大真空度对应）指真空泵能达到的最低绝对压力；抽气速率是在剩余压力下，真空泵单位时间吸入气体的体积。真空泵的选用，主要依据上述两个参数。

（1）往复真空泵 往复真空泵的构造和工作原理与往复式压缩机基本相同。但是，由于真空泵所抽吸气体的压力很小，且其压缩比又很高（通常大于 20），因而真空泵吸入和排出阀门必须更加轻巧灵活、余隙容积必须更小。为了减小余隙的不利影响，真空泵汽缸设有连通活塞左右两侧的平衡气道。若气体具有腐蚀性，可采用隔膜真空泵。

（2）水环真空泵 如图 2-44 所示，水环真空泵的外壳内偏心地装有叶轮，叶轮上装有辐射状叶片，泵壳内约充有一半容积的水。当叶轮旋转时，形成水环。水环有液封作用，使叶片间空隙形成大小不等的密封小室。当小室的容积增大时，气体通过吸入口被吸入；当小室变小时，气体由压出口排出。水环真空泵运转时，要不断补充水以维持泵内液封。水环真空泵属湿式真空泵，吸气中可允许夹带少量液体。

水环真空泵可产生的最大真空度为 83kPa 左右。当被抽吸的气体不宜与水接触时，泵内可充以其他液体。其特点是由于液环把气体与壳体隔开，可用于输送腐蚀性气体。

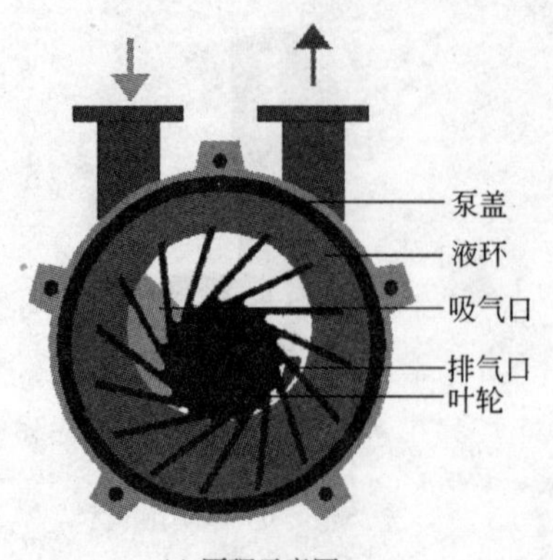

(a) 原理示意图

(b) 设备图

图 2-44　水环真空泵

（3）旋片真空泵　旋片真空泵是获得低中真空的主要泵种之一。它可分为油封泵和干式泵。根据所要求的真空度，可采用单级泵（极限压力为 4Pa，通常为 50～200Pa，如图 2-45 所示）和双级泵［极限压力为（1～6）$\times 10^{-2}$Pa］，其中以双级泵应用更为普遍。

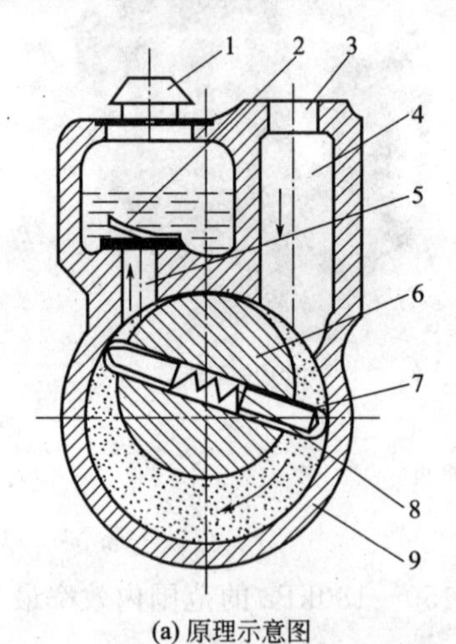

(a) 原理示意图

1—排气口；2—排气阀片；3—吸气口；4—吸气管；
5—排气管；6—转子；7—旋片；8—弹簧；9—泵体

(b) 设备图

图 2-45　单级旋片真空泵

当带有两个旋片 7 的偏心转子按图中箭头方向旋转时，旋片在弹簧 8 的压力及自身离心力的作用下，紧贴着泵体 9 的内壁滑动，吸气工作室的容积不断扩大，被抽气体流经吸气口 3 和吸气管 4 进入其中，直到旋片转到垂直位置时吸气结束，吸入的气体被旋片隔离。转子继续旋转，被隔离气体逐渐被压缩、压力升高。当压力超过排气阀片 2 上的压力时，则气体从排气口 1 排出。转子每旋转一周有两次吸气和排气过程。

两级旋片真空泵中气体从高真空腔 A 进入低真空腔后再排出泵外。

旋片真空泵具有使用方便、结构简单、工作压力范围宽、可在大气压下直接启动等优点，应用比较广泛。但旋片真空泵不适于抽除含氧过高、有爆炸性、有腐蚀性、对油起化学反应及含颗粒尘埃的气体。

（4）喷射真空泵　如图 2-46 所示，喷射真空泵利用一种流体流动时（工作流体），使其静压头转化为动压头，工作流体为水或蒸汽。一般工作流体以高速从喷嘴喷出，部分静压头转化为动压头，形成低压区，可把另一种流体抽进来，混合后经扩散管流速降低，部分静压头恢复。其优点是工作压力范围大，抽气量大，结构简单，适应性强，可抽送含灰尘、腐蚀

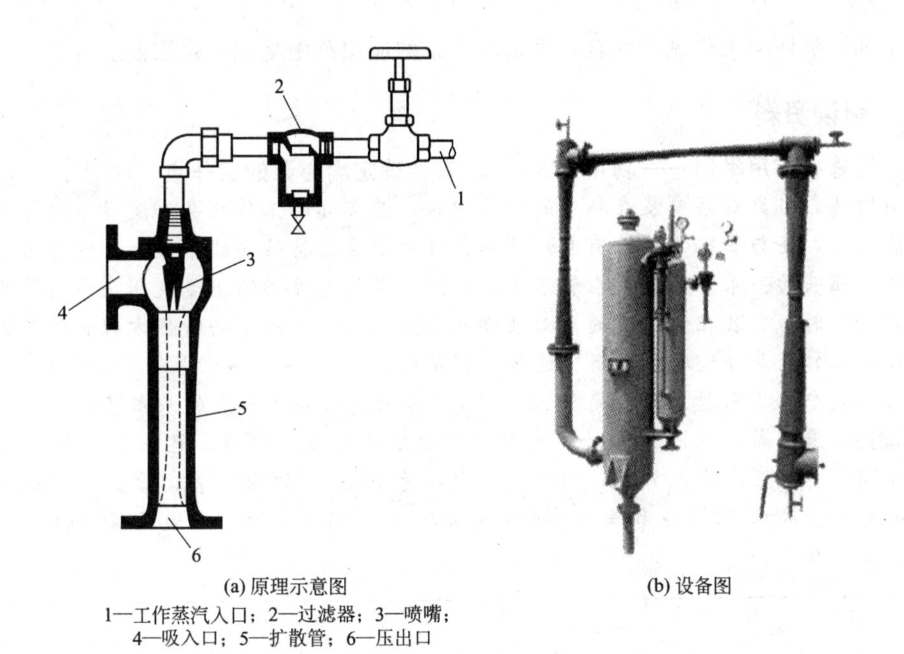

(a) 原理示意图

1—工作蒸汽入口；2—过滤器；3—喷嘴；
4—吸入口；5—扩散管；6—压出口

(b) 设备图

图 2-46 喷射真空泵

性、易燃易爆流体；缺点是效率低，一般仅有 10%～25%。单级喷射可达到的真空度较低，为了达到更高的真空度，可采用多级喷射。

如图 2-47 所示为三级蒸汽喷射泵。工作蒸汽与被抽吸气体先进入第一级喷射泵，混合气体经冷凝器 2 使蒸汽冷凝，气体则进入第二级喷射泵 3，而后顺序通过冷凝器 4、第三级喷射泵 5 及冷凝器 6，最后由喷射泵 7 排出。辅助喷射泵 8 与主要喷射泵并联，用以增加启动速度。当系统达到指定的真空度时，辅助喷射泵可停止工作。

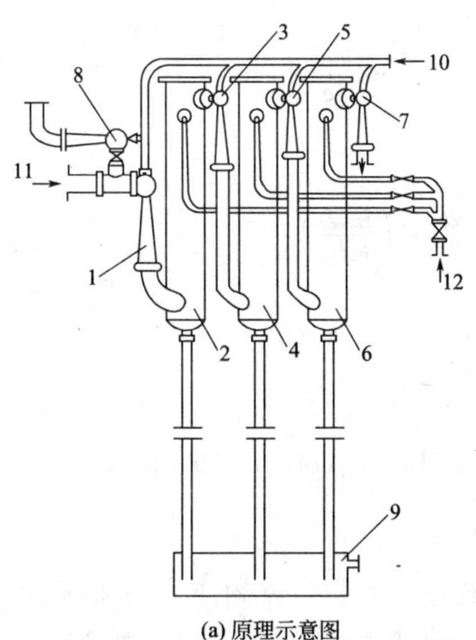

(a) 原理示意图

1,3,5—第一、二、三级喷射泵；2,4,6—冷凝器；
7—排出喷射泵；8—辅助喷射泵；9—槽；
10—工作蒸汽；11—气体入口；12—水进口

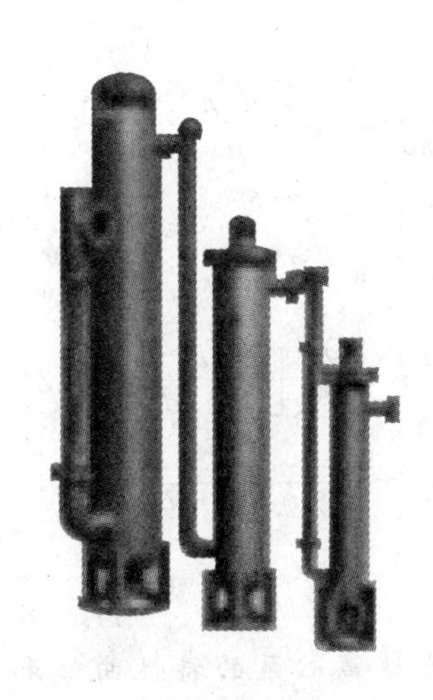
(b) 设备图

图 2-47 三级蒸汽喷射泵

由于抽送流体与工作流体混合，喷射真空泵的应用范围受到一定限制。

阅读资料

一、计算机应用举例——利用 MATLAB 软件确定离心泵的工作点

如前所述，当离心泵安装在特定的管路中时，其实际的工作压头和流量不仅与离心泵本身的性能有关，还与管路的特性有关。管路特性可用管路特性曲线来表示，它给出了管路中流量与所需压头的关系。离心泵在管路中运行时，泵所能提供的流量及压头应与管路所需的数值一致。此时，安装在管路中的离心泵操作点必须同时满足泵的特性方程和管路的特性方程。所以，工作点是通过联立求解上述两方程获得的。

下面以某个工程问题为例，简介 MATLAB 求解离心泵工作点的基本过程。

【问题】 采用离心泵将20℃的清水从贮水池输送到指定位置，已知输送管出口端与贮水池液面间的垂直距离为8.75m，输水管为内径为114mm的光滑管，管长为60m（包括局部阻力的当量长度），贮水池和输水管出口端均与大气相通，贮水池液面保持恒定。该离心泵的特性曲线如下。

项　目	数	据				
$Q/(m^3/s)$	0	0.01	0.02	0.03	0.04	0.05
H/m	20.63	19.99	17.80	14.46	10.33	5.71
$\eta/\%$	0	36.1	56.0	61.0	54.1	37.0

求离心泵工作点。

解： 首先求该泵所在的管路特性曲线。

在贮水池液面和输水管出口内侧间列柏努利方程式，得：

$$H_e=\Delta Z+\frac{\Delta p}{\rho g}+\frac{\Delta u^2}{2g}+\lambda\left(\frac{l+l_e}{d}\right)\frac{u_2^2}{2g}$$

由于$\frac{\Delta p}{\rho g}=0$，$u_1=0$，所以：

$$H_e=\Delta Z+\left(1+\lambda\frac{l+l_e}{d}\right)\frac{u_2^2}{2g}$$

而 $u_2=\frac{4Q_e}{\pi d^2}$，$Re=\frac{du\rho}{\mu}=\frac{4\rho Q_e}{\pi d\mu}$，且对于光滑管：

$$\lambda=0.3164Re^{-0.25}=0.3164\left(\frac{4\rho Q_e}{\pi d\mu}\right)^{-0.25}$$

所以：

$$H_e=\Delta Z+\frac{8Q_e^2}{\pi^2 d^4 g}\left[1+\frac{l+l_e}{d}\times 0.3164\left(\frac{4\rho Q_e}{\pi d\mu}\right)^{-0.25}\right]$$

$$=8.75+\frac{8Q_e^2}{\pi^2\times 0.114^4\times 0.98}\times\left[1+\frac{60}{0.114}\times 0.3164\left(\frac{4\times 999}{\pi\times 0.114\times 1.109\times 10^{-3}}\right)^{-0.25}Q_e^{-0.25}\right]$$

即

$$H_e=8.75+489.3(1+2.96Q_e^{-0.25})Q_e^2$$

将上述离心泵的特性曲线和管路特性曲线绘制在同一个图中，两曲线的交点即为离心泵的工作点。联立离心泵特性曲线方程和管路特性曲线方程，是通过调用 fsolve 函数获得的。利用 text 函数，可将工作点坐标放置在交点处。对应的 MATLAB 程序如下。

```
function workpoint
```

```
% 离心泵工作点
clc
clear
% 数据
Q=[0.00:0.01:0.05];
H=[20.63 19.99 17.80 14.46 10.33 5.71];
T=[0.00 36.1 56.0 61.0 54.1 37.0];
% 离心泵特性曲线
p=polyfit(Q,H,4);
Q1=linspace(0.00,0.05);
H1=polyval(p,Q1)
plot(Q1,H1,'k'),
hold on,
% 管路特性曲线
fplot('8.75+489.2*(1+2.96*x^(-0.25))*x^2',[0.00 0.05],'k--'),
% 求取工作点
x=fsolve(@workfun,[0.01 12],optimset('fsolve'),p);
s=sprintf('Qw=%f\nHw=%f',x(1),x(2));
text(x(1),x(2),s);
% 图形说明
xlabel('流量,m3/s'),
ylabel('压头,m'),
legend('离心泵特性曲线','管路特性曲线'),
% ------------------ 工作点联立方程定义 ----------------------
function f=workfun(x,p)
f=[polyval(p,x(1))-x(2);
  8.75+489.2*(1+2.96*x(1)^(-0.25))*x(1)^2-x(2)
];
```

程序对离心泵特性曲线的离散数据进行了拟合，一方面可以使曲线更加平滑；另一方面便于数值计算工作点。命令 legend 用于生成图例，xlabel 和 ylabel 则用于给出横纵坐标轴名称，hold on 命令可使多个曲线绘制在同一图中。绘制结果如附图 1 所示。

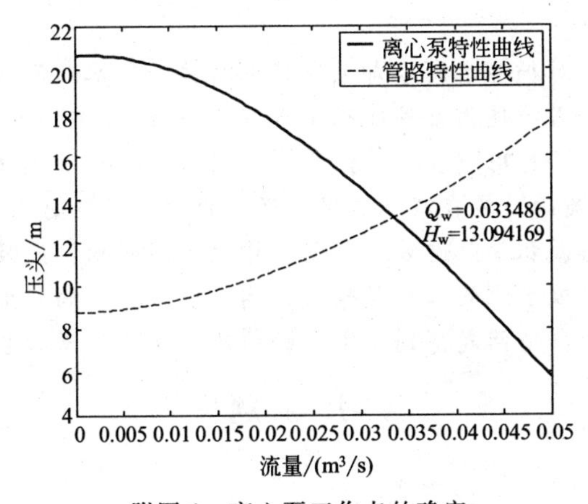

附图 1 离心泵工作点的确定

二、工程案例分析——离心泵汽蚀问题

某石化公司所属的动力车间，为配合技改项目，新建了一座循环水塔，设计总循环水量为6600m^3/h，采用4台离心泵并联操作。投产运行后发现，4台离心泵出口压力表指针均存在不同程度的摆动，机组有较大的振动和噪声，吸水池液面扰动严重，并浮有大量的气泡。停泵进行检修，发现叶轮表面锈迹斑斑呈蜂窝状，说明腐蚀严重。根据上述情况，技术人员做出判断：此离心泵在操作中发生了汽蚀现象，并对该系统进行了故障分析，提出了相应的技改方案。

1. 原因分析

当有效汽蚀余量（NPSH）≤必需汽蚀余量（NPSH）时，泵将会发生汽蚀现象。就本输水系统发生汽蚀的可能原因如下。

(1) 操作流量过大　该离心泵输水系统，原设计时单台循环水量为2200m^3/h，但在实际运行中，发现用户用水量大大超过了设计值，平均每台泵的流量达到了2800m^3/h。由于流量的增大，泵吸入管路阻力增大，使泵入口处压力降低，有效汽蚀余量（NPSH）将减小，同时，流量的增大使泵的必需汽蚀余量（NPSH）增大，两方面因素均可能导致汽蚀现象发生。

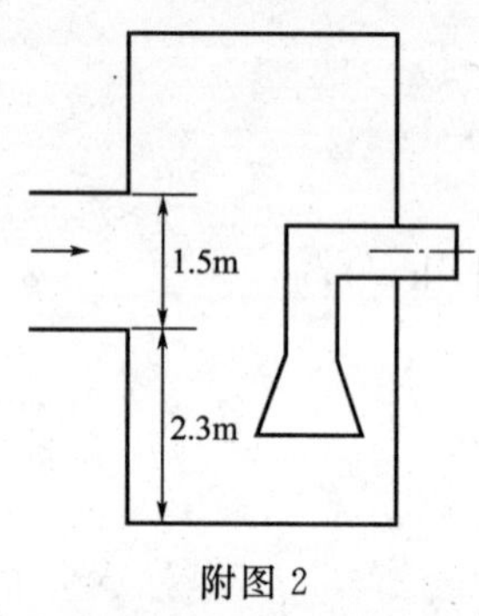

附图 2

(2) 吸水池结构不合理　本系统的吸水池结构如附图2所示。经分析，该吸水池存在不当之处。吸水池前的封闭流道，宽1.5m，管道底部距吸水池底2.3m，形成急剧落差，同时，流道进入吸水池采用了直角结构，流道突然扩大，致使液流在该部位产生瀑布效应，形成漩涡，增大了流动阻力。

(3) 循环水温度过高　进入吸水池前的循环水冷却不够充分，使吸水池中水温仍有40～50℃。温水进入吸水池时容易产生一定量的气泡，这些气泡随池内漩涡进入叶轮，在高压液体作用下，气泡会凝结或破裂，同时，温水的饱和蒸气压较大，使NPSH减小，也易产生现象。

由上述分析可知，造成循环水泵汽蚀的主要原因是泵的流量过大、形状尺寸不当的吸水池内产生漩涡以及池内存在大量的气泡。

2. 技改方案

针对上述问题，可对本系统进行如下改造。

(1) 改造吸水池　在吸水池中加装导流板式隔墙，并将进水流道的突然扩大结构改为渐扩结构，消除急剧落差，使液流平稳地进入吸水池。

(2) 切削叶轮直径　对4台循环水泵的叶轮进行切削，将原来的大叶轮（直径为480mm）切削为小叶轮（直径为450mm），使流量减至2200m^3/h，这既保证了水泵的平稳运行，又大大降低了能耗。

(3) 加强冷却系统　对循环水的冷却系统采取措施，使水温降低。

(4) 更换叶轮材质　当受使用条件所限不可能完全避免汽蚀时，可更换抗汽蚀性能强的材料制造的叶轮，延长使用寿命。对于此泵组，改铸铁叶轮为不锈钢叶轮，如0Cr13Ni4Mo，使用该材质的叶轮在汽蚀工况下运行也收到了良好的效果。

(5) 增大泵吸入管路面积　改造吸入管路，增大流通面积，使吸入管路的阻力降低。

对本系统，由于改造吸水池的工程量较大，周期长，会影响到生产，故优先采用其他快捷方案。采取上述措施后，使问题得到了很好的解决，恢复了离心泵的正常操作。

习　题

一、填空题

1. 离心泵均采用______叶片，其泵壳形状为______，流道渐扩的目的是______。

2. 离心泵铭牌上写的参数是______时的参数。

3. 离心泵启动前要冲液，目的是______。

4. 离心泵停泵前要关闭出口阀门，以避免______。

5. 离心泵和往复泵启动与流量调节不同之处是离心泵______，往复泵______。

6. 用常温下的清水为介质，测定一定转速下离心泵的性能。若测得泵的流量为 $10m^3/h$，真空表读数为 160mmHg，压强表读数为 1.7×10^5Pa，轴功率为 1.07kW。已知泵入口管和出口管管径相同，压强表和真空表两测压口间垂直距离为 0.5m（通过该段管路阻力损失可忽略不计），则该泵在此实测点下的压头为______m，效率为______。

二、单项选择题

1. 离心泵扬程的意义是（　　）。

（1）泵实际的升扬高度

（2）泵的吸液高度

（3）液体出泵和进泵的压差换算成的液柱高度

（4）单位重量液体出泵和进泵的机械能差值

2. 倘若开大离心泵出口阀门，提高泵的输液量，会引起（　　）。

（1）泵的效率提高

（2）泵的效率降低

（3）泵的效率可能提高也可能降低

（4）泵的效率只决定于泵的结构及泵的转速，与流量变化无关

3. 提高泵的允许安装高度的措施有（　　）。

（1）尽量减少吸入管路的压头损失，如采用较大吸入管径，缩短吸入管长度，减少拐弯及省去不必要的管件与阀门

（2）将泵安装在贮罐液面之下，使液体利用位差自动灌入泵体内

（3）提高输送流体的温度

4. 某台离心泵每分钟输送 $2m^3$ 的水，接在该泵压出管上的压强表读数为 372.78kPa，接在吸入管上的真空表读数为 210mmHg，压强表和真空表与导管连接处的垂直距离为 410mm，吸入管内径为 350mm，压出管内径为 300mm。水在管中的摩擦阻力可以忽略，则该泵产生的压头为（　　）mH_2O。

（1）12　　（2）10　　（3）41.45　　（4）35.76

5. 用某泵输水时，测得其扬程为 $H(mH_2O)$，今用来输汽油（汽油密度为 $700kg/m^3$，黏度为 $0.8\times10^{-3}Pa\cdot s$），如果流量一样，泵的转速相同，则此时泵的扬程 H' 与 H 相比结果为（　　）。

（1）$H'=H$　　（2）$H'>H$　　（3）$H'<H$　　（4）无法相比

6. 将 $4500m^3$、20℃的空气从 1atm（绝压，1atm=101325Pa）压缩到 3atm（绝压，1atm=101325Pa）。已知绝热指数 $k=1.40$，多变指数 $m=1.25$。压缩后空气的体积和温度，按绝热过程计算为（　　）；按多变过程计算为（　　）。

（1）$2052m^3$ 和 401K　　（2）$1868m^3$ 和 365K

（3）$4500m^3$ 和 273K　　（4）$4500m^3$ 和 298K

三、计算题

1. 现测得某离心泵的排水量为 $12m^3/h$，泵出口处压力表的读数为 0.38MPa，泵入口处真空表读数为 0.027MPa，轴功率为 2.3kW。压力表和真空表的表心的垂直距离为 0.4m。吸入管和压出管的内径分别为 68mm 和 41mm。大气压为 0.1MPa，试求此泵扬程及其效率。

2. 某厂所用的离心泵，其转速 $n=1000r/min$，当流量 $Q=100L/s$ 时，压头 $H=16m$。因生产情况变动，要求流量为 120L/s，压头为 20m。今拟提高泵的转速，以适应新的情况，问泵的转速应提高到多少转（r/min）？

3. 在海拔 1000m 的高原上，用一个离心泵吸水，已知该泵吸入管路中全部摩擦阻力与速度头之和为 6m，今拟将泵安装在水面之上 3m 处，问此泵能否正常操作？该处夏季的水温为 20℃。

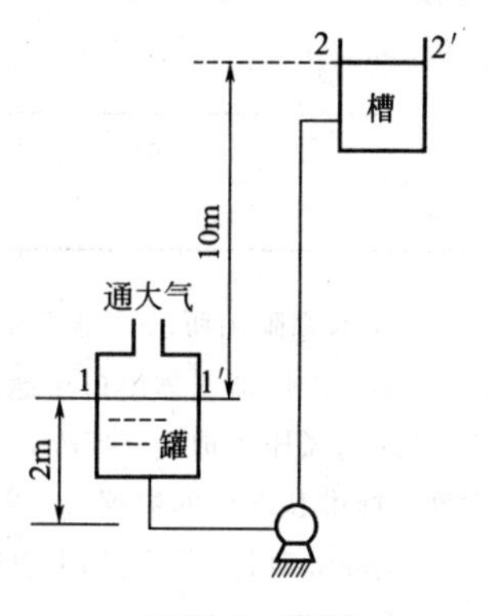

习题 5　附图

4. 用某离心泵以 $40m^3/h$ 的流量将贮水池中 65℃的热水输送到凉水

塔顶，并经喷头喷出而落入凉水池中，以达到冷却的目的。已知水在进入喷头之前需要维持 49kPa 的表压强，喷头入口比贮水池水面高 8m。吸入管路和排出管路中压头损失分别为 1m 和 5m，管路中的动压头可以忽略不计。试选用合适的离心泵，并确定泵的安装高度。当地大气压按 101.33kPa 计。

5. 用一台离心泵将某有机液体由罐送至敞口高位槽。离心泵安装在地面上，罐与高位槽的相对位置如本题附图所示。吸入管道中全部压头损失为 1.5m 水柱，泵的输出管道的全部压头损失为 $17mH_2O$，要求输送量为 $55m^3/h$。泵的铭牌上标有：流量 $60m^3/h$，扬程 33m，汽蚀余量 4m，试问该泵能否完成输送任务？

已知罐中液体的密度为 $850kg/m^3$，饱和蒸气压为 72.12kPa。

6. 用水对某离心泵的操作特性进行试验，得到下表中的试验数据。现有一套输液系统，其吸入与排出的设备均为常压操作，两设备中液面间的垂直距离为 4.8m，两设备间用 $\phi76mm\times4mm$ 的管子相连，管长为 355m（包括局部阻力的当量长度），若此系统中用上述水泵输液，求输液量与所需功率。若排出设备中液面上的压力增加为 0.13MPa（表压），再求泵的输液量与所需功率。假设被输送的液体的性质与水相近，摩擦系数为常数，等于 0.03。

流量 Q/(L/min)	0	100	200	300	400	500
扬程/m	37.2	38	37	34.5	31.8	28.5
效率 η/%	0	55	70	75	70	62

7. 如本题附图所示，用一台离心泵将敞口水池中的常温水送至远处的敞口贮池中。两池水面高度差可不计，输送管道为内径 100mm 的钢管。调节阀全开时，管路总长为 100m（包括所有局部阻力的当量长度在内），估计管路摩擦系数 $\lambda=0.03$。离心泵的特性曲线方程为 $H=20-5.5\times10^{-4}Q^2$（H 的单位为 m；Q 的单位为 m^3/h）。当调节阀全开时，求：

（1）单独使用此泵，管路中的流量（单位为 m^3/h）；

（2）将两台这样的泵串联，管路中的流量增加的百分数；

（3）将两台这样的泵并联，管路中的流量增加的百分数。

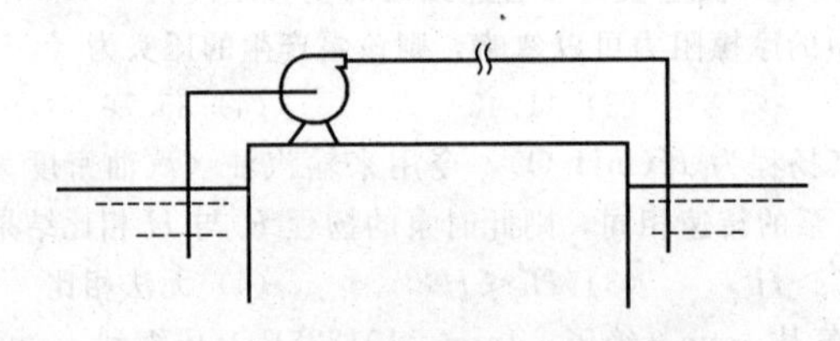

习题 7　附图

8. 15℃的空气直接由大气进入离心通风机，再通过内径为 800mm 的水平管道送到炉底，炉底的表压为 10.8kPa。空气输送量为 $20000m^3/h$（进口状态计），管长为 100m（包括局部阻力的当量长度），管壁绝对粗糙度可取为 0.3mm。现库存一台离心通风机，其性能如下表所示。核算此风机是否合用？当地大气压为 101.33kPa。

转速/(r/min)	风压/Pa	风量/(m^3/h)
1450	12650	21800

9. 如本题附图所示，要用离心通风机从喷雾干燥器中排气，器内需保持 147Pa 的负压，以防粉尘泄漏到大气中。干燥器气体出口至通风机入口之间的管路阻力损失及旋风分离器的阻力损失共为 1520Pa，通风机出口的动风压可取为 147Pa，干燥器所排出的湿空气密度为 $1.0kg/m^3$。（1）试计算风机所需的全风压（折算为标准状况后的数值）；（2）如干燥器需排出的湿空气量为 $16000m^3/h$，现有一台通风机，它在转速为 1000r/min 时操作性能如下表所示。问此通风机能否满足需要？如它不能满足需要，试问采用什么办法可使其合用？

全压/mmH_2O	98	97	95	92	88	81	74
风量/(m^3/h)	11200	12000	13900	15300	16600	18000	19300
轴功率/kW	3.63	3.78	3.96	4.25	4.38	4.48	4.6

注：$1mmH_2O \approx 9.8Pa$。

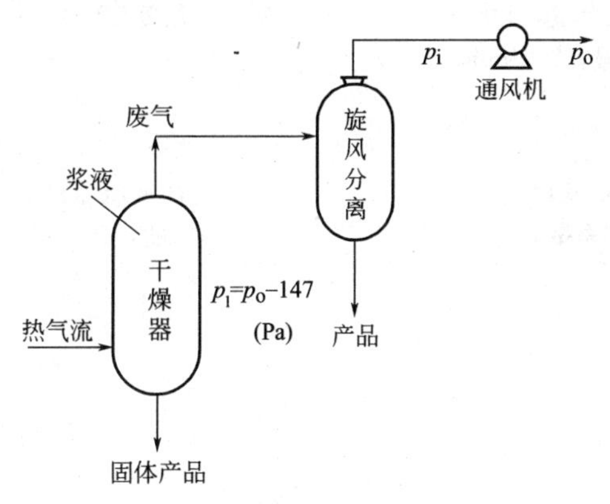

习题 9 附图

10. 单动往复泵活塞的直径为 160mm，冲程为 200mm。现拟用此泵将密度为 930kg/m^3 的液体从贮槽送至某设备中，流量为 25.8m^3/h，设备的液体入口较贮槽液面高 19.5m，设备内液面上方的压力为 0.32MPa（表压），贮槽为敞口，外界大气压为 0.098MPa，管路的总压头损失为 10.3m，当总效率为 72%时，试分别计算此泵的活塞每分钟往复次数与轴功率。

11. 单级、单动往复压缩机的汽缸内径为 180mm，活塞冲程为 200mm，往复次数为 240 次/min，余隙系数为 5%，排气系数为容积系数的 85%。现需向某设备提供压力为 0.45MPa（表压）的空气 80kg/h。空气进压缩机的压力为 0.1MPa（绝压），温度为 20℃，空气压缩为多变过程，多变指数为 1.25。试问此压缩机能否满足生产要求？

思 考 题

1. 离心泵为何采用后弯叶片？
2. 影响离心泵性能的因素有哪些？
3. 离心泵的流量调节阀安装在离心泵出口管路上，当关小出口阀后，泵的进口真空表和出口压力表的读数如何变化？
4. 离心泵发生“汽蚀”的主要原因是什么？
5. 如何根据给定的生产任务选泵？其依据是什么？
6. 输送含晶体 10%的悬浮液宜选用何种泵？
7. 正位移泵常用的流量调节方法是什么？
8. 离心泵的压头和离心通风机的全风压有何异同？它们与流体的密度有关吗？
9. 往复压缩机的余隙有什么作用？压缩比改变，其余隙如何变化？
10. 真空泵是用来输送气体还是液体的？

符 号 说 明

英文字母：

R——气体常数，R=8.314kJ/(kmol·K)；
T——温度，K；
p——压强，kPa；
g——重力加速度，m/s^2；
u——流速，m/s；
d——管道直径，m；
p_t——离心式通风机的全风压，Pa；
p_{st}——离心式通风机的静风压，Pa；
p_{kt}——离心式通风机的动风压，Pa；
Q——泵或风机的流量，m^3/s 或 m^3/h；

H——泵的压头，m；

C_q，C_H，C_η——流量、压头、效率的黏度换算系数；

n——离心泵的转速，r/min；

H_g——离心泵的安装高度，m；

N——离心泵或压缩机的轴功率，W 或 kW；

NPSH——离心泵的汽蚀余量，J/kg；

Q_T——往复泵的理论流量，m^3/min；

A——活塞截面积，m^2；

S——冲程，m；

n_r——往复次数，次/min；

D——叶轮或活塞直径，m；

W——往复压缩机的功，J；

k——往复压缩机的绝热指数；

m——往复压缩机的多变指数。

希腊字母：

ρ——密度，kg/m^3；

ε——往复压缩机的余隙系数；

λ_0——往复压缩机的容积系数；

λ——摩擦系数；

η——效率；

λ_d——往复压缩机的排气系数；

μ——黏度，Pa·s。

第 3 章　固体颗粒流体力学基础与机械分离

化工生产中，经常需要将混合物加以分离。为了实现不同的分离目的，必须根据混合物性质的不同而采用不同的方法。一般将混合物分为两大类，即均相混合物和非均相混合物。若物系内各处组成均匀且不存在相界面，则称为均相混合物，如溶液及混合气体属于此类。均相混合物组分的分离采用传质分离方法，如蒸馏、吸收等。而非均相混合物由两相或两相以上构成，由于相界面两侧物质的性质截然不同，故这种混合物通常可采用能耗较低的机械方法加以分离。例如，要对锅炉等装置的尾气除尘，由于空气与固体粉尘的密度差别很大，所以可采用重力及离心力场中的沉降操作。

非均相混合物由具有不同物理性质（例如密度、黏度等）的分散物质和连续介质组成。其中处于分散状态的物质，如分散于流体中的固体颗粒、液滴或气泡，称为分散相；而包围分散物质且处于连续状态的物质称为分散介质或连续相。

在过程工业中，对非均相混合物进行分离的目的如下。

（1）净化分散介质　如原料气在进入催化反应器前必须除去其中的尘粒和有害杂质，以保证催化剂的活性；生产中的废气、废液在排放前，必须把其中所含的有害物质分离出来，使其达到规定的排放标准，以保护环境。

（2）回收分散物质　如从气流干燥器出来的气体或从结晶器出来的晶浆中，常含有有用的固体颗粒状产品，必须回收；流化床反应器中大量的固体催化剂颗粒被气体夹带而出，需要进行分离并再循环返回床层。

本章只讨论分离非均相混合物所采用的机械分离方法。

3.1　固体颗粒特性

表述固体颗粒特性的主要参数为颗粒的形状、大小（体积）和表面积。

3.1.1　单一颗粒的特性

（1）球形颗粒　球形颗粒通常用直径（粒径）d 表示其大小。球形颗粒的各有关特性均可用 d 来全面表示，如：

$$V=\frac{\pi}{6}d^3 \tag{3-1}$$

$$S=\pi d^2 \tag{3-2}$$

$$a=\frac{6}{d} \tag{3-3}$$

式中　d——颗粒直径，m；

V——球形颗粒的体积，m^3；

S——球形颗粒的表面积，m^2；

a——比表面积（单位体积颗粒具有的表面积），m^2/m^3。

（2）非球形颗粒　工业上遇到的固体颗粒大多是非球形的，非球形颗粒可用当量直径及形状系数来表示其特性。

当量直径是根据实际颗粒与球体的某种等效性而确定的。根据测量方法及在不同方面的等效性，当量直径有不同的表示方法。工程上，体积当量直径应用比较多。令实际颗粒的体积等于当量球形颗粒的体积，则体积当量直径定义为：

$$d_e=\sqrt[3]{\frac{6V_p}{\pi}} \tag{3-4}$$

式中 d_e——体积当量直径，m；

V_p——非球形颗粒的实际体积，m^3。

形状系数又称球形度，它表征颗粒的形状与球形的差异程度，定义为：

$$\phi_s=\frac{S}{S_p} \tag{3-5}$$

式中 ϕ_s——颗粒的形状系数或球形度；

S_p——颗粒的表面积，m^2；

S——与该颗粒体积相等的圆球的表面积，m^2。

因体积相同时球形颗粒的表面积最小，所以任何非球形颗粒的形状系数均小于1。对于球形颗粒，$\phi_s=1$。颗粒形状与球形差别越大，ϕ_s 值越小。

对于非球形颗粒，通常选用体积当量直径和形状系数来表征颗粒的体积、表面积和比表面积，即：

$$V_p=\frac{\pi}{6}d_e^3 \tag{3-6}$$

$$S_p=\frac{\pi d_e^2}{\phi_s} \tag{3-7}$$

$$a_p=\frac{6}{d_e\phi_s} \tag{3-8}$$

3.1.2 颗粒群的特性

工业中遇到的颗粒大多是由大小不同的粒子组成的集合体，称为非均一性粒子或多分散性粒子。与此相对应，将具有同一粒径的颗粒称为单一性粒子或单分散性粒子。颗粒群的特性可用粒度分布和平均直径来表示。

(1) 粒度分布 不同粒径范围内所含粒子的个数或质量，称为粒度分布。可采用多种方法测量多分散性粒子的粒度分布。对于粒径大于 40μm 的颗粒，通常采用一套标准筛进行测量，这种方法称为筛分分析（图3-1）。颗粒的尺寸，通常用标准筛的目数来表征。所谓目数，一般指在 1in×1in（1in≈2.54cm）的面积内有多少个网孔数，即筛网的网孔数。物料能通过该网孔即定义为多少目数。如200目，就是该物料能通过 1in×1in 内有200个网孔的筛网。可见，目数越大，说明物料粒度越细；目数越小，说明物料粒度越粗。各国标准筛的规格不尽相同，常用的泰勒标准筛的目数与对应的孔径见表3-1。

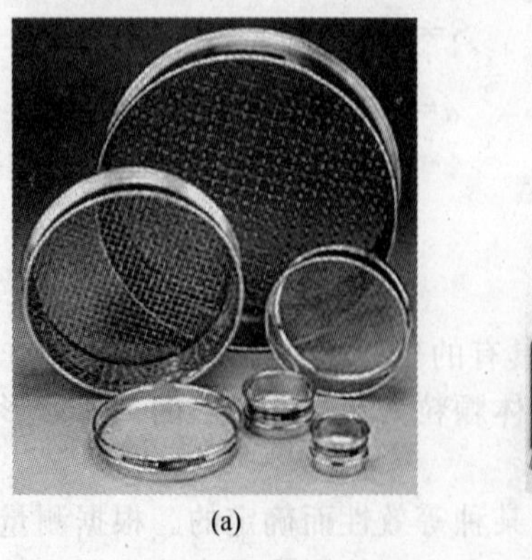

(a)

(b)

图3-1 标准筛及筛分机

表 3-1　泰勒标准筛数据

目　数	孔径		目　数	孔径	
	/in	/μm		/in	/μm
3	0.263	6680	48	0.0116	295
4	0.185	4699	65	0.0082	208
6	0.131	3327	100	0.0058	147
8	0.093	2362	150	0.0041	104
10	0.065	1651	200	0.0029	74
14	0.046	1168	270	0.0021	53
20	0.0328	833	400	0.0015	38
35	0.0164	417			

当使用某一号筛子时，通过筛孔的颗粒量称为筛过量，截留于筛面上的颗粒量则称为筛余量。称取各号筛面上的颗粒筛余量即得筛分分析的基本数据。目前各种筛制正向国际标准组织 ISO 筛系进行统一。

（2）颗粒平均直径　颗粒平均直径的计算方法很多，其中最常用的是平均比表面积直径。设有一批大小不等的球形颗粒，其总质量为 G，经筛分分析得到相邻两号筛直径的颗粒质量为 G_i，筛分直径（两筛号筛孔的算术平均值）为 d_i。根据比表面积相等原则，颗粒群的平均比表面积直径可写为：

$$\frac{1}{d_a}=\sum\frac{1}{d_i}\times\frac{G_i}{G}=\sum\frac{x_i}{d_i}$$

或

$$d_a=\frac{1}{\sum\frac{x_i}{d_i}} \tag{3-9}$$

式中　d_a——平均比表面积直径，m；

d_i——筛分直径，m；

x_i——d_i 粒径段内颗粒的质量分数。

3.1.3　粒径测量

粒径是颗粒占据空间大小的线性尺度，测定方法种类繁多。因原理不同，所测粒径范围及参数各异，应根据使用目的及方法的适用性作出选择。测量及表达粒径的方法可分为长度、重量、横截面、表面积及体积五类，常用方法见表 3-2 和表 3-3。粒径测量的结果应指明所采用的方法和表示法。

表 3-2　常用粒径测量法

测量方法	粒径范围/μm	参数类别	粒径表达	分布基准	介质	测量依据
标准筛	>38	长度	筛分	重量	干、湿	筛孔
微目筛	5～40					
光学显微镜	0.25～250		投影面积	面积或个数	干	通常是颗粒投影像的某种尺寸或某种相当尺寸
电子显微镜	0.001～5					
全息照相	2～500					
空气中沉降	3～250	重量	同沉降速度的球直径（层流区）	重量	干	沉降效应，沉积量，悬浮液浓度，密度或消光等随时间或位置的变化
液体中沉降	2～150				湿	
离心沉降	0.01～10				干、湿	
喷射冲击器	0.3～50					
空气中抛射	>100				干	
淘析	1～100				干、湿	

续表

测量方法	粒径范围/μm	参数类别	粒径表达	分布基准	介质	测量依据
光散射 X射线小角度散射 比浊计	0.3～50 0.008～0.2 0.05～100	横截面	等效球直径	重量或个数	湿 干 湿	颗粒对光的散射或消光(散射和吸收),颗粒对X射线的散射
吸附法 透过法(层流) 透过法(分子流) 扩散法	0.002～20 1～100 0.001～1 0.003～0.3	表面积	比表面积直径		干、湿	气体分子在颗粒表面的吸附,床层中颗粒表面对气流的阻力
Coulter计数器 声学法	0.2～800 50～200	体积	常为等效球直径	体积或个数	湿	颗粒在小孔电阻传感区引起的电阻变化

表 3-3　超细粉尘的粒径分布测量

测量方法	测量仪器	粒径范围/μm
电子显微镜	透射式电子显微镜 扫描式电子显微镜	>0.001 >0.006
X射线小角度散射	X射线小角测角仪	0.005～0.2
扩散法	筛网式扩散分级仪	0.005～0.2
电迁移率法	静电气溶胶测定仪EAA 微分电迁移率式粒径分布测定仪DMPS	0.01～1.0
惯性沉降法	低压级联冲击器	>0.05

上述的粒径测量方法有直接测量法也有间接测量法。直接测量是根据颗粒的几何尺寸进行的，如筛分法和显微镜法；间接测量是先确定与颗粒尺寸有关的性质参数，然后用理论公式或经验公式计算颗粒大小，如沉积法等。上面已介绍了筛分分析，下面介绍另外几种常用的粒径测量方法。

3.1.3.1　沉降分析

沉降分析是测定粒径小于74μm的细粒物料组成的常用方法。该技术以颗粒在各种流体中沉降末速不同的现象为基础，即以Stokes定律为依据，所得粒径称为Stokes直径，可用下式求得：

$$d_{st}=\sqrt{\frac{18\mu u_t}{(\rho_s-\rho)g}} \tag{3-10}$$

式中　d_{st}——Stokes直径，m；

μ——流体黏度，Pa·s；

u_t——颗粒沉降末速，m/s；

ρ_s——颗粒密度，kg/m³；

ρ——流体密度，kg/m³；

g——重力加速度，m/s²。

用这种方法表示粒度特征会受到物料性质和操作条件的限制，通常要求在稀悬浮液中进行，以保证悬浮液中的固体颗粒均能自由下降，互不干扰。为防止颗粒在沉降过程中聚团，对待测物料应采用适当的方法（如搅拌器、超声波、蒸煮、分散剂等）使之分散。

光学沉积仪是将重力沉降与光电测定结合起来的仪器（图3-2），其原理是将一束狭小且平行的水平光束在已知深度h处通过悬浮液投射到光电池上。当颗粒沉降时离开光柱的颗粒数与从上面进入光柱的颗粒数可以平衡。但是当悬浮液中最大颗粒从液面下降到测定区后，上面再没有这样大小的颗粒进入测定区，因此通过的光量开始增加。已经证实光柱的强弱与光柱中颗粒的投影面积有关，从而可测定颗粒的大小分布。

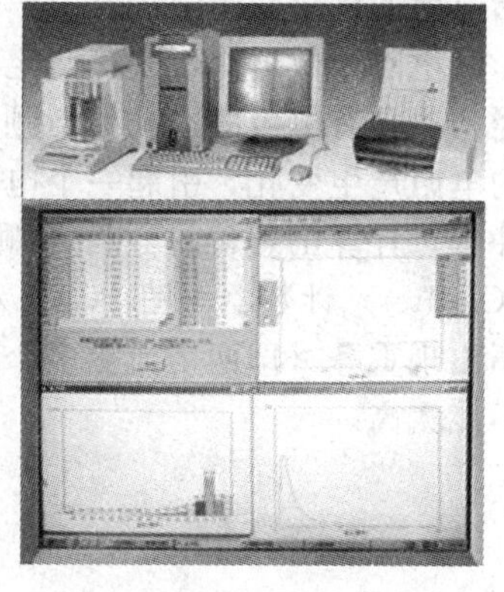
图 3-2　沉降式粒度分析仪

3.1.3.2　激光粒度分析

用平行单色相干光束照射球形颗粒时，将在几何图形上形成叠加的衍射光栅，衍射光栅大于几何图形。小颗粒的衍射光栅比大颗粒的衍射光栅角度大。将待测物料分成不同的粒度间隔，由于每一间隔内颗粒的平均粒径不同而产生不同的衍射光栅，间隔内的颗粒数目取决于该间隔内颗粒密度大小，从衍射光栅的特性即可得到颗粒的粒度分布。这就是激光粒度分析的原理，如图 3-3 所示。用低功率的激光来照射被检测颗粒的悬浮液。用一个收敛的光学系统将散射光聚焦到多元光电检测器上，该检测器通常由 31 个电圈组成，电圈的输出量与投射到电圈上的光流量成正比，信号经计算机处理给出颗粒群的粒度分布。

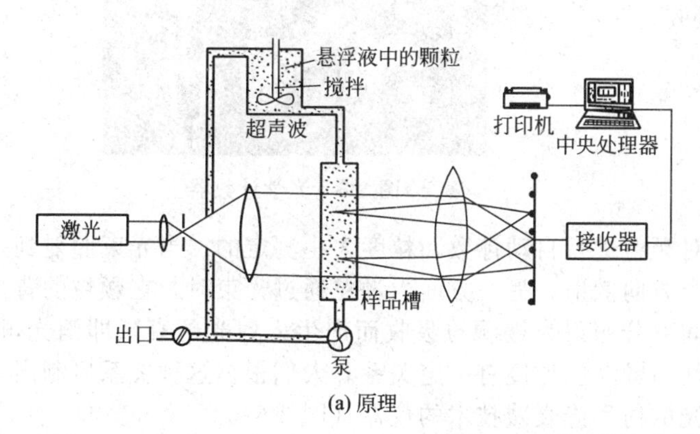

(a) 原理

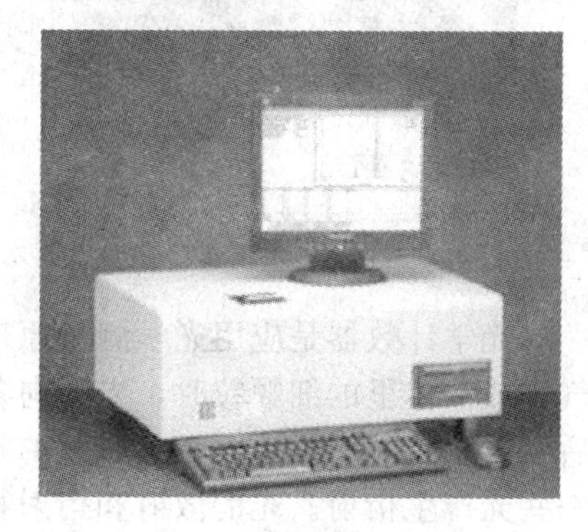
(b) 仪器

图 3-3　激光粒度分析仪

3.1.3.3　显微镜粒度分析

显微镜法是借助显微镜目镜测微尺测定颗粒尺寸的方法（图 3-4）。目镜测微尺是一个 1cm 长并刻有 100 等分刻度的小圆玻璃片标尺，使用时它被装在目镜的视域光圈上。目镜测微尺的分度值必须用物镜测微尺标定。物镜测微尺（或称载物台测微尺）在 2mm 长度内刻划有 200 等分，故每一刻度等于 0.01mm。

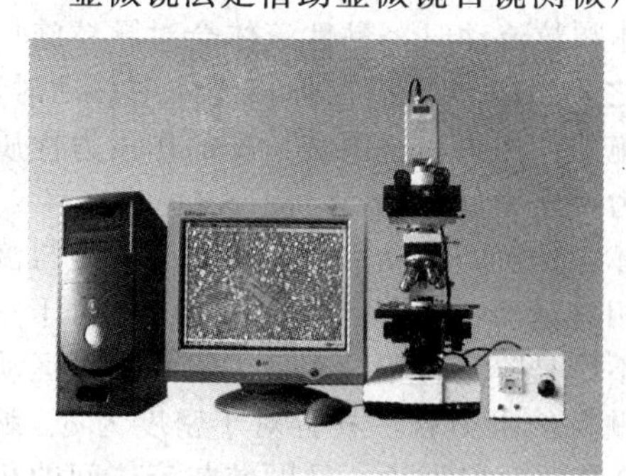
图 3-4　显微镜粒度分析

测定颗粒大小的显微镜有很多，如光学显微镜、透射电子显微镜、扫描电子显微镜等。它们可以直接观察和测量单个颗粒的粒度特征，而且在测定颗粒的形状和组成的灵敏度方面比其他方法好得多，常用来标定其他方法，或帮助分析其他几种方法测量结果产生的差异。显微镜分析所需的试样量非常少，因此，显微镜法测量粒度的关键步骤是制备具有代表性的、分散良好的样品，以保证仅仅是对单个颗粒而不是对团粒进行观察和计数。

3.1.3.4　自动计数器法

该方法进行粒度测定时是通过测量颗粒对载体电性质或载体光性质的效应来完成的，包括电阻变化法和光学法。

电阻计数器用于快速测定电解液里颗粒或液滴的粒度。测量时悬浮液里的颗粒随液体流经两边具有电极的小孔，当颗粒流过小孔时，将取代小孔中液体的位置，从而使两电极之间的电阻产生变化，引起一个电压脉冲。脉冲振幅的大小正比于小颗粒的体积，从一系列的脉冲中可计算出颗粒的数目和颗粒的粒度分布。据此原理制造的仪器中，最流行的为库尔特(Coulter)计数器（图 3-5）。利用电阻变化法快速测定颗粒大小时，为保证颗粒流经小孔时不出现重叠（即两个或更多个颗粒同时通过小孔而只有一个脉冲信号）现象，悬浮液的浓度不能太高。

图 3-5　库尔特计数器

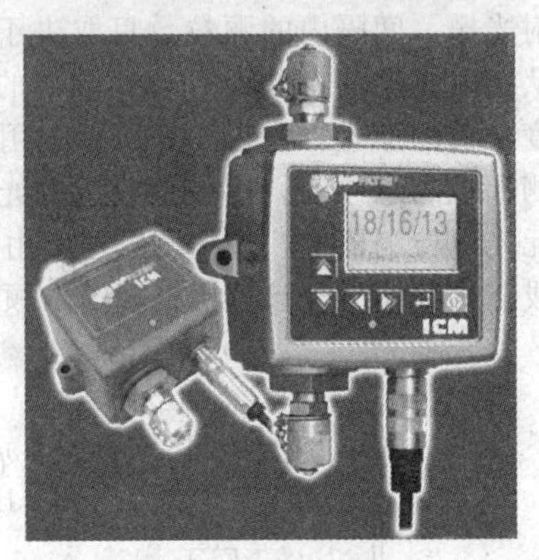

图 3-6　光学计数器

光学计数器是应用光学测量原理对颗粒进行自动计数和粒度大小测定的。当光束照射到气体或液体里的细颗粒时，光将向各个方向散射；另一方面当颗粒通过光束时，在颗粒的背后会产生瞬间阴影。而在这照射的瞬间部分照射光被颗粒吸收而产生入射光的衰减即消光，一些光产生衍射。光的散射和衍射特性与颗粒的粒度有一定关系。人们根据这种关系研制出了测定颗粒粒度的光学仪器，即利用光散射和光衰减技术的仪器（图 3-6）。

3.2　固体颗粒在流体中运动时的阻力

如图 3-7 所示，当流体以一定速度绕过静止的固体颗粒流动时，黏性流体会对颗粒施加一定的作用力；反之，当固体颗粒在静止流体中移动时，流体同样会对颗粒施加作用力。这两种情况的作用力性质相同，通常称为曳力或阻力。

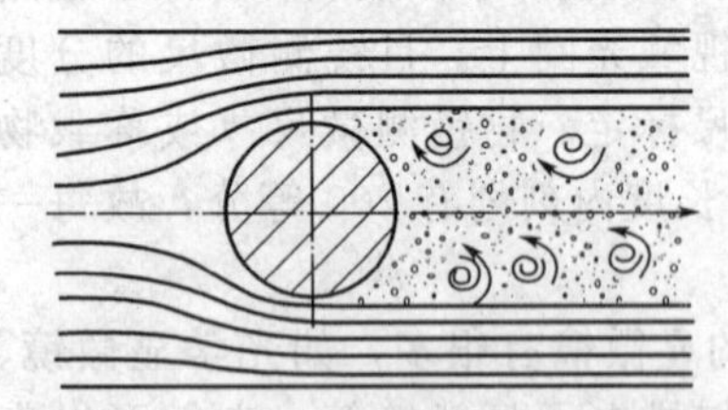

图 3-7　流体与颗粒间的相对运动

颗粒在静止流体中作沉降运动，或运动着的颗粒与流动着的流体之间的相对运动，均会产生这种阻力。对于一定的颗粒和流体，不论是哪一种相对运动，只要相对运动速度相同，流体对颗粒的阻力就一样。对于密度为 ρ、黏度为 μ 的流体，如果直径为 d_p 的颗粒在运动方向上的投影面积为 A，且颗粒与流体间的相对运动速度为 u，则颗粒所受到的阻力 F_d 可用下式来计算：

$$F_d=\zeta A\frac{\rho u^2}{2} \tag{3-11}$$

式中　ζ——无量纲阻力系数，是流体相对于颗粒运动时的雷诺数 $Re=d_p u\rho/\mu$ 的函数。

$$\zeta=f(Re)=f\left(\frac{d_p u\rho}{\mu}\right) \tag{3-12}$$

此函数关系需由实验测定。不同球形度颗粒的 ζ 实测数据，示于图 3-8 中。图中曲线大致可

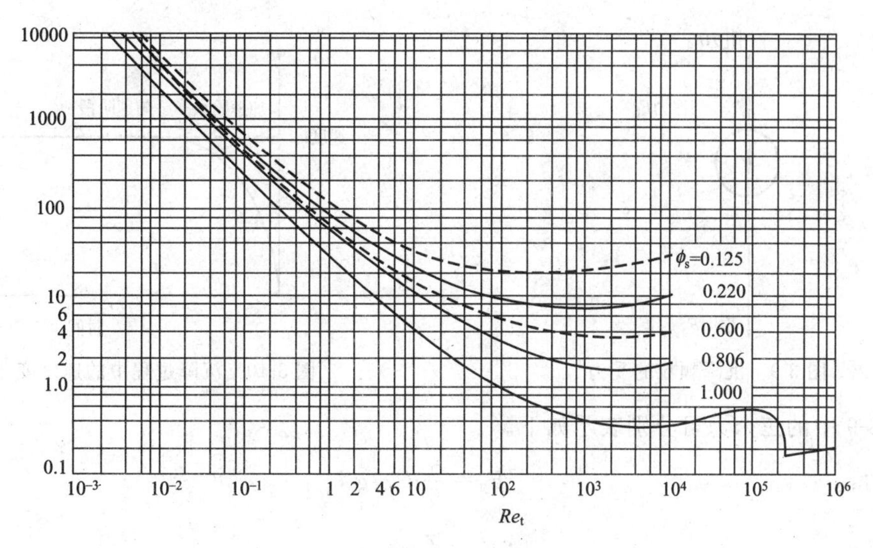

图 3-8 ζ-Re 关系曲线

分为三个区域。对于球形颗粒（$\phi_s=1$），各区域的曲线可分别用不同的计算式表示如下。

① 层流区（$10^{-4}<Re<1$）

$$\zeta=\frac{24}{Re} \tag{3-13}$$

② 过渡区（$1<Re<10^3$）

$$\zeta=\frac{18.5}{Re^{0.6}} \tag{3-14}$$

③ 湍流区（$Re>10^3$）

$$\zeta=0.44 \tag{3-15}$$

这三个区域又分别被称为斯托克斯（Stokes）区、阿伦（Allen）区和牛顿（Newton）区。其中斯托克斯区的计算公式(3-13）是准确的，其他两个区域的计算式是近似的。

3.3 沉降分离原理及设备

沉降是指在某种力场中利用分散相和连续相间密度之差，使它们发生相对运动而实现分离的操作过程。实现沉降操作的作用力可以是重力，也可以是惯性离心力。因此，沉降操作分为重力沉降和离心沉降。

3.3.1 重力沉降

3.3.1.1 光滑球形颗粒在静止流体中的自由沉降

如果颗粒的沉降未受到其他颗粒沉降及器壁的影响，则称为自由沉降，反之称为干扰沉降。在静止流体中，颗粒将沿重力的方向作沉降运动。颗粒在沉降过程中受到三个力的作用，即重力、浮力及阻力，如图 3-9 所示。假设颗粒初速度等于零，此时颗粒仅受到重力和浮力的作用。此时，由于颗粒的密度大于流体的密度，则重力大于浮力，颗粒必产生加速度，称为沉降的加速阶段。由于颗粒和流体的密度都是一定的，所以颗粒受到的重力和浮力的大小是不变的，但颗粒所受阻力却随颗粒沉降速度的增大而增大。当三力的合力恰等于零时，颗粒开始作匀速沉降运动，称为沉降的等速阶段（图 3-10）。一般来说，加速段很短，工程上可忽略不计，故沉降速度专指等速阶段中颗粒相对于流体的运动速度，以 u_t 表示。下面是 u_t 计算式的推导过程。

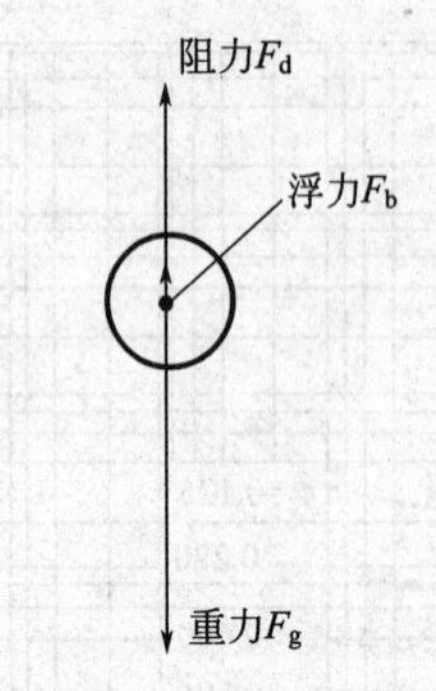

图 3-9　沉降颗粒的受力

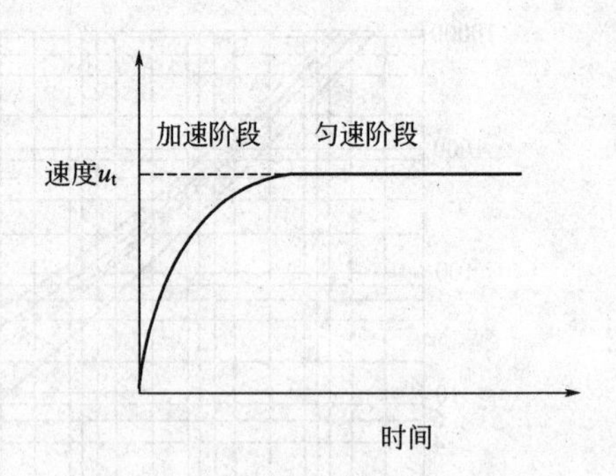

图 3-10　沉降过程中的速度变化

图 3-9 中的三个力可分别表示如下。

重力：
$$F_g=\frac{\pi}{6}d^3\rho_s g$$

浮力：
$$F_b=\frac{\pi}{6}d^3\rho g$$

阻力：
$$F_d=\zeta\frac{\pi}{4}d^2\frac{\rho u_t^2}{2}$$

等速阶段时三力之和为零，则：

$$u_t=\sqrt{\frac{4gd(\rho_s-\rho)}{3\rho\zeta}} \tag{3-16}$$

式中　u_t——颗粒的自由沉降速度，m/s；

d——颗粒的直径，m；

ρ_s——颗粒的密度，kg/m^3；

ρ——流体的密度，kg/m^3。

由式(3-16) 可以看出，颗粒直径越大，沉降速度越大，说明大直径颗粒较小直径颗粒更容易沉降。所以，在沉降小直径颗粒前，通常预先将大直径颗粒沉降下来。还可以看出，固体与流体的密度差越大，沉降也越快，这正是非均相混合物机械分离的基本依据。

影响沉降速度的其他因素还有壁效应和干扰沉降。当颗粒在靠近器壁的位置沉降时，由于受器壁的影响，其沉降速度比自由沉降速度小，这种影响称为壁效应。若颗粒在流体中的体积分率较高，使得颗粒沉降过程中相互影响较大，或因沉降过快而引起涡流，增大阻力，从而影响沉降的现象均称为干扰沉降。干扰沉降的速度比自由沉降的速度小得多。

当分散相是液滴或气泡时，其沉降运动与固体颗粒有所不同。主要差别是液滴或气泡在曳力作用下易产生形变，使阻力增大；或者液滴或气泡内部的流体产生循环运动，降低了相界面上的相对速度，使阻力减少。

上述颗粒沉降速度的计算方法，适用于多种情况下颗粒与流体在重力作用下的相对运动计算。例如既可适用于 $\rho_s>\rho$ 的情况，即沉降操作，也可适用于 $\rho_s<\rho$ 的颗粒浮升运动；既可适用于静止流体中颗粒的沉降，也可适用于流体相对于静止颗粒的运动；既可适用于颗粒与流体的逆向运动情况，也可适用于颗粒与流体同向运动但具有不同速度的相对运动速度的计算。

式(3-16) 中的阻力系数 ζ 根据沉降时的雷诺数 $Re_t=du_t\rho/\mu$ 来计算（图 3-8），此时各区域内的曲线分别用相应的函数式表达，见表 3-4。

表 3-4　球形颗粒沉降速度在各区内的表达式

区　域	定　律	Re_t 范围,阻力系数 ζ	计算公式
层流区	Stokes(斯托克斯)式	$10^{-4}<Re_t<1,\zeta=\frac{24}{Re_t}$	$u_t=\frac{d^2(\rho_s-\rho)g}{18\mu}$
过渡状态区	Allen(阿伦)式	$1<Re_t<10^3,\zeta=\frac{18.5}{Re_t^{0.6}}$	$u_t=0.27\sqrt{\frac{d(\rho_s-\rho)gRe_t^{0.6}}{\rho}}$
湍流区	Newton(牛顿)式	$Re>10^3,\zeta=0.44$	$u_t=1.74\sqrt{\frac{d(\rho_s-\rho)g}{\rho}}$

根据表 3-4 计算沉降速度 u_t 时，需要预先知道沉降雷诺数 Re_t 值才能选用相应的计算式。但是，u_t 待求，Re_t 值也就未知。所以，沉降速度 u_t 的计算需要采用试差法。即先假设沉降属于某一流型（如层流区），则可直接选用与该流型相应的沉降速度公式计算 u_t，然后再按 u_t 检验 Re_t 值是否在原假设的流型范围内。如果与原假设一致，则求得的 u_t 有效；否则，依照算出的 Re_t 值另选流型，并改用另外相应的公式求 u_t，直到算出的 Re_t 与所选用公式的 Re_t 值范围相符为止。由表 3-4 可以看出，该试差过程最多需要三次假设即可完成。

【例 3-1】 落球黏度计是利用光滑小球在黏性液体中的自由沉降来测定液体黏度的仪器。现测得一个直径为 30μm、密度为 3650kg/m³ 的球形颗粒在 20℃水中的沉降速度是其在某液体中沉降速度的 2.7 倍，又知此颗粒在水中的重量是其在该液体中重量的 1.12 倍，试求该液体黏度。已知 20℃下水的黏度为 1×10^{-3} Pa·s，密度为 1000kg/m³。

解： 本题为球形颗粒在流体中的自由沉降。假设沉降服从斯托克斯公式，即：

$$u_t=\frac{d^2(\rho_s-\rho)g}{18\mu}$$

由题意可知：

$$\frac{u_{tw}}{u_{tl}}=2.7$$

式中，下表 w、l 分别代表水、某液体。

所以：

$$\frac{(\rho_s-\rho_w)\mu_l}{(\rho_s-\rho_l)\mu_w}=2.7$$

又由题意可知：

$$\frac{颗粒在水中的重量}{颗粒在液体中的重量}=\frac{颗粒重量-颗粒在水中的浮力}{颗粒重量-颗粒在液体中的浮力}=\frac{(\rho_s-\rho_w)gV_s}{(\rho_s-\rho_l)gV_s}=1.12$$

$$\frac{\rho_s-\rho_w}{\rho_s-\rho_l}=1.12$$

所以：

$$\frac{\mu_l}{\mu_w}=\frac{2.7}{1.12}=2.41$$

$$\mu_l=2.41\mu_w=2.41\times1=2.41\ (\times10^{-3}\text{Pa}\cdot\text{s})$$

分别检验水和液体的 Re_t。

$$u_{tw}=\frac{(30\times10^{-6})^2\times(3650-1000)\times9.81}{18\times1\times10^{-3}}=1.30\times10^{-3}\ (\text{m/s})$$

$$Re_{tw}=\frac{30\times10^{-6}\times1.30\times10^{-3}\times1000}{1\times10^{-3}}=0.039<1$$

$$\rho_l=\rho_s-\frac{\rho_s-\rho_w}{1.12}=3650-\frac{3650-1000}{1.12}=1284\ (\text{kg/m}^3)$$

$$u_{t1}=\frac{u_{tw}}{2.7}=\frac{1.30\times10^{-3}}{2.7}=0.48\times10^{-3}\ (m/s)$$

$$Re_{t1}=\frac{30\times10^{-6}\times0.48\times10^{-3}\times1284}{2.41\times10^{-3}}=0.0077<1$$

可见，关于沉降服从斯托克斯公式的假设是正确的，故以上计算有效。

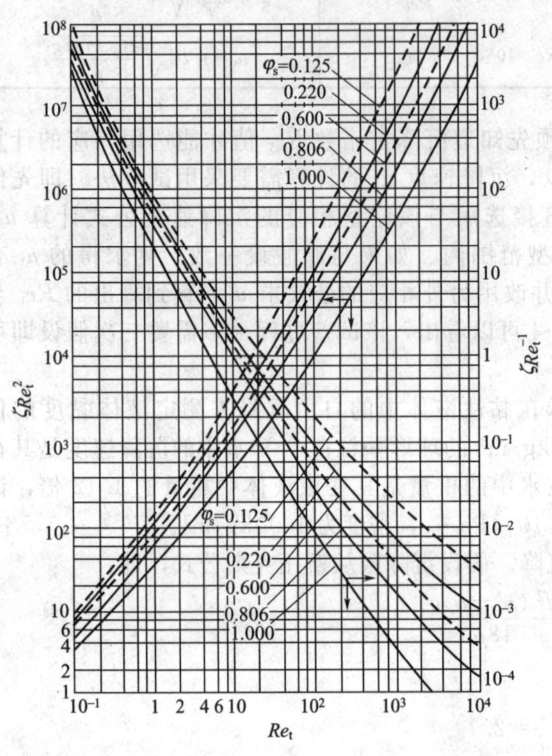

图 3-11　ζRe_t^2-Re_t 及 ζRe_t^{-1}-Re_t 的关系曲线

为避免试差，可将图 3-8 加以转换，使其两个坐标轴之一变成不包含 u_t 的无量纲数群，进而便可求得 u_t。

由式(3-16) 得：

$$\zeta=\frac{4d(\rho_s-\rho)g}{3\rho u_t^2}$$

令 ζ 与 Re_t^2 相乘，便可消去 u_t，即：

$$\zeta Re_t^2=\frac{4d^3\rho(\rho_s-\rho)g}{3\mu^2} \tag{3-17}$$

因 ζRe_t^2 是 Re_t 的函数，所以图 3-8 的 ζ-Re_t 曲线可转化成 ζRe_t^2-Re_t 曲线，如图 3-11 所示。计算 u_t 时，可先将已知数据代入式(3-17) 求出 ζRe_t^2 值，再由图 3-11 的 ζRe_t^2-Re_t 曲线查出 Re_t，最后由 Re_t 反求 u_t。

若要计算介质中具有某一沉降速度 u_t 的颗粒的直径 d，可用 ζ 与 Re_t^{-1} 相乘，得到不含颗粒直径 d 的无量纲数群 ζRe_t^{-1}，即：

$$\zeta Re_t^{-1}=\frac{4\mu(\rho_s-\rho)g}{3\rho^2 u_t^3} \tag{3-18}$$

将 ζRe_t^{-1}-Re_t 曲线也绘于图 3-11 中，根据 ζRe_t^{-1} 值查出 Re_t，则可反求直径 d。

3.3.1.2　重力沉降设备

(1) 降尘室　降尘室是分离气固混合物的一种十分常见的重力分离设备，如图 3-12 所示。

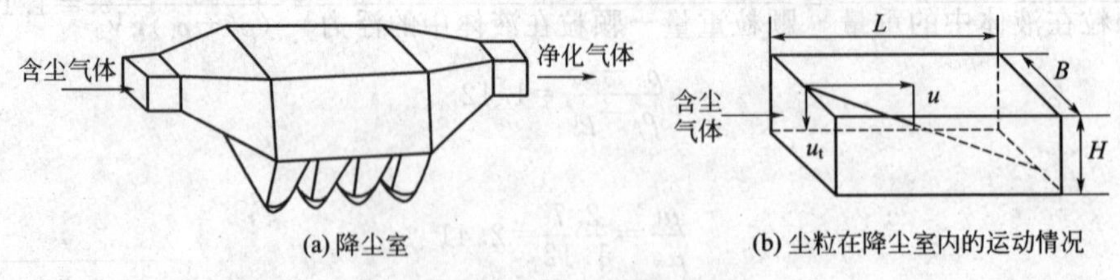

图 3-12　降尘室示意图

含尘气体进入降尘室后，因流道截面积扩大而速度减慢。气体中的固体颗粒一方面随气流作水平运动；另一方面在重力作用下作垂直运动，其运动轨迹如图 3-12(b) 所示。在每一瞬间，单个颗粒的真实速度可分解为两个速度：①水平方向上的分速度（等于气流进口速度 u）；②在垂直方向上的分速度（等于颗粒沉降速度 u_t）。此时，降尘室内颗粒的最长停留时间（或气流的停留时间）为 L/u，颗粒的最长沉降时间为 H/u_t，则颗粒可从气流中分离出来的条件是：

$$\frac{L}{u} \geqslant \frac{H}{u_t} \tag{3-19}$$

式中　H——降尘室的高度，m；

L——降尘室的长度，m；

u——气流进口速度，m/s。

降尘室的生产能力用单位时间内通过降尘室的含尘气体的体积流量来表示，即：

$$V_s = \text{气体流通截面} \times \text{气速} = BHu \tag{3-20}$$

式中　B——降尘室的宽度，m。

对于式(3-19)，在停留时间等于沉降时间时，有 $Lu_t = Hu$，代入式(3-20)中，则：

$$V_s = BLu_t = Au_t \tag{3-21}$$

式中　A——降尘面积，m^2。

式(3-21)说明，降尘室的生产能力与颗粒的沉降速度和降尘室的降尘面积有关，而与降尘室的高度无关。基于这一原理，工业上的降尘室应设计成扁平状或在室内设置多层水平隔板。一般来说，降尘室可分离粒径为 50～75μm 的颗粒。此外，气体在降尘室内的速度不应过高，一般应保证气体流动的雷诺数处于层流区，以免干扰颗粒的沉降或把已沉降下来的颗粒重新扬起。

【例 3-2】　拟采用降尘室回收常压炉气中所含的球形固体颗粒。降尘室底面积为 $10m^2$，宽和高均为 2m。操作条件下，气体的密度为 $0.75kg/m^3$，黏度为 $2.6 \times 10^{-5} Pa \cdot s$；固体的密度为 $3000kg/m^3$；降尘室的生产能力为 $3m^3/s$。

试求：(1) 理论上能完全捕集下来的最小颗粒直径；

(2) 粒径为 40μm 的颗粒的回收率 η；

(3) 如欲完全回收直径为 10μm 的尘粒，在原降尘室内需设置多少层水平隔板？

解：(1) 理论上能完全捕集下来的最小颗粒直径。

在降尘室中能够完全被分离出来的最小颗粒的沉降速度为：

$$u_t = \frac{V_s}{A} = \frac{3}{10} = 0.3 \ (\text{m/s})$$

采用试差法。假设沉降在层流区，则可用斯托克斯公式求最小颗粒直径，即：

$$d_{min} = \sqrt{\frac{18\mu u_t}{(\rho_s - \rho)g}} = \sqrt{\frac{18 \times 2.6 \times 10^{-5} \times 0.3}{(3000 - 0.75) \times 9.81}} = 6.91 \times 10^{-5} \ (\text{m}) = 69.1 \ (\mu\text{m})$$

检验：

$$Re_t = \frac{d_{min} u_t \rho}{\mu} = \frac{6.91 \times 10^{-5} \times 0.3 \times 0.75}{2.6 \times 10^{-5}} = 0.598 < 1$$

所以上述假设成立，计算有效。

(2) 40μm 颗粒的回收率。

假设颗粒在炉气中的分布是均匀的，则在气体的停留时间内颗粒的沉降高度与降尘室高度之比即为该尺寸颗粒的回收率：

$$\eta = \frac{u_t'}{u_t} = \left(\frac{d'}{d_{min}}\right)^2 = \left(\frac{40}{69.1}\right)^2 = 0.335 = 33.5\%$$

(3) 需设置的水平隔板层数。

由上面计算可知，10μm 颗粒的沉降必在层流区，可用斯托克斯公式计算沉降速度，即：

$$u_t = \frac{d^2(\rho_s - \rho)g}{18\mu} = \frac{(10 \times 10^{-6})^2 \times (3000 - 0.75) \times 9.81}{18 \times 2.6 \times 10^{-5}} = 6.29 \times 10^{-3} \ (\text{m/s})$$

所以：

$$n=\frac{V_s}{Au_t}-1=\frac{3}{10\times 6.29\times 10^{-3}}-1=46.69$$

取 47 层水平隔板。

隔板间距为：

$$h=\frac{H}{n+1}=\frac{2}{47+1}=0.042\ (\text{m})$$

复核气体在多层降尘室内的流型：若忽略隔板厚度所占的空间，则气体的流速为：

$$u=\frac{V_s}{BH}=\frac{3}{2\times 2}=0.75\ (\text{m/s})$$

又因为：

$$d_e=\frac{4BH}{2(B+H)}=\frac{4\times 2\times 0.042}{2\times(2+0.042)}=0.082\ (\text{m})$$

所以：

$$Re=\frac{d_e u\rho}{\mu}=\frac{0.082\times 0.75\times 0.75}{2.6\times 10^{-5}}=1774<2000$$

即气体在降尘室内的流动为层流，设计合理。

(2) 沉降槽　沉降槽是用来提高悬浮液浓度并同时得到澄清液体的重力沉降设备。沉降槽又称增浓器或澄清器，可间歇或连续操作。

连续沉降槽是底部略呈锥状的大直径浅槽，如图 3-13 所示。料浆经中央进料口送到液面以下 0.3～1.0m 处，在尽可能减小扰动的条件下，迅速分散到整个横截面上。液体向上流动，清液经由槽顶端四周的溢流堰连续流出，称为溢流。固体颗粒下沉至底部，槽底有徐徐旋转的耙将沉渣缓慢地聚拢到底部中央的排渣口连续排出，排出的稠浆称为底流。

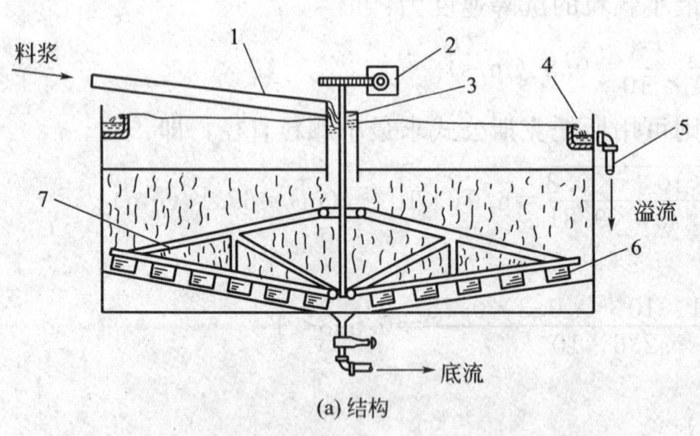

(a) 结构

1—进料槽道；2—转动机构；3—料井；4—溢流槽；5—溢流管；6—叶片；7—转耙

(b) 外观

图 3-13　沉降槽

连续沉降槽适用于处理量大而浓度不高且颗粒不甚细微的悬浮料浆，常见的污水处理就是一例。经过这种设备处理后的沉渣中还含有约 50%的液体。

(3) 分级器　利用重力沉降可将悬浮液中不同粒度的颗粒进行粗略的分离，或将两种不同密度的颗粒进行分类，这样的过程统称为分级。实现分级操作的设备称为分级器。

如图 3-14 所示为一个双锥分级器，利用它可将密度不同或尺寸不同的粒子混合物分开。混合粒子由上部加入，水经可调锥与外壁的环形间隙向上流过。沉降速度大于水在环隙处上升流速的颗粒进入底流，而沉降速度小于该流速的颗粒则被溢流带出。

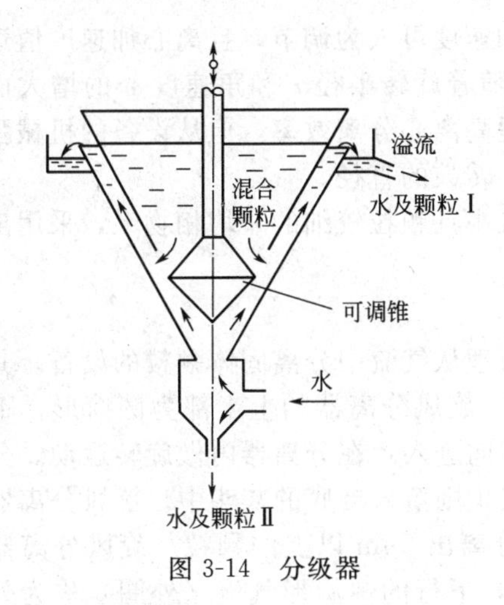

图 3-14　分级器

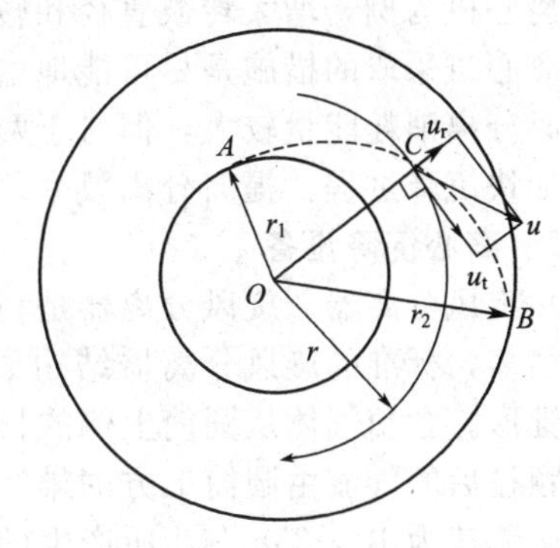

图 3-15　颗粒在旋转流体中的运动

3.3.2　离心沉降

3.3.2.1　离心沉降速度

在离心力场中，当流体携带着颗粒旋转时，由于颗粒密度大于流体的密度，则惯性离心力将使颗粒在径向上与流体发生相对运动而飞离中心，如图 3-15 所示。颗粒在离心力场中的运动速度 u 可分解为径向速度 u_r 和切向速度 u_t，其中颗粒的径向速度 u_r 称为离心沉降速度。显然，u_r 不是颗粒运动的真实速度，而是颗粒沿着半径逐渐扩大的螺旋形轨道运动时的一种分离效果的表示方法。

在径向上对颗粒作受力分析，颗粒受到的三个力如下。

离心力：$\frac{\pi}{6}d^3\rho_s\frac{u_t^2}{r}$（方向是沿着半径向外）。

向心力：$\frac{\pi}{6}d^3\rho\frac{u_t^2}{r}$（方向是沿着半径向里）。

阻力：$\zeta A\frac{\rho u_r^2}{2}=\zeta\frac{\pi}{4}d^2\frac{\rho u_r^2}{2}$（方向是沿着半径向里）。

当三力平衡时，可导出离心沉降速度的表达式为：

$$u_r=\sqrt{\frac{4d(\rho_s-\rho)}{3\zeta\rho}\times\frac{u_t^2}{r}} \tag{3-22}$$

式中　u_t——流体的切线速度，一般可用流体进口速度近似计算。

离心沉降时，沉降速度中的阻力系数 ζ 同样也是根据流型的不同区域来确定。如果颗粒与流体的相对运动属于层流，则有 $\zeta=24/Re_t$，所以沉降速度变为：

$$u_r=\frac{d^2(\rho_s-\rho)}{18\mu}\times\frac{u_t^2}{r} \tag{3-23}$$

对比该式与表 3-4 中的斯托克斯式可以看出，颗粒的离心沉降速度与重力沉降速度形式上很相似，只是用离心加速度代替了重力加速度。通常将两个加速度的比值定义为离心分离系数 K_c：

$$K_c=\frac{u_t^2}{rg}=\frac{r\omega^2}{g}=\frac{\text{离心加速度}}{\text{重力加速度}}$$

K_c 值是反映离心分离设备性能的重要指标，一般用于气固分离的旋风分离器和用于液固分离的旋液分离器的 K_c 值在 5～2500 之间，而用于液固分离的离心机的 K_c 值可达到几万甚至十几万。

应该注意的是，重力加速度是恒定值，而离心加速度可人为调节，且离心加速度值远高于 $9.81\mathrm{m/s^2}$。在离心力场中，颗粒所受到的离心力随着旋转半径 r 和角速度 ω 的增大而增大。以离心机为例，增大转鼓直径和转速均有利于提高离心分离效率，但从设备的机械强度考虑，离心机采取的措施是尽可能地增加转速而减小转鼓的直径。

离心分离消耗能量较大，但对于两相的密度差较小且颗粒较细的非均相物系，采用离心沉降可加快沉降过程，提高分离效率。

3.3.2.2　离心沉降设备

（1）旋风分离器　旋风分离器是利用离心沉降原理从气流中分离固体颗粒的设备。其结构型式很多，标准的旋风分离器结构如图 3-16 所示。旋风分离器的上半部为圆筒形，下半部为圆锥形。含尘气体从圆筒上侧的长方形进气管切向进入，在分离器内做旋转运动。分离出灰尘颗粒后的气流由圆筒上方的排气管排出，而灰尘则落入锥底的灰斗中。旋风分离器要求的气体流速为 10～25m/s，所产生的离心力可以分离出 $5\mu\mathrm{m}$ 以上的颗粒。旋风分离器内上行的螺旋形气流（内圈）称为内旋流（又称气芯），下行的螺旋形气流（外圈）称为外旋流。内外旋流的旋转方向相同，但外旋流的上部是主要的除尘区。旋风分离器是化工生产中使用很广泛的设备，常用于厂房的通风除尘系统。它的缺点是气流的阻力较大，处理硬质颗粒时容易被磨损。所以，当处理 $d>200\mu\mathrm{m}$ 的颗粒时，应先用重力沉降，再用旋风分离器。

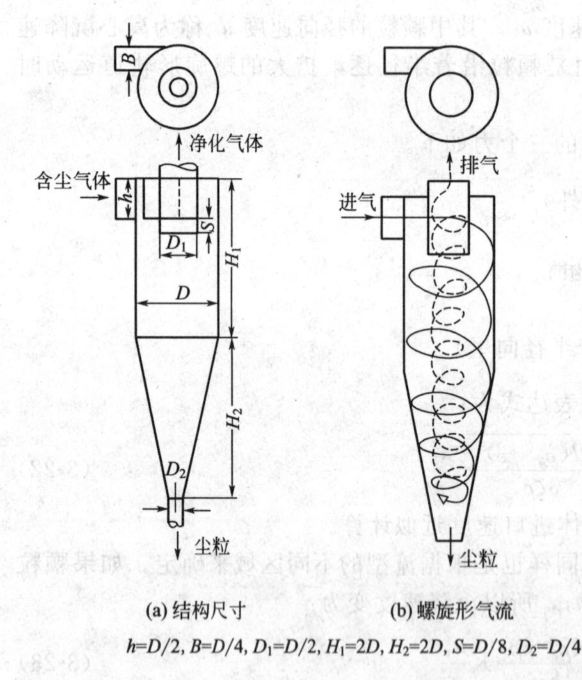

(a) 结构尺寸　(b) 螺旋形气流　(c) 外观

$h=D/2,\ B=D/4,\ D_1=D/2,\ H_1=2D,\ H_2=2D,\ S=D/8,\ D_2=D/4$

图 3-16　标准旋风分离器

表示旋风分离器分离效能的主要参数包括临界直径、分离效率和阻力损失。

① 临界直径　颗粒在旋风分离器中能被分离下来的条件为 $\tau_{停}\geqslant\tau_{沉}$，当取分离条件 $\tau_{停}=\tau_{沉}$ 时，旋风分离器能除去的最小颗粒直径称为临界直径。

颗粒在旋风分离器中的沉降速度 u_r，指颗粒沿径向穿过气流主体而到达器壁的运动速度。假设颗粒与气体的相对运动为层流，则有：

$$u_r=\frac{d^2(\rho_s-\rho)u_t^2}{18\mu r_m}\approx\frac{d^2\rho_s u_i^2}{18\mu r_m} \tag{3-24}$$

式中　r_m——气流旋转平均半径，$r_m=(D-B)/2$，m；

u_i——气体进口气速，m/s。

气体在旋风分离器内的停留时间为：

$$\tau_{停}=\frac{2\pi r_m N_e}{u_i}$$

式中　N_e——气体在器内有效旋转圈数，对于标准的旋风分离器，$N_e=5$。

根据式(3-23)，颗粒在旋风分离器内的沉降时间为：

$$\tau_{沉}=\frac{B}{u_r}=\frac{18\mu r_m B}{d^2\rho_s u_i^2}$$

式中　B——进气口宽度。

令 $\tau_{停}=\tau_{沉}$，则可得到临界直径：

$$d_c=\sqrt{\frac{9B\mu}{\pi N_e \rho_s u_i}} \tag{3-25}$$

式(3-25) 中，B 正比于 D，说明当分离器直径增大时，临界直径 d_c 增大，分离效果降低，因此工业上一般采用小直径的旋风分离器。但又为了提高含尘气体处理量，故多采用小直径多台并联以形成分离器组，如图 3-17 所示。

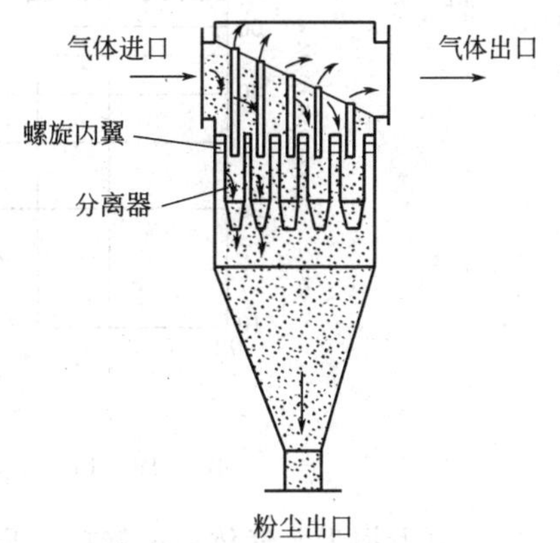

图 3-17　旋风分离器组

② 分离效率　旋风分离器的分离效率有两种表示法：一是总效率；二是粒级效率。总效率指进入旋风分离器的全部颗粒中被分离出来的颗粒的质量分率，即：

$$\eta_0=\frac{C_1-C_2}{C_1} \tag{3-26}$$

式中　C_1——进口气体含尘浓度（单位体积含尘气体中所含固体颗粒的质量），g/m^3；

C_2——出口气体含尘浓度，g/m^3。

总效率是工业上最常用的，也是最易于测定的分离效率，但它不能表明旋风分离器对各种尺寸颗粒的不同分离效果。由于含尘气体中的颗粒通常是大小不均的，所以经过分离器后各种颗粒的分离效率也各有不同。按各种粒度分别表明其被分离下来的质量分率，称为粒级效率（又称分效率），即：

$$\eta_{p_i}=\frac{C_{i,1}-C_{i,2}}{C_{i,1}} \tag{3-27}$$

式中　$C_{i,1}$——进口气体中粒径在第 i 小段范围内的颗粒的浓度，g/m^3；

$C_{i,2}$——出口气体中粒径在第 i 小段范围内的颗粒的浓度，g/m^3。

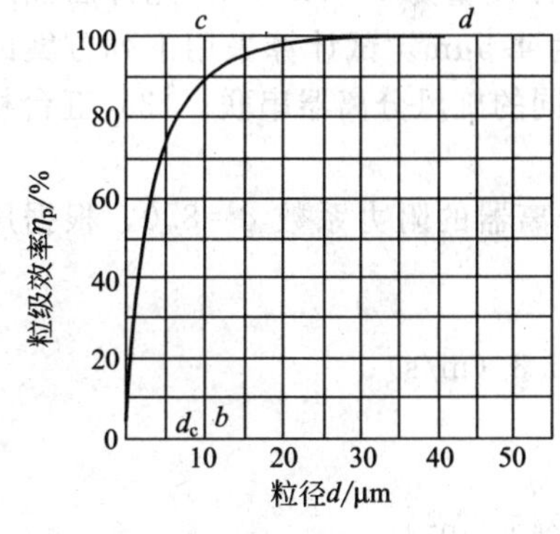

图 3-18　粒级效率曲线

为形象地表明各种尺寸颗粒被分离出的质量分率，可用粒级效率曲线描述，如图 3-18 所示。从图 3-18 中可以看出，在理论上 $d_i \geq d_c$ 的应能被全部分离的颗粒，在实际中只能部分分离；在理论上 $d_i < d_c$ 的不应被分离的颗粒也能被分离出一些。这是因为，在 $d_i \geq d_c$ 的颗粒中，有部分受气体涡流的影响未能达到壁面，或沉降后又被气流重新卷起而带走，因而不能被全部分离下来；而在 $d_i < d_c$ 的颗粒中，有些在入口处已很靠

近壁面，在停留时间内能到达壁面上，或在器内聚结成了大颗粒，因而具有较大的沉降速度。

总效率不仅与粒级效率有关，还与气体中粉尘的浓度分布有关，即：

$$\eta_0 = \sum_{i=1}^{n} x_i \eta_{p_i} \tag{3-28}$$

式中 x_i——在第 i 小段粒径范围内的颗粒占全部颗粒的质量分率；

η_{p_i}——在第 i 小段粒径范围内颗粒的粒级效率。

有时也用分割粒径 d_{50} 来表示分离效率，d_{50} 是粒级效率恰为 50% 的颗粒直径。把旋风分离器的粒级效率 η_{p_i} 标绘成粒径 d/d_{50} 的函数曲线，该曲线对于同一型式且尺寸比例相同的旋风分离器都适用，这给旋风分离器效率的估算带来很大方便。标准旋风分离器的 d_{50} 可用式(3-29) 估算，用其表示的粒级效率曲线如图 3-19 所示。

$$d_{50} \approx 0.27\sqrt{\frac{\mu D}{u_t(\rho_s - \rho)}} \tag{3-29}$$

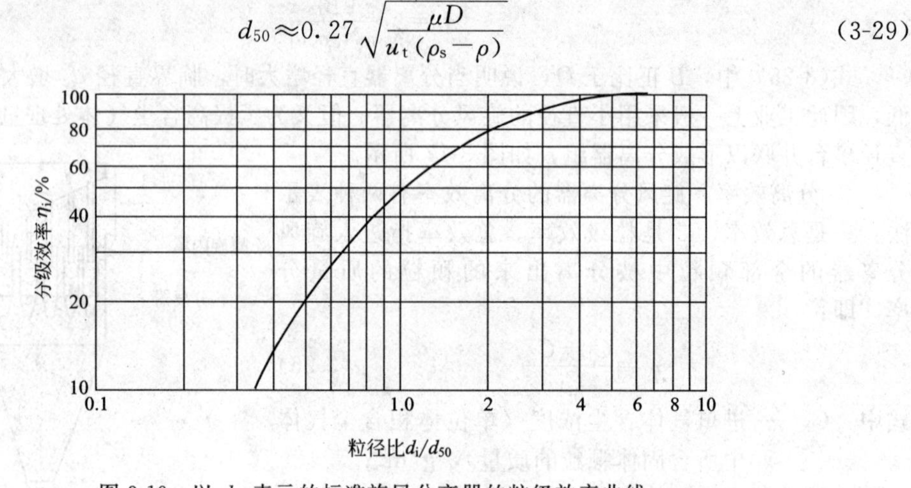

图 3-19 以 d_{50} 表示的标准旋风分离器的粒级效率曲线

③ 阻力损失 气体通过旋风分离器时受器壁的摩擦阻力、流动时局部阻力以及气体旋转运动所产生的动能损失影响，造成气体的压强降低，该压降可表示为：

$$\Delta p = \zeta \frac{\rho u_i^2}{2} \tag{3-30}$$

式中 ζ——阻力系数，可由实验测定，标准旋风分离器的 $\zeta = 8.0$。旋风分离器的压降一般为 500～2000Pa。

【例 3-3】 用标准型旋风分离器除去气流中的固体颗粒。已知颗粒密度为 1100kg/m^3，气体密度为 1.2kg/m^3，气体黏度为 1.8×10^{-5} Pa·s，气体流量为 1440m^3/h，允许压强降为 130mmH$_2$O（1mmHg=133.32Pa）。已测得颗粒直径为 4.5μm。试计算采用下列方案的设备尺寸及分离效率：(1) 一台旋风分离器；(2) 五台相同的旋风分离器串联；(3) 五台相同的旋风分离器并联。

解：(1) 采用一台旋风分离器时，已知标准型旋风分离器的阻力系数 $\zeta = 8.0$，根据压降计算公式(3-30) 可求得进口气速 u_i，即：

$$u_i = \sqrt{\frac{2\Delta p}{\zeta\rho}} = \sqrt{\frac{2\times130\times9.807}{8.0\times1.2}} = 16.3\ (\text{m/s})$$

则旋风分离器进口截面积为：

$$hB = \frac{D^2}{8} = \frac{V_s}{u_i} = \frac{1440}{3600\times16.3} = 0.0245\ (\text{m}^2)$$

解得设备直径为：

$$D=\sqrt{8\times 0.0245}=0.443\ (\mathrm{m})$$

再计算分割粒径 d_{50}，即：

$$d_{50}\approx 0.27\sqrt{\frac{\mu D}{u_t(\rho_s-\rho)}}=0.27\sqrt{\frac{1.8\times 10^{-5}\times 0.443}{16.3\times(1100-1.2)}}=5.7\times 10^{-6}\ (\mathrm{m})=5.7\ (\mu\mathrm{m})$$

则

$$\frac{d}{d_{50}}=\frac{4.5}{5.7}=0.79$$

根据 $d/d_{50}=0.79$，查图 3-19 得分离效率 $\eta=38\%$。

(2) 当五台相同的旋风分离器串联时，若忽略级间连接管的阻力，则每级旋风分离器的允许压强降为

$$\Delta p=\frac{130\times 9.807}{5}=255\ (\mathrm{Pa})$$

则各级旋风分离器的进口气速为：

$$u_i=\sqrt{\frac{2\Delta p}{\zeta\rho}}=\sqrt{\frac{2\times 255}{8.0\times 1.2}}=7.3\ (\mathrm{m/s})$$

则旋风分离器进口截面积为：

$$hB=\frac{D^2}{8}=\frac{V_s}{u_i}=\frac{1440}{3600\times 7.3}=0.0548\ (\mathrm{m^2})$$

解得设备直径为：

$$D=\sqrt{8\times 0.0548}=0.662\ (\mathrm{m})$$

再计算分割粒径 d_{50}，即：

$$d_{50}\approx 0.27\sqrt{\frac{\mu D}{u_t(\rho_s-\rho)}}=0.27\sqrt{\frac{1.8\times 10^{-5}\times 0.662}{7.3\times(1100-1.2)}}=1.04\times 10^{-5}\ (\mathrm{m})=10.4\ (\mu\mathrm{m})$$

则

$$\frac{d}{d_{50}}=\frac{4.5}{10.4}=0.43$$

根据 $d/d_{50}=0.43$，查图 3-19 得单级旋风分离器的分离效率 $\eta'=16\%$，则串联五级旋风分离器的总效率为

$$\eta=1-(1-\eta')^5=1-(1-0.16)^5=58\%$$

(3) 当五台相同的旋风分离器并联时，每台旋风分离器的气体流量为：

$$\frac{1440}{3600\times 5}=0.08\ (\mathrm{m^3/s})$$

又因为每台旋风分离器的允许压强降为 130mmH_2O，所以每台旋风分离器的进口气速为：

$$u_i=\sqrt{\frac{2\Delta p}{\zeta\rho}}=\sqrt{\frac{2\times 130\times 9.807}{8.0\times 1.2}}=16.3\ (\mathrm{m/s})$$

则旋风分离器进口截面积为：

$$hB=\frac{D^2}{8}=\frac{V_s}{5u_i}=\frac{1440}{5\times 3600\times 16.3}=0.0049\ (\mathrm{m^2})$$

解得设备直径为：

$$D=\sqrt{8\times 0.0049}=0.198\ (\mathrm{m})$$

再计算分割粒径 d_{50}，即：

$$d_{50}\approx 0.27\sqrt{\frac{\mu D}{u_t(\rho_s-\rho)}}=0.27\sqrt{\frac{1.8\times 10^{-5}\times 0.198}{16.3\times(1100-1.2)}}=3.8\times 10^{-6}\ (\mathrm{m})=3.8\ (\mu\mathrm{m})$$

则

$$\frac{d}{d_{50}}=\frac{4.5}{3.8}=1.18$$

根据 $d/d_{50}=1.18$，查图 3-19 得分离效率 $\eta=57\%$。

计算结果表明，在处理气量及压强降相同的条件下，本例中串联五台与并联五台旋风分离器的分离效率大致相同，但并联时所需的设备小、投资省。

(2) 常用旋风分离器的形式　旋风分离器的性能不仅与含尘系统的物性、含尘浓度、粒度分布以及操作条件有关，还与设备本身的结构尺寸密切相关。只有各部分的结构尺寸适当，才能获得较高的效率和较低的阻力。

旋风分离器的进气口有四种方式：切向进口、倾斜螺旋面进口、蜗壳形进口及轴向进口，如图 3-20 所示。由于切向进口方式简单，使用较多；倾斜面进口，便于使流体进入旋风分离器后产生向下的螺旋运动，但其结构较为复杂，设计制造都不太方便，近年来已较少使用；蜗壳形进口可以减小气体对筒体内气流的冲击干扰，有利于颗粒的沉降，加工制造也较为方便，因此也是一种较好的进口方式；轴向进口常用于多管式旋风分离器，为使气流产生旋转，在筒体与排气管之间设有各种形式的叶片。前三种进气口的截面形状多采用稍窄而高的矩形。

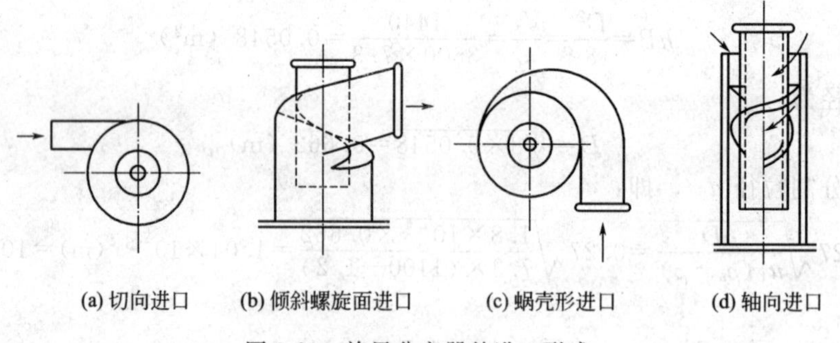

图 3-20　旋风分离器的进口形式

常用的旋风分离器除了如图 3-16 所示的标准型外，还有如下两种。

① CLP 型　CLP 型采用蜗壳式进口，进气口位置较低且带有旁路分离室。根据器体及分离室的形状不同，又分为 A 型和 B 型。如图 3-21 所示为 CLP/B 型。含尘气体进入分离器后即分成上、下两股旋流，较大的颗粒随旋转向下的主气流运动，达到筒壁后落下；细微尘粒则由一小股旋转向上的气流带到顶部，在筒盖下面形成强烈旋转的灰尘环，促进细微尘粒的聚结，然后由气流携带经旁路分离室下行，沿切向进入主体下部，粉尘沿壁面落入灰斗，气体则与内部主气流汇合。

② 扩散式　如图 3-22 所示为扩散式旋风分离器，圆筒下部为上小下大的外壳，底部有中央带孔的倒锥形分隔屏。气流在其上部转向排气管，少量气体在分隔屏与外壳之间的环隙，将粉尘送入灰斗后，再从中央小孔上升，则减少了粉尘重新卷起的可能性，提高分离效率。这种形式的旋风分离器适用于净化颗粒浓度较高的气体。

(3) 旋液分离器　旋液分离器是一种利用离心力从液流中分离出固体颗粒的分离设备，其工作原理、结构和操作特性与旋风分离器十分相似，如图 3-23 所示。与旋风分离器相比，旋液分离器的结构特点是圆筒直径小，而圆锥部分长。这是由于液固密度差比气固密度差小得多，在一定的切线进口速度下，较小的旋转半径可使固体颗粒受到较大的离心力，从而提高离心沉降速度。另外，适当地增加圆锥部分的长度，可延长悬浮液在器内的停留时间，有利于液固分离。

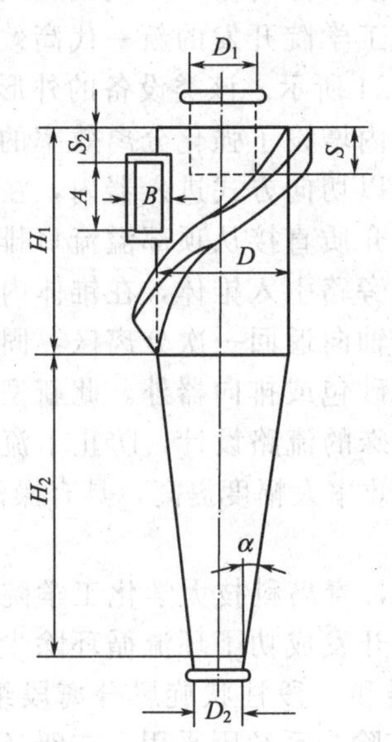

图 3-21 CLP/B 型旋风分离器

$A=0.6D$；$B=0.3D$；$D_1=0.6D$；$D_2=0.43D$；$H_1=1.7D$；$H_2=2.3D$；$S=0.28D+0.3A$；$S_2=0.28D$；$\alpha=14°$

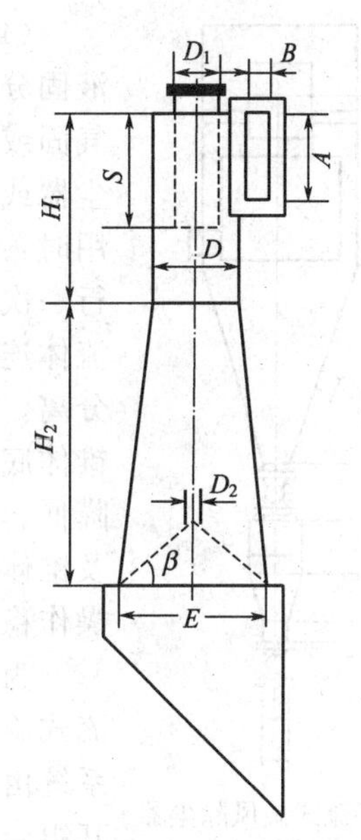

图 3-22 扩散式旋风分离器

$A=D$；$B=0.26D$；$D_1=0.5D$；$D_2=0.1D$；$H_1=2D$；$H_2=3D$；$S=1.1D$；$E=1.65D$；$\beta=45°$

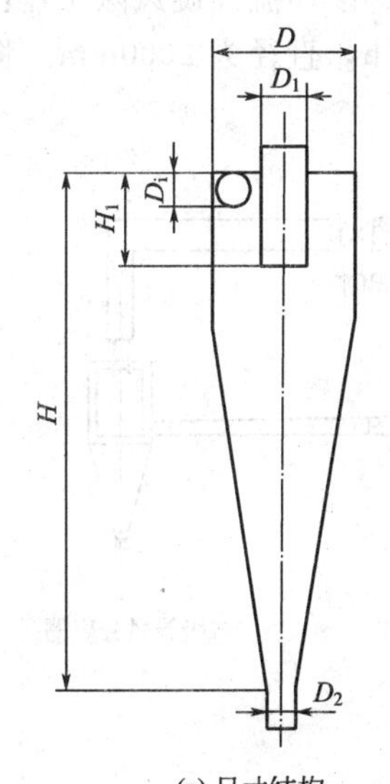

(a) 尺寸结构

$D_i=D/4$, $D_1=D/3$, $H=5D$, $H_1=(0.3\sim0.4)D$,
锥形段倾斜角一般为10°～20°

(b) 外观

图 3-23 旋液分离器

旋液分离器结构简单，设备费用低，占地面积小，处理能力大。可用于悬浮液的增浓、分级操作，也可用于不互溶液体的分离、气液分离、传热、传质和雾化等操作中，在化工、石油、冶金、环保、制药等工业部门被广泛被采用。其缺点是进料泵的动能消耗大，内壁磨损大，进料流量和浓度的变化容易影响分离性能。所以，旋液分离器一般采用耐磨材料制造，或采用耐磨材料作内衬。与旋风分离器相同，在给定处理量时，为了提高分离效率，应选用若干小直径的旋液分离器并联运行。超小型的旋液分离器的圆筒直径小于15mm，可分离的固体颗粒直径小到 2～5μm。

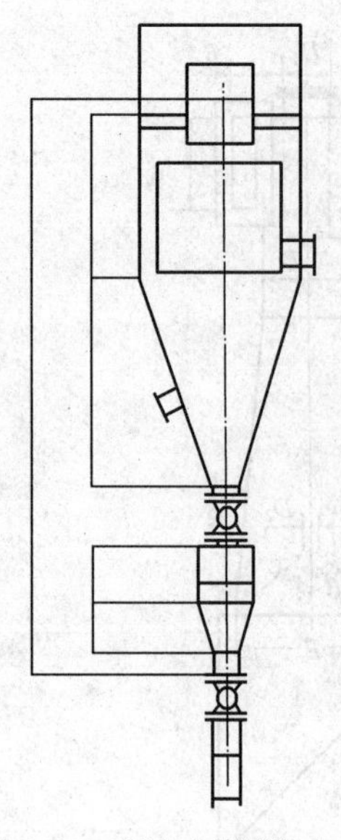

图 3-24　环流式旋风除尘器

(4) 环流式旋风除尘器与液固分离器　环流式旋风除尘器与液固分离器是青岛科技大学化工学院开发的新一代高效、节能型气固或液固分离设备，如图 3-24 所示。该类设备的外形与旋风除尘器或旋液分离器相似，但器内增设了强化分离效率的内件。启用时，流体介质从直筒段下部以切向方式进入器内，在直筒段进行一次分离，达到要求的流体介质直接从顶部溢流口排出。部分流体连同固体颗粒由顶部特设旁路引入锥体，在锥体内得到二次分离。分离后的流体在锥部沿轴向返回一次分离区，固体颗粒在锥体底部富集并从底流口排入砂包或排向器外。此新型分离器压降低、放大效应小，且由于特殊的流路设计，防止了流体的短路及锥体内颗粒的卷扬，使分离效率大幅度提高，具有操作弹性大、操作稳定性好的特点。

为了进一步提高除尘效率，青岛科技大学化工学院在上述环流式旋风除尘器的基础上，又开发成功了环流循环除尘系统。该系统由两个环流式旋风分离器和一段柱状旋风分离段组合而成，其组合流程如图 3-25 所示。该除尘系统因采用了二级环流式旋风分离器，所以具有压降低、效率高、放大效应小及操作弹性大的优点，系统排出的气体中不含 1μm 以上的粉尘，分割粒径 d_{50} 达到了 0.5～0.7μm。环流式旋风分离器结构简单、无转动部件，系统只增加一台小的风机，故可连续高效运行。该环流式旋风除尘器已在工业上推广应用，工业应用的单台最大处理风量达到了 35000m^3/h，直径为 2000mm。将该除尘系统用于分子筛生产时，与其他除尘方法相比价格低得多。

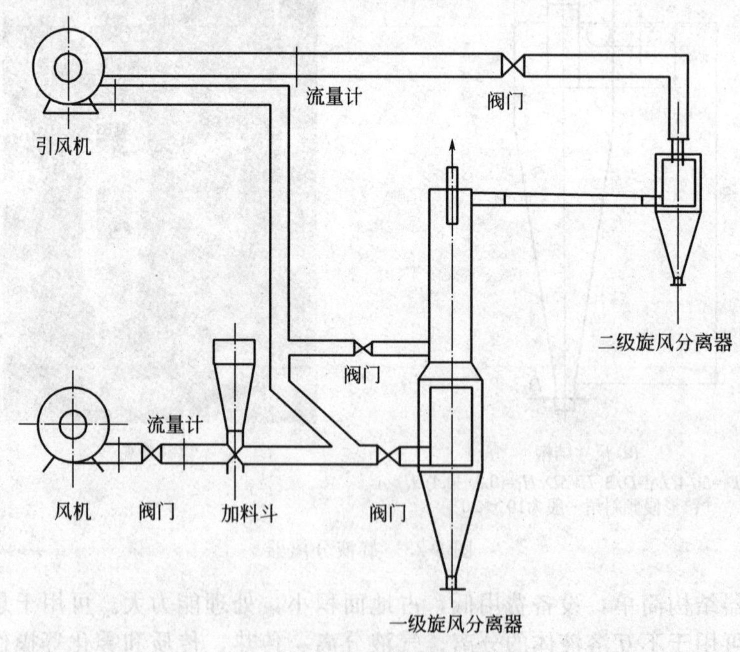

图 3-25　环流循环除尘系统

(5) 离心沉降机　离心沉降机是分离悬浮液和乳浊液的有效设备。它是在转动机械的带动下，使悬浮液产生高速旋转运动。在强大的离心力场中，液体中极细的颗粒，或颗粒密度与液体密度相差很小的悬浮液、乳浊液都可以在离心沉降机中得到有效的分离。离心沉降机的种类很多，有连续操作的，也有间歇操作的。

如图 3-26 所示为转鼓式离心沉降机。这种离心沉降机有一个中空转鼓，转鼓壁上是不开孔的。当悬浮液随转鼓一起转动时，物料受离心力的作用，按密度大小不同分层沉淀。密度大、颗粒粗的物料直接附于鼓壁上，而密度小、颗粒细的物料则在靠旋转中心的内层沉降，清液则从转鼓上部溢流。

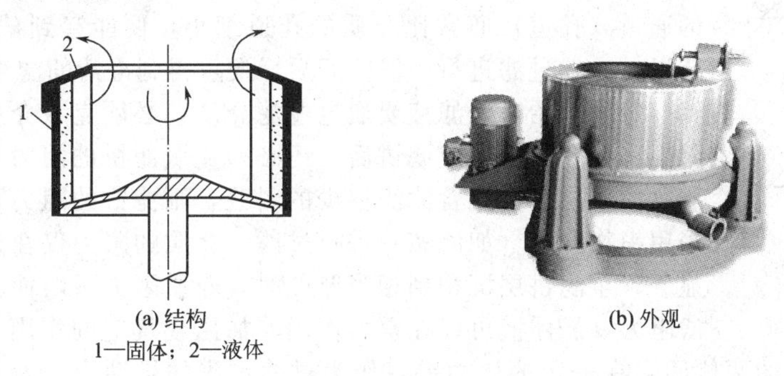

(a) 结构　　(b) 外观

1—固体；2—液体

图 3-26　转鼓式离心沉降机

离心沉降机中物料的沉降过程可分为两个阶段。

① 沉降　悬浮液中的固体颗粒由于受离心力的作用而向转鼓壁沉降，从而积聚在外层。而液体留在内层，形成一个中空的垂直圆筒状液柱。

② 渣层压紧　沉降在鼓壁上的颗粒层，在离心力的作用下被逐渐压紧。当悬浮液中含固体量较多时，沉降的颗粒大量积集，渣层很快堆厚，因此必须考虑连续排渣的问题。

当悬浮液中含固体量不多，渣层堆积很慢，此时没有渣层的压紧阶段，因此可以采用间歇排渣法。这种情况下主要起到离心澄清作用。

3.4　过滤分离原理及设备

3.4.1　过滤操作原理

对于颗粒细小的悬浮液或乳浊液，在重力、离心力的作用下，采用多孔介质（滤材）把分散相从流体中除去，这就是一般所指的过滤。而用于气固混合物分离的过滤则常称为袋滤除尘。

3.4.1.1　过滤过程

过滤操作如图 3-27 所示。在过滤操作中，通常称原料悬浮液为滤浆或料浆；滤浆中过滤出来的固体粒子称为滤渣；透过被截留在过滤介质上的滤渣层的液体称为滤液。

由于滤浆中所含有的滤渣颗粒往往大小不一，而所用的过滤介质的孔径较一部分微粒的

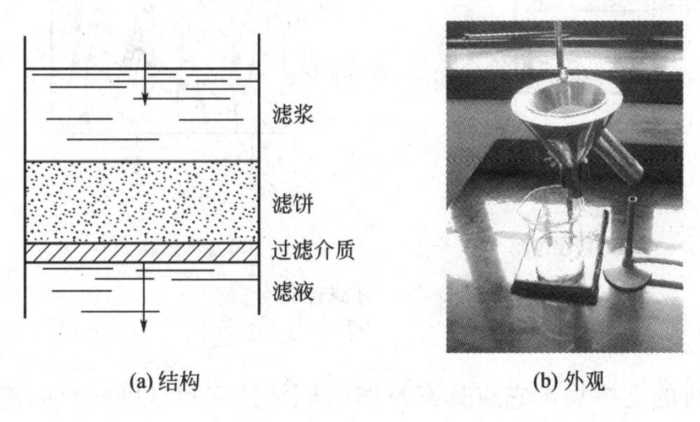

(a) 结构　　(b) 外观

图 3-27　过滤操作示意图

直径大，故在过滤开始时，过滤介质往往并不能完全阻止细小颗粒的通过。因此，开始阶段所得的滤液常是浑浊的，此滤液可以送回滤浆槽循环使用。但随着过滤的继续进行，细小的颗粒便可能在孔道上及孔道中发生“架桥”现象，拦截住后来的颗粒，使其不能通过，如图 3-28 所示。此时滤饼开始形成，由于滤饼中的通道（孔道）通常比介质的孔道细小，便能起到截留粒子的作用。所以，一般过滤进行一段时间后，便可得到澄清的滤液。

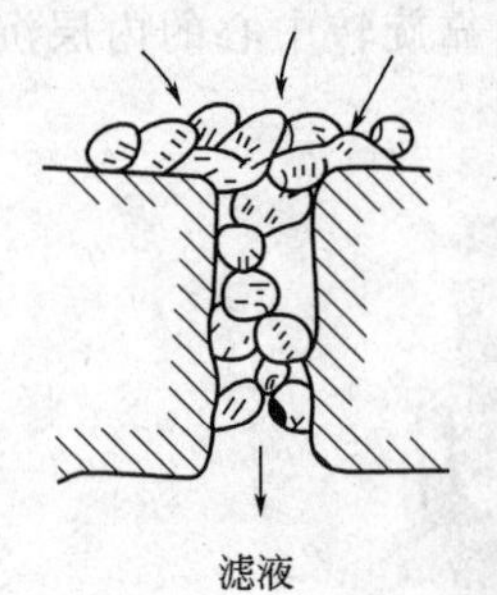

图 3-28 架桥现象

过滤开始时，滤液要通过过滤介质，必须克服介质对流体流动的阻力。当介质上形成滤饼后，还必须克服滤饼的阻力。若采用粒状介质（如砂层）过滤含滤渣很少的料浆，则滤饼的阻力可略而不计。若采用织物介质（如滤布）进行过滤，介质的阻力仅在过滤开始时较为显著，至滤饼层沉积到相当厚度时，介质阻力可略而不计。为克服过滤阻力，悬浮液可以在重力作用、加压或真空的作用下进行过滤，以维持滤饼与介质的两侧间存在一定的压力差，作为过滤过程的推动力。为了提高重力的位能，或者为了形成离心力场，或者为了形成压力场，都需要对流体做功，因此机械能是过滤所必需的能量。

过滤操作进行到一定时间后，滤饼的厚度不断增加，过滤的阻力也不断增加，过滤速度变得很低，以至于过程不能进行。如果再进行下去则动力消耗太大，不够经济。所以过滤到一定滤饼厚度后，需将滤饼移走，重新开始过滤。在移去滤饼以前，有时需将滤饼进行洗涤，洗涤所得的溶液称为洗涤液（或洗液）。洗涤完毕后，有时还要将滤饼中所含的液体除去，称为去湿。最后将滤饼从滤布上卸下来，卸料要尽可能不留残渣，这样不但可以最大限度地得到滤饼，而且也是为了清净滤布以减少下次过滤的阻力。采用压缩空气从过滤介质后面反吹是卸除滤饼的好方法，可以同时达到上述两个目的。当滤布使用一定时间后，其小孔为细小颗粒所堵塞，而使阻力大大增加，此时应取下滤布进行清洗。

由上可见，过滤操作包括过滤、洗涤、去湿及卸料四个阶段，如此周而复始循环进行。

3.4.1.2 过滤操作分类

常见的过滤操作分为饼层过滤和深床过滤两种方式，如图 3-29 所示。其中，饼层过滤是指过滤中，固体物质沉积于介质表面而形成滤饼层，滤液穿过饼层时即被过滤，所以滤饼层是有效的过滤介质。现在工业上一般多采用此方法，该法要求悬浮液中固体颗粒体积含量大于1%。而在深床过滤中，固体颗粒并不形成滤饼，而是沉积于较厚的粒状过滤介质床层内部。这种过滤适用于生产能力大而悬浮液中颗粒小且含量甚微（固相分率小于 0.1%）的场合。

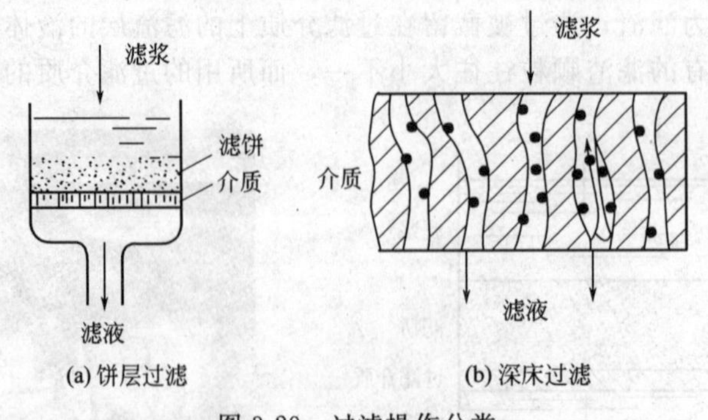

图 3-29 过滤操作分类

3.4.1.3 过滤介质

过滤介质是滤饼的支撑物，它应具有足够的机械强度和尽可能小的流动阻力。同时，它还应有相应的耐腐蚀性和耐热性。工业上常用的过滤介质有织物、堆积的粒状介质和多孔固体介质。滤饼的压缩性和助滤剂也是考虑的问题，因为滤饼是悬浮液中固体颗粒在过滤介质上堆积而成的，所以随着过滤的进行而逐渐变厚。若采用正压法过滤，则滤饼可分为可压缩滤饼及不可压缩滤饼两种。可压缩滤饼有可能将通道堵塞，不利于过滤，而且流动阻力增大。为减少压缩滤饼的阻力，将某种质地坚硬又能形成疏松饼层的另一种固体颗粒混入悬浮液或涂于介质上，使滤液畅流，这种粒状物称为助滤剂。表 3-5 示出了常用的过滤介质及其能截留的最小颗粒直径。

表 3-5 常用的过滤介质及其能截留的最小颗粒直径

型　式	种　类	能阻挡的最小颗粒直径/μm
固定组合滤件	扁平楔形-金属丝网 金属丝绕管 层叠环	100 100 5
硬质多孔介质	多孔陶瓷 烧结金属 多孔塑料	1 3 3
金属片材	打孔板 编织金属丝网	100 5
塑料片材	聚合模 单丝织造网	0.1
织物	天然及合成纤维织物	10
滤芯	片材制品 绕线管 粘叠层	3 2 2
非织造介质	纤维板 毡及针刺毡 纤维素滤纸 玻璃滤纸 黏结的介质	0.1 10 5 2 10
松散介质	纤维(如石棉、纤维素) 粉粒(如硅藻土、膨胀珍珠岩、炭、砂、吸附剂等)	超微颗粒(<1) 超微颗粒(<1)

3.4.2 过滤基本方程

液体通过饼层（包括滤饼和过滤介质）空隙的流动与普通管内流动相仿。由于过滤操作所涉及的颗粒尺寸一般很小，故形成的通道呈不规则网状结构。由于孔道很细小，流动类型可认为在层流范围。

仿照圆管中层流流动时计算压降的范宁公式为：

$$\Delta p_{\mathrm{f}}=\lambda\frac{l}{d}\times\frac{\rho u^2}{2}=\frac{64\mu}{du\rho}\times\frac{l}{d}\times\frac{\rho u^2}{2}=\frac{32\mu lu}{d^2} \tag{3-31}$$

在过滤操作中，Δp_{f} 就是液体通过饼层克服流动阻力的压强差 Δp。由于过滤通道曲折多变，可将滤液通过饼层的流动看作液体以速度 u 通过许多平均直径为 d_0、长度等于饼层厚度（$L+L_{\mathrm{e}}$）的小管内的流动（L 为滤饼厚度，L_{e} 为过滤介质的当量滤饼厚度）。液体通过饼层的瞬间平均速度为：

$$u=\frac{1}{A_0}\times\frac{\mathrm{d}V}{\mathrm{d}t} \tag{3-32}$$

$$A_0=\varepsilon A \tag{3-33}$$

式中 A_0——饼层空隙的平均截面积，m^2；

A——过滤面积，m^2；

ε——饼层空隙率，对不可压缩滤饼为定值；

t——过滤时间，s；

V——滤液量，m^3；

dV/dt——单位时间获得的滤液体积，m^3/s。

将式(3-32) 和式(3-33) 代入式(3-31) 得：

$$\Delta p=\frac{32\mu(L+L_e)\frac{dV}{dt}}{d_0^2\varepsilon A} \tag{3-34}$$

式中 μ——滤液的黏度，Pa·s。

整理式(3-34) 后得到：

$$\frac{dV}{A\,dt}=\frac{\varepsilon d_0^2\Delta p}{32\mu(L+L_e)} \tag{3-35}$$

令 $r=\frac{32}{\varepsilon d_0^2}$，则：

$$\frac{dV}{A\,dt}=\frac{\Delta p}{r\mu(L+L_e)} \tag{3-36}$$

式中 r——滤饼比阻，反映滤饼结构特征的参数，$1/m^2$。

将滤饼体积 AL 与滤液体积 V 的比值用 ν 表示，意义为每获得 $1m^3$ 滤液所形成滤饼的体积，则式(3-36) 变为：

$$\frac{dV}{dt}=\frac{A^2\Delta p}{r\mu\nu(V+V_e)} \tag{3-37}$$

式中 V_e——过滤介质的当量滤液体积，m^3。

式(3-37) 称为过滤基本方程式，表示过滤过程中任意瞬间的过滤速度与有关因素间的关系，是过滤计算及强化过滤操作的基本依据。该式适用于不可压缩滤饼。对于大多数可压缩滤饼，式中 $r=r'\Delta p'$，r'为单位压强差下的滤饼比阻。

3.4.3 过滤过程计算

过滤操作有两种典型方式，即恒压过滤、恒速过滤。恒压过滤时维持操作压强差不变，但过滤速率将逐渐下降；恒速过滤则逐渐加大压强差，保持过滤速率不变。对于可压缩滤饼，随着过滤时间的延长，压强差会增加许多，因此恒速过滤无法进行到底。有时，为了避免过滤初期压强差过高而引起滤液浑浊，可采用先恒速后恒压的操作方式，即开始时以较低的恒定速率操作，当表压升至给定值后，转入恒压操作。由于工业中大多数过滤属恒压过滤，因此以下讨论恒压过滤的基本计算。

3.4.3.1 恒压过滤基本方程式

在恒压过滤中，压强差 Δp 为定值。对于一定的悬浮液和过滤介质，r、μ、ν、V_e 也可视为定值，故可对式(3-37) 进行积分：

$$\int_0^V (V+V_e)\,dV=\frac{A^2\Delta p}{r\mu\nu}\int_0^t dt \tag{3-38}$$

令 $K=\frac{2\Delta p}{r\mu\nu}$，$q=\frac{V}{A}$，$q_e=\frac{V_e}{A}$，则式(3-38) 变为：

$$q^2+2q_e q=Kt \tag{3-39}$$

式(3-39) 即为恒压过滤方程，该式表达了过滤时间 t 与获得滤液体积 V 或单位过滤面积上获得的滤液体积的关系。式中的 K 与物料特性及压强差有关，单位为 m^2/s；q_e 与过滤介质阻力大小有关，单位为 m^3/m^2。两者均为一定条件下的过滤参数，可由实验测定。

【例 3-4】 在实验室中以小型板框过滤机过滤含碳酸钙 13.9%的水悬浮液，温度为 20℃，过滤机只有一个框，过滤面积为 $0.1m^2$，于 1.05atm（表压）下获得下列数据（1atm=101325Pa）。
过滤时间/s：50，660。滤液体积/L：2.45，9.8。
试求恒压过滤方程式中的 q_e、K 值。

解：过滤时间 $t_1=50s$ 时：

$$q_1=\frac{V_1}{A}=\frac{2.45}{1000\times0.1}=0.0245\ (m^3/m^2)$$

过滤时间 $t_2=660s$ 时：

$$q_2=\frac{V_2}{A}=\frac{9.8}{1000\times0.1}=0.098\ (m^3/m^2)$$

分别代入式(3-39) 得：

$$\begin{cases}0.0245^2+2\times0.0245\times q_e=50K\\0.098^2+2\times0.098\times q_e=660K\end{cases}$$

联立求解得：

$$K=1.57\times10^{-5}\,m^2/s$$
$$q_e=3.8\times10^{-3}\,m^3/m^2$$

3.4.3.2 恒速过滤与先恒速后恒压过滤

恒速过滤是维持过滤速率恒定的过滤方式。当用排量固定的正位移泵向过滤机供料，并且支路阀处于关闭状态时，过滤速率便是恒定的。此情况下，过滤速率即料浆的流速由于随着过滤的进行，滤饼不断增厚，过滤阻力不断增大，要维持过滤速率不变，必须不断增大过滤的推动力-压力差。

恒速过滤时的过滤速度为：

$$\frac{dV}{A\,d\theta}=\frac{V}{A\theta}=\frac{q}{\theta}=u_R=常数 \tag{3-40}$$

所以：

$$q=u_R\theta \tag{3-41}$$

或

$$V=Au_R\theta \tag{3-41a}$$

式中 u_R——恒速阶段的过滤速度，m/s。

上式表明，恒速过滤时，V（或 q）与 θ 的关系是通过原点的直线。

对于不可压缩滤饼，根据式(3-37) 可写出：

$$\frac{dq}{d\theta}=\frac{\Delta p}{r\mu\nu(q+q_e)}=u_R=常数 \tag{3-42}$$

对一定的悬浮液，一定的过滤介质，式中 μ、r、ν、u_R 及 q_e 均为常数，仅 Δp 及 q 随 θ 而变化，于是得到：

$$\Delta p=r\mu\nu u_R^2\theta+r\mu\nu u_R q_e \tag{3-43}$$

或写成：

$$\Delta p=a\theta+b \tag{3-43a}$$

式中，$a=r\mu\nu u_R^2$，$b=r\mu\nu u_R q_e$

式(3-43a) 表明，对不可压缩滤饼进行恒速过滤时，其操作压强差随过滤时间成直线增高。所以，实际上很少采用把恒速过滤

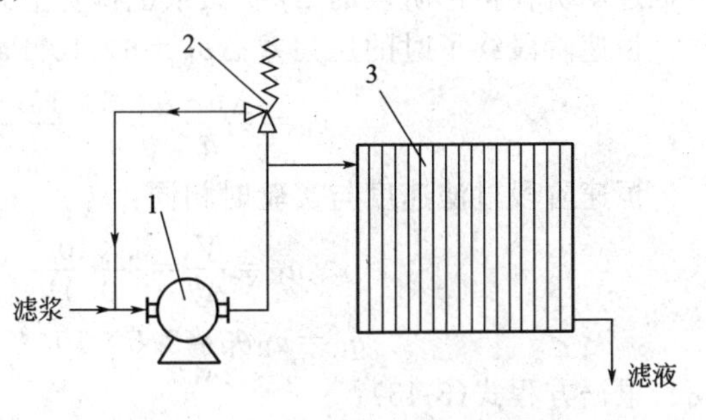

图 3-30 先恒速后恒压的过滤装置
1—正位移泵；2—支路阀；3—过滤机

进行到底的操作方法，而是采用先恒速后恒压的复合式操作方法。这种复合式的装置如图3-30所示。

由于采用正位移泵，过滤初期维持恒定速率，泵出口表压强逐渐升高。若经过 θ_R 时间（获得体积 V_R 的滤液）后，表压力达到能使支路阀自动开启的给定数值，此时支路阀开启，开始有部分料浆返回泵的入口，进入压滤机的料浆流量逐渐减小，而压滤机入口表压力维持恒定。后一阶段的操作即为恒压过滤。

对于恒压阶段的 V-θ 关系，仍可用过滤方程式(3-34)求得，即：

$$\frac{dV}{d\theta}=\frac{kA^2\Delta p^{1-s}}{V+V_e}$$

或

$$(V+V_e)dV=kA^2\Delta p^{1-s}d\theta$$

若令 V_R、θ_R 分别代表恒速阶段的过滤时间及所得滤液体积，则恒压阶段积分式为：

$$\int_{V_R}^{V}(V+V_e)dV=kA^2\Delta p^{1-s}\int_{\theta_R}^{\theta}d\theta$$

积分上式得：

$$(V^2-V_R^2)+2V_e(V-V_R)=KA^2(\theta-\theta_R) \tag{3-44}$$

此式即为恒压阶段的过滤方程，式中，$(V-V_R)$、$(\theta-\theta_R)$ 分别代表转入恒压操作后所得的滤液体积及所经历的过滤时间。

【例 3-5】 在 $0.04m^2$ 的过滤面积上以 $1\times10^{-4}m^3/s$ 的速率进行恒速过滤试验。测得过滤 100s 时，过滤压力为 3×10^4Pa；过滤 600s 时，过滤压力为 9×10^4Pa。滤饼为不可压缩。今欲用框内尺寸为 635mm×635mm×60mm 的板框过滤机处理同一料浆，所用滤布与试验时的相同。过滤开始时，以与试验相同的滤液流速进行恒速过滤，在过滤压力达到 6×10^4Pa 时改为恒压操作。每获得 $1m^3$ 滤液所生成的滤饼体积为 $0.02m^3$。试求框内充满滤饼所需的时间。

解：本题计算的基本关系式为式(3-44)。需分别计算恒速段和恒压段的有关参数。

第一阶段是恒速过滤，其过滤时间 θ 可用式(3-43a)进行计算，即：

$$\Delta p=a\theta+b$$

式中，a、b 值可根据实验测得的两组数据求出。

$$3\times10^4=100a+b$$

$$9\times10^4=600a+b$$

解得

$$a=120,\ b=1.8\times10^4$$

即

$$\Delta p=120\theta+1.8\times10^4$$

因板框过滤机所处理的悬浮液特性及所用滤布均与实验时相同，且过滤速度也一样，故板框过滤机在恒速阶段的 Δp-θ 关系也符合上式。

恒速阶段终了时的压强差 $\Delta p_R=6\times10^4Pa$，故恒速段过滤时间为：

$$\theta_R=\frac{\Delta p-b}{a}=\frac{6\times10^4-1.8\times10^4}{120}=350\ (s)$$

恒速阶段过滤速度与实验时相同：

$$u_R=\frac{V}{A\theta}=\frac{1\times10^{-4}}{0.04}=2.5\times10^{-3}\ (m/s)$$

$$q_R=u_R\theta_R=2.5\times10^{-3}\times350=0.875\ (m^3/m^2)$$

根据方程式(3-43)：

$$a=r\mu\nu u_R^2=\frac{u_R^2}{k}=120$$

$$b=r\mu\nu u_R q_e=\frac{u_R q_e}{k}=1.8\times10^4$$

解得：$k=5.208\times10^{-8}\mathrm{m^2/(Pa\cdot s)}$，$q_e=0.375\mathrm{m^3/m^2}$。

恒压操作阶段过滤压力为 6×10^4Pa，所以：

$$K=2k\Delta p=2\times5.208\times10^{-8}\times6\times10^4=6.250\times10^{-3}\ (\mathrm{m^2/s})$$

板框过滤机的过滤面积为：

$$A=2\times0.635^2=0.8065\ (\mathrm{m^2})$$

滤饼体积及单位过滤面积上的滤液体积为：

$$V_c=0.635^2\times0.06=0.0242\ (\mathrm{m^3})$$

$$q=\left(\frac{V_c}{A}\right)\times\frac{1}{\nu}=\frac{0.0242}{0.8065\times0.02}=1.5\ (\mathrm{m^3/m^2})$$

将式(3-39) 改写为：

$$(q^2-q_R^2)+2q_e(q-q_R)=K(\theta-\theta_R)$$

再将 K、q_e、q_R、q 的数值代入上式，得：

$$(1.5^2-0.875^2)+2\times0.375(1.5-0.875)=6.25\times10^{-3}(\theta-350)$$

解得：$\theta=662.5$s。

3.4.4 过滤常数的测定

3.4.4.1 恒压下K、q_e、θ_e 的测定

在某指定的压力差下对一定料浆进行恒压过滤时，式(3-39) 中的过滤常数 K、q_e、θ_e 可通过恒压过滤试验测定。

将恒压过滤方程式(3-39) 两边求导，得到：

$$2(q+q_e)\mathrm{d}q=K\mathrm{d}\theta$$

或

$$\frac{\mathrm{d}\theta}{\mathrm{d}q}=\frac{2}{K}q+\frac{2}{K}q_e \tag{3-45}$$

上式表明$\frac{\mathrm{d}\theta}{\mathrm{d}q}$与 q 应成直线关系，直线的斜率为$\frac{2}{K}$，截距为$\frac{2}{K}q_e$。在微小时间段内，微分$\frac{\mathrm{d}\theta}{\mathrm{d}q}$可用增量比$\frac{\Delta\theta}{\Delta q}$代替，即：

$$\frac{\Delta\theta}{\Delta q}=\frac{2}{K}q+\frac{2}{K}q_e \tag{3-45a}$$

在过滤面积 A 上对待测的悬浮料浆进行恒压过滤试验，每隔一定时间测定所得滤液体积，并由此算出相应的 $q\left(=\frac{V}{A}\right)$值，从而得到一系列相互对应的 $\Delta\theta$ 与 Δq 之值。在直角坐标系中标绘$\frac{\Delta\theta}{\Delta q}$与 q 间的函数关系，可得一条直线，由直线的斜率$\frac{2}{K}$及截距$\frac{2}{K}q_e$的数值便可求得 K 与 q_e，求出 θ_e 之值。

当进行过滤试验比较困难时，只要能够获得指定条件下的过滤时间与滤液量的两组对应数据，也可计算出三个过滤常数，因为式(3-39) 中只有 K、q_e 两个未知量。将已知的两组 q-θ 对应数据代入该式，便可解出 q_e 及 K。再依式(3-39) 算出 θ_e。但是，如此求得的过滤常数，其准确性完全依赖于这仅有的两组数据，可靠程度往往较差。

3.4.4.2 压缩性指数s 的测定

滤饼的压缩性指数 s 以及物料特性常数 k 的确定，需要若干不同压力差下对指定物料进行过滤试验的数据，先求出若干过滤压力差下的 K 值，然后对 $K-\Delta p$ 数据加以处理，即可

求得 s 及 k 值。

对 $K=2k\Delta p^{1-s}$ 两端取对数，得 $\lg K=(1-s)\lg(\Delta p)+\lg(2k)$。因 $k=1/(\mu r'\nu)$ 不变，故 K 与 Δp 的关系在对数坐标上标绘时应是直线，直线的斜率为 $(1-s)$，截距为 $2k$，如此可得滤饼的压缩性指数 s 及物料特性常数。值得注意的是，上述求压缩性指数的方法是建立在 ν 值恒定的条件上的，这就要求在过滤压力变化范围内，滤饼的空隙率应没有显著的改变。

3.4.5 过滤设备

工业上应用的过滤设备称为过滤机。过滤机的类型很多，按操作方法可分为间歇式和连续式，按过滤推动力可分为加压过滤机和真空过滤机。工业上应用最广泛的板框压滤机和加压叶滤机为间歇型过滤机，转筒真空过滤机则为连续型过滤机。

3.4.5.1 板框压滤机

板框压滤机是最早为工业所使用的压滤机，至今仍为广泛应用。板框压滤机主要由机架、滤板、滤框和压紧装置等组成，其结构如图 3-31 所示。

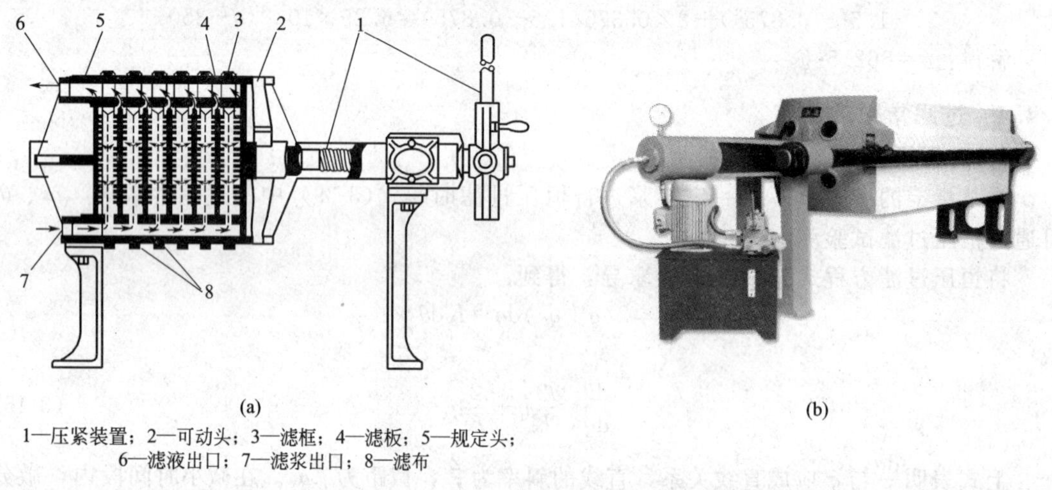

1—压紧装置；2—可动头；3—滤框；4—滤板；5—规定头；6—滤液出口；7—滤浆出口；8—滤布

图 3-31 板框压滤机

板框压滤机的板和框多做成正方形，滤板、框上左右角均开有圆孔，组装并压紧后即构成供悬浮液或洗涤液流通的孔道。框的右上角的圆孔内侧面还开有一个暗孔，与框内空间相通，供悬浮液进入。框的两侧覆以滤布，使空框与两侧的滤布围成一个空间，称为过滤室。滤板分为过滤板和洗涤板两种。滤板的表面上制成各种凹凸的沟槽，凸者起支撑滤布的作用，凹者形成滤液或洗涤液的流道。

过滤时，悬浮液在一定的压差作用下，经悬浮液通道由滤框右上角圆孔侧面的暗孔进入框内进行过滤。而滤液则分别通过两侧滤布，再沿相邻滤板的板面的凹槽汇合至滤液出口排出，滤渣则被截留于框内。待滤渣全部充满框后，即停止过滤。若滤渣需要洗涤，则将洗涤液压入洗涤液通道，并经洗涤板左上角圆孔侧面的暗孔进入板与滤布之间。洗涤结束后，将压紧装置松开，卸下滤渣，清洗滤布，整理板、框，重新组装，即可进行下一个操作循环。

板框压滤机结构简单，操作压强高，制造方便，适应能力强，且占地面积较小，故应用颇为广泛。它的主要缺点是间歇操作，生产效率低，劳动强度大，滤布损耗也较快。近年来，各种自动操作板框压滤机的出现，使上述缺点在一定程度上得到改善。

3.4.5.2 加压叶滤机

加压叶滤机主要由一个垂直或水平放置的密封圆柱形滤槽和许多滤叶组成，如图 3-32

所示。滤叶是叶滤机的过滤元件，它是一个金属筛网框架或带沟槽的滤板（作用与板框压滤机的滤板相类似），外覆一层滤布。在滤叶的一端装有短管，供滤液流出，同时供安装时悬挂滤叶之用。过滤时，将许多滤叶安装在密闭机壳内，并浸没在悬浮液中。悬浮液中的液体在压差作用下穿过滤布沿金属网流至出口短管，而滤渣则被截留在滤布外，其厚度通常为5～35mm（视滤渣性质及操作情况而定）。过滤完毕后若要洗涤滤渣，则通入洗涤液，洗涤液的路径与滤液路径相同。洗涤完毕后，打开机壳下盖，用压缩空气、蒸汽或清水卸除滤渣并清洗滤叶。

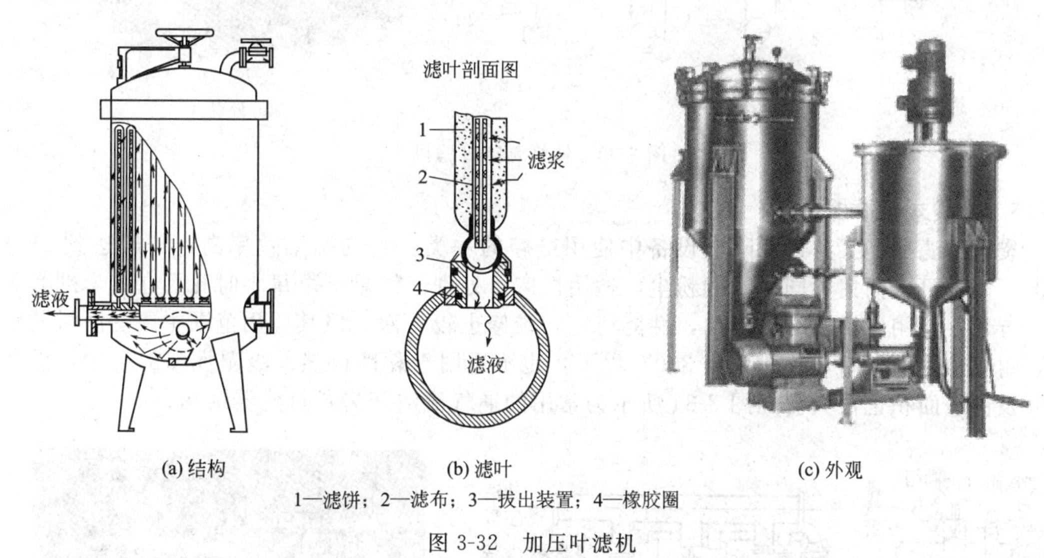

(a) 结构　　(b) 滤叶　　(c) 外观

1—滤饼；2—滤布；3—拔出装置；4—橡胶圈

图 3-32　加压叶滤机

叶滤机也是间歇操作的过滤机，其优点是过滤推动力大，单位体积的生产能力和过滤面积都较大。另外，叶滤机的洗涤效果也较好，劳动强度也比板框压滤机小。又由于它是在密闭条件下操作，故劳动环境也得到改善。其缺点是构造较复杂，造价较高，更换滤布麻烦。而且，当过滤粒径大小不同的微粒时，会使它们聚集于滤叶上的不同高度处。这样在洗涤时，大部分洗液会由粗颗粒中通过，造成洗涤不均匀。加压式叶滤机的过滤面积一般为20～100m^2，主要用于含固体量少（约为1%）的悬浮液和需要液体而不是固体的场合，如各种酒类、食品饮料以及植物油等的过滤。

3.4.5.3　转筒真空过滤机

前面介绍的板框过滤机和叶滤机都是间歇式过滤机。转筒真空过滤机则是连续过滤式过滤机。此机主体是一个转动的圆筒，在其回转一周的过程中，即可完成过滤、洗涤、卸饼等各项工作。这几项工作虽是同时进行的，但却是在转筒的不同部位完成的。

转筒真空过滤机的主要部件为转筒，水平安装在中空转轴上，其长径比为1/2～2，如图 3-33 所示。转筒的侧壁上覆盖有金属网，滤布支撑在网上，浸没在滤浆中的过滤面积占全部面积的30%～40%，转速为0.1～3r/min。筒壁按周边平分为若干段，各段均有管通至轴心处，但各段的筒内并不相通。圆筒的一端有分配头装于轴心处，与从筒壁各段引来的连通管相接。通过分配头，圆筒旋转时其壁面的每一段，可以依次与过滤装置中的滤液罐、洗水罐（以上两者处于真空之下）、鼓风机稳定罐（正压下）相通。因而，在回转一周的过程中，每个扇形格表面均可顺序进行过滤、洗涤、吸干、吹松、卸饼等项操作。

转筒过滤机的优点是：操作连续、自动，能大规模处理固体物含量很大的悬浮液。缺点是：转筒体积大，而其过滤面积小；用真空过滤，过滤的推动力不大；悬浮液温度不能高，否则真空会失去效应；滤饼含湿量大，洗涤不彻底。

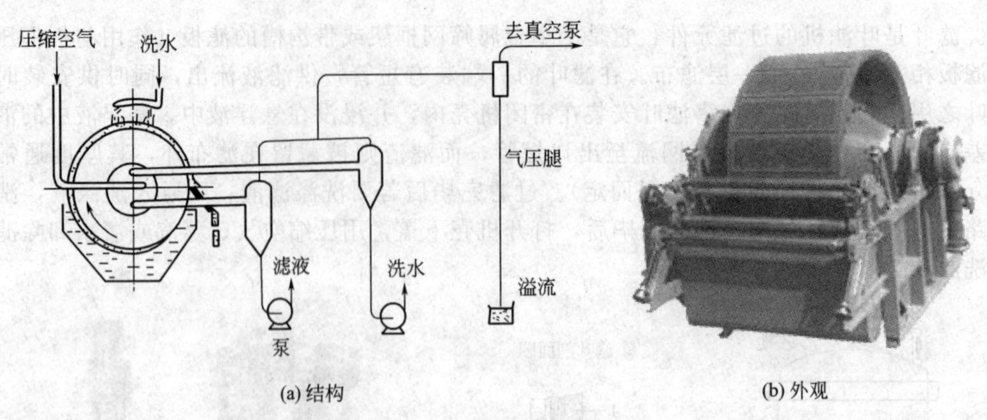

(a) 结构　　(b) 外观

图 3-33　转筒真空过滤机

3.4.5.4　袋式过滤器

袋式过滤器是工业过滤除尘设备中使用最广的一类。它的捕集效率高，一般达到 99%以上。而且可以捕集不同性质的粉尘，适用性广，处理气体量可由每小时几百立方米到数十万立方米。使用灵活，结构简单，性能稳定，维修也较方便。但其应用范围主要受滤材的耐温、耐腐蚀性的限制，一般用于 300℃以下，也不适用于黏性很强及吸湿性强的粉尘，设备尺寸及占地面积也很大。如图 3-34 所示为常用的逆气流清灰袋式过滤器结构。

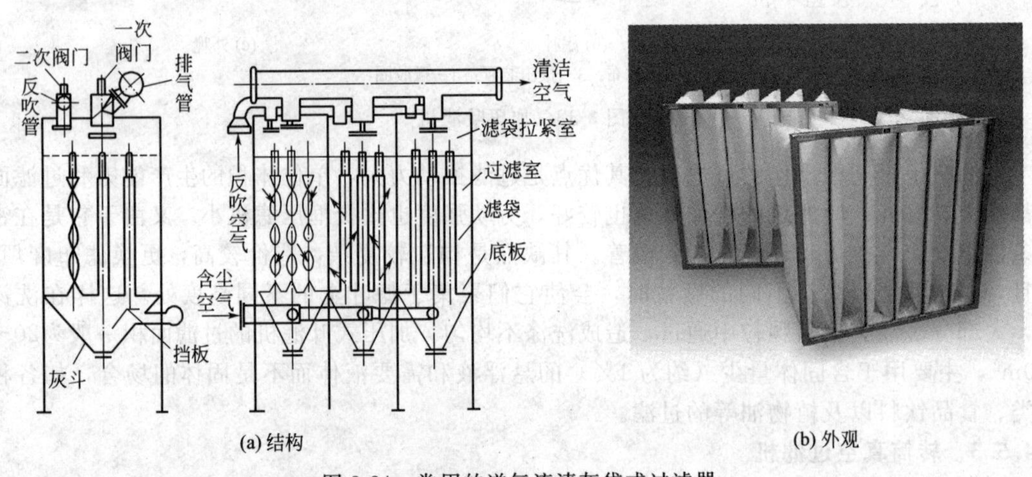

(a) 结构　　(b) 外观

图 3-34　常用的逆气流清灰袋式过滤器

在袋式过滤器中，过滤过程分成两个阶段。首先是含尘气体通过清洁滤材。由于惯性碰撞、拦截、扩散、沉降等各种机理的联合作用，把气体中的粉尘颗粒捕集在滤材上。当这些捕集的粉尘不断增加时，一部分粉尘嵌入或附着在滤材上形成粉尘层，此时的过滤主要是依靠粉尘层的筛滤效应，捕集效率显著提高，但压降也随之增大。由此可见，工业袋式过滤器的除尘性能受滤材上粉尘层的影响很大，所以根据粉尘的性质而合理地选用滤材是保证过滤效率的关键。一般当滤材孔径与粉尘直径之比小于 10 时，粉尘就易在滤材孔上架桥堆积而形成粉尘层。通常滤材上沉积的粉尘负荷量达到 0.1～0.3kg/m³、压降达到 1000～2000Pa 时，便需进行清灰。应尽量缩短清灰的时间，延长两次清灰的间隔时间，这是当今过滤问题研究中的关键问题之一。

3.4.5.5　过滤离心机

离心过滤是指借旋转液体所受到的离心力而通过介质和滤饼、固体颗粒被截留于过滤介质表面的操作过程。离心过滤的推动力即离心力。

离心机转鼓的壁面上开孔，就成为过滤离心机。工业上应用最多的有如下几种。

(1) 三足式离心机　如图 3-35 所示的三足式离心机是间歇操作、人工卸料的立式离心机，在工业上采用较早，目前仍是国内应用最广、制造数目最多的一种离心机。

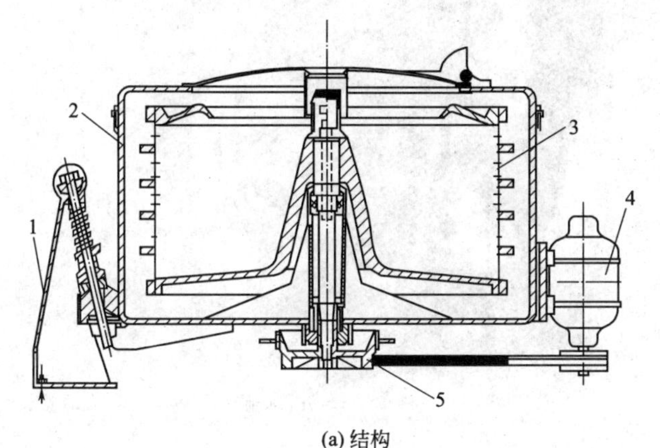

(a) 结构

1—支脚；2—外壳；3—转鼓；4—电动机；5—皮带轮

(b) 外观

图 3-35　三足式离心机

三足式离心机有过滤式和沉降式两种，其卸料方式又有上部卸料与下部卸料之分。离心机的转鼓支承在装有缓冲弹簧的杆上，以减轻由于加料或其他原因造成的冲击。国内生产的三足式离心机技术参数范围如下。

转鼓直径/m	0.45～1.5	转速/(r/min)	730～1950
有效容积/m^3	0.02～0.4	分离系数 K_c	450～1170
过滤面积/m^2	0.6～2.7		

三足式离心机结构简单，制造方便，运转平稳，适应性强，所得滤饼中固体含量少，滤饼中固体颗粒不易受损伤，适用于间歇生产中小批量物料，尤其适用于盐类晶体的过滤和脱水。其缺点是卸料时劳动强度大，生产能力低。近年来已出现了自动卸料及连续生产的三足式离心机。

(2) 卧式刮刀卸料离心机　卧式刮刀卸料离心机是连续操作的过滤式离心机，其特点是在转鼓全速运动中自动地依次进行加料、分离、洗涤、甩干、卸料、洗网等操作，每批操作周期为 35～90s。每一工序的操作时间可按预定要求实行自动控制。其结构及操作示意于图 3-36。

操作时，悬浮液从进料管进入全速运转的鼓内，液相经滤网及鼓壁小孔被甩到鼓外，再经机壳的排液口流出。留在鼓内的固相被耙齿均匀分布在滤网面上。当滤饼达到指定厚度时，进料阀门自动关闭，停止进料进行冲洗，再经甩干一定时间后，刮刀自动上升，滤饼被刮下并经倾斜的溜槽排出。刮刀升至极限位置后自动退下，同时冲洗阀又开启，对滤网进行冲洗，即完成一个操作循环，重新开始进料。

此种离心机可连续运转，自动操作，生产能力大，劳动条件好，适宜于大规模连续生产，目前已较广泛地用于石油、化工行业中，如硫铵、尿素、碳酸氢铵、聚氯乙烯、食盐、糖等物料的脱水，由于用刮刀卸料，使颗粒破碎严重，对于必须保持晶粒完整的物料不宜采用。

(3) 活塞推料离心机　活塞推料离心机如图 3-37 所示，也是一种连续操作的过滤式离心机。在全速运转的情况下，料浆不断由进料管送入，沿锥形进料斗的内壁流至转鼓的滤网上。滤液穿过滤网经滤液出口连续排出，积于滤网内面上的滤渣则被往复运动的活塞推送器

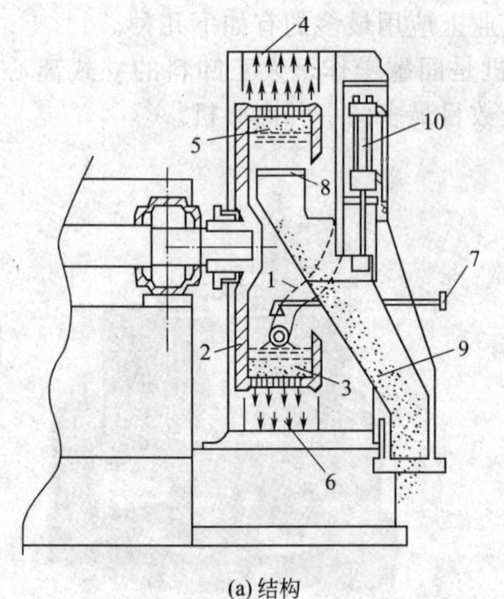

(a) 结构

1—进料管；2—转鼓；3—滤网；4—外壳；5—滤饼；6—滤液；7—冲洗管；8—刮刀；9—溜槽；10—液压缸

(b) 外观

图 3-36　卧式刮刀卸料离心机

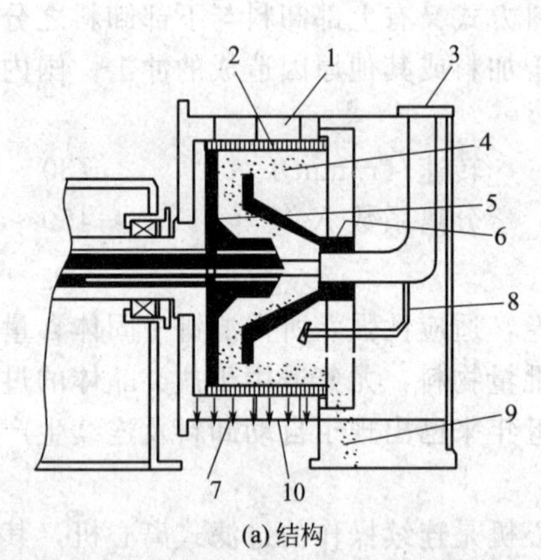

(a) 结构

(b) 外观

1—转鼓；2—滤网；3—进料管；4—滤饼；5—活塞推进器；6—进料斗；7—滤液出口；8—冲洗管；9—固体排出；10—洗水出口

图 3-37　活塞推料离心机

沿转鼓内壁面推出。滤渣被推至出口的途中，可用由冲洗管出来的水进行喷洗，洗水则由另一出口排出。整个过程在转速不同的部位连续自动进行。

活塞冲程约为转速全长的 1/10，往复次数约 30 次/min。

活塞推料离心机主要适用于处理含固量＜10%、d＞0.15mm 并能很快脱水和失去流动性的悬浮液。生产能力可达每小时 0.3～25t 的固体。卸料时晶体破碎程度小。

活塞推料离心机除单级外，还有双级、四级等各种形型式。采用多级活塞推料离心机能改善其工作状况、提高转速及分离较难处理的物料。

3.4.6　滤饼洗涤

洗涤滤饼的目的是回收滞留在颗粒缝隙间的滤液，或净化构成滤饼的颗粒。洗涤操作大多具有恒速恒压的特点，单位时间内消耗的洗水容积称为洗涤速率，以 $\left(\frac{dV}{d\theta}\right)_W$ 表示。由于洗水里不含固相，洗涤过程中滤饼不再增厚，过滤阻力不变，因而，在恒定的压力差推动力下洗涤速率基本为常数。若每次过滤后以体积为 V_W 的洗水洗涤滤饼，则所需洗涤时间为：

$$\theta_W = \frac{V_W}{\left(\frac{dV}{d\theta}\right)_W} \tag{3-46}$$

式中　V_W——洗水用量，m^3；

θ_W——洗涤时间，s。

影响洗涤速率的因素可根据过滤基本方程式来分析，即：

$$\frac{dV}{d\theta} = \frac{A\Delta p^{1-s}}{\mu r'(L+L_e)}$$

对于一定的悬浮液，r'为常数。若洗涤推动力与过滤终了时的压力差相同，并假定洗水黏度与滤液黏度相近，则洗涤速率$\left(\frac{dV}{d\theta}\right)_W$与过滤终了时的过滤速率$\left(\frac{dV}{d\theta}\right)_E$有一定关系，这个关系取决于特定过滤设备上采用的洗涤方式。

对于连续式过滤机及叶滤机等所采用的是置换洗涤法，洗水与过滤终了时的滤液流过的路径基本相同，而且洗涤与过滤面积也相同，故洗涤速率大致等于过滤终了时的过滤速率，即：

$$\left(\frac{dV}{d\theta}\right)_W = \left(\frac{dV}{d\theta}\right)_E = \frac{KA^2}{2(V+V_e)} \tag{3-47}$$

式中　V——过滤终了时所得的滤液体积，m^3。

板框压滤机采用的是横穿洗涤法，洗水穿过整个厚度的滤饼，流经长度约为过滤终了时滤液流动路径的两倍；洗水横穿两层滤布而滤液只需穿过一层滤布，洗水流通面积为过滤面积的一半，即：

$$(L+L_e)_W = 2(L+L_e)_E$$

$$A_W = \frac{1}{2}A$$

将以上关系代入过滤基本方程式，可得：

$$\left(\frac{dV}{d\theta}\right)_W = \frac{1}{4}\left(\frac{dV}{d\theta}\right)_E = \frac{KA^2}{8(V+V_e)} \tag{3-48}$$

即板框压滤机上的洗涤速率约为过滤终了时过滤速率的1/4。

若洗水黏度、洗水表压与滤液黏度、过滤压力差有明显差异时，所需的洗涤时间可按下式进行校正，即

$$\theta'_W = \theta_W\left(\frac{\mu_W}{\mu}\right)\left(\frac{\Delta p}{\Delta p_W}\right) \tag{3-49}$$

式中　θ'_W——校正后的洗涤时间，s；

θ_W——未经校正的洗涤时间，s；

μ_W——洗水黏度，Pa·s；

Δp——过滤终了时刻的推动力，Pa；

Δp_W——洗涤推动力，Pa。

3.4.7　过滤生产能力

过滤机的生产能力通常以单位时间获得的滤液体积来计算，少数情况下，也有按滤饼的产量或滤饼中固相物质的产量来计算的。

3.4.7.1　间歇过滤机的生产能力

间歇过滤机的特点是在整个过滤机上依次进行一个过滤循环中的过滤、洗涤、卸渣、清理、装合等操作。在每一循环周期中，全部过滤面积只有部分时间在进行过滤，而过滤之外

的其他各步操作所占用的时间也必须计入生产时间内。因此生产能力应以整个操作周期为基准来计算。一个操作周期的总时间为：

$$T=\theta+\theta_W+\theta_D$$

式中　T——一个操作循环的时间，即操作周期，s；

θ——一个操作循环内的过滤时间，s；

θ_W——一个操作循环内的洗涤时间，s；

θ_D——一个操作循环内的卸渣、清理、装合等辅助操作所需时间，s。

则生产能力的计算式为：

$$Q=\frac{3600V}{T}=\frac{3600V}{\theta+\theta_W+\theta_D} \tag{3-50}$$

式中　V——一个操作循环内所获得的滤液体积（即过滤时间内所获得的滤液体积），m^3；

Q——生产能力，m^3/h。

在一个操作周期内，对于一定的洗涤时间、辅助操作时间和过滤时间有一个使生产能力最大的最佳值。板框过滤机的框厚度应据此最佳过滤时间生成的滤饼厚度来设计。

3.4.7.2　连续过滤机的生产能力

连续过滤机（以转筒真空过滤机为例）的特点是过滤、洗涤、卸饼等操作在转筒表面的不同区域内同时进行；任何时刻总有一部分表面在进行过滤；任何一部分表面只有在其浸没在滤浆中的那段时间才是有效过滤时间。

连续式过滤机的生产能力计算也以一个操作周期为基准，一个操作周期就是转筒旋转一周所用时间 T。若转筒转速为 n(r/min)，则：

$$T=\frac{60}{n}$$

转筒表面浸入滤浆中的分数称为浸没度，以 ψ 表示，即：

$$\psi=\frac{\text{浸没角度}}{360^\circ} \tag{3-51}$$

因此，在一个过滤周期内，转筒表面上任何一块过滤面积所经历的过滤时间均为：

$$\theta=\psi T=\frac{60\psi}{n} \tag{3-52}$$

所以，从生产能力的角度来看，一台总过滤面积为 A、浸没度为 ψ、转速为 n 的连续转筒真空过滤机，与一台在同样条件下操作的过滤面积为 A、操作周期为 $T=60/n$、每次过滤时间为 $\theta=60\psi/n$ 的间歇式板框压滤机是等效的。因而，可以完全依照前面所述的间歇式过滤机生产能力的计算方法来解决连续式过滤机生产能力的计算。转筒真空过滤机是在恒压差下操作的，根据恒压过滤方程式可知转筒每转一周所得的滤液体体积为：

$$V=\sqrt{KA^2(\theta+\theta_e)}-V_e=\sqrt{KA^2\left(\frac{60\psi}{n}+\theta_e\right)}-V_e$$

则每小时所得滤液体积，即生产能力为：

$$Q=60nV=60\left[\sqrt{KA^2(60\psi n+\theta_e n^2)}-V_e n\right] \tag{3-53}$$

当滤布阻力可以忽略时，$\theta_e=0$，$V_e=0$，则上式简化为：

$$Q=60n\sqrt{KA^2\frac{60\psi}{n}}=465A\sqrt{Kn\psi} \tag{3-53a}$$

上式指明了提高连续过滤机生产能力的途径，即适当加大转速及浸没程度并使 K 值增大。

【例 3-6】　用转筒真空过滤机过滤某种悬浮液，料浆处理量为 $40m^3/h$。已知每得 $1m^3$ 滤液可得滤饼 $0.04m^3$，要求转筒的浸没度为 0.35，过滤表面上滤饼厚度不低于 7mm。现测

得过滤常数为 $K=8\times10^{-4}\,m^2/s$，$q_e=0.01m^3/m^2$。试求过滤机的过滤面积 A 和转筒的转速 n。

解：以 1min 为基准。由题给数据知：

$$Q=\frac{20}{(1+\nu)60}=\frac{20}{(1+0.04)60}=0.321\ (m^3/min)$$

$$\theta_e=\frac{q_e^2}{K}=\frac{0.01^2}{8\times10^{-4}}=0.125\ (s)$$

$$\theta=\frac{60\psi}{n}=\frac{60\times0.35}{n}=\frac{21}{n}$$

滤饼体积为 $0.642\times0.04=0.02568\ (m^3/min)$。

取滤饼厚度 $\delta=7mm$，于是得到：

$$n=\frac{0.002568}{\delta A}=\frac{0.002568}{0.007A}=\frac{3.669}{A}r/min$$

每分钟获得的滤液量为：

$$Q=nV=n\left[\sqrt{KA^2\left(\frac{60\psi}{n}+\theta_e\right)}-V_e\right]=0.642m^3/min$$

联立上述各式解得 $A=7.45m^2$，$n=3.669/A=3.669/7.45=0.4925r/min$。

3.5 固体流态化

3.5.1 固体流态化现象

在一个容器内装一块分布板（筛板），板上铺一层细颗粒物料，当流体自分布板下面通过颗粒床层时，根据流体流速的不同，表现出以下几种现象。

3.5.1.1 固定床阶段

如图 3-38(a) 所示，当流体的流速较小时，流体从固体颗粒之间空隙穿过，颗粒在原处不动，床层高度不变，这时的床层称为固定床。

3.5.1.2 流化床阶段

当流体的流速增大到一定值时，床层开始松动和膨胀，但颗粒仍不能自由运动，这时的床层称为初始流化床，如图 3-38(b) 所示。若继续增大流体流速，固体颗粒被流体浮起，并上下翻滚，随机运动，好像沸腾的液体一样，床层明显增高，如图 3-38(c)、(d) 所示。这时床层具有类似于流体的性质，故称为流化床。流化床现象可在一定的流体空速范围内出现。在该流速范围内，随着流速的增加，流化床高度增大，床层空隙率增大。流化床有散式流化与聚式流化两种流化型式。

(1) 散式流化　若流化床中固体颗粒均匀地分散于流体中，床层中各处空隙率大致相等，床层有稳定的上界面，这种流化型式称为散式流化。固体与流体密度差别较小的体系流化时可发生散式流化，“液固”系的流化基本上属于散式流化，情况如图 3-38(c) 所示。

(2) 聚式流化　一般“气固”系在流化操作时，因固体与气体密度差别很大，气体对颗粒的浮力很小，气体对颗粒的支托主要靠曳力，这时床层会产生不均匀现象，在床层内形成若干“空穴”。空穴内固体含量很少，是气体排开固体颗粒后占据的空间，称为“气泡相”。气体通过床层时优先通过各空穴，但空穴并不是稳定不变的，气体支撑的空穴上方的颗粒会落下，使空穴位置上升，最后在上界面处“破裂”。当床层产生空穴时，非空穴部位的颗粒床层仍维持在刚发生流化时的状态，通过的气流量较少，这部分称为“乳化相”。在发生聚式流化时，细颗粒被气体带到上方，形成“稀相区”，而较大颗粒留在下部，形成“浓相区”，两个区之间有分界面。一般讲的流化床层主要指浓相区，床层高度 L 指浓相区高度。聚式流化如图 3-38(d) 所示。

3.5.1.3 输送床阶段

如图 3-38(e) 所示，当流体流速继续增大到某一数值后，流化床上界面消失，固体颗粒被流体带走，这时床层称为输送床。

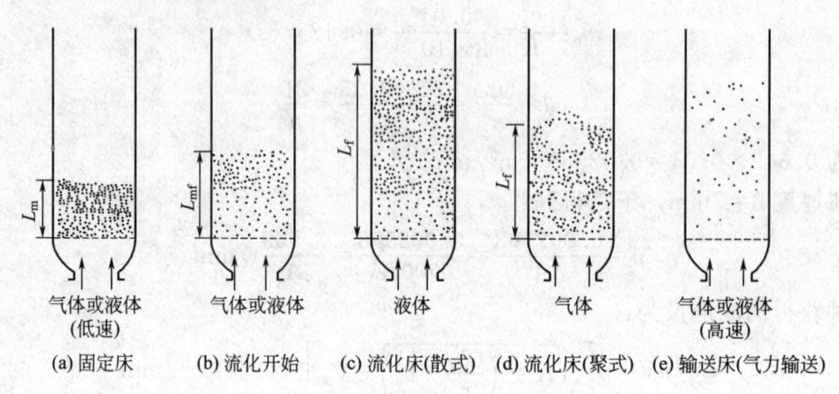

图 3-38 固体流态化现象

如图 3-39 所示，在流化床阶段，整个气固系统或液固系统的很多方面都呈现出类似流体的性质：

① 当容器倾斜时，床层上表面保持水平；

② 当两床层连通时，它们的床面能自行调至同一水平面，床层中某两点之间的压力差大致服从流体静力学的关系式 $\Delta p=\rho gL$，其中 ρ、L 分别为床层的密度与高度；

③ 具有流动性，颗粒能像液体那样从器壁小孔流出。

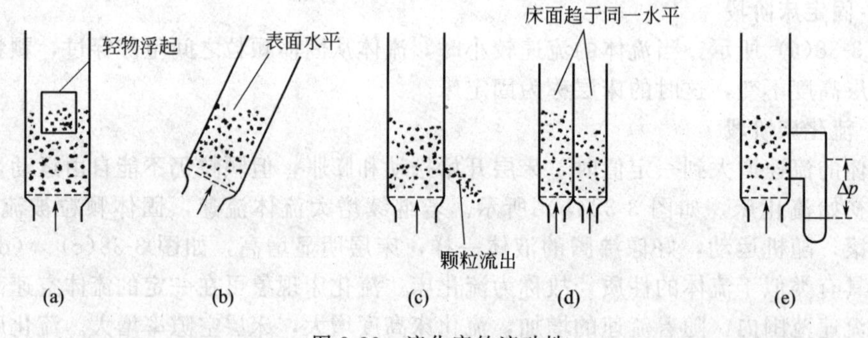

图 3-39 流化床的流动性

因流化床呈现流体的某些性质，所以在一定的状态下，它具有一定的密度、热导率、比热容、黏度等。而且，利用其类似于流体的流动性，可以实现固体颗粒在设备内或设备间的流动，易于实现生产过程的连续化和自动化。

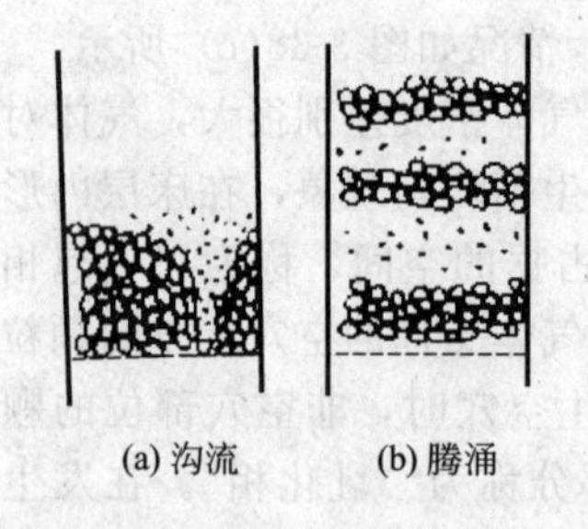

图 3-40 流态化中的不正常现象

流化床中的不正常现象如下。

(1) 沟流 又称穿孔现象，指料层不均匀或气体介质分布不均匀时，在容器内固定床向流化床转化的初始阶段，气流可能从阻力较小的“沟道”处通过，形成气流短路的现象[图 3-40(a)]。有局部沟流和贯穿沟流两种情况。前者指沟流现象仅在局部发生，在沟道未到达的部分料层仍可以产生沸腾；后者指沟流现象自下而上贯穿整个床层，此时即使气流速度已超过正常的临界流态化速度，料层也不会沸腾，大量气流由贯穿沟道处短路通过。

一般认为，引起沟流的主要原因有：布风装置设计不当，导致布风不均匀；料层筛分不合理，粉末太多或太少；料层过薄或水分较大，容易引起颗粒粘连；气流速度偏小等。

(2) 腾涌现象 该现象主要发生于气固流化床中。当床层直径较小且气速过高时，气泡容易相互聚并而成为大气泡。若气泡直径长大到等于或接近床层直径时，气泡层与颗粒层相互隔开，颗粒层被气泡层像推动活塞一样向上移动。其中，部分颗粒在气泡周围落下或者推到一定高度后气泡突然破裂，颗粒在整个截面上洒落，这种现象称为腾涌或节涌，如图3-40(b)所示。

3.5.2 流化床的流体力学特性

3.5.2.1 压降与流速的关系

固体颗粒床层随流体空速 u 的增大，先后出现的固定床与流化床的压降（Δp_m）对 u 的实验曲线示于图3-41。图中 AB 段颗粒静止不动，为固定床阶段。BC 段床层膨胀，颗粒松动，由原来的堆积状况调整成疏松的堆积状况。C 点表示颗粒群保持接触的最松堆置，这时流体空速为 u_{mf}，称为"临界流化速度"。从 C 点开始，随着空速增大，床层进入流化阶段。

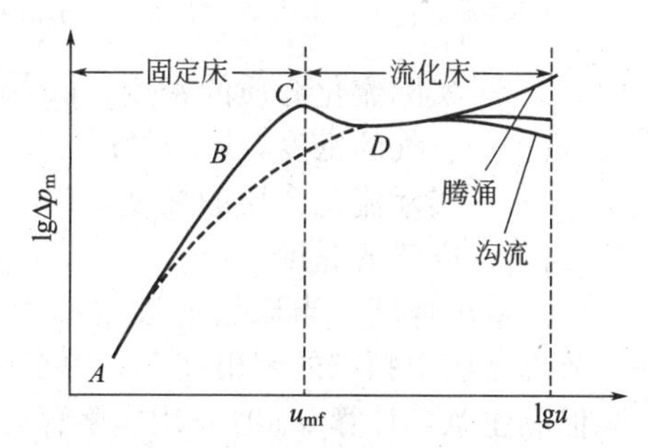

图3-41 流化床与固定床的压降-流速曲线

在 C 点时，颗粒虽相互接触，但颗粒重量正好为流体的曳力与浮力支托，颗粒间没有重力的向下传递。自 C 点以后的整个流化阶段中，颗粒重量都靠流体的曳力与浮力支撑。CD 阶段是床层颗粒自上而下逐粒浮起的过程。由于颗粒间的摩擦及部分叠置，床层压降比纯支撑颗粒重量时稍高。

若流化阶段是散式流化，则流化阶段床层修正压降等于单位截面积床层固体颗粒的净重，即：

$$\Delta p_m = \frac{m}{A\rho_s}(\rho_s - \rho)g = L(1-\varepsilon)(\rho_s - \rho)g \qquad (3\text{-}54)$$

式中 Δp_m——流化床的修正压降，Pa；

m——整个床层内颗粒的质量，kg；

A——床层横截面积，m^2；

ρ_s——颗粒密度，kg/m^3；

ρ——流体密度，kg/m^3。

式(3-54)表明，散式流化过程中，床层压降不随流体空速的变化而改变，这一点已被实验基本证实。实际上，由于颗粒与器壁的摩擦，随空速的增大，流化床层的压降略微升高。

对于聚式流化，由于气穴的形成与破裂，流化床层的压降会有起伏。此外，还可能发生两种不正常的操作状况，即腾涌与沟流，使其压降曲线形状与散式流化的压降曲线形状有一定差别。发生腾涌时，气、固接触不良，而且由于固体颗粒的抛起与落下，易损坏设备。腾涌的流化压降高于散式流化压降。发生沟流时，同样气、固接触不良，其流化压降比散式流化压降低。

3.5.2.2 流化床的流体空速范围

流化床的操作范围一般应在临界流化速度之上，而又不能大于带出速度。对于某一流化床操作，确定临界速度和带出速度是很重要的。

(1) 临界流化速度 u_{mf} 可以通过实测和计算两种方法确定临界流化速度，下面介绍实测法。

实测法不受计算公式精确程度和使用条件的限制，是得到临界流化速度的既准确又可靠的一种方法。该方法中，测取固体颗粒床层从固定状态到流化状态的一系列压降与气体流速的对应数值，将这些数据标在对数坐标上，得到如图 3-41 所示的 $ABCD$ 曲线。若在床层达到流化状态后，再继续降低气速，则床层高度下降至 C 点所对应的床层高度时，固体颗粒互相接触而成为静止的固定床。气速再降低则流速与压降曲线沿 AC 变化。与 C 点对应的流速即为所测的临界流化速度。

测定时常用空气作为流化介质，最后要根据实际生产中的不同条件将测得的值加以校正。若 u'_{mf} 代表以空气为流化介质时测出的临界流化速度，则实际生产中的 u_{mf} 可按下式推算：

$$u_{mf}=u'_{mf}\frac{\rho_s-\rho}{\rho_s-\rho_a}\times\frac{\mu_a}{\mu} \tag{3-55}$$

式中 ρ——实际流化介质的密度，kg/m³；

ρ_a——空气的密度，kg/m³；

μ——实际流化介质的黏度，Pa·s；

μ_a——空气的黏度，Pa·s。

(2) 带出速度 当床层的表观速度达到颗粒的沉降速度时，大量颗粒将被流体带出器外，故流化床中颗粒的带出速度为单个颗粒的沉降速度 u_t，可以式(3-16) 来计算。

但应注意，计算 u_{mf} 时要用实际存在于床层中不同粒度颗粒的平均直径，而计算 u_t 时必须用最小的颗粒直径。

3.5.2.3 流化床的操作范围

流化床的操作范围，为空塔速度的上下极限，用比值 u_t/u_{mf} 的大小来衡量。u_t/u_{mf} 称为流化数。对于细颗粒，$u_t/u_{mf}=91.7$；对于大颗粒，$u_t/u_{mf}=8.62$。

研究表明，上面两个 u_t/u_{mf} 的上下限值与实验数据基本相符，u_t/u_{mf} 值常在 10～90 之间。细颗粒流化床较粗颗粒流化床有更宽的流速操作范围。

实际上，对于不同工业生产过程中的流化床来说，u_t/u_{mf} 的差别很大。有些流化床的流化数高达数百，远远超过上述 u_t/u_{mf} 的上限值。在操作气速几乎超过床层的所有颗粒带出速度的条件下，虽有夹带现象，但未必严重。这种情况之所以可能，是因为气流的大部分作为几乎不含固相的大气泡通过床层，而床层中的大部分颗粒则是悬浮在气速依然很低的乳化相中。此外，在许多流化床中都配有内部或外部旋风分离器以捕集被夹带的颗粒，并使之返回床层，因此可以采用较高的气速以提高生产能力。

3.5.3 流态化的工业应用

3.5.3.1 干燥

各种形式的流化床干燥器中的气固接触方式如图 3-42 所示。

单级流化床干燥器如图 3-42(a) 所示，湿物料在流化床中与热空气或其他热气体接触，被干燥后引出。这种干燥器仅适用于易于干燥或对干燥要求不高的物料，因为单级流化床中的全混流型不利于物料停留时间的控制，容易出现干燥不均或过热等现象。

如图 3-42(b) 所示为气固错流接触多段卧式流化床干燥器，湿物料经与热空气多次接触干燥后排出。处理热敏性物料时，不同温度的热气体可分别与各段物料接触，在各床之间控制不同的操作温度。

如图 3-42(c) 所示为稀相气流干燥器，是用高速热气流在夹带颗粒的同时带走其水分来实现的。气流干燥简单易行，可在一根直管中完成，也可分为数段接触。在气流干燥器中，热气体与湿物料在高速稀相下接触，短时间内可完成较大量物料的干燥。但气流干燥通常只能脱除表面的湿组分，难以达到较低的含湿标准。

如图 3-42(d) 所示为气固逆流接触多层干燥器。该装置采用多孔板为各层流化床的分布板，使热气体由各级分布板穿流而上，物料由顶部加入，经各层干燥后由底部引出。维持多层流化床正常操作的关键在于，各层流化床之间压降的匹配。分布板的设计必须注意物料的顺利流动，防止堵塞。

对要求严格控制操作温度和物料停留时间的热敏性物料（如药品、生物制品等）可采用如图 3-42(e) 所示的多级逆流流化床干燥器。在此类设备中作为分布板的多孔筛板能分批定时旋转，使物料顺利地由上层流至下层。

如图 3-42(f) 所示的设计方案可使干燥介质的热量得以部分回收。

如图 3-42(g) 所示的流化干燥器设有换热器供热，干燥用气量可大大减少，从而减小流化床所需压缩机的能耗。

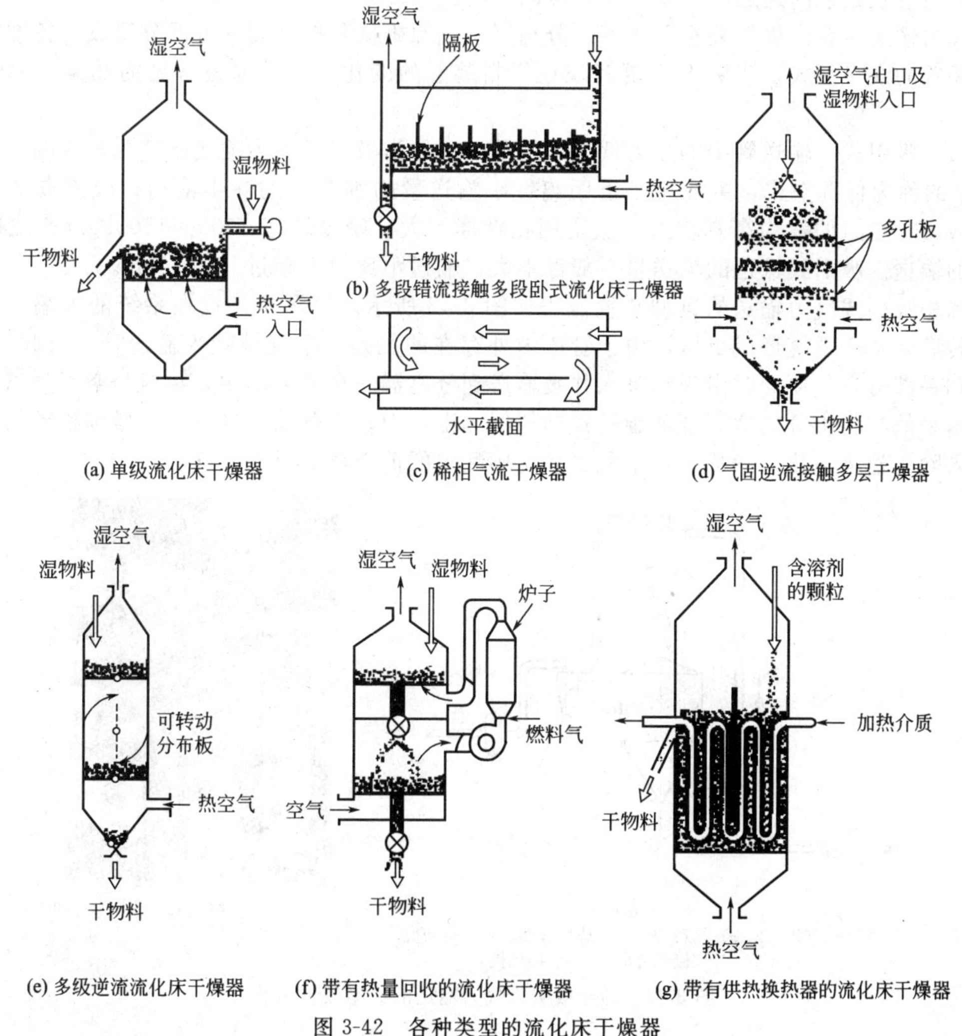

图 3-42　各种类型的流化床干燥器

流化干燥要求所处理的物料未因受潮而结块，粒径宜为 0.03～6mm。粒径过细，流化干燥时易产生沟流；粒径过粗，则必须在高气速下操作，能耗较大。另外，干燥的效果直接关系到成品的质量。当处理的对象为热敏性物料时，对操作湿度和物料在干燥器中的停留时间均有苛刻的要求。如果处理对象易碎，还要控制好操作气速，以减少颗粒之间的磨蚀。

3.5.3.2 气力输送

利用气体在管内的流动来输送粉粒状固体的方法称为气力输送。作为输送介质的气体通常是空气。在输送易燃易爆粉料时，可采用惰性气体，如氮气等。气力输送方法从 19 世纪开始即用于港口、码头和工厂内的谷物输送。因与其他机械输送方法相比具有许多优点，所以在许多领域得到广泛应用。气力输送的主要优点有：

① 系统密闭，避免了物料的飞扬、受潮、受污染，改善了劳动条件；

② 可在运输过程中（或输送终端）同时进行粉碎、分级、加热、冷却以及干燥等操作；

③ 设备紧凑，占地面积小，可以根据具体条件灵活地安排线路；

④ 易于实现连续化、自动化操作，便于同连续的化工过程衔接。

但是，气力输送与其他机械输送方法相比也存在一些缺点。如动力消耗较大，颗粒尺寸受到一定限制（<30mm）；在输送过程中物料破碎及物料对管壁的磨损不可避免，不适于输送黏附性较强或高速运动时易产生静电的物料。

气力输送装置由供料装置、管道、分离器、气源机械和控制元件五部分组成。各种气力输送装置的众多型式，实际上主要表现在供料装置的变化上。下面是常见的几类气力输送装置。

（1）吸引式　输送管中的压力低于常压的输送称为吸引式气力输送。气源真空度不超过 10kPa 的称为低真空式，主要用于近距离、小输送量的细粉尘的除尘清扫；气源真空度在 10～50kPa 之间的称为高真空式，主要用在粒度不大、密度介于 1000～1500kg/m^3 之间的颗粒的输送。吸引式输送的输送量一般都不大，输送距离也不超过 50～100m。

稀相吸引式气力输送的典型装置流程如图 3-43 所示。气源机械设在系统的末端，当风机运转后，整个系统形成负压，由于管道内外存在的压差，空气被吸入输送管。与此同时，物料和一部分空气便同时由吸嘴吸入并被输送到分离器。在分离器中，物料与空气分离。被分离出来的物料由分离器底部的旋转式卸料器卸出，而未被分离出来的携带微细粉粒的气流则进入除尘器中净化。净化后的空气经系统中配置的消声器后排向大气。

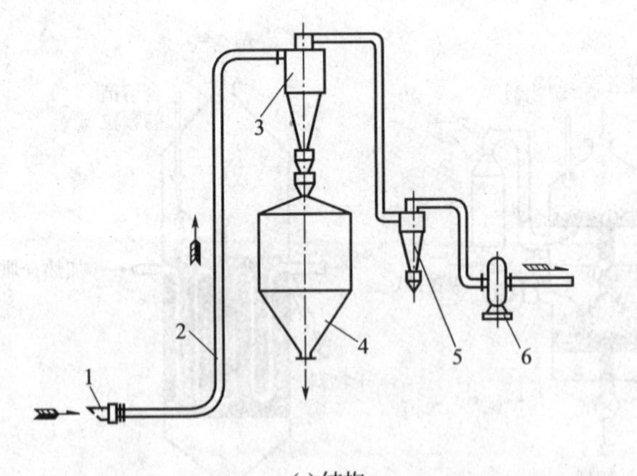

(a) 结构

(b) 外观

1—吸嘴；2—输送管；3—一次旋风分离器；4—料仓；
5—二次旋风分离器；6—抽风机

图 3-43　稀相吸引式气力输送的典型装置流程

吸引式气力输送装置是利用管系中的真空度来吸送物料的。由于受气源真空度的限制，其输送距离和输送能力均受一定的限制。它主要用于料气比较低的车、船、库场上的卸料作业以及将分散的物料集中起来的厂内工艺输送。在使用时首要的问题是保证整个系统的连接气密性。由于泄漏，外部空气的调入将使其起始接料部接料能力下降。

（2）压送式　输送管中的压力高于常压的输送称为压送式气力输送。按照气源的表压强可分为低压和高压两种。气源表压力不超过 50kPa 的为低压式。这种输送方式在一般化工厂中用得最多，适用于小量粉粒状物料的近距离输送。高压式输送的气源表压力可高达 700kPa，用于大量粉粒状物料的输送，输送距离可长达 600～700m。压送式气力输送的典型装置流程如图 3-44 所示。风机开动后，将正压空气送入输送管内。从给料机或料斗来的物料，通过旋转给料器械强制压入管道中与气流混合，然后在气流的带动下沿输送管送到分离器内。物料从气流中分离出来卸到料仓中，空气则经除尘器净化后排入大气。

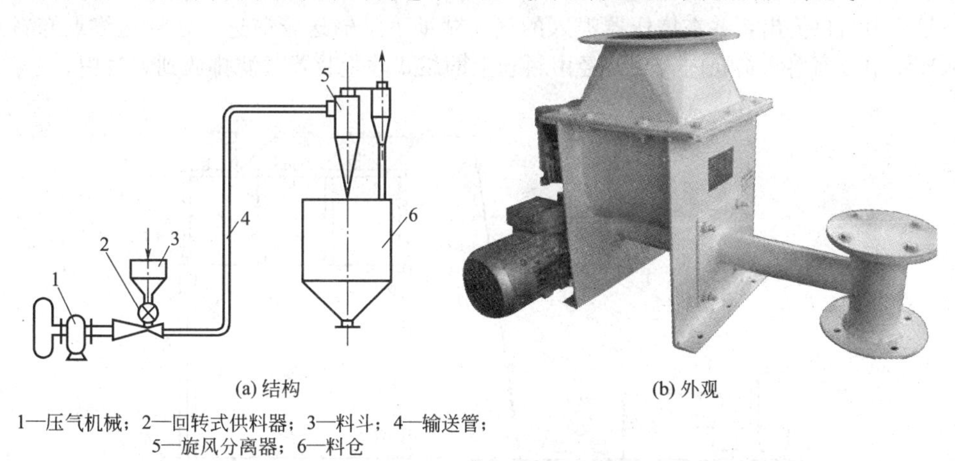

(a) 结构　　(b) 外观

1—压气机械；2—回转式供料器；3—料斗；4—输送管；5—旋风分离器；6—料仓

图 3-44　压送式气力输送的典型装置流程

低压压送式气力输送装置的主要部件是回转式给料器，它又称为星形下料器、锁气器。不论用于压送式或吸送式气力输送装置，它都是一个极端重要的设备。因此，不仅要求它本身的制造质量优良，设计和选型合理，而且操作者还必须熟悉它的结构和使用要求。常用的一种回转式给料器的结构如图 3-45 所示。从上部料斗靠自重落入的物料，充塞在叶片间的空格内。带有数个叶片的转子在圆筒形壳体内旋转，将物料随叶片旋转到下部排出，从而均匀且连续地向输送管内给料。

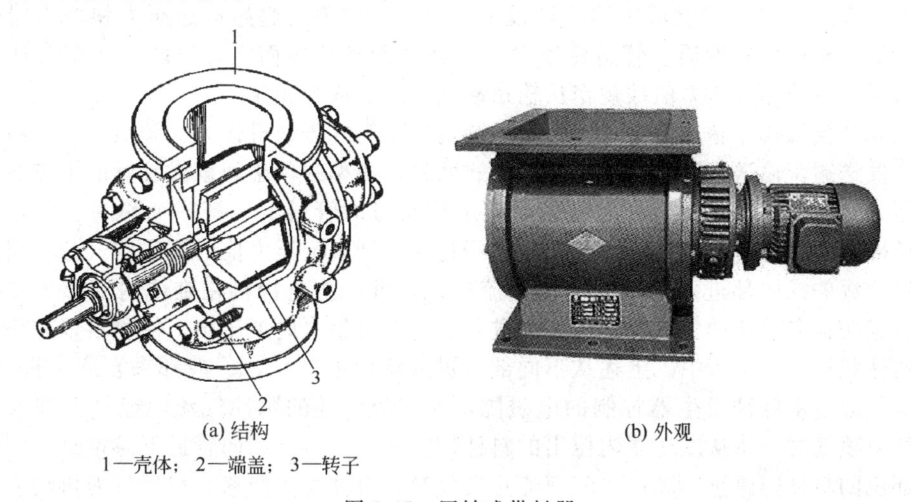

(a) 结构　　(b) 外观

1—壳体；2—端盖；3—转子

图 3-45　回转式供料器

低压压送式气力输送装置主要用在工厂内部加工工序间物料的输送或者槽车卸载。输送的物料可以是干粉状、颗粒状或纤维状的。它的输送距离不长，输送量和料气比都较低。为了防止在输送过程中产生扬尘污染，空气旋转给料器可直接安装在料斗出口下部。这样，即使出现由输送管通过给料器向上泄漏的少量空气及其所含的粉尘，也能将其限制在料斗内部。

(3) 流态化压送式　流态化压送式气力输送装置采用由空气压缩机出来的高压空气作为气源，供料装置为一个桶形的发送罐。它有立式和卧式两种，如图 3-46 所示为一种在我国较常用的小型立式流态化压送（又称沸腾式输送）装置的工艺布置。当发送罐内装满物料并关闭进料闸板阀后，高压空气分别由上下两路进入发送罐。从下部进入的空气通过罐底部的多孔板渗入罐内，与物料充分混合形成一种流态化状态，同时另一路空气由上部进入。此时罐内气压逐渐上升，直至达到根据输送条件和物料性质而设定的预定值，出料阀即自动打开，料气混合一起从出料口流出，并在增压器喷入的气流帮助下沿输送管前进。在到达终点卸料点后，物料从气流中分离落入料仓内，空气经由料仓上的袋式除尘装置过滤排放到大气中。

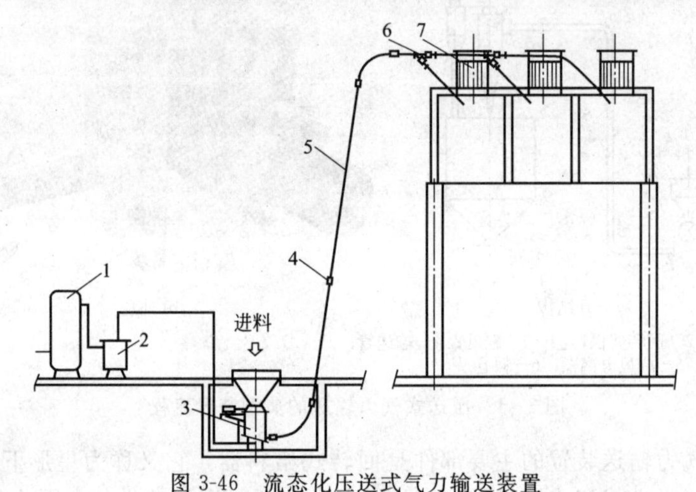

图 3-46　流态化压送式气力输送装置

1—贮气罐；2—气水分离器；3—发送罐；4—增压器；5—输送管；6—换向阀；7—除尘器

流态化压送式气力输送装置可以在较高的料气比下进行输送。由于气流速度不是很快，因而管道的磨损较小，但只能用于输送可流态化的粉料，如黏土、水泥、煤粉等。如果输送距离较长，必须采用增压器。对于水平管道，建议每隔 15～20m 设置一个；当垂直抬升高度超过 15m 时，可在垂直管段中部再增设一个。发送罐内的起始输送压力和增压器的进气压值，根据被输送物料性质、管道路线布置和输送距离长短而定，但两者要配合适当。此外，各组增压器的进气压力值按规定从输送起点向终点逐步递减。

(4) 脉冲栓流式　脉冲栓流式气力输送装置采用空气压缩机作为气源机械，供料装置同样为一个发送罐。输送方法有间歇式和连续式两种，典型的单罐间歇式装置的工艺布置如图 3-47 所示。这种装置的主要特征是在发送罐下部出口的管道上装有一个称为“气刀”的部件。发送罐内装满物料后，关闭进料蝶阀，经过减压到规定压力值的高压空气分三路进入装置。由发送罐的锥体部进入的空气使物料流态化，可以防止物料在锥体内部形成“搭桥”，保证物料流畅地向前流动。从发送罐顶部进入的空气将物料向下压出，使物料以充满整个管道截面的柱状进入输出管中。上述从不同部位进入罐内的空气，一般都来自同一根进气管。另一路空气通过由脉冲发生器控制的电磁阀，形成周期性的脉冲气流，经气刀进入输送管内。当气刀喷气时，将从发送罐内压出的料柱切割成一段料栓，向管道下游推进，此时未通过气刀部位的料柱则停止不动；当气刀停止喷气时，料柱再次前移，然后气刀再喷入气体又切下一段料栓。由于这样反复的动作，在输送管中形成了一连串料栓和气栓相间隔同时前进的状态。每个料栓前后都存在空气压力差，将物料推到终点料仓中。

脉冲栓流式气力输送装置的核心部件是气刀。这个部件实际上类似于一个三通管。“气刀”的名称来源于高压空气在这里起着“刀”的作用，即将物料柱切割成料栓。下部水平管

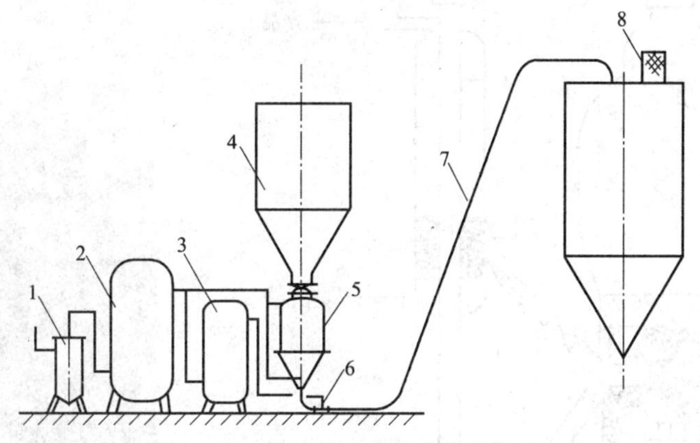

图 3-47　脉冲栓流式气力输送装置

1—气水分离器；2—贮气罐；3—稳压管；4—进料仓；5—发送罐；6—气刀；7—输送管；8—空气滤袋

构成输送管的一段，上部垂直管为进气管，与电磁阀和单向阀相连。一般由无缝钢管焊成，但内表面必须保证焊缝处光滑。电磁阀的作用是控制气刀进气的开、关和两者的延续时间。它本身的可靠性和寿命以及对其的正确使用，是整个装置在输送过程中能正常运转的重要保证。结构型式上有活塞式和膜片式两种。常用的活塞式电磁阀（图 3-48），当线圈通电时，产生磁场吸起铁心，先导阀打开。主阀上部气体通过先导阀排出，压力随之下降，造成活塞上下出现压力差，促使气体将活塞向上托起，这样主阀口就被打开，气体即通过主阀口流出。当线圈断电时，铁芯下落将先导阀关闭，气体通过节流孔进入活塞上部，使该处压力上升，当上下压力达到平衡时，活塞靠自重和复位弹簧力而下降，将主阀口关闭。

图 3-48　活塞式电磁阀

密相输送的特点是低风量高风压，物料在管内呈流态化或柱塞状运动，输送能力大，输送距离可长达 100～1000m，尾部所需的气固分离设备简单。由于物料或多或少呈集团状低速运动，物料的破碎及管道的磨损较轻，但操作较困难。目前密相输送广泛应用于水泥、塑料粉、纯碱、催化剂等粉料物料的输送。

3.5.3.3　反应

对采用固体催化剂的气相合成反应，通常可供选择的反应器床型为固定床或流化床。选择的依据为热效应大小、催化剂再生的需要以及对操作温度的控制要求。流化床反应器可适用于强放热或要求控温严格的化学反应，特别适用于必须严格控制温度以防止发生爆炸的反应，或目的产物为热敏性物料的反应。流化床反应器还适用于催化剂迅速失活，需要随时再生的反应。流化床所具备的良好流动性能和大热容量，能很好地满足上述要求，并为催化剂的频繁再生提供了条件。

如图 3-49 所示为典型的提升管式石油催化裂化（fluid catalytic cracking，FCC）装置。FCC 是国民经济中有重大影响的工业过程之一。重质油品或渣油等通过在催化剂存在下的加热反应，使长链产品发生断键，生成汽油、煤油及轻烯烃类有价值的产品。该反应过程由催化反应和催化剂再生两个过程组成。由图 3-49 可以看出，催化裂化反应在近似于平推流的提升管中进行，来自再生器并循环进入反应器的再生催化剂由提升管底部进入，并由其自身热容量带入大量热量，以供应提升管中反应所需。反应后失活的催化剂由床层顶部的气固分离器收集后，送入再生器烧焦。反应器与再生器之间设有两根催化剂循环管，在物料循环过程中完成反应-再生与热量移动的过程。

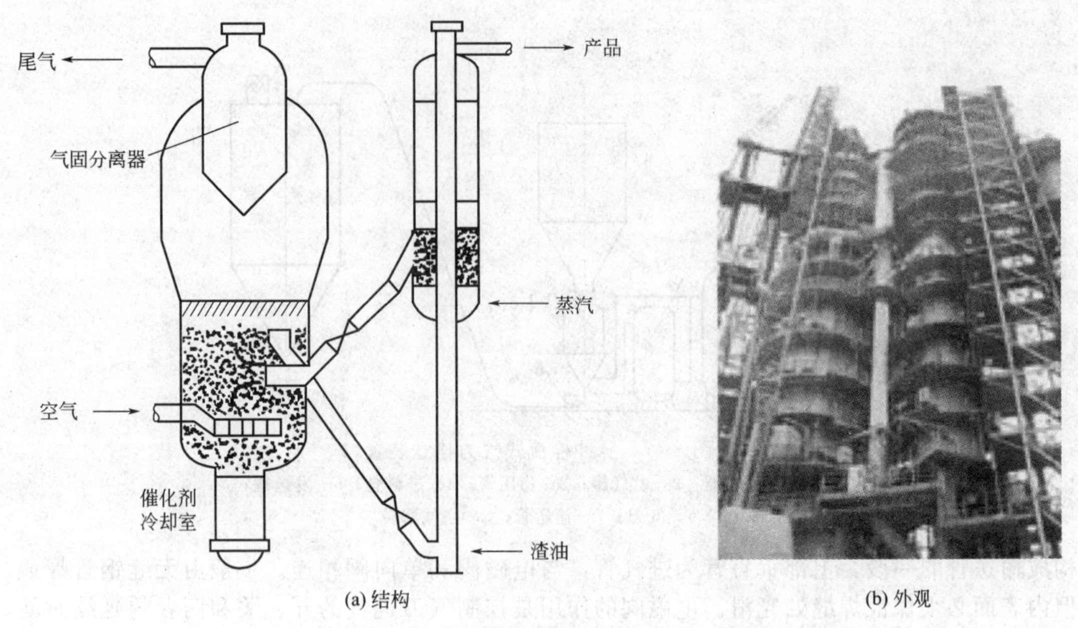

图 3-49　典型的提升管式石油催化裂化装置

目前全世界约有 600 套工业 FCC 流化床反应器，其中提升管装置占 350 套以上，中国约有 90%的 FCC 装置采用提升管式循环流化床，其加工容量仅次于美国，居世界第二位。提升管催化裂化的突出优越性在于：

① 可在较短的时间内达到较高的转化率；

② 气体与固体近似于平推流的流型，保证了高选择性和较少的过度裂化反应，提高了汽油的收率；

③ 分子筛催化剂活性高；

④ 焦炭生成率低。

3.5.3.4　锅炉

流化床锅炉的优点在于热容量大，易控温，传热系数高 [200～600W/(m²·℃)]，热效率高于普通锅炉，因而可用于燃烧发热值低的矿物燃料、劣质煤、油页岩等（图 3-50）。

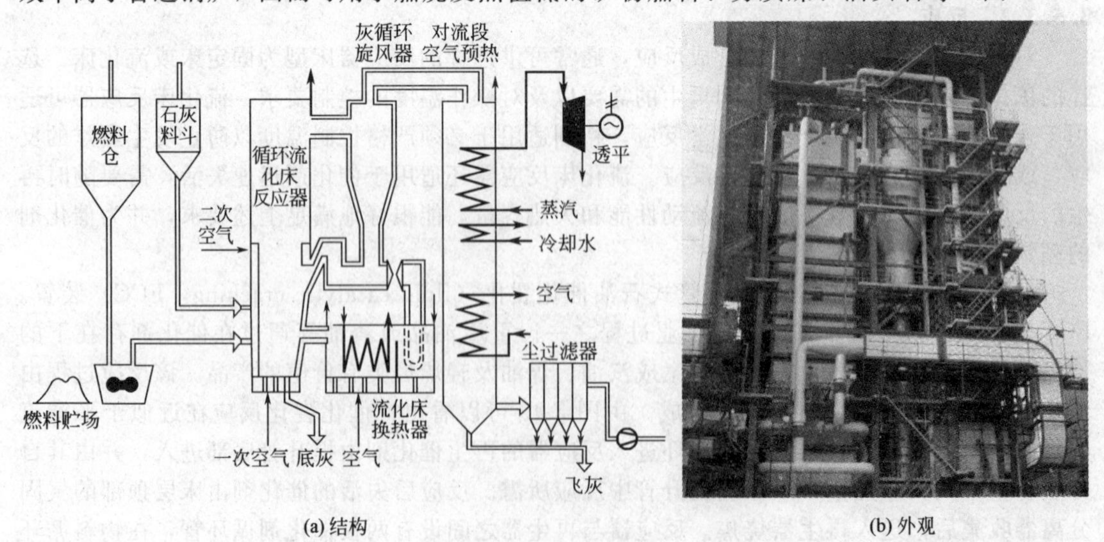

图 3-50　流化床锅炉装置

在燃烧过程中加入石灰石可与含硫组分生成硫酸钙，达到燃气脱硫的目的，符合环境保护的需要。环境保护的另一个要求是要严格控制各种氧化氮的排放。在这方面，循环流化床锅炉（circulating fluidized bed combustior，CFBC）较之传统的流化床锅炉有着明显的优势，所以近年来得到了长足发展。

我国人多地广，用煤量多，目前拥有的流化床锅炉数量居世界第一位。但不少锅炉设备陈旧，污染严重，因而提高锅炉效率和蒸汽产量以及脱硫问题是有关流化燃烧的研究热点课题。

3.6 其他机械分离技术

3.6.1 静电除尘

前述的重力沉降和离心沉降两种操作方式，虽然能用于含尘气体或含颗粒溶液的分离，但是前者能够分离的粒子不能小于 50～70μm，而后者也不能小于 1～3μm。对于更小的颗粒，其常用的分离方法之一就是采用静电除尘，即在电力场中将微小粒子集中起来再除去。自 Cottrell（1907 年）首先成功地将电除尘用于工业气体净化以来，经过 1 个世纪的发展，静电除尘器已成为现代处理微粉分离的主要高效设备之一。

静电除尘过程分为四个阶段：气体电离、粉尘获得离子而荷电、荷电粉尘向电极移动、将电极上的粉尘清除掉。静电除尘的原理如图 3-51 所示。将放电极作为负极、平板集尘极作为正极而构成电场，一般对电场施加 60kV 的高压直流电，提高放电极附近的电场强度，可将电极周围的气体绝缘层破坏，引起电晕放电。于是气体便发生电离，成为负离子和正离子及自由电子。正离子立即就被吸至放电极而被中和，负离子及自由电子则向集尘极移动并形成负离子屏障。当含尘气体通过这里时，粒子即被荷电成为负的荷电粒子，在库仑力的作用下移向集尘极而被捕集。

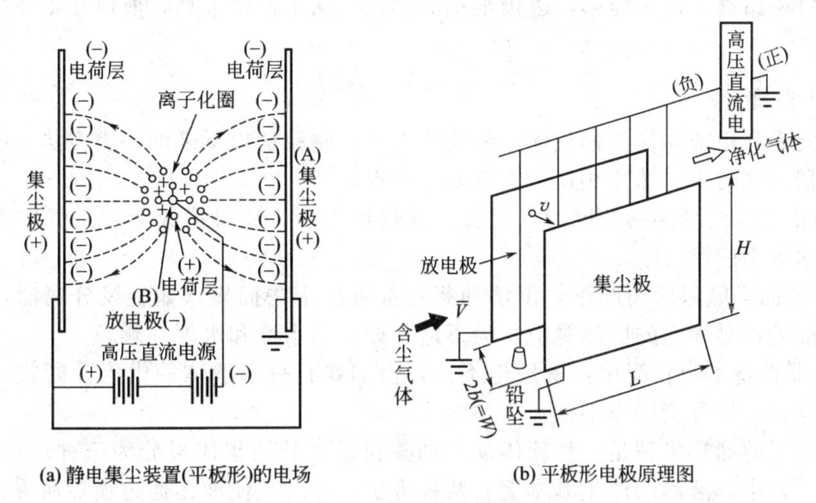

(a) 静电集尘装置(平板形)的电场　　(b) 平板形电极原理图

图 3-51　静电除尘的原理

大多数的工业气体都有足够的导电性，易于被电离。若气体电导率低，可以加水蒸气。流过电极的气体速度宜低（0.3～2m/s），以保证尘粒有足够的时间来沉降。颗粒越细、要求分离的程度越高，气流速度越接近低限。

静电除尘根据电晕线和收尘极板的配置方法可分为两类。①双区电除尘器，即粉尘的荷电和收集在结构不同的两个区域内进行：第一个区域装有电晕极，进行粉尘的荷电；第二个区域装有收尘极，把粉尘收集起来。这种除尘器一般用于空气净化。②单区电除尘器，即电晕极和收尘极都在同一区域内。所以粉尘的荷电和收集都在同一区域内进行，工业生产中大多采用这种除尘器。其中按收尘极的分类，又可分成管式电除尘器（图 3-52）和板式电除尘器（图 3-53）两种。管式电除尘器的收尘极为 ϕ200～300mm 的圆管或蜂窝管，其特点是电场强度比较均匀，有较高的电场强度。但其粉尘的清理比较困难，一般不宜用于干式除尘，而通常用于湿式除尘。而板式电除尘器具有各种形式的收尘极板，极间距离一般为 250～400mm。电晕极安放在板的中间＃悬挂在框架上，电除尘器的长度根据对除尘效率的要求确定。它是工业中最广泛采用的形式。

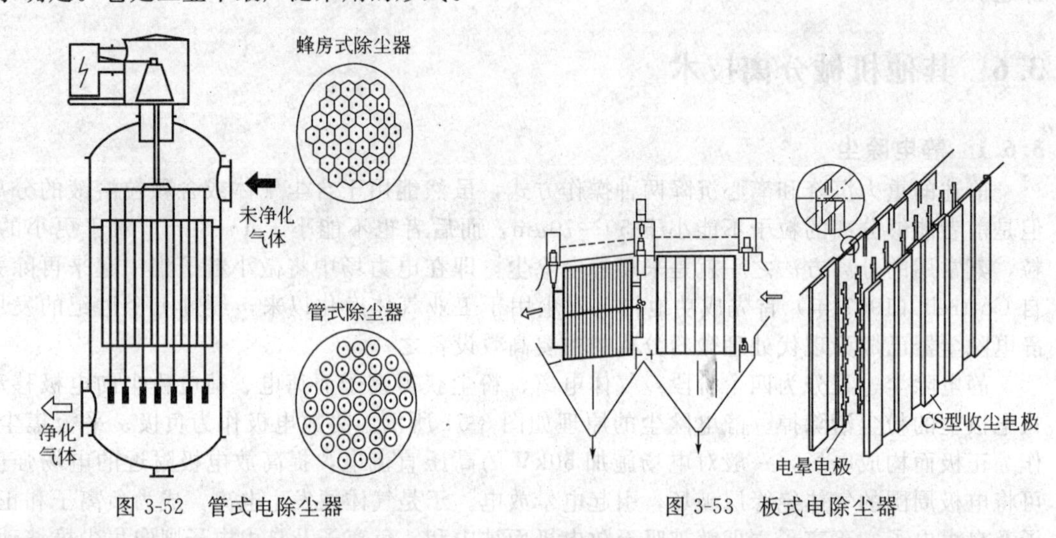

图 3-52　管式电除尘器　　　　图 3-53　板式电除尘器

在化学工业中，电除尘器常用于硫酸、氯化铵、炭黑、焦油沥青及石油油水分离等生产过程，用于除去粉尘或烟雾。其中使用最多的是硫酸中的干、湿法静电除尘器。电除尘器的设备复杂，价格昂贵，但因能够除去极细小的颗粒，除尘效率很高，所以在工业生产中已得到应用。

3.6.2　湿法捕集

湿法捕集是利用液体作为捕集体，将气体内所含颗粒捕集下来的一类方法，所用设备统称湿法洗涤器。它与干法捕集相比，具有如下特点。

① 在捕集气体内悬浮物的同时，只要液体选用适当，还可吸收而除去气体内的有害组分，所以用途更为广泛。

② 在消耗同样能量的情况下，湿法捕集一般可比干法捕集（如旋风分离器）的除尘效率高，而且能处理黏性大的固体颗粒，但不适于处理憎水性和水硬性颗粒。

③ 洗涤器设备本身较简单，费用也不高，但却要有一套液体的供给及回收系统，所以总的造价及操作维修等费用也不低。

湿法洗涤器的捕集机理是一种流体动力捕集机理，其捕集体可分为三种形式，即液滴、液膜及液层。其中，液滴的产生基本上有两种方法：一种是使液体通过喷嘴而雾化；另一种是用高速气流将液体雾化。液体呈分散相，含有固体颗粒的气体则呈连续相，两相间存在着相对速度，依靠颗粒对于液滴的惯性碰撞、拦截、扩散、重力、静电吸引等效应而把颗粒捕集下来。液膜是将液体淋洒在填料上并在填料表面形成很薄层液体网络。此时，液体和气体都是连续相，气体在通过这些液体网络时也会产生上述各种捕集效应。而液层的作用是使气体通过液层时生成气泡，气体变为分散相，液体则为连续相。颗粒在气泡中依靠惯性、扩散和重力等机理而产生沉降，被液体带走。

湿法洗涤器设计的关键问题是要使含尘气与液体两者接触。气液接触的方法很多，可以是将液体雾化成细小液滴；也可以是使气体鼓泡进入液体内；还可以是气体与很薄的液膜接触；更可以是这几种方法的综合应用。所以可形成很多种湿法洗涤器的型式，如气体雾化接触型的文氏管洗涤器，如图 3-54 所示。它是一种简单而高效的除尘设备，由三部分组成，即引液器或喷雾器、文氏管及脱液器。含尘气体进入文氏管后逐渐加速，到喉管时速度达到最高，将该处引入的液体雾化成细小的液滴。在喉管处，气体与液滴间的相对速度很高，所以捕集效率也较高。还有喷雾接触型的喷淋塔、喷射洗涤塔（图 3-55）、液膜接触型的填料塔（图 3-56）、浮动填料床洗涤器、鼓泡接触型的泡沫洗涤器、冲击式泡沫洗涤器等。一般的板式塔和填料塔都可用作洗涤器来除去气体中尘粒及有害成分，如泡沫洗涤器，如图 3-57 所示，它的典型结构是筛板塔。若液体横流过筛板而从一侧降液管中流下，气体通过筛孔穿入液层内，则称为溢流式，如图 3-57(a) 所示。若液体与气体都是通过筛孔而逆流接触，则称为无溢流式、又称淋降塔板，如图 3-57(b) 所示。作为除尘器，一般以淋降塔板为主。另外一种是湍球塔。将填料塔作为洗涤除尘设备时，入口含尘浓度不能过高，否则易产生堵塞现象。若将静止的填充床改变为流化床，就可解决此问题，这就是湍球塔，其典型结构如图 3-58 所示。在两块开孔率很高的孔板间，放置有直径为 ϕ15～76mm 的轻质空心球，含尘气体从下部进入，以较大速度进入床层将空心球吹起形成流化床。洗涤液从上面喷淋下来。被流化状态下的小球激烈扰动，小球在湍动旋转及相互碰撞中，又使液膜表面不断更新，从而强化了气液两相的接触，可大大提高除尘效率。另外，还有冲击式洗涤器、强化型洗涤器等。

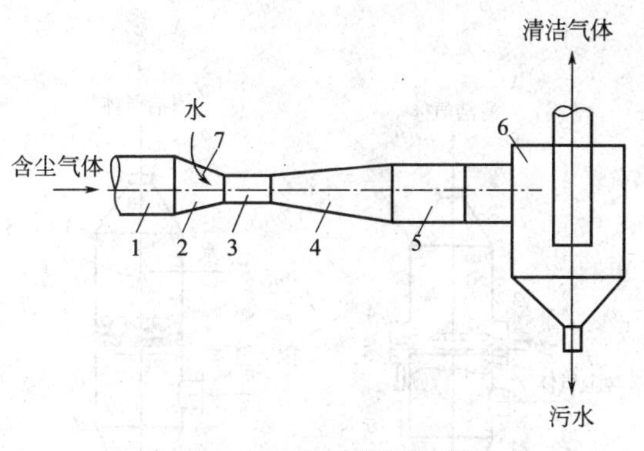

图 3-54　文氏管洗涤器
1—入口风管；2—渐缩管；3—喉管；4—渐扩管；5—风管；6—脱液器；7—雾化喷嘴

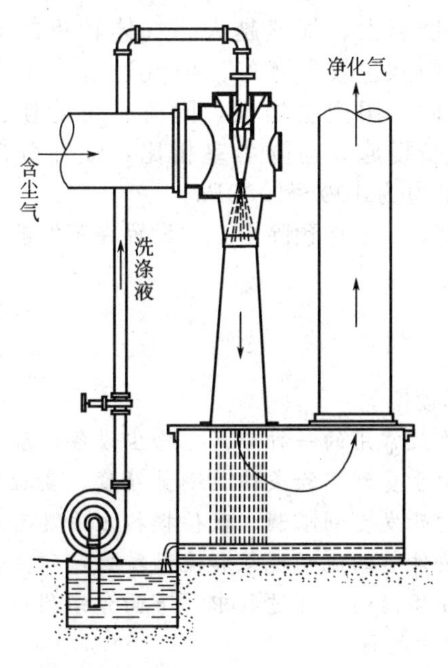

图 3-55　喷射洗涤塔

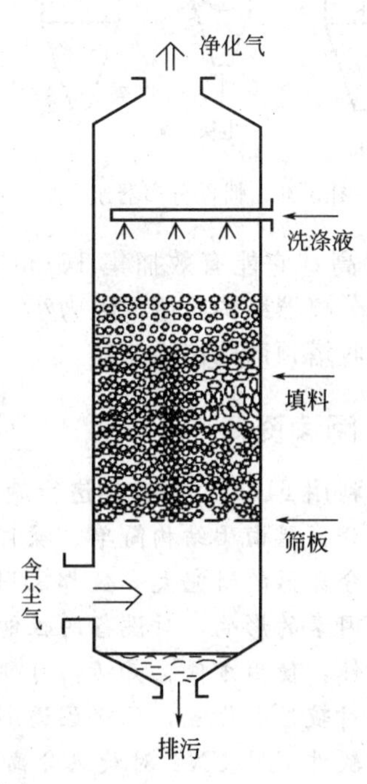

图 3-56　液膜接触型填料塔

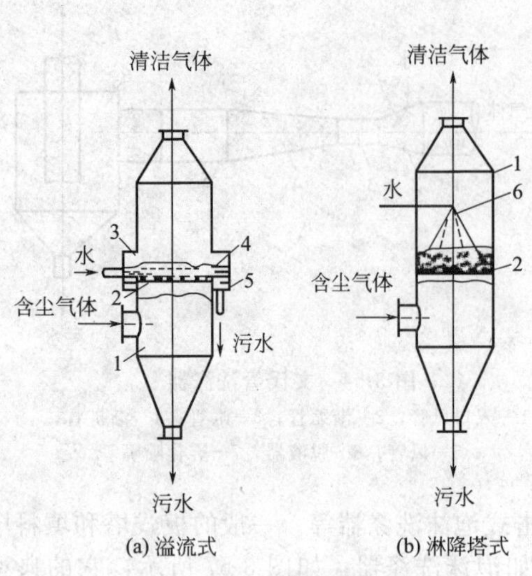

图 3-57　泡沫洗涤器

1—塔体；2—筛板；3—液雾区；4—泡沫区；5—降液管；6—喷淋头

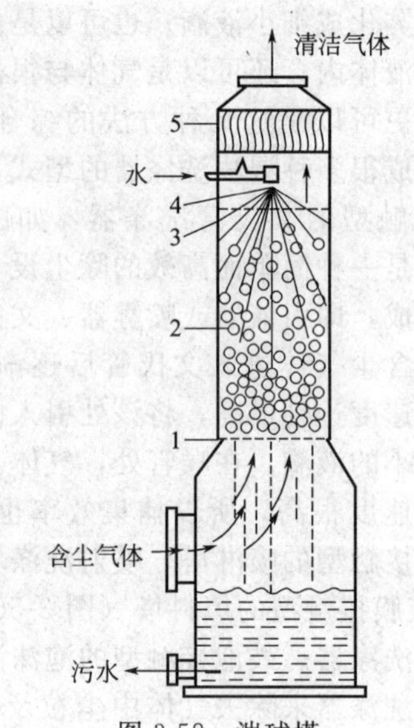

图 3-58　湍球塔

1—支撑筛板；2—填料塔；3—挡板筛板；4—喷嘴；5—除沫板

3.6.3　惯性分离

惯性分离是利用气体与颗粒密度不同的性质，在气体的流动路径上设置挡板以使气体在流动时发生突然的转向，由于颗粒的惯性大，不易改变流动方向，因而可从气体中分离出来。惯性分离通常用于从气体中分离出固体颗粒或液滴。

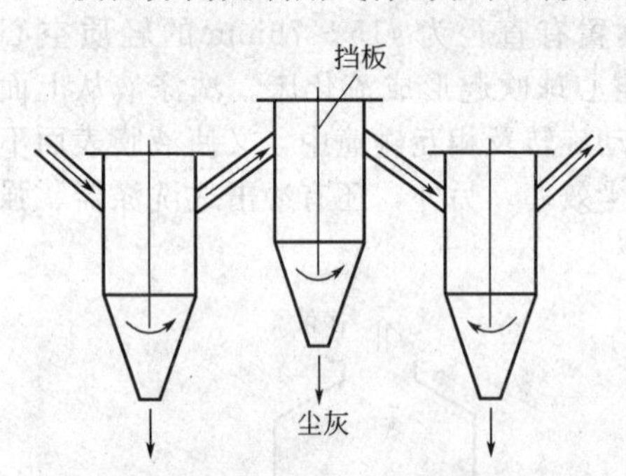

图 3-59　惯性分离器组

如图 3-59 所示是惯性分离器组的示意图。在其中的每个容器内，气流经过挡板时，其中的颗粒来不及改变方向而落入底部。一般来说，颗粒的直径及密度越大、气速越大、气体转折的曲率半径越小，则除尘效果越好。但气速过高也有不利影响。此时，阻力会增大，同时有可能使已分离的颗粒重新扬起。与降尘室相比，惯性分离器的效率略高，它能有效捕集 10μm 以上的颗粒，阻力为 100～1000Pa。

惯性分离器结构简单，阻力小，但分离效率不高，一般作预除尘。常设置在蒸发器及蒸馏塔与吸收塔顶部用作除沫器。

阅读资料

一、利用 FLUENT 软件进行旋风分离器的流场模拟

旋风分离器由于结构简单、操作维修方便，成为最常用的一种分离、除尘设备。现阶段对于旋风分离器的研究大多数都采用实验的方法，由于受到实验条件、测量精度、实验周期及费用等因素的影响，对设备的性能完善和新型结构开发受到限制。数值模拟方法具有易改变计算条件，使用方便、灵活，可研究复杂初始值条件下的流动现象和流动特性，研究和开发周期相对较短等优点，目前已逐渐被采用在旋风分离器的设计过程中。下面介绍利用计算流体力学软件 FLUENT 对旋风分离器进行数值模拟的过程。

1. FLUENT 软件

计算流体力学（computational fluid dynamics，CFD）综合数学、计算机科学、工程学和物理学等多种技术构成流体流动的模型，再通过计算机模拟获得某种流体在特定条件下的有关信息。CFD计算相对于实验研究，具有成本低、速度快、资料完备、可以模拟真实及理想条件等优点。近年来，作为研究流体流动的新方法，CFD在化工领域得到了越来越广泛的应用，涉及流化床、搅拌、转盘萃取塔、填料塔、燃料喷嘴气体动力学、化学反应工程、干燥等多个方面。

在全球众多的CFD软件开发、研究厂商中，FLUENT软件独占40%以上的市场份额，具有绝对的市场优势。FLUENT程序软件包主要由GAMBIT和FLUENT两部分组成，前者用于描述设备结构，后者用于执行计算和现实结果。利用FLUENT软件进行流场模拟的主要步骤有：①用GAMBIT或从其他CAD软件导入的方式，确定几何形状，生成计算网格；②将网格文件输入FLUENT，并检查网格；③选择算法器；④选取求解所需的模型，如层流或湍流、化学反应、传热模型等；⑤确定流体物性；⑥确定边界类型和边界条件（速度入口、压力入口、质量入口、固壁边界等）；⑦输入计算控制参数；⑧初始化流场；⑨计算；⑩保存结果，进行后处理。

2. 旋风分离器的流场模拟

对气相流场的模拟采用的是标准旋风分离器（筒体直径为100mm，排气管长度为130mm，收集管长度为20mm）。首先采用GAMBIT软件做前处理。通过标准旋风分离器的结构对应关系，再加上以上数据得到旋风分离器的几何模型，如附图1所示。建立了几何模型后，就要对模型划分网格。用GAMBIT软件处理好模型后，将其导入FLUENT中进行计算。

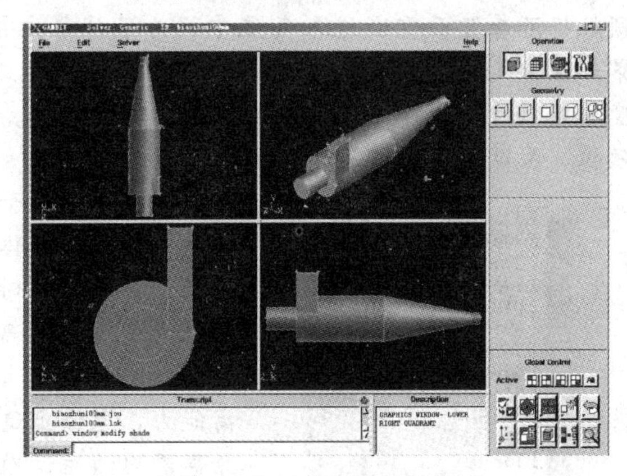
附图1　旋风分离器几何模型

在FLUENT中，气体选用常温下的空气，密度为1.225kg/m^3，黏度为18.1μPa·s，取入口气速为15m/s。设定气体入口边界为速度进口，通过湍流强度I和水力直径D_H来指定入口湍流状态，其中入口湍流强度$I=0.16Re_{入口}-1/8$，水力直径D_H相当于入口当量直径。排气口边界为完全发展的自由流出口，排尘口边界为壁面。壁面采用无滑移边界，默认壁面粗糙度为0.5。实际计算时，如果直接采用RSM模型，计算很难达到收敛，需要的计算时间特别长。所以为了提高计算效率，采用RNGk-e模型计算，当流场计算收敛后再采用RSM模型进行更严格、准确的计算。

如附图2(a)所示是旋风分离器内的静压分布图。从图中可以看出，静压在径向上从外向内逐渐减小，在壁面上压力最高，在中心的静压最低，所以如果灰斗底部密封不严，外界的空气就会被吸进来，那样已经收集的颗粒就会被吹起，这对于分离是很不利的。在轴心处的压力不但远小于入口压力，也小于出口压力。如附图2(b)所示是旋风分离器内的速度分布。可以看出来：高速气流从分离器入口进来后，开始加速运动，其速度是入口速度的1.5倍左右。气流进入旋风分离器的筒体之后，沿圆筒周向运动，速度有所降低。旋转一周后的气流和刚进入的气流会产生碰撞和混合，两股气流的碰撞造成局部涡流，气流速度明显降低，形成乱流，扰乱了局部的流场，成为短路流存在的主要因素。这种局部扰动流场直接影响到分离器的分离效率。

对颗粒相的模拟采用相间耦合的随机轨道模型，计算中考虑颗粒相运动对气相湍流的影

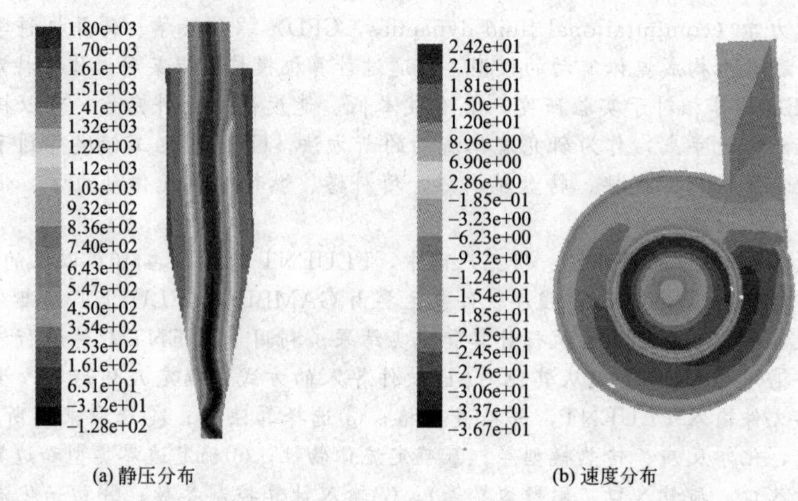

(a) 静压分布　　(b) 速度分布

附图 2　旋风分离器内的压强和速度分布

响，通过跟踪颗粒的运动轨迹来计算分离器的分离效率。颗粒在各种边界处的处理方法是：在旋风分离器外筒壁和底部壁面，考虑到当颗粒达到该处时被气流带回到气相中的概率不大，因而设定到达该处的颗粒被收集，即捕获（trap）边界；在排气管外壁面，在此位置的颗粒将沿着壁面重新进入气流中，为了计算方便假定颗粒反弹，即弹性碰撞（reflect）边界；在排气管出口设定为逃逸（escape）边界。在原来收敛的气相流场基础上，以一定的速度入射颗粒，这样即可对颗粒相进行数值计算。使用的颗粒是密度为 2800kg/m^3 的碳酸钙颗粒，入口速度取的是和气相速度一样的 15m/s，采用的是面进入颗粒。

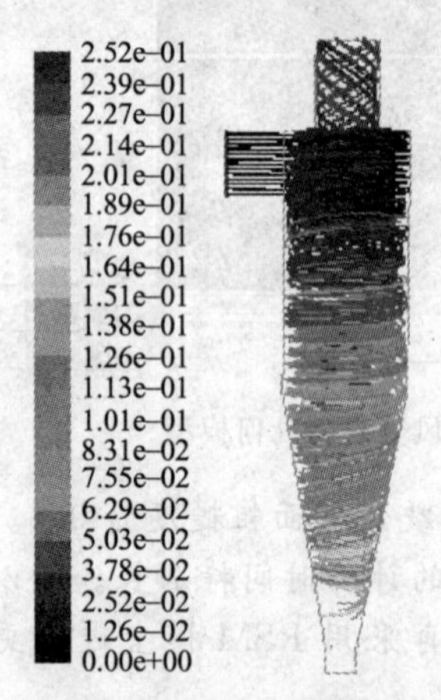

附图 3　0.2μm 的颗粒在旋风分离器内的运动轨迹

经过分析粒子在分离器内的运动情况，设置追踪的最大长度为分离器筒体直径的 500 倍，使得所有可以离开分离器的粒子有足够的时间（长度）可以离开。假如颗粒在所设定的时间或步长内离开了分离器，便停止追踪；若在所设定的时间或步长内仍未离开分离器，便认为分离器对此颗粒无分离能力，也停止追踪。如附图 3 所示是 0.2μm 的颗粒在旋风分离器内的运动轨迹图。可以看到，小颗粒在进入旋风分离器后，有一些直接从排气管离开了旋风分离器，还有大部分一直向下旋转到达了圆锥段。在圆锥段也有一些颗粒随着上升的气流到了旋风分离器的排气管，还有一部分的颗粒到达了灰斗，然后从灰斗进入上升气流最终离开旋风分离器。这些都是造成分离效率降低的原因。

3. 总结

从旋风分离器的模拟结果可以看出，计算流体力学可以详细地展示流体内部的压力、速度分布，这是仅从设备级的宏观计算所得不到的。所以，在化工专业中推广计算流体力学及软件的应用，不仅可以加深对设备计算原理的理解，还有助于细化设计内容，这对工程设计是十分有益的。

二、旋风分离器爆鸣事故分析

1. 事故经过

2005 年 4 月 20 日 6：00 时，某化工企业低压聚乙烯车间 B 线正常开车，颗粒料仓 TK-2451A（高 23m，直径 5.5m，壳体材质为铝镁合金）贮存的是聚乙烯过渡料。下午产品合格后，TK-2451A 停止进料。21 日早 4：30，TK-2451A 中物料经掺和分析定级后，于 21

日 8：30 向低压聚乙烯装置包装车间送料。11：50 料仓 TK-2451A 突然发生爆鸣，将料仓顶部撕裂。同时，与料仓 TK-2451A 相连接的旋风分离器 M-2354 突然发生爆鸣。11：55 分，消防队到达装置现场进行扑救，12：35 分将火完全扑灭。如附图 4 所示为 TK-2451A 和 M-2354 所在的生产现场。

(a) 事故前状况　　(b) 事故后状况

附图 4　聚氯乙烯料仓系统

2. 原因分析

从现有生产工艺上分析：①爆鸣不是由可燃气体引起；②颗粒料仓 TK-2451A 不是爆鸣第一现场；③旋风分离器 M-2454 未设置静电接地，是爆鸣的直接原因和主要原因。

聚乙烯颗粒在输送、掺混过程中，相互碰撞或与管壁碰撞，产生一些细小聚乙烯粉尘。同时，聚乙烯颗粒在输送料过程中，相互摩擦或与管壁摩擦产生静电。按工艺设计要求设置静电接地的设备，特别是颗粒料仓的静电接地良好，所以不具备爆鸣条件。但是，在原工艺设计中，未要求旋风分离器 M-2454 设置静电接地。所以，M-2454 在运行过程中，内静电积聚并达到一定能量，由于气体流动导致放电产生火花，粉尘在 M-2454 中首先爆鸣，其产生的气浪和燃烧物进入 TK-2451A 引起该罐爆鸣和罐中聚乙烯粉尘燃烧。

3. 事故预防措施

① 利用检修机会，对料仓进行清理，减少聚乙烯粉尘。定期打开料仓人孔观察内部的粉尘积聚情况，并及时清理。

② 在空气干燥季节，适当增加聚乙烯颗粒的湿含量（0.1%～0.3%），减少粉尘和静电的产生。

③ 举一反三，对厂内所有装置静电接地设施进行检查分析，对认为需增加静电接地设施的部位进行认真整改，并确保接地良好。

习　题

一、填空题

1. 在层流区，颗粒的沉降速度与颗粒直径的________次方成正比。

2. 若降尘室的高度增加，则沉降时间________，气体流速________，生产能力________。

3. 当旋风分离器切向进口速度相同时，随着旋风分离器的直径增大，其离心分离系数越________；而离心分离机随着转鼓直径的增大其离心分离系数越________。

4. 通常，________非均相物系的离心沉降是在旋风分离器中进行的，而________悬浮物系一般可在旋液分离器或沉降离心机中进行。

5. 实现过滤操作的外力可以是________、________或________。

6. 根据流体流速的不同，由均匀颗粒组成的颗粒床层分________阶段、________阶段和________阶段三个阶段。

二、单项选择题

1. 在降尘室中，下列因素与颗粒的沉降速度无关的是________。

(1) 颗粒的几何尺寸　(2) 颗粒与流体的密度　(3) 流体的水平流速　(4) 颗粒的形状

2. 含尘气体在降尘室内按斯托克斯定律进行沉降，理论上能完全除去 30μm 的粒子。现气体处理量增加 1 倍，则该降尘室理论上能完全除去的最小粒径为________。

(1) 60μm　(2) 15μm　(3) 30μm　(4) 42μm

3. 在讨论旋风分离器的分离性能时，临界粒径这一术语是指________。

(1) 旋风分离器效率最高时其直径　(2) 旋风分离器允许的最小直径

(3) 旋风分离器能够全部分离出来的最小颗粒的直径　(4) 能保持层流流型时的最大颗粒直径

4. 提高旋风除尘器效率的措施有________。

(1) 采用细长形旋风除尘器　(2) 采用粗短型旋风除尘器

(3) 采用较大的进口气速　(4) 使旋风分离器在低气体负荷下操作

5. 过滤推动力一般是指________。

(1) 过滤介质两边的压降　(2) 过滤介质与滤饼构成的过滤层两边的压降

(3) 滤饼两面的压降　(4) 液体进出过滤机的压降

6. 下列不属于流化床特性的是________。

(1) 可以使固体颗粒悬浮　(2) 表面水平

(3) 床层压降随流速增大而升高　(4) 具有流动性

三、计算题

1. 颗粒的直径为 30μm，密度为 2000kg/m^3，求它在 20℃水中的沉降速度。

2. 直径分别为 100μm 与 180μm 的球形颗粒 A、B 在 20℃的水中做重力沉降，已知颗粒的密度为 3000kg/m^3，试计算两者的沉降速度。

3. 一种测量液体黏度的方法是测量金属球在其中沉降一定距离所用时间。现测得密度为 8000kg/m^3、直径为 5.6mm 的钢球在某种密度为 920kg/m^3 的油品中重力沉降 300mm 所用的时间为 12.1s，问此种油品的黏度是多少？

4. 用高 2m、宽 2.5m、长 5m 的重力降尘室分离空气中的粉尘。在操作条件下，空气的密度为 0.779kg/m^3，黏度为 $2.53\times10^{-5}\text{Pa}\cdot\text{s}$，流量为 $5.0\times10^4\text{m}^3/\text{h}$，粉尘的密度为 2000kg/m^3。试求所能分离下来的最小颗粒直径。

5. 用降尘室净化烟气，已知烟气流量为 $3600\text{m}^3/\text{h}$，密度为 0.6kg/m^3，黏度为 $0.03\text{mPa}\cdot\text{s}$，尘粒的密度为 4300kg/m^3，要求除去 6μm 以上的尘粒。试求：(1) 所需的沉降面积；(2) 若降尘室底面积为 15m^2，则需多少层？

6. 某除尘室高 2m、宽 2m、长 6m，用于炉气除尘。球形矿尘颗粒的密度为 4500kg/m^3，操作条件下气体流量为 $25000\text{m}^3/\text{h}$，气体密度为 0.6kg/m^3、黏度为 $0.03\text{mPa}\cdot\text{s}$。试求理论上能完全除去的最小矿粒直径。现由于生产工艺改进，需要完全除去粒径大于 20μm 的颗粒，如果采用将降尘室改为多层结构的方法，试计算多层降尘室的层数。

7. 有一个降尘室，长 6m，宽 3m，共 20 层，每层高 100mm，用以除去炉气中的矿尘。矿尘密度为 3000kg/m^3，炉气密度为 0.5kg/m^3，黏度为 $0.035\text{mPa}\cdot\text{s}$，现要除去炉气中的 10μm 以上的颗粒。试求：(1) 为完成上述任务，可允许的最大气流速度；(2) 每小时最多可送入的炉气量；(3) 若取消隔板，为完成任务该降尘室的最大处理量为多少？

8. 用降尘室实现某气体的除尘，气流流量为 $3000\text{m}^3/\text{h}$，其黏度为 $0.03\text{mPa}\cdot\text{s}$，密度为 0.5kg/m^3。气流中的粉尘颗粒均匀分布，密度为 4000kg/m^3。试求：(1) 设计一个能够保证 30μm 以上颗粒完全除去的降尘室，试计算该降尘室的面积。(2) 采用该降尘室时，直径为 15μm 的颗粒被除去的百分数是多少？(3) 如果气量减少 20%，该降尘室所能全部分离的最小颗粒的直径为多少？(4) 如果将降尘室改为两层，对颗粒的处理要求不变，则所能处理的气流流量变为多少？

9. 方铅矿石和硅石的混合物，其粒度分布为0.075～0.65mm，方铅矿石和硅石的密度分别为7500kg/m^3与2650kg/m^3，用温度为20℃的向上的水流进行分离。试问：(1) 要得到纯净的方铅矿石产品，水的流速应为多大？(2) 纯净产品的粒度分布如何？

10. 使用标准旋风分离器收集流化床燃烧器出口的K_2CO_3粉尘，在旋风分离器入口处，空气的温度为200℃，流量为3800m^3/h（200℃）。粉尘密度为2290kg/m^3，旋风分离器直径D为650mm。试求此设备能分离粉尘的临界直径d_c。

11. 速溶咖啡粉颗粒（密度为1050kg/m^3）的直径为60μm，用250℃的热空气送入标准旋风分离器中。进入时的切线速度为20m/s，在器内的旋转半径为0.5m。试求：(1) 咖啡粉粒的径向沉降速度；(2) 若此咖啡在同温度的静止空气中沉降，其沉降速度为多少？

12. 已知含尘气体中尘粒的密度为2300kg/m^3，气体的流量为1000m^3/h，密度为0.874kg/m^3，黏度为3.6×10^{-5}Pa·s。拟采用标准旋风分离器进行除尘，分离器的直径为400mm。试求以下问题。

(1) 计算其临界粒径及压降。

(2) 若含尘气体原始含尘量为150g/m^3，尘粒的粒度分布如下表所示。

粒径 d/μm	<3	3～5	5～10	10～20	20～30	30～40	40～50	50～60	60～70
质量百分数/%	3	11	17	27	12	9,5	7.5	6.4	6.6

求出口气体的含尘浓度及除尘效率。

(3) 若临界直径不变，经过旋风分离器的压降可以增大到1.1kPa，求旋风分离器的直径及并联个数。

13. 拟采用标准旋风分离器收集流化床出口处的碳酸钾粉尘。旋风分离器入口处的空气温度为200℃，分离器的处理能力为4400m^3/h，粉尘密度为2290kg/m^3，旋风分离器的直径为700mm。试求：

(1) 此分离器所收集粉尘的临界粒径；

(2) 如分别以2台直径为500mm及4台直径为400mm的同类旋风分离器并联操作以代替原来的分离器，则临界粒径又将为多少？

14. 某一旋风分离器，在某一进口气速下进入分离器的总粉尘量为300.0g，收集到的粉尘量为262.5g。投料粉尘和收集粉尘经分级和称重，其结果如下。

粒径范围/μm	0～5	5～10	10～20	20～40	40～60	>60
进入 C_{1i}/g	30.3	40.5	42.3	45.6	51.0	90.3
收集 C_{2i}/g	12.7	12.8	36.8	41.5	48.5	90.2

试计算该分离器的总效率和粒级效率。

15. 用一个板框式过滤机过滤某固体悬浮液，在101.3kPa（表压）下过滤20min，单位过滤面积上得到滤液0.197m^3，继续过滤20min，单位过滤面积上又得到滤液0.09m^3。如果过滤1h，单位过滤面积上所得滤液为多少？

思 考 题

1. 固体颗粒在流体中的绝对速度与流体速度及颗粒沉降速度有何关系？

2. 对一定物系，降沉室的处理能力与什么因素有关？与什么因素无关？

3. 什么是离心分离系数？分离系数的大小说明什么问题？为提高分离系数，可采取什么措施？

4. 试分析旋风分离器的直径及入口气速的大小对临界颗粒直径的影响。

5. 为什么工业上气体的除尘常放在冷却之后进行？而在悬浮液的过滤分离中，滤浆却不宜在冷却后才进行过滤？

6. 过滤为什么常采用先恒速、后恒压的复合操作方式？

7. 同一流化床，用空气和水作流化介质时，几层压降是否相同？为什么？

8. 流化床的不正常现象有哪些？流化床的压降具有什么特点？这一特点可带来什么好处？

符号说明

英文字母：

a_r——离心加速度，m/s^2；

A——降尘室沉降面积，m^2；

B——降尘室宽度（m），或表示旋风分离器的进口宽度（m）；

C——旋风分离器中含尘气体的浓度，g/m^3；

d——颗粒直径，m；

d_e——当量直径，m；

d_{50}——旋风分离器的分割粒径，m；

d_c——旋风分离器中的临界直径，m；

F——作用力，N；

g——重力加速度，m/s^2；

H——降尘室高度，m；

K_c——分离系数；

L——降尘室长度，m；

N_e——旋风分离器中气体的有效旋转圈数；

Δp——旋风分离器的压强降，Pa；

Re_t——匀速沉降时的雷诺数，无量纲；

r_m——旋风分离器中气体旋转平均半径，m；

S——表面积，m^2；

u_t——颗粒的沉降速度，m/s；

u_T——切向速度，m/s；

u_r——离心沉降速度，m/s；

u_i——旋风分离器中气体的进口气速，m/s；

V_p——颗粒体积，m^3。

希腊字母：

ρ——密度，kg/m^3；

ζ——阻力系数，无量纲；

μ——黏度，Pa·s；

ϕ_s——颗粒球形度；

ω——旋转角速度；

η——分离效率。

下标：

b——浮力；

c——离心；

d——阻力；

g——重力；

i——进口，指第 i 小段；

o——总的；

p——颗粒；

r——径向；

s——固体颗粒；

1——进口；

2——出口。

第4章 传热原理及应用

4.1 传热基本概念

4.1.1 传热在过程工业中的应用

若系统或物体内存在温度差，必有热量的传递，热量总是自发地由温度较高部分向较低部分传递。传热的应用相当广泛，不仅在过程工业，就是在航空、电子、机电及日常生活等各个方面，都可以遇到许多加热、冷却、蒸发、制冷、凝结、隔热或保温等实际的传热问题。

在过程工业，往往需要化学反应和单元操作过程的加热或冷却，以维持过程进行所需要的温度。例如在蒸馏操作中，为了使塔釜达到一定温度并产生一定量的上升蒸汽，就需要对塔釜液加热，同时为了使塔顶上升蒸汽冷凝以得到液体产品，还需要对塔顶蒸汽进行冷凝；再如在蒸发、干燥等单元操作中也都要向相应的设备加入或取出热量；此外，化工设备的保温、生产过程中热能的合理应用以及废热的回收等都涉及传热问题。

综上所述，化工生产中对传热过程的要求主要有以下两种情况：其一是强化传热过程，如各种换热设备中的传热；其二是削弱传热过程，如对设备或管道的保温，以减少热损失。显然，研究和掌握传热的基本规律，探求强化或削弱传热的有效途径及方法，具有十分重要的意义。

4.1.2 传热基本方式

根据传热机理不同，传热的基本方式分为热传导、热对流和热辐射三种。

(1) 热传导　热传导简称导热，是指直接接触的系统之间或系统内各部分之间没有宏观的相对运动，仅仅依靠分子、原子及自由电子等微观粒子的热运动而实现热量传递的现象。导热在固体、液体和气体中均可进行，但它们的导热机理各有不同。气体热传导是气体分子作不规则热运动时相互碰撞的结果；液体热传导的机理与气体类似，是依靠分子、原子在其平衡位置附近振动；固体以两种方式传导热能，即自由电子的迁移和晶格振动。

(2) 热对流　热对流是指流体中各部分质点之间发生宏观相对运动和混合而引起的热量传递过程，即热对流只能发生在流体内部。热对流分为强制对流及自然对流两种。

自然对流是指流体中因各部分温度不同而引起密度的差别，从而使流体质点间产生相对运动而进行对流传热；因泵或搅拌等外力所产生的质点强制运动而进行对流传热，称为强制对流。

(3) 热辐射　热辐射简称辐射，是物体因热的原因而产生电磁波在空间的传递现象。当任何物体的温度大于热力学零度时，都会以电磁波的形式向外界辐射能量，当被另一物体部分或全部接收后，又重新变为热能，这种传热方式称为辐射传热，即辐射传热是物体间相互辐射和吸收能量的总结果。但只有当物体间的温度差别较大时，辐射传热才能成为主要的传热方式。

实际传热过程往往是两种或三种传热方式的综合结果。

4.1.3 传热速率与热通量

传热速率（又称热流量）Q是指单位时间内通过一台换热器的传热面或某指定传热面的

热量，单位为 W。

热通量（又称热流密度）q 是指单位面积的传热速率，单位为 W/m^2。

$$Q=\frac{传热推动力}{传热阻力}$$

传热过程的推动力是指两流体之间的传热温度差，但在传热面的不同位置上，流体的温度差不同，因此在传热计算中，通常采用平均温度差表示；传热阻力则与具体的传热方式、流体物性、壁面材料等多个因素有关，具体将在本章后续相应部分分别介绍。

4.1.4 稳态传热与非稳态传热

传热过程中，若控制体内各点位置的温度均不随时间而变，则该传热过程称为稳态传热过程。若控制体内各点温度随时间变化，则该传热过程称为非稳态传热过程。生产中的间歇性操作，如一次性投料到反应釜内，然后用饱和蒸汽间接加热釜内物料，加热过程中既不再加料，也不出料，这就是非稳态传热的例子。而本章的重点仅限于讨论稳态传热过程。

4.1.5 冷热流体接触方式及换热器简介

传热过程中冷、热流体进行热交换时，有三种基本接触方式，每种传热方式所用传热设备的结构也各不相同。

4.1.5.1 直接接触式换热

直接接触式换热器的特点是，冷热两种流体在换热器内直接混合进行热交换。这类换热器主要应用于气体的冷却，兼做除尘、增湿或蒸汽的冷凝，常见的设备有凉水塔、洗涤塔、文氏管及喷射冷凝器等。其优点是传热效果好，设备简单，易于防腐；缺点是仅允许两流体可混合时才能使用。如图 4-1 所示的混合式冷凝器就是一种典型的直接接触式换热器。

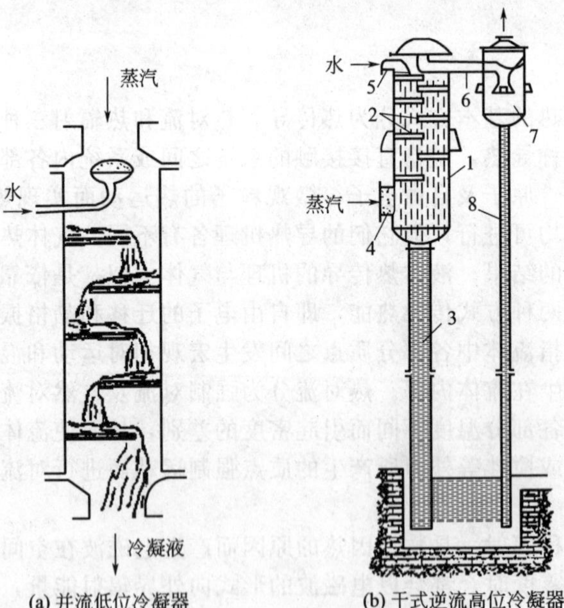

(a) 并流低位冷凝器　　(b) 干式逆流高位冷凝器

1—外壳；2—淋水板；3，8—气压管；4—蒸汽进口；5—进水口；6—不凝气出口；7—分离罐

图 4-1　混合式冷凝器

4.1.5.2 蓄热式换热

蓄热式换热器如图 4-2 所示，其特点是，换热器内装有填充物（如耐火砖），热流体和冷流体交替流过填充物，以填充物交替吸热和放热的方式进行热交换。这类换热器主要应用

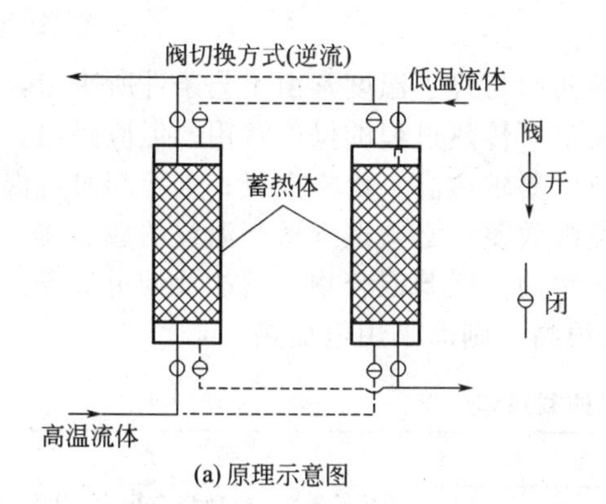

(a) 原理示意图

(b) 设备图

图 4-2　蓄热式换热器

于高温气体的余热利用，其优点是设备简单，耐高温；缺点是设备体积庞大，不能完全避免两种流体混合。

4.1.5.3　间壁式换热

在化工生产中遇到的多是间壁两侧流体的热交换，即冷、热流体被固体壁面（传热面）所隔开，互不接触，固体壁面即构成间壁式换热器。在此类换热器中，热量由热流体通过壁面传给冷流体，适用于冷、热流体不允许直接混合的场合。间壁式换热器应用广泛，形式多样，各种管式和板式结构换热器均属此类，这里以常见的套管式和管壳式为例进行介绍。

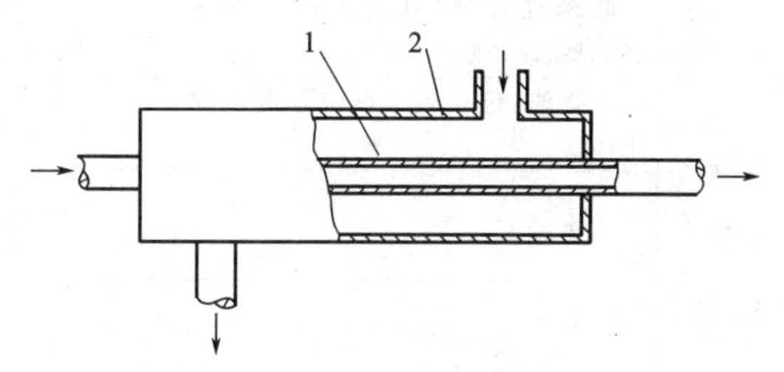

图 4-3　简单套管式换热器

1—内管；2—外管

如图 4-3 所示为简单套管式换热器，它是由直径不同的两根管子同心套在一起组成的，冷热流体分别流经内管和环隙而进行热量交换。

如图 4-4 所示为单程管壳式换热器，一种流体在管内流动（管程流体），而另一种流体在壳与管束之间从内管外表面流过（壳程流体），为了保证壳程流体能够横向流过管束，以形成较高的传热速率，在外壳上装有许多挡板。

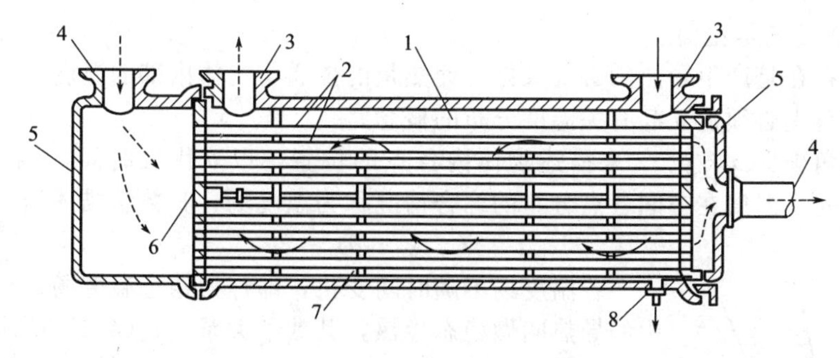

图 4-4　单程管壳式换热器

1—外壳；2—管束；3,4—接管；5—封头；6—管板；7—挡板；8—泄水管

4.1.6　载热体及其选择

在过程工业中，物料在换热器内被加热或冷却时，通常需要用另一种流体供给或取走热量，此种流体称为载热体，其中起加热作用的载热体称为加热剂（或加热介质）；起冷却

（冷凝）作用的载热体称为冷却剂（或冷却介质）。

对于一定的传热过程，待加热或冷却物料的初始与终了温度常由工艺条件所决定，因此需要提供或取出的热量是一定的。热量的多少决定了传热过程的操作费用。但应指出，单位热量的价格因载热体而异。例如，当加热时，温度要求愈高，价格愈贵；当冷却时，温度要求愈低，价格愈贵。因此为了提高传热过程的经济效益，必须选择适当温位的载热体。

工业上常用的加热剂有热水、饱和蒸汽、矿物油、联苯混合物、熔盐及烟道气等。它们所适用的温度范围见表 4-1。若所需的加热温度很高，则需采用电加热。

表 4-1 常见的载热体

项目	载热体	适用温度范围/℃	特点
加热剂	饱和蒸汽	100～180	给热系数大，冷凝相变热大；温度易于调节；加热温度不能太高
	热水	40～100	工业上可利用废热和水的余热，加热温度低，也不易调节
	烟道气	>500	温度高，但加热不易均匀；给热系数小，热容小
	熔盐（KNO_3 53%，$NaNO_2$ 40%，$NaNO_3$ 7%）	142～530	加热温度高，且均匀，热容小
	联苯混合物（如道生油含联苯 26.5%、联苯醚 73.5%）	15～255（液态） 255～380（蒸汽）	适用温度范围广，且易于调节；容易渗漏，渗漏蒸气易燃
	矿物油（包括各类汽缸油和压缩机油等）	<350	价廉，易得；黏度大，给热系数小，易分解，易燃
冷却剂	冷水	5～80	来源广，价格便宜，调节方便；温度受地区、季节与气温的影响
	空气	>30	取之不竭，用之不尽；给热系数小，温度受季节和气候的影响较大
	冷冻盐水（氯化钙溶液）	0～−15	成本高，只适用于低温冷却

4.2 热传导

4.2.1 热传导基本概念

4.2.1.1 温度场与等温面

温度差的存在是产生导热的必要条件，而热量的传递与物体内部的温度分布有着密切的关系。所以，首先必须建立起有关温度分布的概念。

如果用直角坐标 x、y、z 来描述物体内各点的位置，以 θ 代表时间，t 代表温度，那么，在某一瞬间，温度在空间各点分布的综合情况称为温度场，其数学描述为：

$$t=f(x,y,z,\theta) \tag{4-1}$$

若温度场不随时间变化，即称为稳态温度场，在稳态温度场中的导热叫做稳态导热，其数学关系如式(4-2) 所示。

$$t=f(x,y,z) \tag{4-2}$$

如只考虑温度仅沿着 x 方向发生变化，则称为稳态一维温度场，它具有最简单的数学表达式，即：

$$t=f(x) \tag{4-3}$$

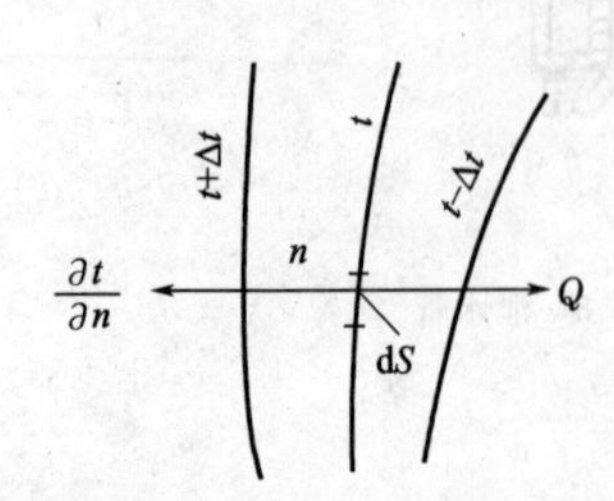

图 4-5 等温面和温度梯度示意

在某一瞬间，温度场内温度相同的各点组成的面叫做等温面，用任何一个平面与等温面相切可得到等温线，如图 4-5 所示。等温面的特点是：由于某瞬间内空间任一点不可能同时有不同的温度，故温度不同的等温面彼此不相交；由于等温面上温度处处相等，故在等温面上将无热量传递，而沿着与等温面相交的任何方向，因温度发生变化，则有热量传递。

4.2.1.2 温度梯度

由图 4-5 可知，不同温度的等温面之间存在温度差。所以，沿着与等温面相交的任何方向都有温度的变化，这种变化在法线方向上距离最短，单位长度的温度变化最大。为了描述这种变化情况，把两相邻等温面之间沿着法线方向的温度差 Δt 与法向距离 Δn 之比叫做温度梯度，即：

$$\mathrm{grad}(t)=\lim_{\Delta n\to 0}\frac{\Delta t}{\Delta n}=\frac{\partial t}{\partial n} \tag{4-4}$$

温度梯度是沿着与等温线垂直方向的矢量，它的方向以温度升高的方向为正，以温度降低的方向为负。

对于一维稳态温度场，等温线全都垂直于 x 方向，其温度梯度为：

$$\mathrm{grad}(t)=\frac{\mathrm{d}t}{\mathrm{d}x} \tag{4-5}$$

4.2.2 傅里叶定律

4.2.2.1 傅里叶定律

实验研究结果表明，热能总是朝着温度降低的方向传导，其导热速率的大小与温度梯度以及导热面积成正比，数学表达式为：

$$\mathrm{d}Q=-\lambda\mathrm{d}S\frac{\partial t}{\partial n} \tag{4-6}$$

式中 $\mathrm{d}Q$——微分热传导速率，即单位时间传导的热量，其方向与温度梯度的方向相反，W；

λ——物质的热导率，W/(m·℃)；

$\mathrm{d}S$——与热传导方向垂直的微分传热面（等温面）面积，m^2；

$\frac{\partial t}{\partial n}$——温度梯度，℃/m。

上式称为傅里叶定律，是热传导的基本定律，式中负号表示热传导的方向与温度梯度的方向相反，即热量朝着温度下降的方向传递。

4.2.2.2 热导率

将式(4-6) 改写为：

$$\lambda=-\frac{\mathrm{d}Q}{\mathrm{d}S\frac{\partial t}{\partial n}} \tag{4-7}$$

上式说明，热导率在数值上等于单位导热面积、单位温度梯度、单位时间内传导的热量。因此，热导率是反映物质导热能力大小的参数，是物质的重要物理性质之一。

热导率一般用实验方法进行测定。通常金属固体的热导率最大；非金属固体的热导率较小；液体更小；而气体的热导率最小。表 4-2 给出了一般情况下各类物质的热导率大致范围。

表 4-2 常见物质热导率的范围

物质种类	气体	液体	非导固体	金属	绝热材料
λ/[W/(m·℃)]	0.006～0.6	0.07～0.7	0.2～3.0	15～420	<0.25

热导率受物质的种类、温度、压力、湿度、密度以及物质组成结构型式的影响。作为参考，本书末附录中摘录了某些工程上常用的λ值。

(1) 固体的热导率　在所有固体中，金属是最好的导热体，大多数纯金属的热导率随温度升高而降低。金属的纯度对热导率影响很大，其热导率随其纯度的增高而增大，因此合金的热导率比纯金属要低。

非金属的建筑材料或绝热材料的热导率与温度、组成及结构的紧密程度有关，一般λ值随密度增加而增大，亦随温度升高而增大。

大多数均质固体的热导率与温度成直线关系，即：

$$\lambda=\lambda_0(1+at) \tag{4-8}$$

式中　λ——固体在t时的热导率，W/(m·℃)；

λ_0——0℃时物质的热导率，W/(m·℃)；

a——由实验测定的温度系数，可为正值，也可为负值，对于大多数金属材料，a为负值，而对于大多数非金属材料，a为正值。

(2) 液体的热导率　由于液体分子间相互作用的复杂性，液体热导率的理论推导比较困难，目前主要依靠实验方法测定。

液体可分为金属液体（液态金属）和非金属液体。液态金属的热导率比一般的液体要高。大多数金属液体的热导率均随温度的升高而降低。

在非金属液体中，水的热导率最大。除水和甘油外，大多数非金属液体的热导率亦随温度的升高而降低。液体的热导率基本上与压力无关。一般来说，纯液体的热导率比其溶液的要大。溶液的热导率在缺乏实验数据时，可按纯液体的λ值进行估算。

有机化合物水溶液的热导率估算式为：

$$\lambda_m=0.9\sum a_i\lambda_i \tag{4-9}$$

式中　a——组分的质量分率；

下标m——混合液；

下标i——组分的序号。

有机化合物的互溶混合液的热导率估算式为：

$$\lambda_m=\sum a_i\lambda_i \tag{4-10}$$

(3) 气体的热导率　与液体和固体相比，气体的热导率最小，对热传导不利，但却有利于保温、绝热。工业上所使用的保温材料，如玻璃棉等，就是因为其空隙中有气体，所以其热导率较小，适用于保温隔热。

气体的热导率随温度升高而增大。在相当大的压强范围内，气体的热导率随压强的变化很小，可以忽略不计，仅当气体压力很高（大于2000atm，1atm=101330Pa）或很低（低于20mmHg，1mmHg=133.32Pa）时，才应考虑压强的影响，此时热导率随压强增高而增大。

常压下气体混合物的热导率可用下式估算。

$$\lambda_m=\frac{\sum_{i=1}^{m}\lambda_i y_i M_i^{\frac{1}{3}}}{\sum_{i=1}^{n} y_i M_i^{\frac{1}{3}}} \tag{4-11}$$

式中　y_i——气体混合物中i组分的摩尔分率；

M_i——气体混合物中i组分的分子量，kg/kmol。

4.2.3　固体平壁稳态热传导

4.2.3.1　单层平壁稳态热传导

如图4-6所示，设有一个厚度为b的无限大平壁（其长度和宽度远比厚度大），假设材料均匀，热导率不随温度变化；平壁内的温度仅沿垂直于平壁的方向变化（这里指 x 轴），即等温面垂直于传热方向；平壁面积与平壁厚度相比很大，故可以忽略热损失，现导出通过此平壁的导热速率的计算式。

按照上述问题的描述，属于平壁一维稳态热传导，傅里叶定律可整理为：

$$Q=-\lambda S\frac{\mathrm{d}t}{\mathrm{d}x} \tag{4-12}$$

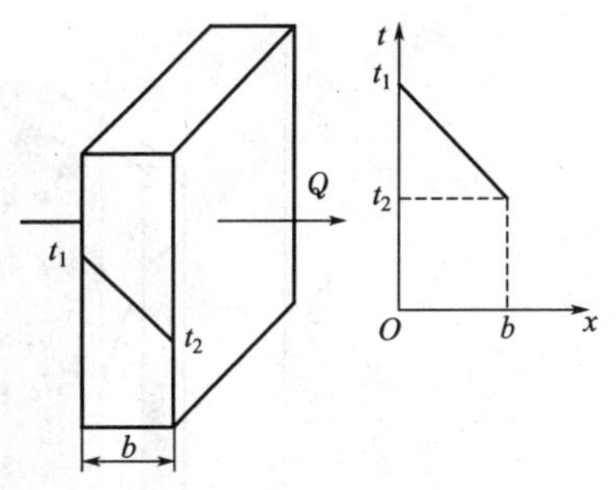

图 4-6 单层平壁的稳态热传导

若边界条件为 $x=0$ 时，$t=t_1$；$x=b$ 时，$t=t_2$，且 $t_1>t_2$，积分上式并整理得：

$$Q=\frac{\lambda S}{b}(t_1-t_2) \tag{4-13}$$

或

$$Q=\frac{t_1-t_2}{\frac{b}{\lambda S}}=\frac{\Delta t}{R} \tag{4-14}$$

式中 b——平壁厚度，m；

$R=\frac{b}{\lambda S}$——平壁热传导热阻，℃/W；

Δt——平壁两侧的温度差，即热传导推动力，℃。

式(4-14) 表明导热速率与导热推动力成正比，与导热热阻成反比；还可以看出，导热距离愈大，传热面积和热导率愈小，则导热热阻愈大。

式(4-13) 还可改写为：

$$q=\frac{Q}{S}=\frac{\lambda}{b}(t_1-t_2)=\frac{t_1-t_2}{\frac{b}{\lambda}} \tag{4-15}$$

式中 q——单位时间、单位面积的导热量，称为导热通量或热流密度。

若设壁厚为 x 处的温度为 t，则可得平壁内任意位置的温度分布关系式。

$$t=t_1-\frac{Qx}{\lambda S} \tag{4-16}$$

式(4-16) 即为平壁内的温度分布，它是一条直线，当 $x=b$ 时，$t=t_2$。

4.2.3.2 多层平壁稳态热传导

在工业上常见到的是多层平壁的导热问题，例如锅炉炉墙是由耐火砖、保温砖、普通砖等构成的多层平壁，以图 4-7 为例。假设多层平壁层与层之间接触良好，相互接触的表面上温度相等，在稳态导热情况下，若各表面温度分别为 t_1、t_2、t_3 和 t_4，且 $t_1>t_2>t_3>t_4$，则通过各层平壁的传热速率分别为：

$$Q_1=\frac{\lambda_1 S}{b_1}(t_1-t_2)=\frac{t_1-t_2}{\frac{b_1}{\lambda_1 S}}=\frac{\Delta t_1}{R_1} \tag{4-17}$$

$$Q_2=\frac{\lambda_2 S}{b_2}(t_2-t_3)=\frac{t_2-t_3}{\frac{b_2}{\lambda_2 S}}=\frac{\Delta t_2}{R_2} \tag{4-18}$$

$$Q_3=\frac{\lambda_3 S}{b_3}(t_3-t_4)=\frac{t_3-t_4}{\frac{b_3}{\lambda_3 S}}=\frac{\Delta t_3}{R_3} \tag{4-19}$$

对于多层平壁热传导，在稳态导热过程中，热量在平壁内没有积累，因而数量相等的热

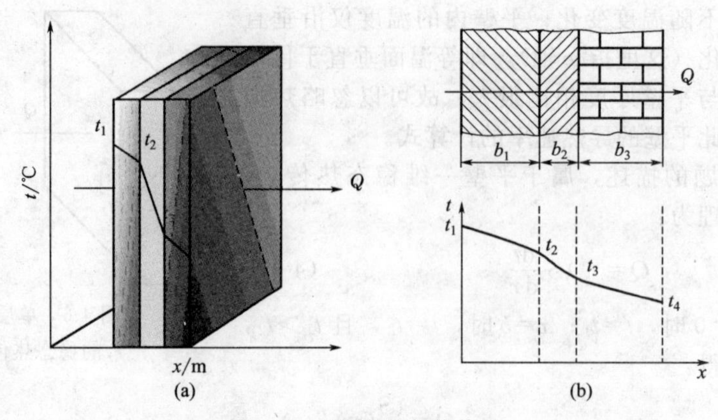

图 4-7 三层平壁的热传导

量依次通过各层平壁，即各层平壁的传热速率相等，即 $Q_1=Q_2=Q_3=Q$。这是一种典型的串联传热过程，则式(4-17)～式(4-19) 可联合表示为：

$$Q=\frac{\lambda_1 S(t_1-t_2)}{b_1}=\frac{\lambda_2 S(t_2-t_3)}{b_2}=\frac{\lambda_3 S(t_3-t_4)}{b_3} \tag{4-20}$$

或

$$Q=\frac{\Delta t_1}{\dfrac{b_1}{\lambda_1 S}}=\frac{\Delta t_2}{\dfrac{b_2}{\lambda_2 S}}=\frac{\Delta t_3}{\dfrac{b_3}{\lambda_3 S}} \tag{4-21}$$

那么，三层平壁导热速率的计算式可利用加和性原理，处理上式后整理得：

$$Q=\frac{\Delta t_1+\Delta t_2+\Delta t_3}{\dfrac{b_1}{\lambda_1 S}+\dfrac{b_2}{\lambda_2 S}+\dfrac{b_3}{\lambda_3 S}}=\frac{t_1-t_4}{\sum\limits_{i=1}^{3}\dfrac{b_i}{\lambda_i S}} \tag{4-22}$$

同理，推广至 n 层平壁的传导速率计算式为：

$$Q=\frac{t_1-t_{n+1}}{\sum\limits_{i=1}^{n}\dfrac{b_i}{\lambda_i S}} \tag{4-23}$$

由式(4-23) 可见，多层平壁热传导的总推动力为各层温度差之和，即总温度差；总热阻为各层热阻之和。

【例 4-1】 某平壁燃烧炉由一层厚 100mm 的耐火砖和一层厚 80mm 的普通砖砌成，其热导率分别为 1.0W/(m·℃) 及 0.8W/(m·℃)。操作稳定后，测得炉壁内表面温度为 700℃，外表面温度为 100℃。为减少燃烧炉的热损失，在普通砖的外表面增加一层厚为 30mm，热导率为 0.03W/(m·℃) 的保温材料。待操作稳定后，又测得炉壁内表面温度为 900℃，外表面温度为 60℃。设原有两层材料的热导率不变，试求：(1) 加保温层后炉壁的热损失比原来减少的百分数；(2) 加保温层后各层接触面的温度。

解：(1) 加保温层后炉壁的热损失比原来减少的百分数

加保温层前，为双层平壁的热传导，单位面积炉壁热损失，即热通量 q_1 为：

$$q_1=\frac{t_1-t_3}{\dfrac{b_1}{\lambda_1}+\dfrac{b_2}{\lambda_2}}=\frac{700-100}{\dfrac{0.1}{1}+\dfrac{0.08}{0.8}}=3000\ (\mathrm{W/m^2})$$

加保温层后，为三层平壁的热传导，单位面积炉壁的热损失，即热通量 q_2 为：

$$q_2=\frac{t_1-t_4}{\dfrac{b_1}{\lambda_1}+\dfrac{b_2}{\lambda_2}+\dfrac{b_3}{\lambda_3}}=\frac{900-60}{\dfrac{0.1}{1}+\dfrac{0.08}{0.8}+\dfrac{0.03}{0.03}}=700\ (\mathrm{W/m^2})$$

加保温层后热损失比原来减少的百分数为：

$$\frac{q_1-q_2}{q_1}\times100\%=\frac{3000-700}{3000}\times100\%=76.7\%$$

(2) 加保温层后各层接触面的温度

已知 $q_2=700\text{W/m}^2$，且通过各层平壁的热通量均为此值，于是：

$$\Delta t_1=\frac{b_1q_2}{\lambda_1}=\frac{0.1\times700}{1}=70\ (℃)$$

$$t_2=t_1-\Delta t_1=900-70=830\ (℃)$$

$$\Delta t_2=\frac{b_2q_2}{\lambda_2}=\frac{0.08\times700}{0.8}=70\ (℃)$$

$$t_3=t_2-\Delta t_2=830-70=760\ (℃)$$

$$\Delta t_3=\frac{b_3q_2}{\lambda_3}=\frac{0.03\times700}{0.03}=700\ (℃)$$

$$t_4=t_3-\Delta t_3=760-700=60\ (℃)$$

附表　各层的温度差和热阻的数值

材　　料	温度差/℃	热阻/(m^2·℃/W)
耐火砖	70	0.1
普通砖	70	0.1
保温材料	700	1

4.2.3.3　接触热阻

以上推导是在假设多层平壁的任意层与层之间接触良好的理想情况下得到的结论，但在实际操作中，由于不同材料表面粗糙度不同，所以在两层接触处极易产生接触热阻，因而导致了界面之间可能出现明显的温度降。

接触热阻产生的具体原因：两种材料接触表面间因粗糙不平而留有空穴，空穴中充满了空气，因此，传热过程包括通过实际接触面的热传导和通过空穴的热传导，因气体的热导率很小，所以热阻变大，也就是说接触热阻主要是由空穴造成的。表 4-3 列出了几种常见材料的接触热阻。

表 4-3　几种常见材料的接触热阻

接触面材料	粗糙度/μm	温度/℃	表压强/kPa	接触热阻/(m^2·℃/W)
不锈钢(磨光),空气	2.54	90～200	300～2500	0.264×10^{-3}
铝(磨光),空气	2.54	150	1200～2500	0.88×10^{-4}
铝(磨光),空气	0.25	150	1200～2500	0.18×10^{-4}
铜(磨光),空气	1.27	20	1200～20000	0.7×10^{-5}

4.2.4　固体圆筒壁稳态热传导

在过程工业生产中，经常遇到圆筒壁的热传导问题，它与平壁热传导的不同之处在于圆筒壁的传热面积和热通量不再是常量，而是随半径而变，同时温度也随半径而变，但传热速率在稳态时依然是常量。

4.2.4.1　单层圆筒壁稳态热传导

设有一个长度为 L，内外半径各为 r_1 和 r_2 的单层圆筒壁，如图 4-8 所示。当 L 超过 $10r_2$ 时，在工程计算上可看成是无限长的圆筒壁，或者长度虽短，但两端被绝热，热量仅沿半径 r 方向改变，$t=f(r)$，温度场为“一维”，等温面是同轴的圆柱面。

圆筒壁热传导面积可表示为：$S=2\pi rL$，即不是定值，是半径的函数，但传热速率在稳

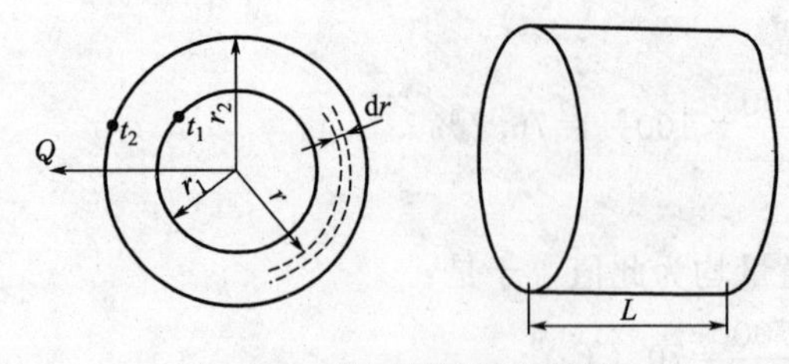

图 4-8 单层圆筒壁热传导

态时是常量。仿照平壁热传导公式，通过该圆筒壁的导热速率可以表示为：

$$Q=-\lambda(2\pi rL)\frac{dt}{dr} \tag{4-24}$$

上式积分并整理得：

$$Q=\frac{2\pi L\lambda(t_1-t_2)}{\ln\frac{r_2}{r_1}} \tag{4-25}$$

式(4-25) 即为单层圆筒壁的热传导速率方程。也可将该式分子、分母同乘(r_2-r_1)，化成与单层平壁热传导速率方程相类似的形式，即：

$$Q=\lambda S_m\frac{t_1-t_2}{b} \tag{4-26}$$

式中 $b=r_2-r_1$——圆筒壁的厚度，m。

其中：

$$S_m=2\pi\frac{r_2-r_1}{\ln\frac{r_2}{r_1}}L=2\pi r_m L \tag{4-27}$$

而

$$r_m=\frac{r_2-r_1}{\ln\frac{r_2}{r_1}} \tag{4-28}$$

或

$$S_m=\frac{2\pi Lr_2-2\pi Lr_1}{\ln\frac{2\pi Lr_2}{2\pi Lr_1}}=\frac{S_2-S_1}{\ln\frac{S_2}{S_1}} \tag{4-29}$$

式中 r_m——圆筒壁的对数平均半径，m；

S_m——圆筒壁的对数平均导热面积，m^2。

以上两式中的对数平均值，当$\frac{r_2}{r_1}\leqslant 2$或$\frac{S_2}{S_1}\leqslant 2$时，可采用算术平均值代替，这时算术平均值与对数平均值相比，计算误差仅为4%，这是工程计算允许的。

设任意壁厚 r 处的温度为 t，则可得出圆筒壁内温度分布的对数曲线关系，即：

$$t=t_1-\frac{Q}{2\pi L\lambda}\ln\frac{r}{r_1} \tag{4-30}$$

4.2.4.2 多层圆筒壁稳态热传导（以三层为例）

如图 4-9 所示，对于各层间接触良好的三层圆筒壁，各层的热导率分别为 λ_1，λ_2，λ_3；厚度分别为 $b_1=r_2-r_1$；$b_2=r_3-r_2$ 和 $b_3=r_4-r_3$，三层圆筒壁的导热过程可视为各单层圆筒壁串联进行的导热过程，那么与多层平壁热传导的计算类似，得到三层圆筒壁的计算式如下。

$$Q=\frac{2\pi L(t_1-t_4)}{\frac{1}{\lambda_1}\ln\frac{r_2}{r_1}+\frac{1}{\lambda_2}\ln\frac{r_3}{r_2}+\frac{1}{\lambda_3}\ln\frac{r_4}{r_3}} \tag{4-31}$$

也可整理成：

$$Q=\frac{\Delta t_1+\Delta t_2+\Delta t_3}{\frac{b_1}{\lambda_1 S_{m_1}}+\frac{b_2}{\lambda_2 S_{m_2}}+\frac{b_3}{\lambda_3 S_{m_3}}}=\frac{t_1-t_4}{R_1+R_2+R_3}=\frac{\sum_{i=1}^{3}\Delta t_i}{\sum_{i=1}^{3}R_i} \tag{4-32}$$

式中，$S_{m_1}=\frac{2\pi L(r_2-r_1)}{\ln\frac{r_2}{r_1}}$，$S_{m_2}=\frac{2\pi L(r_3-r_2)}{\ln\frac{r_3}{r_2}}$，$S_{m_3}=\frac{2\pi L(r_4-r_3)}{\ln\frac{r_4}{r_3}}$

那么以此类推，n 层圆筒壁热传导速率方程为：

$$Q=\frac{t_1-t_{n+1}}{\sum\limits_{i=1}^{n}\frac{b_i}{\lambda_i S_{m_i}}}=\frac{t_1-t_{n+1}}{\sum\limits_{i=1}^{n}\frac{1}{2\pi L\lambda_i}\ln\frac{r_{i+1}}{r_i}} \tag{4-33}$$

式中　下标 i——圆筒壁的序号。

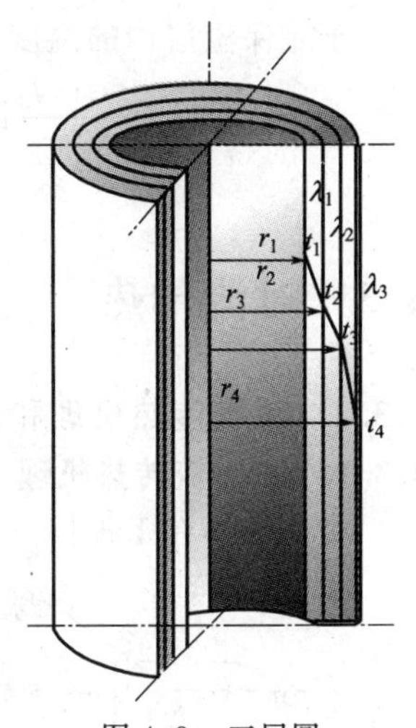

图 4-9　三层圆筒壁热传导

上述关于固体壁的一维稳态热传导的计算问题，虽然有平壁与圆筒壁、单层壁与多层壁之分，但就热传导速率计算式的形式而言，则是完全相同的，即都可采用一般的公式表示。

$$Q=\frac{\sum\limits_{i=1}^{n}\Delta t_i}{\sum\limits_{i=1}^{n}\frac{b_i}{\lambda_i S_i}}=\frac{\sum\limits_{i=1}^{n}\Delta t_i}{\sum\limits_{i=1}^{n}R_i} \tag{4-34}$$

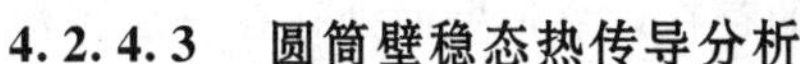

4.2.4.3　圆筒壁稳态热传导分析

（1）与多层平壁一样，多层圆筒壁导热的总推动力亦为总温度差，总热阻亦为各层圆筒热阻之和，只是计算各层热阻所用的传热面积不相等，而应采用各自的平均面积。其中，对于平壁，任意层的导热面积均相等；对于圆筒壁，导热面积随半径而变化，故计算中常取对数平均面积 S_m；对于空心球壁，有 $S=4\pi r^2$，计算式中传热面积取几何平均面积$S_m=\sqrt{S_1S_2}$。

（2）由于各层圆筒的内外表面积不等，所以在稳态传热时，单位时间通过各层的传热量，即导热效率 Q 虽然相同，但单位时间通过各层内壁和外壁单位面积的热量，即热量通量 q 却不相等，有下面的关系式：

$$Q=2\pi r_1Lq_1=2\pi r_2Lq_2=2\pi r_3Lq_3 \tag{4-35}$$

可化简为：

$$r_1q_1=r_2q_2=r_3q_3 \tag{4-36}$$

式中　Q——导热速率，J/S，

　　　q——导热通量，J/(m^2·s)。

（3）材料的热导率视为常数，是指工程计算时一般取两侧壁面温度下的热导率的算术平均值。

【例 4-2】 内径为 15mm，外径为 19mm 的金属管，$\lambda_1=20$W/(m·℃)，其外包扎一层厚度为 30mm、$\lambda_2=0.2$W/(m·℃) 的保温材料。若金属管内表面温度为 680℃，保温层外表面温度为 80℃，试求每米管长的热损失以及保温层中的温度分布。

解： 由式(4-33) 可得：

$$\frac{Q}{L}=\frac{2\pi(t_1-t_3)}{\frac{1}{\lambda_1}\ln\frac{r_2}{r_1}+\frac{1}{\lambda_2}\ln\frac{r_3}{r_2}}=\frac{2\pi\times(680-80)}{\frac{1}{20}\ln\frac{0.0095}{0.0075}+\frac{1}{0.2}\ln\frac{0.0395}{0.0095}}=528.7(\text{W/m})$$

对于保温层，有：

$$\frac{Q}{L}=\frac{2\pi\lambda_2(t_2-t_3)}{\ln\frac{r_3}{r_2}}$$

则

$$t_2=t_3+\frac{Q}{L}\times\frac{\ln\frac{r_3}{r_2}}{2\pi\lambda_2}=80+528.7\times\frac{\ln\frac{0.0395}{0.0095}}{2\pi\times0.2}=678.7\ (℃)$$

于是保温层内的温度分布为：

$$t=t_2-\frac{t_2-t_3}{\ln\frac{r_3}{r_2}}\ln\frac{r}{r_2}=678.7-\frac{678.7-80}{\ln\frac{0.0395}{0.0095}}\ln\frac{r}{0.0095}=-1278-420.2\ln r$$

4.3 对流传热

4.3.1 对流传热机理和对流传热系数

4.3.1.1 对流传热机理

对流传热在工程技术中非常重要，工业生产中经常遇到两流体之间或流体与壁面之间的换热问题，这类问题需用对流传热理论予以解决。如图 4-10 所示，当流体流经固体壁面时，由于流体黏性的存在，靠近壁面处存在一层很薄的层流内层，其外侧有一个过渡区，然后是湍流主体区。层流内层中流体层之间平行流动，以导热方式传热；而湍流主体内流体质点剧烈湍动，流体以热对流方式传热，由于主体各部分充分混合，使得流速趋于一致，温度也趋于一致，即流体与固体壁面之间进行对流传热时，热对流总是伴随着热传导同时发生。对流传热时，与流体流动方向垂直的同一截面上的温度分布情况也如图 4-10 所示。

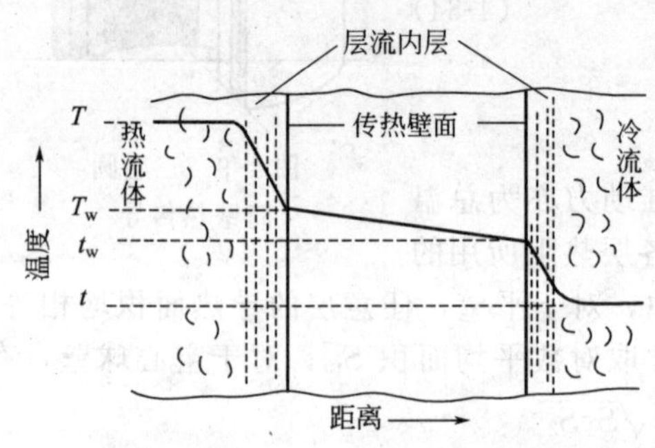

图 4-10 对流传热的温度分布情况

由图 4-10 可知，固体壁面两侧均存在层流内层，层流内层的传热以导热方式进行。流体层流内层虽然很薄，但由于流体热导率很小，所以热阻很大，温度降低也主要集中在这里，因此，减薄层流内层厚度是强化对流传热的主要途径。

4.3.1.2 牛顿冷却定律

对流传热过程可由牛顿冷却定律描述，即：

$$dQ=\alpha dS\Delta t \tag{4-37}$$

式中 dQ——微分对流传热速率，W；

α——对应微分传热面积的对流传热系数，W/(m²·℃)；

dS——与传热方向垂直的微分传热面积，m²；

Δt——固体壁面与流体主体之间的温度差，℃。

上式描述了换热器任一截面上的局部对流传热规律。

应指出，当换热器的传热面积表示方法不同时，牛顿冷却定律就有不同的具体形式。例如，若热流体在换热管外流动，冷流体在管内流动，则与之对应的对流传热速率方程式可表示为：

$$dQ=\alpha_o dS_o(T-T_w)=\alpha_i dS_i(t_w-t) \tag{4-38}$$

式中 dS_i，dS_o——换热器的内、外侧微分传热面积，m²；

α_i，α_o——对应内、外侧微分传热面积的内、外侧流体局部对流传热系数，W/(m²·℃)；

T——换热器任一微分传热面积上热流体的主体温度，℃；

T_w——换热器任一微分传热面积上与热流体相接触一侧的壁面温度，℃；

t——换热器任一微分传热面积上冷流体的主体温度，℃；

t_w——换热器任一微分传热面积与冷流体相接触一侧的壁温，℃。

在换热器中，局部对流传热系数 α 随管长而变化，但是在工程计算中，常常使用平均对流传热系数 α_m 来描述整个换热器内的对流传热情况，此时牛顿冷却定律可以表示为：

$$Q=\alpha_m S\Delta t \tag{4-39}$$

式中 Q——整个换热器内流体与壁面间的总传热速率，W；

α_m——平均对流传热系数，W/(m^2·℃)；

S——总传热面积，m^2；

Δt——流体与壁面间温度差的平均值，℃。

4.3.1.3 热边界层

当温度为 t_∞ 的流体在表面温度为 t_w 的平板上流过时，流体和平板间进行换热。实验表明在大多数情况下，流体的温度也和速度一样，仅在靠近板面的薄流体层中有显著的变化，即在此薄层中存在温度梯度，将此薄层定义为热边界层。在热边界层以外的区域，流体的温度基本上相同，即温度梯度可视为零。热边界层的厚度用 δ_t 表示。通常规定 $t_w-t=0.99(t_w-t_\infty)$ 处为热边界层的界限，式中 t 为热边界层的任一局部位置的温度。大多数情况下，流动边界层的厚度 δ 大于热边界层的厚度 δ_t。显然，热边界层是进行对流传热的主要区域。平板上热边界层的形成和发展如图 4-11 所示。

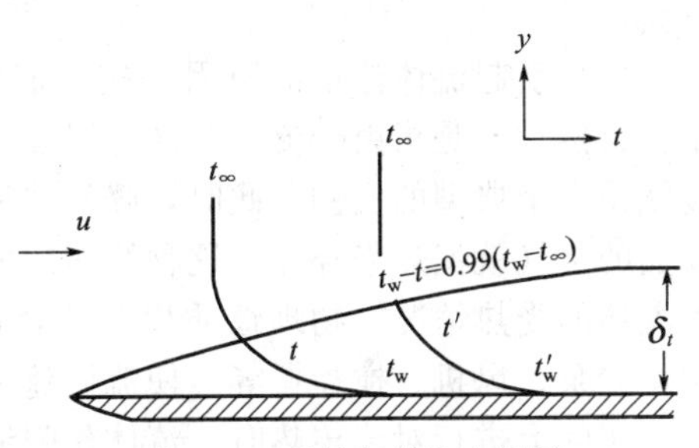

图 4-11 平板上的热边界层

当流体流过圆管进行传热时，管内热边界层的形成和发展与流动边界层类似。流体最初以均匀速度 u 和均匀温度 t 进入管内，因受壁面温度的影响，热边界层的厚度由进口的零值逐渐增厚，经过一定距离后，在管中心汇合。流体由管进口至汇合点的轴向距离称为传热进口段。超过汇合点以后，温度分布将逐渐趋于平坦，若管子的长度足够，则截面上的温度最后变为均匀一致并等于壁面温度 t_w。

从进口段的简单分析可知，管子的尺寸和管口形状对 α 有较大的影响。在传热管的长度小于进口段以前，管子愈短，则边界层愈薄，α 就愈大。对于一定的管长，破坏边界层的发展也能强化对流传热。

4.3.2 对流传热系数的影响因素

从式(4-37)～(4-39) 可知，牛顿冷却定律表达了复杂的对流传热问题，实质上是将矛盾集中到对流传热系数 α，因此研究各种对流传热情况下 α 的大小、影响因素及 α 的计算式，成为研究对流传热的核心。α 的物理意义为：单位温度差时，在单位时间内通过单位面积以对流方式所传递的热量，它反映了对流传热的强度。

实验表明，影响 α 的主要因素有以下几点。

(1) 流体的种类和相变化的情况　各种液体、气体或蒸气的 α 值是不同的，牛顿型流体和非牛顿型流体的 α 值也有区别，流体有无相变化，对传热也有不同的影响。

(2) 流体的物理性质　流体的密度、黏度、定压比热容、热导率以及体积膨胀系数等物理性质不同，将使 α 值不同。

① 热导率　对流传热的热阻主要由边界层的导热热阻构成，因为即使流体呈湍流状态，湍流主体和缓冲层的传热热阻较小，此时对流传热主要受层流内层热阻控制。当层流内层的温度梯度一定时，流体的热导率愈大，对流传热系数愈大。

② 黏度　由流体流动规律可知，当流体在管中流动时，若管径和流速一定，流体的黏度愈大，其雷诺数 Re 愈小，即湍流程度愈低，因此热边界层愈厚，于是对流传热系数就

愈低。

③ 定压比热容和密度　ρc_p 代表单位体积流体所具有的热容量，也就是说 ρc_p 值愈大，表示流携带热量的能力愈强，因此对流传热的强度愈强。

④ 体积膨胀系数　一般来说，体积膨胀系数愈大的流体，所产生的密度差别愈大，因此有利于自然对流。由于绝大部分传热过程为非定温流动，因此即使在强制对流的情况下，也会产生附加的自然对流的影响，因此体积膨胀系数对强制对流也有一定的影响。

(3) 流体的流动状况　层流和湍流的传热机理有本质的区别。当流体呈层流时，流体沿壁面分层流动，传热基本上依靠分子扩散作用的热传导来进行；当流体呈湍流时，湍流主体的传热为涡流作用引起的热对流，在壁面附近的层流内层中仍为热传导。涡流致使管子中心温度分布均匀，层流内层的温度梯度增大。由此可见，湍流时的对流传热系数远比层流时大。

(4) 引起流体流动的原因　按引起流体流动的原因来分类，可分为自然对流和强制对流。自然对流是指由于流体各部分温度不同而导致密度差异所引起的流动，例如利用暖气取暖就是一个典型的实例，此时，暖气片周围受热的那部分气体因密度减小而上升，附近密度较大的空气就流过来补充，这种流体的密度差使流体产生所谓的升浮力。升浮力的大小取决于流体的受热情况，物理性质以及流体所在空间的大小和形状；强制对流是由于外力的作用，如泵、风机、搅拌器等迫使流体流动。

实际上进行对流传热时，流体作强制对流的同时，也会有自然对流存在。当强制对流的速度很大时，自然对流的影响可忽略不计。

(5) 传热表面的形状、大小及位置情况　在对流传热时，流体沿着壁面流动，壁面的形状如圆管、平板、管束；大小（如长度、直径等）及位置（如水平、倾斜或垂直放置等）对流体流动有很大的影响，从而影响 α 对流传热情况。

表 4-4 列出了几种对流传热情况下的 α 的数值范围。

表 4-4　α 的数值范围

传热情况	α/[W/(m^2·K)]
空气自然对流	5～25
气体强制对流	20～100
水自然对流	200～1000
水强制对流	1000～15000
水蒸气膜状冷凝	5000～15000
水蒸气滴状冷凝	40000～120000
水沸腾	2500～25000
有机蒸气冷凝	500～2000

4.3.3　对流传热系数的准数关联

对流传热系数的确定是一个极其复杂的问题，影响因素很多，一般的处理方法是针对具体情况，用量纲分析方法得出准数表达式，再用实验确定准数之间的具体关系，进而得到准数关联式加以表达。下面，以讨论流体无相变对流传热问题为例进行说明。

4.3.3.1　用量纲分析方法确定无相变对流传热有关的准数

采用白金汉法分析之前，首先应确定影响对流传热系数的有关物理量，通过理论分析和实验研究可知，这些因素包括如下几类。

① 流体物性，如密度 ρ、黏度 μ、定压比热 c_p、热导率 λ 等。

② 固体表面的特征尺寸，如 l（选取对过程最重要、最有代表性的部位尺寸）。

③ 强制对流特征，如流速 u。

④ 自然对流特征，如每 1kg 流体受到的净升浮力 $g\beta\Delta t$。

它们之间的函数关系可以表示为：

$$\alpha=f(l,\rho,\mu,c_p,\lambda,u,g\beta\Delta t) \tag{4-40}$$

由上式可知，影响该过程的变量数为 8，而这些物理量涉及 4 个基本量纲，它们分别是长度 l、质量 m、时间 θ 和温度 T。根据 π 定理，无量纲数群的数目等于变量总数与表示该过程的基本量纲数之差，即 8－4＝4。经量纲分析后得到：

$$Nu=f(Re,Pr,Gr) \tag{4-41}$$

上式中无量纲数群的名称、符号及意义见表 4-5。

表 4-5　无量纲数群的名称、符号及意义

名　称	符号及公式	意义
努塞尔特数(Nusselt number)	$Nu=\frac{\alpha l}{\lambda}$	表示对流传热系数的准数
雷诺数(Reynolds number)	$Re=\frac{lu\rho}{\mu}$	表示流体流动状态和湍动程度对对流传热的影响
普兰特数(Prandtl number)	$Pr=\frac{c_p\mu}{\lambda}$	表示流体物性对对流传热的影响
格拉斯霍夫数(Grashof number)	$Gr=\frac{\beta g\Delta t l^3\rho^2}{\mu^2}$	表示自然对流对对流传热的影响

其中，流体无相变强制对流传热过程中：

$$Nu=\varphi(Re,Pr) \tag{4-42}$$

流体无相变自然对流传热过程中：

$$Nu=f(Pr,Gr) \tag{4-43}$$

4.3.3.2　准数关联式的实验确定方法

现以管内流体强制湍流时的对流传热（此时自然对流影响可忽略）为例说明确定准数关联式的方法。将式(4-42) 设为：

$$Nu=CRe^mPr^n \tag{4-44}$$

通过实验来确定上式中的 m 和 n 值的方法。先固定任一作为自变量的准数，求出 Nu 与另一个作为自变量的准数之间的关系。例如，在固定某一 Re 条件下，采用不同的 Pr 的流体做传热实验，可测得若干组 Pr 与 Nu 的对应值，即可获得该 Re 条件下 Pr 与 Nu 的关系，将实验点标绘在双对数坐标中，如图 4-12 所示。

由图 4-12 可见，实验点均落在一条直线附近，说明 Pr 与 Nu 的关系可以用下式表示。

$$\ln Nu=n\ln Pr+\ln C' \tag{4-45}$$

式中，$C'=CRe^m$，而 n 就是图中该直线的斜率。

n 值确定后，用不同 Pr 准数的流体在不同 Re 准数下做实验，以 $\frac{Nu}{Pr^n}$ 为纵坐标，Re 为横坐标作图，如图 4-13 所示，实验结果可表示为：

$$\ln\frac{Nu}{Pr^n}=m\ln Re+\ln C \tag{4-46}$$

式中　m——图 4-13 上直线的斜率；

$\ln C$——该直线的截距。

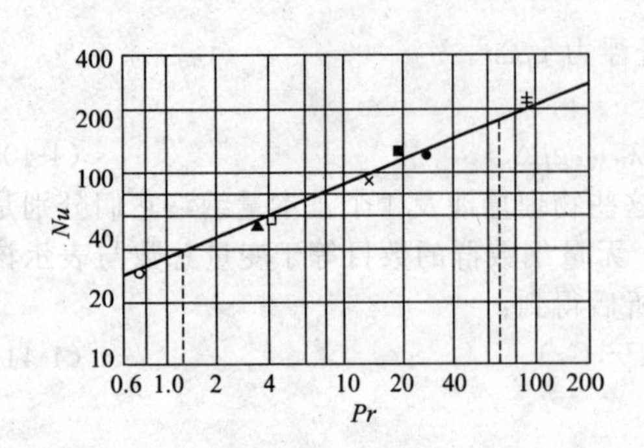

图 4-12　$Re=10^4$ 时不同 Pr 数流体的实验结果

■ 空气；▲ 水；○ 丙酮；× 苯；

□ 火油；● 正烯醇；ǂ 石油

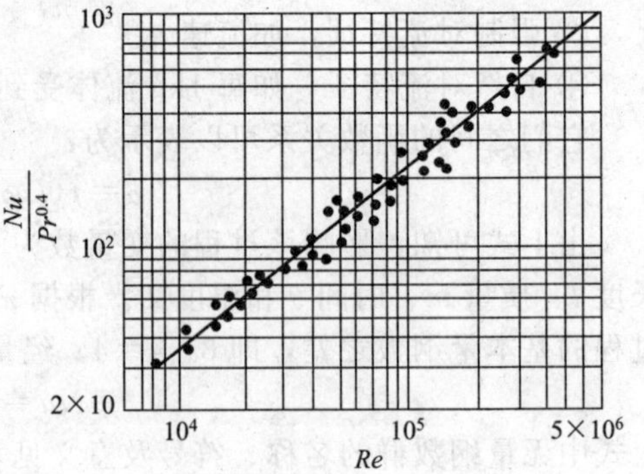

图 4-13　管内强制湍流时对流传热的实验结果

于是，可得管内强制湍流时的对流传热系数的实验结果为：

$$Nu=0.023Re^{0.8}Pr^{n} \tag{4-47}$$

式中，n 值随流体被加热或冷却有所差别。

4.3.3.3　使用由实验数据整理得到的准数关联式应注意的问题

（1）应用范围　在使用对流传热的经验公式时，必须注意符合公式的应用条件，例如关联式中 Re、Pr 等的数值范围等。

（2）特征尺寸　Nu、Re 等中所包含的传热相关尺寸 l 称为特征尺寸，该尺寸如何确定要看公式的具体要求，例如流体在圆管内强制对流传热时，特征尺寸取管内径；而对于非圆形管通常取当量直径等。

（3）定性温度　决定无量纲数群中各类流体物性的温度称为定性温度，常用以下几种表示法。

① 取流体的平均温度 $t=\dfrac{t_1+t_2}{2}$ 为定性温度，式中，t_1、t_2 分别为流体的进、出口温度。

② 取壁面的平均温度 t_w 为定性温度。

③ 取膜温：即流体和壁面的平均温度 $t_m=\dfrac{t_w+t}{2}$ 为定性温度。

工程上大多以流体的平均温度为定性温度，使用经验公式时必须按照公式规定的定性温度进行计算。

4.4　流体无相变时的对流传热系数

4.4.1　流体在管内强制对流传热

4.4.1.1　流体在圆形直管内作强制湍流

（1）低黏度流体（约低于 2 倍常温水的黏度）可应用迪特斯（Dittus）-贝尔特（Boelter）关联式，即上述讨论得到的式(4-47)。

$$Nu=0.023Re^{0.8}Pr^{n}$$

或将其写成：

$$\alpha=0.023\frac{\lambda}{d_i}\times\left(\frac{d_i u\rho}{\mu}\right)^{0.8}\times\left(\frac{c_p\mu}{\lambda}\right)^{n} \tag{4-48}$$

式中，当流体被加热时，$n=0.4$；当流体被冷却时，$n=0.3$。

应用范围：$Re>10^4$，$0.7<Pr<120$，管长与管径比$\frac{L}{d_i}>60$，若$\frac{L}{d_i}<60$，需考虑传热进口段对的α影响，此时可将由式(4-48)求得的α值乘以$\left[1+\left(\frac{d_i}{L}\right)^{0.7}\right]$进行校正。

特征尺寸：管内径d_i。

定性温度：流体进、出口温度的算术平均值。

【例 4-3】 有一台双管程管壳式换热器，由 96 根 $\phi25mm\times2.5mm$ 的钢管组成。苯在管内流动，由 20℃被加热到 80℃，苯的流量为 9.5kg/s，壳程中通入水蒸气进行加热。试求管壁对苯的对流传热系数。若苯流量增加 50%，略去流体物性的变化，此时对流传热系数又为多少？

解：苯的定性温度 $t=\frac{20+80}{2}=50$（℃）。

在定性温度下查附录得苯的物性数据：$\rho=860kg/m^3$，$c_p=1.80\times10^3J/(kg\cdot℃)$，$\mu=0.45\times10^{-3}Pa\cdot s$，$\lambda=0.14W/(m\cdot℃)$。

管内苯流速为：

$$u=\frac{V_s}{\frac{\pi}{4}\times d_i^2\times\frac{n}{2}}=\frac{\frac{9.5}{860}}{\frac{3.14}{4}\times0.02^2\times\frac{96}{2}}=0.733\ (m/s)$$

$$Re=\frac{d_i u\rho}{\mu}=\frac{0.02\times0.733\times860}{0.45\times10^{-3}}=2.80\times10^4\ (>10^4)\ (湍流)$$

或 $Re=4W/(\pi\mu d_i n/2)=4\times9.5/3.14\times0.45\times10^{-3}\times0.02\times96/2$

$=2.8\times10^4(>10^4)$（湍流）

$$Pr=\frac{c_p\mu}{\lambda}=\frac{1.80\times10^3\times0.45\times10^{-3}}{0.14}=5.79$$

因管长未知，无法验算 L/d_i，但一般管壳式换热器的 L/d_i 均大于 50，又因黏度不大于水黏度的 2 倍（水温 50℃时，黏度为 $0.594\times10^{-3}Pa\cdot s$），故本题满足式(4-48）的使用条件。对于苯被加热，取 $n=0.4$，于是得：

$$a_i=0.023\left(\frac{\lambda}{d_i}\right)Re^{0.8}Pr^{0.4}=0.023\times\left(\frac{0.14}{0.02}\right)\times(2.80\times10^4)^{0.8}\times5.79^{0.4}$$

$$=1174\ [W/(m^2\cdot℃)]$$

当苯流量增加 50%时，对流传热系数 a_i'为：

$$\frac{a_i'}{a_i}=\left(\frac{u'}{u}\right)^{0.8}$$

$$a_i'=a_i\left(\frac{u'}{u}\right)^{0.8}=1174\times1.5^{0.8}=1624\ [W/(m^2\cdot℃)]$$

（2）高黏度流体可应用西德尔（Sieder)-泰特（Tate）关联式：

$$Nu=0.027Re^{0.8}Pr^{\frac{1}{3}}\varphi_w \tag{4-49}$$

式中的 $\varphi_w=(\mu/\mu_w)^{0.14}$是考虑热流方向的校正项，其中，液体被加热时，取 $\varphi_w=1.05$；液体被冷却时，$\varphi_w=0.95$；对气体，则不论加热或冷却，均取 $\varphi_w\approx1.0$，μ_w 为壁面温度下流体的黏度。

应用范围：$Re>10^4$，$0.7<Pr<1700$，$\frac{L}{d_i}>60$（L 为管长）。

特征尺寸：管内径 d_i。

定性温度：除 μ_w 取壁温外，均取流体进、出口温度的算术平均值。

4.4.1.2 流体在圆形直管内呈层流流动

流体在圆形直管内层流流动时，应考虑自然对流的影响，情况比较复杂，关联式的误差比湍流时的要大。当管径较小，且流体和壁面的温差不大时，自然对流的影响可以忽略，这时可采用西德尔（Sieder）-泰特（Tate）关联式。

$$Nu=1.86\left(RePr\frac{d_i}{L}\right)^{\frac{1}{3}}\left(\frac{\mu}{\mu_w}\right)^{0.14} \tag{4-50}$$

或

$$\alpha=1.86\frac{\lambda}{d_i}Re^{\frac{1}{3}}Pr^{\frac{1}{3}}\left(\frac{d_i}{L}\right)^{\frac{1}{3}}\left(\frac{\mu}{\mu_w}\right)^{0.14} \tag{4-51}$$

应用范围：$Re<2300$，$0.6<Pr<6700$，$RePr\frac{d_i}{L}>100$（L 为管长）。

特征尺寸：管内径 d_i。

定性温度：除 μ_w 取壁温外，均取流体进、出口温度的算术平均值。

上式适用于管长较小时 α 的计算，但当管子极长时则不再适用。

必须指出，由于层流时对流传热系数很低，故在换热器设计中，应尽量避免在层流条件下进行换热。

4.4.1.3 圆形直管内其他情况

对于$\frac{L}{d_i}<60$ 的短管、圆形弯管、圆形直管内作强制过渡流等情况，均可先用湍流时的公式计算，然后乘以系数 ϕ 进行修正。

（1）流体在光滑圆形直管中呈过渡流　过渡流指 $Re=2300\sim10000$ 时，其校正系数为：

$$\phi=1-\frac{6\times10^5}{Re^{1.8}} \tag{4-52}$$

（2）流体在弯管内作强制对流　流体在弯管内流动时，由于受离心力的作用，增大了流体的湍动程度，使对流传热系数比直管内的大，此时可用校正系数为：

$$\phi=1+1.77\frac{d_i}{R} \tag{4-53}$$

式中　d_i——管内径，m；

　　　R——弯管轴的曲率半径，m。

（3）流体在短管内作强制对流　短管内的校正系数为：

$$\phi=1+\left(\frac{d}{L}\right)^{0.7} \tag{4-54}$$

式中　L——短管的长度，m。

对于高黏度液体，也应采用适当的修正式。

表 4-6 中列出空气和水在圆形直管内流动时的对流传热系数，以供参考。由表可见，水的 α 值较空气的大得多。同一种流体，流速愈大，α 也愈大；管径愈大，则 α 愈小。

表 4-6　空气和水的 α 值（16℃和 101.3kPa）

空气			水		
d_i/mm	u/(m/s)	α/[W/(m² · ℃)]	d_i/mm	u/(m/s)	α/[W/(m² · ℃)]
25	6.1 24.4 42.7 61.0	34.1 101.1 159.9 210.1	25	0.61 1.22 2.44	2498 4372 7609

续表

空气			水		
d_i/mm	u/(m/s)	α/[W/(m²·℃)]	d_i/mm	u/(m/s)	α/[W/(m²·℃)]
50	6.1 24.4 42.7 61.0	29.5 89.7 137.4 184.0	50	0.61 1.22 2.44	2158 3804 6586
75	6.1 24.4 42.7 61.0	26.1 80.6 126.1 169.2	75	0.61 1.22 2.44	2044 3520 6132

【例 4-4】 铜氨溶液在一个蛇管冷却器中由38℃冷却至8℃。蛇管由ϕ45mm×3.5mm的管子按4组并联而成，平均圈径约为0.57m。已知铜氨液流量为2.7m³/h，密度$\rho=1.2\times10^3$kg/m³，黏度$\mu=2.2\times10^{-3}$Pa·s，其余物性可按水的0.9倍取。试求：铜氨溶液在蛇管中的对流传热系数。

解：流体在弯管中流动时，由于不断改变流动方向，增大了流体的湍动程度，使对流传热系数较直管中的大。为此，应按流体在直管的情况计算，然后再乘以弯管的校正系数。

对于流体在直管中作强制对流时的α，应先求Re以判断流动形态，然后确定计算式。

流体的流动截面：

$$S=\frac{\pi}{4}d^2\times4=\frac{3.14}{4}\times(0.038)^2\times4=4.54\times10^{-3}\ (\text{m}^2)$$

流体的流速：

$$u=\frac{V_s}{S}=\frac{2.7}{3600\times4.54\times10^{-3}}=0.165\ (\text{m/s})$$

$$Re=\frac{du\rho}{\mu}=\frac{0.038\times0.165\times1200}{2.2\times10^{-3}}=2000<3420<4000\text{（过渡流）}$$

需按湍流计算后乘以校正系数。

定性温度$t_m=(38+8)/2=23$（℃），查附录中水的物性，再乘以0.9。

$$c_p=0.9\times4.18=3.76\ [\text{kJ/(kg·K)}],\ \lambda=0.9\times0.605=0.544\ [\text{W/(m·K)}]$$

$$Pr=\frac{c_p\mu}{\lambda}=\frac{3.76\times10^3\times2.2\times10^{-3}}{0.544}=15.2$$

湍流时：

$$Nu=0.023Re^{0.8}Pr^n$$

流体被冷却时$n=0.3$。

$$\alpha=0.023\frac{\lambda}{d}Re^{0.8}Pr^{0.3}=0.023\times\frac{0.544}{0.038}\times3420^{0.8}\times15.2^{0.3}=500\ [\text{W/(m}^2\text{·K)}]$$

过渡流时：

$$\alpha'=f\alpha$$

$$f=1-\frac{6\times10^5}{Re^{1.8}}=1-\frac{6\times10^5}{3420^{1.8}}=0.739$$

$$\alpha'=0.739\times500=370\ [\text{W/(m}^2\text{·K)}]$$

弯管时：

$$\alpha''=\alpha'\left(1+1.77\frac{d_i}{R}\right)=370\times\left(1+1.77\times\frac{0.038}{0.285}\right)=457\ [\text{W/(m}^2\text{·K)}]$$

4.4.1.4 流体在非圆形管内作强制对流

对于非圆形管内流体流动强制对流的计算有两种方法。其一是沿用圆形直管的计算公式，只要将特征尺寸 d_i 改为当量直径 d_e 即可，这种方法比较简单，但计算误差较大。d_e 的定义式为：

$$d_e = 4 \times \frac{\text{流体流通截面积}}{\text{流体润湿周边长}} \tag{4-55}$$

但有些资料中规定某些关联式采用传热当量直径：

$$d_e' = 4 \times \frac{\text{流体流通截面积}}{\text{传热周边长}} \tag{4-56}$$

至于传热计算中究竟采用哪个当量直径，要由具体的关联式决定。

对于非圆形管内强制对流计算，另一种方法是可以直接通过实验求得相应计算 α 的关联式，例如对于套管环隙用空气和水做实验，可得 α 的关联式为：

$$\alpha = 0.02 \frac{\lambda}{d_e} Re^{0.8} Pr^{\frac{1}{3}} \left(\frac{d_2}{d_1}\right)^{0.53} \tag{4-57}$$

上式的定性温度为流体进、出口温度的算术平均值；特征尺寸为当量直径 d_e。

$$d_e = \frac{4 \times \frac{\pi}{4}(d_2^2 - d_1^2)}{\pi(d_1 + d_2)} = d_2 - d_1 \tag{4-58}$$

式中 d_2——套管换热器外管内径，m；

d_1——套管换热器内管外径，m。

应用范围：$12000 < Re < 220000$，$1.65 < \frac{d_2}{d_1} < 17$。

【例 4-5】 某套管换热器，流量为 3.0kg/s 的煤油在环隙中流动。用冷冻盐水冷却，套管外管规格为 ϕ76mm×3mm，内管规格为 ϕ38mm×2.5mm，已知定性温度下煤油物性数据如下：黏度 μ 为 0.002Pa·s，密度 ρ=845kg/m³，比热容 c_p 为 2.09×10³J/(kg·℃)，热导率 λ 为 0.14W/(m·℃)，试求煤油对管壁的对流传热系数。

解：环隙当量直径根据式(4-58) 可得：

$$d_e = d_2 - d_1 = 0.07 - 0.038 = 0.032 \text{ (m)}$$

环隙流动截面积为：

$$S = \frac{\pi}{4}(d_2^2 - d_1^2) = \frac{\pi}{4}(d_2 + d_1)(d_2 - d_1)$$

$$= \frac{3.14}{4} \times (0.07 + 0.038) \times (0.07 - 0.038)$$

$$= 2.71 \times 10^{-3} \text{ (m}^2\text{)}$$

环隙内煤油流速为：

$$u = \frac{V}{S} = \frac{W}{\rho S} = \frac{3.0}{845 \times 2.71 \times 10^{-3}} = 1.31 \text{ (m/s)}$$

$$Re = \frac{d_e u \rho}{\mu} = 0.032 \times 1.31 \times \frac{845}{0.002} = 1.771 \times 10^4 \text{ (}>10^4\text{)（湍流）}$$

$$Pr = \frac{c_p \mu}{\lambda} = \frac{2.09 \times 10^3 \times 0.002}{0.14} = 29.9$$

$$\frac{d_2}{d_1} = \frac{0.07}{0.038} = 1.842 \text{ (}>1.65\text{)}$$

故可按式(4-57) 计算对流传热系数 α：

$$\alpha = 0.02 \frac{\lambda}{d_e} Re^{0.8} Pr^{\frac{1}{3}} \left(\frac{d_2}{d_1}\right)^{0.53}$$

$$=0.02\times\frac{0.14}{0.032}\times(1.771\times10^{4})^{0.8}\times29.9^{\frac{1}{3}}\times1.842^{0.53}$$

$$=940\text{W}/(\text{m}^2\cdot{}^\circ\text{C})$$

4.4.2 流体在管外强制对流传热

流体在管外强制对流传热有以下几种情况，即平行于管、垂直于管或垂直与平行交替。

4.4.2.1 流体在管束外强制垂直流动的对流传热

换热器管束中管子的排列方式分为直列和错列两种，错列又可分为正方形排列和等边三角形排列，如图 4-14 所示。

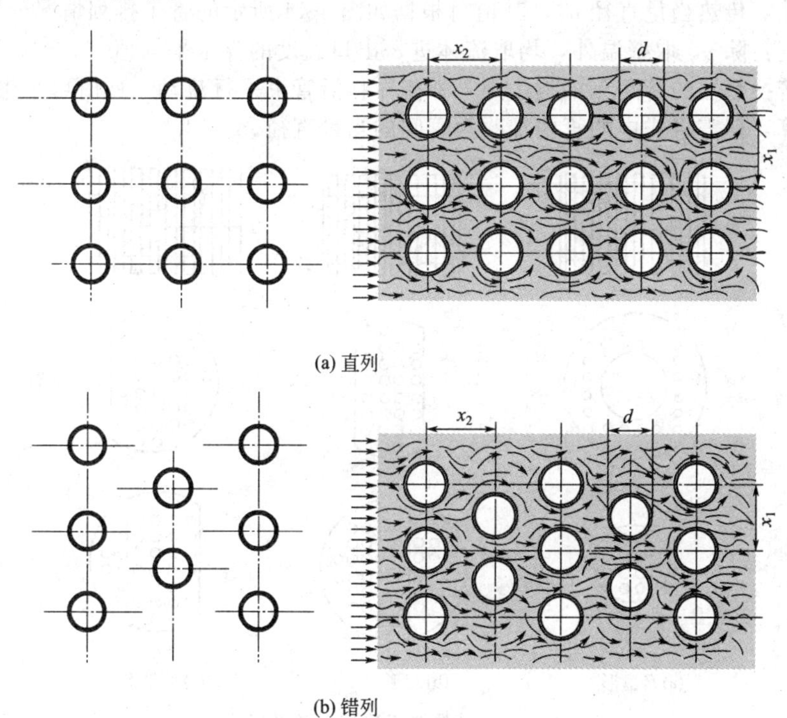

图 4-14 管子排列方式及流体流过管束时的流动

对于常用的管壳式换热器，流体虽然大部分是横向流过管束，因管子之间的互相影响，传热过程很复杂。对于第一排管子，不论直列还是错列，其传热情况均与单管相似。但从第二排开始，因为流体在错列管束间通过时，受到阻拦，使湍动增强，故错列的传热系数大于直列的传热系数。第三排以后，传热系数不再变化。当管外装有割去 25%（面积）的圆缺形折流挡板时，可由图 4-15 查得对流传热系数。

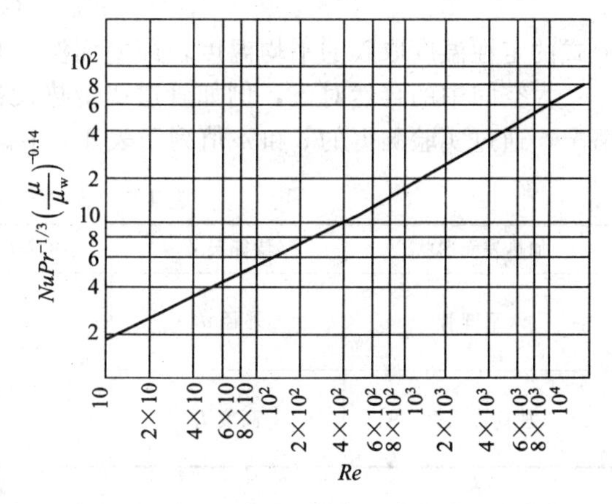

图 4-15 管壳式换热器壳程传热系数计算

4.4.2.2 流体在管壳式换热器壳程流动的对流传热

对于常用的管壳式换热器，由于壳体是圆筒，管束中各列的管子数目并不相同，而且大都装有折流挡板，使得流体的流向和流速不断地变化，因而在 $Re>100$ 时即可达到湍流。此时对流传热系数的计算，要视具体结构选用相应的计算公式。

管壳式换热器折流挡板的形式较多，如图 4-16 所示，其中以弓形（圆缺形）挡板最为常见，当换热器内装有圆缺形挡板（缺口面积约为 25%的壳体内截面积）时，壳方流体的对流传热系数关联式可采用凯恩（Kern）法求解，即：

$$Nu=0.36Re^{0.55}Pr^{0.33}\varphi_{\mu} \tag{4-59}$$

或

$$\alpha=0.36\frac{\lambda}{d'_{e}}\left(\frac{d'_{e}u\rho}{\mu}\right)^{0.55}\left(\frac{c_{p}\mu}{\lambda}\right)^{0.33}\left(\frac{\mu}{\mu_{w}}\right)^{0.14} \tag{4-60}$$

应用范围：$Re=2\times10^{3}\sim1\times10^{6}$。

特征尺寸：传热当量直径 d'_{e}，其值可根据如图 4-14 所示的管子排列情况分别计算。

定性温度：除 μ_{w} 取壁温外，均取流体进、出口温度的算术平均值。

此外，若换热器的管间无挡板，则管外流体将沿管束平行流动，此时可采用管内强制对流的公式计算，但需将式中的管内径改为管间的当量直径。

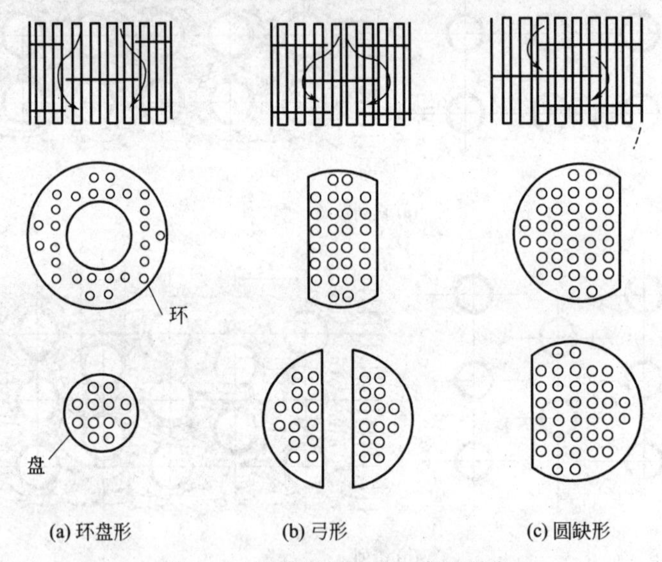

图 4-16 换热器折流挡板常见形式

4.4.2.3 自然对流

实验表明，自然对流时的对流传热系数仅与反映流体自然对流状况的 Gr 准数以及 Pr 准数有关，其关系式为

$$Nu=c(GrPr)^{n} \tag{4-61}$$

上式的定性温度取膜的平均温度，即壁面温度和流体平均温度的算术平均值。

大空间中的自然对流，例如管道或传热设备表面与周围大气之间的对流传热就属于这种情况，通过实验测得的 c 和 n 值列于表 4-7 中。

表 4-7 式(4-61) 中的 c 和 n 值

加热表面形状	特征尺寸	$(GrPr)$范围	c	n
水平圆管	外径 d_{o}	$10^{4}\sim10^{9}$	0.53	1/4
		$10^{9}\sim10^{12}$	0.13	1/3
垂直管或板	高度 L	$10^{4}\sim10^{9}$	0.59	1/4
		$10^{9}\sim10^{12}$	0.10	1/3

【例 4-6】 在一个室温为 20℃的大房间中，安有直径为 0.1m、水平部分长度为 10m、

垂直部分高度为 1.0m 的蒸汽管道，若管道外壁平均温度为 120℃，试求该管道因自然对流的散热量。

解：大空间自然对流的 α 可由式(4-61) 计算，即 $\alpha=\frac{\lambda}{l}c(GrPr)^n$。

定性温度$=\frac{120+20}{2}=70$ (℃)，该温度下空气的有关物性由附录查得：

$\lambda=0.0296W/(m\cdot ℃)$，$\mu=2.06\times10^{-5}Pa\cdot s$，$\rho=1.029kg/m^3$，$Pr=0.694$。

(1) 水平管道的散热量 Q_1

$$Gr=\frac{\beta g\Delta t l^3}{\nu^2}$$

其中 $l=d_0=0.1m$ $\nu=\frac{\mu}{\rho}=\frac{2.06\times10^{-5}}{1.029}\approx2\times10^{-5}$ (m^2/s)

$$\beta=\frac{1}{T}=\frac{1}{70+273}=2.92\times10^{-3}℃^{-1}$$

所以 $$Gr=\frac{2.92\times10^{-3}\times9.81\times(120-20)\times0.1^3}{(2\times10^{-5})^2}=7.16\times10^6$$

$$GrPr=7.16\times10^6\times0.694=4.97\times10^6$$

由表 4-7 查得：$c=0.53$，$n=\frac{1}{4}$。

所以 $$\alpha=0.53\times\frac{0.0296}{0.1}\times(4.97\times10^6)^{\frac{1}{4}}=7.41W/(m^2\cdot ℃)$$

$$Q_1=\alpha(\pi d_i L)\Delta t=7.41\times\pi\times0.1\times10\times(120-20)=2330\ (W)$$

(2) 垂直管道的散热量

$$Gr=\frac{2.92\times10^{-3}\times9.81\times(120-20)\times1^3}{(2\times10^{-5})^2}=7.16\times10^9$$

$$GrPr=7.16\times10^9\times0.694=4.97\times10^9$$

由表 4-7 查得：$c=0.1$，$n=\frac{1}{3}$。

所以 $$\alpha=0.1\times\frac{0.0296}{1}\times(4.97\times10^9)^{\frac{1}{3}}=5.05W/(m^2\cdot ℃)$$

$$Q_2=5.05\times\pi\times0.1\times1\times(120-20)=160\ (W)$$

则蒸汽管道总散热量为：

$$Q=Q_1+Q_2=2330+160\approx2490\ (W)$$

4.5 流体有相变时的对流传热系数

蒸汽冷凝和液体沸腾都是伴有相变化的对流传热过程，这类传热过程的特点是：流体放出或吸收大量的潜热，流体的温度不发生变化，其对流传热系数较无相变化时大很多，例如水的沸腾或水蒸气冷凝时的 α 比水单相流动的 α 要大得多。

有相变时流体的对流传热在工业上是重要的，但是其传热机理至今尚未完全清楚，以下简要介绍蒸汽冷凝和液体沸腾的基本机理。

4.5.1 蒸汽冷凝传热

4.5.1.1 蒸汽冷凝方式

当饱和蒸汽接触比其饱和温度低的冷却壁面时，蒸汽放出潜热，在壁面上冷凝成液体，产生有相变化的对流传热。蒸汽冷凝方式分为膜状冷凝和滴状冷凝两种。如图 4-17 所示，

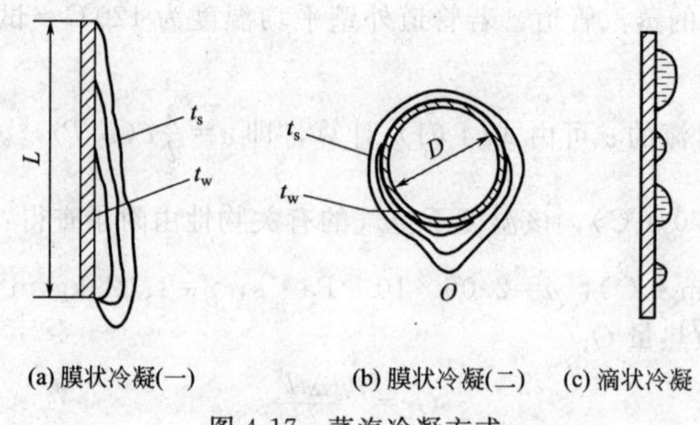

图 4-17　蒸汽冷凝方式

通常膜状冷凝发生在易于润湿的冷却表面上，冷凝液在传热表面形成一层连续液膜流下；而滴状冷凝则发生在润湿性不好的表面，蒸汽在冷却面上冷凝成液滴，液滴又因进一步的冷凝与合并而长大、脱落，然后冷却面上又形成新的液滴。

滴状冷凝时，由于传热面的大部分直接暴露在蒸汽中，不存在冷凝液膜引起的附加热阻，所以其对流传热系数比膜状冷凝要大 5～10 倍以上。但到目前为止，描述滴状冷凝的理论和技术仍不成熟，工业冷凝器的设计通常是以膜状冷凝来处理的。

4.5.1.2　蒸汽膜状冷凝传热

对于蒸汽在垂直管外或垂直平板侧的膜状冷凝，若假定冷凝液膜呈层流流动，蒸汽与液膜间无摩擦阻力，蒸汽温度和壁面温度均保持不变，冷凝液的物性为常数，可推导出计算膜状冷凝对流传热系数的理论式为：

$$\alpha=0.943\left(\frac{r\rho^2 g\lambda^3}{L\mu\Delta t}\right)^{\frac{1}{4}} \tag{4-62}$$

式中　L——垂直管或板的高度，m；

λ——冷凝液的热导率，W/(m・℃)；

ρ——冷凝液的密度，kg/m³；

μ——冷凝液的黏度，Pa・s；

r——饱和蒸汽的冷凝潜热，kJ/kg；

Δt——蒸汽的饱和温度 t_s 和壁面温度 t_w 之差，℃。

由于理论推导中的假定不能完全成立，所以大多数蒸汽在垂直管外或垂直平板侧的膜状冷凝的实验结果较理论式的计算值差别大 20%左右，故得修正公式为：

$$\alpha=1.13\left(\frac{r\rho^2 g\lambda^3}{L\mu\Delta t}\right)^{\frac{1}{4}} \tag{4-63}$$

上式也常用无量纲冷凝传热系数 α^* 表示，即：

$$\alpha^*=1.76Re^{-\frac{1}{3}} \tag{4-64}$$

其中

$$\alpha^*=\alpha\left(\frac{\mu^2}{\lambda^3\rho^2 g}\right)^{\frac{1}{3}} \tag{4-65}$$

$$Re=\frac{Lu\rho}{\mu} \tag{4-66}$$

对于蒸汽在单根水平管外的膜状冷凝，可理论推导得：

$$\alpha=0.725\left(\frac{r\rho^2 g\lambda^3}{d_0\mu\Delta t}\right)^{\frac{1}{4}} \tag{4-67}$$

式(4-62)、式(4-63) 及式(4-67) 适用于冷凝液膜为层流 ($Re\leqslant1800$)。

用来判断膜层流流型的 Re 经常表示为冷凝负荷 M 的函数。冷凝负荷是指在单位长度润湿周边上单位时间流过的冷凝液量，其单位为 kg/(m·s)，即 $M=W/b$。此处 W 为冷凝液的质量流量（kg/s），b 为润湿周边（m）。

若膜状流动时液流的横截面积（即流通截面）为 A，故当量直径为：

$$d_e=4A/b$$

则

$$Re=\frac{d_e u\rho}{\mu}=\frac{\frac{4A}{b}\times\frac{W}{A}}{\mu}=\frac{4M}{\mu}$$

若冷凝液膜为湍流（$Re>1800$）时，可采用如下关联式。

$$\alpha^*=0.0077Re^{0.4} \tag{4-68}$$

应指出，蒸汽在单根水平管上的膜状冷凝的情况，当管径较小，液膜呈层流流动时，实验结果与理论式的计算值基本吻合。

对于蒸汽在纵排水平管束外冷凝，从第二排以下各管受上面滴下冷凝液的影响使液膜增厚，其传热效果较单根水平管差一些，一般用下式估算，即：

$$\alpha=0.725\left(\frac{r\rho^2 g\lambda^3}{n^{\frac{2}{3}}d_0\mu\Delta t}\right)^{\frac{1}{4}} \tag{4-69}$$

式中　n——水平管束在垂直列上的管数。

【例 4-7】 饱和温度为100℃的水蒸气，在外径为0.04m、长度为2m的单根直立圆管外表面上冷凝。管外壁温度为94℃，试求每小时的蒸汽冷凝量。若管子水平放置，蒸汽冷凝量为多少？

解：由附录查得在100℃下的饱和水蒸气的汽化热约为2258kJ/kg。

定性温度$=\frac{t_s+t_w}{2}=\frac{100+94}{2}=97$（℃）

由附录查得在97℃下水的物性为：

$$\lambda=0.682\text{W/(m·℃)}，\mu=0.282\text{mPa·s}，\rho=958\text{kg/m}^3$$

（1）单根圆管垂直放置时

先假设冷凝液膜呈层流，由式(4-63) 知：

$$\alpha=1.13\left(\frac{r\rho^2 g\lambda^3}{L\mu\Delta t}\right)^{\frac{1}{4}}=1.13\times\left[\frac{958^2\times9.81\times0.682^3\times2258\times10^3}{2\times0.282\times10^{-3}\times(100-94)}\right]^{\frac{1}{4}}$$
$$=7466\text{W/(m}^2\text{·℃)}$$

由对流传热速率方程计算传热速率，即：

$$Q=\alpha S(t_s-t_w)=7466\times\pi\times0.04\times2\times(100-94)=11250\ (\text{W})$$

故蒸汽冷凝量为：

$$W=\frac{Q}{r}=\frac{11250}{2258\times10^3}=0.00498\text{kg/s}=17.93\text{kg/h}$$

核算流型：

$$M=\frac{W}{b}=\frac{W}{\pi d_0}=\frac{0.00498}{\pi\times0.04}=0.0397\text{kg/(m·s)}$$

$$Re=\frac{4M}{\mu}=\frac{4\times0.0397}{0.282\times10^{-3}}=564<1800\ (层流)$$

（2）管子水平放置时

若管子水平放置时，由式(4-67) 可知：

$$\alpha'=0.725\left(\frac{r\rho^2 g\lambda^3}{d_0\mu\Delta t}\right)^{\frac{1}{4}}$$

故 $\dfrac{\alpha'}{\alpha}=\dfrac{0.725}{1.13}\times\left(\dfrac{L}{d_0}\right)^{\frac{1}{4}}=\dfrac{0.725}{1.13}\times\left(\dfrac{2}{0.04}\right)^{\frac{1}{4}}=1.71$

所以 $$\alpha'=1.71\alpha=1.71\times7466=12767\text{W}/(\text{m}^2\cdot℃)$$

$$W'=1.71\times17.93=30.7\text{kg/h}$$

核算流型：

$$Re'=1.71Re=1.71\times564=964<1800\ （层流）$$

4.5.1.3 蒸汽冷凝传热讨论

(1) 由于液膜的厚度及其流动状况是影响冷凝传热的关键因素，所以凡是有利于减薄液膜厚度的因素都可提高冷凝传热系数，这些因素包括：加大冷凝液膜两侧的温度差，使蒸汽冷凝速率增加，因而液膜层厚度增加，使冷凝传热系数降低；考虑蒸汽的流速和流向的影响：若蒸汽和液膜同向流动，则蒸汽和液膜间的摩擦力，使液膜流动加速，厚度减薄，传热系数增大；若逆向流动，则相反；若液膜被蒸汽吹离壁面，则随蒸汽流速的增加，对流传热系数急剧增大。

(2) 由于蒸汽冷凝时的 α 值较流体无相变化时大得多，所以在间壁两侧流体进行热交换时，若热流体为蒸汽冷凝，冷流体无相变化，则蒸汽冷凝不是过程的主要矛盾，其 α 值可进行估算。例如水蒸气作膜状冷凝，其 α 值可取 $12000\text{W}/(\text{m}^2\cdot\text{K})$ 左右。

(3) 应当注意，计算蒸汽冷凝的 α 关联式是针对纯净的饱和蒸汽在清洁的壁面上冷凝时得到的。若蒸汽中含有空气或其他不凝性气体，冷凝的过程中将逐渐在壁面附近形成一层气膜，气膜将使热阻迅速增大，α 值急剧下降。实验证明，蒸汽中含有1%的空气时，α 值将下降60%以上。因此，冷凝器上方都装有排气阀，以便及时排除不凝性气体。

4.5.2 液体沸腾传热

液体吸热后，在其内部或表面产生气泡或气膜的过程称为液体沸腾，如图 4-18 所示。

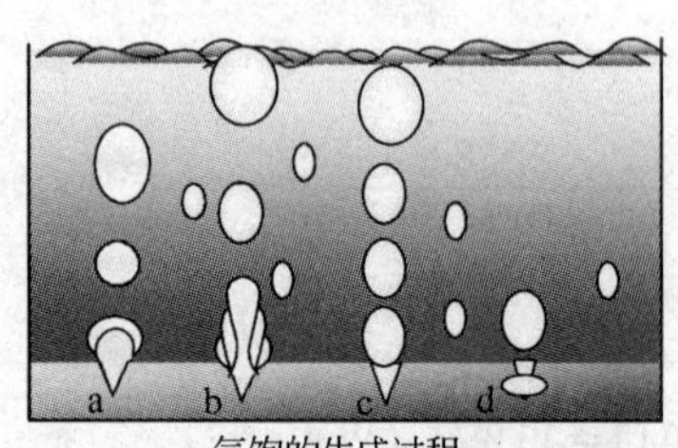

图 4-18 液体沸腾示意图

工业上的液体沸腾主要有两种：当加热面浸入比它大的容器里，没有强制对流，加热壁面附近液体的流动仅由自然对流和所产生的气泡的扰动引起时，壁面上的沸腾称为大容积或池内沸腾；当液体在管内流动时受热沸腾，称为管内沸腾。后者液体的流速对沸腾有很大的影响，产生的气泡与液体一起流动，形成了复杂的气液两相流问题。

按照液体主体温度 t_l、液体饱和温度 t_s 和加热壁面温度 t_w 的差异，上述两类沸腾现象又有过冷与饱和沸腾之分。当 t_l 小于 t_s，而 t_w 大于 t_s 时，加热壁面上产生的气泡还未脱离壁面或刚脱离壁面就迅速被冷凝成液体，这种情况称为过冷沸腾；当 t_l 略高于 t_s 时，在加热壁面上产生的气泡进入液相主体，并不断长大、上升，最后从液体表面逸出，这种情况称为饱和沸腾。以下仅简要介绍大容积内饱和液体沸腾的特性。

实验表明，大容积内饱和液体沸腾的表面热通量 q 或对流传热系数 α 可表示为温度差 $\Delta t=t_w-t_s$ 的函数，描述 q 或 α 随 $\Delta t=t_w-t_s$ 变化的曲线称为沸腾曲线。不同工质、不同操作条件下的沸腾曲线是不同的，但基本形式相似。如图 4-19 所示为 101330Pa 下水的沸腾曲线，两条曲线中，一条是 q 随 Δt 的变化，另一条是 α 随 Δt 的变化。由图 4-19 可知，沸腾曲线呈现出不同的变化规律。

根据图 4-19 可知，沸腾曲线通常分为三个区域。

(1) 自然对流区　$\Delta t \leqslant 5℃$，液体稍微过热，液体内产生自然对流，但没有气泡从液体中逸出液面，仅仅是液体表面发生蒸发，q 或 α 都较小。

(2) 泡状（核状）沸腾区　$5℃ < \Delta t < 25℃$，加热壁面上局部产生气泡，其产生速度随 Δt 上升而增加。气泡脱离壁面后，不断长大、上升，最后逸出液面。由于气泡的上述作用，使液体受到剧烈的扰动，因此 q 或 α 都随 Δt 上升而急剧增大。

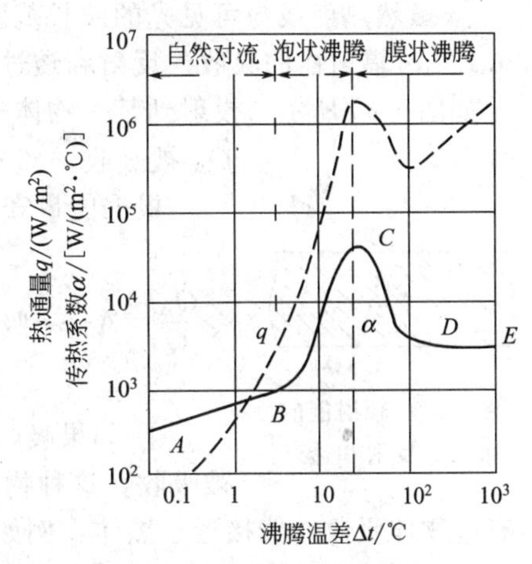

图 4-19　常压下水的沸腾曲线

(3) 膜状沸腾区　$\Delta t > 25℃$ 时，加热壁面上气泡产生速度大于脱离速度，气泡在加热壁面连接起来形成不稳定的蒸汽膜，使液体不能与加热面直接接触，由于蒸汽膜的导热性能差，使 q 或 α 都随 Δt 上升而急剧下降；当 Δt 上升到一定数值后，随着 Δt 上升，α 基本上不变，q 又开始上升，这是由于 t_w 较高，传热面几乎全部为气膜所覆盖，形成了较稳定的气膜，辐射传热的影响显著增加所致。

由沸腾曲线可知，泡状沸腾的 α 较自然对流的大，比膜状沸腾的容易控制，因此工业生产中一般控制在泡状沸腾下操作。由泡状沸腾向膜状沸腾过渡的转折点称为临界点，临界点对应于临界温度差 Δt_c、临界沸腾传热系数 α_c 和临界热通量 q_c，确定不同液体在临界点下的上述参数具有实际意义。

在管内作强制对流的液体发生沸腾时，还受流体流动状况的影响。除了流速以外，在很大程度上要取决于流体内的蒸汽含量，这种含量沿管程是变化的，因此管内沸腾传热现象就更加复杂。

关于沸腾传热 α 的计算，难以理论求解，工业上常用的经验公式可参见有关专著，这里仅介绍按照对比压强计算泡状沸腾传热系数的莫斯廷凯（Mostinki）公式：

$$\alpha = 1.163Z(\Delta t)^{2.33} \tag{4-70}$$

式中　$\Delta t = t_w - t_s$——壁面过热度，℃；

Z——与操作压强及临界压强有关的参数，$W/(m^2 \cdot ℃^{0.33})$，其值可按照相关公式计算。

4.6 辐射传热

4.6.1 辐射传热基本概念

4.6.1.1 热辐射及其特点

物体温度大于绝对零度即可向外发射辐射能，辐射能以电磁波形式传递，当与另一个物体相遇，则可被吸收、反射、透过，其中吸收的部分又可将电磁波转变为热能。这种仅与物体本身的温度有关而引起的热能传播过程，称为热辐射。热辐射具有以下特点：

① 物体的热能转化为辐射能，只要物体的温度不变，其发射的辐射能亦不变；

② 物体向外发射辐射能的同时，并不断吸收周围物体辐射来的能量，结果是高温物体向低温物体传递了能量，称为辐射传热；

③ 理论上，热辐射的电磁波波长为零到无穷大，实际上，波长仅在 0.4～40μm 的范围是明显的；

④ 可见光的波长为 0.4～0.8μm，红外线的波长 0.8～40μm，可见光与红外线统称为热射线；

⑤ 虽然热射线与可见光的波长范围不同，但本质一样。

4.6.1.2　辐射能的吸收、反射和透过

如图 4-20 所示，投射到某一物体表面上的总辐射能 Q，部分能量 Q_R 被反射，部分能量 Q_A 被吸收，部分能量 Q_D 被透过。

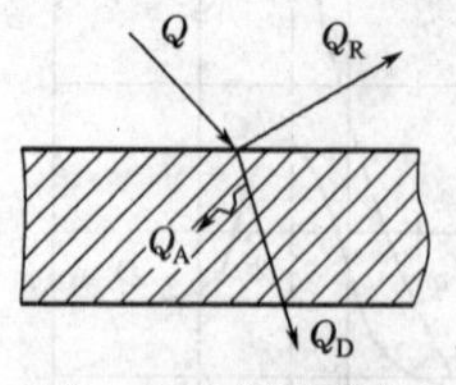

图 4-20　辐射能的吸收、反射和透过

根据能量守恒定律：

$$Q=Q_A+Q_R+Q_D \tag{4-71}$$

令 $\frac{Q_A}{Q}=A$——吸收率；$\frac{Q_R}{Q}=R$——反射率；$\frac{Q_D}{Q}=D$——透过率，则：

$$A+R+D=1 \tag{4-72}$$

① 如果吸收率 $A=1$，即 $R=D=0$，也就是落到物体的能量全部被吸收，这种物体称为绝对黑体或黑体，实际上，黑体是不存在的，但有些物体吸收性能接近于黑体，例如无光泽的黑漆表面，$A=0.96\sim0.98$。

② 能全部反射辐射能的物体，即 $R=1$ 的物体称为绝对白体或镜体，白体实际也不存在，但有些物体性质接近于白体，例如表面磨光的铜，$R=0.97$。

③ 能透过全部辐射能的物体，即 $D=1$ 的物体称为透热体，一般单原子或对称双原子气体（例如 He、O_2、N_2 和 H_2 等）可近似为透热体。

物体的吸收率 A、反射率 R 和透过率 D 的大小取决于物体的性质、温度、表面状况及辐射波的波长等。一般来说，表面粗糙的物体，A 大；固体和液体的 $D\approx0$，是不透热体；而气体的反射率 $R\approx0$，故 $A+D=1$。

应该注意，黑体、白体不能由颜色区分，例如霜在光学上是白色，但其 $A\approx1$，是黑体。

4.6.1.3　灰体

工程上为了处理问题方便起见，提出了“灰体”的概念。所谓灰体，从辐射的角度来讲，在相同温度下，能以相同的吸收率吸收各种波长辐射能的物体，是一种理想化物体，但大多数工程材料都可以近似为灰体。

灰体的特点是：①吸收率与波长无关；②灰体是不透热体。

4.6.2　物体的辐射能力

物体的辐射能力指物体在一定温度时，单位时间、单位面积发射的能量，以 E 表示，单位是 W/m^2，辐射能力表征物体发射辐射能的本领。在相同条件下，物体发射特定波长的能力，称为单色辐射能力，用 E_λ 表示。其定义为辐射能力随波长的变化率，即：

$$E_\lambda=\frac{dE}{d\lambda} \tag{4-73}$$

式中　λ——波长，m 或 μm；

E_λ——单色辐射能力，W/m^3。

若用下标 b 表示黑体，则黑体辐射能力和单色辐射能力分别用 E_b 和 $E_{b\lambda}$ 表示，于是：

$$E_b=\int_0^\infty E_{b\lambda}d\lambda \tag{4-74}$$

4.6.2.1　普朗克（Planck）定律

普朗克定律揭示了黑体的单色辐射能力 $E_{b\lambda}$ 随波长变化的规律，其表达式为：

$$E_{b\lambda}=\frac{C_1\lambda^{-5}}{e^{\frac{C_2}{\lambda T}}-1} \tag{4-75}$$

式中　T——黑体的绝对温度，K；

e——自然对数的底数；

C_1——常数，其值为 3.743×10^{-16} W·m^2；

C_2——常数，其值为 1.4387×10^{-2} m·K。

如图 4-21 所示为由上式得到的 $E_{b\lambda}$ 随波长 λ 的变化曲线。

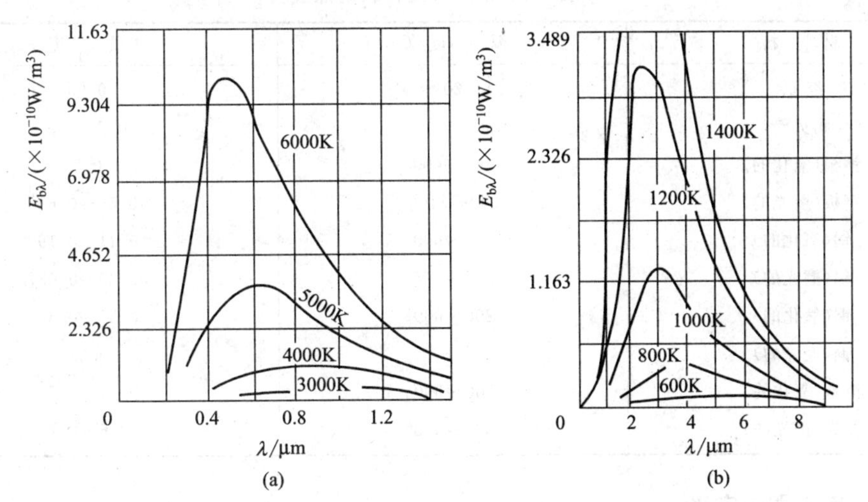

图 4-21　黑体的单色辐射能力随温度及波长的分布规律曲线

由图可见，每一温度均有一条能量分布曲线，在指定的温度下，黑体辐射各种波长的能量是不同的。当温度不太高时，辐射能主要集中在波长为 0.8～10μm 的范围内，如图 4-21（b）所示。

4.6.2.2　斯蒂芬（Stefan）-玻尔兹曼（Boltzman）定律

该定律揭示了黑体的辐射能力 E_b 与其表面温度（指绝对温度）的四次方成正比这一定量关系，即：

$$E_b=\sigma_0 T^4=C_0\left(\frac{T}{100}\right)^4 \tag{4-76}$$

式中　σ_0——黑体的辐射常数，其值为 5.67×10^{-8} W/(m²·K⁴)；

C_0——黑体的辐射系数，其值为 5.67W/(m²·K⁴)。

4.6.2.3　灰体的辐射能力及黑度

（1）灰体的辐射能力　因为许多工程材料的辐射特性近似于灰体，所以通常将实际物体视为灰体来计算其辐射能力 E，可用下式计算：

$$E=C\left(\frac{T}{100}\right)^4 \tag{4-77}$$

式中　C——灰体的辐射系数，单位与 C_0 相同。

不同物体的辐射系数 C 值不相同，其值与物体的性质、表面状况和温度等有关，其值恒小于 C_0。

（2）黑度 ε　在计算辐射传热中，由于相同温度下黑体的辐射能力最强，通常将灰体辐射能力与同温度下黑体辐射能力之比定义为物体的黑度 ε（又称发射率），即：

$$\varepsilon=\frac{E}{E_b}=\frac{C}{C_0} \tag{4-78}$$

或

$$E=\varepsilon E_b=\varepsilon C_0\left(\frac{T}{100}\right)^4 \tag{4-79}$$

利用黑度的数值可以判断相同温度下任何物体的辐射能力与黑体辐射能力的差别，黑度的大小在 0～1 范围内变化。

黑度与物体的种类、温度及表面粗糙度、表面氧化程度等因素有关，一般由实验测定，常用工业材料的黑度列于表 4-8 中。

表 4-8　常用工业材料的黑度

材　料	温　　度/℃	黑　度
红 砖	20	0.93
耐火砖	—	0.8～0.9
钢板(氧化的)	200～600	0.8
钢板(磨光的)	940～1100	0.55～0.61
铝(氧化的)	200～600	0.11～0.19
铝(磨光的)	225～575	0.039～0.057
铜(氧化的)	200～600	0.57～0.87
铜(磨光的)	—	0.03
铸铁(氧化的)	200～600	0.64～0.78
铸铁(磨光的)	330～910	0.6～0.7

4.6.2.4　克希霍夫定律

该定律描述了灰体的辐射能力与其吸收率之间的关系。

如图 4-22 所示，设有两块相距很近的平行平板，一块板上的辐射能可以全部投射到另一块板上。若板 1 为实际物体（灰体），其辐射能力、吸收率和表面温度分别为 E_1、A_1 和 T_1；板 2 为黑体，其辐射能力、吸收率和表面温度分别为 $E_2=E_b$、A_2 和 T_2，设 $T_1>T_2$，两板中间介质为透热体，系统与外界绝热，以单位时间、单位平板面积为基准。由于板 2 为黑体，板 1 发射出的 E_1 能被板 2 全部吸收，由板 2 发射的 E_b 被板 1 吸收了 A_1E_b，余下的 $(1-A_1)E_b$ 被反射至板 2，并被全部吸收，故对板 1 来说，辐射传热的结果为：

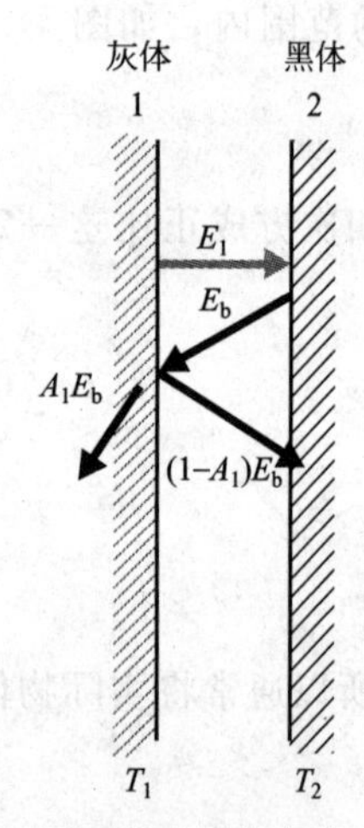

图 4-22　黑体与灰体间的辐射传热

$$\frac{Q}{S}=q=E_1-A_1E_b$$

式中　q——两板间辐射传热的热通量，W/m^2。

当两板达到热平衡，即 $T_1=T_2$ 时，$q=0$，故：

$$E_1=A_1E_b$$

或

$$\frac{E_1}{A_1}=E_b$$

因板 1 可以用任何板来代替，故上式可写为：

$$\frac{E}{A}=\frac{E_i}{A_i}=E_b=f(T) \tag{4-80}$$

式中，$i=1, 2, 3, 4\cdots$。

上式称为克希霍夫定律，它表明任何物体的辐射能力与吸收率的比值恒等于同温度下黑体的辐射能力，即仅和物体的绝对温度有关。

由上式可得：

$$\frac{E}{E_b}=A \tag{4-81}$$

比较式(4-78) 及式(4-81) 可知，$A=\varepsilon$，即在同一温度下，物体的吸收率与黑度在数值上相等，但两者的物理意义则完全不同，前者为吸收率，表示由其他物体发射来的辐射能可被该物体吸收的分数；后者为发射率，表示物体的辐射能力占黑体辐射能力的分数。但是，

由于物体的吸收率 A 不易测定，但黑度 ε 可测，故工程计算中大都用物体的黑度 ε 的数值代替吸收率 A。

4.6.3 物体间的辐射传热

工业上两固体间的相互辐射传热计算是很复杂的，一般都把两物体视为灰体，在两灰体间的辐射传热中，相互进行着辐射能的多次被吸收和多次被反射的过程，应考虑两固体间的吸收率、反射率、形状、大小及两物体间的距离和相互位置的影响，下面给出两固体间相互辐射传热的传热速率计算式。

$$Q_{1\text{-}2}=C_{1\text{-}2}\varphi S\left[\left(\frac{T_1}{100}\right)^4-\left(\frac{T_2}{100}\right)^4\right] \tag{4-82}$$

式中 $C_{1\text{-}2}=\dfrac{C_0}{1/\varepsilon_1+1/\varepsilon_2-1}$——总辐射系数，$W/(m^2\cdot K^4)$；

C_0——黑体辐射系数，$5.67W/(m^2\cdot K^4)$；

S——辐射面积，m^2；

T_1，T_2——高温及低温物体的热力学温度，K；

φ——几何因数（角系数）。

上式表明，两灰体间的辐射传热速率正比于两者的热力学温度四次方之差。显然，此结果与另外两种传热方式——热传导和对流传热完全不同。

角系数 φ 表示从辐射面积 S 所发射的能量为另一物体表面所截获的分数。它的数值既与两物体的几何排列有关，又与式(4-82) 中的 S 是用板 1 的面积 S_1，还是用板 2 的面积 S_2 作为辐射面积有关，角系数 φ 符号的定义如下。

① $\varphi_{1\text{-}2}=\dfrac{\text{灰体 1 直接辐射在灰体 2 上的能量}}{\text{灰体 1 辐射出的总能量}}$

② $\varphi_{1\text{-}1}=\dfrac{\text{灰体 1 直接辐射在本身的能量}}{\text{灰体 1 辐射出的总能量}}$

③ $\varphi_{2\text{-}1}=\dfrac{\text{灰体 2 直接辐射在灰体 1 上的能量}}{\text{灰体 2 辐射出的总能量}}$

④ $\varphi_{2\text{-}2}=\dfrac{\text{灰体 2 直接辐射在本身的能量}}{\text{灰体 2 辐射出的总能量}}$

因此，在计算中，φ 必须和选定的辐射面积 S 相对应。φ 值的大小可通过实验测定，其中，对于两个极大平面之间的热辐射，$\varphi_{1\text{-}1}=\varphi_{2\text{-}2}=0$，而 $\varphi_{1\text{-}2}=\varphi_{2\text{-}1}=1$。几种简单情况下 φ 值与总辐射系数 $C_{1\text{-}2}$ 的计算式见表 4-9。当 φ 值小于 1 时，可查图 4-23 获得。

表 4-9 φ 值与 $C_{1\text{-}2}$ 的计算式

序号	辐射情况	S	φ	$C_{1\text{-}2}$
1	极大的两平行面	S_1 或 S_2	1	$\dfrac{C_0}{\dfrac{1}{\varepsilon_1}+\dfrac{1}{\varepsilon_2}-1}$
2	面积相等的两平行面	S_1	查图 4-23	$\varepsilon_1\varepsilon_2C_0$
3	很大的物体 2 包住物体 1	S_1	1	ε_1C_0
4	物体 2 恰好包住物体 1，$S_2\approx S_1$	S_1	1	$\dfrac{C_0}{\dfrac{1}{\varepsilon_1}+\dfrac{1}{\varepsilon_2}-1}$
5	介于 3、4 两种情况之间	S_1	1	$\dfrac{C_0}{\dfrac{1}{\varepsilon_1}+\dfrac{\left(\dfrac{1}{\varepsilon_2}-1\right)S_1}{S_2}}$

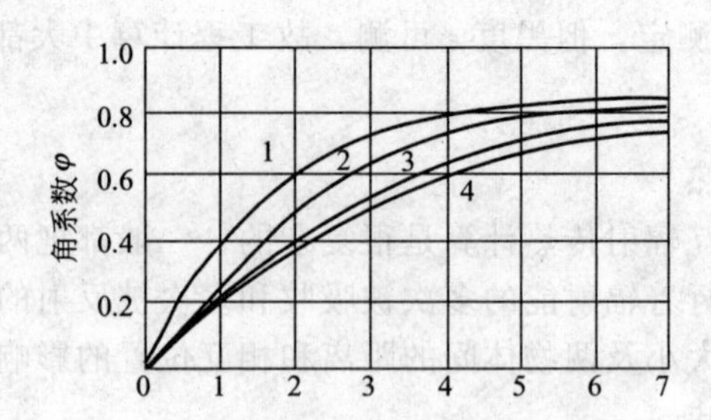

图 4-23　平行面间辐射传热的角系数

1—圆盘形；2—正方形；3—长方形（边长比 2∶1）；4—长方形（狭长）

【例 4-8】 车间内有一个高和宽各为 4m 的炉门（黑度 $\varepsilon_1=0.70$），其表面温度为 600℃，室内温度为 27℃。试求：(1) 由于炉门辐射而引起的散热速率；(2) 若在炉门前 30mm 处放置一块尺寸和炉门相同而黑度为 0.11 的铝板作为热屏，则散热速率可降低多少？

解：(1) 放置铝板前由于炉门辐射而引起的散热速率

由于炉门被车间四壁所包围，则 $\varphi=1$，又 $S_2 \gg S_1$ 故 $C_{1\text{-}2}=\varepsilon_1 C_0$，于是：

$$S=S_1=4\times4=16\ (\text{m}^2)$$

$$C_{1\text{-}2}=\varepsilon_1 C_0=0.70\times5.67=3.969\ [\text{W}/(\text{m}^2\cdot\text{K}^4)]$$

$$Q_{1\text{-}2}=C_{1\text{-}2}\varphi S\left[\left(\frac{T_1}{100}\right)^4-\left(\frac{T_2}{100}\right)^4\right]$$

$$=3.969\times1\times16\times\left[\left(\frac{600+273}{100}\right)^4-\left(\frac{27+273}{100}\right)^4\right]$$

$$=3.64\times10^5\ (\text{W})$$

(2) 放置铝板后由于炉门辐射而引起的散热速率

以下标 1、2 和 3 分别表示炉门、房间和铝板。假定铝板的温度为 T_3，则当传热达稳定时，炉门对铝板的辐射传热速率必等于铝板对房间的辐射传热速率，此即由于炉门辐射而引起的散热速率。

炉门对铝板的辐射传热速率为：

$$Q_{1\text{-}3}=C_{1\text{-}3}\varphi_{1\text{-}3}S_1\left[\left(\frac{T_1}{100}\right)^4-\left(\frac{T_3}{100}\right)^4\right]$$

因 $S_1=S_2$，且两者相距很小，故可认为是两个极大平行平面间的相互辐射，故 $\varphi_{1\text{-}3}=1$。

$$C_{1\text{-}3}=\frac{C_0}{\dfrac{1}{\varepsilon_1}+\dfrac{1}{\varepsilon_2}-1}=\frac{5.67}{\dfrac{1}{0.7}+\dfrac{1}{0.11}-1}=0.596\ [\text{W}/(\text{m}^2\cdot\text{K}^4)]$$

故

$$Q_{1\text{-}3}=0.596\times1\times16\times\left[\left(\frac{600+273}{100}\right)^4-\left(\frac{T_3}{100}\right)^4\right] \tag{a}$$

铝板对房间的辐射传热速率为：

$$Q_{3\text{-}2}=C_{3\text{-}2}\varphi_{3\text{-}2}S_3\left[\left(\frac{T_3}{100}\right)^4-\left(\frac{T_2}{100}\right)^4\right]$$

式中

$$S_3=4\times4=16\ (\text{m}^2)$$

$$C_{3\text{-}2}=\varepsilon_3 C_0=5.67\times0.11=0.624\ [\text{W}/(\text{m}^2\cdot\text{K}^4)]$$

$$\varphi_{3\text{-}2}=1$$

则

$$Q_{3\text{-}2}=0.624\times1\times16\times\left[\left(\frac{T_3}{100}\right)^4-\left(\frac{273+27}{100}\right)^4\right] \tag{b}$$

因为：

$$Q_{1\text{-}3}=Q_{3\text{-}2}$$

解得：$$T_3 = 733\text{K}$$

将 T_3 代入式(b)，得：

$$Q_{3\text{-}2} = 0.624 \times 1 \times 16 \times \left[\left(\frac{733}{100}\right)^4 - \left(\frac{273+27}{100}\right)^4\right] = 2.80 \times 10^4 \ (\text{W})$$

放置铝板后因辐射引起的散热速率减少的百分率为：

$$\frac{Q_{1\text{-}2} - Q_{3\text{-}2}}{Q_{1\text{-}2}} \times 100\% = \frac{3.64 \times 10^5 - 2.80 \times 10^4}{3.64 \times 10^5} \times 100\% = 92.3\%$$

4.6.4 对流与辐射联合传热

在化工生产中，许多设备的外壁温度常高于（或低于）环境温度，此时热量将以对流和辐射两种方式自壁面向环境传递而引起热损失（或反向传热而导致冷损失）。为减少热损失或冷损失，许多温度较高或较低的设备，如换热器、塔器、反应器及蒸汽管道等都必须进行保温或隔热处理。

对流热损失：
$$Q_C = \alpha_C S_w (t_w - t) \tag{4-83}$$

辐射热损失：
$$Q_R = \alpha_R S_w (t_w - t) \tag{4-84}$$

式中 $\alpha_R = \dfrac{C_{1\text{-}2}\left[(T_w/100)^4 - (T/100)^4\right]}{t_w - t}$——辐射传热系数。

因设备向大气辐射传热时角系数 $\varphi=1$，故上式中取消了 φ 项。

那么，总的热损失：

$$Q = Q_C + Q_R = (\alpha_C + \alpha_R) S_w (t_w - t) = \alpha_T S_w (t_w - t) \tag{4-85}$$

式中 α_T——对流辐射联合传热系数，$\text{W}/(\text{m}^2 \cdot ℃)$，其值可用近似公式估算；

S_w——设备外壁表面积，m^2；

t_w——设备外壁温度，℃；

t——环境温度，℃。

通常，对流-辐射联合传热系数 α_T 可用如下公式估算：

(1) 空气自然对流（$t_w < 150℃$）

平壁：
$$\alpha_T = 9.8 + 0.07(t_w - t) \tag{4-86}$$

管或圆筒壁：
$$\alpha_T = 9.4 + 0.052(t_w - t) \tag{4-87}$$

(2) 空气沿粗糙壁面强制对流

空气流速 $u \leqslant 5\text{m/s}$：
$$\alpha_T = 6.2 + 4.2u \tag{4-88}$$

空气流速 $u > 5\text{m/s}$：
$$\alpha_T = 7.8u^{0.78} \tag{4-89}$$

【例 4-9】 在 $\phi 219\text{mm} \times 8\text{mm}$ 的蒸汽管道外包扎一层厚为 75mm、热导率为 $0.1\text{W}/(\text{m} \cdot ℃)$ 的保温材料，管内饱和蒸汽的温度为 160℃，周围环境的温度为 20℃，试估算管道外表面的温度及单位长度管道的热损失。假设管内冷凝传热和管壁热传导热阻均可忽略。

解：管道保温层外对流-辐射联合传热系数为：

$$\alpha_T = 9.4 + 0.052(t_w - t) = 9.4 + 0.052(t_w - 20)$$

单位管长热损失为：

$$\frac{Q}{L} = \alpha_T \pi d_0 (t_w - t) = [9.4 + 0.052(t_w - 20)]\pi d_0 (t_w - 20)$$
$$= 0.06025(t_w - 20)^2 + 10.8914(t_w - 20)$$

由于管内冷凝传热和管壁热传导热阻均可忽略，故：

$$\frac{Q}{L} = \frac{2\pi\lambda(T - t_w)}{\ln \dfrac{d_0}{d}} = \frac{2\pi \times 0.1 \times (160 - t_w)}{\ln \dfrac{0.219 + 0.075 \times 2}{0.219}} = 1.2037(160 - t_w)$$

即：　　　　$0.06025(t_w-20)^2+10.8914(t_w-20)=1.2037(160-t_w)$

解之得：$t_w=102.5$℃。

则：$\frac{Q}{L}=1.2037\times(160-102.5)=69.2$ (W/m)。

4.7　间壁式换热器传热计算

4.7.1　间壁式换热简介

这里以套管换热器为例简介间壁式换热过程。套管换热器是典型的间壁式换热器，它是由两种不同直径的直管套在一起组成同心套管，其基本结构如图 4-24 所示。其中的细管称为内管，而内外管之间的空间称为套管环隙。若热流体走内管放出热量，温度从初温降到终温，则冷流体走套管环隙吸收热量，温度从初温升到终温。由图 4-25 可知，冷、热流体之间的温差也沿程变化。径向的温差是传热的推动力，因此，冷、热流体间热量传递过程的机理是，热量首先由热流体主体以对流的方式传递到间壁内侧；然后以导热的方式穿过间壁；最后由间壁外侧以对流的方式传递至冷流体主体。在垂直于流动方向的同一截面上，温度分布如图 4-25 所示。

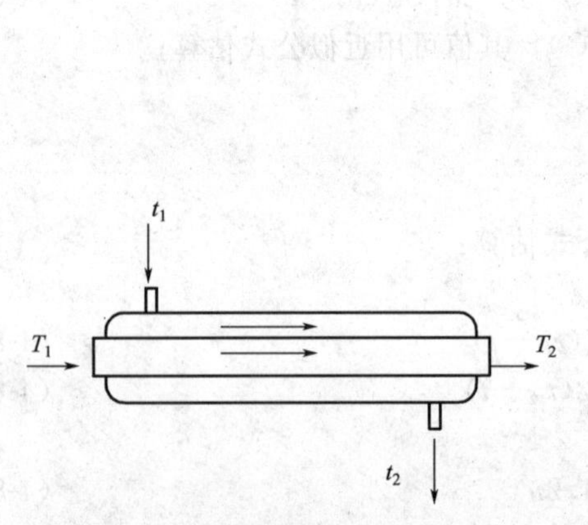

图 4-24　套管换热器的基本结构示意

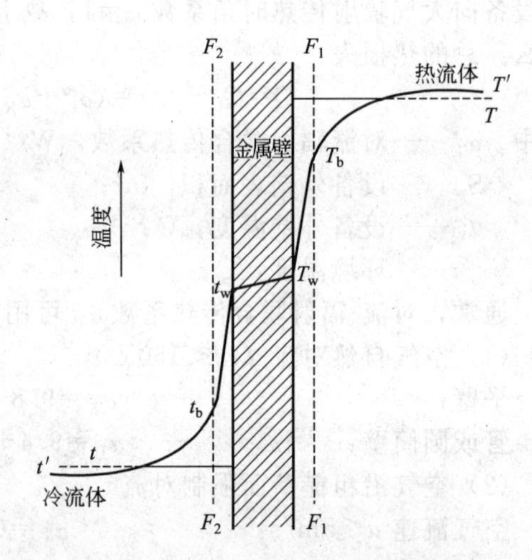

图 4-25　换热截面上温度分布

由温度分布曲线来看，间壁内热传导只有一种分布规律；间壁两侧的对流传热由于流动状况的影响，分别呈现出三种分布规律，在壁面附近为直线，再往外为曲线，在流体主体处为比较平坦的曲线。若按上述三种温度分布规律处理流体与壁面间的对流传热问题则过于复杂，实际应用上，将流体主体与壁面间的对流虚拟为有效膜内的导热问题，有效膜内温度分布为直线，有效膜外流体的温度取其平均温度（将同一流动截面上的流体绝热混合后测定的温度）。因此，对同一截面而言，热流体的平均温度小于其中心温度，冷流体的平均温度大于其中心温度。

4.7.2　热量衡算

间壁两侧冷、热两种流体进行热交换时，若换热器的热损失忽略，则根据能量守恒原理，传热速率 Q 应等于换热器的热负荷，等于热流体放出热量 Q_h，等于冷流体所吸收的热量 Q_c，即：

$$Q=Q_h=Q_c$$

4.7.2.1 无相变传热

（1）热焓法

$$Q=W_{\mathrm{h}}(I_{\mathrm{h1}}-I_{\mathrm{h2}})=W_{\mathrm{c}}(I_{\mathrm{c2}}-I_{\mathrm{c1}}) \tag{4-90}$$

式中 Q——换热器的热负荷，J/S 或 W；

W——流体的质量流量，kg/s；

I——流体的焓，kJ/kg；

下标 h——热流体；

下标 c——冷流体。

（2）比热法　若换热器内两流体均无相变化，且流体的定压比热容 c_p 不随温度而变化，则有：

$$Q=W_{\mathrm{h}}c_{p_{\mathrm{h}}}(T_1-T_2)=W_{\mathrm{c}}c_{p_{\mathrm{c}}}(t_2-t_1) \tag{4-91}$$

式中 c_p——流体的定压比热容，kJ/（kg·K），取流体进、出口算术平均温度下的比热容值；

T_1，T_2——热流体进、出口温度 K（℃）；

t_1，t_2——冷流体进、出口温度 K（℃）。

4.7.2.2 有相变传热

（1）一侧有相变

① 例如热流体一侧是饱和蒸汽冷凝为饱和液体，冷流体不发生相变，则：

$$Q=W_{\mathrm{h}}r_{\mathrm{h}}=W_{\mathrm{c}}c_{p_{\mathrm{c}}}(t_2-t_1) \tag{4-92}$$

式中 W_{h}——饱和蒸汽（即热流体）的冷凝速率，kg/h；

r_{h}——饱和蒸汽的冷凝潜热，kJ/kg。

② 若热流体一侧饱和蒸汽冷凝后，又进一步冷却，即冷凝液最终温度 T_2 低于饱和温度 T_{d}，则：

$$Q=W_{\mathrm{h}}[r_{\mathrm{h}}+c_{p_{\mathrm{h}}}(T_{\mathrm{d}}-T_2)]=W_{\mathrm{c}}c_{p_{\mathrm{c}}}(t_2-t_1) \tag{4-93}$$

式中 T_{d}——冷凝液的饱和温度，K（℃）；

$c_{p_{\mathrm{h}}}$——冷凝液的定压比热容，kJ/(kg·K)。

（2）两侧均有相变

① 例如热流体为饱和蒸汽冷凝为饱和液体，冷流体为饱和液体沸腾蒸发为饱和蒸汽，则：

$$Q=W_{\mathrm{h}}r_{\mathrm{h}}=W_{\mathrm{c}}r_{\mathrm{c}} \tag{4-94}$$

式中 r_{h}——热流体（饱和蒸汽）的冷凝潜热，kJ/kg；

r_{c}——冷流体（饱和液体）的汽化潜热，kJ/kg。

② 若热流体一侧蒸汽冷凝后冷凝液最终温度 T_2 低于饱和温度 T_{d}，冷流体为饱和液体沸腾后蒸汽的最终温度 t_2 高于蒸汽饱和温度 t_{b}，则：

$$Q=W_{\mathrm{h}}[r_{\mathrm{h}}+c_{p_{\mathrm{h}}}(T_{\mathrm{d}}-T_2)]=W_{\mathrm{c}}[r_{\mathrm{c}}+c_{p_{\mathrm{c}}}(t_2-t_{\mathrm{b}})] \tag{4-95}$$

应当注意，在热负荷计算时，必须分清属于有相变还是无相变，然后依据不同算式进行计算。对蒸汽的冷凝、冷却过程热负荷要予以分别计算，然后相加。上述热负荷的计算方法，当要考虑热损失时，则有：

$$Q'=Q+Q_{损} \tag{4-96}$$

通常在保温良好的换热器中可取 $Q_{损}=(2\%\sim5\%)Q'$。

4.7.3 总传热速率方程

原则上，根据上述介绍的导热速率方程和对流传热速率方程即可进行换热器的传热计算。但是，采用上述方程计算冷、热流体间的传热速率时，必须知道壁温，而实际上壁温往往是未知的。为便于计算，需避开壁温，而直接用已知的冷、热流体的温度进行计算。为此，需要建立以冷、热流体主体温度差为传热推动力的传热速率方程，该方程称为总传热速率方程。

由上述分析可知，间壁两侧流体进行热交换时，一方面热量在径向上进行传递；另一方面热流体、冷流体、两侧壁温均沿着管长变化。因此，首先应从局部传热面 dS 入手建立总传热速率方程。

当冷、热流体通过间壁换热时，其传热机理如下：①热流体以对流方式将热量传给高温壁面；②热量由高温壁面以导热方式通过间壁传给低温壁面；③热量由低温壁面以对流方式传给冷流体。

由此可见，冷、热流体通过间壁换热是一个“对流-传导-对流”的串联过程，其传热速率方程可分别表示如下（假设热流体走内侧）。

内侧热流体至内壁面的对流传热方程：

$$dQ=\alpha_i dS_i(T-T_w)=\frac{T-T_w}{\dfrac{1}{\alpha_i dS_i}} \tag{4-97}$$

内壁面至外壁面的热传导方程：

$$dQ=\frac{\lambda dS_m(T_w-t_w)}{b}=\frac{T_w-t_w}{\dfrac{b}{\lambda dS_m}} \tag{4-98}$$

外壁面至外侧冷流体的对流传热方程：

$$dQ=\alpha_o dS_o(t_w-t)=\frac{t_w-t}{\dfrac{1}{\alpha_o dS_o}} \tag{4-99}$$

对于间壁两侧流体间的稳态传热，上述各串联环节传热速率必然相等，即 dQ 为一个常数，则有：

$$dQ=\frac{T-T_w}{\dfrac{1}{\alpha_i dS_i}}=\frac{T_w-t_w}{\dfrac{b}{\lambda dS_m}}=\frac{t_w-t}{\dfrac{1}{\alpha_o dS_o}} \tag{4-100}$$

将上式加和后可得到：

$$dQ=\frac{T-t}{\dfrac{1}{\alpha_i dS_i}+\dfrac{b}{\lambda dS_m}+\dfrac{1}{\alpha_o dS_o}} \tag{4-101}$$

若令

$$\frac{1}{KdS}=\frac{1}{\alpha_i dS_i}+\frac{b}{\lambda dS_m}+\frac{1}{\alpha_o dS_o} \tag{4-102}$$

则

$$dQ=KdS(T-t) \tag{4-103}$$

式中 K——局部总传热系数，W/(m² · ℃)；

T——换热器的任一微元截面上热流体的主体温度，℃；

t——换热器的任一微元截面上冷流体的主体温度，℃。

式(4-103) 称为总传热速率微分方程，它是换热器传热计算的基本关系式。由该式可推出局部总传热系数 K 的物理意义，即 K 表示单位传热面积、单位传热温差下的传热速率，它反映了传热过程的强度。

上面的讨论是针对微元传热面积 dS 而言，具有局部性，而对整个换热器计算总传热速率时，可将式(4-103) 积分至整个换热器，即：

$$Q=\int_0^Q dQ=\int_0^S K(T-t)dS$$

则有：

$$Q=KS\Delta t_m \tag{4-104}$$

式中 Q——总传热速率，J/S 或 W；

K——总传热系数，W/(m^2·℃)；

S——换热器的总传热面积，m^2；

Δt_m——总平均温度差，℃。

为了顺利应用式(4-104) 求得整个换热器的总传热速率，下面讨论对总传热系数 K 和总平均温度差 Δt_m 的准确计算方法。

4.7.4 总传热系数 K 的计算

总传热系数 K 是评价换热器性能的一个重要参数，也是对换热器进行传热计算的依据。K 的数值取决于流体的物性、传热过程的操作条件及换热器的类型等，因而 K 值变化范围很大。

通常，取得总传热系数 K 值有三种方法：理论计算法、经验选取法及实验测定法。

4.7.4.1 理论计算法

(1) 总传热系数 K 值的计算　当冷、热流体通过管式换热器进行传热时，沿传热方向传热面积是变化的，此时总传热系数 K 必须和所选择的传热面积相对应，选择的传热面积不同，总传热系数的数值也不同。

由式(4-102) 可知，若以传热管的外表面积 S_o($S_o=\pi d_o L$) 为基准，其对应的总传热系数 K_o 为：

$$K_o=\frac{1}{\frac{1}{\alpha_i}\times\frac{S_o}{S_i}+\frac{b}{\lambda}\times\frac{S_o}{S_m}+\frac{1}{\alpha_o}}=\frac{1}{\frac{1}{\alpha_i}\times\frac{d_o}{d_i}+\frac{b}{\lambda}\times\frac{d_o}{d_m}+\frac{1}{\alpha_o}} \tag{4-105}$$

同理，若以传热管内表面积 S_i($S_i=\pi d_i L$) 为基准，其对应的总传热系数 K_i 值为：

$$K_i=\frac{1}{\frac{1}{\alpha_i}+\frac{b}{\lambda}\times\frac{S_i}{S_m}+\frac{1}{\alpha_o}\times\frac{S_i}{S_o}}=\frac{1}{\frac{1}{\alpha_i}+\frac{b}{\lambda}\times\frac{d_i}{d_m}+\frac{1}{\alpha_o}\times\frac{d_i}{d_o}} \tag{4-106}$$

若以传热管的平均面积 S_m($S_m=\pi d_m L$) 为基准，其对应的总传热系数 S_m 值为：

$$K_m=\frac{1}{\frac{1}{\alpha_i}\times\frac{S_m}{S_i}+\frac{b}{\lambda}+\frac{1}{\alpha_o}\times\frac{S_m}{S_o}}=\frac{1}{\frac{1}{\alpha_i}\times\frac{d_m}{d_i}+\frac{b}{\lambda}+\frac{1}{\alpha_o}\times\frac{d_m}{d_o}} \tag{4-107}$$

式中 K_i，K_o，K_m——基于管内表面积、外表面积、内外平均表面积的总传热系数，W/(m^2·℃)；

S_i、S_o、S_m——管内表面积、外表面积、内外平均表面积，m^2。

可见，所取基准传热面积不同，K 值也不同，即：$K_o\neq K_i\neq K_m$。

当传热面为平壁时，则 $S_o=S_i=S_m$，此时的总传热系数 K 为：

$$K=\frac{1}{\frac{1}{\alpha_o}+\frac{b}{\lambda}+\frac{1}{\alpha_i}} \tag{4-108}$$

综上所述，总传热系数和传热面积的对应关系十分重要，所选基准面积不同，总传热系数的数值也不相同。各类化工设计手册中所列 K 值，无特殊说明，均视为以管外表面为基准的 K 值。对于管壁薄或管径较大时，可近似取 $S_o=S_i=S_m$，即圆筒壁视为平壁计算。

(2) 污垢热阻影响　实际操作的换热器传热表面上常有污垢积存，对传热产生附加热阻，称为污垢热阻。通常污垢热阻比传热壁的热阻大得多，因而设计中应考虑污垢热阻的影响。由于污垢层的厚度及其热导率难以准确地估计，因此通常选用一些经验值，表 4-10 给出了污垢热阻的常见值。

表 4-10 污垢热阻的常见值

流体	污垢热阻 R_s /($m^2 \cdot K/kW$)	流体	污垢热阻 R_s /($m^2 \cdot K/kW$)
水(1m/s,$t>50$℃)		水蒸气	
蒸馏水	0.09	优质——不含油	0.052
海水	0.09	劣质——不含油	0.09
清净的河水	0.21	往复机排出	0.176
未处理的凉水塔用水	0.58	液体	
已处理的凉水塔用水	0.26	处理过的盐水	0.264
硬水、井水	0.58	有机物	0.176
气体		燃料油	1.056
空气	0.26～0.53	焦油	1.76
溶剂蒸气	0.14		

设管壁内、外侧表面上的污垢热阻分别为 R_{si} 及 R_{so}，根据串联热阻叠加原理，式(4-105) 可表示为：

$$\frac{1}{K}=\frac{1}{\alpha_o}+R_{s_o}+\frac{b}{\lambda}\times\frac{d_o}{d_m}+R_{s_i}\frac{d_o}{d_i}+\frac{1}{\alpha_i}\times\frac{d_o}{d_i} \tag{4-109}$$

(3) 提高总传热系数途径的分析　若不考虑管壁热阻及污垢热阻的影响，且同时将传热面取为平壁或薄管壁时（即 d_i、d_o、d_m 相等或近于相等)，则上式可化简为：

$$\frac{1}{K}=\frac{1}{\alpha_o}+\frac{1}{\alpha_i} \tag{4-110}$$

① 由上式可知，当 $\alpha_o \ll \alpha_i$ 时，则$\frac{1}{K}\approx\frac{1}{\alpha_o}$，称为管壁外侧对流传热控制；当 $\alpha_i \ll \alpha_o$ 时，则$\frac{1}{K}\approx\frac{1}{\alpha_i}$，称为管壁内侧对流传热控制。由此可见，$K$ 值总是接近于 α 小的一侧流体（即代表该侧流体的热阻很大）的对流传热系数值。可见，总热阻是由热阻大的那一侧流体的对流传热情况所控制，即当两侧流体的对流传热系数相差较大时，要提高 K 值，关键在于提高 α 较小侧流体的对流传热系数。

② 若两侧 α 相差不大时，则必须同时提高两侧 α 的值，才能提高 K 值。

③ 同样，若管壁两侧流体的对流传热系数均很大，即两侧流体的对流传热热阻都很小，而污垢热阻却很大，则称为污垢热阻控制，此时欲提高 K 值，必须设法减慢污垢形成速率或及时清除污垢。

【例 4-10】 某空气冷却器，空气在管外横向流过，冷却水在管内流过，管外侧的对流传热系数为 100W/($m^2 \cdot$℃)，管内侧的对流传热系数为 4000W/($m^2 \cdot$℃)。冷却管为 ϕ25mm×2.5mm 的钢管，其热导率为 45W/(m·℃)，设管内、管外侧污垢热阻均可忽略。试求：(1) 总传热系数；(2) 若将管外对流传热系数 α_o 提高一倍，其他条件不变，总传热系数增加的百分数；(3) 若将管内对流传热系数 α_i 提高一倍，其他条件不变，总传热系数增加的百分数。

解：(1) 由式(4-109)：

$$K=\frac{1}{\frac{d_o}{\alpha_i d_i}+\frac{bd_o}{\lambda d_m}+\frac{1}{\alpha_o}}=\frac{1}{\frac{0.025}{4000\times0.02}+\frac{0.0025\times0.025}{45\times0.0225}+\frac{1}{100}}$$
$$=96.4\ [\mathrm{W/(m^2\cdot ℃)}]$$

(2) α_o 提高一倍，总传热系数为：

$$K=\frac{1}{\frac{0.025}{4000\times0.02}+\frac{0.0025\times0.025}{45\times0.0225}+\frac{1}{2\times100}}=186.0\ [\mathrm{W/(m^2\cdot ℃)}]$$

总传热系数增加的百分数为：

$$\frac{186.0-96.4}{96.4}\times 100\%=92.9\%$$

（3）α_i 提高一倍，传热系数为：

$$K=\frac{1}{\frac{0.025}{2\times 4000\times 0.02}+\frac{0.0025\times 0.025}{45\times 0.0225}+\frac{1}{100}}=97.9\ [\mathrm{W/(m^2\cdot ℃)}]$$

总传热系数增加的百分数：

$$\frac{97.9-96.4}{96.4}\times 100\%=1.6\%$$

通过计算可以看出，气侧的热阻远大于水侧的热阻，故该换热过程为气侧热阻控制，此时将气侧对流传热系数提高一倍，总传热系数显著提高，而提高水侧对流传热系数，总传热系数变化不大。

4.7.4.2 经验选取法

在实际设计计算中，总传热系数通常采用经验值。由于 K 值的变化范围很大，取值时应注意设备型式相同，工艺条件相仿，表 4-11 给出管壳式换热器中总传热系数 K 的经验值。

表 4-11 管壳式换热器中总传热系数 K 的经验值

冷 流 体	热 流 体	传热系数 K/[W/(m^2·℃)]
水	水	850～1700
水	气体	17～280
水	有机溶剂	280～850
水	轻油	340～910
水	重油	60～280
有机溶剂	有机溶剂	115～340
水	水蒸气冷凝	1420～4250
气体	水蒸气冷凝	30～300
水	低沸点烃类冷凝	455～1140
水沸腾	水蒸气冷凝	2000～4250

4.7.4.3 实验测定法

对于已有的换热器，可以通过测定有关数据，如设备的尺寸、流体的流量和温度等，然后由传热基本方程式计算 K 值。显然，这样得到的总传热系数 K 值最为可靠。实测 K 值的意义，不仅可以为换热器设计提供依据，而且可以分析了解所用换热器的性能，寻求提高设备传热能力的途径。

4.7.5 传热计算方法

换热器的传热计算方法通常有平均温度差法和传热单元数法两种。

4.7.5.1 平均温度差法

根据换热器中冷、热流体温度变化情况而言，有恒温传热和变温传热两种，现分别讨论。

（1）恒温传热时的 Δt_m　当间壁换热器两侧流体均发生饱和相变化时，两流体温度可以分别保持不变。例如蒸发器操作，热流体侧为饱和蒸汽冷凝，即保持在恒温 T 下放热；冷流体侧为饱和液体沸腾，即保持在恒温 t 下吸热。因此，换热器间壁两侧流体的温度差处处相等，则：

$$\Delta t_m=T-t=\text{常数} \tag{4-111}$$

（2）变温传热时的 Δt_m　这种情况在生产实际中应用较多，即当间壁两侧流体在传热过程中至少有一侧流体没有发生相变化，则冷、热流体的主体温差必然随换热器位置而变化。在换热器中，冷、热流体若以相同的方向流动，称为并流；两流体若以相反的方向流动，称为逆流。下面举出几种变温差传热情况，如图 4-26 及图 4-27 所示。

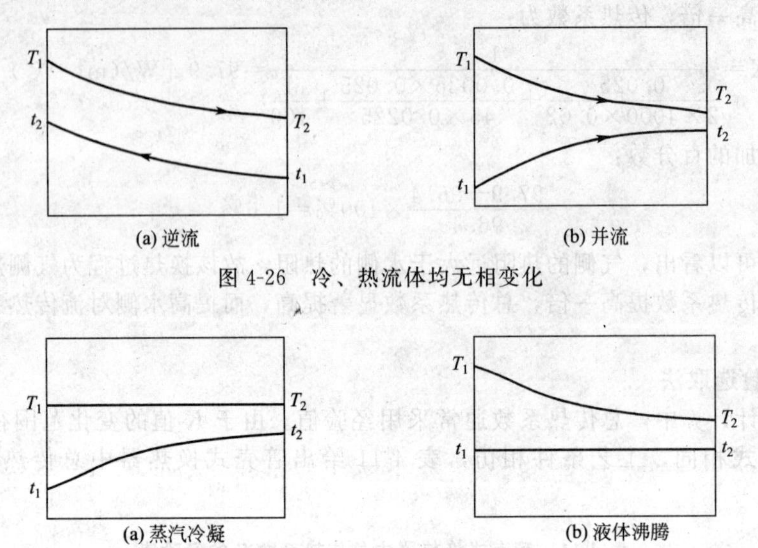

图 4-26　冷、热流体均无相变化

图 4-27　一侧流体发生相变化

并流与逆流时的 Δt_m 计算式导出：现以逆流操作为例，取微元传热面积 dS 分析。对于稳态传热，且热损失可忽略时，由热量恒算得：

$$dQ=-W_h c_{p_h} dT=W_c c_{p_c} dt \tag{4-112}$$

上式可写为：

$$\frac{dQ}{dT}=-W_h c_{p_h}$$

$$\frac{dQ}{dt}=W_c c_{p_c}$$

对整个换热器而言，两流体的质量流量不随换热器长度 L 变化。若以定性温度确定两流体的比热容，比热容也可以当常数处理。所以，T-Q 和 t-Q 的关系均为直线，可表示为：

$$T=mQ+k$$

$$t=m'Q+k'$$

上两式相减得

$$T-t=(m-m')Q+(k-k')$$

即 $(T-t)$-Q 的关系也是直线。

令
$$\Delta t=T-t$$

则
$$\Delta t_1=T_1-t_1，\ \Delta t_2=T_2-t_2$$

故
$$\frac{d(\Delta t)}{dQ}=\frac{\Delta t_2-\Delta t_1}{Q} \tag{4-113}$$

又
$$dQ=KdS(T-t)=KdS\Delta t \tag{4-114}$$

将式(4-114) 代入式(4-113) 中，并取 K 为常数，不随 L 变化，则积分后可得：

$$Q=KS\frac{\Delta t_1-\Delta t_2}{\ln\dfrac{\Delta t_1}{\Delta t_2}} \tag{4-115}$$

上式与式(4-104) 比较知：

$$\Delta t_m=\frac{\Delta t_1-\Delta t_2}{\ln\dfrac{\Delta t_1}{\Delta t_2}} \tag{4-116}$$

上式为冷、热两种流体进、出口温度 T_1、T_2、t_1 和 t_2 的对数平均值。

对于并流操作或仅一侧流体变温的情况，可采用类似的方法导出同样的表达式，即式(4-116) 是计算逆流和并流时平均温度差的通式。

(3) 关于传热温度差计算的讨论

① 当 $\Delta t_1/\Delta t_2<2$ 时，Δt_m 可用算术平均值代替对数平均值，其误差不超过 4%。

② 利用上式计算对数平均温度差时，取换热器两端的 Δt 中数值大者为 Δt_1，小者为 Δt_2，这样计算 Δt_m 比较简便，不影响计算结果。

③ 逆流与并流比较。

a. 在冷热流体进、出口温度相同的前提下，逆流操作的平均温差最大，因此，在换热器的传热量 Q 及总传热系数 K 值相同的条件下，采用逆流操作，若换热介质流量一定时可以节省传热面积，减少设备费；若传热面积一定时，可减少换热介质的流量，降低操作费，因而工业上多采用逆流操作。

b. 当冷流体被加热或热流体被冷却而不允许超过某一温度时，采用并流更可靠。

c. 逆流操作时，加热剂或冷却剂用量可减小。逆流时，热流体出口温度可低于冷流体出口温度，即 $T_2<t_2$，但并流时必然 $T_2>t_2$。加热剂或冷却剂的进、出口温度差大意味着其相应的用量可减少。

【例 4-11】 在一套管换热器中，用冷却水将热流体由 90℃冷却至 65℃，冷却水进口温度为 30℃，出口温度为 50℃，试分别计算两流体作逆流和并流时的平均温度差。

解： 逆流时

热流体温度/℃	90	→	65
冷流体温度/℃	50	←	30
Δt/℃	40		35

所以

$$\Delta t_m=\frac{\Delta t_1-\Delta t_2}{\ln\dfrac{\Delta t_1}{\Delta t_2}}=\frac{40-35}{\ln\dfrac{40}{35}}=37.4\ (℃)$$

并流时

热流体温度/℃	90	→	65
冷流体温度/℃	30	→	50
Δt/℃	60		15

所以

$$\Delta t_m=\frac{\Delta t_1-\Delta t_2}{\ln\dfrac{\Delta t_1}{\Delta t_2}}=\frac{60-15}{\ln\dfrac{60}{15}}=32.5\ (℃)$$

(4) 其他流型的平均温度差计算　在大多数换热器中，冷热流体并非作简单的逆流或并流，而是比较复杂的多程流动，其中，冷热两流体垂直交叉流动，称为错流；一种流体只沿一个方向流动，而另一种流体反复改变流向，称为折流，如图 4-28 所示。

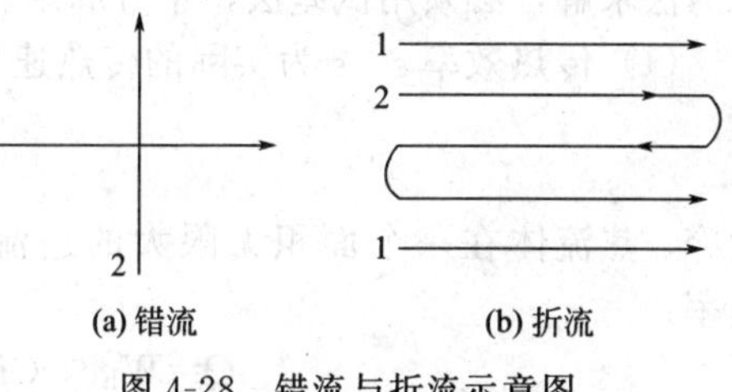

图 4-28　错流与折流示意图

当两流体呈错流和折流流动时，平均温度差 Δt_m 的计算较为复杂，通常采用安德伍德 (Underwood) 和鲍曼 (Bowman) 提出的图算法，其基本思路是先按逆流计算对数平均温度差，再乘以考虑流动方向的校正因素，即：

$$\Delta t'_m = \Delta t_m \varphi_{\Delta t} \tag{4-117}$$

式中　Δt_m——按逆流操作情况下的对数平均温度差，℃；

$\varphi_{\Delta t}$——为温度校正系数，无量纲，为 P、R 两参数的函数，即 $\varphi_{\Delta t}=f(P, R)$。

$$R=\frac{T_1-T_2}{t_2-t_1}=\frac{\text{热流体的温降}}{\text{冷流体的温升}}$$

$$P=\frac{t_2-t_1}{T_1-t_1}=\frac{\text{冷流体的温升}}{\text{两流体的最初温度差}} \tag{4-118}$$

对于各种换热情况下的 $\varphi_{\Delta t}$ 值，可在后面图 4-29 查到。

具体步骤如下：

① 根据冷、热流体的进、出口温度，算出纯逆流条件下的对数平均温度差 Δt_m；

② 按上式计算系数 R 和 P；

③ 根据 R 和 P 的值，从图 4-29 中查出温度差校正系数 $\varphi_{\Delta t}$；

④ 将纯逆流条件下的对数平均温度差乘以温度差校正系数 $\varphi_{\Delta t}$，即得所求的 $\Delta t'_m$。

如图 4-29 所示为温度差校正系数算图，其中（a）、（b）、（c）、（d）分别适用于单壳程、两壳程、三壳程及四壳程，每个单壳程内的管程可以是 2、4、6 或 8 程，图 4-29(e) 适用于错流。对于其他复杂流动的 $\varphi_{\Delta t}$，可从有关传热的手册或书籍中查取。

采用折流或其他流动型式的原因除了为了满足换热器的结构要求外，就是为了提高总传热系数，但是平均温度差较逆流时为低。在选择流向时应综合考虑，$\varphi_{\Delta t}$ 值不宜过低，一般设计时应取 $\varphi_{\Delta t}>0.9$，至少不能低于 0.8，否则另选其他流动型式。

【例 4-12】 在一套单壳程、双管程的管壳式换热器中，用水冷却热油。冷水在管程流动，进口温度为 15℃，出口温度为 40℃；热油在壳程流动，进口温度为 110℃，出口温度为 50℃。热油的流量为 1.0kg/s，平均定压比热容为 1.92kJ/(kg·℃)。若总传热系数为 400W/(m²·℃)，试求换热器的传热面积。设换热器的热损失可忽略。

解： 换热器的传热量为：

$$Q=W_h c_{p_h}(T_1-T_2)=1.0\times1.92\times10^3\times(110-50)=1.15\times10^5 \text{ (W)}$$

按逆流计算的：

$$\Delta t_m=\frac{\Delta t_1-\Delta t_2}{\ln\dfrac{\Delta t_1}{\Delta t_2}}=\frac{(110-40)-(50-15)}{\ln\dfrac{110-40}{50-15}}=50.5 \text{ (℃)}$$

$$R=\frac{T_1-T_2}{t_2-t_1}=\frac{110-50}{40-15}=2.4 \qquad P=\frac{t_2-t_1}{T_1-t_1}=\frac{40-15}{110-15}=0.263$$

由图 4-29(a) 中查得：$\varphi_{\Delta t}=0.9$

所以

$$\Delta t'_m=\Delta t_m\varphi_{\Delta t}=0.9\times50.5=45.5 \text{ (℃)}$$

$$S=\frac{Q}{K\Delta t'_m}=\frac{1.15\times10^5}{400\times45.5}=6.3 \text{ (m}^2\text{)}$$

4.7.5.2　传热单元数法

在传热计算中，当冷、热两种流体的出口温度 T_2 和 t_2 同时未知时，若采用对数平均推动力法求解，必须用试差法，十分麻烦。为避免试差，有人提出了传热效率-传热单元数法。

(1) 传热效率 ε　ε 为实际的传热速率 Q 与最大可能的传热速率 Q_{max} 之比，即：

$$\varepsilon=\frac{Q}{Q_{max}} \tag{4-119}$$

设冷、热流体在一个面积无限大的逆流换热器中换热，无相变和热损失时，则实际传热速率：

$$Q=W_h c_{p_h}(T_1-T_2)=W_c c_{p_c}(t_2-t_1) \tag{4-120}$$

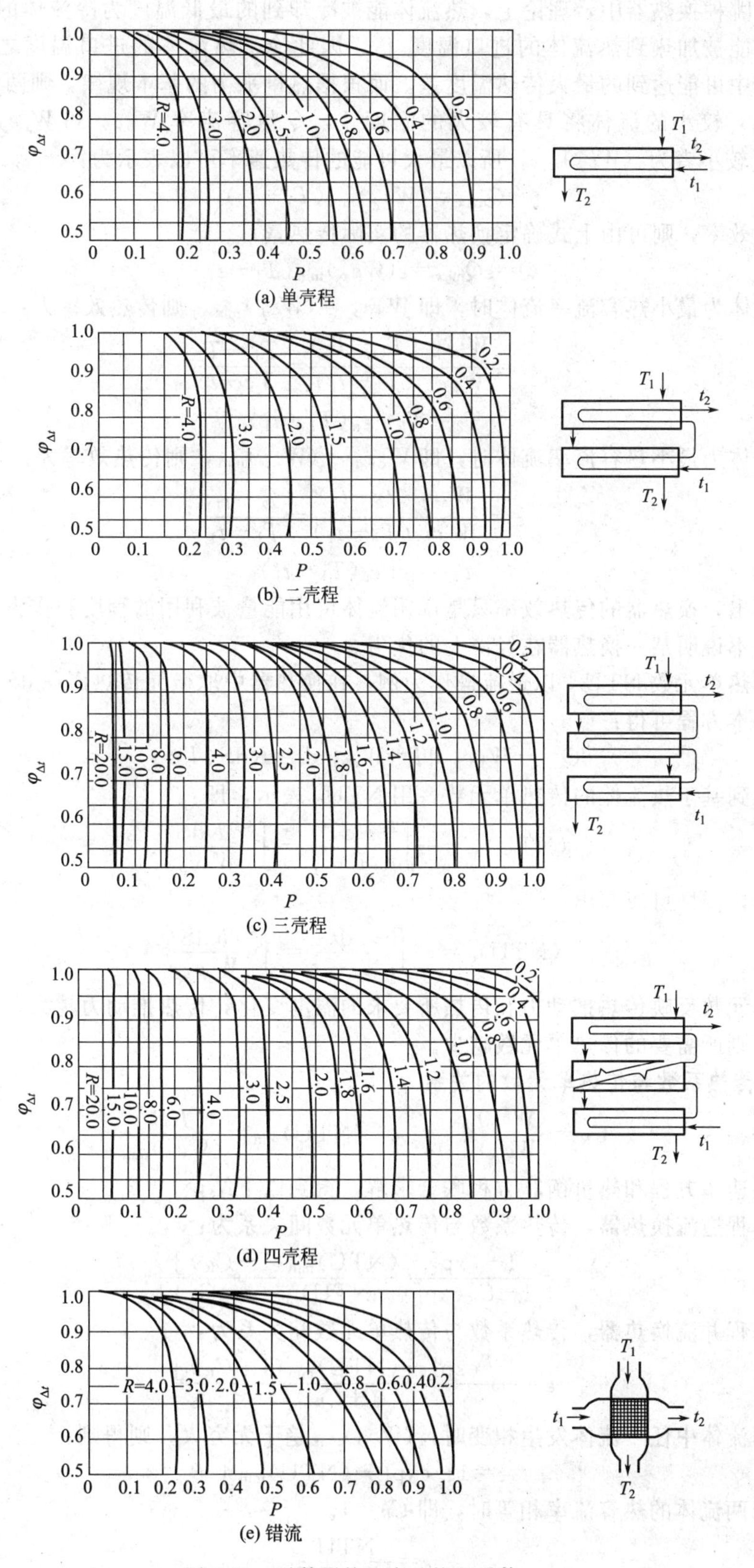

图 4-29　对数平均温度差校正系数 $\varphi_{\Delta t}$

不论在哪种换热器中，理论上，热流体能被冷却到的最低温度为冷流体的进口温度 t_1，而冷流体则能被加热到热流体的进口温度 T_1，因此冷、热流体的进口温度之差（T_1-t_1）就是换热器中可能达到的最大传热温度差。而根据热量平衡的基本规律，则两流体中热容流率（即 Wc_p）较小的流体将具有较大的温度差，令热容流率 $W_hc_{p_h}$ 和 $W_cc_{p_c}$ 中较大者为 $(Wc_p)_{max}$，较小者为 $(Wc_p)_{min}$，所以最大可能的传热速率可以表示为：

$$Q_{max}=(Wc_p)_{min}(T_1-t_1) \tag{4-121}$$

若已知传热效率，则可由上式确定换热器的实际传热量：

$$Q=\varepsilon Q_{max}=\varepsilon(Wc_p)_{min}(T_1-t_1) \tag{4-121a}$$

若热流体为最小热容流率流体时，即 $W_hc_{p_h}=(Wc_p)_{min}$，则传热效率为：

$$\varepsilon_h=\frac{W_hc_{p_h}(T_1-T_2)}{W_hc_{p_h}(T_1-t_1)}=\frac{T_1-T_2}{T_1-t_1} \tag{4-122}$$

可求

$$T_2=T_1-\varepsilon_h(T_1-t_1) \tag{4-122a}$$

若冷流体为最小热容流率流体时，即 $W_cc_{p_c}=(Wc_p)_{min}$，则传热效率为：

$$\varepsilon_c=\frac{W_cc_{p_c}(t_2-t_1)}{W_cc_{p_c}(T_1-t_1)}=\frac{t_2-t_1}{T_1-t_1} \tag{4-123}$$

可求

$$t_2=t_1+\varepsilon_c(T_1-t_1) \tag{4-123a}$$

应该指出，换热器的传热效率只是说明流体可用能量被利用的程度和作为传热计算的一种方法，并不说明某一换热器在经济上的优劣。

（2）传热单元数 NTU　以逆流操作为例，在换热器中取微元传热面积 $\mathrm{d}S$，由热量衡算式和传热基本方程可得：

$$\mathrm{d}Q=-W_hc_{p_h}\mathrm{d}T=W_cc_{p_c}\mathrm{d}t=K\mathrm{d}S(T-t)$$

积分上式得到基于热流体的传热单元数，用 $\mathrm{NTU_h}$ 表示，即：

$$(\mathrm{NTU})_h=-\int_{T_1}^{T_2}\frac{\mathrm{d}T}{T-t}=\int_0^S\frac{K\mathrm{d}S}{W_hc_{p_h}} \tag{4-124}$$

对于冷流体，同样可以写出：

$$(\mathrm{NTU})_c=-\int_{t_2}^{t_1}\frac{\mathrm{d}t}{T-t}=\int_0^S\frac{K\mathrm{d}S}{W_cc_{p_c}} \tag{4-125}$$

传热单元数反映传热推动力和传热所要求的温度变化，传热推动力越大，所要求的温度变化越小，则所需要的传热单元数越少。

4.7.5.3　传热系数与传热单元数的关系

令：

$$C_R=\frac{(Wc_p)_{min}}{(Wc_p)_{max}} \qquad (\mathrm{NTU})_{min}=\frac{KS}{(Wc_p)_{min}}$$

利用总传热速率方程和热量衡算方程联合求解，得到以下结论。

（1）单程逆流换热器，传热系数与传热单元数间关系为：

$$\varepsilon=\frac{1-\exp[-(\mathrm{NTU})_{min}(1-C_R)]}{1-C_R\exp[-(\mathrm{NTU})_{min}(1-C_R)]} \tag{4-126}$$

（2）单程并流换热器，传热系数与传热单元数间关系为：

$$\varepsilon=\frac{1-\exp[-(\mathrm{NTU})_{min}(1+C_R)]}{1+C_R} \tag{4-127}$$

（3）两流体中任一流体发生相变时，$(Wc_p)_{max}$ 趋于无穷大，则得到：

$$\varepsilon=1-\exp[-(\mathrm{NTU})_{min}] \tag{4-128}$$

（4）当两流体的热容流率相等时，即 $C_R=1$。

逆流操作：

$$\varepsilon=\frac{\mathrm{NTU}}{1+\mathrm{NTU}} \tag{4-129}$$

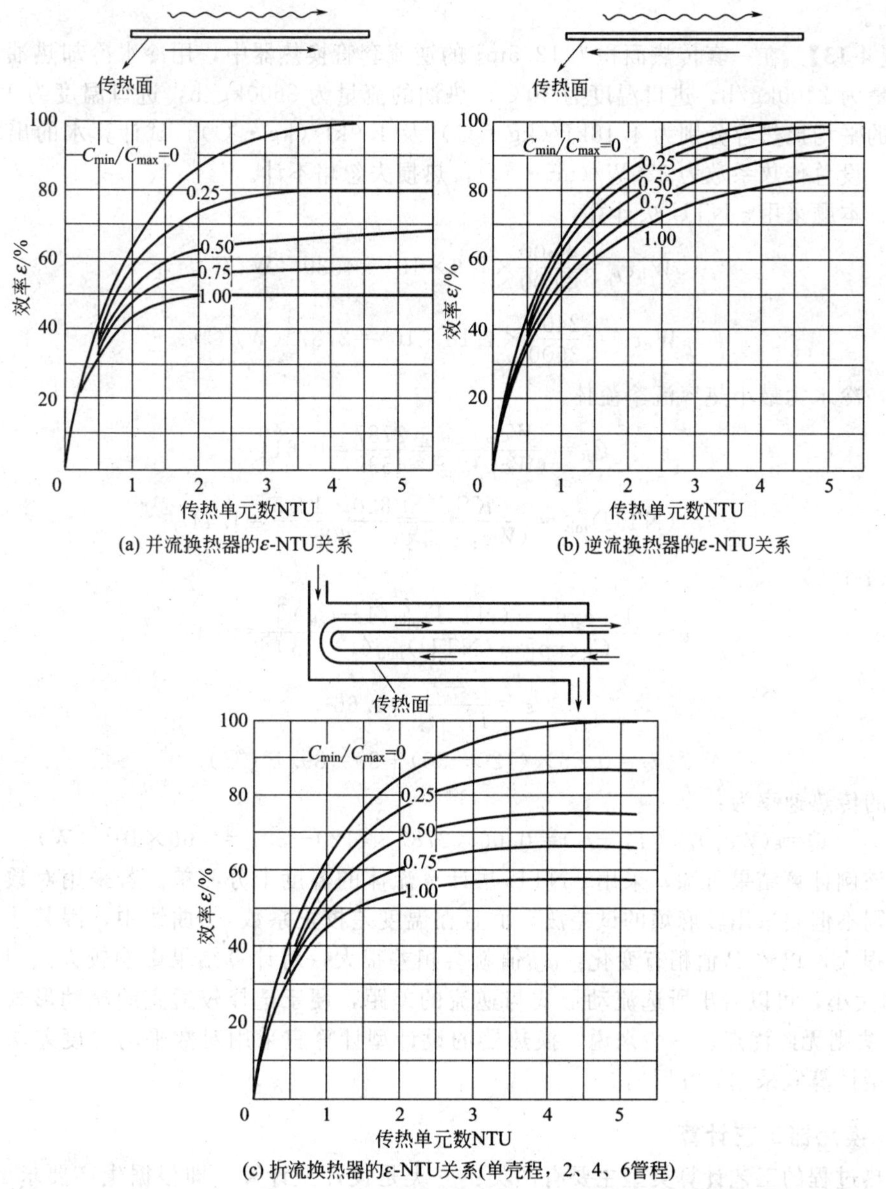

(a) 并流换热器的ε-NTU关系　(b) 逆流换热器的ε-NTU关系

(c) 折流换热器的ε-NTU关系(单壳程，2、4、6管程)

图 4-30　各流型换热器的 ε-NTU 关系

并流操作：

$$\varepsilon=\frac{1-\exp[-2\mathrm{NTU}]}{2} \tag{4-130}$$

上述各种情况有相应的关系图可查，如图 4-30 所示。

采用 ε-NTU 法进行换热器校核计算的具体步骤如下：

① 根据换热器的工艺及操作条件，计算（或选取）总传热系数 K；

② 计算 $W_{\mathrm{h}}c_{p_h}$ 及 $W_{\mathrm{c}}c_{p_c}$，选择 $(Wc_p)_{\max}$ 及 $(Wc_p)_{\min}$；

③ 计算 $\mathrm{NTU}=\dfrac{KS}{(Wc_p)_{\min}}$ 及 $C_{\mathrm{R}}=\dfrac{(Wc_p)_{\min}}{(Wc_p)_{\max}}$；

④ 根据换热器中流体流动的型式，由 NTU 和 C_{R} 查得相应的 ε；

⑤ 根据冷、热流体进口温度及 ε，可求出传热量 Q 及冷、热流体的出口温度。

应予指出，一般在设计换热器时宜采用平均温度差法，在校核换热器时宜采用 ε-

NTU 法。

【例 4-13】 在一套传热面积为 12.5m^2 的逆流套管换热器中，用冷水冷却热油。已知冷水的流量为 2400kg/h，进口温度为 30℃；热油的流量为 8600kg/h，进口温度为 120℃。水和热油的平均比热容分别为 4.18kJ/(kg・℃) 及 1.9kJ/(kg・℃)。试计算水的出口温度及传热量。设总传热系数为 320W/(m^2・℃)，热损失忽略不计。

解： 本题采用 ε-NTU 法计算。

$$W_h c_{p_h}=\frac{8600}{3600}\times 1.9\times 10^3=4539\ (\mathrm{W/℃})$$

$$W_c c_{p_c}=\frac{2400}{3600}\times 4.18\times 10^3=2787\ (\mathrm{W/℃})$$

经比较，冷水为最小热容流率流体。

$$C_R=\frac{(Wc_p)_{\min}}{(Wc_p)_{\max}}=\frac{2787}{4539}=0.614$$

$$(\mathrm{NTU})_{\min}=\frac{KS}{(Wc_p)_{\min}}=\frac{320\times 12.5}{2787}=1.44$$

代入式(4-126)，即：

$$\varepsilon=\frac{1-\exp[-(\mathrm{NTU})_{\min}(1-C_R)]}{1-C_R\exp[-(\mathrm{NTU})_{\min}(1-C_R)]}=0.66$$

由

$$\varepsilon=\frac{t_2-t_1}{T_1-t_1}=0.66$$

得

$$t_2=0.66\times(120-30)+30=89.4\ (℃)$$

换热器的传热速率为：

$$Q=\varepsilon(Wc_p)_{\min}(T_1-t_1)=0.66\times 2787\times(120-30)=1.66\times 10^5\ (\mathrm{W})$$

由该例计算结果可知，采用 ε-NTU 法计算流体的温度十分简单。若采用对数平均温度差法，则不但要采用较麻烦的试差法，而且在温度差校正系数 $\varphi_{\Delta t}$ 曲线中，因某些范围内的 $d\varphi/dP$ 很大，以致 P 值稍有变化，$\varphi_{\Delta t}$ 值就会相差很大，对计算结果影响较大。但是，通过 $\varphi_{\Delta t}$ 值的大小，可以看出所选流动形式与逆流的差距，便于选择较适宜的流动形式，而采用 ε-NTU 法则无此优点。一般来说，换热器的设计型计算宜采用对数平均温度差法，换热器的操作型计算宜采用 ε-NTU 法。

4.7.6 换热器工艺计算

传热过程的工艺计算类型主要有两类：一类是设计型计算，即根据生产要求的热负荷，确定换热器的传热面积；另一类是操作型计算（又称为校核型），即对现有的换热器，判断其对指定的传热任务是否适用，或预测在生产中某些参数变化对传热的影响等，均属于换热器的操作型计算。两类计算都是以上述介绍的换热器热量衡算和传热速率方程为理论基础，但后者的计算较为复杂，往往需要试差或迭代，下面分别举例计算加以说明。

4.7.6.1 换热器的设计型计算

下面以某一热流体的冷却为例，说明设计型计算的命题、计算方法及参数选择。

(1) 设计型计算的命题方式

① 设计任务　将一定流量 W_h 的热流体自给定温度 T_1 冷却至指定温度 T_2。

② 设计条件　可供使用的冷却介质温度，即冷流体的进口温度 t_1。

③ 计算目的　确定经济上合理的传热面积及换热器其他有关尺寸。

(2) 设计型问题的计算方法　设计计算的大致步骤如下：

① 首先由传热任务计算换热器的热流量（通常称为热负荷）；

$$Q=W_{h}c_{p_{h}}(T_1-T_2)$$

② 作出适当的选择并计算平均推动力 Δt_m；

③ 计算冷、热流体与管壁的对流传热系数及总传热系数 K；

④ 由总传热速率方程 $Q=KS\Delta t_m$ 计算传热面 S。

(3) 设计型计算中参数的选择　由总传热速率方程可知，为确定所需的传热面积，必须知道对数平均温度差 Δt_m 和总传热系数 K。为计算对数平均温度差 Δt_m，设计者首先必须：

① 选择流体的流向，即决定采用逆流、并流还是其他复杂流动方式；

② 选择冷却介质的出口温度。

为求得总传热系数 K，必须计算两侧流体的对流传热系数，故设计者必须决定：

① 冷、热流体各走管内还是管外；

② 选择适当的流速。

同时，还必须选定适当的污垢热阻。

(4) 选择的依据　选择的依据通常为经济、技术两个方面。

① 流向的选择　为更好地说明问题，首先比较纯逆流和并流这两种极限情况。

当冷、热流体的进、出口温度相同时，前面已经谈到，逆流操作的平均传热推动力大于并流，因而传递同样的热流量，所需的传热面积较小。此外，对于一定的热流体进口温度 T_1，采用并流时，冷流体的最高极限出口温度为热流体的出口温度 T_2；反之，如采用逆流，冷流体的最高极限出口温度可为热流体的进口温度 T_1。这样，如果换热的目的是单纯的冷却，逆流操作时，冷却介质温升可选择得较大，因而冷却介质用量可以较小；如果换热的目的是回收热量，逆流操作回收的热量温位（即温度 t_2）可以提高，因而利用价值较大。显然在一般情况下，逆流操作优于并流，应尽量采用。

但是，对于某些热敏性物料的加热过程，并流操作可避免出口温度过高而影响产品质量。另外，在某些高温换热器中，逆流操作因冷却流体的最高温度 t_2 和 T_1 集中在一端，会使该处的壁温特别高。为降低该处的壁温，可采用并流，以延长换热器的使用寿命。

② 冷却介质出口温度的选择　冷却介质出口温度 t_2 越高，其用量可以越少，回收的能量的价值也越高，同时，输送流体的动力消耗即操作费用也减小。但是，t_2 越高，传热过程的平均推动力 Δt_m 越小，传递同样的热流量所需的加热面积也越大，设备投资费用必然增加。因此，冷却介质的选择是一个经济上的权衡问题。

目前，据一般的经验 Δt_m 不宜小于 10℃。如果所处理的问题是冷流体加热，可按同样原则选择加热介质的出口温度 T_2。

此外，如果冷却介质是工业用水，则出口温度 t_2 不宜过高。因为工业用水中所含的许多盐类（主要是 $CaCO_3$、$MgCO_3$、$CaSO_4$、$MgSO_4$ 等）的溶解度随温度升高而减小，如果出口温度过高，盐类析出，形成导热性能很差的垢层，会使传热过程恶化。为阻止垢层的形成，可在冷却用水中添加某些阻垢剂和其他水质稳定剂。即使如此，工业冷却用水的出口温度一般也不高于 45℃。否则，冷却用水必须进行适当的预处理，除去水中所含的盐类。这显然是一个技术性的限制。

③ 流速的选择　流速的选择一方面涉及总传热系数 K 即所需传热面的大小；另一方面又与流体通过换热面的阻力损失有关。因此，流速选择也是经济上权衡得失的问题。但不管怎样，在可能的条件下，管内、外必须尽量避免层流状态。

【例 4-14】 设计型计算

在一套钢制套管换热器中，用冷水将 1kg/s 的苯由 65℃冷却至 15℃，冷却水在 ϕ25mm×2.5mm 的内管中逆流流动，其进出口温度为 10℃和 45℃。已知苯和水的对流传热系数分别为 0.82×10^3 W/(m² · K) 和 1.7×10^3 W/(m² · K)，在定性温度下水和苯的比热

容分别为 4.18×10^3 J/(kg·K) 和 1.88×10^3 J/(kg·K)，钢材热导率为 45W/(m·K)，两侧的污垢热阻可忽略不计。试求：(1) 冷却水的消耗量；(2) 所需的总管长。

解：(1) 由热量衡算方程

$$Q=W_{\mathrm{h}}c_{p_{\mathrm{h}}}(T_1-T_2)=W_{\mathrm{c}}c_{p_{\mathrm{c}}}(t_2-t_1)$$

则 $$1\times1.88\times10^3\times(65-15)=W_{\mathrm{c}}\times4.18\times10^3\times(45-10)$$

解之得 $$W_{\mathrm{c}}=0.643\mathrm{kg/s}$$

(2) 求所需的总管长

逆流时的平均温度差：

$$\Delta t_{\mathrm{m}}=\frac{\Delta t_1-\Delta t_2}{\ln\dfrac{\Delta t_1}{\Delta t_2}}=\frac{(65-45)-(15-10)}{\ln\dfrac{65-45}{15-10}}=10.8\ (℃)$$

以管外面积为计算基准，忽略污垢热阻，则总传热系数为：

$$\frac{1}{K}=\frac{d_{\mathrm{o}}}{\alpha_{\mathrm{i}}d_{\mathrm{i}}}+\frac{bd_{\mathrm{o}}}{\lambda d_{\mathrm{m}}}+\frac{1}{\alpha_{\mathrm{o}}}=\frac{25}{1.7\times10^3\times20}+\frac{0.0025\times25}{45\times22.5}+\frac{1}{0.82\times10^3}$$

解得：$K=496\mathrm{W/(m^2\cdot K)}$。

由传热速率方程可得传热面积：

$$S=\frac{Q}{K\Delta t_{\mathrm{m}}}=\frac{W_{\mathrm{h}}c_{p_{\mathrm{h}}}\ (T_1-T_2)}{K\Delta t_{\mathrm{m}}}=\frac{1\times1.88\times10^3\times\ (65-15)}{496\times10.8}=17.5\ (\mathrm{m^2})$$

由于 K 以管外的传热面积为基准，计算 L 时应以 d_{o} 为基准。故所需总管长为：

$$L=\frac{S}{\pi d_{\mathrm{o}}}=\frac{17.5}{3.14\times0.025}=224\ (\mathrm{m})$$

实际上，上述总管长 L 也可通过管路的并联实现，例如采用列管式换热器。

4.7.6.2 换热器的操作型计算

(1) 操作型计算的命题方式　在实际工作中，换热器的操作型计算问题是经常碰到的。例如，判断一个现有换热器对指定的生产任务是否适用，或者预测某些参数的变化对换热器传热能力的影响等都是属于操作型问题。常见的操作型问题命题如下。

① 第一类命题

a. 给定条件　换热器的传热面积以及有关尺寸，冷、热流体的物理性质，冷、热流体的流量和进口温度以及流体的流动方式。

b. 计算目的　冷、热流体的出口温度。

② 第二类命题

a. 给定条件　换热器的传热面积及有关尺寸，冷、热流体的物理性质，热流体的流量和进、出口温度，冷流体的进口温度以及流动方式。

b. 计算目的　所需冷流体的流量及出口温度。

(2) 操作型问题的计算方法　在换热器内所传递的热流量，可由传热基本方程式计算，对于逆流操作其值为

$$W_{\mathrm{h}}c_{p_{\mathrm{h}}}(T_1-T_2)=KS\frac{(T_1-t_2)-(T_2-t_1)}{\ln\dfrac{T_1-t_2}{T_2-t_1}}$$

此热流体所造成的结果，必须满足热量衡算式：

$$W_{\mathrm{h}}c_{p_{\mathrm{h}}}(T_1-T_2)=W_{\mathrm{c}}c_{p_{\mathrm{c}}}(t_2-t_1)$$

因此，对于各种操作型问题，可联立求解以上两式得到解决。

【例 4-15】 第一类命题的操作型计算

有一套逆流操作的换热器，热流体为空气，$\alpha_{\mathrm{o}}=100\mathrm{W/(m^2\cdot ℃)}$，冷却水走管内，$\alpha_{\mathrm{i}}=$

2000W/($m^2 \cdot$℃)。已测得冷、热流体进出口温度为 $t_1=20$℃，$t_2=85$℃，$T_1=100$℃，$T_2=70$℃，管壁热阻可以忽略。当水流量增大一倍时，试求（1）水和空气的出口温度 t_2' 和 T_2'；（2）热流量 Q' 比原热流量 Q 增加多少？

解： 此例是第一类操作型计算问题。

（1）对原工况由热量衡算方程得：

$$t_2-t_1=\frac{W_h c_{p_h}(T_1-T_2)}{W_c c_{p_c}} \tag{a}$$

将热量衡算与总传热速率方程联合可得：

$$\ln\frac{T_1-t_2}{T_2-t_1}=\frac{KS}{W_h c_{p_h}}\left(1-\frac{W_h c_{p_h}}{W_c c_{p_c}}\right) \tag{b}$$

$$\frac{W_h c_{p_h}}{W_c c_{p_c}}=\frac{t_2-t_1}{T_1-T_2}=\frac{85-20}{100-70}=2.17$$

$$K=\frac{1}{\dfrac{1}{\alpha_o}+\dfrac{1}{\alpha_i}}=\frac{1}{\dfrac{1}{100}+\dfrac{1}{2000}}=95.2[\mathrm{W/(m^2\cdot ℃)}]$$

对于新工况：

$$\ln\frac{T_1-t_2'}{T_2'-t_1}=\frac{K'S}{W_h c_{p_h}}\left(1-\frac{W_h c_{p_h}}{W_c' c_{p_c}}\right) \tag{c}$$

$$K'=\frac{1}{\dfrac{1}{\alpha_o}+\dfrac{1}{2^{0.8}\alpha_i}}=\frac{1}{\dfrac{1}{100}+\dfrac{1}{2^{0.8}\times 2000}}=97.2[\mathrm{W/(m^2\cdot ℃)}]$$

(b)、(c) 两式相除可得：

$$\ln\frac{T_1-t_2'}{T_2'-t_1}=\ln\frac{T_1-t_2}{T_2-t_1}\times\left(\frac{K'}{K}\right)\times\left[\frac{1-\left(\dfrac{W_h c_{p_h}}{W_c' c_{p_c}}\right)}{1-\left(\dfrac{W_h c_{p_h}}{W_c c_{p_c}}\right)}\right]=\ln\left(\frac{100-85}{70-20}\right)\times\left(\frac{97.2}{95.2}\right)\times\left(\frac{1-1.09}{1-2.17}\right)$$

$$=-0.0946$$

$$\frac{T_1-t_2'}{T_2'-t_1}=0.91 \text{ 或 } T_2'=130-1.1t_2' \tag{d}$$

由热量衡算式得：

$$t_2'=t_1+\frac{W_h c_{p_h}}{W_c' c_{p_c}}(T_1-T_2')=20+1.09\times(100-T_2')$$

$$t_2'=129-1.09T_2' \tag{e}$$

联立 (d)、(e) 两式求出：

$$T_2'=59.8℃\ ,\ t_2'=63.8℃$$

（2）新旧两种工况的热流量之比

$$\frac{Q'}{Q}=\frac{K'\Delta t_m'}{K\Delta t_m}=\frac{W_h c_{p_h}(100-59.8)}{W_h c_{p_h}(100-70)}=1.34$$

即热流量增加了 34%。

对本例具体情况，气流侧对流传热为控制步骤，增大水量传热系数基本不变，热流量的变化主要是平均推动力增加的结果。两种工况的平均推动力之比为：

$$\frac{\Delta t_m'}{\Delta t_m}=\frac{38.4}{29}=1.31\approx\frac{Q'}{Q}$$

【例 4-16】 第二类命题的操作型计算

某气体冷却器总传热面积为 20m²，用以将流量为 1.4kg/s 的某种气体从 50℃冷却到 35℃。使用的冷却水初温为 25℃，与气体作逆流流动。换热器的总传热系数约为 230W/(m²·℃)，气体的平均比热容为 1.0kJ/(kg·℃)。试求冷却水用量及出口水温。

解：换热器在稳态操作时，必同时满足热量衡算式：

$$W_{\mathrm{h}} c_{p_{\mathrm{h}}}(T_1-T_2)=W_{\mathrm{c}} c_{p_{\mathrm{c}}}(t_2-t_1)$$

及总传热速率方程：

$$W_{\mathrm{h}} c_{p_{\mathrm{h}}}(T_1-T_2)=KS\frac{(T_1-t_2)-(T_2-t_1)}{\ln\dfrac{T_1-t_2}{T_2-t_1}}$$

将已知的数据代入以上两式得：

$$W_{\mathrm{c}}=\frac{21}{4.18\times(t_2-25)} \qquad \text{(a)}$$

$$4.57\ln\frac{50-t_2}{10}=40-t_2 \qquad \text{(b)}$$

试差求解式(b)，可得出口水温 $t_2=48.4$℃。然后由式(a) 求得 $W_{\mathrm{c}}=0.215\mathrm{kg/s}$。

4.8 换热设备

换热器是过程工业及其他许多工业部门的通用设备，在生产中占有重要的地位，其设备投资往往在整个设备总投资中占有很大的比例，如现代石油化学企业中一般可达 30%～40%。换热器的类型多种多样，其中以间壁式换热器应用最为普遍，以下重点对间壁式换热器进行讨论。

4.8.1 间壁式换热器

间壁式换热器按传热壁面特点可分为管式、板式和翅片式三类，现分述如下：

4.8.1.1 管式换热器

(1) 套管式换热器　如图 4-31 所示，两种尺寸的标准管子套在一起（同心安装），各段用 180°的回弯管连接。每程的有效长度为 4～6m。冷、热流体分别流过内管和套管的环隙，并通过间壁进行热交换。这种换热器可用作加热器、冷却器或冷凝器。其优点是结构简单，耐高压，传热面积容易改变，两流体可严格逆流操作，有利于传热；缺点是接头多，易泄露，单位管长上的传热面积较小，单位传热面积消耗的金属量大。

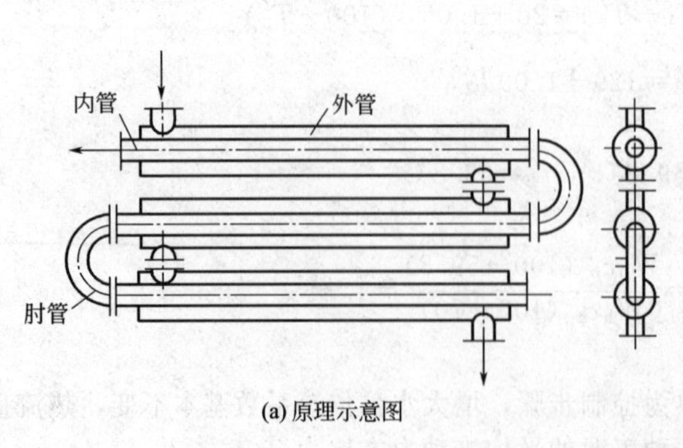

(a) 原理示意图

(b) 设备图

图 4-31　套管式换热器

(2) 蛇管式换热器

① 沉浸式　如图 4-32 所示，管子按容器的形状弯制，并沉浸在容器中，使容器内的流

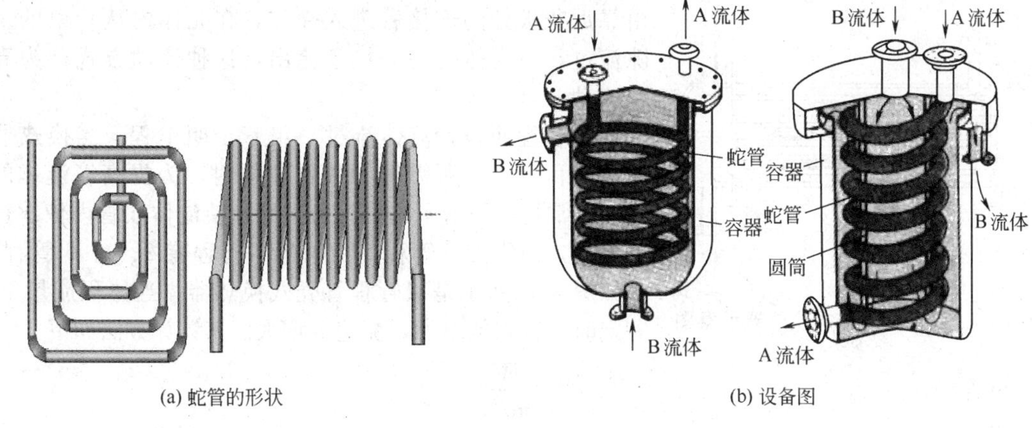

图 4-32　沉浸式蛇管换热器

体和蛇管内的流体通过管壁进行换热。这种换热器主要用于反应器或容器内的加热或冷却。其优点是结构简单，价格低廉，易防腐，耐高压；缺点是蛇管外的对流传热系数小，所以总传热系数较小。

② 喷淋式　如图 4-33 所示，将蛇管成排固定在支架上，管束上面装有喷淋装置，冷却水淋洒在管排上形成下流的液膜与管内流体热交换，部分冷却水在空气中汽化，带走部分热量。这种换热器多用作冷却器，室外放置（空气流通处）。其优点是结构简单，检修清洗方便，传热效果比沉浸式好；缺点是喷淋不易均匀。

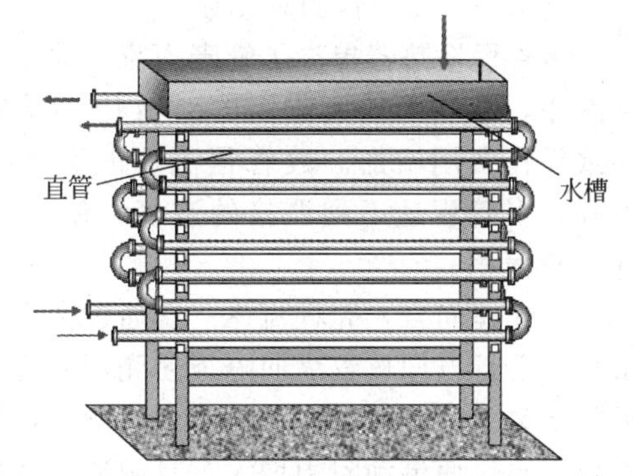

图 4-33　喷淋式冷凝器

(3) 管壳式换热器　管壳式换热器，是目前化工上应用最广泛的一种换热设备。与前面介绍的换热器相比，其优点是单位体积的传热面积大，可用多种材料加工制造，耐高温、高压，适应性强，传热效果较好；缺点是还算不上高效换热器。

管壳式换热器的基本形式如图 4-34 所示，其主要部件为：壳体、管束（管壳）、管板（花板）、封头（顶盖）。管束安装在壳体内，两端固定在花板上。封头用法兰与壳体连接。进行热交换时，一种流体由封头的进口接管进入，然后分配到平行管束，从另一端封头的出

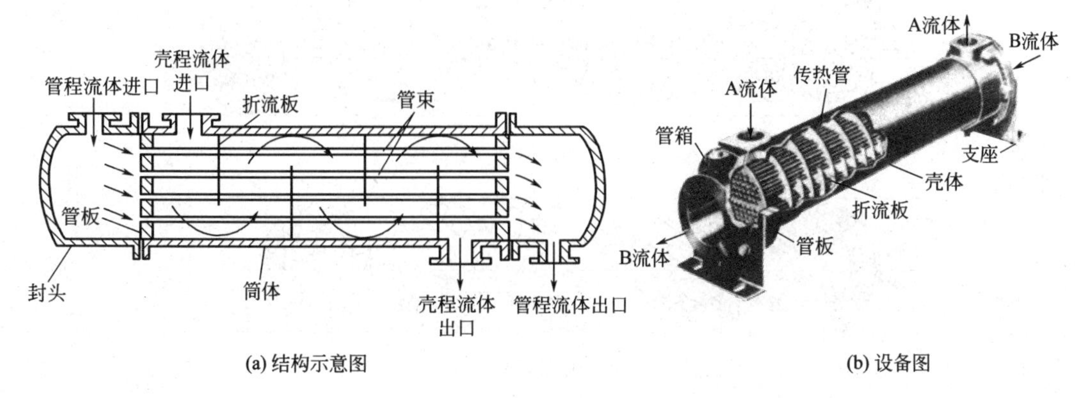

图 4-34　管壳式换热器

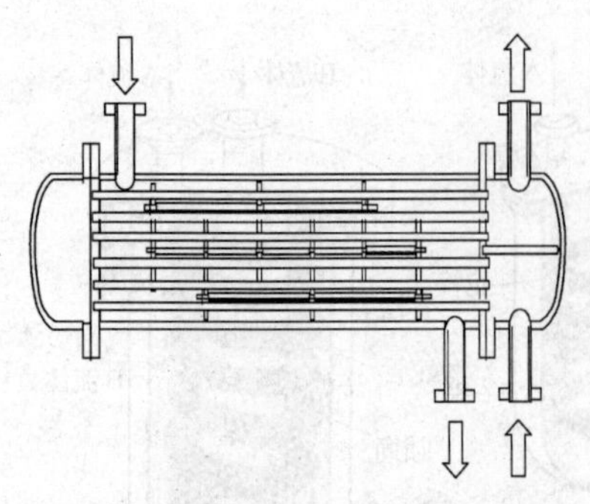

图 4-35　双管程管壳式换热器示意图

口管流出，这种流动方式称为管程流动。另一种流体则由靠近花板处的连接管进入壳体，在壳体内从管束的空隙流过，由壳体的另一接管流出，这种流动方式称为壳程流动。

对管程而言，流体流过一组管子叫单程。当换热器传热面积较大，所需管子数目较多时，为提高管流体的流速，常将换热管平均分为若干组，使流体在管内依次往返多次，则称为多管程。常用的多管程有 2、4、6 管程，例如图 4-35 所示是双管程管壳式换热器。当体积流量 V_s 一定时，管程数增加，流速 u 增大。其计算方法如下。

单管程：
$$u_1=\frac{4V_s}{\pi d_i^2 n}$$

2 管程：
$$u_2=\frac{8V_s}{\pi d_i^2 n}=2u_1$$

4 管程：
$$u_4=\frac{16V_s}{\pi d_i^2 n}=4u_1$$

式中　d_i——管壳内径；

n——每管程的管壳数。

多管程换热器提高了管壳内流体的流速。一方面，流体的湍动程度加剧，管子表面沉积物减小，有利于增大流体的对流传热系数，减小传热面积；另一方面，流动阻力增大，导致操作费用增加。故管程流速的选择应该考虑设备费用和投资费用之间的权衡问题。另外，多管程达不到严格的逆流，使传热温度差下降，且两端封头内装有隔板，占去了部分管面积。

对壳程而言，壳程流体一次通过壳程，称为单壳程。为提高壳流体的流速，也可在与管束轴线平行方向放置纵向隔板使壳程分为多程。壳程数即为壳程流体在壳程内沿壳体轴向往返的次数。分程可使壳程流体流速增大，流程增长，扰动加剧，有助于强化传热。但是，壳程分程不仅使流动阻力增大，且制造安装较为困难，故工程上应用较少。为改善壳程换热，一般在壳体内安装一定数目与管束垂直的折流挡板。折流挡板用以引导流体横向流过管束，改变流动形态，以增强传热效果，同时也起到支撑管束、防止管束振动和弯曲的作用。折流挡板的型式有圆缺型（弓型）、环盘型和孔流型等，其间的流体流动情况如图 4-36 所示。

管壳式换热器根据结构特点分为以下三种常见形式。

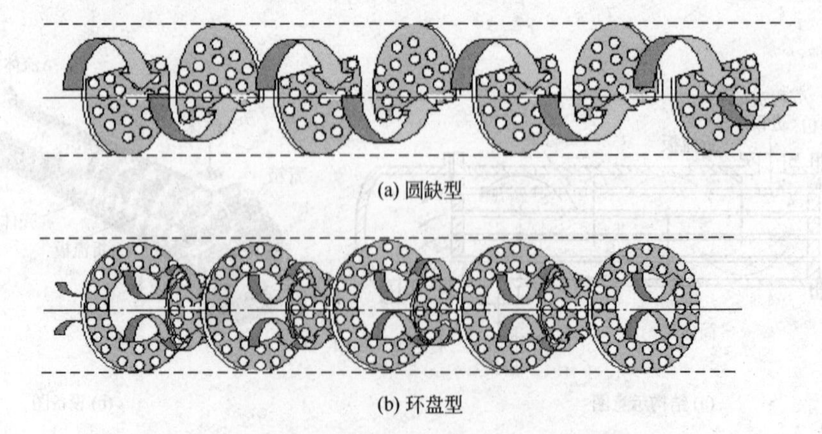

图 4-36　壳程流体在各类折流挡板间流动情况示意图

① 固定管板式　如图 4-37 所示，固定管板式管壳换热器的特点是，两端管板与壳体连成一体。其优点是结构简单，造价低廉，每根换热管都可以进行更换，且管内清洗方便；缺点是壳程不易检修、清洗。这种换热器的热补偿方式是加补偿圈，适用范围为：两流体温度＜70℃；壳程流体压力＜6atm（1atm＝101330Pa）。因而壳程压力受膨胀节强度的限制不能太高。固定管板式换热器适用于壳方流体清洁且不易结垢，两流体温差不大或温差较大但壳程压力不高的场合。

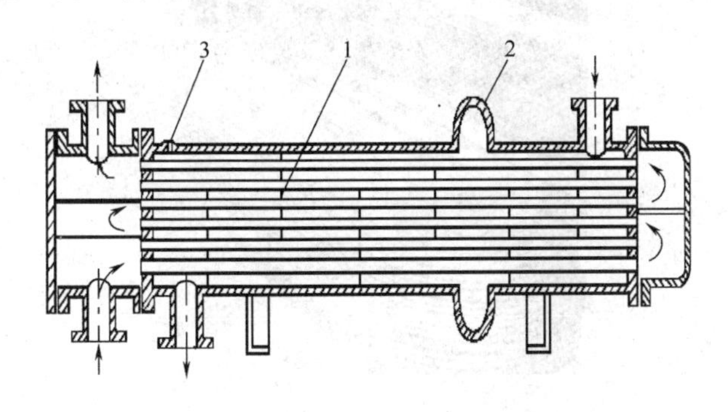

(a) 结构示意图
1—挡板；2—补偿圈；3—放气嘴

(b) 设备图

图 4-37　固定管板式换热器

② 浮头式　如图 4-38 所示，浮头式管壳换热器的特点是，两端花板之一不与壳体固定连接，可在壳体内沿轴向自由伸缩。其优点是当管束受热或受冷时，管束连同浮头可自由伸缩，互不约束，不会产生热应力，且壳程便于清洗、检修；缺点是结构复杂，金属耗量多，造价高。浮头盖与浮动管板之间若密封不严，会发生内漏，造成两种介质的混合。浮头式换热器适用于壳体和管束壁温差较大或壳程介质易结垢的场合。

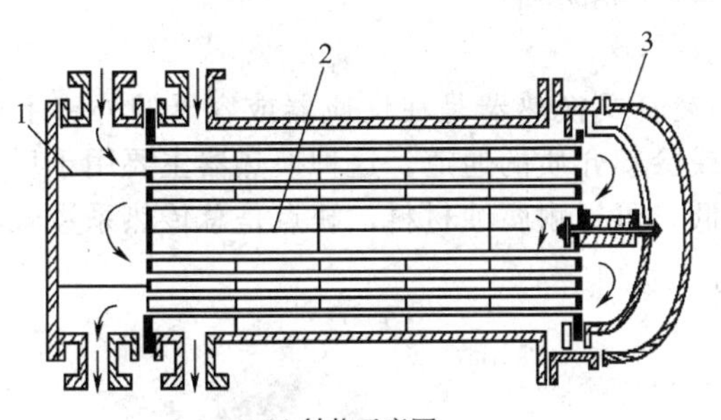

(a) 结构示意图
1—管程隔板；2—壳程隔板；3—浮头

(b) 设备图

图 4-38　浮头式换热器

③ U 形管式　如图 4-39 所示，U 形管式换热器的特点是，每根换热管都弯成 U 形，管子两端分别固定在同一管板上，管束可以自由伸缩，当壳体与 U 形换热管有温差时，不会产生热应力。其优点是结构简单，重量轻，耐高温、高压；缺点是管内清洗困难，管板上布管利用率低（因管壳弯成 U 形需一定的弯曲半径）。内层管子坏了不能更换，因而报废率较高。U 形管式换热器适用于管、壳壁温差较大或壳程介质易结垢，而管程介质清洁不易结垢以及高温、高压、腐蚀性强的场合。一般高温、高压、腐蚀性强的介质走管内，可使高压空间减小，密封易解决，并可节约材料和减少热损失。

上述几种管壳式换热器都有国标系列标准，例如：

F_A600-130-16-2

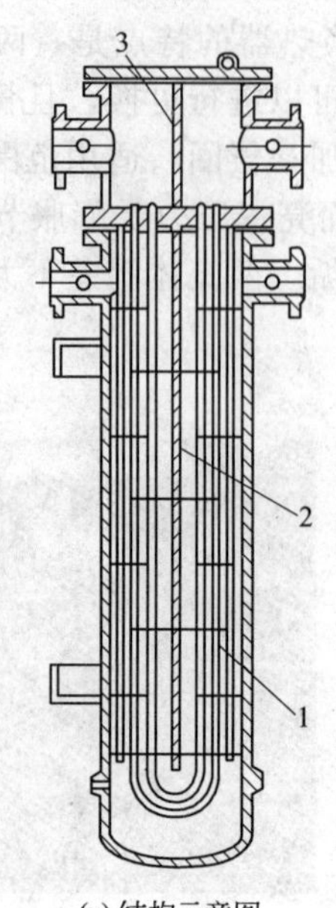

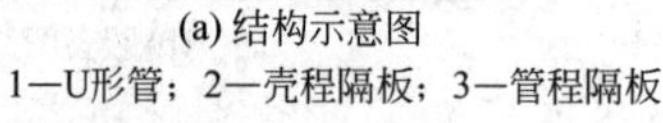

(a) 结构示意图　　　　(b) 设备图

1—U形管；2—壳程隔板；3—管程隔板

图 4-39　U 形管式换热器

其中：F 表示浮头式；

下标 A 表示 A 型管壳，ϕ19mm×2mm 为正三角形排列；

下标 B 表示 B 型管壳，ϕ25mm×2.5mm 为正方形排列；

600 表示壳体公称直径为 600mm；

130 表示公称传热面积为 130m^2；

16 表示承受压力为 16kgf/cm^2（1kgf=0.098MPa）。

4.8.1.2　板式换热器

（1）夹套式换热器　如图 4-40 所示，夹套式换热器是在反应器或容器的外壁上安装夹套制成的。夹套与器壁之间形成加热介质或冷却介质的通道。这种换热器主要用于反应过程的加热或冷却。其优点是结构简单，造价低，可衬耐腐蚀材料；缺点是总传热系数较小，传

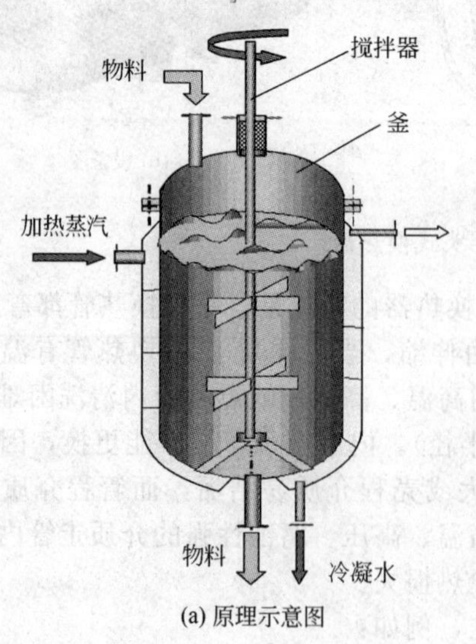

(a) 原理示意图　　　　(b) 设备图

图 4-40　夹套式换热器

热面积受容器筒体大小的限制，且夹套内清洗困难。为了提高总传热系数，可在夹套内装挡板，容器内加搅拌。为了增加传热面积，可在容器内装蛇管换热器。

（2）螺旋板换热器　螺旋板换热器如图 4-41 所示，两块薄金属板，每块的一端分别与分割挡板焊在一起，卷成螺旋形。两板之间焊有定距柱以维持通道间距，在螺旋板两侧焊有盖板。进行热交换时，冷、热两种流体分别进入两条通道，在换热器内作严格的逆流流动。这种换热器的优点是结构紧凑，单位体积的传热面积约为管壳式换热器的 3 倍，流速可达 20m/s（指气体），Re=1400～1800，可达完全湍流，总传热系数高，不易结垢、堵塞；同时由于流体的流程长和两流体可进行完全逆流，故可在较小的温差下操作，能充分利用低温热源，可用于低温差传热和精密控制温度。其缺点是操作操作压力和温度不能太高（p < 2000kPa，T=300～400℃），不易检修，流动阻力大（比管壳式的大 2～3 倍）。

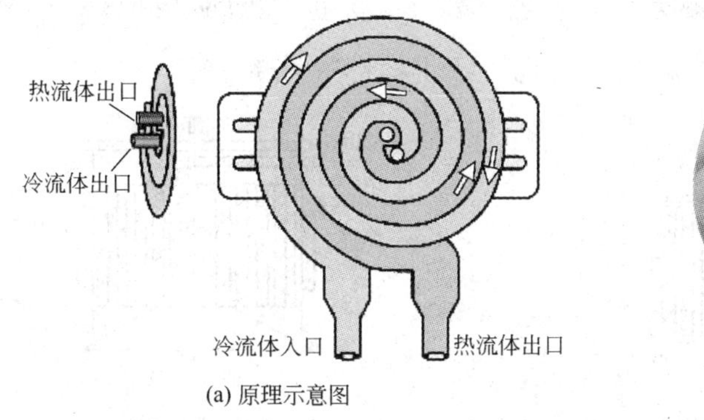

(a) 原理示意图

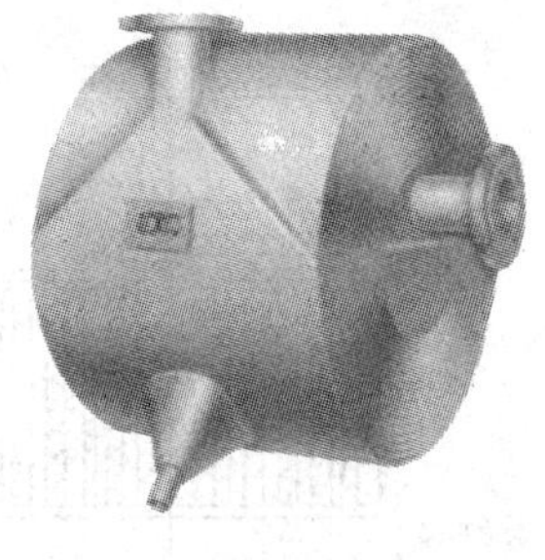
(b) 设备图

图 4-41　螺旋板换热器

常用的螺旋板换热器，根据流动方式不同，分为Ⅰ型、Ⅱ型、Ⅲ型及 G 型四种。其中，Ⅰ型的两个螺旋通道的两侧完全焊接密封，为不可拆结构，如图 4-42(a) 所示。换热器中，两流体均作螺旋流动，通常冷流体由外周流向中心，热流体由中心流向外周，呈完全逆流流动，此类换热器主要用于液体与液体间的传热。Ⅱ型换热器的一个螺旋通道的两侧为焊接密封，另一通道的两侧是敞开的，如图 4-42(b) 所示。换热器中，一种流体沿螺旋通道流动，而另一种流体沿换热器的轴向流动。此类换热器适用于两种流体流量差别很大的场合，常用作冷凝器、气体冷却器等。Ⅲ型换热器的结构如图 4-42(c) 所示，一种流体作螺旋流动；另一流体作兼有轴向和螺旋向两者组合的流动，该结构适用于气体冷凝。G 型换热器的结构如图 4-42(d) 所示，该结构又称塔上型，常被安装在塔顶作为冷凝器。

（3）平板式换热器　平板式换热器是由一组长方形的薄金属板平行排列，夹紧组装于支架上面构成，以“板式”结构作为换热面，如图 4-43 所示，主要部件为传热板片、密封垫片和压紧装置。传热板片压成波纹形的表面，类似于洗衣板；密封垫片采用橡胶、压缩石棉或合成树脂制成；压紧装置将一组板片压紧。这种换热器的工作原理是，每块板的四个角上各开一个圆孔，其中有两个圆孔和板面上的流道相通，另两个圆孔则不相通。它们的位置在相邻板上是错开的，以分别形成两流体的通道，即冷、热流体交替地在板片两侧流动，通过金属板片进行换热，板与板之间的通道由密封垫片的厚度调节。

该类换热器的优点是结构紧凑，单位体积的传热面积大，总传热系数高［如低黏度的液体可达 7000W/(m^2·℃)］，且传热面积可调节，检修、清洗方便；缺点是，处理量小，操作压力和温度受密封垫片材料性能限制而不宜过高。板式换热器适用于经常需要清洗、工作环境要求十分紧凑、工作压力在 2.5MPa 以下、温度在 −35～200℃的场合，较多用于化工、食品、医药工业。

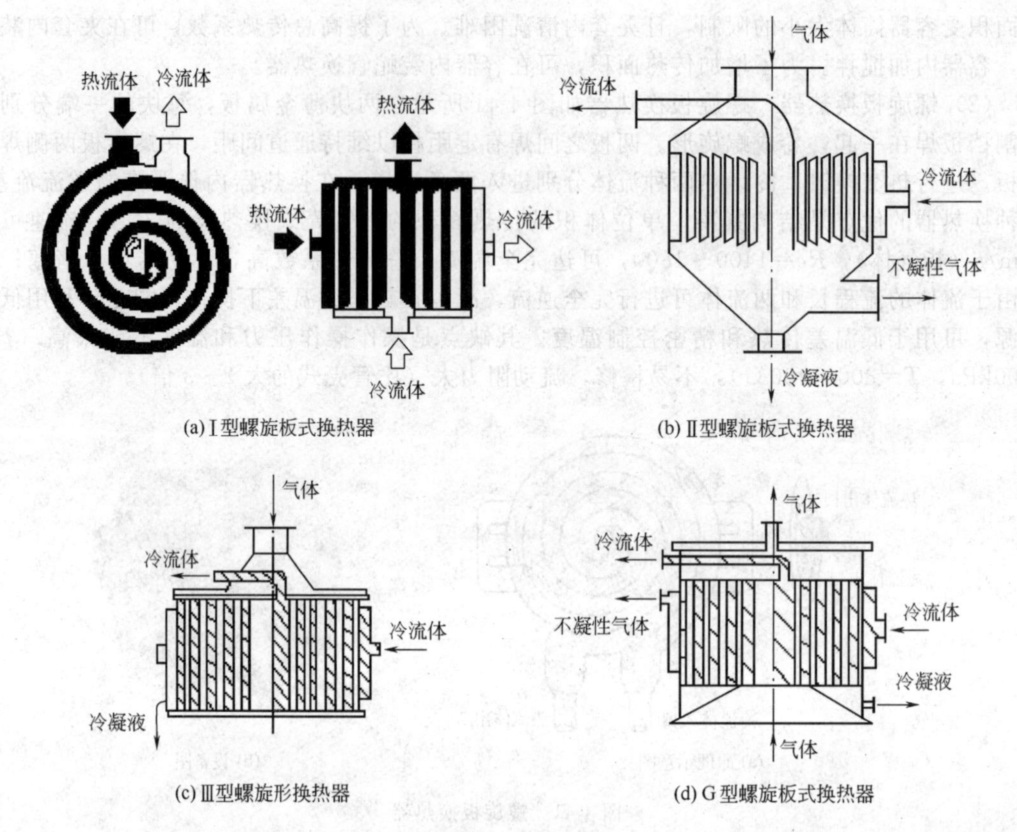

图 4-42　螺旋板换热器类型

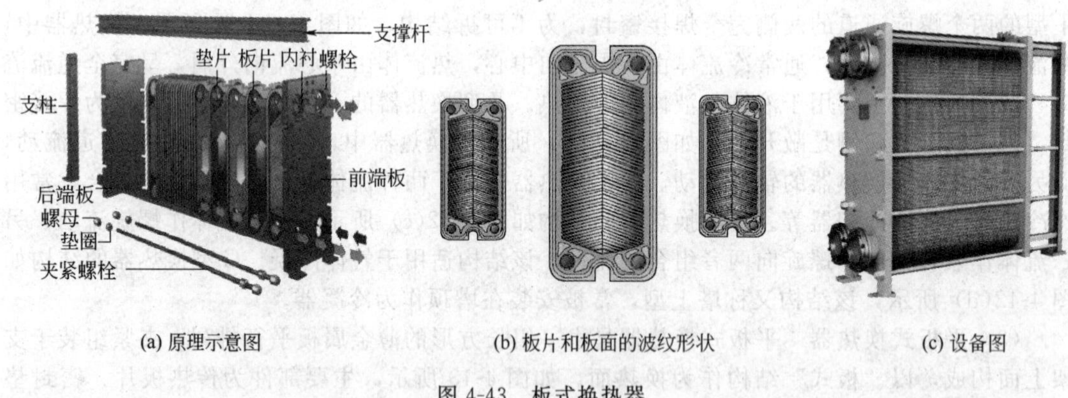

图 4-43　板式换热器

4.8.1.3　翅片式换热器

(1) 板翅式换热器　板翅式换热器如图 4-44 所示，两块平行的金属板之间，夹入波纹状的金属翅片，边侧密封，组成一个整体。根据波纹翅片的不同排列，可得到不同的操作方式，如逆流、并流、错流等。翅片是板翅式换热器的核心部件，其常用形式有平直翅片、波形翅片、锯齿形翅片、多孔翅片等。

这种换热器的优点是，翅片可增加湍动程度，破坏层流内层，总传热系数高；冷热流体不仅通过平板换热，而且主要通过翅片换热，单位体积的传热面可达 2500～4300W/(m^2·℃)；轻巧牢固（翅片不仅是传热面，而且是两平板的支撑）；适应性强（气-气、气-液、液-液、冷凝、蒸发均可）；可由多种介质在同一设备内换热。缺点是结构复杂，清洗、

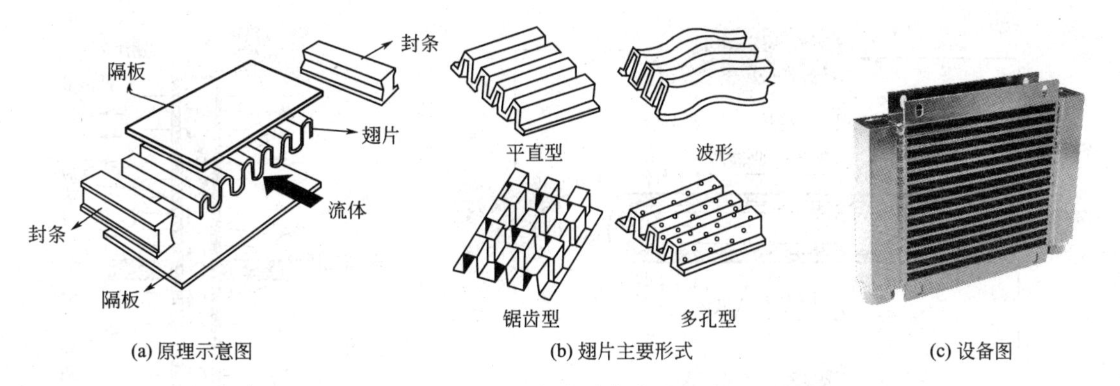

图 4-44　板翅式换热器

检修困难，隔板、翅片一般用薄铝片材料，要求介质对铝不发生腐蚀。

板翅式换热器因轻巧牢固，常用于飞机、舰船和车辆的动力设备以及在电子、电器设备中，作为散热器和油冷却器等；也适用于气体的低温分离装置，如空气分离装置中作为蒸发冷凝器、液氮过冷器以及用于乙烯厂、天然气液化厂的低温装置中。

(2) 翅片管式换热器　翅片管式换热器是指在管子内表面或外表面上装有很多径向或轴向翅片，其中常见的翅片形式如图 4-45 所示。这种换热器主要用于两种流体对流传热系数相差较大的情况，例如工业上常见的气体加热和冷却问题，因为气体的对流传热系数很小，所以当与气体换热的另一种流体是水蒸气冷凝或是冷却水时，则气体侧热阻成为传热控制因素。此时要强化传热，就必须增加气体侧的对流传热面积，若在管外装上翅片，既可增加传热面积，又可增加空气湍动程度，减少了气体侧的热阻，使气体传热系数提高，从而明显提高换热器的传热效率。一般来说，当两流体的对流传热系数比大于 3 时，易采用翅片换热器。翅片管式换热器作为空气冷却器，在工业上应用很广。用空气代替水冷，不仅可在缺水地区使用，在水源充足的地方，采用空冷也取得了较大的经济效益。

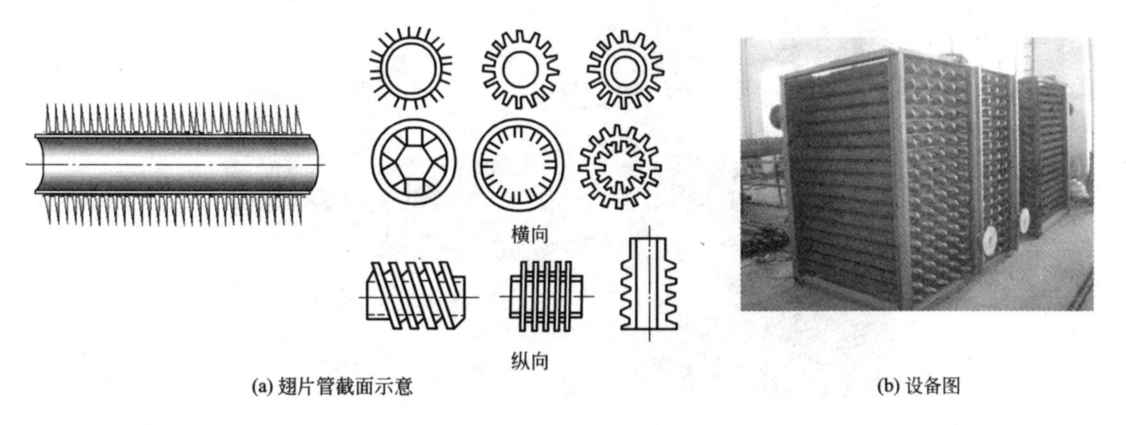

图 4-45　翅片管式换热器

4.8.1.4　热管换热器

热管换热器是一种新型的高效换热装置，由壳体、热管和隔板组成的。其中，热管作为主要的传热元件，圆管内抽除不凝性气体并充以某种定量的可凝性液体（工作流体）。工作流体在吸热蒸发端沸腾，产生蒸汽流至冷却端凝结放出潜热，由冷却端回流至加热端再次沸腾，如此连续进行，热量则由加热端传递到冷却端。

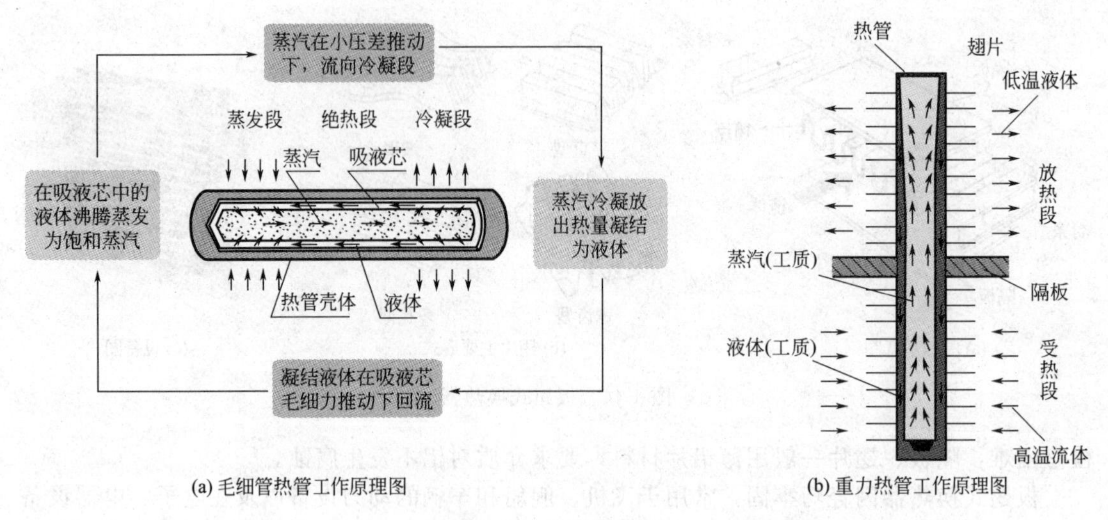

(a) 毛细管热管工作原理图

(b) 重力热管工作原理图

图 4-46　热管换热器

热管按冷凝液循环方式分为毛细管热管、重力热管和离心热管三种。如图 4-46(a) 所示，毛细管热管的冷凝液依靠毛细管的作用回到热端，这种热管可以在失重情况下工作；重力热管的冷凝液是依靠重力流回热端，它的传热具有单向性，一般为垂直放置，如图 4-46(b) 所示；离心热管是靠离心力使冷凝液回到热端，通常用于旋转部件的冷却。

如图 4-47 所示是青岛科技大学化工学院引进的重力热管换热器，换热器主要由壳体和热管元件组成。壳体是一个钢结构件，一侧为热流体通道，另一侧为冷流体通道，中间由管板分隔；热管管壳为无缝钢管，上、下两端焊有封头，内部灌装有工质。

图 4-47　重力热管换热器设备图

热管传导热量的能力很强，为最优导热性能金属的导热能力的 $10^3 \sim 10^4$ 倍。由于热管的沸腾和冷凝对流传热强度都很大，通过管外翅片增加传热面，且巧妙地把管内、外流体间的传热转变为两侧管外的传热，使热管成为高效而结构简单、投资少的传热设备，特别适用于低温差传热及某些等温性要求较高的场合，目前，热管换热器已被广泛应用于烟道气废热的回收利用，并取得了很好的节能效果。

4.8.2 强化传热技术

提高热传递就是对传热的强化，根据热传递速率方程 $Q=KS\Delta t_m$ 可知，要提高传热速率或强化传热，可提高总传热系数 K、传热面积 S 或提高传热温度差。采用的强化传热技术通常分为主动式和被动式两大类。主动式强化传热以消耗外部能量为代价，如采用电厂、磁场、声场、光照射、搅拌、喷射、表面振动、流体振动、虹吸、高温热源等手段来提高 K 或 Δt_m 强化传热。被动式强化传热一般无需消耗外部能量或仅消耗极少量的能量可换取高的传热速率或显著提高传热系数 K，如采用加热表面处理、扩展表面、粗糙表面、多孔表面、管内插入物和流体置换型的强化元件、表面张力设备、旋转流场设备及各种添加物等。此外，有时还可以将主动与被动式强化方法耦合产生比单独一种方法更大的“复合强化”，因为不同的强化方法都有各自的优缺点。这些强化方法的效率主要取决于传热的模式，从单相到相变传热，或从自然对流到强制对流等模式。不同的模式应采取不同的强化方法。

4.8.2.1 主动强化措施

目前主要采用的主动强化技术如下。

(1) 机械方法　靠机械方法搅拌流体流动或传热面旋转或表面刮动，表面刮动广泛用于化工工业过程的黏稠性液体传热强化。

(2) 表面振动　用低或高频率来振动表面，这种方法可用于单相流动、沸腾或冷凝的传热强化。

(3) 流体振动　流体振动是最实用的一种振动强化形式。在传热器中占有较大的比例。振动范围从 1Hz 脉动到超声速。可用于单相或相变过程的强化传热。

(4) 电磁场（直流或交流）　采用不同方法对电介质施加作用，使换热表面附近产生较大的流体主体混合，通过电磁泵、电场和磁场可产生强制对流。

(5) 引射　引射是通过换热表面的小气孔将气体引入流动的液体中或引射相同的流体到换热区的上游。

(6) 虹吸　在核态或膜态沸腾是通过换热器表面的小孔将蒸气吸走，或在单相流中通过换热表面的小孔将流体引出。

主动强化技术由于强化设备投资与操作费用较大，并伴随振动与噪声，工业或商业应用价值不大。

4.8.2.2 被动强化措施

(1) 扩展表面　扩展表面是紧凑类换热器中的管壳式换热器最常用的强化措施，无论是对液体还是对气体均有效。扩展表面包括外扩展表面与内扩展表面。常见的各种外扩展表面翅片结构如图 4-48 所示，主要用于两种流体热阻相差很大时，热阻大的一侧的传热强化。对管内沸腾强化，典型的管内扩展表面有商业化的 T（Thermofin）管。

(a) 平滑圆形翅

(b) 开缝翅

(c) 冲孔且弯曲的三角形凸出物

(d) 分离扇形翅

(e) 钢丝圈扩展表面

图 4-48　强化翅片的表面几何形状

(2) 粗糙表面　粗糙表面指管子或通道的表面形成具有一定规律性的重复肋一样的粗糙凸出微元体，其作用通常是增强湍流度而不是增大换热面积。图 4-49 给出了几种典型的粗糙表面管，这类表面尤以强化单相流体湍流传热而著称。其原理是针对流体传热阻主要集中

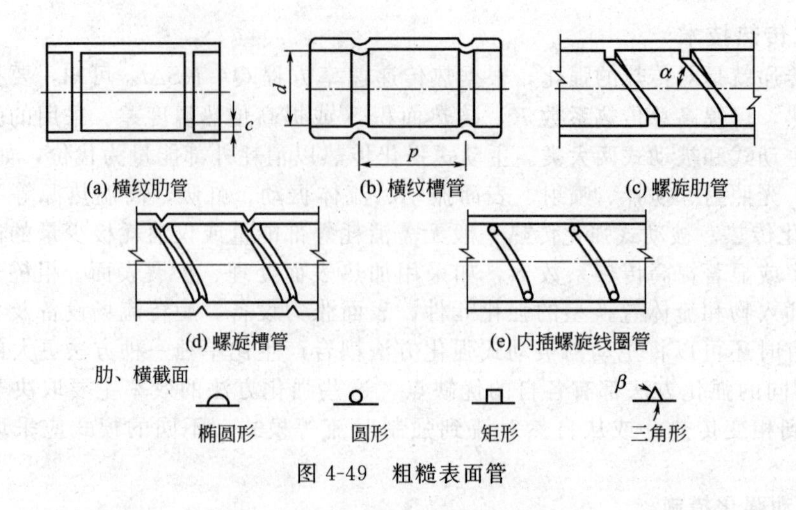

图 4-49 粗糙表面管

在壁面附近，因此，通过对近壁区的流体进行扰动，使流体产生二次流（螺旋流与边界层分离流），破坏边界发展和减薄层流底层，降低近壁区的热阻。

（3）表面处理　表面处理包括高温烧结型、火焰喷涂型、电镀型及机械加工型等，还包括表面粗糙度较小的改变及连续的或不连续的表面涂层，例如疏水涂层和多孔涂层。这样的表面对相变传热的强化效果非常有效，而对单相对流传热效果不明显，因为其表面粗糙的高度不足以影响单向换热。此外，将圆形截面管加工成椭圆形截面管也可以强化传热，当该类管用于管外喷淋降膜蒸发传热强时，比圆形截面管更优越。

（4）管内插入物和流体置换型的强化元件　目前应用较多的插入物有：在流动方向上产生螺旋流的元件，如螺旋条和纽带；设置使管壁有良好热接触的扩展表面插入物，同时增加了有效传热面积；可产生流体置换的插入元件使整个流动产生周期性混合；贴附管壁的插入元件，在管壁附近产生流体混合。应用较多的流体置换强化元件有流线型和碟形静态混合器、网状或刷子状及线圈形插入元件。

（5）添加剂　添加剂的加入主要针对流体传热热阻集中在近壁区的传热边界层场合，破坏边界层的形成，减薄边界层的厚度可强化传热。液体添加剂是在沸腾过程中加入，如在水中加入某些不互溶低沸物，包括 0.05%～0.1%（质量分数）的 R-11、R-113 或 R-112 可显著提高传热系数，其强化机理是沸腾液中加入气泡促进泡核的形成；单向流中加入固体颗粒等。

（6）管间支撑物　管间支撑物主要用于强化管式换热器外流体传热及支撑管子。如前所述的弓形、圆缺形等隔板结构，但它们的不足之处是隔板占去较多的传热面积，且流体在壳体容易出现死角。目前开发出碟式支撑的壳体结构，用折流杆来代替常用的折流板的新型结构，杆件做成栅状的折流圈，杆的截面尺寸接近于两个相连管子的间隙（及管间距与管外径之差），使杆件恰能插入两管之间的螺旋折流板以及空心环支撑等。

4.8.2.3　双面强化表面

如果需要对管内、管外的流体都进行强化传热，则成为管子双面强化。这种措施一般用于蒸发器管与冷凝器管。双面强化的典型形式如下。

① 管内螺纹粗糙肋面，管外整体翅片。

② 管内表面整体翅片，管外多孔附着表面。

③ 管内扭曲类的插入物，管外整体翅片。

④ 管内外轧槽粗糙表面。

⑤ 轧槽管、螺旋波纹管。

4.8.3 管壳式换热器的设计及选型

4.8.3.1 管壳式换热器的设计及选型原则

(1) 流程的选择　流程的选择是指在管程和壳程各走哪一种流体，以下介绍一些选择的基本原则。

① 不洁净和易结垢的流体宜走管程，因为管程清洗比较方便。

② 腐蚀性的流体宜走管程，以免管子和壳体同时被腐蚀，且管程便于检修与更换。

③ 压力高的流体宜走管程，以免壳体受压，可节省壳体金属消耗量。

④ 被冷却的流体宜走壳程，可利用壳体对外的散热作用，增强冷却效果。

⑤ 饱和蒸汽宜走壳程，以便于及时排除冷凝液，且蒸汽较洁净，一般不需清洗。

⑥ 有毒易污染的流体宜走管程，以减少泄漏量。

⑦ 流量小或黏度大的流体宜走壳程，因流体在有折流挡板的壳程中流动，由于流速和流向的不断改变，在低 Re ($Re>100$) 下即可达到湍流，以提高传热系数。

⑧ 若两流体温差较大，宜使对流传热系数大的流体走壳程，因壁面温度与 α 大的流体接近，以减小管壁与壳壁的温差，减小温差应力。

以上讨论的原则并不是绝对的，对具体的流体来说，上述原则可能是相互矛盾的。因此，在选择流体的流程时，必须根据具体的情况，抓住主要矛盾进行确定。

(2) 流速 u 的选择　增加流体在换热器中的流速，将加大对流传热系数，减少污垢在管子表面上沉积的可能，即降低了污垢热阻，使总传热系数增大，从而可减小换热器的传热面积。但是流速增加，又使流动阻力增大，动力消耗就增加。综上所述，在管壳式换热器中，流速的选择要进行经济权衡。此外，还应在流体的物性和设备的结构上加以考虑。例如，对于体积流量和传热面积一定时，要增加流速，则应增加管长或管程数。但管子太长不宜清洗，而一般管子都有出厂的规格标准。

综合考虑上述各因素，管壳式换热器中常用的流速范围见表 4-12～表 4-14。

表 4-12　管壳式换热器中常用的流速范围

流体的种类		一般流体	易结垢液体	气体
流速/(m/s)	管程	0.5～3	>1	5～30
	壳程	0.2～1.5	>0.5	3～15

表 4-13　管壳式换热器中易燃、易爆液体的安全允许速度

液体种类	乙醚、二硫化碳、苯	甲醇、乙醇、汽油	丙酮
安全允许速度/(m/s)	<1	2～3	<10

表 4-14　管壳式换热器中不同黏度液体的常用流速

液体黏度/mPa·s	>1500	1500～500	500～100	100～35	35～1	<1
最大流速/(m/s)	0.6	0.75	1.1	1.5	1.8	2.4

(3) 冷却介质（或加热介质）终温的选择　在换热器的设计中，进、出换热器物料的温度一般是由工艺确定的，而冷却介质（或加热介质）的进口温度一般为已知，出口温度则由设计者确定。如用冷却水冷却某种热流体，水的进口温度可根据当地气候条件作出估计，而出口温度需经过经济权衡确定。为了节约用水，可使水的出口温度高些，但所需传热面积加大；反之，为减小传热面积，则可增加水量，降低出口温度。一般来说，设计时冷却水的温度差可取 5～10℃。缺水地区可选用较大的温差，水源丰富地区可选用较小的温差。若用加

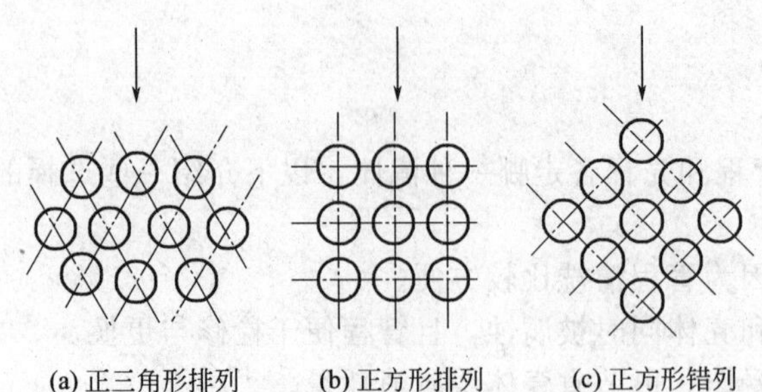

(a) 正三角形排列　(b) 正方形排列　(c) 正方形错列

图 4-50　管子排列方法

热介质加热冷流体，可按同样的原则选择加热介质的出口温度。

(4) 管子规格及排列方法

① 管子规格　目前，我国试行的管壳式换热器系列标准中仅有两种规格的管子：$\phi 25\text{mm} \times 2.5\text{mm}$ 和 $\phi 19\text{mm} \times 2\text{mm}$，管长出厂标准 $L=6\text{m}$，合理换热器的管长常取为 1.5m、2m、3m 和 6m，一般取 $L/D=4\sim6$，D 为壳体直径 m。

② 管子排列方法　管子排列方法如图 4-50 所示，可分为正三角形排列、正方形排列和正方形错列三种。其中正三角形排列的优点是结构紧凑，管板的强度高，管子排列密度大，管程流体不易短路，且壳程流体扰动较大，因此传热效果好，缺点是清洗困难；正方形排列的优点是管外清洗方便，适用于壳程流体易产生污垢的场合，缺点是传热效果比正三角形排列的差；正方形错列的优缺点介于正三角形排列和正方形排列之间，对流传热系数可适当提高。

③ 管间距 t　管子在管板上间距 t 指相邻两根管子的中心距，随管子与管板的连接方法不同而异。通常，胀管法取 $t=(1.3\sim1.5)d_o$；焊接法取 $t=1.25d_o$，其中 d_o 为内管外径。管间距小，有利于提高传热系数，且设备紧凑。常用的 d_o 与 t 的对比关系见表 4-15。

表 4-15　管壳式换热器 t 与 d_o 的关系

换热管外径 d_o/mm	10	14	19	25	32	38	45	57
换热管中心距 t/mm	14	19	25	32	40	48	57	72

(5) 管程数 N_p 和壳程数 N_s 的确定

① 管程数 N_p 的确定　当换热器的换热面积较大而管子又不能很长时，就得排列较多的管子，为了提高流体在管内的流速，需将管束分程。但是程数过多，导致管程流动阻力加大，动力能耗增大，同时多程会使平均温差下降，设计时应权衡考虑。管壳式换热器系列标准中管程数有 1、2、4、6 四种。采用多程时，通常应使每程的管子数相等。管程数 N_p 可按下式计算，即：

$$N_p=\frac{u}{u'} \tag{4-131}$$

式中　u——管程内流体的适宜流速，m/s；

u'——管程内流体的实际流速，m/s。

② 壳程数 N_s 的确定　当温度差校正系数 $\varphi_{\Delta t}$（可查图 4-29 得到）低于 0.8 时，可以采用壳方多程。但由于壳方隔板在制造、安装和检修等方面都有困难，故一般不采用壳方多程的换热器，而是将几个换热器串联使用，以代替壳方多程，此类方式称为壳方多个串联，如图 4-51 所示。

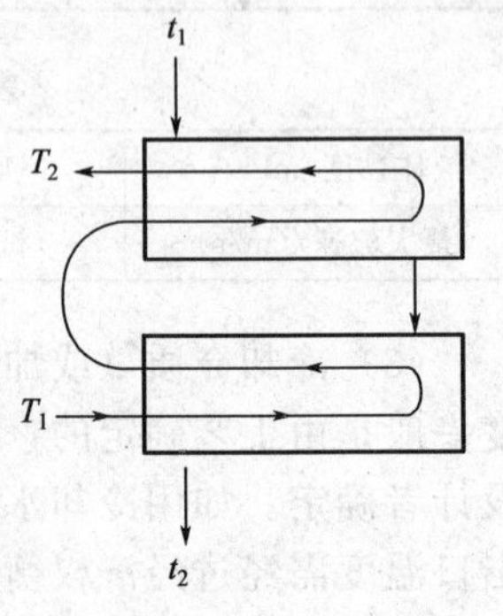

图 4-51　串联管壳式换热器示意图

(6) 外壳直径的确定　换热器壳体的内径应等于或稍大于管板的直径，一般在初步设计中，可先分别选定两种流体的流速，然后计算所需的管程和壳程的流通截面积，在系列标准中查出外壳的直径。待全部设计完成后，再应用作图法画出管子的排列图；初步设计中也可用下式计算壳体内径，即：

$$D=t(n_c-1)+2b' \tag{4-132}$$

式中　D——壳体内径，m；

t——管中心距，m；

n_c——横过管束中心线的管数；

b'——管束中心线上最外层管的中心至壳体内壁的距离，一般取 $b'=(1-1.5)d_o$，m。

按照上述方法计算得到的壳内径应圆整，标准尺寸见表 4-16。

表 4-16 壳体标准尺寸

壳体外径/mm	325	400、500、600、700	800、900、1000	1100、1200
最小壁厚/mm	8	10	12	14

(7) 折流挡板的选用　安装折流挡板的目的是为了加大壳程流体的速度，使湍动程度加剧，提高壳程流体的对流传热系数。

折流挡板有弓形、圆盘形、分流形等形式，其中以弓形挡板应用最多。挡板的形状和间距对壳程流体的流动和传热有重要的影响。弓形挡板的弓形缺口过大或过小都不利于传热，还往往会增加流动阻力。通常切去的弓形高度为外壳内径的 10%～40%，常用的为 20% 和 25% 两种。挡板应按等间距布置，挡板最小间距应不小于壳体内径的 1/5，且不小于 50mm；最大间距不应大于壳体内径。系列标准中采用的板间距为：固定管板式有 150mm、300mm 和 600mm 三种；浮头式有 150mm、200mm、300mm、480mm 和 600mm 五种。板间距过小，不便于制造和检修，阻力也较大；板间距过大，流体难于垂直流过管束，使对流传热系数下降。

挡板弓形缺口及板间距对流体流动的影响如图 4-52 所示。为了使所有的折流挡板能固定在一定的位置上，通常采用拉杆和定距管结构。

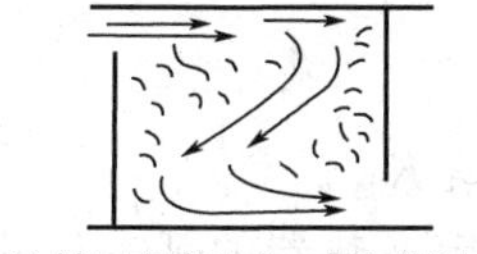
(a) 缺口高度过小，板间距过大

(b) 正常

(c) 缺口高度过大，板间距过小

图 4-52　挡板缺口高度及板间距的影响

(8) 流体流动阻力（压强降）的计算

① 管程阻力（压强降）Δp_t　管程阻力可按一般摩擦阻力公式计算，对于多程换热器，其总阻力等于各程直管阻力、回弯阻力及进、出口阻力之和。

$$\Delta p_t=(\Delta p_i+\Delta p_r)N_s N_p \tag{4-133}$$

其中

$$\Delta p_i=\lambda\frac{l}{d_i}\times\frac{u^2\rho}{2} \tag{4-134}$$

$$\Delta p_r=\sum\xi\frac{u^2\rho}{2} \tag{4-135}$$

式中　Δp_i——每程直管阻力（压强降）；

Δp_r——每程局部阻力（压强降，包括回弯管以及进、出口阻力）；

N_s——壳程数；

N_p——管程数。

注意：Δp_t应该按一根管子计算。

② 壳程阻力（压强降）Δp_s　计算 Δp_s的经验公式很多，以下式为例说明。

$$\Delta p_s=\lambda_s \frac{D(N_B+1)}{d_e}\times\frac{\rho u_o^2}{2} \tag{4-136}$$

其中：

$$\lambda_s=1.72\left(\frac{d_e u_o \rho}{\mu}\right)^{-0.19} \tag{4-137}$$

$$S_o=hD\left(1-\frac{d_o}{t}\right) \tag{4-138}$$

式中 u_o——壳程流速，m/s，以流通面积 S_o 计；

N_B——折流板数；

h——折流板间距，m；

D——壳体直径，m；

t——管间距，m；

d_o——管子外径；

d_e——壳程当量直径。

一般液体经换热器壳程压强降为 10～100kPa，气体的为 1～10kPa。设计时换热器的工艺尺寸应在压强降与传热面积之间予以权衡，使之既能满足工艺要求，又经济合理。

4.8.3.2 管壳式换热器的选用基本步骤

管壳式换热器的设计计算步骤如下。

(1) 估算传热面积，初选换热器型号

① 根据换热任务，计算传热量。

② 确定流体在换热器中的流动途径。

③ 确定流体在换热器中两端的温度，计算定性温度，确定在定性温度下的流体物性。

④ 计算平均温度差，并根据温度差校正系数不应小于 0.8 的原则，确定壳程数或调整加热介质或冷却介质的终温。

⑤ 根据两流体的温差和设计要求，确定换热器的型式。

⑥ 依据换热流体的性质及设计经验，选取总传热系数值 $K_{选}$。

⑦ 依据总传热速率方程，初步算出传热面积 S，并确定换热器的基本尺寸或按系列标准选择设备规格。

(2) 计算管、壳程压降　根据初选的设备规格，计算管、壳程的流速和压降，检查计算结果是否合理或满足工艺要求。若压降不符合要求，要调整流速，再确定管程和折流挡板间距，或选择其他型号的换热器，重新计算压降直至满足要求为止。

(3) 核算总传热系数　计算管、壳程对流传热系数，确定污垢热阻 R_{si} 和 R_{so}，再计算总传热系数 $K_{计}$，然后与 $K_{选}$ 值比较，若 $K_{计}/K_{选}=1.15\sim1.25$，则初选的换热器合适，否则需另选 $K_{选}$ 值，重复上述计算步骤。

应予指出，上述计算步骤为一般原则，设计时需视具体情况而定，下面给出一个设计举例。

【例 4-17】 某炼油厂用 175℃的柴油将原油从 70℃预热到 110℃。已知柴油的处理量为 34t/h，柴油的密度为 715kg/m³，定压比热容为 2.48kJ/(kg·K)，热导率为 0.133W/(m·K)，黏度为 6.4×10^{-4} Pa·s。原油处理量为 44t/h，密度为 815kg/m³，定压比热容为 2.2kJ/(kg·K)，热导率为 0.128W/(m·K)，黏度为 6.65×10^{-3} Pa·s。传热管两侧污垢热阻均可取为 0.000172m²·K/W。流体两侧的压强降都不应超过 2.943×10^4 Pa。试设计或选用合适型号的管壳式换热器。

解：(1) 计算传热量及对数平均温度差

按原油加热所需热量再加上 5%的热损失计算传热量。

$$Q=1.05W_c c_{p_c}(t_2-t_1)=1.05\times44000\times2.2\times(110-70)=4.066\times10^6\ (\text{kJ/h})$$
$$=1.13\times10^6\ (\text{W})$$

由热量恒算式：

$$Q=W_h c_{p_h}(T_1-T_2)=W_c c_{p_c}(t_2-t_1)$$

得 $$T_2=T_1-\frac{Q}{W_h c_{p_h}}=175-\frac{4.066\times10^6}{34000\times2.48}=175-48.2=126.8\ (℃)$$

计算逆流平均温度差Δt_m：柴油为175℃→126.8℃，原油为110℃←70℃，两端温度差分别为：65℃和56.8℃。

则对数平均温度差：

$$\Delta t_m=\frac{65+56.8}{2}=60.9\ (℃)$$

由于壳程中装有折流板，按逆流计算得平均温度差Δt_m应乘以校正系数$\varphi_{\Delta t}$。先求出参数：

$$P=\frac{t_2-t_1}{T_1-t_1}=\frac{110-70}{175-70}=0.38$$

$$R=\frac{T_1-T_2}{t_2-t_1}=\frac{175-126.8}{110-70}=1.2$$

由P和R从图4-29查得$\varphi_{\Delta t}=0.9$。

平均传热温度差$\Delta t'_m=60.9\times0.9=54.8$（℃）。

为求得传热面积S，需先求出总传热系数K，而K值又和对流传热系数、污垢热阻有关。在换热器的直径、流速等参数均未确定时，对流传热系数也无法计算，所以只能进行试算。由K的经验参考值可知，有机溶剂和轻油间进行换热时的K值大致为120～400W/($m^2\cdot K$)，先取K值为250W/($m^2\cdot K$)。

由传热速率方程$Q=KS\Delta t_m$，得传热面积$S=\frac{Q}{K\Delta t'_m}=\frac{1.13\times10^6}{250\times54.8}=82.5$（$m^2$）。

（2）初步选定换热器的型号　由于两流体的温差较大，同时为了方便清洗壳程污垢，采用F_B系列的浮头式换热器为宜。柴油温度高，走管程可以减少热损失，而原油黏度较大，当装有折流板时，走壳程可在较低的Re下即能达到湍流，有利于提高壳程一侧的对流热系数。

在决定管数和管长时，首先要选定管内流速，增大流速有利于提高管内的对流传热系数α_i值，但压强降也会显著增加。取$u_i=1$m/s。设所需单程管数为n，ϕ25mm×2.5mm管内径为0.02m。

$$n\times\frac{\pi}{4}\times0.02^2\times1\times3600=\frac{34000}{715}$$

解得$n=42$根。

传热面积$S=n\pi d_o L=82.5m^2$，求得单程管长$L=\frac{82.5}{42\times\pi\times0.025}=25$（m）。

若选用6m长的管子，四个管程，则一台换热器的总管数为4×42=168（根）。查附录得合适的浮头式换热器型号为F_B-600-95-16-4，F_B表示管径为ϕ25mm×2.5mm正方形排列的浮头式换热器，其后的数字分别表示其直径为600mm，传热面积95m^2，能承受的流体压力为1.6MPa，管程数为4，总管数为192根，每程管数为48根。

（3）传热系数K的校核　已选定的换热器型号是否适用，还要核算K值和传热面积S，才能确定。

① 管内柴油的对流传热系数α_i　管内柴油的流速：

$$u_i=\frac{\frac{34000}{715\times3600}}{48\times0.785\times0.02^2}=0.876\ \text{(m/s)}$$

$$Re_i=\frac{d_i\rho u_i}{\mu}=\frac{0.02\times715\times0.876}{0.64\times10^{-3}}=19573$$

$$Pr_i=\frac{c_p\mu}{\lambda}=\frac{2.48\times0.64\times10^{-3}}{0.133\times10^{-3}}=11.93$$

$$\alpha_i=0.023\times\frac{0.133}{0.02}\times19573^{0.8}\times11.93^{0.3}=873[\text{W/(m}^2\cdot\text{K)}]$$

② 管外（壳程）原油的对流传热系数 α_o　α_o 可由图 4-15 查得 $NuPr^{-1/3}(\mu/\mu_w)^{-0.14}$ 后求得。

管子为正方形排列时的当量直径 $d_e=\frac{4\left(t^2-\frac{\pi}{4}d_o^2\right)}{\pi d_o}=0.027\text{m}$。其中 $d_o=0.025\text{m}$，管中心距 $t=0.032\text{m}$。

壳程的流通面积：

$$S_o=Dh\left(1-\frac{d_o}{t}\right)=0.6\times0.3\times\left(1-\frac{25}{32}\right)=0.0394\ (\text{m}^2)$$

壳程中原油流速 $u_o=\frac{\frac{44000}{815\times3600}}{0.0394}=0.381\ \text{(m/s)}$

得 $Re_o=\frac{d_ou_o\rho}{\mu}=\frac{0.027\times0.381\times815}{6.65\times10^{-3}}=1260$

当 $Re_o=1260$ 时，由图 4-15 查得 $NuPr^{-1/3}(\mu/\mu_w)^{-0.14}=18$。

又 $Pr_o=\frac{c_p\mu}{\lambda}=\frac{2.2\times6.65\times10^{-3}}{0.128\times10^{-3}}=114$

取 $(\mu/\mu_w)^{-0.14}\approx1$，得 $\alpha_o=18\frac{\lambda}{d_o}Pr^{\frac{1}{3}}=18\times\frac{0.128}{0.027}\times114^{\frac{1}{3}}=414[\text{W/(m}^2\cdot\text{K)}]$

③ 总传热系数 K_o（以管外表面为基准）

$$K_o=\frac{1}{\frac{1}{\alpha_i}\times\frac{d_o}{d_i}+R_{s_i}\times\frac{d_o}{d_i}+R_{s_o}+\frac{1}{\alpha_o}}=\frac{1}{\frac{1}{874}\times\frac{25}{20}+0.000172\times\frac{25}{20}+0.000172+\frac{1}{414}}$$
$$=236[\text{W/(m}^2\cdot\text{K)}]$$

(4) 计算传热面积 S_o　按核算所得的 K_o 值，再求所需传热面积：

$$S_o=\frac{Q}{K_o\Delta t_m'}=\frac{1.13\times10^6}{236\times60.9\times0.9}=87.4\ (\text{m}^2)$$

核算结果表明，换热器的传热面积 $S_o>82.5\text{m}^2$ 且有 9%的裕度，基本适用。

(5) 计算压力降

① 管程压力降 $\Delta p_t=(\Delta p_i+\Delta p_r)N_sN_p$

$$\Delta p_i=\lambda\frac{l}{d}\times\frac{u^2\rho}{2}\ (\text{当 }Re_i=19600\text{ 时，}\lambda=0.03)=0.03\times\frac{6}{0.02}\times\frac{0.876^2\times715}{2}=2469\ \text{(Pa)}$$

$$\Delta p_r=3\times\frac{u^2\rho}{2}=3\times\frac{0.876^2\times715}{2}=823\ \text{(Pa)}$$

因 $N_s=1$，$N_p=4$

故
$$\Delta p_t=(2470+820)\times1\times4=13160\ \text{(Pa)}$$

② 壳程压力降 $\Delta p_s=\lambda_s\frac{D(N_B+1)}{d_e}\times\frac{\rho u^2}{2}$

其中 $\lambda_s = 1.72 \times Re_o^{-0.9} = 0.443$ (Pa)

$$\Delta p_s = 0.443 \times \frac{0.6 \times (17+1)}{0.027} \times \frac{815 \times 0.381^2}{2} = 10482 \text{ (Pa)}$$

流经管程和壳程流体的压力降均未超过 29430Pa。以上核算结果表明，选用 F_B-600-95-16-4 换热器能符合工艺要求。

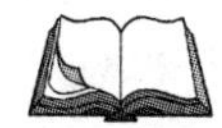

阅读资料

一、计算机应用举例——利用 FLUENT 软件模拟管壳式换热器壳程流体流场

换热器是化学工业及其他过程工业的通用设备，其设备投资在整个设备总投资中占 30%～40%。换热器类型多种多样，但以管壳式换热器应用最广。此类换热器通过管壁进行传热，结构简单，换热负荷大。其壳程空间较大，设置有折流板，所以其中的流体流动情况较为复杂，并直接影响到传热效果。下面以简单管壳式换热器为例，说明利用 FLUENT 软件模拟换热器壳程换热的基本过程。

管壳式换热器几何模型采用普通管壳式换热器，单管程、单壳程和弓形折流板，其结构简图和管子排列方式如附图 1 所示，换热器的几何参数列于附表中。

将 GAMBIT 软件处理好的几何模型导入 FLUENT 软件中进行求解。

(1) 设置求解器　利用 FLUENT 软件进行数值模拟。求解的条件采用 Segregated（非耦合求解法）、Implicit（隐式算法）、3D（三维空间）、Steady（定常流动）、Absolute（绝对速度）。

(2) 设置湍流模型和计算方法　本文采用 RNG k-e 模型，数值计算方法选用非交错网格下的 SIMPLEC 算法；离散格式中对流项用 QUICK 格式、压力插补格式用 PRESTO 格式控制。

(3) 设定边界条件　选择 298K 下的空气，密度为 1.225kg/m³，常压。边界条件：进口为速度进口，按照研究的内容设定不同的速度，出口选择自由出口，气体进口温度为 298K，内管的温度设定为 373K。

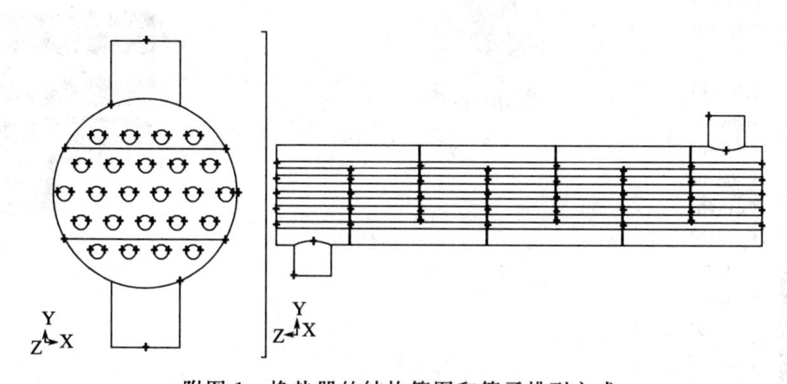

附图 1　换热器的结构简图和管子排列方式

附表　换热器几何参数

参　数	数　值	参　数	数　值
壳体直径/cm	80	换热管长度/cm	300
折流板块数/块	6	壳程进出口接管直径/cm	30
换热管数量/根	24	换热管直径/cm	6

利用以上模型，采用入口气体速度为 5m/s，模拟得到如附图 2～附图 4 所示的换热器

壳程流体的温度、压力和速度分布云图。

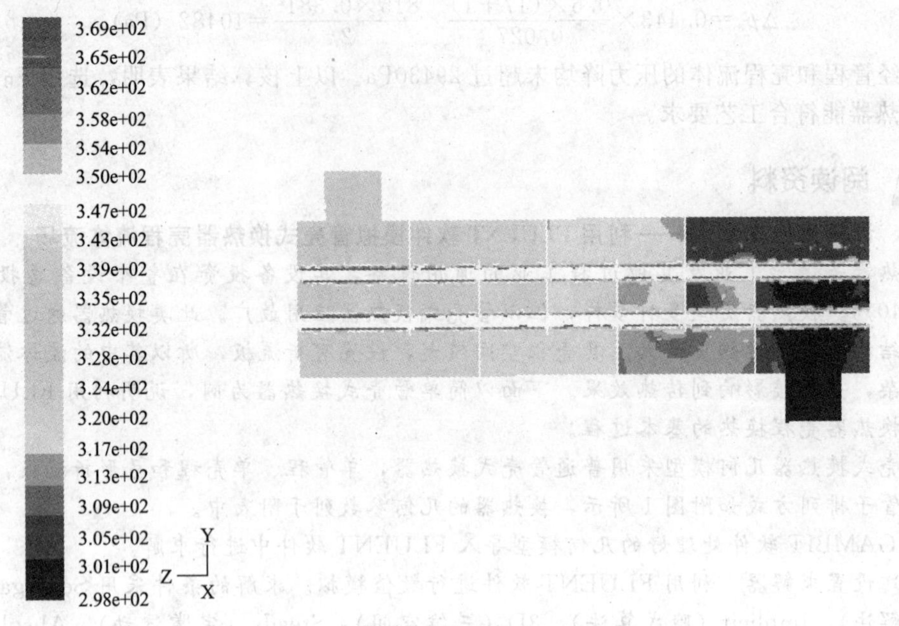

附图 2　温度分布

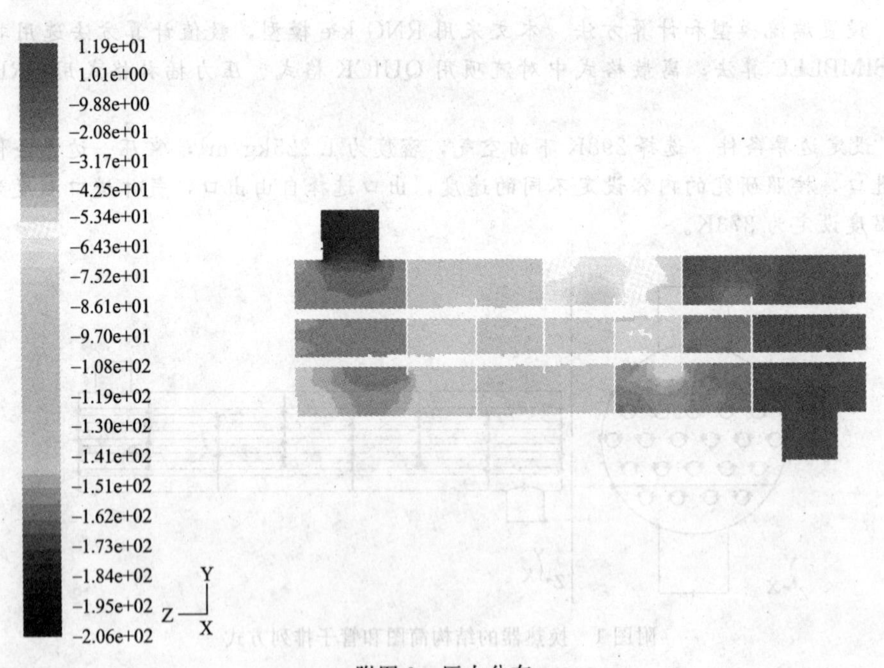

附图 3　压力分布

由附图 2 的温度分布图可知，温度随着壳程流体的流动方向整体上是逐渐增大的，同时由于折流板的存在增加了流体的湍动并加长了流动距离，对换热是有利的。具体来说，在折流板的迎风面和背风面均存在一定的温差，而且明显的温度变化主要集中在靠近内管附近，而在靠近壳体的位置，温度的变化梯度很小，换热性能不佳。这是由于管子布置的缘故，使得管子和壳体之间的间隙比较大，有很大一部分流体没有来得及换热就从此处流过，所以在布管的时候要均匀。

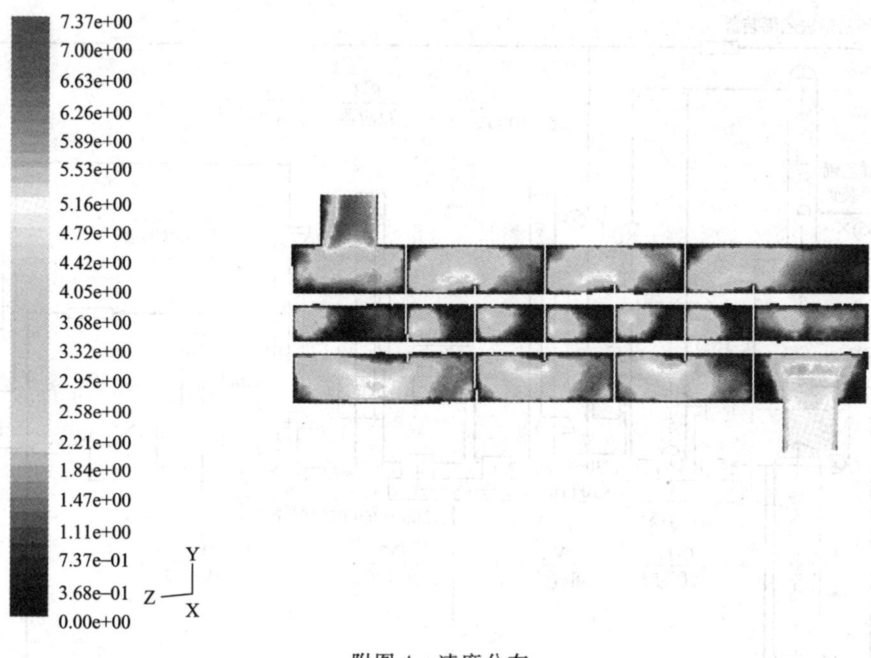

附图 4　速度分布

由附图 3 可知，壳程流体的压力总体上随着流动方向而逐渐减小。其中，在流体进、出口附近和折流板区域（主要在折流板切口处），压力有较大的变化，说明壳程流体的压降主要产生于这些位置，所以对换热器进、出口和折流板进行改进可以降低壳程流体的压降，从而起到降低动力消耗的作用。

由附图 4 的速度分布可知，刚进入口处的流体速度很高，而进入换热器以后由于受到换热管的阻挡，速度迅速降低，然后经过折流板，由于流动的截面积突然减小，流体的速度又突然增加。由于多个折流板的存在，使速度呈周期性变化。当流体到达出口时，由于出口截面突然减小，速度又突然提高。从速度分布图上可以看出，在换热器壳体的中轴附近，速度比较大，由中心向两边速度有个先减小后增大的过程，而且在每个折流板附近都存在一个速度较低的区域。

以上通过对管壳式换热器内部流场的深入分析，得到了很多其他方法无法获得的宝贵而详细的壳程流体流动信息，可以对管壳式换热器的设计和操作起到重要的理论指导作用。

二、工程案例分析——多级压缩机的故障排除

1. 基本情况

北京某化工厂从日本引进的年产 18 万吨低密度高压聚乙烯装置，共有三条生产线，其中的主要设备有：一次压缩机（C-1），二次压缩机（C-2），混合器（V-1），反应器（R-3）和高、低压分离器（V-2、D-10）等，其工艺过程如附图 5 所示。本案例所要讨论的 C-1 是往复对称平衡型六级乙烯气体压缩机，它分低压侧（Ⅰ、Ⅱ、Ⅲ级）和高压侧（Ⅳ、Ⅴ、Ⅵ级）两部分。通过前三级将乙烯气体的压力升高到 33×10^2 kPa，然后与压力相近的补充乙烯气混合，进入高压侧升压至（230～280）$\times10^2$ kPa，最后与高压循环气一起经 V-1 送往 C-2 压缩机继续升压。

装置稳定运行 8 年后，二、三线上的 C-1 压缩机操作运行出现了异常情况，主要表现为：

① Ⅳ级和Ⅴ级出口压力超高，且Ⅴ级尤为严重，一般为（150～160）$\times10^2$ kPa，最高可

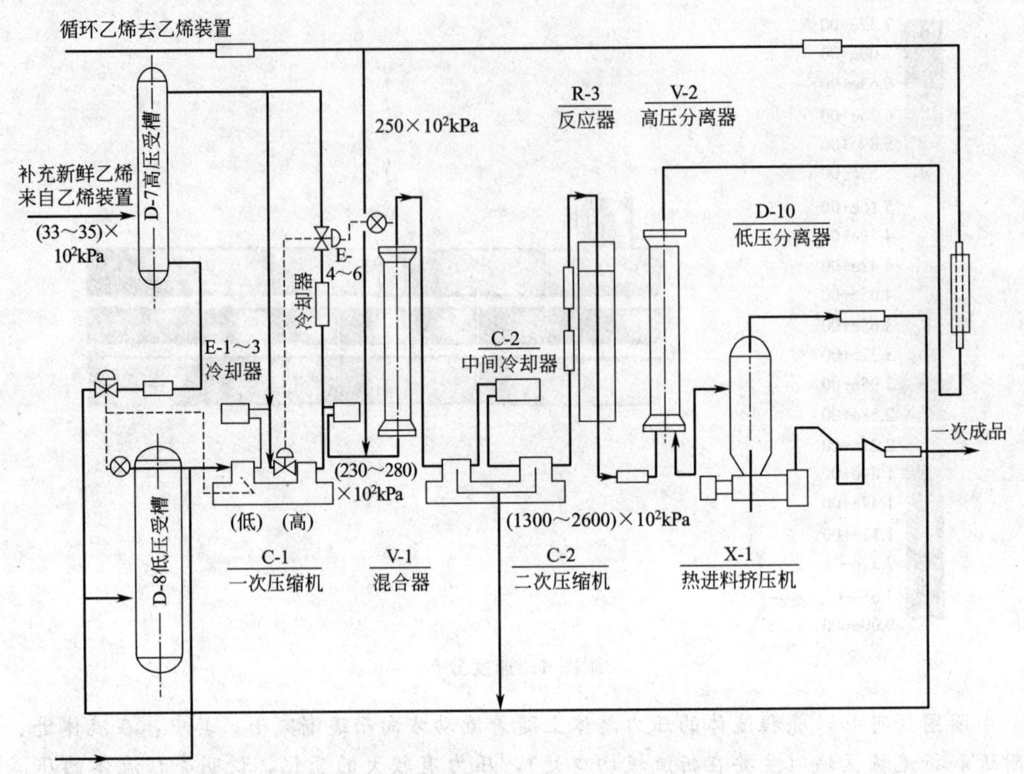

附图 5　低密度高压聚乙烯生产装置工艺流程（节选）

达 180×10^2 kPa，而其正常操作压力仅为 $(95\sim115)\times10^2$ kPa；

②Ⅵ级出口压力由于Ⅴ级出口安全阀的动作而大幅降低，为 $(150\sim180)\times10^2$ kPa，而其正常值为 $(230\sim260)\times10^2$ kPa；

③上述高压侧压力值不仅异常，而且出现大幅度波动的情况，又是周期性的，每 20～30min 变化一次。

当出现Ⅴ级压力过高时，一般采用系统降压，操作情况有所好转。但其压力超过 160×10^2 kPa 时，Ⅵ级出口压力可降至 130×10^2 kPa 以下，此时正常生产难以维持，只能紧急停车。

2. 事故原因分析

故障出现后，有关技术人员对 C-1 压缩机进行了变工况复算，结果表明，该压缩机机械设计合理，故障原因应该从生产过程中去寻找。多级压缩机在运行时，级间和最终压力的稳定获得是以级间气量平衡为条件的，即某级吸入的气体体积应等于其前一级排出的气体体积，一旦由于某种原因破坏该级吸入体积时，应该会反映在上一级的出口压力上。C-1 乙烯气体压缩机Ⅴ级出口压力之所以超高，从气量供求关系及稳定流动的观点看，就是Ⅴ级排出的气体Ⅵ级“吃不了”，即其吸气量太少。

某级的吸气量可用下式计算：

$$V=\lambda_p\lambda_V\lambda_T nV_h$$

式中　λ_p——压力系数；

λ_T——温度系数；

λ_V——容积系数；

n——曲轴转速，r/min；

V_h——汽缸行程容积，m^3。

由该式可知，Ⅵ级吸、排气阀故障，Ⅴ级排气系统产生低聚物堵塞（管路阻力损失过大，压缩比增加，导致压力系数和容积系数的下降）都可能导致吸气量减小。但现场工作人员通过拆检Ⅴ、Ⅵ级的吸、排气阀和吹扫Ⅴ级排气系统，排除了这些问题出现的可能性。

多级压缩机一般都在级与级之间设置中间冷却器，被压缩的气体经其冷却可降低温度，降低压缩功耗。若某两级之间的冷却器工作效果不佳，则会使下一级的吸气温度升高，温度系数下降，导致实际吸气量减小，并出现上一级排气压力过高的情况。这会不会是C-1压缩机工作出现故障的原因呢？现场工作人员发现，与当初开车正常运行时的25℃相比，8年后C-1压缩机出现故障时其Ⅵ级吸气温度高达45℃。看来是级间冷却器出了问题。经现场工作人员测算，在气体质量流量、传热面积和冷却水进、出口温度相同的情况下，位于Ⅴ级和Ⅵ级之间的冷却器E-5目前的传热系数比当年正常操作时低了65%。因冷却效果不佳，乙烯气体温度降不下来，Ⅵ级吸气温度必然升高，温度系数下降，吸气量减小，Ⅴ级排气压力超高。

沿着这条线索，厂方对三条生产线C-1高压侧的级间冷却器（套管式换热器）进行了装置开工8年来的第一次清理。清理时发现换热管外表面结垢严重，污垢层厚达3mm，而且被严重腐蚀。经对这些换热器彻底除垢，再开工运行，结果发现压缩机运行果然平稳起来，压力波动明显减小，周期大大缩短，且压力变化曲线和数据与8年前装置刚开车时正常操作工况相当接近。

以上分析了Ⅴ级排气压力超高的原因，但这怎么会导致Ⅵ级排气压力降低，甚至降至120×10^2kPa以下呢？往复式压缩机具有“背压操作”的特点，其排气压力取决于下游设备的压力。当Ⅴ级由于冷却效果不佳而排气压力超过155×10^2kPa时，安全阀起跳，大量高压气体放空，使Ⅵ级吸气量更少。虽有来自Ⅴ-2的循环气返回至Ⅴ-1前，但整个排气系统内气体量大大减少，而C-2压缩机连续运转，致使Ⅵ级和Ⅴ-1之间“供不应求”，使Ⅴ-1压力降低，即“背压较低”。当Ⅴ级排压超过此背压时，高压气体将同时顶开Ⅵ级的吸、排气阀，不经压缩直接穿过Ⅵ级汽缸进入管网，这便是Ⅵ级排气压力大幅度降低的原因。

C-1故障运行时还发现高压侧压力呈现周期性波动，其原因又是什么呢？级间和终端排气压力的变化只是一个表面现象，透过现象看本质，其根本原因还是在于高压侧级间冷却能力下降，致使温度工况不稳定，气量供求关系周期性变化（平衡-供过于求-缓和-供不应求-平衡）。正是这种供求关系的周期性变化导致高压侧压力也呈现周期性变化。

根据对前述故障发生原因的分析，为彻底消除故障隐患，有关技术人员提出如下改进措施：

① 采用水质处理新工艺，保证中间冷却器用水水质，从根本上解决换热器的结垢和腐蚀问题；

② 定期检修和清理中间冷却器；

③ 重新设计高效的换热器，适当增大传热面积；

④ 运行中可适当提高冷却水的流量。

换热器是工业生产中最常用的设备之一，其操作效果的好与坏不仅仅关系到相关物流本身的状态，而且对其他设备的操作状态和运行结果也有重要的影响。由换热器结垢引起传热效果不佳而导致其他设备故障或异常工况的事例还有：离心泵的汽蚀、吸收塔吸收率下降、精馏塔回流温度过高等。换热器的阻垢、清洗是工业生产中长期存在、备受关注的一个难题。

习　题

一、填空题

1. 多层壁稳态导热中，若某层的热阻最大，则该层两侧的温差________。

2. 有相变时的对流传热系数比无相变时________，黏度 μ 值大，对流传热系数________，热壁面在冷空气之下比热壁面在冷空气之上时对流传热系数________。

3. 物体黑度是指在________温度下，物体的________与________之比，在数值上它与同一温度下物体的________相等。

4. 被温度为727℃的很大的炉壁所包围的某物体，其黑度为0.8，表面积为 $2m^2$，稳态时，吸热为29000kcal/h（1kcal=4.18kJ），则该物体表面温度为________℃。

5. 在一个 ϕ180mm×10mm 的套管换热器中，热水流量为3500kg/h，需从100℃冷却到60℃，冷水入口温度为20℃，出口为30℃，内管外表面总传热系数 K=2326W/(m^2·K)，冷却水走内管，忽略热损失。则：(1) 冷却水用量为________ kg/h；(2) 逆流时管长为________ m [$c_{水}$=4.1kJ/(kg·K)]。

6. 在管壳式换热器中，用饱和水蒸气加热空气，则传热管的壁温接近________，总传热系数 K 值接近________。

7. 在一套管式换热器中，用水冷却空气，空气走管外，水走管内。为了强化传热，加翅片在管上，翅片应加在管的________侧，原因是________________。

8. 用饱和蒸汽加热水，经过一段时间后，发现传热的阻力迅速加大，这可能是由于________、________所引起的。

二、单项选择题

1. 一根 ϕ219mm×6mm 的无缝钢管，内外表面温度分别为300℃和295℃，热导率为45W/(m·℃)，则每米长裸管的热损失为（　）W。

(1) 25100　　(2) 183　　(3) 24917　　(4) 993

2. 某蒸汽在套管换热器中冷凝，内管为 ϕ25mm×2.5mm 的钢管，管长2m。蒸汽在管外冷凝，冷却水走管内，管内流速为1m/s，冷却水的进口温度为20℃，出口温度为50℃，则管壁对冷却水的对流传热系数为（　）W/（m·℃）。

(1) 4806　　(2) 2374　　(3) 1486　　(4) 7321

3. 设水在一个圆形直管内呈湍流流动，在稳定段处，其对流传热系数为 α_1；若将水的质量流量加倍，而保持其他条件不变，此时的对流传热系数 α_2 与 α_1 的关系为（　）。

(1) $\alpha_2=\alpha_1$　　(2) $\alpha_2=2\alpha_1$　　(3) $\alpha_2=2^{0.8}\alpha_1$　　(4) $\alpha_2=2^{0.4}\alpha_1$

4. 已知两物体的温度分别为127℃与107℃，若同时升温400℃（两者的温差依旧为20℃），则升温后两物体间辐射的热流量是升温前的（　）倍（假定其他条件相同）。

(1) 8倍多　　(2) 80多倍　　(3) 800多倍　　(4) 8000多倍

5. 有一个套管换热器，管间用饱和蒸汽加热，空气在一定流量下在内管湍流流过，出口温度可升到指定温度。现将空气流量增加1倍（即 $W_2=2W_1$），要使空气出口温度仍达到原指定温度，则套管换热器的长度应为原来的（　）倍（假定壁温保持不变）。

(1) 1.48　　(2) 1.148　　(3) 1.348　　(4) 2.012

6. 下列关于换热设备的热负荷及传热速率说法中错误的是（　）。

(1) 热负荷取决于化工工艺的热量衡算

(2) 传热速率取决于换热设备、操作条件及换热介质

(3) 热负荷是选择换热设备应有的生产能力的依据

(4) 换热设备应有的生产能力由传热速率确定

7. 室内有一根水平放置的蒸汽管道，外径为100 mm，管内通有120℃的饱和水蒸气，管外空气温度为20℃，四周墙壁、天花板及地面温度皆为20℃。若管道不保温（管壁的黑度为0.55），则每米管长因辐射和空气自然对流造成的总热损失为（　）W。

(1) 395　　(2) 539　　(3) 234　　(4) 161

三、计算题

1. 某燃烧炉的平壁由耐火砖、绝热砖和建筑砖三种材料砌成，各层材料的厚度和热导率依次为 b_1=200mm，λ_1=1.2W/(m·K)；b_2=250mm，λ_2=0.15W/(m·K)；b_3=200mm，λ_3=0.85W/(m·K)。若已知耐火砖内侧温度为900℃，绝热砖和建筑砖接触面上的温度为280℃。试求：

(1) 各种材料以单位面积计的热阻；

(2) 燃烧炉热通量及导热总温差；

(3) 燃烧炉平壁中各材料层的温差分布

2. 直径为ϕ60mm×3mm的钢管用30 mm厚的软木包扎，其外又用100 mm厚的保温灰包扎，以作为绝热层。现测得钢管外壁面温度为−110℃，绝热层外表面温度为10℃。已知软木和保温灰的热导率分别为0.043W/(m·℃)和0.07W/(m·℃)，试求每米管长的冷量损失量。

3. 常压下空气在内径为30 mm的管中流动，温度由170℃升高到230℃，平均流速为15m/s。试求：

(1) 空气与管壁之间的对流传热系数。

(2) 若流速增大到25m/s，则结果如何？

4. 铜氨溶液在一个蛇管冷却器中由38℃冷却至8℃。蛇管由ϕ45mm×3.5mm的管子按4组并联而成，平均圈径约为0.57m。已知铜氨液流量为2.7m^3/h，密度$\rho=1.2\times10^3$ kg/m^3，黏度$\mu=2.2\times10^{-3}$ Pa·s，其余物性可按水的0.9倍取。试求：铜氨液在蛇管中的对流传热系数。

5. 苯与甲苯在一套管换热器中进行热交换，内管为ϕ38mm×2.5mm，外管为ϕ57mm×3mm的钢管，苯走管内，流量为4200kg/h，从27℃加热到50℃。甲苯在环隙中流过，温度由72℃冷却到38℃，求甲苯的对流传热系数。假定无热损失。

6. 101330Pa下苯蒸气在外径为30mm、长为3000mm垂直放置的管外冷凝。已知苯蒸气冷凝温度为80℃，管外壁温度为60℃，试求：

(1) 苯蒸气的冷凝传热系数。

(2) 若此管改为水平放置，其冷凝传热系数又为多少？

(3) 若管外壁温度适当下降，则结果如何？

7. 某车间内有一扇高0.5m、宽1m的铸铁炉门，表面温度为627℃，室温为27℃。试求：

(1) 由于炉门辐射而散失的热量；

(2) 为减少炉门的辐射传热，在距炉门前30mm处放置一块同等大小的铝板（已氧化）作为热屏，则散热量可下降多少？已知铸铁的黑度$\varepsilon_1=0.78$，铝板的黑度$\varepsilon_2=0.15$。

8. 在氨合成炉下部管壳式换热器中用反应后的热气体来加热原料气，为测定该换热器的总传热系数，测得实际操作数据如下：反应后热气体走管内，流量为6100kg/h，进、出口温度分别为485℃和154℃，平均定压比热容$c_{p_1}=3.04$kJ/(kg·K)。原料气走管外，流量为5800kg/h，进口温度50℃，平均定压比热容可取3.14kJ/(kg·K)。已知该换热器的传热面积为30m^2，两流体逆流换热，计算其总传热系数。

9. 有一套管壳式换热器，0.2MPa的饱和水蒸气在管间冷凝，以预热水，水在ϕ25mm×2.5mm的钢管内以0.6m/s的速度流过，其进口温度为20℃，至出口加热到80℃，取水蒸气冷凝传热系数为10000W/(m^2·K)，水侧污垢热阻为0.6×10^{-3} m^2·K/W，忽略管壁热阻，试求：

(1) 总传热系数K；

(2) 操作一年后，由于水垢积累，换热能力下降，如果水量不变，进口温度仍为20℃，其出口温度仅升至70℃，试求此时总传热系数及污垢热阻。

10. 重油和原油在单程套管换热器中呈并流流动，两种油的初温分别为243℃和128℃，终温分别为167℃和157℃。若维持两种油的流量和初温不变，而将两流体改为逆流，试求此时流体的平均温度差及它们的终温。假设在两种流动情况下，流体的物性和总传热系数均不变，换热器的热损失可以忽略。

11. 在下列各种管壳式换热器中，某种溶液在管内流动并由20℃加热到50℃。加热介质在壳方流动，其进、出口温度分别为100℃和60℃，试求下面各种情况下的平均温度差。

(1) 壳方和管方均为单程的换热器，设两流体呈逆流流动。

(2) 壳方和管方分别为单程和四程的换热器。

(3) 壳方和管方分别为两程和四程的换热器。

12. 在间壁式换热器中，要求用初温为30℃的原油来冷却重油，使重油从180℃冷却到120℃。重油和原油的流量各为1×10^4 kg/h和1.4×10^4 kg/h。重油和原油的定压比热容各为2.18kJ/(kg·℃)和1.93kJ/(kg·℃)，试求重油和原油采取逆流和并流时换热器的传热面积各为多少？已知两种情况下的总传热系数为$K=100$J/(m^2·s·℃)。

13. 某厂用0.2MPa（表压）的饱和蒸汽将环丁砜水溶液由105℃加热到115℃后送再生塔再生。已知溶液的流量为200m^3/h，溶液的密度$\rho=1080$kg/m^3，定压比热容$c_p=2.93$kJ/(kg·K)，试求水蒸气的消耗量。又设所用换热器的总传热系数$K=700$W/(m^2·K)，试求所需的传热面积。

14. 在一套钢制套管换热器中，用冷却水将 1kg/s 的苯由 65℃冷却至 15℃，冷却水在 ϕ25mm×2.5mm 的内管中逆流流动，其进出口温度分别为 10℃和 45℃。已知苯和水的对流传热系数分别为 0.82×10^3 W/(m^2·K) 和 1.7×10^3 W/(m^2·K)，在定性温度下水和苯的比热容分别为 4.18×10^3 J/(kg·K) 和 1.88×10^3 J/(kg·K)，钢材的热导率为 45W/(m·K)，两侧的污垢热阻可忽略不计。试求：

(1) 冷却水消耗量；

(2) 所需的总管长。

15. 有一套空气冷却器，冷却管为 ϕ25mm×2.5mm 的钢管，钢的热导率 $\lambda=45$W/(m·K)。空气在管内流动。已知管外冷却水的对流传热系数为 2800W/(m^2·K)，管内空气对流传热系数为 50W/(m^2·K)。试求：(1) 总传热系数；(2) 若管外对流传热系数增大一倍，其他条件不变，则总传热系数增大百分之几？(3) 若管内对流传热系数增大一倍，则结果如何？已知冷却水侧污垢热阻可取为 0.60×10^{-3} m^2·K/W，空气侧污垢热阻可取为 0.5×10^{-3} m^2·K/W。

16. 在化工生产中，需要将流量为 5200m^3/h（标准状况）的常压空气用饱和蒸汽由 20℃加热到 90℃，蒸汽压力为 0.2MPa（表压），工厂仓库有一套换热器，其主要尺寸如下：钢管直径 ϕ38mm×3mm，管数 151 根，管长 4m。如果利用此换热器使空气在管内流动，蒸汽在管外冷凝，试验算此换热器是否够用？水蒸气冷凝的对流传热系数可取 11600J/(m^2·s·K)。

17. 在一套管换热器中，用饱和蒸汽加热氯苯，饱和蒸汽走套管环隙，压力为 0.2 MPa（表压），氯苯走管内，流量为 5500kg/h，从 33℃加热到 75℃。现因某种原因，氯苯的流量减少到 1350kg/h，但进出口温度欲维持不变，今采用降低蒸汽压力的方法，以达到此要求，问蒸汽压力应降低到多少？设在两种情况下，氯苯的对流传热系数比水蒸气冷凝的对流传热系数小得多，管壁热阻可以忽略不计。

18. 在夹套换热器中，夹套内通以进口温度为 30℃的冷却水，釜内连续加入温度为 125℃的热油。两流体呈并流流动，当无搅拌时，热油和冷却水的出口温度分别为 95℃和 55℃。若釜内加以搅拌使釜内温度均匀而其他条件不变，试求 (1) 若搅拌不剧烈，总传热系数与搅拌时相差不大，则两流体的出口温度各为多少？传热过程的平均温差为多少？(2) 若强烈搅拌使油侧对流传热系数增大，而使总传热系数提高两倍，两流体的出口温度分别是多少？

19. 有一套管式换热器进行逆流操作，管内通流量为 0.6kg/s 的冷水，冷水的进口温度为 30℃，管间通流量为 2.52kg/s 的空气，进出口温度分别为 130℃和 70℃。已知水侧和空气侧的对流传热系数分别为 2000W/(m^2·K) 和 50W/(m^2·K)，水和空气的平均比热容分别为 4200J/(kg·K) 和 1000J/(kg·K)。试求水量增加一倍后换热器流量与原来之比。假设管壁较薄，污垢热阻忽略不计，流体流动 Re 均大于 10^4。

20. 欲用循环水将流量为 60 m^3/h 的粗苯液体从 80℃冷却到 35℃，循环水的初温为 30℃，试设计适宜的管壳式换热器。

思 考 题

1. 试说明在多层壁的热传导中确定层间界面温度的实际意义。
2. 工业沸腾装置应在什么沸腾状态下操作？为什么？
3. 如何理解辐射传热中黑体、灰体和白体的概念。
4. 为什么一般情况下，逆流总是优于并流？并流适用于哪些情况？
5. 管内对流传热，流体温度梯度最大是位于管内何处？为什么？
6. 管壳式换热器为何采用多管程和多壳程？
7. 如何测定空气-饱和蒸汽冷凝时的总传热系数和空气侧的对流传热系数。
8. 为什么有相变时的对流传热系数大于无相变时的对流传热系数？
9. 为什么低温时热辐射往往可以忽略，而高温时热辐射则往往成为主要的传热方式？
10. 在换热器设计计算时，为什么要限制 $\varphi_{\Delta t}$ 大于 0.8？

符 号 说 明

英文字母：

t——冷流体温度，℃；　　T——热流体温度，℃；

x，y，z——空间坐标；
Q——传热速率，W；
q——热量通量，W/m^2；
S——传热面积，m^2；
b——厚度，m；
L——长度，m；
r——半径，m；或代表汽化热及冷凝潜热，kJ/kg；
R——热阻，$m^2 \cdot ℃/W$；或表示反射率，无量纲；
Re——雷诺数，无量纲；
Pr——普兰特数，无量纲；
Nu——努塞尔特数，无量纲；
Gr——格拉斯霍夫数，无量纲；
n——管数；
K——总传热系数，$W/(m^2 \cdot ℃)$；
E——辐射能力，W/m^2；
E_λ——单色辐射能力，W/m^2；
A——吸收率，无量纲；
D——透过率，无量纲；
$C_{1\text{-}2}$——总辐射系数，$W/(m^2 \cdot K^4)$；
C_0——黑体辐射系数，$5.67W/(m^2 \cdot K^4)$；
p——压强，Pa；
W——热、冷流体质量流量，kg/s；
H——单位质量流体的焓，kJ/kg；
NTU——传热单元数。

希腊字母：

θ——时间，s；
λ——热导率，$W/(m \cdot ℃)$；
α——对流传热系数，$W/(m^2 \cdot ℃)$；
β——体积膨胀系数，$℃^{-1}$；
ε——传热效率，或黑度；
μ——黏度，$Pa \cdot s$；
ρ——密度，kg/m^3；
φ——角系数；
δ_t——热边界层的厚度，m。

下标：

c——冷流体；
h——热流体；
e——当量；
i——管内；
m——平均；
o——管外；
s——饱和或污垢；
v——蒸汽；
W——壁面；
min——最小；
max——最大。

第5章 蒸　　发

当溶液中溶质的挥发性甚小，而溶剂又具有明显的挥发性时，工业上常用加热的方法，使溶剂汽化达到溶液浓缩或挥发性物质回收的目的，这样的操作称为蒸发。蒸发常常将稀溶液加以浓缩，以便得到工艺要求的产品。它是过程工业中应用最广泛的浓缩方法之一，常用于烧碱、抗生素、制糖、制盐以及淡水制备等生产中。蒸发操作可以除去各种溶剂，其中以浓缩含有不挥发性物质的水溶液最为普遍，所以本章仅介绍水溶液的蒸发。

水溶液在低于沸点温度下也会有水分蒸发，但这种蒸发速度很慢，效率不高，所以工程上采用在溶液沸腾状态下的蒸发过程。蒸发过程中的热源常采用新鲜的饱和水蒸气，又称生蒸汽；而将从溶液中蒸出的水蒸气称为二次蒸汽，以区别作为热源的生蒸汽。若将二次蒸汽直接冷凝，而不利用其冷凝热，这样的操作称为单效蒸发；若将二次蒸汽引到下一级蒸发器作为加热蒸汽，这样的串联蒸发操作称为多效蒸发。

蒸发操作可以在加压、常压及减压下进行。常压蒸发时，二次蒸汽直接排入大气中；而加压或减压蒸发时，为了保持蒸发器内的操作压力，必须将二次蒸汽送入冷凝器中用冷却水冷凝的方法排出。

5.1 蒸发设备

蒸发器主要由加热室和分离室两部分组成，如图5-1所示。加热室的作用是利用水蒸气热源来加热被浓缩的料液，分离室的作用是将二次蒸汽中夹带的物沫分离出来。按加热室的结构和操作时溶液的流动状况，可将工业中常用的加热蒸发器分为循环型和单程型两大类。

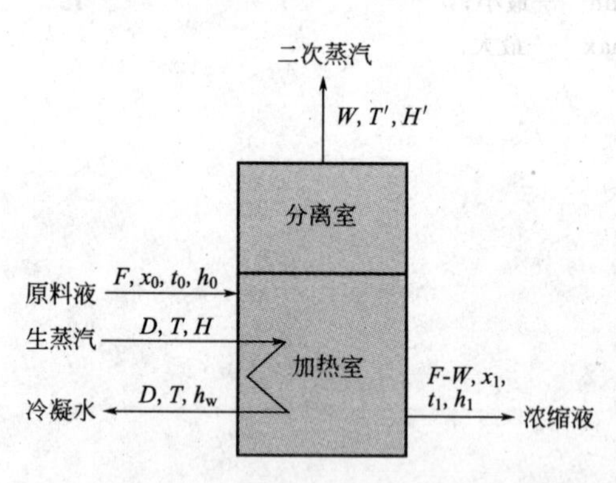

图5-1　蒸发器结构示意图

F—原料液流量，kg/h；W—水的蒸发量，kg/h；D—生蒸汽消耗量，kg/h；x_0，x_1—原料液和浓缩液中溶质的质量分率；t_0，t_1—原料液和浓缩液的温度，℃；h_0，h_1—原料液和浓缩液的焓，kJ/kg；T，T'—生蒸汽和二次蒸汽的温度，℃；H，h_w，H'—生蒸汽、冷凝水和二次蒸汽的焓，kJ/kg

5.1.1 循环型蒸发器

这类蒸发器的特点是溶液在蒸发器内作连续的循环运动，以提高传热效果。具体可分为自然循环和强制循环两种类型。

5.1.1.1 自然循环蒸发器

在这类蒸发器中，溶液因被加热的情况不同而产生密度差，形成自然循环（图5-2）。加热室有横卧式和竖式两种，其中以竖式应用最为广泛。

（1）中央循环管式（标准式）蒸发器　如图5-3所示，标准式蒸发器由上、下两部分构成，下部为加热室，上部为分离室。加热室由直立的沸腾管束组成，管长1～2m，管长与管径之比为20～40。加热室的中央有一根很粗的管子，它的截面积等于沸腾管束总面积的40%～100%，称为中央循环管。加热蒸汽在管间冷凝放热，而待分离的溶液由中央管下降，沿细管上升，形成连续的自然循环运动。

标准式蒸发器结构简单，制造方便，操作可靠；但溶液循环速度低（为0.3～1.0m/s），沸腾液一侧的对流传热系数小，不便清洗和更换管子。

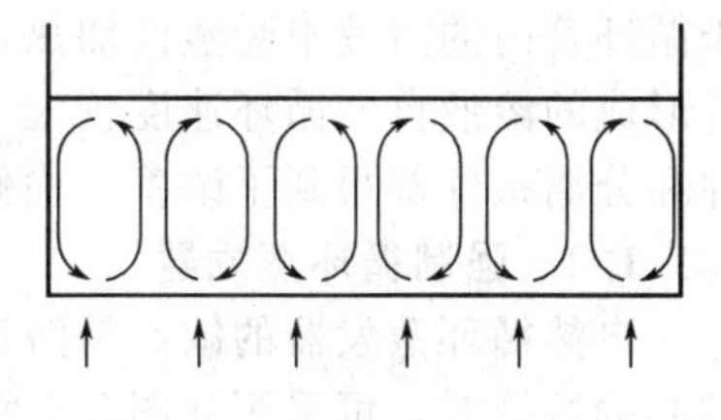

图 5-2 自然循环示意图

（2）外热式蒸发器 加热室在外的蒸发器是现代蒸发器发展的一个特点，如图5-4所示者即属于此类。这类蒸发器由加热室、分离室和循环管三部分组成。一方面，加热器和分离器分开，可调节料液的循环速度，使加热管仅用于加热，而沸腾恰在高出加热管顶端处进行，这样可防止管子内表面析出结晶堵塞管道，又可改变分离雾沫的条件（如采用离心分离的形式）；另一方面，加热管与循环管分开，由

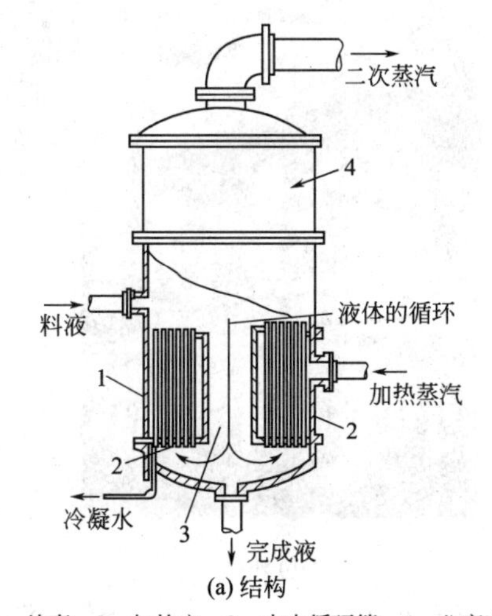

(a) 结构

(b) 外观

1—外壳；2—加热室；3—中央循环管；4—分离室

图 5-3 中央循环管式蒸发器

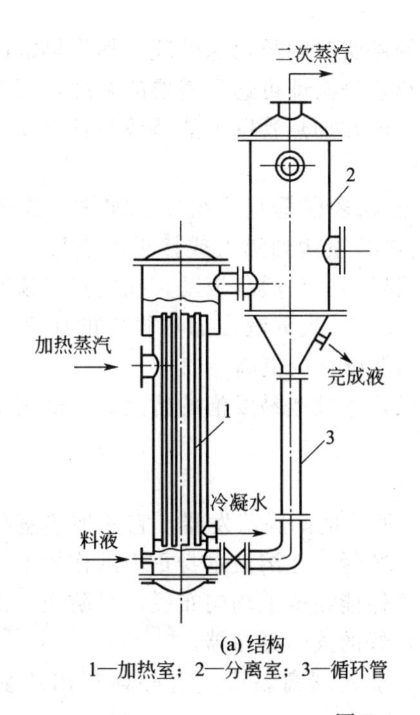

(a) 结构

1—加热室；2—分离室；3—循环管

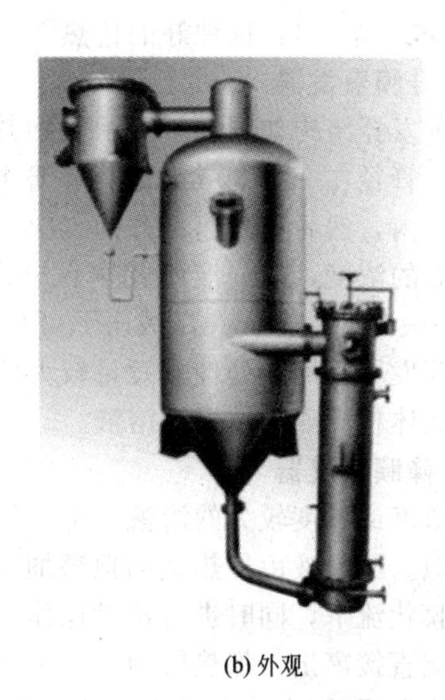

(b) 外观

图 5-4 外热式蒸发器

于循环管内的溶液未受蒸汽加热，其密度比加热管内的大，因此沿循环管下降而沿加热管上升形成的溶液自然循环速度较大（可达到1.5m/s）。这种蒸发器相对于标准式而言，循环条件和分离条件都得到了改善，检修、清洗也比较方便。

5.1.1.2 强制循环蒸发器

自然循环蒸发器的缺点是溶液循环速度较低，传热效果差。当处理黏度大、易结垢或易结晶的溶液时，可采用如图5-5所示的强制循环蒸发器。这种蒸发器内的溶液利用外加动力进行循环，图中表示用泵强迫溶液沿一个方向以2～5m/s的速度通过加热管。这种蒸发器的缺点是动力消耗大，通常为0.4～0.8kW/(m^2传热面积)。

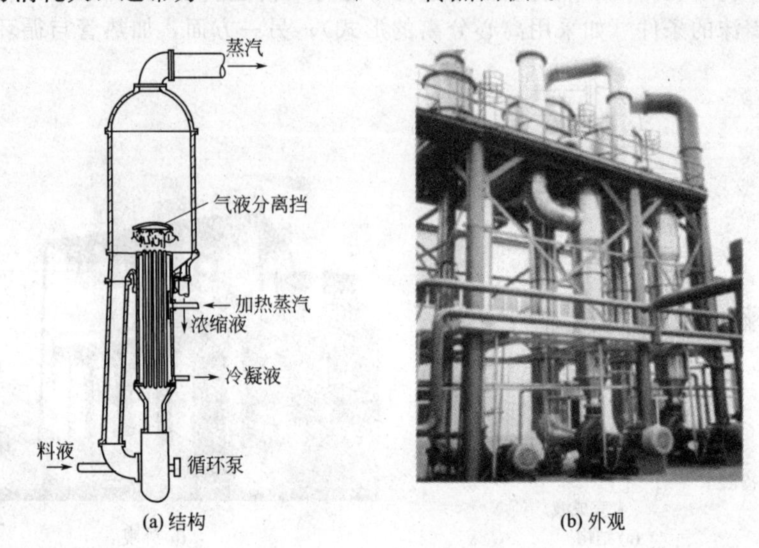

图5-5 强制循环蒸发器

5.1.2 单程型蒸发器

上述各种蒸发器的主要缺点是加热室内物料的停留时间长，当处理物料为热敏性物质时容易变质。而在单程型蒸发器内，溶液只通过加热室一次即可达到需要的浓度，蒸发速度快(仅为数秒或十余秒)，这种好的传热效果来源于溶液在加热管壁上的呈薄膜状流动。

5.1.2.1 升膜蒸发器

升膜蒸发器结构如图5-6所示，加热室由单根或多根垂直管组成，加热管长径之比为100～150，管径在25～50mm之间。原料液经预热必须达到沸点或接近沸点后，由加热室底部引入管内，然后用高速上升的二次蒸汽带动沿壁面边呈膜状流动，在加热室顶部浓缩液可达到所需的浓度，气、液两相则在分离室中分开。二次蒸汽在加热管内的速度通常大于10m/s，一般为20～50m/s，减压下可高达100～160m/s或更高。

这种蒸发器适用于处理蒸发量较大的稀溶液及热敏性或易发泡的溶液，不适用于处理高黏度、有晶体析出或易结垢的溶液。

5.1.2.2 降膜蒸发器

蒸发浓度或黏度较大的溶液，可采用如图5-7所示的降膜蒸发器，它的加热室与升膜式蒸发器类似。原料液由加热室的顶部加入，均匀分布后，在溶液本身重力的作用下，液体沿管内壁呈膜状流下，同时进行蒸发操作。为了使液体能在壁上均匀布膜，且防止二次蒸汽由加热管顶端直接窜出，加热管顶部必须设置性能良好的液体分布器。

降膜蒸发器适用于处理热敏性溶液，不适用于处理高黏度、有晶体析出或易结垢的溶液。

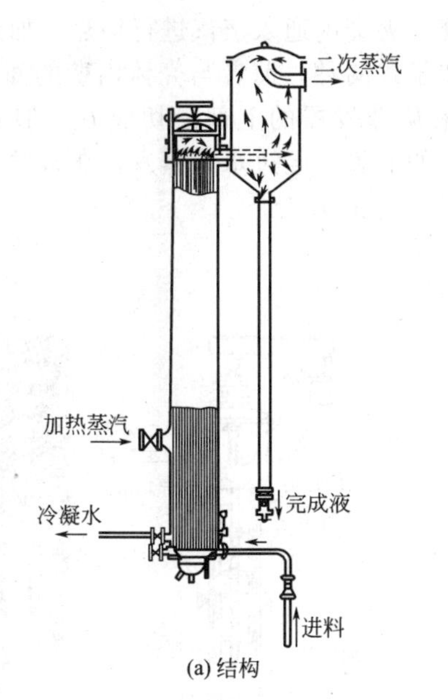

(a) 结构

(b) 外观

图 5-6　升膜蒸发器

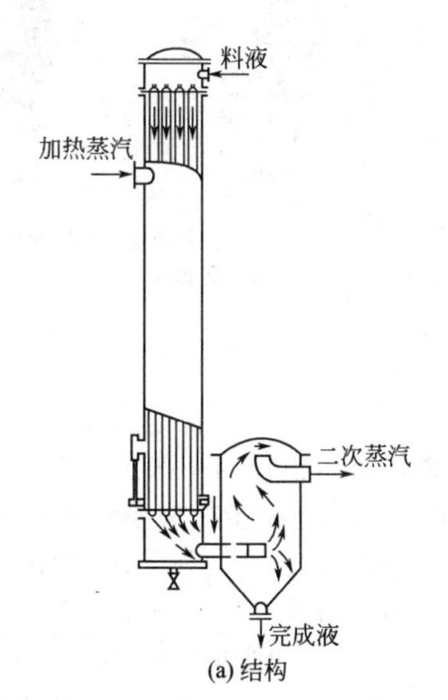

(a) 结构

(b) 外观

图 5-7　降膜蒸发器

5.1.2.3　升-降膜式蒸发器

升-降膜式蒸发器的结构如图 5-8 所示，由升膜管束和降膜管束组合而成。蒸发器的底部封头内有一个隔板，将加热管束均分为二。原料液在加热管 1 中达到或接近沸点后，引入升膜加热管束 2 的底部。气液混合物经管束由顶部流入降膜加热管束 3，然后转入分离器 4，浓缩液由分离器底部排除。溶液在升膜管束和降膜管束内的布膜及操作情况分别与前述的升膜及降膜蒸发器内的情况完全相同。

升-降膜式蒸发器一般用于浓缩过程中黏度变化大的溶液，或厂房高度有一定限制的场合。若蒸发过程中溶液的黏度变化较大，则推荐采用常压操作。

5.1.2.4　刮板式蒸发器

刮板式蒸发器如图 5-9 所示，它是一种适应性很强的蒸发器，对高黏度、热敏性和易结晶、易结垢的物料都适用。蒸发器外壳带有夹套，夹套内通入蒸汽进行加热。加热段的壳体内装有可旋转的叶片及刮板，可分为固定式和转子式两种。前者与壳体内壁的间隙为0.5～1.5mm，后者的间隙随转子的转速而变。原料液从蒸发器的上部沿切线方向加入，在重力和旋转刮板的刮带下，沿壳体内壁形成旋转下降的液膜，经过水分蒸发，在蒸发器底部得到完成液。结构复杂、动力消耗大是刮板式蒸发器的主要缺点。

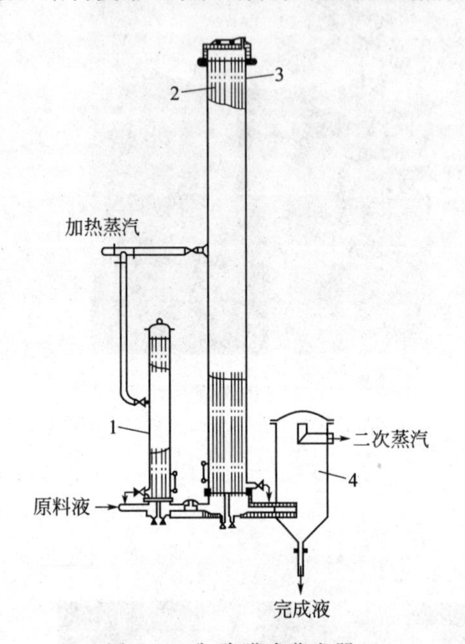

图 5-8　升-降膜式蒸发器

1—预热器；2—升膜加热管束；3—降膜加热管束；4—分离器

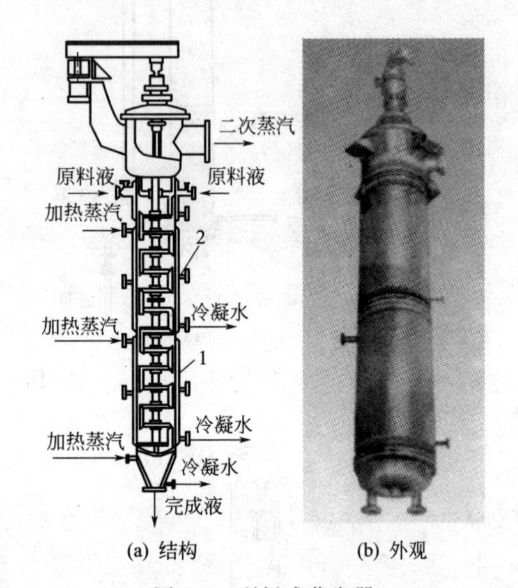

图 5-9　刮板式蒸发器

1—夹套；2—刮板

5.1.3　蒸发设备及技术新进展

5.1.3.1　蒸发附属装置

（1）除沫器　离开加热室的蒸汽夹带有大量的液体，夹带液体与一次蒸汽的分离主要是在蒸发室内进行的。同时，还在蒸汽出口处装设了除沫器以进一步捕集蒸汽中的液体。否则，会造成产品损失，污染冷凝液或堵塞管道。除沫器的形式很多，图5-10示出了几种常用的除沫器。它们的原理都是利用液沫的惯性以实现气液的分离。

（2）冷凝器及真空装置　产生的二次蒸汽如果不加以利用，则应将其冷凝。由于二次蒸汽多为水蒸气，故一般是采用直接接触的混合式冷凝器进行冷凝。图5-11示出的是逆流高位混合式冷凝器。二次蒸汽与从顶部喷淋下来的冷却水直接接触冷凝，冷凝液和水一起沿气压管流入地沟。由于冷凝器在负压在下操作，故气压管必须有足够的高度，一般在10m以上，以便使液体借助自身的位能由低压排向大气。

为了维持蒸发器所需要的真空度，一般在冷凝器后设置真空装置以排出不凝性气体，常用的真空装置有水环式真空泵、喷射泵及往复式真空泵。

（3）疏水阀　为了防止加热蒸汽和冷凝水一起排出加热室外，在冷凝水出口管路上装有疏水阀。疏水阀的形式很多，常用的有三种：热动力式、钟形浮子式和脉冲式。其中以热动力式结构简单，操作性能好，因而生产上使用较为广泛。

热动力式疏水阀的结构示于图5-12。温度较低的冷凝水在加热蒸汽压强的推动下流入冷凝水入口1，将阀片顶开，由冷凝水出口2排出。当冷凝水排尽后，温度较高的蒸汽将通过冷凝水入口1并流入阀片背面的背压室。出于气体的黏度小、流速高，容易使阀片与阀座间形成负压，因而使阀片上面的压力高于阀片下面的压力，加上阀片自身的重量，使阀片落在阀座上，切断通道。经一定时间后，当疏水阀中积存了一定的冷凝水后，阀片又重新开启，从而实现周期性排水。

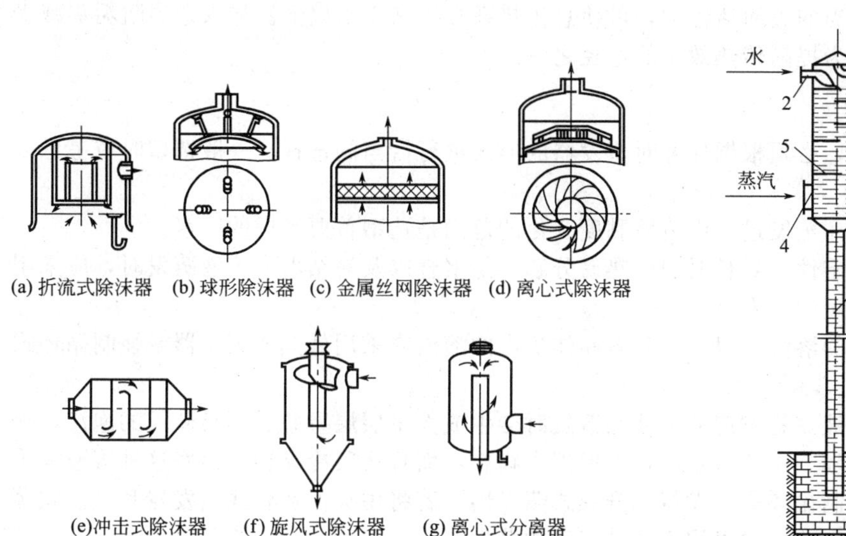

(a) 折流式除沫器　(b) 球形除沫器　(c) 金属丝网除沫器　(d) 离心式除沫器

(e)冲击式除沫器　(f) 旋风式除沫器　(g) 离心式分离器

图 5-10　除沫器的常见形式

图 5-11　逆流高位混合式冷凝器

1—外壳；2—进水口；3,8—气压管；4—蒸汽进口；5—淋水板；6—不凝性气体管；7—分离器

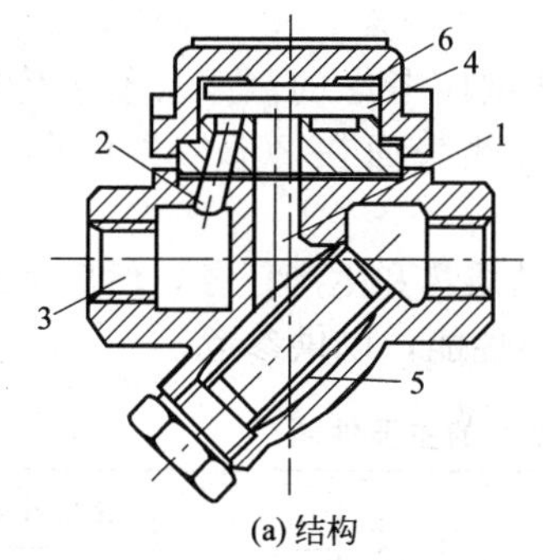

(a) 结构

1—冷凝水入口；2—冷凝水出口；3—排出管；4—被压室；5—滤网；6—阀片

(b) 外观

图 5-12　热动力式疏水阀

5.1.3.2　蒸发技术进展

近年来，国内外对于蒸发器的研究十分活跃，归结起来主要有以下几个方面。

(1) 开发新型蒸发器　在这方面主要是通过改进加热管的表面形状来提高传热效果，例如新近发展起来的板式蒸发器，不但具有体积小、传热效率高、溶液滞留时间短等优点，而且其加热面积可根据需要而增减，拆卸和清洗方便。又如，在石油化工、天然气液化中使用的表面多孔加热管，可使沸腾溶液侧的传热系数提高 10～20 倍。海水淡化中使用的双面纵槽加热管，也可显著提高传热效果。

(2) 改善蒸发器内液体的流动状况　在蒸发器内装入多种形式的湍流构件，可提高沸腾液体侧的传热系数。例如将铜质填料装入自然循环型蒸发器后，可使沸腾液体侧的传热系数提高50%。这是由于构件或填料能造成液体的湍动，同时其本身亦为热导体，可将热量由加热管传向溶液内部，增加了蒸发器的传热面积。

(3) 改进溶液的性质　近年来亦有通过改进溶液性质来改善传热效果的研究报道。例如有研究表明，加入适当的表面活性剂，可使总传热系数提高1倍以上。加入适当阻垢剂减少蒸发过程中的结垢亦为提高传热效率的途径之一。

5.1.4 蒸发器选型

设计蒸发器之前，必须根据任务对蒸发器的形式进行恰当的选择。一般选型时应考虑以下因素。

(1) 溶液的黏度　蒸发过程中溶液黏度变化的范围是选型首要考虑的因素。

(2) 溶液的热稳定性　对长时间受热易分解、易聚合以及易结垢的溶液蒸发时，应采用滞料量少、停留时间短的蒸发器。

(3) 有晶体析出的溶液　对蒸发时有晶体析出的溶液应采用外热式蒸发器或强制循环式蒸发器。

(4) 易发泡的溶液　易发泡的溶液在蒸发时会生成大量层层重叠、不易破灭的泡沫，充满了整个分离室后即随二次蒸汽排出，不但损失物料，而且污染冷凝器。蒸发这种溶液宜采用外热式蒸发器、强制循环式蒸发器或升膜式蒸发器。若将中央循环管式蒸发器和悬筐式蒸发器的分离室设计大一些，也可用于这种溶液的蒸发。

(5) 有腐蚀性的溶液　蒸发腐蚀性溶液时，加热管应采用特殊材质制成，或内壁衬以耐腐蚀材料。若溶液不怕污染，也可采用直接加热蒸发器。

(6) 易结垢的溶液　无论蒸发何种溶液，蒸发器长久使用后，传热表面上总会有污垢生成。垢层的热导率小，因此对易结垢的溶液，应考虑选择便于清洗和溶液循环速度大的蒸发器。

(7) 溶液的处理量　溶液的处理量也是选型应考虑的因素。要求传热表面大于10m^{2}时，不宜选用刮板搅拌薄膜式蒸发器；要求传热表面在20m^{2}以上时，宜采用多效蒸发操作。

总之，应视具体情况，选用时首先保证产品质量和生产任务，然后考虑上述诸因素选用适宜的蒸发器，表5-1列出了各类蒸发器的主要性能，以供参考。

表5-1　各类蒸发器的主要性能

蒸发器形式	造价	总传热系数		溶液在管内流速/(m/s)	停留时间	完成溶液能否恒定	浓缩比	处理量	对溶液性质的适应性					
		稀溶液	高黏度						稀溶液	高黏度	易生泡沫	易结垢	热敏性	有结晶析出
标准型	最低	良好	低	0.1～0.5	长	能	良好	一般	适	适	适	尚适	尚适	稍适
外热式(自然循环)	低	高	良好	0.4～1.5	较长	能	良好	较大	适	尚适	较好	尚适	尚适	稍适
强制循环式	高	高	高	2.0～3.5	—	能	较高	大	适	好	好	适	尚适	适
升膜式	低	良好	良好	0.4～1.0	短	较难	高	大	适	尚适	好	尚适	良好	不适
降膜式	低	高	高	0.4～1.0	短	尚能	高	大	较适	好	适	不适	良好	不适
刮板式	最高	高	高	—	短	尚能	高	较小	较适	好	较好	不适	良好	不适
浸没燃烧	低	高	高	—	短	较难	良好	较大	适	适	适	适	不适	适

5.2 单效蒸发

5.2.1 溶液沸点及温度差损失

温度差 $\Delta t=T-t$ 为加热蒸汽温度与溶液沸点之间的差值，称为有效温度差。而实际上的有效温度差是根据测定的（或工艺上确定的）加热蒸汽和二次蒸汽的压力所对应的饱和温度 T 和 T'，由 T' 求 t，最后求出有效温度差。由于含有不挥发性溶质的溶液存在沸点升高现象，即 $t>T'$，所以有效温度差 $\Delta t=T-t$ 总是小于两蒸汽饱和温度之差 $\Delta T=T-T'$，即存在着温度差损失 Δ。

$$\Delta=\Delta T-\Delta t=(T-T')-(T-t)=t-T' \tag{5-1}$$

即

$$t=T'+\Delta$$

如果温度差损失 Δ 已知，而二次蒸汽的饱和温度又可自饱和水蒸气性质表中查得，则溶液的沸点可由式(5-2) 表示。蒸发过程中引起温度差损失的原因有：①因溶液的蒸汽压下降而引起的温度差损失 Δ'；②因加热管内液柱静压强而引起的温度差损失 Δ''；③因管路流体阻力而引起的温度差损失 Δ'''。其中以 Δ' 占主要地位，产生的原因是：溶液的蒸汽压比纯溶剂（水）的蒸汽压低，因此在相同的外压下，溶液的沸点比纯溶剂（水）的高，所高出的温度称为沸点升高，以 Δ' 表示。溶液沸点升高的程度与溶质的性质、浓度和蒸发室的压强有关。在一般手册中，可查得各种溶液在常压下的沸点升高数据，而非常压下的沸点升高数据可用下式近似表示：

$$\Delta'=f\Delta'_{常} \tag{5-2}$$

式中 Δ'——指任一指定压强下的溶液沸点升高，K；

$\Delta'_{常}$——常压下的溶液沸点升高数据，K；

f——校正系数，无量纲，与溶剂的沸点及汽化潜热有关。

5.2.2 物料衡算与热量衡算

针对如图 5-1 所示的蒸发器，根据物料衡算、热量衡算式和传热速率方程可求得单效蒸发操作中的水蒸发量、加热蒸汽消耗量和蒸发器传热面积。

5.2.2.1 水的蒸发量

作溶质的物料衡算：

$$Fx_0=(F-W)x_1 \tag{5-3}$$

由上式得到水的蒸发量：

$$W=F\left(1-\frac{x_0}{x_1}\right) \tag{5-4}$$

5.2.2.2 加热蒸汽消耗量

蒸发操作中，加热蒸汽的热量一般用于将溶液加热至沸腾，将水分蒸发为蒸汽以及向周围散失的热量。对如图 5-1 所示的蒸发器进行焓衡算，得到：

$$D=\frac{WH'+(F-W)h_1-Fh_0+Q_L}{H-h_w} \tag{5-5}$$

式中 Q_L——热损失，kJ/h。

若加热蒸汽的冷凝液在蒸汽的饱和温度下排出，则有 $H-h_w=r$，式(5-5) 变为：

$$D=\frac{WH'+(F-W)h_1-Fh_0+Q_L}{r} \tag{5-6}$$

式中 r——加热蒸汽的汽化潜热，kJ/kg。

假设 $H'-h_1 \approx r'$，则热量衡算式可简化为：

$$D=\frac{Wr'+Fc_{p_0}(t_1-t_0)+Q_L}{r} \tag{5-7}$$

式中　r'——二次蒸汽的汽化潜热，kJ/kg；

c_{p_0}——原料液的比热容，kJ/(kg·℃)。

式(5-7) 说明了加热蒸汽的热量用于将溶液加热至沸腾、将水分蒸发为蒸汽以及向周围散失的热量。若原料液预热至沸点再进入蒸发器，且忽略热损失，该式可简化为：

$$D=\frac{Wr'}{r} \tag{5-8}$$

或

$$e=\frac{D}{W}=\frac{r'}{r} \tag{5-8a}$$

式中　e——蒸发 1kg 水分时，加热蒸汽的消耗量，称为单位蒸汽消耗量，kg/kg。

由于蒸汽的汽化潜热随压强变化不大，即 $r \approx r'$，故单效蒸发操作中 $e \approx 1$，即每蒸发 1kg 的水分约消耗 1kg 的加热蒸汽。但实际蒸发操作中因有热损失等的影响，e 值约为 1.1 或更大些，所以 e 值是衡量蒸发装置经济程度的指标。

【例 5-1】 采用单效真空蒸发装置，连续蒸发 NaOH 溶液。已知进料量为 200kg/h，进料为 10%（质量分数，下同），沸点进料，完成液为 48.3%，加热蒸汽压力为 0.3MPa（表压），冷凝器的真空度为 51kPa。

试求：(1) 蒸发水量；(2) 加热蒸汽消耗量。

已知蒸发器的总传热系数为 1500W/(m²·K)，热损失为加热蒸汽量的 5%，当地大气压为 101.3kPa。

解：(1) 用式(5-4) 计算水的蒸发量：

$$W=F\left(1-\frac{x_0}{x_1}\right)=200\times\left(1-\frac{0.1}{0.483}\right)=158.6\ (\text{kg/h})$$

用式(5-7)计算加热蒸汽消耗量，即：

$$D=\frac{Wr'+Q_L}{r}, Q_L=0.05Dr$$

所以

$$D=\frac{Wr'}{0.95r}$$

(2) 加热蒸汽压力为 0.3MPa（表压），由附录查出生蒸汽的温度为 143.5℃，汽化热为 $r=2.137\times10^3$ kJ/kg。冷凝器的真空度为 51kPa，由附录查出二次蒸汽的温度为 81.2℃，汽化热为 $r'=2.304\times10^3$ kJ/kg。

$$D=\frac{Wr'}{0.95r}=\frac{158.6\times2.304\times10^3}{0.95\times2.137\times10^3}=180\ (\text{kg/h})$$

用式(5-8a) 计算单位蒸汽消耗量：

$$e=\frac{D}{W}=\frac{180}{158.6}=1.13$$

5.2.3 蒸发器的传热面积

蒸发器的传热过程可认为是恒温传热，可用恒温传热方程式求传热面积 S_o，即：

$$S_o=\frac{Q}{K_o(T-t)} \tag{5-9}$$

式中　S_o——蒸发器的传热外表面积，m²；

K_o——基于外表面的总传热系数，W/(m^2·℃)；

Q——蒸发器的热负荷，即蒸发器的传热速率，W；

t——操作条件下溶液的沸点，℃。

【例 5-2】 若已知【例 5-1】中的蒸发器的总传热系数为 1500W/(m^2·K)，总温度差损失为 45℃，求该蒸发器的加热面积。

解： 传热量为 $Q=D\times r=180\times 2.137\times 10^3/3600=106.85$（kW）。

传热温度差为 $\Delta t_m=143.5-81.2-45=17.3$（℃）。

所以

$$S_o=\frac{Q}{K_o\Delta t_m}=\frac{106.85\times 10^3}{1500\times 17.3}=4.12\ (\text{m}^2)$$

5.3 多效蒸发

蒸发操作要蒸发溶液中的大量水分，就要消耗大量的加热蒸汽。为了节约蒸汽，可采用多效蒸发。即二次蒸汽的压力和温度虽比原来所用加热蒸汽的压力和温度低，但还可以用作另一蒸发器的加热剂。这时后一蒸发器的加热室就相当于前一蒸发器的冷凝器。按此原则顺次连接起来的一组蒸发器就称为多效蒸发器。每一个蒸发器称为一效，通入加热蒸汽的蒸发器称为第一效，用第一效的二次蒸汽作为加热剂的蒸发器称为第二效，用第二效的二次蒸汽作为加热剂的蒸发器称为第三效，依此类推。

各效的操作压力是自动分配的，为了得到必要的传热温度差，一般多效蒸发器的末效或最后几效总是在真空下操作的。显然，各效的压力和沸点是逐渐降低的。由于各效（末效除外）的二次蒸汽都作为下一效蒸发器的加热蒸汽，故提高了生蒸汽的利用效率，即提高了经济效益。

5.3.1 多效蒸发的流程

根据原料液的加入方法的不同，多效蒸发操作的流程可分为顺流、逆流和平流三种。

5.3.1.1 顺流加料（也称并流）

其流程如图 5-13 所示，是工业上常用的进料方法。原料液和蒸汽都加入第一效，然后溶液顺次流过第一效、第二效和第三效，由第三效取出浓缩液；而加热蒸汽在第一效加热室中冷凝后，经冷凝水排除器排出；由第一效溶液中蒸发出来的二次蒸汽送入第二效加热室供加热用；而第二效的二次蒸汽送入第三效加热室，第三效的二次蒸汽送入冷凝器中冷凝后排出。

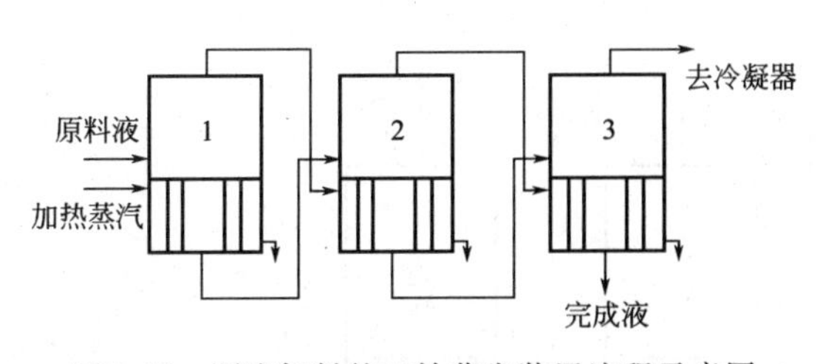

图 5-13 顺流加料的三效蒸发装置流程示意图

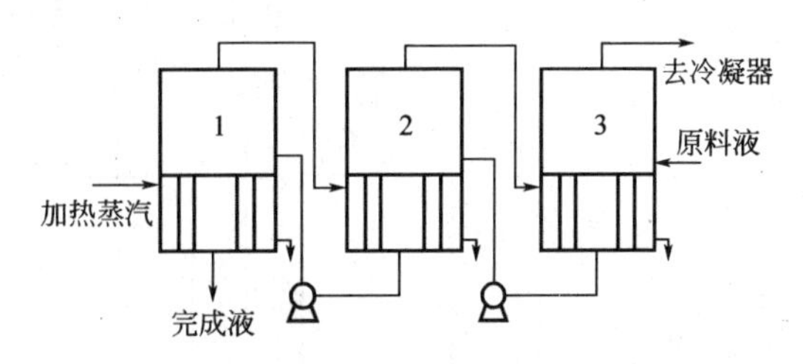

图 5-14 逆流加料的三效蒸发装置流程示意图

顺流加料的优点是：因各效的压力依次降低，溶液可以自动地由前一效流入后一效，无需用泵输送；因各效溶液的沸点依次降低，前一效的溶液流入后一效时，将发生自蒸发而蒸发出更多的二次蒸汽。

顺流加料的缺点是：随着溶液的逐效蒸浓，温度逐效降低，溶液的黏度则逐渐提高，致使传热系数逐渐减小。因此，在处理黏度随浓度的增加而迅速加大的溶液时，不宜采用顺流加料的操作方法。

5.3.1.2 逆流进料

如图 5-14 所示是三效逆流进料流程。原料液由末效进入，用泵依次输送至前效，最后浓缩液由第一效的底部取出，而加热蒸汽的流向仍是由第一效顺序至末效。因蒸汽和溶液的流动方向相反，故称为逆流进料法。

逆流进料法蒸发流程的主要优点是：溶液的浓度沿着流动方向不断提高，同时温度也逐渐上升，因此各效溶液的黏度较为接近，使各效的传热系数也大致相同。其缺点是：效间的溶液需用泵输送，能量消耗较大，且因各效的进料温度均低于沸点，与顺流加料法相比，产生的二次蒸汽量也较少。

一般来说，逆流进料法适宜处理黏度随温度和浓度变化较大的溶液，而不宜于处理热敏性的料液。

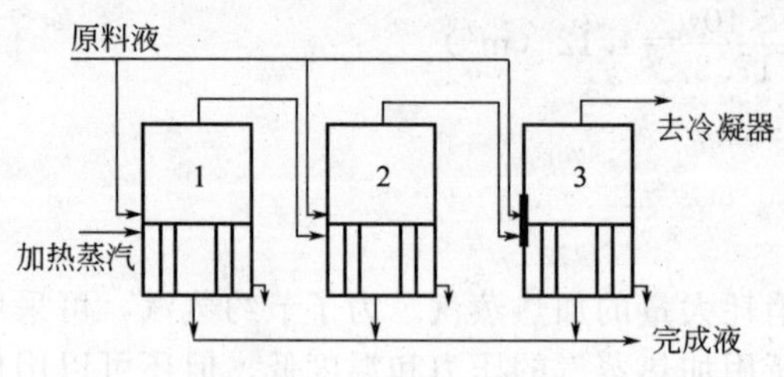

图 5-15　平流加料的三效蒸发装置流程示意图

5.3.1.3 平流进料

平流进料操作流程如图 5-15 所示。在每一效中都送入原料液，放出浓缩液，而蒸汽的流向仍是由第一效流至末效。这种进料方法主要处理在蒸发过程中有晶体析出的情况。

5.3.2 多效蒸发的计算

已知原料液的流量、浓度和温度，加热蒸汽（生蒸汽）的压强或温度，冷凝器的真空度或温度及末效浓缩液的浓度等，需要根据物料衡算和热量衡算式，求得多效蒸发操作中各效溶剂（这里特指水）的蒸发量和加热蒸汽消耗量。

5.3.2.1 多效蒸发的物料衡算

如图 5-16 所示为多效蒸发的物料衡算和焓衡算示意图，图中的各符号含义如下：

F——原料液流量，kg/h；

W_1，W_2，…，W_n，W——各效及总的蒸发水量，kg/h；

x_0，x_1，…，x_n——以质量分率表示的原料液及浓缩液的浓度；

t_0——原料液的温度，℃；

t_1，t_2，…，t_n——各效溶液的沸点，℃；

D_1，D_2，…，D_n——各效加热蒸汽消耗量，kg/h；

p_1——生蒸汽的压强，Pa；

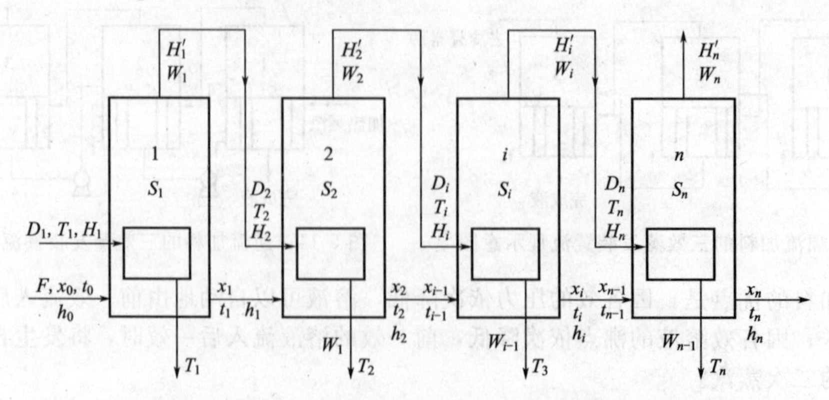

图 5-16　并流加料多效蒸发的物料衡算和焓衡算示意图

T_1——生蒸汽的温度，℃；

H_1，H_2，…，H_n——生蒸汽及各效二次蒸汽进入的焓，kJ/kg；

H_1'，H_2'，…，H_n'——各效二次蒸汽流出的焓，kJ/kg；

h_0，h_1，h_2，…，h_n——原料液及各效浓缩液的焓，kJ/kg；

S_1，S_2，…，S_n——各效蒸发器的传热面积，m^2。

围绕如图 5-16 所示的整个蒸发系统作溶质的衡算，得到：

$$Fx_0=(F-W)x_n \tag{5-10}$$

或

$$W=\frac{F(x_n-x_0)}{x_n}=F\left(1-\frac{x_0}{x_n}\right) \tag{5-10a}$$

而

$$W=W_1+W_2+L+W_n \tag{5-11}$$

从第一效到任一效 i 间作溶质恒算得到：

$$Fx_0=(F-W_1-W_2-L-W_i)x_i \tag{5-12}$$

或

$$x_i=\frac{Fx_0}{F-W_1-W_2-L-W_i} \tag{5-13}$$

一般已知原料液及末效浓缩液的浓度 x_0 及 x_n，因此可用式(5-10a) 计算总蒸发水量 W，而计算各效水蒸发量 W_i 及排出液浓度 x_i 要通过各效的热量衡算和物料衡算才能求得。在无实际数据作参考时，也可按总蒸发量的平均值估计。

$$W_i=\frac{W}{n} \tag{5-14}$$

5.3.2.2 多效蒸发的焓衡算

如图 5-16 所示，以 0℃的液体为基准，分别对各效作焓衡算，可获得各效加热量 Q_i 和加热蒸汽消耗量 D_i。

第 1 效：

$$D_1=\frac{W_1H_1'+(F-W_1)h_1-Fh_0+Q_L}{H_1-h_w} \tag{5-15}$$

式中 Q_L——热损失；

h_w——冷凝液的焓。

若蒸发系统的热损失可以忽略，加热蒸汽的冷凝液在蒸汽的饱和温度下排出，则有 $H_1-h_w=r_1$。此时，溶液的焓若用比热容来计算，则式(5-15) 变为：

$$Fc_{p_0}t_0+D_1r_1=Fc_{p_1}t_1+W_1(H_1'-h_1) \tag{5-16}$$

将上式中溶液的比热容用原料液的比热容来表示，即 $Fc_{p_1}=Fc_{p_0}$，并假设 $H'-h_1\approx r_1'$，则经整理后得到：

$$Q_1=D_1r_1=Fc_{p_0}(t_1-t_0)+W_1r_1' \tag{5-17}$$

式中 r_1'——第 1 效中二次蒸汽的汽化热，kJ/kg。

同理，仿照上式可对第 2 效、第 i 效写出其焓衡算式，如下所示。

第 2 效：

$$Q_2=D_2r_2=(Fc_{p_0}-W_1c_{p_w})(t_2-t_1)+W_2r_2' \tag{5-18}$$

式中，$D_2=W_1$；$r_2=r_1'$；$Q_2=W_1r_1'$；c_{p_w}为蒸发温度下水的比热容，kJ/(kg・℃)。

第 i 效：

$$Q_i=D_ir_i=(Fc_{p_0}-W_1c_{p_w}-W_2c_{p_w}-L-W_{i-1}c_{p_w})(t_i-t_{i-1})+W_ir_i' \tag{5-19}$$

式中，$D_i=W_{i-1}$，$r_i=r'_{i-1}$，$Q_i=W_{i-1}r'_{i-1}$。

由上式也可求得第 i 效的蒸发水量，即：

$$W_i=D_i\frac{r_i}{r'_i}+(Fc_{p_0}-W_1c_{p_w}-W_2c_{p_w}-L-W_{i-1}c_{p_w})\frac{t_{i-1}-t_i}{r'_i} \quad (5\text{-}20)$$

5.3.2.3　有效温度差在各效的分配

分配有效温度差的目的是为了求取各效的传热面积。

对于多效蒸发中的第 i 效，其传热速率方程为：

$$Q_i=K_iS_i\Delta t_i$$

或

$$A_i=\frac{Q_i}{K_i\Delta t_i}$$

（1）Δt_i 的初步分配　在工程设计中，为了制造和安装方便，常将各效传热面积取成相等。以三效为例，即要求 $S_1=S_2=S_3$，按此原则分配有效传热温度差，则有：

$$\Delta t_1:\Delta t_2:\Delta t_3=\frac{Q_1}{K_1}:\frac{Q_2}{K_2}:\frac{Q_3}{K_3} \quad (5\text{-}21a)$$

或

$$\Delta t_i=\frac{\frac{Q_i}{K_i}\sum\Delta t_i}{\sum\frac{Q_i}{K_i}} \quad (5\text{-}21b)$$

式中　$\sum\Delta t_i$——总传热温度差。

$$Q_1=D_1r_1,\ Q_2=D_2r_2,\ Q_3=D_3r_3$$

一般来说，在初次计算中按式(5-21) 来分配有效传热温度差，其所求的各效传热面积不相等，应按下述方法调整各效的传热温度差。

（2）有效温度差的重新分配　设 $\Delta t'_i$ 为各效传热面积均等于 S 时的有效温度差，则：

$$Q_1=K_1S\Delta t'_1,\ Q_2=K_2S\Delta t'_2,\ Q_3=K_3S\Delta t'_3$$

又因为

$$Q_1=K_1S_1\Delta t_1,\ Q_2=K_2S_2\Delta t_2,\ Q_3=K_3S_3\Delta t_3$$

所以

$$\Delta t'_1=\frac{S_1}{S}\Delta t_1,\ \Delta t'_2=\frac{S_2}{S}\Delta t_2,\ \Delta t'_3=\frac{S_3}{S}\Delta t_3$$

将上式中的三个温度差相加得

$$\Delta t'_1+\Delta t'_2+\Delta t'_3=\frac{S_1\Delta t_1+S_2\Delta t_2+S_3\Delta t_3}{S}$$

或

$$S=\frac{\sum S_i\Delta t_i}{\sum\Delta t'_i}$$

同理有

$$\Delta t'_i=\frac{S_i}{S}\Delta t_i,\ \sum\Delta t'_i=\frac{\sum S_i\Delta t_i}{S},\ S=\frac{\sum S_i\Delta t_i}{\sum\Delta t'_i} \quad (5\text{-}22)$$

所以，反复按式(5-22) 求得传热面积 S 后，再重新分配有效温度差，可再次得到 $\Delta t'_1$、$\Delta t'_2$、$\Delta t'_3$。反复下去，直至所求的各效传热面积接近或相等为止。

蒸发过程的传热温度差，除按上述各效传热面积相等的原则分配外，还可按各效传热面积的总和为最小的原则分配，但由此算得的各效传热面积不等，加工制造不方便。

5.3.2.4 多效蒸发计算步骤

由于多效蒸发计算十分繁杂，一般采用试差法求解，用计算机多次迭代计算。在计算中先应用一些假设条件进行估算，然后再作验算。若验算结果与假设条件不符，则调整原数据再重复进行计算。主要的计算步骤如下。

(1) 根据物料衡算式(5-10) 求出总水分蒸发量 W。

(2) 根据假设估算各效的浓度 x_i。这些假设通常是按各效的水分蒸发量相等的原则[式(5-14)]，对于并流可按以下比例估算。

$$W_1 : W_2 : W_3 = 1 : 1.1 : 1.2$$

然后根据式(5-13) 来计算各效的浓度 x_i。

(3) 按照各效蒸汽压力等压降的原则，估算各效沸点和有效传热温度差。

$$\Delta p_i = \frac{\Delta p}{n} = \frac{p - p^0}{n}$$

式中 p——生蒸汽压力；

p^0——冷凝器操作压力。

则第 1 效加热蒸汽压力为 $p_1 = p$，第 2 效加热蒸汽压力为 $p_2 = p - \Delta p_i$，第 3 效加热蒸汽压力为 $p_3 = p - 2\Delta p_i$ 等。而有效温度差为：

$$\Delta t_i = T_i(p_i) - t_i$$

式中 $T_i(p_i)$ ——p_i 压力下的饱和水蒸气温度。

(4) 由焓衡算式 [式(5-20)] 计算各效水分蒸发量 W_i，再根据操作温度、压力等条件，查得有关物性数据，由式(5-19) 计算各效传热量 Q_i。

(5) 按各效传热面积相等的原则，分配各效传热面积 [式(5-22)]。要反复分配各项传热温度差，直至各效传热面积相等或接近为止。

【例 5-3】 三效蒸发装置设计示例。在三效并流加料的蒸发器中，每小时将 10000kg 12%（质量分率，下同）的 NaOH 水溶液浓缩到 30%。原料液在第 1 效的沸点下加入蒸发器。第 1 效的加热蒸汽压力为 500kPa（绝压），冷凝器的绝压为 20kPa。各效蒸发器的总传热系数分别为：

$$K_1 = 1800\text{W/(m}^2\cdot℃), \quad K_2 = 1200\text{W/(m}^2\cdot℃), \quad K_3 = 600\text{W/(m}^2\cdot℃)$$

原料液的比热容为 3.77kJ/(kg·℃)。估计蒸发器中溶液的液面高度为 1.2m。在三效中液体的平均密度分别为 1120kg/m³、1290kg/m³ 及 1460kg/m³。各效加热蒸汽的冷凝液在饱和温度下排出，忽略热损失。

试计算蒸发器的传热面积（设各效的传热面积相等）。

解：(1) 估计各效蒸发量和完成液浓度

$$\text{总蒸发量} \quad W = F\left(1 - \frac{x_0}{x_n}\right) = 10000 \times \left(1 - \frac{0.12}{0.30}\right) = 6000 \text{ (kg/h)}$$

因并流加料，蒸发中无额外蒸汽引出，可设 $W_1 : W_2 : W_3 = 1 : 1.1 : 1.2$，所以

$$W = W_1 + W_2 + W_3 = 3.3W_1$$

$$W_1 = \frac{6000}{3.3} = 1818.2 \text{ (kg/h)}, \quad W_2 = 1.1 \times 1818.2 = 2000.0 \text{ (kg/h)},$$

$$W_3 = 1.2 \times 1818.2 = 2181.8 \text{ (kg/h)}$$

$$x_1 = \frac{Fx_0}{F - W_1} = \frac{10000 \times 0.12}{10000 - 1818.2} = 0.1467$$

$$x_2 = \frac{Fx_0}{F - W_1 - W_2} = \frac{10000 \times 0.12}{10000 - 1818.2 - 2000.0} = 0.1941$$

$$x_3 = 0.3 \text{（已知条件）}$$

(2) 估计各效溶液的沸点和有效总温度差

设各效间压力降相等，则总压力差为$\sum\Delta p=p_1-p_k'=500-20=480$ (kPa)

各效间的平均压力降为$\Delta p_i=\frac{\sum\Delta p}{3}=\frac{480}{3}=160$ (kPa)

由各效的压力差可求得各效蒸发室的压力：

$$p_1'=p_1-\Delta p_i=500-160=340\ (\text{kPa})$$

$$p_2'=p_1-2\Delta p_i=500-2\times160=180\ (\text{kPa})$$

$$p_3'=p_k'=20\ (\text{kPa})$$

由各效的二次蒸汽压力，从手册中可查得相应的二次蒸汽的温度和汽化潜热，列于下表中。

参　　数	第1效	第2效	第3效
二次蒸汽压力 p_i'/kPa	340	180	20
二次蒸汽温度 T_i'/℃	137.7	116.6	60.1
二次蒸汽的汽化潜热 r_i'/(kJ/kg)	2155	2214	2355

① 各效由于溶液沸点而引起的温度差损失Δ'　根据各效二次蒸汽温度和各效完成液的浓度，由NaOH水溶液的杜林线图可查得各效溶液的沸点分别为

$$t_{A_1}=143℃,\ t_{A_2}=125℃,\ t_{A_3}=78℃$$

则各效由于溶液蒸汽压下降所引起的温度差损失为：

$$\Delta_1'=t_{A_1}-T_1'=143-137.7=5.3\ (℃)$$

$$\Delta_2'=t_{A_2}-T_2'=125-116.6=8.4\ (℃)$$

$$\Delta_3'=t_{A_3}-T_3'=78-60.1=17.9\ (℃)$$

所以

$$\sum\Delta'=5.3+8.4+17.9=31.6\ (℃)$$

② 由于液柱静压力而引起的沸点升高（温度差损失）　为简便计，以液层中部点处的压力和沸点代表整个液层的平均压力和平均温度，则根据流体静力学方程，液层的平均压力为$p_{av}=p'+\rho_{av}gL/2$，所以：

$$p_{av_1}=p_1'+\frac{\rho_{av_1}gL}{2}=340+1.120\times9.81\times\frac{1.2}{2}=346.6\ (\text{kPa})$$

$$p_{av_2}=p_2'+\frac{\rho_{av_2}gL}{2}=180+1.290\times9.81\times\frac{1.2}{2}=187.4\ (\text{kPa})$$

$$p_{av_3}=p_3'+\frac{\rho_{av_3}gL}{2}=20+1.460\times9.81\times\frac{1.2}{2}=28.6\ (\text{kPa})$$

由平均压力可查得对应的饱和温度为：

$$T'_{p_{av_1}}=138.5℃,\ T'_{p_{av_2}}=118.1℃,\ T'_{p_{av_3}}=67.9℃$$

所以

$$\Delta_1''=T'_{p_{av_1}}-T_1'=138.5-137.7=0.8\ (℃)$$

$$\Delta_2''=T'_{p_{av_2}}-T_2'=118.1-116.6=1.5\ (℃)$$

$$\Delta_3''=T'_{p_{av_3}}-T_3'=67.9-60.1=7.8\ (℃)$$

$$\sum\Delta''=0.8+1.5+7.8=10.1\ (℃)$$

③ 由流动阻力而引起的温度差损失Δ'''　取经验值1℃，则$\sum\Delta'''=3℃$。

由上面三个方面分析可得，蒸发装置的总温度差损失为$\sum\Delta=\sum\Delta'+\sum\Delta''+\sum\Delta'''=31.6+10.1+3=44.7$ (℃)。

④ 各效料液的温度和有效总温差　由各效二次蒸汽压力 p_i' 及温度差损失 Δ_i，即可由下式估算各效料液的温度 t_i：

$$\Delta_1 = \Delta_1' + \Delta_1'' + \Delta_1''' = 5.3 + 0.8 + 1 = 7.1\ (℃)$$

$$t_1 = T_1' + \Delta_1 = 137.7 + 7.1 = 144.8\ (℃)$$

$$\Delta_2 = \Delta_2' + \Delta_2'' + \Delta_2''' = 8.4 + 1.5 + 1 = 10.9\ (℃)$$

$$t_2 = T_2' + \Delta_2 = 116.6 + 10.9 = 127.5\ (℃)$$

$$\Delta_3 = \Delta_3' + \Delta_3'' + \Delta_3''' = 17.9 + 7.8 + 1 = 26.7\ (℃)$$

$$t_3 = T_3' + \Delta_3 = 60.1 + 26.7 = 86.6\ (℃)$$

求有效总温度差时，由手册可查得 500kPa 饱和蒸汽的温度为 151.7℃、汽化潜热为 2113kJ/kg，所以：

$$\sum \Delta t = (T_s - T_k') - \sum \Delta = 151.7 - 60.1 - 44.7 = 46.9\ (℃)$$

(3) 加热蒸汽消耗量和各效蒸发水量的初步计算：

第 1 效的热量衡算式为：

$$W_1 = \eta_1 \left[D_1 \frac{r_1}{r_1'} + F c_{p_0} \frac{t_1 - t_2}{r_2'} \right]$$

对于沸点进料，$t_0 = t_1$，考虑到 NaOH 溶液浓缩热的影响，热利用系数计算式为 $\eta_i = 0.98 - 0.7\Delta x_i$，其中 Δx_i 为第 i 效蒸发器中料液溶质质量分数的变化。

$$\eta_1 = 0.98 - 0.7 \times (0.1467 - 0.12) = 0.9613$$

所以
$$W_1 = \frac{\eta_1 D_1 r_1}{r_1'} = 0.9613 \times D_1 \times \frac{2113}{2155} = 0.9426 D_1 \tag{a}$$

第 2 效的热量衡算式为：

$$\eta_2 = 0.98 - 0.7 \times (0.1947 - 0.1467) = 0.9468$$

$$W_2 = \eta_2 \left[W_1 \frac{r_2}{r_2'} + (F c_{p_0} - W_1 c_{p_w}) \frac{t_1 - t_2}{r_2'} \right]$$

$$= 0.9468 \times \left[W_1 \frac{2115}{2214} + (10000 \times 3.77 - 4.187 \times W_1) \frac{144.8 - 127.5}{2214} \right]$$

$$= 0.873 W_1 + 278.9 \tag{b}$$

对于第 3 效，同理可得：

$$\eta_3 = 0.98 - 0.7 \times (0.3 - 0.1941) = 0.9059$$

$$W_3 = \eta_3 \left[W_2 \frac{r_3}{r_3'} + (F c_{p_0} - W_1 c_{p_w} - W_2 c_{p_w}) \frac{t_2 - t_3}{r_3'} \right]$$

$$= 0.9059 \times \left[W_2 \frac{2214}{2355} + (10000 \times 3.77 - 4.187 \times W_1 - 4.187 \times W_2) \frac{127.5 - 86.8}{2355} \right] \tag{c}$$

$$= 0.7861 W_2 - 0.06555 W_1 + 590.2$$

又
$$W_1 + W_2 + W_3 = 6000 \tag{d}$$

联解式 (a)～式 (d)，可得：

$W_1 = 1968.9$kg/h，$W_2 = 1998.5$kg/h，$W_3 = 2032.5$kg/h，$D_1 = 2088.8$kg/h

(4) 蒸发器传热面积的估算

$$Q_1 = D_1 r_1 = 2088.8 \times \frac{2113 \times 10^3}{3600} = 1.226 \times 10^6\ (\text{W})$$

$$\Delta t_1 = T_1 - t_1 = 151.7 - 144.8 = 6.9\ (℃)$$

$$S_1 = \frac{Q_1}{K_1 \Delta t_1} = \frac{1.226 \times 10^6}{1800 \times 6.9} = 98.7\ (\text{m}^2)$$

$$Q_2 = W_1 r_2' = \frac{1968.9 \times 2155 \times 10^3}{3600} = 1.179 \times 10^6\ (\text{W})$$

$$\Delta t_2=T_2-t_2=T_1'-t_2=137.7-127.5=10.2\ (℃)$$

$$S_2=\frac{Q_2}{K_2\Delta t_2}=\frac{1.179\times10^6}{1200\times10.2}=96.3\ (\mathrm{m^2})$$

$$Q_3=W_2r_3'=1998.5\times\frac{2214\times10^3}{3600}=1.229\times10^6\ (\mathrm{W})$$

$$\Delta t_3=T_3-t_3=T_2'-t_3=116.6-86.8=29.8\ (℃)$$

$$S_3=\frac{Q_3}{K_3\Delta t_3}=\frac{1.229\times10^6}{600\times29.8}=68.7\ (\mathrm{m^2})$$

误差为 $1-S_{\min}/S_{\max}=1-68.7/98.7=0.304$，误差较大，应调整各效的有效温差，重复上述计算过程。

（5）有效温差的再分配

$$S=\frac{S_1\Delta t_1+S_2\Delta t_2+S_3\Delta t_3}{\sum\Delta t_i'}=\frac{98.7\times6.9+96.3\times10.2+68.7\times29.8}{46.9}=79.1\ (\mathrm{m^2})$$

重新分配有效温度差得：

$$\Delta t_1'=\frac{S_1\Delta t_1}{S}=\frac{98.7\times6.9}{79.1}=8.6\ (℃)$$

$$\Delta t_2'=\frac{S_2\Delta t_2}{S}=\frac{96.3\times10.2}{79.1}=12.4\ (℃)$$

$$\Delta t_3'=\frac{S_3\Delta t_3}{S}=\frac{68.7\times29.8}{79.1}=25.9\ (℃)$$

重复计算步骤（1）～（5），直至各效传热面积间的误差 $1-S_{\min}/S_{\max}<0.05$ 基本相等，获得平均传热面积 $S=78.9\mathrm{m^2}$，计算结束，结果列于下表中。

参　　数	第1效	第2效	第3效	冷凝器
加热蒸汽温度 T_i/℃	151.7	136.9	112.7	60.1
操作压力 p_i'/kPa	327	163	20	20
溶液温度(沸点) t_i/℃	143.8	124.5	86.8	
完成液浓度 x_i/%	14.9	20	30	
蒸发量 W_i/(kg/h)	1939.6	2017.8	2042.6	
蒸汽消耗量 D/(kg/h)	2063.4			
传热面积 S_i/(m²)	78.9	78.9	78.9	

5.3.3 多效蒸发的适宜效数

若多效蒸发和单效蒸发的操作条件相同，即第1效（或单效）的加热蒸汽压强和冷凝器的操作压强各自相同，则多效蒸发的温度差因经过多次的损失，使总温度差损失较单效蒸发时为大。

前已述及，多效蒸发提高了加热蒸汽的利用效率，即经济效益。对于蒸发等量的水分而言，采用多效时所需的加热蒸汽较单效时为少。在工业生产中，若需蒸发大量的水分，宜采用多效蒸发。

多效蒸发的经济性，需从生产能力和生产强度两个方面来均衡考虑。

蒸发器的生产能力是指单位时间内蒸发的水分量，即蒸发量。通常可认为蒸发量是与蒸发器的传热速率成正比。由传热速率方程式知：

单效　　$Q=KS\Delta t$

三效　　$Q_1=K_1S_1\Delta t_1$　　$Q_2=K_2S_2\Delta t_2$　　$Q_3=K_3S_3\Delta t_3$

若各效的总传热系数取平均值 K，且各效的传热面积相等，则三效的总传热速率为：

$$Q=Q_1+Q_2+Q_3\approx KS(\Delta t_1+\Delta t_2+\Delta t_3)=KS\sum\Delta t$$

当蒸发操作中没有温度差损失时，由上式可知，三效蒸发和单效蒸发的传热速率基本上相同，因此生产能力也大致相同。但是，两者的生产强度（单位传热面积的蒸发量）是不相同的，三效蒸发时的生产强度约为单效蒸发时的1/3。实际上，由于多效蒸发时的温度差损失较单效蒸发时的为大，因此多效蒸发时的生产能力和生产强度均较单效时为小。可见，采用多效蒸发虽然可提高经济效益（即提高加热蒸汽的利用效率），但降低了生产强度，两者是相互矛盾的。所以，多效蒸发的效数应权衡决定。

蒸发装置中效数越多，温度差损失越大，而且某些浓溶液的蒸发还可能发生总温度差损失等于或大于总有效温度差，此时蒸发操作就无法进行，所以多效蒸发的效数应有一定的限制。多效蒸发中，随着效数的增加，单位蒸汽的消耗量减少，使操作费用降低；另一方面，效数越多，装置的投资费用也越大。由表5-2给出了效数对最小单位蒸汽消耗量 $(D/W)_{min}$ 的影响。可以看出，随着效数的增加，虽然 $(D/W)_{min}$ 不断减小，但减小的速度越来越慢。例如，由单效增至双效，可节省的生蒸汽量约为50%，而由四效增至五效，可节省的生蒸汽量约为10%。综合上面分析可知，最佳效数要通过经济权衡决定，单位生产能力的总费用为最低时的效数即为最佳效数。

表5-2　单位蒸汽消耗量

效数	单　效	双　效	三　效	四　效	五　效
$(D/W)_{min}$	1.1	0.57	0.4	0.3	0.27

通常，工业中的多效蒸发操作的效数并不是很多。例如，NaOH、NH_4NO_3 等电解质溶液，由于其沸点升高（即温度差损失）较大，故取2～3效；对于非电解质溶液，如有机溶液等，其沸点升高较小，所用效数可取4～6效；海水淡化的温度差损失为零，故蒸发装置可达20～30效之多。

蒸发器的设计任务中往往只给出溶液性质、要求达到的浓缩液浓度及可提供的加热蒸汽压强等。设计者首先应根据溶液的性质选定蒸发器型式、冷凝器压强、进料方式及最佳效数（最佳效数由设备投资费、折旧费及经常操作费间的经济衡算确定），再根据经验数据选出或算出总传热系数后，按前述方法算出传热面积，最后再选定或算出蒸发器的主要工艺尺寸，它们是：加热管尺寸及管数、循环管尺寸、加热室外壳直径、分离室尺寸及附属设备的计算或选用。

5.4　蒸发过程的生产能力和生产强度

5.4.1　生产能力

蒸发器的生产能力是用单位时间内蒸发的水分量，即蒸发量来表示的，其单位为kg/h。蒸发器生产能力的大小取决于通过蒸发器传热面的传热速率 Q，因此也可以用蒸发器的传热速率来衡量其生产能力。

根据传热速率方程，单效蒸发时的传热速率为：

$$Q=KS\Delta t=KS(T-t_1) \tag{5-23}$$

若蒸发器的热损失可忽略不计，且原料液在沸点下进入蒸发器，则由蒸发器的热量衡算可知，通过传热面所传递的热量全部用于蒸发水分，这时蒸发器的生产能力随传热速率的增大而增大。蒸发器的生产能力还与原料液的入口温度有关。若原料液在低于沸点下进料，则需要消耗部分热量将冷溶液加热至沸点，因而降低了蒸发器的生产能力；若原料液在高于沸点下进入蒸发器，则由于部分原料液的自动蒸发，使得蒸发器的生产能力有所增加。

5.4.2　生产强度

蒸发器的生产强度是评价蒸发器性能的重要指标。蒸发器的生产强度 U 是指单位传热面积上单位时间内所蒸发的水量，其单位为 $kg/(m^2 \cdot h)$，即：

$$U=\frac{W}{S} \tag{5-24}$$

若为沸点进料，且忽略蒸发器的热损失，将式(5-8) 和式(5-9) 代入上式得：

$$U=\frac{Q}{Sr'}=\frac{K}{\Delta tr'} \tag{5-25}$$

由式(5-25) 可以看出，欲提高蒸发器的生产强度，必须设法提高蒸发器的总传热系数和传热温差。

5.4.3 提高生产强度的途径

传热温差 Δt 主要取决于加热蒸汽的压力和冷凝器的真空度。加热蒸汽压力越高，其饱和温度也越高，但是加热蒸汽压力常受具体的供气条件限制，其压力范围一般为 300～500kPa（绝压），高的为 600～800kPa（绝压）。若提高冷凝器的真空度，使溶液的沸点降低，则也可以增大温差。但是这样做的结果，不仅增加真空泵的功率消耗，而且还会因溶液的沸点降低，使其黏度增高，导致沸腾传热系数下降。因此一般冷凝器中的压力不低于10～20kPa。此外，为了控制沸腾操作处于泡核沸腾区，也不宜采用过高的传热温差。由以上分析可知，传热温差的提高是有一定限度的。

因此，增大总传热系数是提高蒸发器生产强度的主要途径。总传热系数是值取决于传热面两侧的对流传热系数和污垢热阻，现分析如下。①蒸汽冷凝传热系数 α_o 通常比溶液沸腾传热系数 α_i 大，即总传热热阻中，蒸汽冷凝侧的热阻较小。不过在蒸发器的设计和操作中，必须考虑蒸汽中不凝性气体的及时排除；否则，其热阻将大大地增加，导致总传热系数下降。②管内溶液侧的污垢热阻往往是影响总传热系数的重要因素。尤其在处理结垢和有结晶析出的溶液时，在传热面上很快形成垢层，使 K 值急剧下降。为了减小垢层热阻，蒸发器必须定期清洗。减小垢层热阻的措施还有：选用对溶液扰动程度较大的强制循环蒸发器等；或是在溶液中加入晶种或微量阻垢剂，以阻止在传热面上形成垢层。③管内溶液沸腾传热系数 α_i 是影响总传热系数的主要因素。影响沸腾传热系数的因素很多，如溶液的性质、蒸发操作条件及蒸发器的类型等。故必须根据蒸发任务的具体情况，选定适宜的操作条件和蒸发器的型式，才能提高蒸发的生产强度。

5.5 蒸发操作的其他节能措施

蒸发过程是一个消耗热能较多的单元操作，因而有必要介绍它的常用节能措施。除采用多效蒸发可提高热能的利用效率外，工业上还常采用以下方法。

5.5.1 抽取额外蒸汽

在有些场合中，将多效蒸发器中的某一效的二次蒸汽引出一部分，作为其他换热器的加热剂，这部分引出的蒸汽称为额外蒸汽。能否引出额外蒸汽，关键是看二次蒸汽的温度（即能位）。多效蒸发的末效大多处于负压，而且绝对压力较低，故末效二次蒸汽难以再利用，往往可在前几效引出额外蒸汽。它的流程如图 5-17 所示。目前国内制糖厂中已有所应用。

5.5.2 二次蒸汽的再压缩

在单效蒸发中，如将二次蒸汽压缩，则其温度升高，与沸腾的料液间形成足够的传热温差，送回加热器冷凝后可放出大量潜热。如此用少量的外加压缩功可回收二次蒸汽的潜热，流程如图 5-18 所示。在连续操作过程中，开始时需供给加热蒸汽，当产生二次蒸汽使压缩机运行后，几乎无需补充蒸汽。

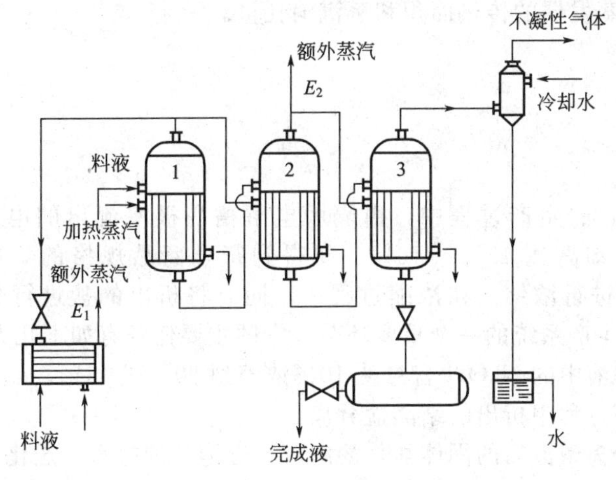

图 5-17　引出额外蒸汽的蒸发流程

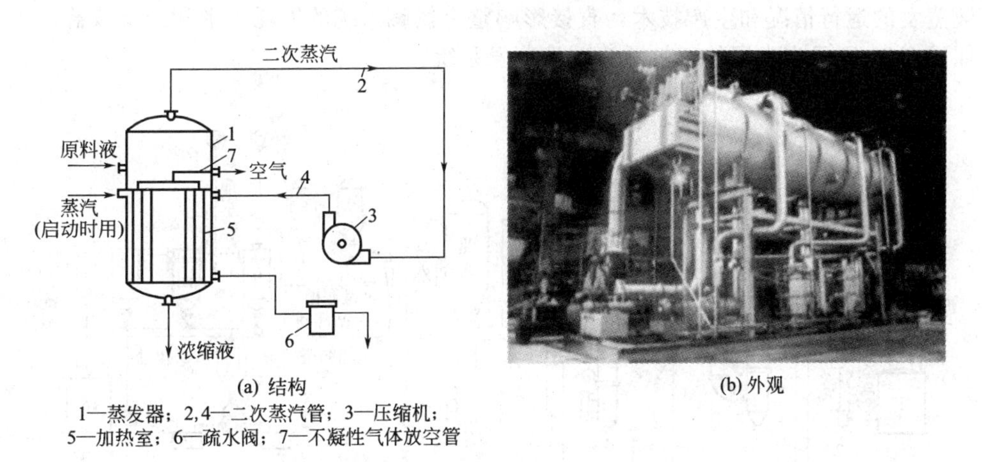

(a) 结构　　(b) 外观

1—蒸发器；2,4—二次蒸汽管；3—压缩机；
5—加热室；6—疏水阀；7—不凝性气体放空管

图 5-18　热泵蒸发操作简图

5.5.3　冷凝水的利用

蒸发装置消耗的蒸汽是可观的，因此会产生大量冷凝水。冷凝水排除加热室后，除可用于预热料液外，还可使其减压进行自蒸发。自蒸发产生的蒸汽与二次蒸汽混合后一同进入下一效蒸发器的加热室，使得冷凝水的显热得到部分回收利用。流程如图 5-19 所示。

工业上还常将冷的料液与热的浓缩液或蒸汽冷凝液进行热交换，以提高料液进入蒸发器

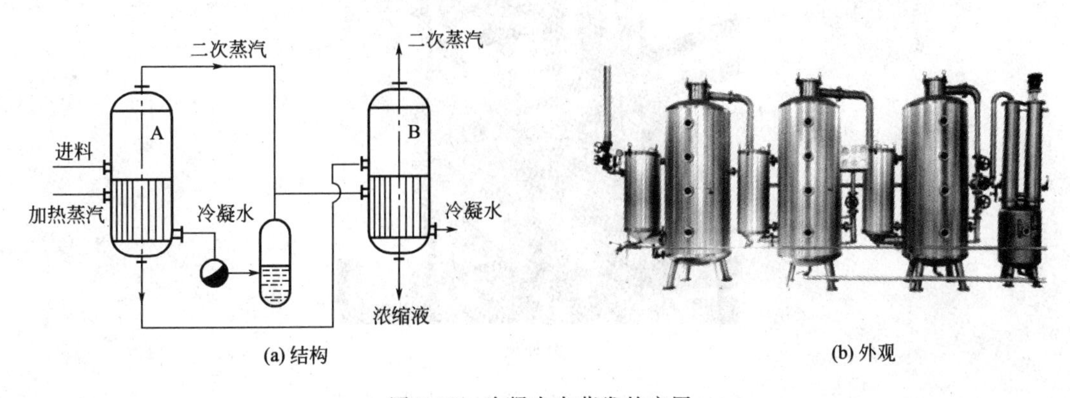

(a) 结构　　(b) 外观

图 5-19　冷凝水自蒸发的应用

的温度，因此可减少蒸发器的传热面积和蒸汽消耗量。

5.6 蒸发应用

5.6.1 烧碱增浓

在烧碱（NaOH）的生产过程中，由隔膜电解槽阴极室流出的电解液中含氢氧化钠10%左右，而氯化钠却高达15%～16%。要得到符合商品规格的烧碱（NaOH≥30%，NaCl≤4.7%），必须进行浓缩。在浓缩过程中，同时将析出的盐进行分离和回收。因此，电解液的蒸发是烧碱生产系统的一个重要环节，它的主要任务有如下几方面。

① 浓缩：将电解液中的NaOH含量从10%浓缩到30%或45%。

② 分盐：将浓缩过程中析出的结晶盐分离。

③ 回收盐：将分离碱液后的固体盐，溶解成接近饱和的盐水，送化盐工序重新利用。

电解液蒸发是一个耗能较多的过程，其能量消耗约占烧碱生产综合能耗的30%。因此电解液蒸发的运行情况和生产技术，直接影响整个氯碱系统的能耗水平和经济效益。

如图5-20所示为常用的三效顺流碱液蒸发系统。

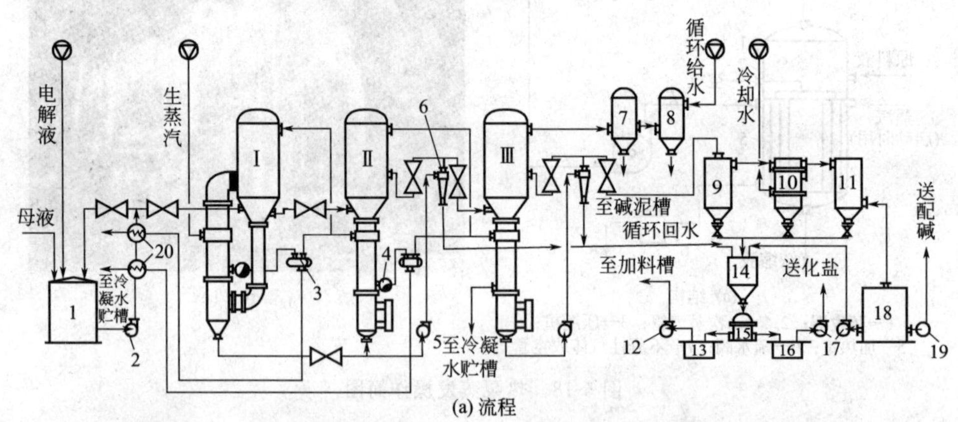

(a) 流程

1—电解液贮槽；2—加料泵；3—汽水分离器；4—强制循环泵；5—过料泵；6—旋液分离器；7—捕沫器；8—大气冷凝器；9—浓碱高位槽；10—碱液冷却器；11—中间槽；12—母液泵；13—母液槽；14—碱泥槽；15—离心机；16—盐水回收槽；17—回收盐水泵；18—澄清桶；19—打碱泵；20—预热器

Ⅰ、Ⅱ、Ⅲ—蒸发器

(b) 外观

图5-20 三效顺流部分强制循环蒸发工艺流程

5.6.1.1 碱系统

加料泵将电解液贮槽内的电解液送入预热器，预热至100℃以上后进入Ⅰ效蒸发器。Ⅰ效蒸发器的出料液利用压力差（或用过料泵）自动进入Ⅱ效蒸发器。Ⅱ效蒸发器的出料液，利用过料泵并经旋液分离器分离析出固体盐后，送入Ⅲ效蒸发器。从Ⅲ效蒸发器出来的30%成品碱，经旋液分离器分离析出固体盐后，送入浓碱高位槽。浓碱经冷却器冷却至45℃以下，再经过澄清桶澄清后，送至配碱工序配制出厂。

5.6.1.2 蒸汽系统

从蒸汽总管道来的压力为0.6～0.8MPa（表）的加热蒸汽，进入Ⅰ效蒸发器的加热室。冷凝水经汽水分离器进行减压闪蒸后，蒸汽与Ⅰ效二次蒸汽合并，进入Ⅰ效蒸发器的加热室，作为Ⅱ效的加热蒸汽。冷凝水则流经二段电解液预热器，预热电解液后送往冷凝水贮槽。Ⅱ效蒸发器的冷凝水，经汽水分离器及减压闪蒸后，与蒸汽部分Ⅱ效的二次蒸汽合并作为Ⅲ效蒸发器的加热蒸汽。未汽化的冷凝水流经一段电解液预热器后，送往冷凝水贮槽。Ⅰ效蒸发器内的冷凝水直接流至冷凝水贮槽。Ⅰ效的二次蒸汽经过捕沫器分离出夹带的碱沫后，由大气冷凝器冷凝后排入下水池，并借此使Ⅰ效蒸发室获得负压。

5.6.1.3 盐泥系统

从Ⅰ效、Ⅰ效旋液分离器分离出来的盐泥，送至碱泥高位槽。在浓碱高位槽内经沉清、冷却后的盐泥也放至碱泥高位槽。经离心机分离后，母液送回电解液贮槽，固体盐经洗涤后用蒸汽冷凝水溶解成接近饱和的含碱盐水，送化盐工段。

三效顺流工艺不但适用于生产浓度为30%的烧碱，也适用于生产42%的烧碱。为改变蒸发器的传热状况，大部分工厂在Ⅱ、Ⅲ效安装了强制循环泵，这样蒸发器的生产能力就有较大的提高。在三效顺流蒸发工艺中，两次利用了二次蒸汽，只有Ⅲ效的二次蒸汽被冷凝排放（它仅占总蒸发水量的1/3左右）。故该工艺的热量利用率高，蒸汽消耗低。在生产30%碱时，每吨100%烧碱的蒸发汽耗仅2.8～3.0t，在生产42%碱时的汽耗也只有3.5～3.7t。三效顺流工艺操作容易，对设备、材料也无特殊要求，故而应用较为广泛。

5.6.2 废水处理

废水的蒸发法处理是指加热废水，使水分子大量汽化逸出，废水中的溶质被浓缩以便进一步回收利用，水蒸气冷凝后可获得纯水的一种物理化学过程。废水进行蒸发处理时，既有传热过程，又有传质过程。根据蒸发前后的物料和热量衡算原理，可以推算出蒸发操作的基本关系式。

如图5-21所示为浸没燃烧蒸发器的构造示意图。它是热气与废水直接接触式蒸发器，以高温烟气为热源。燃料（煤气或油）在燃料室中燃烧产生的高温烟气（约1200℃）从浸于废水中的喷嘴喷出，加热和搅拌废水，二次蒸汽和燃烧空气由器顶出口排出，浓缩液由器底用空气喷射泵抽出。浸没燃烧蒸发器结构简单．传热效率高，适用于蒸发强腐蚀性和易结垢的废液，但不适于热敏性物料和易被烟气污染的物料蒸发。

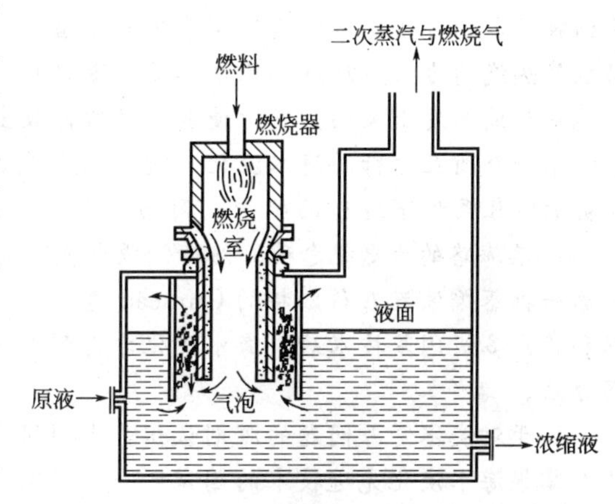

图5-21 浸没燃烧蒸发器的构造示意图

蒸发法在废水处理中的应用主要包括如下几个方面。

(1) 浓缩高浓度有机废水 高浓度有机废水，如酒精废液、造纸黑液、酿酒业蒸馏残液等可用蒸发法浓缩，然后将浓缩液加以综合利用或焚化处理。例如，在酸法纸浆厂，将亚硫酸盐纤维素废液蒸发浓缩后，可用作道路黏结剂、砂模减水剂、鞣剂和生产杀虫剂等。

（2）浓缩放射性废水　废水中绝大多数放射性污染物质是不挥发的，可用蒸发法浓缩，然后将浓缩液密封存放，让其自然衰变。一般经两次蒸发，废水体积可减小为原来的1/500～1/200，这样大大减少了昂贵的贮罐容积，从而降低了处理费用。

（3）浓缩废酸、废碱　酸洗废液可用浸没燃烧法进行浓缩和回收。例如，某钢铁厂的废酸液中含 H_2SO_4 100～200g/L、$FeSO_4$ 220～250g/L，经浸没燃烧蒸发浓缩后，母液含 H_2SO_4 增至 600g/L，而 $FeSO_4$ 减至 60g/L。

5.6.3　生物溶液的蒸发

（1）生物溶液的特性　生物溶液具有如下特性。

① 大多数生物溶液（如果汁及中药浸出液）为热敏性物料，且其黏度随着溶液中溶质含量的增加而显著（或急剧）加大。溶液中的溶质具有粘连到传热壁面上的趋向，造成局部过热，从而导致溶液中有效成分的破坏甚至焦化。

② 在蒸发过程中，有些物料中细菌生长很快，而且附着在设备壁面上。因此，要求设备应便于清洗。

③ 溶液的沸点升高少，常可忽略。

（2）蒸发设备和操作条件的选择　物料在蒸发中受损的程度取决于操作温度和受热时间的长短。为了降低操作温度，宜采用真空蒸发；为了缩短受热时间，设备必须提供很高的传热速率。例如，果汁的蒸发大都选用单程型（如降膜式、搅拌薄膜型等）、强制循环型（如垂直长管强制循环、搅拌强制循环）以及热泵循环蒸发器，以实现传热表面上物料的高速循环。

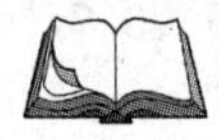

阅读资料

采用蒸发技术进行海水淡化

该技术也称为海水淡化的蒸馏技术。按平衡理论，有两种方法可以实现蒸馏：一种是在常压下通过提高水温或提供原料水热能的办法实现蒸馏操作，但这种方法因能耗太高而在工业上基本不采用；另一种是通过不断移走蒸汽使水的蒸气压低于其饱和蒸气压，也就是减压蒸馏。现在大规模工业用途的蒸馏法都采用了减压法。

海水淡化的蒸馏法包括：多级闪蒸、多效蒸馏和压汽蒸馏法。其中，多级闪蒸主要采用给原料水加热升温、然后分多级分步降压的方法使海水中的水分逐渐蒸发，再冷却其水蒸气达到收集水的方法。多效蒸馏是采用较高温度的水，随着其水分的蒸发和水温的降低，不断供应其热能的办法。压汽蒸馏法和多效蒸馏的原理相似，只是其热源是电能通过压缩机（机械能）压缩蒸发出来的蒸汽，使其冷凝所释放出来的热。

第一个商业运行的海水淡化厂建在沙特阿拉伯的 Jeddah，其蒸馏淡化装置其实是一个粗糙的常压条件下运行的锅炉，因而不可避免地存在严重的结垢和腐蚀问题，现在已成了 Jeddah 滨海路的历史纪念碑。随着浸没管蒸发器技术的发展，1950 年初规模超过 $45000m^3/d$ 的第一批蒸馏装置在科威特的 Curacao 建设。但是直到 20 世纪 50 年代 Robert Silver 教授开发和推广多级闪蒸技术后，海水淡化才得到大量应用，淡化技术也成了解决饮用水短缺的实用办法。

鉴于对淡水资源问题的深刻认识，中国研究海水淡化技术的起步较早，也是世界上少数几个掌握海水淡化先进技术的国家之一。国家海洋局 1972 年在杭州第二海洋研究所建立了海水淡化研究室，后来发展为国家海洋局杭州水处理技术开发中心，主要从事膜法淡化过程的研究和开发。经国务院批准，1984年组建了国家海洋局天津海水淡化与综合利用研究所，在从事蒸馏法海水淡化过程研发的同时，还在膜法海水淡化、海水直接利用、海水化学物质提取及深加工等方面进行了多项开创性的工作。除了从事海水淡化研究的这两家主体队伍之外，我国船舶工业的相关院所、大专院校的相关专业机构也先后从事了海水淡化技术的研究和开发工作。随着膜技术的进步，近十几年在国内还形成了多家以反渗透淡化技术为主体的水处理技术公司。国外的海水淡化公司也分别通过代理机构成设立办事处，在国内开拓海水淡化市场。总之，经过多年的发展，培养了一批海水淡化及资源开发利用的专门技术人才，在国家的多年支持下，取得了举世瞩目的一大批科研成果。

如附图1所示为黄岛电厂3000t/d低温多效海水淡化示范工程项目结构图。该项目坐落于青岛市黄岛发电厂内，由国家海洋局天津海水淡化与综合利用研究所设计，青岛华欧集团有限公制造，是迄今为止国内首台具有完全自主知识产权、自主加工制造、规模最大的低温多效海水淡化设备。该项目自2003年5月开始进入工程施工阶段，至2004年6月4日一次试车成功。2004年9月，该装置经检测，各项技术指标完全达到设计要求，正式投入运行，产品水切入电厂化学水处理系统，为电厂提供锅炉补给水。

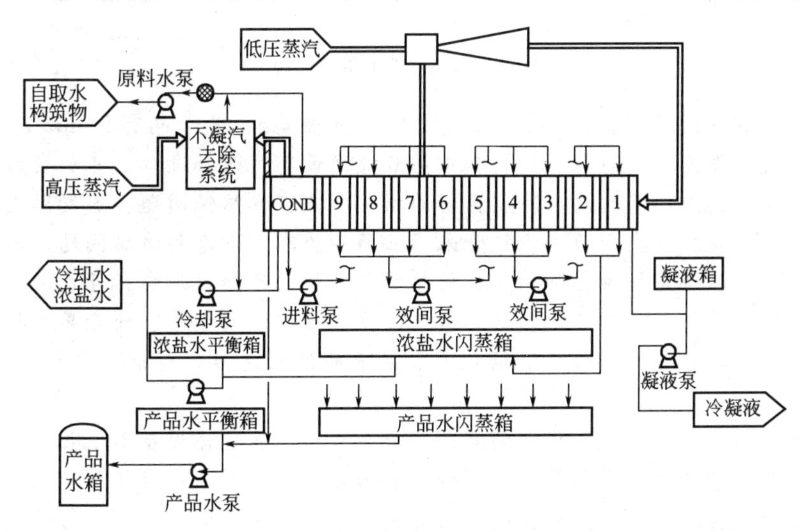

附图1 黄岛发电厂低温多效蒸馏海水淡化工艺流程图

经过预处理的海水分为两路，其中一路作为冷却水分别进入三级蒸汽喷射真空泵的冷凝器用于蒸汽冷凝。之后，经冷却水泵排放。另一路海水进入海水淡化装置的冷凝器，在冷凝器中蒸汽被全部冷凝，海水被预热、脱气。预热后的部分海水经冷却水泵排放。其余部分作为蒸馏过程的进料海水，加入5g/m^{3}的阻垢剂后经中间水泵进入蒸发器。蒸发后的浓盐水排入电厂的冷却水排放系统。加热蒸汽取自电厂的对外供热系统，其温度、压力较高，进入蒸发器前首先经过蒸汽热压缩装置，抽取第6效的部分二次蒸汽，提高其温度、压力。在加热蒸汽进入第1效时，为71.5℃的饱和蒸汽，如存在蒸汽过热，则启动蒸汽管路上的消除过热装置，向蒸汽管路中喷入来自第1效的凝结水。

各效冷凝下来的产品水分别进入各淡水闪蒸罐并依次由高温效向低温效的闪蒸罐流动。全部的冷凝水汇集到最后一效闪蒸罐后，由淡水泵抽至产品水箱。在淡水泵的出口管路分为两路，一路为合格产品水通至产品水箱，如产品水不符合指标要求，则通过另一路的不合格产品水管路排放。在主管路上安装有电导仪，用于判定产品水是否合格。

第一效的冷凝水自蒸发器进入淡水闪蒸罐，不与其余各效的冷凝水混合，单独由冷凝水泵输送至电厂水化学系统。其中部分冷凝水作为消除蒸汽过热用水，输送至加热蒸汽管道中。

海水淡化装置总长度67m，蒸发器直径4m，总高度12m（附图2）。装置基础占地面积64.6m×7m（最宽处9.5m）。整台装置从外形看由蒸发器、浓水和淡水闪蒸箱、蒸汽热压缩机、蒸汽喷射真空泵、支座、平台和梯子等部分构成，工艺泵及管路系统位于蒸发器下方支座内部。

(a) 蒸发器

(b) 总貌

附图2 海水淡化装置外貌

整套装置共有9效蒸发器，1效冷凝器。筒体直径4m，外部包有50mm厚的聚氨酯发泡保温层，单效蒸发器长度为6.02m。其中第6效因设有蒸汽抽汽口，其长度为7.52m。蒸发器筒体采用碳钢制造，通过内涂防腐涂料的措施解决海水腐蚀问题。蒸发器内部采用承插式喷淋系统，喷头安装更换方便。传热管采用三角形排布。考虑到防腐问题，传热管的最顶部三排选用钛管，其他为加砷铝黄铜管。传热管与管板的连接采用自行开发的弹性胶圈，避免产生接触腐蚀。管板设计为分体结构，加工、安装方便。用于气、液分离的捕沫装置为双层百叶窗式，也同样为分体制作、现场组装。效间的法兰连接密封采用自行研制的V形外压式橡胶密封垫。

该项目运行后给电厂带来了极大的经济和社会效益，主要体现在如下几个方面。

(1) 缓解了自来水的供需矛盾　电厂锅炉补给水的供水原来一直使用市政自来水，平均每天用水量1500t左右。此海淡化装置投入使用以来，现在的锅炉补给水的供水已全部改为海水淡化水，市政自来水已改作其他用途，有效缓解了电厂的供水紧张状况。

(2) 水量充足、水质稳定　装置投入使用以来，始终保持足量、可靠供水，未出现故障停机造成无法供水的情况。且供水水质稳定，为下一步的化学处理和保证锅炉补给水的水质带来了极大方便。

(3) 节省了运行费用　原来使用自来水时，锅炉补给水的处理费用为每吨11元。改为淡化水后，由于进水水质的提高，化学处理所需费用大大降低。经初步测算，现在的处理费用为每吨7.5元，较以前节省了大量的处理费用。

(4) 延长了再生周期，降低了工人劳动强度　采用海水淡化的产品水之后，显著地延长了树脂的再生周期。原来需每天进行一次树脂再生，现在十天才需再生一次，大大降低了工人的劳动强度。同时还减少了树脂再生所需要的酸碱，有效避免了酸碱排放对环境的污染，使电厂的环境质量有所提高。

习　题

一、填空题

1. 蒸发过程中引起温差损失的原因有______、______、______。

2. 单效蒸发器将 $F=2000$kg/h，质量分数为 10%的原料液浓缩到 35%。在料液处于沸点时进料，忽略热损失。蒸发器的传热面积 $A=25\text{m}^2$，$K=1000\text{W}/(\text{m}^2\cdot℃)$，蒸发室压力下水的饱和汽化热 $r=2330$kJ/kg，则蒸发水量为________，有效温差为________。

3. 在三效并流加热蒸发过程中，从第一至第三效，蒸发室的真空度将________；溶液的沸点将________；溶液的浓度将________。（增大、不变、降低）

4. 逆流加料法蒸发流程适宜处理________，平流加料法蒸发流程适宜处理________。

5. 蒸发器的生产强度是指________。欲提高蒸发器的生产强度，必须________。

6. 采用多效蒸发流程所提高的经济效益是以________为代价的。

7. 要想提高加热蒸汽的经济性，可以采用的措施有________、________、________、________。

二、单项选择题

1. 蒸发室内溶液的沸点________二次蒸汽的温度。

（1）等于　　（2）高于　　（3）低于

2. 在单效蒸发中，从溶液中蒸发 1kg 水，通常都需要________ 1kg 的加热蒸汽。

（1）等于　　（2）小于　　（3）不少于

3. 中央循环管式蒸发器是________蒸发器。

（1）自然循环　　（2）强制循环　　（3）膜式

4. 多效蒸发可以提高加热蒸汽的经济程度，所以多效蒸发的操作费用是随效数的增加而________。

（1）减少　　（2）增加　　（3）不变

5. 平流加料的多效蒸发流程，浓缩液________排出。

（1）在第一效　　（2）在末效　　（3）分别在各效

6. 蒸发操作中，从溶液中汽化出来的蒸汽，常称为________。

（1）生蒸汽　　（2）二次蒸汽　　（3）额外蒸汽

三、计算题

1. 进料量为 9000kg/h，浓度为 1%（质量分率）的盐溶液，在 40℃下进入单效蒸发器，被浓缩到 1.5%。蒸发器传热面积为 39.1m^2，蒸发室绝对压强为 0.04MPa（该压力下水的蒸发潜热 $r'=2318.6$kJ/kg），加热蒸汽温度为 110℃（该饱和温度下水的蒸发潜热 $r=2232$kJ/kg）。由于溶液很稀，假设溶液的沸点与水的沸点相同（0.04MPa 下水的沸点为 75.4℃），料液的比热容近似等于水的比热容 $c_p=4.174\text{kJ}/(\text{kg}\cdot℃)$。试求：(1) 蒸发水量、浓缩液量、加热蒸汽用量和加热室的传热系数 K；(2) 如果进料增加为 12000kg/h，传热系数、加热蒸汽压强、蒸发室压强、进料的温度和浓度均不变，蒸发量、浓缩液量和浓缩液浓度又为多少？均不考虑热损失。

2. 用一套传热面积为 10m^2 的单效蒸发器，将 $NaNO_3$ 水溶液由 15%（质量分数，下同）浓缩至 40%。沸点进料，要求每小时蒸得 375kg 的完成液。设蒸发压力为 20kPa（绝），操作条件下的传热温度差损失（沸点升高）为 8℃，蒸发器的传热系数为 $800\text{W}/(\text{m}^2\cdot℃)$。若不计热损失和浓缩热，试问加热蒸汽压力至少应多大才能完成上述任务？

3. 在传热面积为 130m^2 的蒸发器内，每小时将 8×10^3kg 的 20℃、质量分数为 10%的某种溶液进行浓缩。已知如下数据：二次蒸汽绝对压力为 15kPa，加热蒸汽绝对压力为 120 kPa，因溶液蒸汽压下降及静压而引起的温差损失之和为 26℃，总传热系数为 $1.2\text{kW}/(\text{m}^2\cdot℃)$。冷凝液为饱和溶液，忽略稀释热效应及热损失。试求：(1) 该蒸发器能将溶液浓缩至何种浓度？(2) 加热蒸汽的消耗量。

4. 在单效蒸发器中将 2000kg/h 的某种水溶液从质量分数的 10%浓缩至 25%。原料液的比热容为 3.77kJ (kg·℃)，操作条件下溶液的沸点为 80℃。加热蒸汽绝对压强为 200kPa，冷凝水在加热蒸汽的饱和温度下排除。蒸发室的绝对压强为 40kPa。忽略浓缩热及蒸发器的热损失。当原料液进入蒸发器的温度分别为 30℃及 80℃时，通过计算比较它们的经济性。

思 考 题

1. 某单效蒸发操作，因真空泵损坏而使冷凝器压强由某真空度升至常压，此时有效传热温差有何变化？若真空泵损坏后料液流量及状态不变，但仍要求保证完成液浓度不变，可采取什么办法？

2. 某一单效蒸发器，原来在加热蒸汽压力为 2kgf/m^2（1kgf/m^2 = 0.098MPa）、蒸发室压力为 0.2kgf/

m^2 的条件下连续操作。现发现完成液的浓度变稀，当即检查加料情况，得知加料流量下组成和温度均未变。试问可能是哪些原因引起完成液浓度变稀？这些原因所产生的结果使蒸发器内溶液沸点是升高还是降低？为什么？

3. 并流加料的蒸发装置中，一般各效的总传热系数逐效减小，而蒸发量却逐效略有增加，试分析原因。

4. 欲设计多效蒸发装置将 NaOH 水溶液自 10%浓缩到 60%，宜采用何种加料方式？（料液温度为 30℃）。

5. 溶液的哪些性质对确定多效蒸发效数有影响？并进行简单分析。

6. 烧碱（NaOH）溶液的蒸发浓缩过程中，会析出一定的 NaCl 晶体，采用何种设备将其分离出来？

符 号 说 明

英文字母：

c_p——定压比热容，kJ/(kg·℃)；

C——溶质含量，kg 溶质/kg 溶剂；

D——热蒸汽消耗量，kg/h；

e——单位蒸汽消耗量，kg/kg；

F——进料量，kg/h；

G——结晶产品量，kg/h；

h——液体的焓，kJ/kg；

H——蒸汽的焓，kJ/kg；

K——总传热系数，W/(m²·℃)；

n——第 n 效；

Q——传热速率，W；

r——汽化热，kJ/kg；

R——溶质水合物摩尔质量与无溶剂溶质摩尔质量之比；

S——传热面积，m²；

t——溶液的温度，℃；

T——蒸汽的温度，℃；

V——溶剂蒸发量，kg/kg 溶剂；

W——蒸发量或溶剂量，kg/h；

x——溶液的质量分率。

希腊字母：

Δ——温度差损失（℃）或有限差值。

下标：

i——第 i 效；

n——第 n 效；

o——外侧；

w——水；

1，2，3——效数的序号；

0——进料。

上标：

′——二次蒸汽或母液。

第6章 液体搅拌

6.1 概述

混合在化工、医药、食品、采矿、造纸、废水处理等行业中都有广泛的应用。如蒸发溶液时，需要搅拌以促进蒸发；在对固体颗粒进行干燥时，也需要混合操作，使颗粒与新鲜的干燥空气相接触，提高干燥的速度。混合操作的目的基本上可分为下列四个方面。

① 制备均匀混合物：如调和、乳化、固体悬浮、捏合以及团粒混合等。

② 促进传质：如萃取、浸取、溶解、结晶、气体吸收等。

③ 促进传热：如搅拌槽内加热或冷却。

④ 上述三种目的之间的组合。

混合操作依照所处理的物质性质，大致可分成三种，即液体与液体的混合，固体与固体的混合，液体与固体的混合。但是在工业操作中，通常习惯性地仅将固体与固体间的操作称为混合，而将液体与液体或少量固体间的混合称为搅拌，将固体与少量液体或黏稠液体的混合称为捏合。上述的分类并没有十分严格的界限，如极稠的两种液体的混合属于捏合，而在捏合操作中如果液体量较多，或受加热的影响导致黏度降低，则反而是搅拌的成分偏多。

混合是一种很常规的单元操作，特别是一些快速反应对混合、传质、传热都有较高的要求，混合的好坏往往成为过程的控制因素。但由于混合其流动过程的复杂性，理论方面的研究还很不够，对混合装置的设计和操作至今仍带有很大的经验性。

6.1.1 搅拌器分类

6.1.1.1 搅拌装置结构

搅拌装置一般由筒体、桨叶与挡板等内构件以及驱动机构所组成，如图6-1所示。

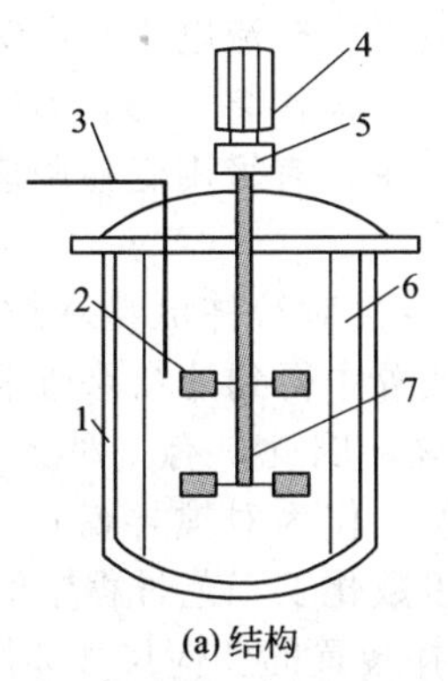

(a) 结构

(b) 外观

1—搅拌槽；2—搅拌器；3—加料管；4—电机；
5—减速器；6—挡板；7—轴

图6-1 搅拌装置的结构

(1) 筒体　搅拌装置的筒体通常为圆筒形，长径比为1～6。筒底常为平底、椭圆底、锥形底等，有时亦可用方底。根据工艺的传热要求，筒体外可加夹套，并通以蒸汽、冷却水等介质。

（2）桨叶与旋转轴　桨叶是搅拌装置的核心部件，根据旋转桨叶在搅拌槽内产生的流型，可将桨叶分为轴向流桨叶和径向流桨叶。推进式桨叶、新型翼型桨叶等属于轴向流桨叶，而各种直叶、弯叶涡轮桨叶则属于径向流桨叶。

旋转轴通常自搅拌槽顶部中心垂直插入槽内，有时也采用侧面插入和底部插入的方式。

（3）挡板　为了消除搅拌槽内液体的打旋现象，使被搅拌的液体上下翻腾，通常需加入挡板。壁挡板［图 6-2(a)］在筒壁上均匀地安装 4 块，宽度为槽直径的 1/12～1/10，可满足全挡板条件，再增加挡板数与挡板宽度，功率消耗不再增加。有时，仅装 2 块或 1 块挡板就足够了，甚至可以不装挡板。在固体悬浮操作时，还可在槽底上安装底挡板［图 6-2(b)］，促进固体的悬浮。搅拌槽中的传热盘管可以部分以至全部代替挡板，装有垂直换热管后，一般可不再使用挡板。

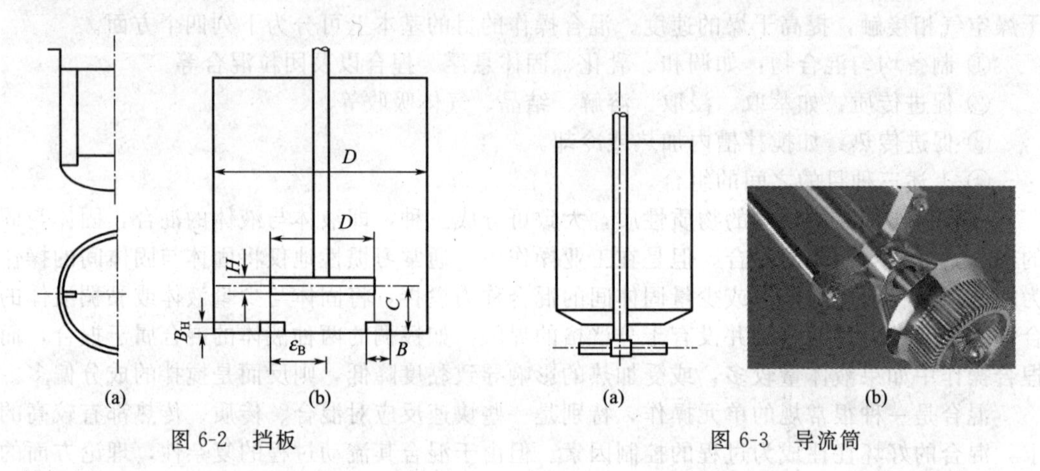

图 6-2　挡板　　　　图 6-3　导流筒

（4）导流筒　导流筒（图 6-3）置于搅拌槽内，是上下开口的圆筒，在搅拌混合中起导流作用。通常导流筒的上端都低于静液面，并在筒身上开有槽或孔，当生产中液面降落时仍可从槽或孔进入。推进式搅拌桨可位于导流筒内或略低于导流筒的下端；涡轮式或桨式搅拌桨常置于导流筒的下端。当搅拌桨置于导流筒之下，且筒直径又较大时，筒的下端直径应缩小，使下部开口小于搅拌桨直径。

（5）驱动机构　工业搅拌装置的驱动机构通常由交流电机与齿轮减速机或皮带轮减速装置构或，使搅拌桨达到规定的转速。在实验室中，搅拌装置的驱动机构通常为直流电机或调频电机，可以连续地改变搅拌转速。现在大生产中也有采用变频调速电机，以满足生产过程的需要。

（6）标准搅拌装置构型　搅拌装置的几何特性对液体流型和搅拌效果有相当重要的影响，在某种搅拌装置中得到的结果通常并不适用于几何结构不同的其他搅拌装置。因此，有一种人为规定的搅拌装置的构型，称为标志构型，作为对搅拌操作进行研究及设计的基点。这种构型能满足多数化工工艺过程中的液体搅拌要求。筒体直径为 D 的标准搅拌装置的几何尺寸如图 6-4 所示，比例如下：

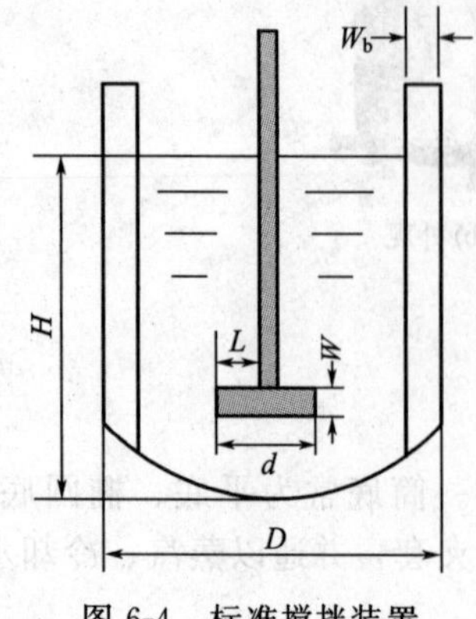

图 6-4　标准搅拌装置

① 叶轮是具有 6 个平片的涡轮，叶片安装在一个中心圆盘上，叶轮直径 $d=D/3$；

② 叶轮距槽底的高度 $H_i=1.0d$；

③ 叶轮的叶片宽度 $W=d/5$；

④ 叶轮叶片的长度 $L=d/4$；

⑤ 液体的深度 $H=1.0D$；

⑥ 挡板数目为 4，垂直安装在槽壁上并从槽底延伸到液面之上，挡板宽度 $W_b = D/10$。

6.1.1.2 根据液体流型分类搅拌器

液体搅拌的基本原理是通过搅拌器的运动，对液体产生对流、剪切和扩散作用，使两种或两种以上的物料达到均匀混合。由于液体具有流动性和不可压缩性，所以搅拌器把机械能传给液体时，在叶轮附近区域的液流形成涡流，同时产生一股高速射流推动液体沿着某种途径在容器内作循环流动。根据液体流动的规律，可以分成三种“流型”，即轴向流型、径向流型和因在容器侧壁加设挡板等阻碍物引起液流方向变化而形成的混合流型。轴向流型是指液体从轴向进入叶片，又从轴向流出的液流方式，它类似轴流式风机的气体流动情况。径向流型是指液体从轴向进入叶轮而从径向流出的液流方式，它类似涡流式水泵中的水流情况。混合流型则是液体从轴向进入叶轮后，流出时径向轴向都有。液流的流型取决于叶片的几何形状和结构，以及在容器内有无阻挡物等，而叶片的几何形状和结构是形成流型的原动力。

（1）轴流式搅拌器　轴流式搅拌器产生的流体流动基本轨迹是沿着搅拌轴方向（平行于搅拌轴）。轴流式叶轮主要为螺旋桨，它的设计通常是基于螺旋理论，要求整个叶片表面的螺距为常数。这就意味着叶片角从叶端至轮毂处是连续增大的，如图 6-5 所示，故有时也称为旋桨式搅拌器。

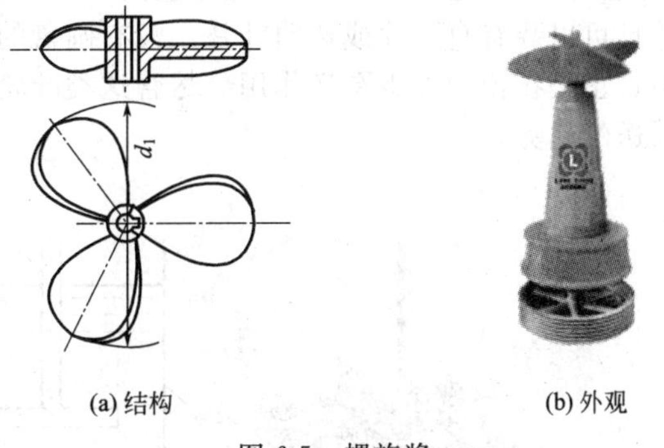

(a) 结构　(b) 外观

图 6-5　螺旋桨

螺距与叶轮直径之比（或简称为螺径比），等于以桨叶直径为 1m 时，当叶轮在流体中旋转一周时，叶片将流体向前推进的距离。大多数轴流式叶轮的螺径比都在 0.5～1.5 的范围内。这类叶轮产生的排液速度和剪切速率是沿叶轮直径变化的，但它便于采用装配式结构，制造和维修费用较低，尤其是用于大尺寸的设备更为经济。

螺旋桨式搅拌器工作时，使液体产生轴向和切向速度流动，并且沿螺旋形旋转运动，液体受到强烈的切割或剪切作用。如果旋桨叶片距离液体面较近时，旋桨叶片将使气泡卷入液体中。为此，转轴一般都偏离中心线安装，或斜置成一个角度。旋桨安装位置不同，被搅拌的液体流动状态也不相同，如图 6-6(a) 所示为旋桨与容器中心线夹角 $\alpha=7°\sim12°$ 时液体的流动状态；如图 6-6(b) 所示为旋桨与容器中心线夹角 $\alpha>12°$ 时液体的流动状态；如图 6-6(c) 所示为旋桨与容器中心线相垂直时液体的流动状态。

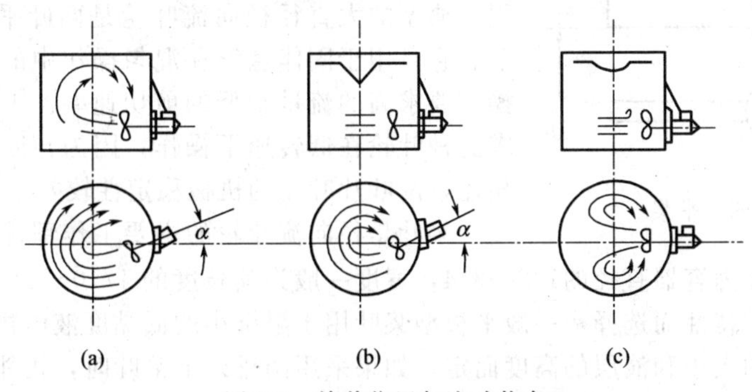

图 6-6　旋桨位置与流动状态

在叶轮直径和转速相同的条件下，螺旋桨的功率消耗小于大多数其他叶轮的功率消耗。因此，与其他叶轮相比，在给定功率消耗和泵送流量的条件下，螺旋桨必须要有较高的转速。这就使得螺旋桨在相同的功率消耗水平时只需要较低的扭矩，从而得到一种很经济的搅拌器系列，称为“便携式”搅拌器。这样命名是因为这种小尺寸的搅拌器移动方便。当然，较大尺寸的螺旋桨搅拌器仍然需要用机械方法装卸和移动。

在需要较大搅拌功率时，便携式搅拌器就需用带有齿轮箱（减速器）的固定安装式搅拌器来代替。与便携式相比，这类搅拌器通常是在低得多的转速下运转，并有较高的功率转速比（在给定功率下有较高的扭矩）。这也意味着在给定功率下要求有较大的轴流式叶轮。尽管如此，这种搅拌器仍然具有良好的过程效率和优良的力学性能及操作性能。

旋桨式搅拌器的主要特点是：①结构简单，维护方便；②生产能力较高，但对互不相溶的液体，生产细液滴乳化液而液滴直径范围不大的情况下，生产能力受到限制；③容易卷入空气形成气泡和离心漩涡；④适于低黏度和中等黏度液体，对制备悬浮液和乳浊液等较理想。

(2) 径向流搅拌器　径向流搅拌器则使流体沿叶轮半径方向排出，结构简单，工作时的转速不高，是适用性较广的一种搅拌器（图 6-7）。径向流叶轮或有一个圆盘，或是开式的，并且可以装有直叶片或弯曲叶片。没有圆盘的开式叶轮由于在叶轮两侧存在压力差，通常并不真正是在径向发生泵送作用。尽管这类叶轮是从径向排出液体，但是有把液体向上或向下泵送的趋势。

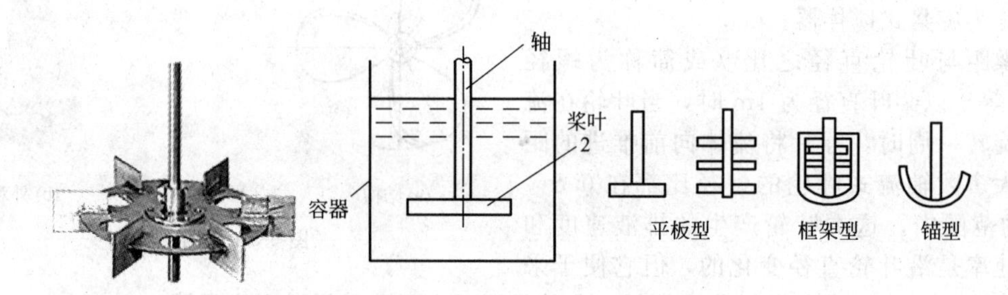

图 6-7　径向流叶轮与叶片形状

盘形径向流叶轮有利于更好地径向排出流体，但在叶轮靠近槽底或接近液层表面以及几个盘形叶轮靠得很近的情况下，它们的径向泵送能力也有改变。因为盘式叶轮具有较均匀的径向流型，往往会比开式叶轮消耗更多的搅拌功率，这就影响到其应用的经济性。盘形叶轮还有防止气泡通过轮毂周围低剪切区的特性。它们主要用于气-液混合过程。典型的大直径径向流叶轮是两叶平桨，如图 6-8 所示。它是用于固体悬浮和混匀操作中的典型桨型。这些操作要求高的流量和低的剪切速率。工艺条件通常都要求这种叶轮在低转速下操作，因为与四叶至八叶的叶轮相比，两叶片叶轮的机械稳定性较差。

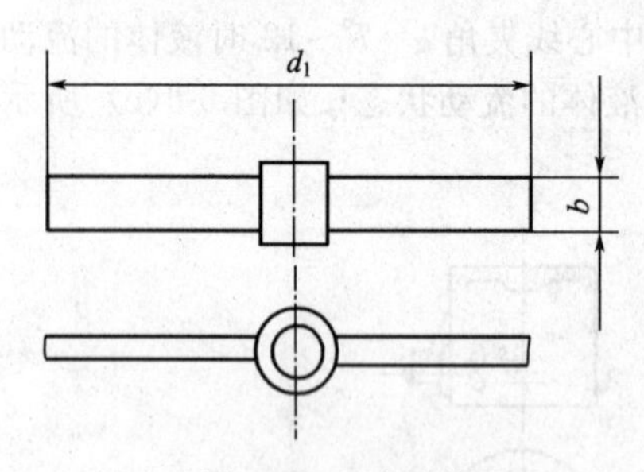

图 6-8　两叶平桨

桨叶是径向流叶轮的主要工作部件，多用不锈钢材质制作，叶片直径为容器直径的1/2～3/4，宽度一般为其长度的 1/10～1/6。桨叶的形状应根据被搅拌物料的特性而选择，一般平板型桨叶用于阻抗小的低黏度液体物料的搅拌。叶片的多少根据容器的大小和液层的高度而定，如果采用两排以上桨叶时，相邻两排桨叶应互相垂直，以保持作用力均衡和增加搅拌效率。框架型搅拌器一般叶片数较多，强度要高，桨叶具有集中的剪切力，其外缘可与容器内表面相似，以提高容器侧壁和半球形容器底部的搅拌效果，适用于容器直径较大、黏度较高物料的情形。锚型桨叶能够促进热交换和搅拌容器内的沉淀，适用于1～10Pa・s 的高黏度液体搅拌。

浆叶的平面位置对搅拌的效果和能量消耗有很大关系。当叶面与容器底面平行时，阻力小，但不能使物料形成涡流，搅拌效果差；当叶面与旋转方向垂直时，虽然搅拌能力强，但造成阻力也很大。通常都使浆叶与旋转方向成一个夹角，这样既减小了阻力，又提高了搅拌效果。

为了提高搅拌效率，也可在容器壁上加设挡板。挡板最适宜的宽度为容器直径的 1/12～1/10；挡板的高度不应超过搅拌器直径的 2 倍；如果是搅拌黏稠液体或在液体内溶解固体时，应将隔板安装成向下的角度。加挡板与不加挡板时桨叶在容器内的搅拌情况如图 6-9 所示。

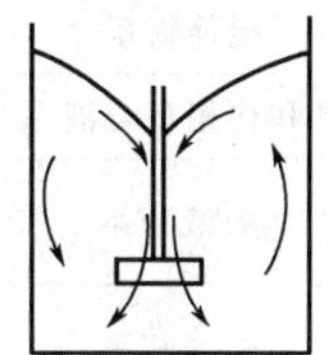
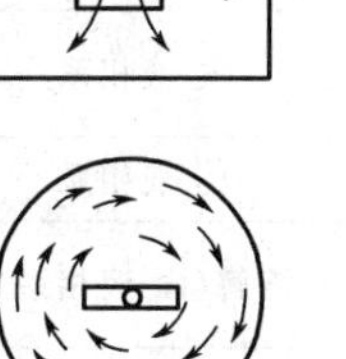

(a) 不加挡板情况

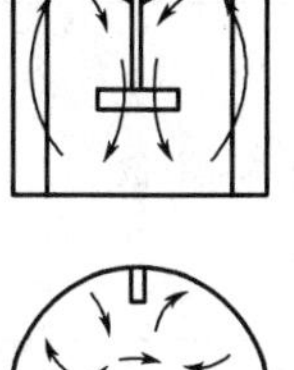
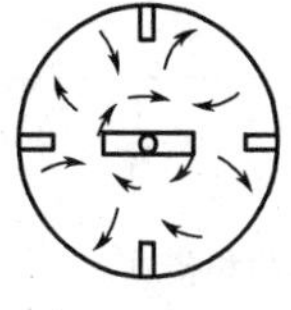

(b) 加挡板情况

图 6-9 挡板对搅拌特性的影响

6.1.2 混合效果的量度

每个搅拌过程对搅拌效果都有一定的要求，但在不同的化工过程中，搅拌效果是以不同方式表现出来的。现以互溶的两液体的混合为例，说明如何衡量搅拌效果。

设有 A、B 两种液体，它们的体积分别为 V_A 和 V_B，则混合物中 A 的平均浓度为：

$$c_{A_0}=\frac{V_A}{V_A+V_B}$$

搅拌后取样分析，测得 A 的浓度为 c_A，用 I 表示 c_A 与 c_{A_0} 的比值：

$$I=\frac{c_A}{c_{A_0}} \tag{6-1}$$

式中 I——混合指数或混合百分数。

当样品中 $c_A>c_{A_0}$ 时，则用下式表示：

$$I=\frac{1-c_A}{1-c_{A_0}} \tag{6-2}$$

若取几个样品时，则平均混合百分数为：

$$\overline{I}=\frac{\sum_{i=1}^{n} I_i}{n} \tag{6-3}$$

由式(6-1) 可知，I 在 0～1 之间变化。当搅拌均匀时，$c_A=c_{A0}$，$I=1$。若 c_A 与 c_{A0} 相差愈大，则均匀程度愈差。因此，I 可用作混合均匀程度的量度指数。叶轮的功率消耗是影响混合均匀程度的主要因素。此外，叶轮型式、液层高度、叶轮高度和液体的物理性质也影响混合均匀度。

搅拌效果则体现在混合均匀所需时间的长短，而此混合时间是评定搅拌器效率的重要参数。可用在输入功率一定的条件下混合均匀所需时间的长短，或在指定时间内达到指定的搅拌程度所消耗功率的多少来评定一个搅拌器的效率。

具体而言，依操作目的不同，混合效果有不同的表示法。常用的表示法列于表 6-1 中。在实际中，通过实验研究、中试或工业实例分析，整理出搅拌效果与操作参数间的关系式。但根据搅拌效果的不同表示法或不同的操作条件，可以得到很多而结果差异很大的关系式。因此，对于给定混合过程，搅拌效果的表示法和主要操作因素的确定，应该特别审慎。选出的关系式的实验条件要尽可能符合给定条件，才能使设计的搅拌装置满足操作目的和经济性。否则，所得结果不一定满足过程要求，至少是使过程的经济性很差。

表 6-1　混合效果表示法

操作目的	搅拌物系	搅拌效果表示法
均匀混合	调和均相互溶液系	混合时间 θ_m 或 $N_{\theta_m}=n\theta_m$；混合指数
非均相分散	液-液相系	均匀分散（乳化）时间 θ_m；分散相液滴的比表面积 a，或滴径分布，或平均滴径
	气-液相系	均匀分散时间 θ_m；气泡的比表面积 a，或气泡的平均直径和气泡直径分布
	固-液相系	悬浮状态，悬浮临界转速 n_c(r/s)；悬浮固粒浓度或比表面积 a
非均相传质	溶解（固-液相系）	溶解速度或平均溶解速度；以固粒表面积为基准的液膜传质系数 k_c；总容积传质系数 K_v
	萃取（液-液相系）	萃取速度，萃取效率；液滴比表面积 a；总容积传质系数 K_v 或液滴内（外）表面为基准的液膜传质系数 kc_d
	吸收（气-液相系）	吸收速度；气泡的比表面积 a；总容积传质系数 K_v；膜传质系数 k_g 和 k_l
传热	固-液间	传热速率 Q；单位容积传热速率 Q_v；液膜传热系数 h_1；总传热系数 K

6.2　混合机理

6.2.1　均相液体的混合机理

液体的均匀混合是搅拌的目的。把不同的气体混合在一起，由于气体分子之间的距离较液体大，气体分子扩散速率很快，不需要施加外力就能形成一个均匀的混合物。但液体分子的扩散速率较小，单靠分子扩散而达到两种或多种液体的均匀混合物是不现实的。一般是在搅拌槽中，通过叶轮的旋转把机械能传递给液体物料，使液体在强制对流下扩散，以达到均匀混合的目的。

在搅拌釜内，叶轮搅动着流体将能量传给了液体。当液体获得能量后，便产生一股高速液流，后者推动周围的液体，使全部液体在槽内循环流动。这样，便形成了液体的总体流动，这种总体流动促使了宏观的混合。与此同时，叶轮旋转所产生的高速液流在静止或速度较低的液体中通过时，由于有速度梯度的存在，因而处于两种液流分界面上的液体便受到强烈的剪切作用，产生大量的漩涡，并迅速向周围扩散，形成局部范围内快速而紊乱的对流运动，这种运动同时又把更多的液体夹带到总体流动中去。因此，总体流动中充满了许多大小不等的漩涡，但总体流动中各处的湍流程度不同。通常，搅拌器出口处湍动最剧烈，产生极大的剪应力，液体在这种剪应力的作用下被分成小的微团。由于漩涡的大小不等，产生微团的尺寸也不一样。液体涡轮运动造成的混合速度比总体对流运动所造成的混合速度快得多。湍动程度越高，混合速度越大。

由以上可知，总体对流运动只能把物料分散成较大的液团并带至釜内各处，而涡流运动才能把大的液团分散为微团。这些微团也是大量分子的集合，比分子大得多。因此，总体流动与涡流运动都不能达到分子尺度的完全均匀混合。对于互溶液体，微团最终的消失、变小只能依靠分子扩散才能达到。搅拌可以增加分子扩散表面积，并减小扩散距离，从而可以提高分子扩散的速度。

分子扩散是在一相内部有组成差异的条件下，由于分子的无规则热运动而造成的物质传递现象。一般来说，液相中的扩散速度远远小于气相中的扩散速度，亦即液体中发生扩散时分子定向运动的平均速度更缓慢。就数量级而论，物质在气相中的扩散系数较在液相中的扩散系数约大 10^5 倍。但是，液体的密度往往比气体大得多，因而液相中的物质浓度以及浓度梯度便可远远高于气相中的物质浓度及浓度梯度。所以，在一定的条件下，气、液两相中仍可达到相同的扩散通量。

6.2.2 非均相液体的混合机理

两种不互溶液体搅拌时，其中必有一种被破碎成液滴，称为分散相，而另一种液体称为连续相。为达到小尺度的宏观混合，必须尽可能减小液滴的尺寸。液滴的破碎主要依靠高度湍动。

液滴是一个具有明显界面的液团。界面张力力图使液滴的表面积最小，抵抗液滴变形和破碎。因此，对液体分散而言，界面张力是过程的抗力。为使液滴破碎，首先必须克服界面张力使液滴变形。

当总流处于高度湍动状态时，存在着方向迅速变换的湍流脉动，液滴不能追随这种脉动而产生相对速度很大的绕流运动。这种绕流运动，沿液滴表面产生不均匀的压强分布和表面剪应力将液滴压扁并扯碎。总体流动的湍动程度越高，湍流脉动对液滴绕流的相对速度越大，则可能产生的液滴尺寸越小。

实际上搅拌器内不仅发生大液滴的破碎过程，同时也存在小液滴相互碰撞而合并的过程。破碎与合并过程同时发生，必然导致液滴尺寸的不均匀分布。其中大液滴是由小液滴合并而成，而小液滴则是大液滴破碎的结果。实际的液滴尺寸分布取决于破碎和合并过程之间的抗衡。

此外，在搅拌釜各处流体湍动程度不均也是造成液滴尺寸不均匀分布的重要因素。在叶片附近的区域内流体的湍动程度最高，液滴破碎速率大于合并速率，液滴尺寸较小；而在远离叶片的区域内流体湍动程度较弱，液滴合并速率大于破碎速率，液滴尺寸变大。

实际过程通常希望液滴大小分布均匀，则可以针对上述液滴分布不匀的原因，采用下列措施：

① 尽量使流体在设备内的湍动程度分布均匀；

② 在混合液中加入少量的保护胶或表面活性物质，使液滴在碰撞时难以合并。许多高分子单体的悬浮聚合过程，就是采用这种方法获得大小均匀的聚合物颗粒。

6.3 搅拌器的性能

6.3.1 搅拌器的特性

搅拌过程是通过搅拌器的旋转向槽内流体输入机械能，从而使流体获得适宜的流动场，并在流动场内进行动量、热量和质量的传递或者进行化学反应的过程。因此，流动场和输入能量这两个问题总是搅拌过程所研究的主要课题。即不同的操作目的需要什么样的流动场，需要输入多大的能量；而各种型式的搅拌器在不同的操作条件下又能提供什么样的流动场，能供给多大的能量。搅拌器的选型实际上就是使这种“需要”和“可能”进行匹配。

常以搅拌釜内的流动状态、循环流量、流速分布、剪切率和剪切率分布来评价搅拌釜内的流动场。搅拌雷诺数 Re 反映了搅拌釜内的流动状态。排量 Q_d、循环流量 Q_c、排量数 N_{qd}、循环量数 N_{qc}、翻转次数 N_t 和循环次数 N_c 是常用来定量地评价搅拌器循环能力的参数。常用剪切数 N_s 来宏观地反映搅拌器的剪切能力。输入能量的大小以单位体积搅拌功率 P_v 来表示。功率数 N_p 是表征搅拌器功耗特性的重要参数。评价搅拌器的混合特性用混合时间数 T_m 和混合效率数 C_e 来表示。功率数与排量数之比 N_p/N_{qd}反映了搅拌器使流体受剪切和促使流体进行循环所需能耗的相对大小，搅拌器的桨端线速度 U_i 是最大剪切率的量度，这两者也是评价搅拌器操作特性的重要参数。这些评价搅拌器操作特性的参数分别用下列各式表示。

$$Re=\frac{d^2 N\rho}{\mu} \tag{6-4}$$

$$Q_d = N_{qd} N d^3 \tag{6-5}$$

$$Q_c = N_{qc} N d^3 \tag{6-6}$$

$$N_t = \frac{Q_d}{V} \tag{6-7}$$

$$N_c = \frac{Q_c}{V} \tag{6-8}$$

$$N_p = \frac{P}{\rho N^3 d^5} \tag{6-9}$$

$$P_v = P/V \tag{6-10}$$

$$T_m = \theta_m N \tag{6-11}$$

$$C_e = \frac{P_v \theta_m^2}{\mu} = W_v \theta_m N \tag{6-12}$$

$$N_s = \frac{1}{N}\sqrt{P_v/\mu} \tag{6-13}$$

$$U_i = \pi d N \tag{6-14}$$

式中 d——桨径，m；

N——转速，r/s；

ρ——密度，kg/m^3；

μ——黏度，Pa・s；

V——流体体积，m^3；

P——搅拌功率，W；

θ_m——混合时间，s。

排量是通过叶轮的轴向循环流量。釜内另有一部分不通过叶轮的轴向循环流量，称为诱导流量 Q_i，循环流量是排量和诱导流量之和。实验指出：对桨式搅拌器，循环流量约是排量的 1.5 倍。由上述各式可见循环次数也应是翻转次数的 1.5 倍。其他搅拌器也有类似的关系。循环次数和翻转次数常用每分钟多少次表示。

搅拌低黏度流体时，单位体积搅拌功率与湍流扩散强度密切有关。

混合时间是达到规定混合均匀度所需的搅拌时间。混合时间数 T_m 表示达到规定混合均匀度搅拌器所需转的圈数。适于高黏度流体的搅拌器，如螺带式搅拌器和螺杆-导流筒式搅拌器，其 T_m 在层流域是常数；适于低黏度流体的搅拌器，如桨式、涡轮式、三叶后掠式等搅拌器，其 T_m 在强湍流域是常数。当 T_m 是常数时，易于对搅拌器的混合能力作出评价：搅拌器的 T_m 值越小，表示搅拌器的混合速率越高。在过渡流域，各种搅拌器的 T_m 随 Re 的增大而减小，故在过渡流域评价搅拌器的混合能力较复杂。混合效率数 C_e 是 W_v 和 θ_m/μ 之积，当流体的黏度和需达到的混合时间一定时，两个搅拌器的 C_e 值之比等于其能耗之比。搅拌器的 C_e 值越小，混合效率越高。

可以导出，$\sqrt{P_v/\mu}$与剪切率成正比，因此剪切数 N_s 反映了搅拌器每转一圈流体所受的剪切量。N_s 值越大，搅拌器的剪切能力越强。

乳液聚合或进行结晶时，若桨端线速度 U_i 值太高，易产生剪切破乳或晶体细粉化，所以 U_i 值往往是搅拌器设计和放大时的一个重要指标。

6.3.2 强化搅拌的措施

叶轮旋转时，推动一股液体使它流动。要能达到良好的搅拌效果，离开叶轮的液体速度必须足够大，能推进到搅拌槽中最远之处。而且，这股液体要具有一定量的动能，当其在其余液体中流过时，其动能由于液体间的相互摩擦（剪切力摩擦）而耗掉，变为热能，可使被搅拌的液体温度升高。

如果搅拌槽是平底圆形槽，槽壁光滑并没有安装任何障碍物，液体黏度不大，而且叶轮放在槽的中心线上，则液体将随着叶轮旋转的方向循着槽壁滑动，则这种旋转运动会产生所称的“打旋”现象（图 6-10）。这种现象可以造成下列不良后果。

① 液体只是随着叶轮团团转而不产生横向或垂直的上下运动，没有产生混合的机会。

② 叶轮轴周围的液体下降，形成一个漩涡。旋转速度愈大，则漩涡中心向下凹的程度愈深，最后可凹到与叶轮接触。此时外面的空气可进入叶轮而被吸到液体中，叶轮所接触的是密度较小的气液混合物，所需的搅拌功率反而下降。这表明“打旋”现象限制了施加于液体的搅拌功率，并限制了叶轮的搅拌效力。

③ 打旋时功率的波动会引起异常的作用力，易使转轴受损，加剧搅拌器的振动，甚至使它无法继续操作。

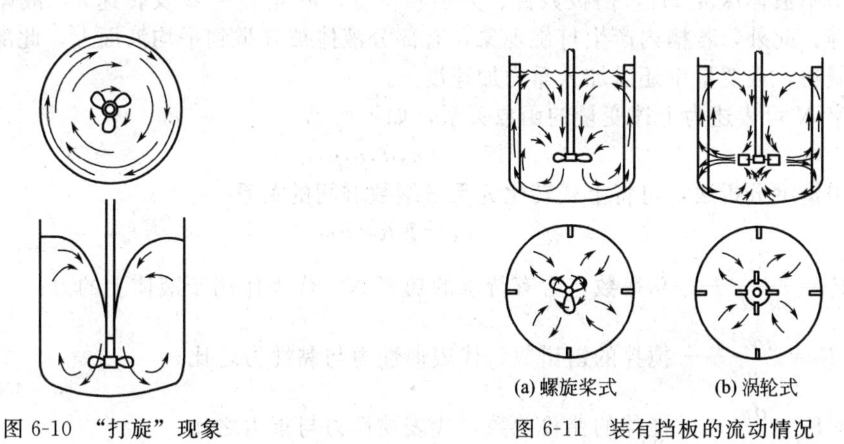

图 6-10 “打旋”现象　　　　图 6-11 装有挡板的流动情况

避免打旋的方法如下。

① 在搅拌槽壁上安装垂直挡板，挡板数要适宜。这种装有适宜数目挡板的槽子称为“完全挡板化”的槽。实践证明，安装四块宽度为槽径 1/10 的均布挡板，可以完全消除打旋现象，这种达至“完全挡板化”的条件称为“标准挡板条件”。挡板除可以消除打旋现象外，还可增大被搅动液体的湍动程度，从而改善搅拌效果。

安装挡板时，挡板顶端应露出液面，下端应通到槽底，如图 6-11 所示。

② 对于小容器，可在偏心或偏心且与垂直轴倾斜一定角度的位置上安装叶轮；对于大容器，则可在容器下部偏心水平位置上安装搅拌器，借以破坏循环回路的对称性，如图6-12 所示。

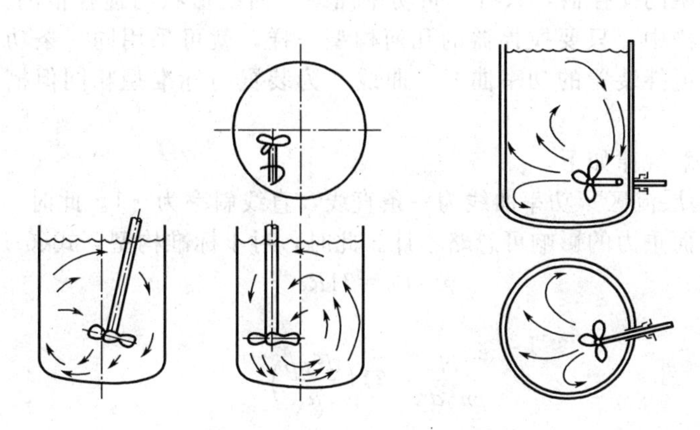

图 6-12 破坏循环回路对称性

6.4 搅拌功率

搅拌器的功率与生产操作中的能量消耗有关，亦是衡量其性能好坏的根据之一。

液体受搅拌而混合所需功率取决于所期望的流型、液流速度及湍动大小。具体地说，功率与叶轮形状、大小和转速，液体的黏度和密度，搅拌槽的大小和内部构件（有无挡板或其他障碍物）以及叶轮在液体中的位置等有关。由于所涉及的变量多，进行实验时可借助于量纲分析，将功率消耗和其他参数关联起来，以求得搅拌过程的功率消耗。

6.4.1 功率关联式

设有一台搅拌器在搅拌槽中使溶液混合，其搅拌功率的消耗与下列因素有关：搅拌槽直径 D，槽中液体深度 H_1，挡板数目、大小和位置，叶轮直径 d 及转速 n，液体的密度 ρ 和黏度 μ 等。此外，若槽内产生打旋现象，有部分液体被升举到平均液面上，此部分液体需克服重力做功，在变量中还需加入重力加速度 g。

功率 N 可表述为上述变量的函数关系，如下所示。

$$N=f(n,d,\rho,\mu,g) \tag{6-15}$$

利用量纲分析法，可将上式转化为无量纲数群间的关系

$$P_0=KRe^xFr^y \tag{6-16}$$

式中 $P_0=\dfrac{N}{\rho n^3 d^5}$——功率数，含有待求的功率 N，代表作用于液体上的力；

$Re=\dfrac{n\rho d^2}{\mu}$——搅拌的雷诺数，代表惯性力与黏性力之比；

$Fr=\dfrac{dn^2}{g}$——搅拌的弗鲁德数，代表惯性力与重力之比。

式(6-16) 可改写成：

$$\phi=\frac{P_0}{Fr^y}=KRe^x \tag{6-17}$$

式中 ϕ——功率函数。

若搅拌中没有产生打旋现象，则不考虑重力的影响，$y=0$，$Fr^y=1$，式(6-17) 可简化为：

$$\phi=P_0=KRe^x \tag{6-18}$$

6.4.2 功率曲线

将 ϕ 值或 P_0 值与 Re 值的关系在双对数坐标纸上标绘，所得出的曲线称为功率曲线。对于一个有具体构型的搅拌器，只有一条功率曲线，曲线形状与搅拌槽的大小无关。因此，在大小不同的搅拌槽中，只要搅拌器的几何构型一样，就可采用同一条功率曲线。图 6-13 中的曲线 1 为标准搅拌装置的功率曲线，曲线 2 为装置与标准型相同但槽中无挡板的功率曲线。

功率曲线的一般规律如下。

(1) $Re<10$ 的层流区　功率曲线为一条直线，直线斜率为－1。此时，液体的黏性力控制系统内的流型，而重力的影响可忽略不计。此时，对于标准构型，式(6-18) 具体化为：

$$\phi=P_0=71Re^{-1}$$

即

$$\frac{N}{\rho n^2 d^5}=71\left(\frac{d^2 n\rho}{\mu}\right)^{-1}$$

所以

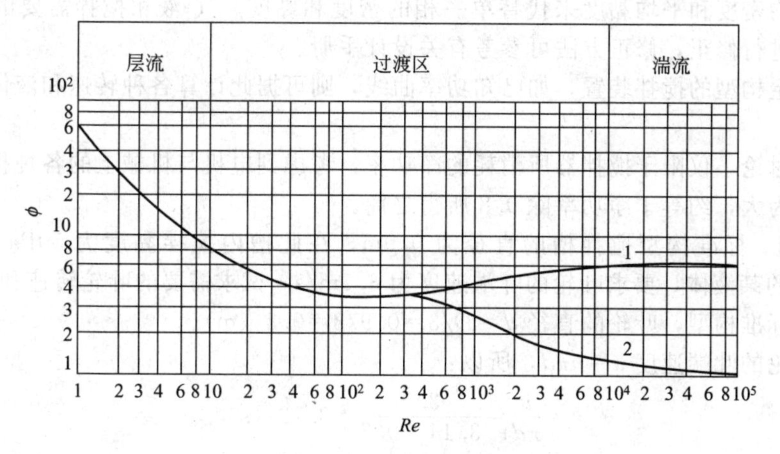

图 6-13 功率曲线

$$N=71\mu n^2 d^5 \tag{6-19}$$

式(6-19)表明，在一定的搅拌速度下，层流区的功率消耗与液体黏度成正比。又由图 6-12 中曲线可知，对相同几何构型的搅拌装置，无论有无挡板功率消耗都相同。

(2) $Re>10^4$ 的充分湍流区　功率曲线趋于水平，ϕ 为一个常数值（对标准构型），与 Re 和 Fr 都无关：

$$\phi=P_0=6.1$$

即

$$N=6.1\rho n^3 d^5 \tag{6-20}$$

(3) $10<Re<10^4$　流动从层流向湍流逐渐过渡。对于有挡板的搅拌装置而言，在 $Re=10\sim10^4$ 的范围内，由于挡板抑制了打旋现象，因此功率与流动特性关系仍取决于 Re，式(6-18)仍适用，但 K 和 x 均为变值，可利用功率曲线求得。对于无挡板系统，当 $Re>300$ 时，由于打旋现象的加剧，Fr 的影响不能忽略，需由式(6-17)计算功率 N，式中 y 用经验公式计算：

$$y=\frac{\alpha-\lg Re}{\beta} \tag{6-21}$$

式中的 α 和 β 为与叶轮形式、直径及搅拌槽直径有关的常数，其值见表 6-2。

表 6-2　$Re>300$ 时无挡板搅拌装置的 α 和 β 值

搅拌器型式	d/D	α	β
螺旋桨式	0.48	2.6	18
	0.37	2.3	18
	0.33	2.1	18
	0.30	1.7	18
	0.22	0	18
涡轮式	0.30	1.0	40
六平叶涡轮	0.33	1.0	40

注：d/D 为叶轮直径与搅拌槽直径之比。

因此，当 $Re>300$ 时，无挡板系统的功率关系式为：

$$\phi=\frac{P_0}{Fr^{\frac{\alpha-\lg Re}{\beta}}}$$

$$N=\phi\rho n^3 D^5 Fr^{\frac{\alpha-\lg Re}{\beta}} \tag{6-22}$$

上述功率曲线不仅适用于单一液相，也适用于非均相的液-液和液-固系统。此时，需用混合物的平均密度和平均黏度来代替单一相的密度和黏度。气-液相搅拌需要的功率与充气量有关，须进行修正，修正方法可参考有关设计手册。

对于一定构型的搅拌装置，如已知功率曲线，则可据此计算各种转速和液体特性条件下的功率消耗。

上面的讨论，仅限于搅拌器所消耗的净功率，考虑到电机与机械上的各种损失，实际的功率应较此为大，约等于净功率除 0.8 所得之商。

【例 6-1】 标准构型搅拌槽的直径为 0.9m，在此槽内搅拌黏度为 50Pa·s、密度为 $1050kg/m^3$ 的某液体，要求叶轮的叶端速度为 3.5m/s。试求需要的叶轮转速和功率。

解：对标准构型，叶轮的直径 $d=D/3=0.9/3=0.3$（m）。

由于叶轮的叶端速度 $u=n\pi d$，所以：

$$n=\frac{u}{\pi d}=\frac{3.5}{3.14\times 0.3}=3.72\ (s^{-1})$$

$$Re=\frac{n\rho d^2}{\mu}=\frac{3.72\times 1050\times 0.3^2}{50}=7.03<10$$

故

$$N=71\mu n^2 d^5=71\times 50\times 3.72^2\times 0.3^5=119.4\ (W)$$

6.5 搅拌器的放大

对于流体的混合技术，虽然已有许多理论研究和实验研究，但系统的混合理论及有关的设计计算方法仍不完善。因此，对于工业规模搅拌槽的设计计算仍然具有相当程度的经验性质。

一些制造厂家根据搅拌的难易程度和需要的过程结果，将不同过程的搅拌程度分别规定成搅拌强度不同的若干等级。对于不同的容积以及不同的搅拌等级，都有依据经验编制好的搅拌转速及搅拌型式以供选用。

在开发新产品时，往往需要首先建立小规模的试验装置，然后建立中试装置并优化其操作参数、搅拌体系尺寸参数，最后再根据实验结果采用放大技术进行工业规模搅拌装置的设计。有时也需要从小规模的搅拌槽直接放大到生产装置规模。

搅拌槽放大时，三维流场的复杂性使得大、小两搅拌槽在搅拌同种流体时也不能同时保持几何相似、流体运动相似和流体动力学状态相似等，因而在放大时就不能使大、小槽两系统中所有的流量关系、剪切速率关系以及其他搅拌参数都保持不变。通常，几何相似是搅拌槽放大技术所需要的重要步骤。首先，在几何相似条件下，分析各搅拌参数间的变化关系。然后，根据具体搅拌过程的特性，确定放大准则。最后，再对过程效果及经济性进行综合评价，修正某些几何条件，完成搅拌槽的放大设计。

一般情况下被用来作为放大准则的参数及其放大方法有下面几种。

(1) 保持单位体积功率消耗相等的放大　通常情况下当流体物性不变，放大比不太大时，过程结果主要依赖于流体的湍动强度，此方法还是可行的。

(2) 保持叶端速度不变放大　对于几何相似系统，也就是保持单位体积功耗的叶轮恒扭矩放大准则。由于搅拌功率绝大部分弥散在叶轮区及排出流之中，叶端速度恒定即是弥散于单位体积排出流中的机械能保持恒定。这部分机械能在克服微小漩涡中的黏性剪切阻力时被消耗，其大小也等价剪切作用的度量。对于需要较高的 H/Q（H 为泵送压头；Q 为排液量）的操作，这一准则较为合适。

(3) 保持翻转次数相等放大　对于过程结果主要依赖于流体循环速度的搅拌操作（如槽

内传热等）是合适的。

当然放大过程是一个复杂的过程，依据具体的过程要求，选定合适的放大准则，才能得到较理想的放大效果。

6.6 其他混合设备

6.6.1 静态混合器

静态混合器的特点是没有运动部件，维修方便，在化工、石油化工、日用化工等行业中被广泛使用。在混合、乳化、分散、反应等过程中，特别是在易燃易爆的场合更有优势。图 6-14 给出了几种常用的静态混合器的结构图。从图中可以清楚地看到静态混合器是在一段直管内设置若干混合元件，为了使流体发生流向的变化，将混合元件旋转一定的角度串级放置。当流体依次流过每个元件时，将被分割成薄片，其数量将按元件数的幂次方增加。当薄片小到一定程度时，分子扩散的作用愈来愈强，最后达到混合均匀。

图 6-14 静态混合器

静态混合器主要用于混合高黏度液体、黏度差大的液体和糊状物料以及不互溶液体的分散，还可以用于各种物系的混合、分散、传质、传热、化学反应、pH 值控制及粉体混合等操作。由于流体在混合器中扰动强烈，因此即使是在层流域其壁面传热系数也很大。静态混合器中，径向混合剧烈，因此温度分布均匀。混合元件的存在使轴向返混减小到最低限度，流动接近于完全活塞流。国外已有将静态混合器多管并联，制作成列管换热器的型式，用于高分子本体聚合。这种型式所提供的巨大换热面，解决了搅拌槽高黏物料传热困难的问题。

6.6.2 射流混合

射流是在流体经过一个小孔、喷嘴或管道，流入较大的容器时产生的。射流由喷嘴射出，一方面在紧靠喷嘴的一个相当短的区域内流造成很大的速度梯度，形成涡流；另一方面，射流直径随离开出口的距离增加而增大，并在扩展的过程中使周围的流体被夹带进来而产生混合。射流可以是层流，也可以是湍流，这取决于雷诺数的大小。当喷嘴或孔出口处的 $Re<300$时，为层流射流；$Re>2100$ 时为湍流射流。对于黏性大的液体，层流射流可推动器内液体运动，但因黏性液体中分子扩散速度小，喷出的液体与器内液体不会在分子规模上的混合。此外，在喷嘴附近区域形成的漩涡，也导致对周围流体的夹带，引起槽内流体的总体流动，导致 30～1000m/s 级的速度变化，巨大的速度差促成了激烈的混合。

槽内的射流混合，因喷嘴的安装位置不同而产生不同的总体流动，被夹带液体的流量随喷嘴的距离增加而加大，如图 6-15 所示。因此，必须有足够的空间使射流得以充分发展，才能使两种流体得到较好的混合。喷嘴的安装位置，取决于槽内流体的性质和槽体的大小。

在石油工业中，已将四己铅采用射流搅拌的方法混入汽油中。与循环泵系统和螺旋桨搅拌系统相比，射流混合的投资成本低，效率高，混合时间短，功率消耗低。射流混合对泵的流量要求低，但对压头的要求较高。

6.6.3 管道混合器

管道混合是使待混合的物料，通过在管道内流动而混合均匀。在混合过程中，通过平行

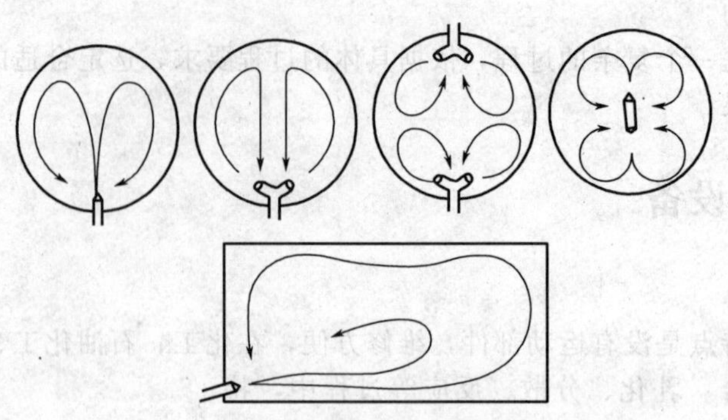

图 6-15　槽内射流混合

地控制所有组分的流量，确定混合物的组成，并使它保持在预定值上。该类混合器可达到连续混合的目的，可用于气-液、液-液、固-液等非均相体系的分散、混合、溶解和传质，也可用于互溶液体的混匀中。图 6-16 给出了几种管道混合器的结构图。从图中可以看出它们可分为两大类：一类由是由机械转动部件驱动的，如图 6-16 中的（a）、（b）所示，故此类又称管式搅拌混合器；另一类是没有机械转动部件，如图 6-16 中的（c）内装混合孔板，（d）为内装混合喷嘴。

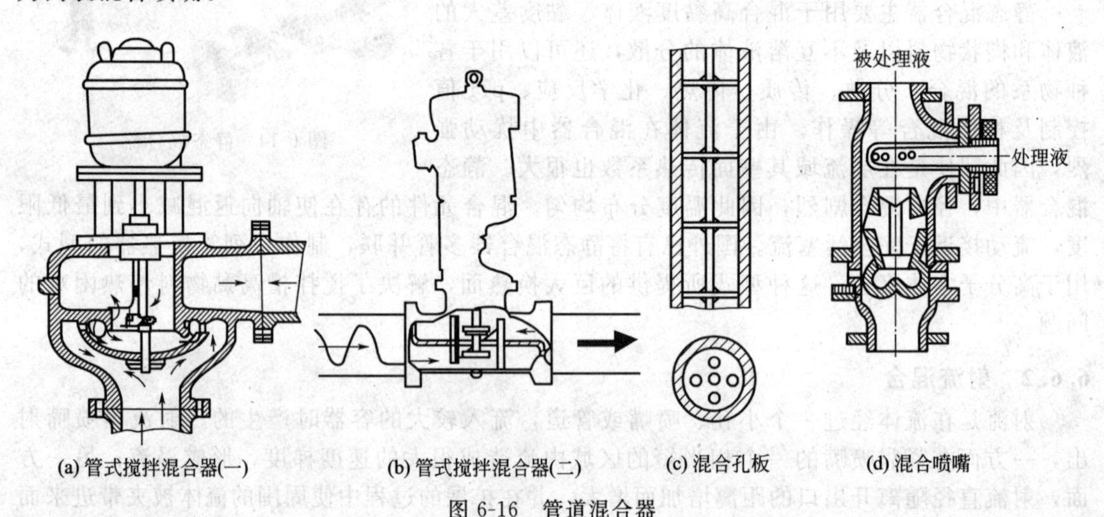

(a) 管式搅拌混合器(一)　(b) 管式搅拌混合器(二)　(c) 混合孔板　(d) 混合喷嘴

图 6-16　管道混合器

6.6.4　气流搅拌

气流搅拌是以空气或蒸汽通入液体介质，借鼓泡作用进行搅拌。因此，此项设备常称鼓泡器，如图 6-17 所示。气流搅拌是搅拌方法中较为简单的一种，若液体还需要加热，则蒸汽搅拌更为恰当。

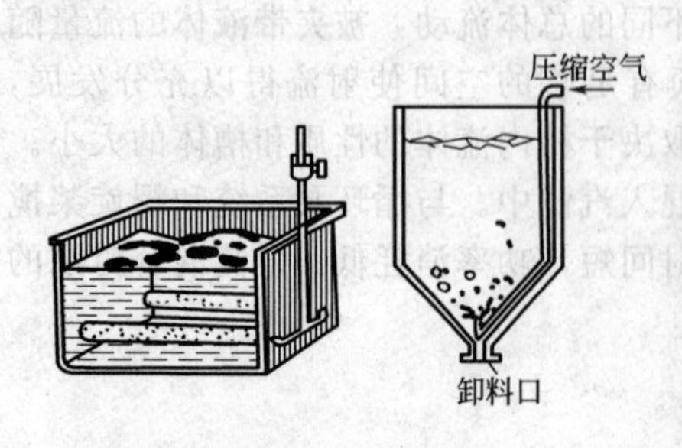

图 6-17　气流搅拌

为了搅拌均匀，位于容器底部的气管装置，应严格保持水平。而管上气孔应小些为宜，且沿管长呈螺旋分布。但气孔又不宜太小，否则易发生阻塞，小孔直径一般在 3～6mm 之间。有时为了避免鼓泡器阻塞，可在容器底装设具有齿形边缘的泡罩以代替气管，使空气或蒸汽由齿缝间鼓泡而出。送入的空气或蒸汽，其压强必须足以造成气速的速度压头，并超过容器内液体的静压头及摩擦阻力。至于空气的消耗量，以每分钟每平方米容器中液面所需空气的体积表示，可取如下经验数值：

微弱搅拌 0.4m^3；

中强搅拌 0.8m^3；

剧烈搅拌 1.0m^3。

气流搅拌的设备简单，特别适用于化学腐蚀性强的液体，但送入的空气可能将液体中有用的挥发物带走，造成损失，同时空气亦可在液体中产生氧化作用。气流搅拌的能量消耗一般多于机械搅拌。

阅读资料

石灰乳贮罐搅拌器的改进

某厂环氧车间石灰乳贮罐搅拌器为两组开启四折叶涡轮式桨叶，是环氧氯丙烷装置的关键设备。该机日常运行噪声大，频繁的检修不利于装置的长周期正常运行。

1. 结构简介

搅拌器由电机、减速器及搅拌轴组成，安装在罐顶中心位置。电机输出轴通过内外圆弧齿轮（齿套）与减速器连接实现传动输出。减速器采用两个大小不同的 NGW 型行星减速器（附图 1）串联组成，通过凸缘联轴器与搅拌轴相连接。

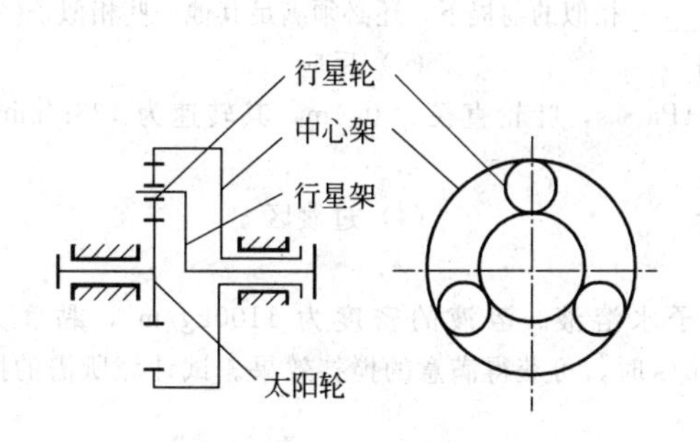

附图 1　行星齿轮减速器

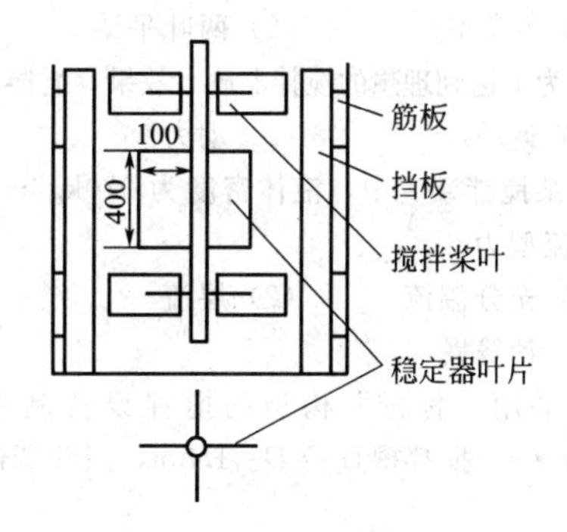

附图 2　挡板和稳定器示意图

2. 故障现象

贮罐充液高度和液体的流动状态对搅拌器产生很大的影响，同时也存在着搅拌轴不平衡的可能性。2000 年 6 月 26 日搅拌器发生剧烈振动而损坏，检查发现底部轴承支架的固定螺栓腐蚀脱落，轴承随支架脱落，搅拌器下端失去固定而偏摆，造成严重轴弯。搅拌轴从上到下分三段用凸缘联轴器连接而成。检查发现，从第二段轴联轴器根部起由上而下摆动值逐渐增大。联轴器的凸肩被挤压变形，呈台阶状，与凹槽不能很好地贴合。减速机的损坏部位主要是：一级圆弧内齿轮和太阳轮的齿厚减薄；三个行星轮中的一个磨损严重；双向推力轴承的滚动体和滑道严重划伤；保持架断裂。

3. 改进措施

① 由于搅拌轴的弯曲多发生在松动联轴器以下靠近联轴器处，故在联轴器两半接合面处加垫片 2.2mm 进行调整，能有效地减小 S 形弯曲，消除搅拌轴末端的偏摆。

② 对联轴器、桨叶、轴承等连接部位采取锁紧措施，防止松动。底部轴承在支座下面增设支撑平台，以避免支架和轴承的脱落。

③ 搅拌桨叶和液体介质之间因相对运动而产生涡流。将宽 500mm 的挡板加宽至 800mm 并离开罐壁，增加筋板与罐壁相连。这样就增加了轴向液流，减小了涡流，防止罐壁与挡板接触之处形成停滞区。

④ 为了减轻搅拌轴的振动，在罐内液体中心的圆柱状回转区（两组搅拌桨叶之间）增设稳定器。稳定器叶片的尺寸如附图 2 所示，稳定器和周围液体共同旋转，减小周围液体的湍流，且能起一定的阻尼作用，减小振动。

4. 结语

通过采取上述措施，改善了搅拌器的运行条件。自 2000 年进行改造以来，检修周期由 8 个月延长至 2 年，保证了搅拌器长周期稳定运行，每年可减少备件费用 4 万元，检修费用 1.5 万元。

习　题

一、填空题

1. 搅拌装置一般由______、______、______组成。

2. 螺旋桨式叶轮是______流式搅拌器的代表，具有______、______、______、______的特点。

3. 搅拌时避免流体打旋的方法有______、______。

4. 均相液体混合时，最终液体的微团消失是通过______、______、______三种机理实现的。

5. 影响搅拌功率的因素包括______、______、______、______四个方面。

6. 对于几何构型相同的搅拌器，不论其尺寸大小，均可用______计算搅拌功率。

二、单项选择题

1. 制备乳状液或悬浮液宜选择的搅拌器是______。

(1) 旋桨式　(2) 两叶平桨　(3) 框架型搅拌器　(4) 锚型桨叶

2. 为了达到理想的搅拌器放大效果，搅拌设备在满足______相似的前提下，还必须满足其他一些相似条件。

(1) 运动　(2) 动力　(3) 几何　(4) 反应

3. 某搅拌装置中，液体密度为 $980\mathrm{kg/m^3}$，黏度为 $41\mathrm{Pa\cdot s}$，叶轮直径为 0.4m，其转速为 126r/min，则液体流型为______。

(1) 充分湍流　(2) 层流　(3) 混合　(4) 过渡区

三、计算题

1. 采用“标准”构型的搅拌设备制备均相高分子水溶液。溶液的密度为 $1100\mathrm{kg/m^3}$，黏度为 $0.028\mathrm{Pa\cdot s}$。搅拌槽直径 $D=1.8\mathrm{m}$，当叶端速度为 9.46m/s 时，可获得满意的搅拌效果。试计算所需的搅拌功率。

2. 在“标准”构型搅拌设备中搅拌高黏度液体，液体黏度为 $46\mathrm{Pa\cdot s}$，密度为 $1060\mathrm{kg/m^3}$，搅拌器叶轮直径为 0.5m，转速为 1.5r/s。试求搅拌功率。

思 考 题

1. 搅拌的目的是什么？

2. 混合操作分为哪几类？

3. 轴流式和径向流式搅拌器各有什么特长及缺陷？

4. 射流混合的特点是什么？

符 号 说 明

英文字母：

a——比表面积，$\mathrm{m^2/m^3}$；

c——浓度，$\mathrm{kmol/m^3}$；

d——叶轮直径，m；

D——筒体直径，m；

H——深度，m；

I——浓度之比；

k——膜传质系数，$\mathrm{kmol/(m^2\cdot s\cdot kPa)}$；

K——总传质系数，$\mathrm{kmol/(m^2\cdot s\cdot kPa)}$；

L——叶片长度，m；

n——样品数；

N——转速，r/s；

P——搅拌功率，W；

Q——传热速率，W；

V——体积，$\mathrm{m^3}$；

W——宽度，m。

希腊字母：

θ——时间，s；

ρ——密度，kg/m^3；

μ——黏度，Pa·s。

下标：

i——叶轮距槽底的高度；

b——挡板；

m——混合；

c——临界。

附　录

1. 常用法定计量单位

(1) 常用单位

基本单位			具有专门名称的导出单位				允许并用的其他单位			
物理量	基本单位	单位符号	物理量	单位名称	单位符号	与基本单位关系式	物理量	单位名称	单位符号	与基本单位关系式
长度	米	m	力	牛[顿]	N	1N=1kg·m/s^2	时间	分	min	1min=60s
质量	千克(公斤)	kg	压强、应力	帕[斯卡]	Pa	1Pa=1N/m^2		时	h	1h=3600s
时间	秒	s	能、功、热量	焦[耳]	J	1J=1N·m		日	d	1d=86400s
热力学温度	开[尔文]	K	功率	瓦[特]	W	1W=1J/s	体积	升	L(l)	1L=10^{-3}m^3
物质的量	摩[尔]	mol					质量	吨	t	1t=10^3kg

(2) 常用十进倍数单位及分数单位的词头

词头符号	M	k	d	c	m	μ
词头名称	兆	千	分	厘	毫	微
表示因数	10^6	10^3	10^{-3}	10^{-2}	10^{-3}	10^{-6}

2. 单位换算表

说明：下列表格中，各单位名称上的数字标志代表所属的单位制度：①cgs 制；②SI；③工程制。没有标志的是制外单位。有 * 号的是英制单位。

(1) 长度

①cm 厘米	②m 米	* ft 英尺	* in 英寸
1	10^{-2}	0.03281	0.3937
100	1	3.281	39.37
30.48	0.3048	1	12
2.54	0.0254	0.08333	1

(2) 面积

①cm^2 厘米^2	②m^2 米^2	* ft^2 英尺^2	* in^2 英寸^2
1	10^{-2}	0.001076	0.1550
10^4	1	10.76	1550
929.0	0.0929	1	144.0
6.452	0.0006452	0.006944	1

(3) 体积

①cm^3 厘米^3	②m^3 米^3	1公升	* ft^{3}英尺^3	* Imperial gal 英加仑	* U. S. gal 美加仑
1	10^{-6}	10^{-3}	3.531×10^{-5}	0.0002200	0.0002642
10^6	1	10^3	35.31	220.0	264.2
10^3	10^{-3}	1	0.03531	0.2200	0.2642
28320	0.02832	28.32	1	6.228	7.481
4546	0.004546	4.546	0.1605	1	1.201
3785	0.003785	3.785	0.1337	0.8327	1

(4) 质量

①g 克	②kg 千克	③kgf·s²/m 千克(力)·秒²/米	ton 吨	* lb 磅
1	10^{-3}	1.020×10^{-4}	10^{-6}	0.002205
1000	1	0.1020	10^{-3}	2.205
9807	9.807	1		
453.6	0.4536		4.536×10^{-4}	1

(5) 重量或力

①dyn 达因	②N 牛顿	③kgf 千克(力)	* lbf 磅(力)
1	10^{-5}	1.020×10^{-6}	2.248×10^{-6}
10^5	1	0.1020	0.2248
9.807×10^5	9.807	1	2.205
4.448×10^5	4.448	0.4536	1

(6) 密度

①g/cm^3 克/厘米³	②kg/m^3 千克/米³	③$kgf\cdot s^2/m^4$ 千克(力)·秒²/米⁴	* lb/ft^3 磅/英尺³
1	1000	102.0	62.43
10^{-3}	1	0.1020	0.06243
0.009807	9.807	1	
0.01602	16.02		1

(7) 压力

①bar 巴 $=10^6 dyn/cm^2$	②$Pa=N/m^2$ 帕斯卡=牛顿/米²	③ $kgf/m^2=mmH_2O$ 千克(力)/米²	atm 物理大气压	kgf/cm^2 工程大气压	mmHg(0℃) 毫米汞柱	* lbf/in^2 磅/英寸²
1	10^5	10200	0.9869	1.020	750.0	14.5
10^{-5}	1	0.1020	9.869×10^{-6}	1.020×10^{-5}	0.007500	1.45×10^{-4}
9.807×10^{-5}	9.807	1	9.678×10^{-5}	10^{-4}	0.07355	0.001422
1.013	1.013×10^5	10330	1	1.033	760.0	14.70
0.9807	9.807×10^4	10000	0.9678	1	735.5	14.22
0.001333	133.3	13.60	0.001316	0.00136	1	0.0193
0.06895	6895	703.1	0.06804	0.07031	51.72	1

(8) 能量、功、热

①erg=dyn·cm 尔格	②J=N·m 焦耳	③kgf·m 千克(力)·米	③ kcal=1000cal 千卡	kW·h 千瓦时	* ft·lbf 英尺磅(力)	* B. t. u. 英热单位
1	10^{-7}					
10^7	1	0.1020	2.39×10^{-4}	2.778×10^{-7}	0.7376	9.486×10^{-4}
	9.807	1	2.344×10^{-3}	2.724×10^{-6}	7.233	0.009296
	4187	426.8	1	1.162×10^{-3}	3088	3.968
	3.6×10^6	3.671×10^5	860.0	1	2.655×10^6	3413
	1.356	0.1383	3.239×10^{-4}	3.766×10^{-7}	1	0.001285
	1055	107.6	0.2520	2.928×10^{-4}	778.1	1

(9) 功率，传热速率

①erg/s 尔格/秒	②kW=1000J/s 千瓦	③kgf·m/s 千克(力)·米/秒	③ kcal/s=1000cal/s 千卡/秒	* ft·lbf/s 英尺磅(力)/秒	* B.t.u./s 英热单位/秒
1	10^{-10}				
10^{10}	1	102	0.2389	737.6	0.9486
	0.009807	1	0.002344	7.233	0.009296
	4.187	426.8	1	3088	3.963
	0.001356	0.1383	3.293×10^{-4}	1	0.001285
	1.055	107.6	0.2520	778.1	1

(10) 黏度

① P=dyn·s/cm²=g/(cm·s) 泊	②N·s/m²=Pa·s 牛·秒/米²	③kgf·s/m² 千克(力)·秒/米²	cP 厘泊	* lb/(ft·s) 磅/(英尺·秒)
1	0.1	0.01020	100	0.06719
10	1	0.1020	1000	0.6719
98.07	9.807	1	9807	6.589
10^{-2}	10^{-3}	1.020×10^{-4}	1	6.719×10^{-4}
14.88	1.488	0.1517	1488	1

(11) 运动黏度、扩散系数

①cm²/s 厘米²/秒	②③ m²/s 米²/秒	m²/h 米²/小时	* ft²/h 英尺²/小时
1	10^{-4}	0.36	3.875
10^{4}	1	3600	38750
2.778	2.778×10^{-4}	1	10.76
0.2581	2.581×10^{-5}	0.0929	1

(12) 表面张力

①dyn/cm 达因/厘米	②N/m 牛顿/米	③kgf/m 千克(力)/米	* lbf/ft 磅(力)/英尺
1	0.001	1.020×10^{-4}	6.852×10^{-5}
1000	1	0.1020	0.06852
9807	9.807	1	0.672
14590	14.59	1.488	1

(13) 热导率

①cal/(cm·s·℃) 卡/(厘米·秒·摄氏度)	②W/(m·K) 瓦/(米·开)	③kcal/(m·s·℃) 千卡/(米·秒·摄氏度)	kcal/(m·h·℃) 千卡/(米·小时·摄氏度)	* B.t.u./(ft·h·℉) 英热单位/(英尺·小时·华氏度)
1	418.7	0.1	360	241.9
2.388×10^{-2}	1	2.388×10^{-4}	0.8598	0.5788
10	4187	1	3600	2419
2.778×10^{-3}	1.163	2.778×10^{-4}	1	0.6720
4.134×10^{-3}	1.731	4.139×10^{-4}	1.488	1

(14) 焓、潜热

①cal/g 卡/克	②J/kg 焦耳/千克	③kcal/kgf 千卡/千克(力)	* B. t. u. /lb 英热单位/磅
1	4187	(1)	1.8
2.389×10⁻⁴	1	(2.389×10⁻⁴)	4.299×10⁻⁴
0.5556	2326	(0.5556)	1

(15) 比热容、熵

① cal/(g·℃) 卡/(克·摄氏度)	②J/(kg·K) 焦耳/(千克·开)	③kcal/(kgf·℃) 千卡/[公斤(力)·摄氏度]	* B. t. u. /(lb·℉) 英热单位/(磅·华氏度)
1	4187	(1)	1
2.389×10^{-4}	1	(2.389×10^{-4})	2.389×10^{-4}

(16) 传热系数

①cal/(cm²·s·℃) 卡/(厘米²·秒·摄氏度)	②W/(m²·K) 瓦/(米²·开)	③kcal/(m²·s·℃) 千卡/(米²·秒·摄氏度)	kcal/(m²·h·℃) 千卡/(米²·小时·摄氏度)	* B. t. u. /(ft²·h·℉) 英热单位/(英尺²·小时·华氏度)
1	4.187×10^{4}	10	3.6×10^{4}	7376
2.388×10^{-5}	1	2.388×10^{-4}	8598	1761
0.1	4187	1	3600	737.6
2.778×10^{-5}	1.163	2.778×10^{-4}	1	2049
1.356×10^{-4}	5.678	1.356×10^{-3}	4.882	1

(17) 标准重力加速度

$$g=980.7\text{cm/s}^2 ① =9.807\text{m/s}^2 ②③ =32.17\text{ft/s}^2 *$$

(18) 通用气体常数

$$R=1.987\text{cal/(mol·K)} ① =8.314\text{kJ/(kmol·K)} ②$$
$$=848\text{kgf·m/(kmol·K)} ③$$
$$=82.06\text{atm·cm}^3\text{/(mol·K)}$$
$$=0.08206\text{atm·m}^3\text{/(kmol·K)}$$
$$=0.08206\text{atm·L/(mol·K)}$$
$$=1.987\text{kcal/(kmol·K)}$$
$$=1.987\text{B.t.u./(lb·mol·℉)} *$$
$$=1544\text{lbf·ft/(lb·mol·℉)} *$$

(19) 斯蒂芬-玻尔兹曼常数

$$\sigma_0=5.71\times10^{-5}\text{erg/(s·cm}^2\text{·K}^4) ①$$
$$=5.67\times10^{-8}\text{W/(m}^2\text{·K}^4) ②$$
$$=4.88\times10^{-8}\text{kcal/(h·m}^2\text{·K)} ③$$
$$=1.73\times10^{-9}\text{B.t.u./(h·ft}^2\text{·℉)} *$$

(20) 温度

$$t/℃=(t/℉-32)\times\frac{5}{9},\ t/℉=t/℃\times\frac{9}{5}+32,\ t/\text{K}=273.3+t/℃$$

3. 某些气体的重要物理性质(0℃,101.3kPa)

序号	名称	分子式	分子量 /(kg/kmol)	密度 /(kg/m³)	定压比热容		$K=\frac{c_p}{c_v}$	黏度 /μPa·s (或 10^{-3}cP)	沸点 (101.3kPa) /℃	气化潜热 (760mmHg)		临界点		热导率	
					/[kcal/(kg·℃)]	/[kJ/(kg·℃)]				/(kJ/kg)	/(kcal/kgf)	温度 /℃	压力 /atm	/[W/(m·K)]	/[kcal/(m·h·℃)]
1	空气	—	28.95	1.293	0.241	1.009	1.40	17.3	−195	197	47	−140.7	37.20	0.0244	0.021
2	氧	O_2	32	1.429	0.218	0.653	1.40	20.3	−132.98	213	50.92	−118.82	49.72	0.0240	0.0206
3	氮	N_2	28.02	1.251	0.250	0.745	1.40	17.0	−195.78	199.2	47.58	−147.13	33.49	0.0228	0.0196
4	氢	H_2	2.016	0.0899	3.408	10.130	1.407	8.42	−252.75	454.2	108.5	−239.9	12.80	0.163	0.140
5	氦	He	4.00	0.1785	1.260	3.180	1.66	18.8	−268.95	19.5	4.66	−267.96	2.26	0.144	0.124
6	氩	Ar	39.94	1.782	0.127	0.322	1.66	20.9	−185.87	163	38.9	−122.44	48.00	0.0173	0.0149
7	氯	Cl_2	70.91	3.217	0.115	0.355	1.36	12.9(16℃)	−33.8	305	72.95	144.0	76.10	0.0072	0.0062
8	氨	NH_3	17.03	0.771	0.530	0.670	1.29	9.18	−33.4	1373	328	132.4	111.50	0.0215	0.0185
9	一氧化碳	CO	28.01	1.250	0.250	0.754	1.40	16.6	−191.48	211	50.5	−140.2	34.53	0.0226	0.0194
10	二氧化碳	CO_2	44.01	1.976	0.200	0.653	1.30	13.7	−78.2	574	137	31.1	72.90	0.0137	0.0118
11	二氧化硫	SO_2	64.07	2.927	0.151	0.502	1.25	11.7	−10.8	394	94	157.5	77.78	0.0077	0.0066
12	二氧化氮	NO_2	46.01	—	0.192	0.615	1.31	—	21.2	712	170	158.2	100.00	0.0400	0.0344
13	硫化氢	H_2S	34.08	1.539	0.253	0.804	1.30	11.66	−60.2	548	131	100.4	188.90	0.0131	0.0113
14	甲烷	CH_4	16.04	0.717	0.531	1.700	1.31	10.3	−161.58	511	122	−82.15	45.60	0.0300	0.0258
15	乙烷	C_2H_6	30.07	1.357	0.413	1.440	1.20	8.5	−88.50	486	116	32.1	48.85	0.0180	0.0155
16	丙烷	C_3H_8	44.1	2.020	0.445	1.650	1.13	7.95(18℃)	−42.1	427	102	95.6	43.00	0.0148	0.0127
17	丁烷(正)	C_4H_{10}	58.12	2.673	0.458	1.730	1.108	8.1	−0.5	386	92.3	152	37.50	0.0135	0.0116
18	戊烷(正)	C_5H_{12}	72.15	—	0.410	1.570	1.09	8.74	−36.08	151	36	197.1	33.00	0.0128	0.0110
19	乙烯	C_2H_4	28.05	1.261	0.365	1.222	1.25	9.85	−103.7	481	115	9.7	50.70	0.0164	0.0141
20	丙烯	C_3H_6	42.08	1.914	0.390	1.436	1.17	8.35(20℃)	−47.7	440	105	91.4	45.40	—	—
21	乙炔	C_2H_2	26.04	1.171	0.402	1.352	1.24	9.35	−83.66(升华)	829	198	35.7	61.60	0.0184	0.0158
22	氯甲烷	CH_3Cl	50.49	2.308	0.177	0.582	1.28	9.89	−24.1	406	96.9	143	66.00	0.0085	0.0073
23	苯	C_6H_6	78.11	—	0.299	1.139	1.10	7.2	80.2	394	94	288.5	47.70	0.0088	0.0076

4. 某些液体的重要物理性质（20℃，101.3kPa）

名称	分子式	密度 ρ /(kg/m^3)	沸点 T_b /℃	汽化焓 Δh_v /(kJ/kg)	比热容 c_p /[kJ/(kg·℃)]	黏度 μ /mPa·s	热导率 λ /[W/(m·℃)]	体积膨胀系数 β /×10^4℃$^{-1}$	表面张力 σ /(×10^{-3}N/m)
水	H_2O	998	100	2258	4.183	1.005	0.599	1.82	72.8
氯化钠盐水(25%)	—	1186(25℃)	107	—	3.39	2.3	0.57(30℃)	4.4	—
氯化钙盐水(25%)	—	1228	107	—	3.39	2.5	0.57	(3.4)	—
硫酸	H_2SO_4	1831	340(分解)	—	1.47(98%)	23	0.38	5.7	—
硝酸	HNO_3	1513	86	481.1	—	1.17(10℃)	—	—	—
盐酸(30%)	HCl	1149	—	—	2.55	2(31.5%)	0.42	—	—
二硫化碳	CS_2	1262	46.3	352	1.005	0.38	0.16	12.1	32
戊烷	C_5H_{12}	626	36.07	357.4	2.24(15.6℃)	0.229	0.113	15.9	16.2
己烷	C_6H_{14}	659	68.74	335.1	2.31(15.6℃)	0.313	0.119	—	18.2
庚烷	C_7H_{16}	684	98.43	316.5	2.21(15.6℃)	0.411	0.123	—	20.1
辛烷	C_8H_{18}	703	125.67	306.4	2.19(15.6℃)	0.540	0.131	—	21.8
三氯甲烷	$CHCl_3$	1489	61.2	253.7	0.992	0.58	0.138(30℃)	12.6	28.5(10℃)
四氯化碳	CCl_4	1594	76.8	195	0.850	1.0	0.12	—	26.8
1,2-二氯乙烷	$C_2H_4Cl_2$	1253	83.6	324	1.260	0.83	0.14(50℃)	—	30.8
苯	C_6H_6	879	80.10	393.9	1.704	0.737	0.148	12.4	28.6
甲苯	C_7H_8	867	110.63	363	1.70	0.675	0.138	10.9	27.9
邻二甲苯	C_8H_{10}	880	144.42	347	1.74	0.811	0.142	—	30.2
间二甲苯	C_8H_{10}	864	139.10	343	1.70	0.611	0.167	0.1	29.0
对二甲苯	C_8H_{10}	861	138.35	340	1.704	0.643	0.129	—	28.0
苯乙烯	C_8H_9	911(15.6℃)	145.2	(352)	1.733	0.72	—	—	—
氯苯	C_6H_5Cl	1106	131.8	325	1.298	0.85	0.14(30℃)	—	32
硝基苯	$C_6H_5NO_2$	1203	210.9	396	1.47	2.1	0.15	—	41
苯胺	$C_6H_5NH_2$	1022	184.4	448	2.07	4.3	0.17	8.5	42.9
酚	C_6H_5OH	1050(50℃)	181.8(熔点40.9℃)	511	—	3.4(50℃)	—	—	—
萘	$C_{10}H_8$	1145(固体)	217.9(熔点80.2℃)	314	1.80(100℃)	0.59(100℃)	—	—	—
甲醇	CH_3OH	791	64.7	1101	2.48	0.6	0.212	12.2	22.6
乙醇	C_2H_5OH	789	78.3	846	2.39	1.15	0.172	11.6	22.8
乙醇(95%)	—	804	78.2	—	—	1.4	—	—	—
乙二醇	$C_2H_4(OH)_2$	1113	197.6	780	2.35	23	—	—	47.7
甘油	$C_3H_5(OH)_3$	1261	290(分解)	—	—	1499	0.59	5.3	63
乙醚	$(C_2H_5)_2O$	714	34.6	360	2.34	0.24	0.140	16.3	18
乙醛	CH_3CHO	783(18℃)	20.2	574	1.9	1.3(18℃)	—	—	21.2
糠醛	$C_5H_4O_2$	1168	161.7	452	1.6	1.15(50℃)	—	—	43.5
丙酮	CH_3COCH_3	792	56.2	523	2.35	0.32	0.17	—	23.7
甲酸	HCOOH	1220	100.7	494	2.17	1.9	0.26	—	27.8
醋酸	CH_3COOH	1049	118.1	406	1.99	1.3	0.17	10.7	23.9
醋酸乙酯	$CH_3COOC_2H_5$	901	77.1	368	1.92	0.48	0.14(10℃)	—	—
煤油	—	780～820	—	—	—	3	0.15	10.0	—
汽油	—	680～800	—	—	—	0.7～0.8	0.19(30℃)	12.5	—

5. 常用固体材料的密度和比热容

名称	密度/(kg/m³)	比热容/[kJ/(kg·℃)]	名称	密度/(kg/m³)	比热容/[kJ/(kg·℃)]
(1)金属			(3)建筑材料、绝热材料、耐酸材料及其他		
钢	7850	0.461	干砂	1500～1700	0.796
不锈钢	7900	0.502	黏土	1600～1800	0.754(−20～20℃)
铸铁	7220	0.502	锅炉炉渣	700～1100	—
铜	8800	0.406	黏土砖	1600～1900	0.921
青铜	8000	0.381	耐火砖	1840	0.963～1.005
黄铜	8600	0.379	绝热砖(多孔)	600～1400	—
铝	2670	0.921	混凝土	2000～2400	0.837
镍	9000	0.461	软木	100～300	0.963
铅	11400	0.1298	石棉板	770	0.816
(2)塑料			石棉水泥板	1600～1900	—
酚醛	1250～1300	1.26～1.67	玻璃	2500	0.67
脲醛	1400～1500	1.26～1.67	耐酸陶瓷制品	2200～2300	0.75～0.80
聚氯乙烯	1380～1400	1.84	耐酸砖和板	2100～2400	—
聚苯乙烯	1050～1070	1.34	耐酸搪瓷	2300～2700	0.837～1.26
低压聚乙烯	940	2.55	橡胶	1200	1.38
高压聚乙烯	920	2.22	冰	900	2.11
有机玻璃	1180～1190	—			

6. 固体材料的热导率

(1) 常用金属材料的热导率

热导率/[W/(m·K)]	温度/℃				
	0	100	200	300	400
铝	228	228	228	228	228
铜	384	379	372	367	363
铁	73.3	67.5	61.6	54.7	48.9
铅	35.1	33.4	31.4	29.8	—
镍	93.0	82.6	73.3	63.97	59.3
银	414	409	373	362	359
碳钢	52.3	48.9	44.2	41.9	34.9
不锈钢	16.3	17.5	17.5	18.5	—

(2) 常用非金属材料的热导率

名称	温度/℃	热导率/[W/(m·℃)]	名称	温度/℃	热导率/[W/(m·℃)]
棉绳	—	0.10～0.21	泡沫塑料	—	0.0465
石棉板	30	0.10～0.14	泡沫玻璃	−15	0.00489
软木	30	0.0430		−80	0.00349
玻璃棉	—	0.0349～0.0698	木材		
保温灰	—	0.0698	横向	—	0.14～0.175
锯屑	20	0.0465～0.0582	纵向	—	0.384
棉花	100	0.0698	耐火砖	230	0.872
厚纸	20	0.14～0.349		1200	1.64
玻璃	30	1.09	混凝土	—	1.28
	−20	0.76	绒毛毡	—	0.0465
搪瓷	—	0.87～1.16	85%氧化镁粉	0～100	0.0698
云母	50	0.430	聚氯乙烯	—	0.116～0.174
泥土	20	0.698～0.930	酚醛加玻璃纤维	—	0.259
冰	0	2.33	酚醛加石棉纤维	—	0.294
膨胀珍珠岩散料	25	0.021～0.062	聚碳酸酯	—	0.191
软橡胶	—	0.129～0.159	聚苯乙烯泡沫	25	0.0419
硬橡胶	0	0.150		−150	0.00174
聚四氟乙烯	—	0.242	聚乙烯	—	0.329
			石墨	—	139

7. 某些固体材料的黑度

材料名称	温度/℃	黑度 ε	材料名称	温度/℃	黑度 ε
表面不磨光的铝	26	0.055	已经氧化的灰色镀锌铁板	24	0.276
表面被磨光的铁	425～1020	0.144～0.377	石棉纸板	24	0.96
用金刚砂冷加工后的铁	20	0.242	石棉纸	40～370	0.93～0.945
氧化后的铁	100	0.736	水	0～100	0.95～0.963
氧化后表面光滑的铁	125～525	0.78～0.82	石膏	20	0.903
未经加工处理的铸铁	925～1115	0.87～0.95	表面粗糙没有上过釉的硅砖	100	0.80
表面被磨光的铸铁件	770～1040	0.52～0.56	表面粗糙上过釉的硅砖	1100	0.85
表面上有一层有光泽的氧化物的钢板	25	0.82	上过釉的黏土耐火砖	1100	0.75
			涂在铁板上的有光泽的黑漆	25	0.875
经过刮面加工的生铁	830～990	0.60～0.70	无光泽的黑漆	40～95	0.96～0.98
氧化铁	500～1200	0.85～0.95	白漆	40～95	0.80～0.95
无光泽的黄铜板	50～360	0.22	平整的玻璃	22	0.937
氧化铜	800～1100	0.66～0.84	烟尘,发光的煤尘	95～270	0.952
铬	100～1000	0.08～0.26	上过釉的瓷器	22	0.924
有光泽的镀锌铁板	28	0.228			

8. 某些液体的热导率

液　　体	温度/℃	热导率/[W/(m·℃)]	液　　体	温度/℃	热导率/[W/(m·℃)]
石油	20	0.180	四氯化碳	0	0.185
汽油	30	0.135		68	0.163
煤油	20	0.149	二硫化碳	30	0.161
	75	0.140		75	0.152
正戊烷	30	0.135	乙苯	30	0.149
	75	0.128		60	0.142
正己烷	30	0.138	氯苯	10	0.144
	60	0.137	硝基苯	30	0.164
正庚烷	30	0.140		100	0.152
	60	0.137	硝基甲苯	30	0.216
正辛烷	60	0.140		60	0.208
丁醇(100%)	20	0.182	橄榄油	100	0.164
丁醇(80%)	20	0.237	松节油	15	0.128
正丙醇	30	0.171	氯化钙盐水(30%)	30	0.550
	75	0.164	氯化钙盐水(15%)	30	0.590
正戊醇	30	0.163	氯化钠盐水(25%)	30	0.570
	100	0.154	氯化钠盐水(12.5%)	30	0.590
异戊醇	30	0.152	硫酸(90%)	30	0.360
	75	0.151	硫酸(60%)	30	0.430
正己醇	30	0.163	硫酸(30%)	30	0.520
	75	0.156	盐酸(12.5%)	32	0.520
正庚醇	30	0.163	盐酸(25%)	32	0.480
	75	0.157	盐酸(38%)	32	0.440
丙烯醇	25～30	0.180	氢氧化钾(21%)	32	0.580
乙醚	30	0.138	氢氧化钾(42%)	32	0.550
	75	0.135	氨	25～30	0.180
乙酸乙酯	20	0.175	氨水溶液	20	0.450
氯甲烷	−15	0.192		60	0.500
	30	0.154	水银	28	0.360
三氯甲烷	30	0.138			

9. 干空气的重要物理性质（101.3kPa）

温度 /℃	密度 /(kg/m^3)	比热容 /[kJ/(kg·℃)]	热导率λ /[$\times 10^{-2}$W/(m·℃)]	黏度μ /$\times 10^5$Pa·s	普兰德数 Pr
−50	1.584	1.013	2.035	1.46	0.728
−40	1.515	1.013	2.117	2.52	0.728
−30	1.453	1.013	2.198	1.57	0.723
−20	1.395	1.009	2.279	1.62	0.716
−10	1.342	1.009	2.360	1.67	0.712
0	1.293	1.005	2.442	1.72	0.707
10	1.247	1.005	2.512	1.77	0.705
20	1.205	1.005	2.591	1.81	0.703
30	1.165	1.005	2.673	1.86	0.701
40	1.128	1.005	2.756	1.91	0.699
50	1.093	1.005	2.826	1.96	0.698
60	1.060	1.005	2.896	2.01	0.696
70	1.029	1.009	2.966	2.06	0.694
80	1.000	1.009	3.047	2.11	0.692
90	0.972	1.009	3.128	2.15	0.690
100	0.946	1.009	3.210	2.19	0.688
120	0.898	1.009	3.338	2.29	0.686
140	0.854	1.013	3.489	2.37	0.684
160	0.815	1.017	3.640	2.45	0.682
180	0.779	1.022	3.780	2.53	0.681
200	0.746	1.026	3.931	2.60	0.680
250	0.674	1.038	4.268	2.74	0.677
300	0.615	1.047	4.605	2.97	0.674
350	0.566	1.059	4.908	3.14	0.676
400	0.524	1.068	5.210	3.30	0.678
500	0.456	1.093	5.745	3.62	0.687
600	0.404	1.114	6.222	3.91	0.699
700	0.362	1.135	6.711	4.18	0.706
800	0.329	1.156	7.176	4.43	0.713
900	0.301	1.172	7.630	4.67	0.717
1000	0.277	1.185	8.071	4.90	0.719
1100	0.257	1.197	8.502	5.12	0.722
1200	0.239	1.206	9.153	5.35	0.724

10. 水的重要物理性质

温度 /℃	饱和蒸气压 /kPa	密度 /(kg/m^3)	焓 /(kJ/kg)	比热容 /[kJ/(kg·℃)]	热导率λ /[$\times 10^{-2}$W/(m·℃)]	黏度μ /$\times 10^{-5}$Pa·s	体积膨胀系数β /$\times 10^{-4}$℃$^{-1}$	表面张力σ /($\times 10^{-3}$N/m)	普兰德数 Pr
0	0.608	999.9	0	4.212	55.13	179.2	−0.63	75.6	13.67
10	1.226	999.7	42.04	4.191	57.45	130.8	0.70	74.1	9.52
20	2.335	998.2	83.90	4.183	59.89	100.5	1.82	72.6	7.02
30	4.247	995.7	125.7	4.174	61.76	80.07	3.21	71.2	5.42
40	7.377	992.2	167.5	4.174	63.38	65.60	3.87	69.6	4.31
50	12.31	988.1	209.3	4.174	64.78	54.94	4.49	67.7	3.54
60	19.92	983.2	251.1	4.178	65.94	46.88	5.11	66.2	2.98
70	31.16	977.8	293	4.178	66.76	40.61	5.70	64.3	2.55
80	47.38	971.8	334.9	4.195	67.45	35.65	6.32	62.6	2.21
90	70.14	965.3	377	4.208	68.04	31.65	6.95	60.7	1.95
100	101.3	958.4	419.1	4.220	68.27	28.38	7.52	58.8	1.75
110	143.3	951.0	461.3	4.238	68.50	25.89	8.08	56.9	1.60
120	198.6	943.1	503.7	4.250	68.62	23.73	8.64	54.8	1.47
130	270.3	934.8	546.4	4.266	68.62	21.77	9.19	52.8	1.36
140	361.5	926.1	589.1	4.287	68.50	20.10	9.72	50.7	1.26
150	476.2	917.0	632.2	4.312	68.38	18.63	10.3	48.6	1.17

续表

温度/℃	饱和蒸气压/kPa	密度/(kg/m³)	焓/(kJ/kg)	比热容/[kJ/(kg·℃)]	热导率λ/[×10⁻²W/(m·℃)]	黏度μ/×10⁻⁵Pa·s	体积膨胀系数β/×10⁻⁴℃⁻¹	表面张力σ/(×10⁻³N/m)	普兰德数Pr
160	618.3	907.4	675.3	4.346	68.27	17.36	10.7	46.6	1.10
170	792.6	897.3	719.3	4.379	67.92	16.28	11.3	45.3	1.05
180	1003.5	886.9	763.3	4.417	67.45	15.30	11.9	42.3	1.00
190	1225.6	876.0	807.6	4.460	66.99	14.42	12.6	40.8	0.96
200	1554.8	863.0	852.4	4.505	66.29	13.63	13.3	38.4	0.93
210	1917.7	852.8	897.7	4.555	65.48	13.04	14.1	36.1	0.91
220	2320.9	840.3	943.7	4.614	64.55	12.46	14.8	33.8	0.89
230	2798.6	827.3	990.2	4.681	63.73	11.97	15.9	31.6	0.88
240	3347.9	813.6	1037.5	4.756	62.80	11.47	16.8	29.1	0.87
250	3977.7	799.0	1085.6	4.844	61.76	10.98	18.1	26.7	0.86
260	4698.3	784.0	1135.0	4.949	60.43	10.59	19.7	24.2	0.87
270	5504.0	767.9	1185.3	5.070	59.96	10.20	21.6	21.9	0.88
280	6417.2	750.7	1236.3	5.229	57.45	9.81	23.7	19.5	0.90
290	7443.3	732.3	1289.9	5.485	55.82	9.42	26.2	17.2	0.93
300	8592.9	712.5	1344.8	5.736	53.96	9.12	29.2	14.7	0.97

11. 水在不同温度下的黏度

温度/℃	黏度/mPa·s	温度/℃	黏度/mPa·s	温度/℃	黏度/mPa·s
0	1.7921	34	0.7371	69	0.4117
1	1.7313	35	0.7225	70	0.4061
2	1.6728	36	0.7085	71	0.4006
3	1.6191	37	0.6947	72	0.3952
4	1.5674	38	0.6814	73	0.3900
5	1.5188	39	0.6685	74	0.3849
6	1.4728	40	0.6560	75	0.3799
7	1.4284	41	0.6439	76	0.3750
8	1.3860	42	0.6321	77	0.3702
9	1.3462	43	0.6207	78	0.3655
10	1.3077	44	0.6097	79	0.3610
11	1.2713	45	0.5988	80	0.3565
12	1.2363	46	0.5883	81	0.3521
13	1.2028	47	0.5782	82	0.3478
14	1.1709	48	0.5683	83	0.3436
15	1.1404	49	0.5588	84	0.3395
16	1.1111	50	0.5494	85	0.3355
17	1.0828	51	0.5404	86	0.3315
18	1.0559	52	0.5315	87	0.3276
19	1.0299	53	0.5229	88	0.3239
20	1.0050	54	0.5146	89	0.3202
20.2	1.0000	55	0.5064	90	0.3165
21	0.9810	56	0.4985	91	0.3130
22	0.9579	57	0.4907	92	0.3095
23	0.9359	58	0.4832	93	0.3060
24	0.9142	59	0.4759	94	0.3027
25	0.8937	60	0.4688	95	0.2994
26	0.8737	61	0.4618	96	0.2962
27	0.8545	62	0.4550	97	0.2930
28	0.8360	63	0.4483	98	0.2899
29	0.8180	64	0.4418	99	0.2868
30	0.8007	65	0.4355	100	0.2838
31	0.7840	66	0.4293		
32	0.7679	67	0.4233		
33	0.7523	68	0.4174		

12. 饱和水蒸气表（按温度排列）

温度/℃	绝对压强/kPa	蒸汽密度/(kg/m³)	焓/(kJ/kg)		汽化热/(kJ/kg)
			液体	蒸汽	
0	0.6082	0.00484	0	2491	2491
5	0.8730	0.00680	20.9	2500.8	2480
10	1.226	0.00940	41.9	2510.4	2469
15	1.707	0.01283	62.8	2520.5	2458
20	2.335	0.01719	83.7	2530.1	2446
25	3.168	0.02304	104.7	2539.7	2435
30	4.247	0.03036	125.6	2549.3	2424
35	5.621	0.03960	146.5	2559.0	2412
40	7.377	0.05114	167.5	2568.6	2401
45	9.584	0.06543	188.4	2577.8	2389
50	12.34	0.0830	209.3	2587.4	2378
55	15.74	0.1043	230.3	2596.7	2366
60	19.92	0.1301	251.2	2606.3	2355
65	25.01	0.1611	272.1	2615.5	2343
70	31.16	0.1979	293.1	2624.3	2331
75	38.55	0.2416	314.0	2633.5	2320
80	47.38	0.2929	334.9	2642.3	2307
85	57.88	0.3531	355.9	2651.1	2295
90	70.14	0.4229	376.8	2659.9	2283
95	84.56	0.5039	397.8	2668.7	2271
100	101.33	0.5970	418.7	2677.0	2258
105	120.85	0.7036	440.0	2685.0	2245
110	143.31	0.8254	461.0	2693.4	2232
115	169.11	0.9635	482.3	2701.3	2219
120	198.64	1.1199	503.7	2708.9	2205
125	232.19	1.296	525.0	2716.4	2191
130	270.25	1.494	546.4	2723.9	2178
135	313.11	1.715	567.7	2731.0	2163
140	361.47	1.962	589.1	2737.7	2149
145	415.72	2.238	610.9	2744.4	2134
150	476.24	2.543	632.2	2750.7	2119
160	618.28	3.252	675.8	2762.9	2087
170	792.59	4.113	719.3	2773.3	2054
180	1003.5	5.145	763.3	2782.5	2019
190	1255.6	6.378	807.6	2790.1	1982
200	1554.8	7.840	852.0	2795.5	1944
210	1917.7	9.567	897.2	2799.3	1902
220	2320.9	11.60	942.4	2801.0	1859
230	2798.6	13.98	988.5	2800.1	1812
240	3347.9	16.76	1034.6	2796.8	1762
250	3977.7	20.01	1081.4	2790.1	1709
260	4693.8	23.82	1128.8	2780.9	1652
270	5504.0	28.27	1176.9	2768.3	1591
280	6417.2	33.47	1225.5	2752.0	1526
290	7443.3	39.60	1274.5	2732.3	1457
300	8592.9	46.93	1325.5	2708.0	1382

13. 饱和水蒸气表（按压强排列）

绝对压强/kPa	温度/℃	蒸汽密度/(kg/m³)	焓/(kJ/kg)		汽化热/(kJ/kg)
			液体	蒸汽	
1.0	6.3	0.00773	26.5	2503.1	2477
1.5	12.5	0.01133	52.3	2515.3	2463
2.0	17.0	0.01486	71.2	2524.2	2453
2.5	20.9	0.01836	87.5	2531.8	2444
3.0	23.5	0.02179	98.4	2536.8	2438
3.5	26.1	0.02523	109.3	2541.8	2433
4.0	28.7	0.02867	120.2	2546.8	2427
4.5	30.8	0.03205	129.0	2550.9	2422
5.0	32.4	0.03537	135.7	2554.0	2418
6.0	35.6	0.04200	149.1	2560.1	2411
7.0	38.8	0.04864	162.4	2566.3	2404
8.0	41.3	0.05514	172.7	2571.0	2398
9.0	43.3	0.06156	181.2	2574.8	2394
10.0	45.3	0.06798	189.6	2578.5	2389
15.0	53.5	0.09956	224.0	2594.0	2370
20.0	60.1	0.1307	251.5	2606.4	2355
30.0	66.5	0.1909	288.8	2622.4	2334
40.0	75.0	0.2498	315.9	2634.1	2312
50.0	81.2	0.3080	339.8	2644.3	2304
60.0	85.6	0.3651	358.2	2652.1	2294
70.0	89.9	0.4223	376.6	2659.8	2283
80.0	93.2	0.4781	390.1	2665.3	2275
90.0	96.4	0.5338	403.5	2670.8	2267
100.0	99.6	0.5896	416.9	2676.3	2259
120.0	104.5	0.6987	437.5	2684.3	2247
140.0	109.2	0.8076	457.7	2692.1	2234
160.0	113.0	0.8298	473.9	2698.1	2224
180.0	116.6	1.021	489.3	2703.7	2214
200.0	120.2	1.127	493.7	2709.2	2205
250.0	127.2	1.390	534.4	2719.7	2185
300.0	133.3	1.650	560.4	2728.5	2168
350.0	138.8	1.907	583.8	2736.1	2152
400.0	143.4	2.162	603.6	2742.1	2138
450.0	147.7	2.415	622.4	2747.8	2125
500.0	151.7	2.667	639.6	2752.8	2113
600.0	158.7	3.169	676.2	2761.4	2091
700.0	164.7	3.666	696.3	2767.8	2072
800	170.4	4.161	721.0	2773.7	2053
900	175.1	4.652	741.8	2778.1	2036
1×10^3	179.9	5.143	762.7	2782.5	2020
1.1×10^3	180.2	5.633	780.3	2785.5	2005
1.2×10^3	187.8	6.124	797.9	2788.5	1991
1.3×10^3	191.5	6.614	814.2	2790.9	1977
1.4×10^3	194.8	7.103	829.1	2792.4	1964
1.5×10^3	198.2	7.594	843.9	2794.5	1951
1.6×10^3	201.3	8.081	857.8	2796.0	1938
1.7×10^3	204.1	8.567	870.6	2797.1	1926
1.8×10^3	206.9	9.053	883.4	2798.1	1915
1.9×10^3	209.8	9.539	896.2	2799.2	1903
2×10^3	212.2	10.03	907.3	2799.7	1892
3×10^3	233.7	15.01	1005.4	2798.9	1794
4×10^3	250.3	20.10	1082.9	2789.8	1707
5×10^3	263.8	25.37	1146.9	2776.2	1629
6×10^3	275.4	30.85	1203.2	2759.5	1556
7×10^3	285.7	36.57	1253.2	2740.8	1488
8×10^3	294.8	42.58	1299.2	2720.5	1404
9×10^3	303.2	48.89	1343.5	2699.1	1357

14. 液体黏度共线图

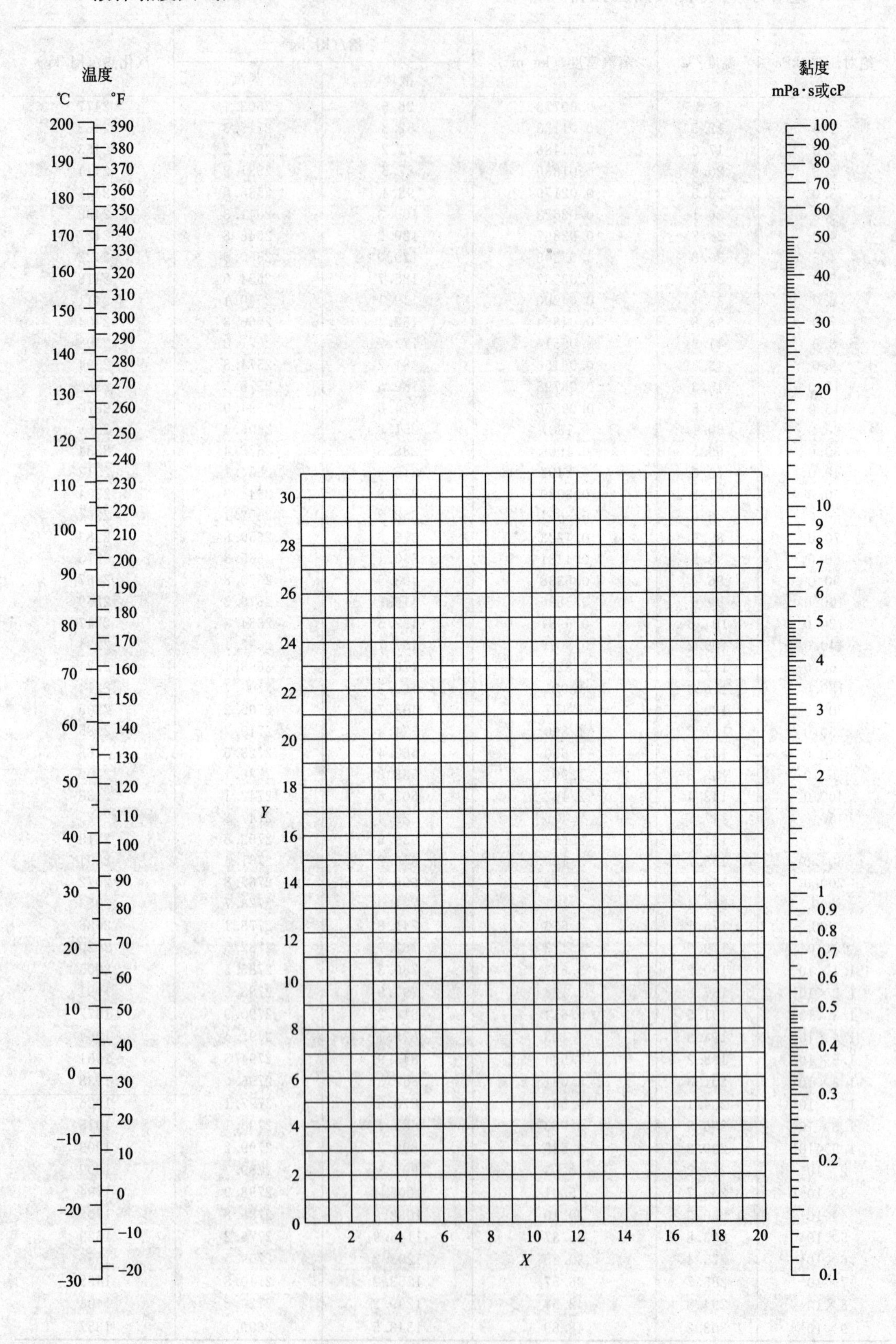

温度
℃
°F
200
190
180
170
160
150
140
130
120
110
100
90
80
70
60
50
40
30
20
10
0
-10
-20
-30
390
380
370
360
350
340
330
320
310
300
290
280
270
260
250
240
230
220
210
200
190
180
170
160
150
140
130
120
110
100
90
80
70
60
50
40
30
20
10
0
-10
-20
Y
30
28
26
24
22
20
18
16
14
12
10
8
6
4
2
0
2
4
6
8
10
12
14
16
18
20
X
黏度
mPa·s或cP
100
90
80
70
60
50
40
30
20
10
9
8
7
6
5
4
3
2
1
0.9
0.8
0.7
0.6
0.5
0.4
0.3
0.2
0.1

液体黏度共线图坐标值

用法举例：求苯在50℃时的黏度，从本表序号26查得 $X=12.5$，$Y=10.9$。把这两个数值标在共线图的 Y-X 坐标上的一点，把这点与图中左方温度标尺上的50℃点连成一条直线，延长，与右方黏度标尺相交，由此交点定出50℃苯的黏度为0.44mPa·s。

序号	名称	X	Y	序号	名称	X	Y
1	水	10.2	13.0	31	乙苯	13.2	11.5
2	盐水(25%NaCl)	10.2	16.6	32	氯苯	12.3	12.4
3	盐水(25% $CaCl_2$)	6.6	15.9	33	硝基苯	10.6	16.2
4	氨	12.6	2.0	34	苯胺	8.1	18.7
5	氨水(26%)	10.1	13.9	35	酚	6.9	20.8
6	二氧化碳	11.6	0.3	36	联苯	12.0	18.3
7	二氧化硫	15.2	7.1	37	萘	7.9	18.1
8	二硫化碳	16.1	7.5	38	甲醇(100%)	12.4	10.5
9	溴	14.2	13.2	39	甲醇(90%)	12.3	11.8
10	汞	18.4	16.4	40	甲醇(40%)	7.8	15.5
11	硫酸(110%)	7.2	27.4	41	乙醇(100%)	10.5	13.8
12	硫酸(100%)	8.0	25.1	42	乙醇(95%)	9.8	14.3
13	硫酸(98%)	7.0	24.8	43	乙醇(40%)	6.5	16.6
14	硫酸(60%)	10.2	21.3	44	乙二醇	6.0	23.6
15	硝酸(95%)	12.8	13.8	45	甘油(100%)	2.0	30.0
16	硝酸(60%)	10.8	17.0	46	甘油(50%)	6.9	19.6
17	盐酸(31.5%)	13.0	16.6	47	乙醚	14.5	5.3
18	氢氧化钠(50%)	3.2	25.8	48	乙醛	15.2	14.8
19	戊烷	14.9	5.2	49	丙酮	14.5	7.2
20	乙烷	14.7	7.0	50	甲酸	10.7	15.8
21	庚烷	14.1	8.4	51	醋酸(100%)	12.1	14.2
22	辛烷	13.7	10.0	52	醋酸(70%)	9.5	17.0
23	三氯甲烷	14.4	10.2	53	醋酸酐	12.7	12.8
24	四氯化碳	12.7	13.1	54	醋酸乙酯	13.7	9.1
25	二氯乙烷	13.2	12.2	55	醋酸戊酯	11.8	12.5
26	苯	12.5	10.9	56	氟里昂-11	14.4	9.0
27	甲苯	13.7	10.4	57	氟里昂-12	16.8	5.6
28	邻二甲苯	13.5	12.1	58	氟里昂-21	15.7	7.5
29	间二甲苯	13.9	10.6	59	氟里昂-22	17.2	4.7
30	对二甲苯	13.9	10.9	60	煤油	10.2	16.9

15. 气体黏度共线图（常压）

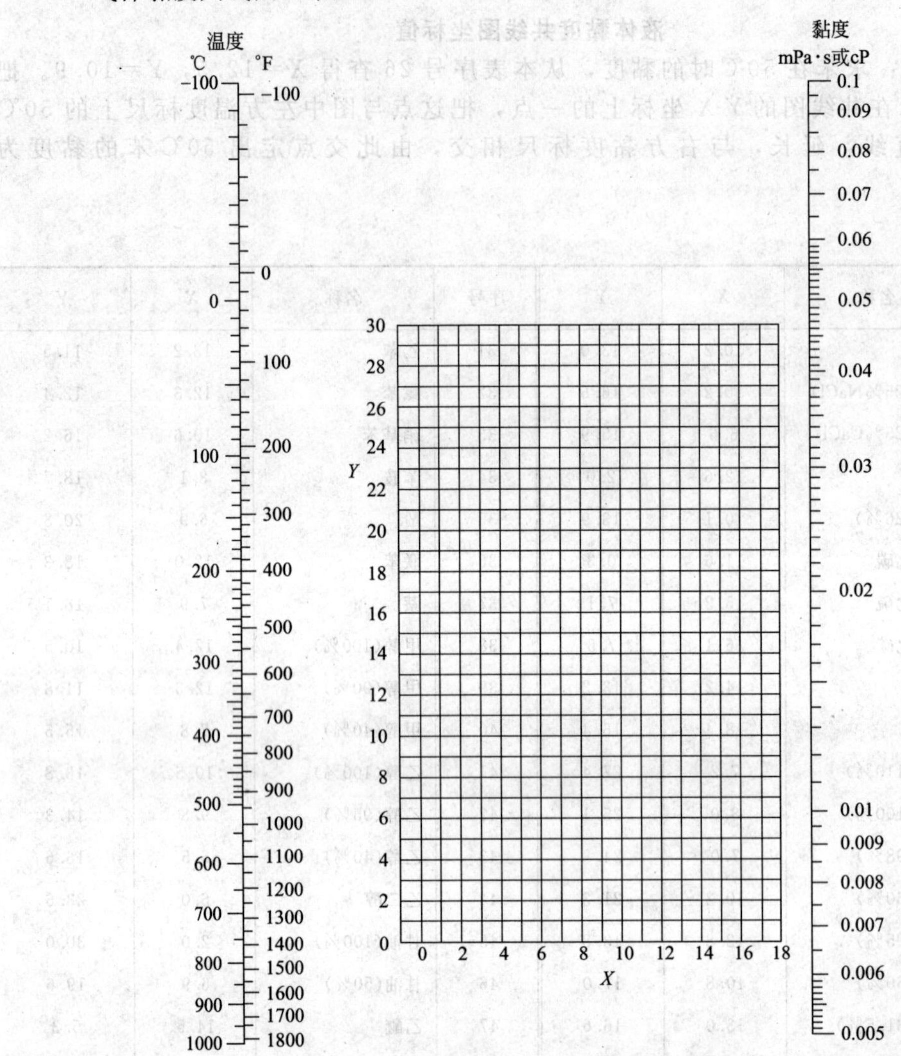

气体黏度共线图坐标值

序号	名称	X	Y	序号	名称	X	Y
1	空气	11.0	20.0	21	乙炔	9.8	14.9
2	氧	11.0	21.3	22	丙烷	9.7	12.9
3	氮	10.6	20.0	23	丙烯	9.0	13.8
4	氢	11.2	12.4	24	丁烯	9.2	13.7
5	$3H_2+1N_2$	11.2	17.2	25	戊烷	7.0	12.8
6	水蒸气	8.0	16.0	26	己烷	8.6	11.8
7	二氧化碳	9.5	18.7	27	三氯甲烷	8.9	15.7
8	一氧化碳	11.0	20.0	28	苯	8.5	13.2
9	氨	8.4	16.0	29	甲苯	8.6	12.4
10	硫化氢	8.6	18.0	30	甲醇	8.5	15.6
11	二氧化硫	9.6	17.0	31	乙醇	9.2	14.2
12	二硫化碳	8.0	16.0	32	丙醇	8.4	13.4
13	一氧化二氮	8.8	19.0	33	醋酸	7.7	14.3
14	一氧化氮	10.9	20.5	34	丙酮	8.9	13.0
15	氟	7.3	23.8	35	乙醚	8.9	13.0
16	氯	9.0	18.4	36	醋酸乙酯	8.5	13.2
17	氯化氢	8.8	18.7	37	氟里昂-11	10.6	15.1
18	甲烷	9.9	15.5	38	氟里昂-12	11.1	16.0
19	乙烷	9.1	14.5	39	氟里昂-21	10.8	15.3
20	乙烯	9.5	15.1	40	氟里昂-22	10.1	17.0

16．液体比热容共线图

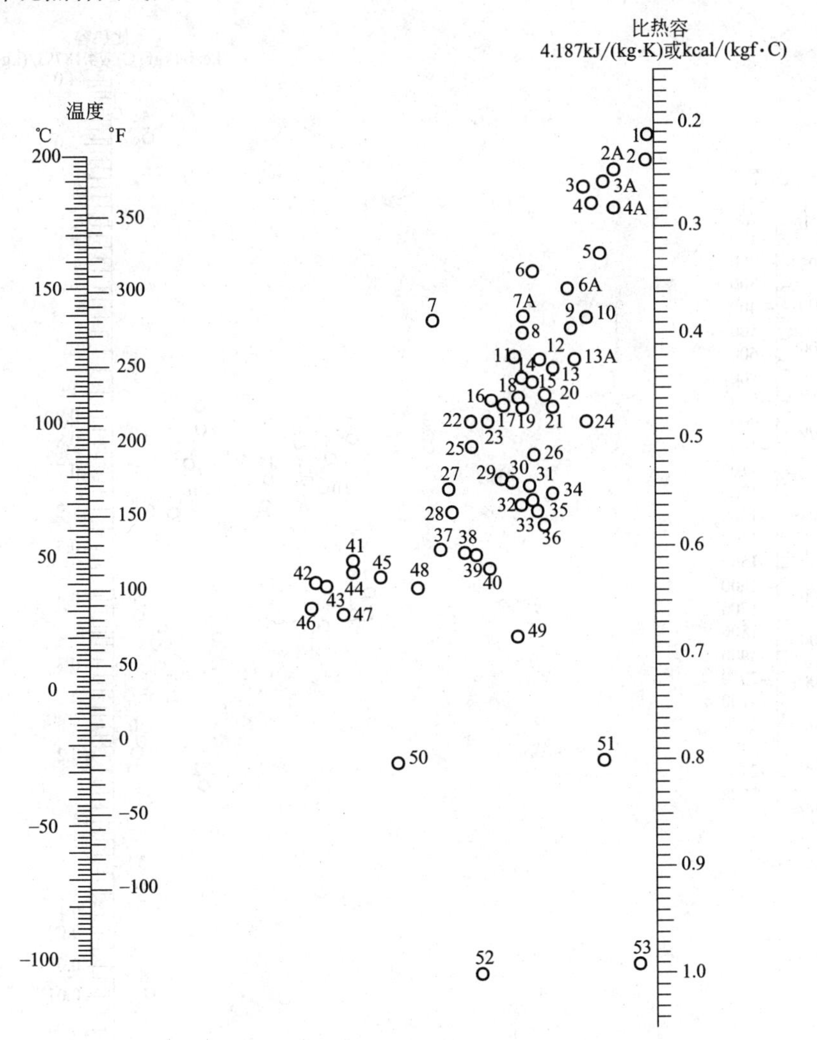

液体比热容共线图中的编号

编号	名称	温度范围/℃	编号	名称	温度范围/℃	编号	名称	温度范围/℃
53	水	10～200	6A	二氯乙烷	－30～60	47	异丙醇	－20～50
51	盐水(25%NaCl)	－40～20	3	过氯乙烯	－30～40	44	丁醇	0～100
49	盐水(25%$CaCl_2$)	－40～20	23	苯	10～80	43	异丁醇	0～100
52	氨	－70～50	23	甲苯	0～60	37	戊醇	－50～25
11	二氧化硫	－20～100	17	对二甲苯	0～100	41	异戊醇	10～100
2	二硫化碳	－100～25	18	间二甲苯	0～100	39	乙二醇	－40～200
9	硫酸(98%)	10～45	19	邻二甲苯	0～100	38	甘油	－40～20
48	盐酸(30%)	20～100	8	氯苯	0～100	27	苯甲醇	－20～30
35	己烷	－80～20	12	硝基苯	0～100	36	乙醚	－100～25
28	庚烷	0～60	30	苯胺	0～130	31	异丙醚	－80～200
33	辛烷	－50～25	10	苯甲基氯	－20～30	32	丙酮	20～50
34	壬烷	－50～25	25	乙苯	0～100	29	醋酸	0～80
21	癸烷	－80～25	15	联苯	80～120	24	醋酸乙酯	－50～25
13A	氯甲烷	－80～20	16	联苯醚	0～200	26	醋酸戊酯	0～100
5	二氯甲烷	－40～50	16	联苯-联苯醚	0～200	20	吡啶	－50～25
4	三氯甲烷	0～50	14	萘	90～200	2A	氟里昂-11	－20～70
22	二苯基甲烷	30～100	40	甲醇	－40～20	6	氟里昂-12	－40～15
3	四氯化碳	10～60	42	乙醇(100%)	30～80	4A	氟里昂-21	－20～70
13	氯乙烷	－30～40	46	乙醇(95%)	20～80	7A	氟里昂-22	－20～60
1	溴乙烷	5～25	50	乙醇(50%)	20～80	3A	氟里昂-113	－20～70
7	碘乙烷	0～100	45	丙醇	－20～100			

17. 气体比热容共线图（常压）

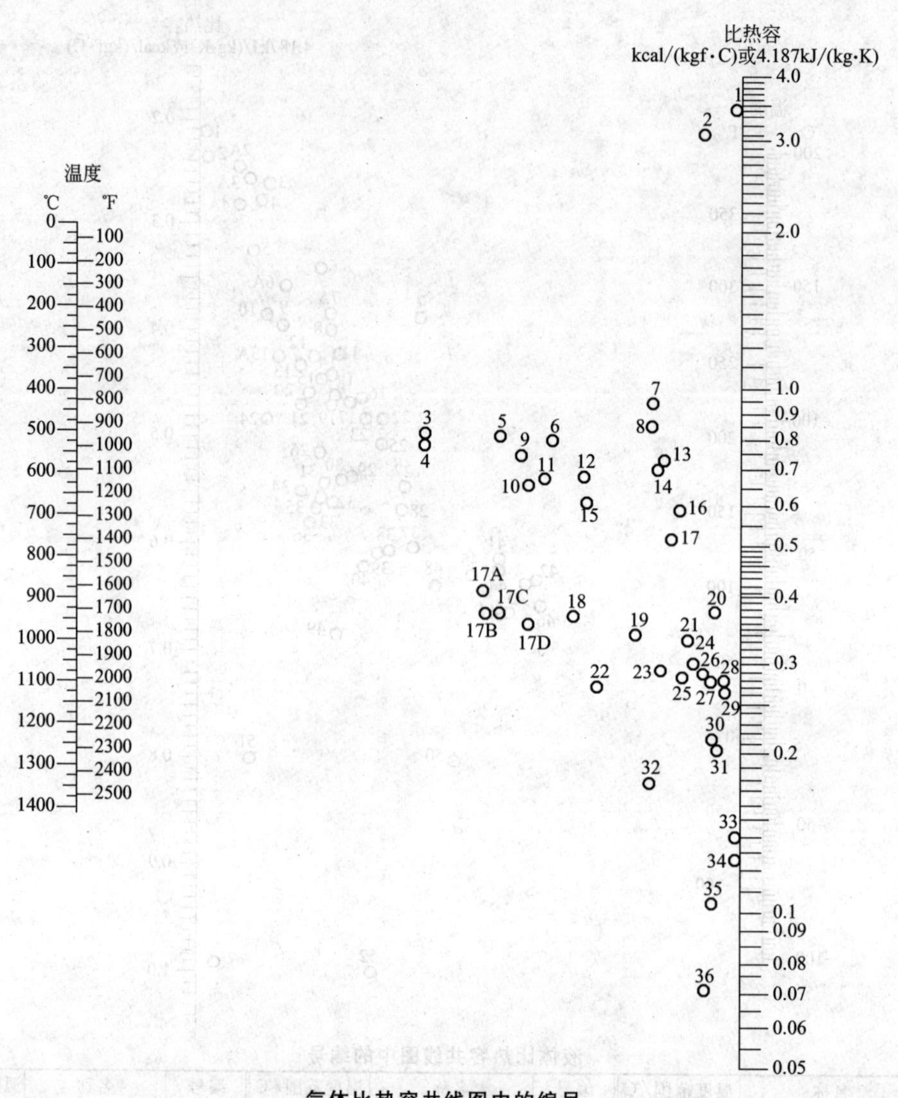

气体比热容共线图中的编号

编号	名称	温度范围/℃	编号	名称	温度范围/℃	编号	名称	温度范围/℃
27	空气	0～1400	24	二氧化碳	400～1400	9	乙烷	200～600
23	氧	0～500	22	二氧化硫	0～400	8	乙烷	600～1400
29	氧	500～1400	31	二氧化硫	400～1400	4	乙烯	0～200
26	氮	0～1400	17	水蒸气	0～1400	11	乙烯	200～600
1	氢	0～600	19	硫化氢	0～700	13	乙烯	600～1400
2	氢	600～1400	21	硫化氢	700～1400	10	乙炔	0～200
32	氯	0～200	20	氟化氢	0～1400	15	乙炔	200～400
34	氯	200～1400	30	氯化氢	0～1400	16	乙炔	400～1400
33	硫	300～1400	35	溴化氢	0～1400	17B	氟里昂-11	0～500
12	氨	0～600	36	碘化氢	0～1400	17C	氟里昂-21	0～500
14	氨	600～1400	5	甲烷	0～300	19A	氟里昂-22	0～500
25	一氧化氮	0～700	6	甲烷	300～700	17D	氟里昂-113	0～500
28	一氧化氮	700～1400	7	甲烷	700～1400			
18	二氧化碳	0～400	3	乙烷	0～200			

18. 液体汽化潜热共线图

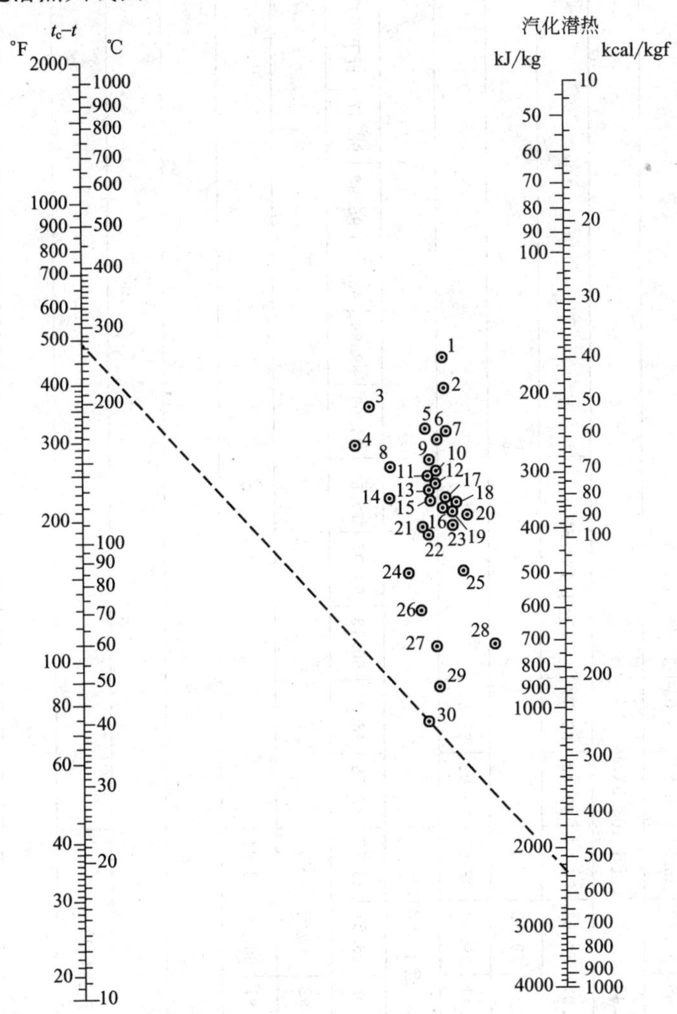

液体汽化潜热共线图中的编号

用法举例：求水在 t=100℃时的汽化潜热，从下表中查得水的编号为 30，又查得水的 t_c=374℃，故得 t_c-t=374−100=274（℃），在共线图的 t_c-t 标尺上定出 274℃的点，与图中编号为 30 的圆圈中心点连一条直线，延长到汽化潜热的标尺上，读出交点读数为 540kcal/kgf 或 2260kJ/kg。

编号	名称	t_c/℃	t_c-t 范围/℃	编号	名称	t_c/℃	t_c-t 范围/℃
30	水	374	100～500	2	四氯化碳	283	30～250
29	氨	133	50～200	17	氯乙烷	187	100～250
19	一氧化氮	36	25～150	13	苯	289	10～400
21	二氧化碳	31	10～100	3	联苯	527	175～400
4	二硫化碳	273	140～275	27	甲醇	240	40～250
14	二氧化硫	157	90～160	26	乙醇	243	20～140
25	乙烷	32	25～150	24	丙醇	264	20～200
23	丙烷	96	40～200	13	乙醚	194	10～400
16	丁烷	153	90～200	22	丙酮	235	120～210
15	异丁烷	134	80～200	18	醋酸	321	100～225
12	戊烷	197	20～200	2	氟里昂-11	198	70～225
11	己烷	235	50～225	2	氟里昂-12	111	40～200
10	庚烷	267	20～300	5	氟里昂-21	178	70～250
9	辛烷	296	30～300	6	氟里昂-22	96	50～170
20	一氯甲烷	143	70～250	1	氟里昂-113	214	90～250
8	二氯甲烷	216	150～250				
7	三氯甲烷	263	140～270				

19. 无机物水溶液在大气压下的沸点

溶液 \ 温度/℃	101	102	103	104	105	107	110	115	120	125	140	160	180	200	220	240	260	280	300	340
	溶液质量分数/%																			
$CaCl_2$	5.66	10.31	14.16	17.36	20.00	24.24	29.33	35.68	40.83	54.80	57.89	68.94	75.85	64.91	68.73	72.64	75.76	78.95	81.63	86.18
KOH	4.49	8.51	11.96	14.82	17.01	20.88	25.65	31.97	36.51	40.23	48.05	54.89	60.41							
KCl	8.42	14.31	18.96	23.02	26.57	32.62	36.47	(近于108.5℃)												
K_2CO_3	10.31	18.37	24.20	28.57	32.24	37.69	43.97	50.86	56.04	60.40	66.94	(近于133.5℃)								
KNO_3	13.19	23.66	32.23	39.20	45.10	54.65	65.34	79.53												
$MgCl_2$	4.67	8.42	11.66	14.31	16.59	20.23	24.41	29.48	33.07	36.02	38.61									
$MgSO_4$	14.31	22.78	28.31	32.23	35.32	42.86	(近于108℃)													
NaOH	4.12	7.40	10.15	12.51	14.53	18.32	23.08	26.21	33.77	37.58	48.32	60.13	69.97	77.53	84.03	88.89	93.02	95.92	98.47	(近于314℃)
NaCl	6.19	11.03	14.67	17.69	20.32	25.09	28.92	(近于108°)												
$NaNO_3$	8.26	15.61	21.87	17.53	32.45	40.47	49.87	60.94	68.94											
Na_2SO_4	15.26	24.81	30.73	31.83	(近于103.2℃)															
Na_2CO_3	9.42	17.22	23.72	29.18	33.66															
$CuSO_4$	26.95	39.98	40.83	44.47	45.12	(近于104.2℃)														
$ZnSO_2$	20.00	31.22	37.89	42.92	46.15															
NH_4NO_3	9.09	16.66	23.08	29.08	34.21	42.52	51.92	63.24	71.26	77.11	87.09	93.20	69.00	97.61	98.84	100				
NH_4Cl	6.10	11.35	15.96	19.80	22.89	28.37	35.98	46.94												
$(NH_4)_2SO_4$	13.34	23.41	30.65	36.71	41.79	49.73	49.77	53.55	(近于108.2℃)											

注：括号内的数字指饱和溶液的沸点。

20. 某些气体溶于水的亨利系数

气体	温度/℃															
	0	5	10	15	20	25	30	35	40	45	50	60	70	80	90	100
	$E/\times10^6$ kPa															
H_2	5.87	6.16	6.44	6.70	6.92	7.16	7.39	7.52	7.61	7.70	7.75	7.75	7.71	7.65	7.61	7.55
N_2	5.35	6.05	6.77	7.48	8.15	8.76	9.36	9.98	10.5	11.0	11.4	12.2	12.7	12.8	12.8	12.8
空气	4.38	4.94	5.56	6.15	6.73	7.30	7.81	8.34	8.82	9.23	9.59	10.2	10.6	10.8	10.9	10.8
CO	3.57	4.01	4.48	4.95	5.43	5.88	6.28	6.68	7.05	7.39	7.71	8.32	8.57	8.57	8.57	8.57
O_2	2.58	2.95	3.31	3.69	4.06	4.44	4.81	5.14	5.42	5.70	5.96	6.37	6.72	6.96	7.08	7.10
CH_4	2.27	2.62	3.01	3.41	3.81	4.18	4.55	4.92	5.27	5.58	5.85	6.34	6.67	6.91	7.01	7.10
NO	1.71	1.96	2.21	2.45	2.67	2.91	3.14	3.35	3.57	3.77	3.95	4.24	4.44	4.54	4.58	4.60
C_2H_6	1.28	1.57	1.92	2.90	2.66	3.06	3.47	3.88	4.29	4.69	5.07	5.72	6.31	6.70	6.96	7.01
	$E/\times10^5$ kPa															
C_2H_4	5.59	6.62	7.78	9.07	10.3	11.6	12.9	—	—	—	—	—	—	—	—	—
N_2O	—	1.19	1.43	1.68	2.01	2.28	2.62	3.06	—	—	—	—	—	—	—	—
CO_2	0.738	0.888	1.05	1.24	1.44	1.66	1.88	2.12	2.36	2.60	2.87	3.46	—	—	—	—
C_2H_2	0.73	0.85	0.97	1.09	1.23	1.35	1.48	—	—	—	—	—	—	—	—	—
Cl_2	0.272	0.334	0.399	0.461	0.537	0.604	0.669	0.74	0.80	0.86	0.90	0.97	0.99	0.97	0.96	—
H_2S	0.272	0.319	0.372	0.418	0.489	0.552	0.617	0.686	0.755	0.825	0.689	1.04	1.21	1.37	1.46	1.50
	$E/\times10^4$ kPa															
SO_2	0.167	0.203	0.245	0.294	0.355	0.413	0.485	0.567	0.661	0.763	0.871	1.11	1.39	1.70	2.01	—

21. 某些二元物系的气液平衡组成

(1) 乙醇-水 (101.3kPa)

乙醇(摩尔分数)/%		温度/℃	乙醇(摩尔分数)/%		温度/℃
液相中	气相中		液相中	气相中	
0.00	0	100	32.73	58.26	81.5
1.90	17.00	95.5	39.65	61.22	80.7
7.21	38.91	89.0	50.79	65.64	79.8
9.66	43.75	86.7	51.98	65.99	79.7
12.38	47.04	85.3	57.32	68.41	79.3
16.61	50.89	84.1	67.63	73.85	78.74
23.37	54.45	82.7	74.72	78.15	78.41
26.08	55.80	82.3	89.43	89.43	78.15

(2) 苯-甲苯 (101.3kPa)

苯(摩尔分数)/%		温度/℃	苯(摩尔分数)/%		温度/℃
液相中	气相中		液相中	气相中	
0.0	0.0	110.6	59.2	78.9	89.4
8.8	21.2	106.1	70.0	85.3	86.8
20.0	37.0	102.2	80.3	91.4	84.4
30.0	50.0	98.6	90.3	95.7	82.3
39.7	61.8	95.2	95.0	97.9	81.2
48.9	71.0	92.1	100.0	100.0	80.2

(3) 氯仿-苯 (101.3kPa)

氯仿(质量分数)/%		温度/℃	氯仿(质量分数)/%		温度/℃
液相中	气相中		液相中	气相中	
10	13.6	79.9	60	75.0	74.6
20	27.2	79.0	70	83.0	72.8
30	40.6	78.1	80	90.0	70.5
40	53.0	77.2	90	96.1	67.0
50	65.0	76.0			

(4) 水-醋酸 (101.3kPa)

水(摩尔分数)/%		温度/℃	水(摩尔分数)/%		温度/℃
液相中	气相中		液相中	气相中	
0	0	118.2	83.3	88.6	101.3
27.0	39.4	108.2	88.6	91.9	100.9
45.5	56.5	105.3	93.0	95.0	100.5
58.8	70.7	103.8	96.8	97.7	100.2
69.0	79.0	102.8	100.0	100.0	100.0
76.9	84.5	101.9			

(5) 甲醇-水 (101.3kPa)

甲醇(摩尔分数)/%		温度/℃	甲醇(摩尔分数)/%		温度/℃
液相中	气相中		液相中	气相中	
5.31	28.34	92.9	29.09	68.01	77.8
7.67	40.01	90.3	33.33	69.18	76.7
9.26	43.53	88.9	35.13	73.47	76.2
12.57	48.31	86.6	46.20	77.56	73.8
13.15	54.55	85.0	52.92	79.71	72.7
16.74	55.85	83.2	59.37	81.83	71.3
18.18	57.75	82.3	68.49	84.92	70.0
20.83	62.73	81.6	77.01	89.62	68.0
23.19	64.85	80.2	87.41	91.94	66.9
28.18	67.75	78.0			

22. 管子规格

(1) 水煤气输送钢管 (摘自 YB234-63)

公称口径		外径	普通管壁	加厚管壁	公称口径		外径	普通管壁	加厚管壁
/mm	/in	/mm	厚/mm	厚/mm	/mm	/in	/mm	厚/mm	厚/mm
6	$\frac{1}{8}''$	10	2	2.5	40	$1\frac{1}{2}''$	48	3.5	4.25
8	$\frac{1}{4}''$	13.5	2.25	2.75	50	* 2″	60	3.5	4.5
10	$\frac{3}{8}''$	17	2.25	2.75	70	$2\frac{1}{2}''$	75.5	3.75	4.5
15	* $\frac{1}{2}''$	21.25	2.75	3.25	80	* 3″	88.5	4	4.75
20	* $\frac{3}{4}''$	26.75	2.75	3.5	100	* 4″	114	4	5
25	* 1″	33.5	3.25	4	125	5″	140	4.5	5.5
32	* $1\frac{1}{4}''$	42.25	3.25	4	150	6″	165	4.5	5.5

注：“*”表示常用规格。

(2) 无缝钢管规格简表

冷拔无缝钢管（摘自 YB231-64）

外径/mm	壁厚/mm		外径/mm	壁厚/mm	
	从	到		从	到
6	1.0	2.0	24	1.0	7.0
8	1.0	2.5	25	1.0	7.0
10	1.0	3.5	27	1.0	7.0
12	1.0	4.0	28	1.0	7.0
14	1.0	4.0	32	1.0	8.0
15	1.0	5.0	34	1.0	8.0
16	1.0	5.0	35	1.0	8.0
17	1.0	5.0	36	1.0	8.0
18	1.0	5.0	38	1.0	8.0
19	1.0	6.0	48	1.0	8.0
22	1.0	6.0	51	1.0	8.0

注：壁厚有 1.0mm、1.2mm、1.5mm、2.0mm、2.5mm、3.0mm、3.5mm、4.0mm、4.5mm、5.0mm、5.5mm、6.0mm、7.0mm、8.0mm。

热轧无缝钢管（摘自 YB231-64）

外径/mm	壁厚/mm		外径/mm	壁厚/mm	
	从	到		从	到
32	2.5	8	127	4.0	32
38	2.5	8	133	4.0	32
45	2.5	10	140	4.5	35
57	3.0	13	152	4.5	35
60	3.0	14	159	4.5	35
68	3.0	16	168	5.0	35
70	3.0	16	180	5.0	35
73	3.0	19	194	5.0	35
76	3.0	19	219	6.0	35
83	3.5	24	245	7.0	35
89	3.5	24	273	7.0	35
102	3.5	28	325	8.0	35
108	4.0	28	377	9.0	35
114	4.0	28	426	9.0	35
121	4.0	32			

23. IS型离心泵性能表

泵型号	流程/(m^3/h)	扬程/m	转速/(r/min)	汽蚀余量/m	泵效率/%	功率/kW 轴功率	功率/kW 配带功率	泵质量/kg	参考价格/元	泵外形尺寸(长×宽×高)/mm	泵口径/mm 吸入	泵口径/mm 排出
IS50-32-125	7.5		2900				2.2		570	465×190×252	50	32
	12.5	20	2900	2.0	60	1.13	2.2					
	15		2900				2.2					
	3.75		1450				0.55					
	6.3	5	1450	2.0	54	0.16	0.55					
	7.5		1450				0.55					
IS50-32-160	7.5		2900				3		610	465×240×292	50	32
	12.5	32	2900	2.0	54	2.02	3					
	15		2900				3					
	3.75		1450				0.55					
	6.3	8	1450	2.0	48	0.28	0.55					
	7.5		1450				0.55					
IS50-32-200	7.5	525	2900	2.0	35	2.62	5.5		690	465×240×340	50	32
	12.5	50	2900	2.0	48	3.54	5.5					
	15	48	2900	2.5	51	3.84	5.5					
	3.75	13.1	1450	2.0	33	0.41	0.75					
	6.3	12.5	1450	2.0	42	0.51	0.75					
	7.5	12	1450	2.5	44	0.56	0.75					
IS50-32-250	7.5	82	2900	2.0	28.5	5.67	11		850	600×320×405	50	32
	12.5	80	2900	2.0	38	7.16	11					
	15	78.5	2900	2.5	41	7.83	11					
	3.75	20.5	1450	2.0	23	0.91	15					
	6.3	20	1450	2.0	32	1.07	15					
	7.5	20	1450	2.5	35	1.14	15					
IS65-50-125	15		2900				3			465×210×252	65	50
	25	20	2900	2.0	69	1.97	3					
	30		2900				3					
	7.5		1450				0.55					
	12.5	5	1450	2.0	64	0.27	0.55					
	15		1450				0.55					
IS65-50-160	15	35	2900	2.0	54	2.65	5.5		670	465×240×292	65	50
	25	32	2900	2.0	65	3.35	5.5					
	30	30	2900	2.5	66	3.71	5.5					
	7.5	8.8	1450	2.0	50	0.36	0.75					
	12.5	8.0	1450	2.0	60	0.45	0.75					
	15	7.2	1450	2.5	60	0.49	0.75					

续表

泵型号	流程/(m^3/h)	扬程/m	转速/(r/min)	汽蚀余量/m	泵效率/%	功率/kW		泵质量/kg	参考价格/元	泵外形尺寸(长×宽×高)/mm	泵口径/mm	
						轴功率	配带功率				吸入	排出
IS65-40-200	15	53	2900	2.0	49	4.42	0.75		730	485×265×340	65	40
	25	50	2900	2.0	60	5.67	0.75					
	30	47	2900	2.5	61	6.29	0.75					
	7.5	13.2	1450	2.0	43	0.63	1.1					
	12.5	12.5	1450	2.0	55	0.77	1.1					
	15	11.8	1450	2.5	57	0.85	1.1					
IS65-40-250	15		2900				15		760	600×320×405	65	40
	25	80	2900	2.0	53	10.3	15					
	30		2900				15					
	7.5		1450				2.2					
	12.5	20	1450	2.0	48	1.42	2.2					
	15		1450									
IS65-40-315	15	127	2900	2.5	28	18.5	30		1060	625×345×450	65	40
	25	125	2900	2.5	40	21.3	30					
	30	123	2900	3.0	44	22.8	30					
	7.5	32.0	1450	2.5	25	2.63	4					
	12.5	32.0	1450	2.5	37	2.94	4					
	15	31.7	1450	3.0	41	3.16	4					
IS80-65-125	30	22.5	2900	3.0	64	2.87	5.5			485×240×292	80	65
	50	20	2900	3.0	75	3.63	5.5					
	60	18	2900	3.5	74	3.93	5.5					
	15	5.6	1450	2.5	55	0.42	0.75					
	25	5	1450	2.5	71	0.48	0.75					
	30	4.5	1450	3.0	72	0.51	0.75					
IS80-65-160	30	36	25900	2.5	61	4.82	7.5		740	485×265×340	80	65
	50	32	2900	2.5	73	5.97	7.5					
	60	29	2900	3.0	72	6.59	7.5					
	15	9	1450	2.5	55	0.67	1.5					
	25	8	1450	2.5	69	0.75	1.5					
	30	7.2	1450	3.0	68	0.86	1.5					
IS80-50-200	30	53	2900	2.5	55	7.87	15		820	485×265×360	80	50
	50	50	2900	2.5	69	9.87	15					
	60	47	2900	3.0	71	10.8	15					
	15	13.2	1450	2.5	51	1.06	2.2					
	25	12.5	1450	2.5	65	1.31	2.2					
	30	11.8	1450	3.0	67	1.44	2.2					

续表

泵型号	流程/(m³/h)	扬程/m	转速/(r/min)	汽蚀余量/m	泵效率/%	功率/kW		泵质量/kg	参考价格/元	泵外形尺寸(长×宽×高)/mm	泵口径/mm	
						轴功率	配带功率				吸入	排出
IS80-50-160	30	84	2900	2.5	52	13.2	22	358	2750	1370×540×565	80	50
	50	80	2900	2.5	63	17.3						
	60	75	2900	3.0	64	19.2						
IS80-50-250	30	84	2900	2.5	52	13.2	22			625×320×405	80	50
	50	80	2900	2.5	63	17.3	22					
	60	75	2900	3.0	64	19.2	22					
	15	21	1450	2.5	49	1.75	3					
	25	20	1450	2.5	60	2.27	3					
	30	18.8	1450	3.0	61	2.52	3					
IS80-50-315	30	128	2900	2.5	41	25.5	37			625×345×505	80	50
	50	125	2900	2.5	54	31.5	37					
	60	123	2900	3.0	57	35.3	37					
	15	32.5	1450	2.5	39	3.4	5.5					
	25	32	1450	2.5	52	4.19	5.5					
	30	31.5	1450	3.0	56	4.6	5.5					
IS100-80-125	60	24	2900	4.0	67	5.86	11			485×280×340	100	80
	100	20	2900	4.5	78	7.00	11					
	120	16.5	2900	5.0	74	7.28	11					
	30	6	1450	2.5	64	0.77	1.5					
	50	5	1450	2.5	75	0.91	1.5					
	60	4	1450	3.0	71	0.92	1.5					
IS100-80-160	60	36	2900	3.5	70	8.42	15		940	600×280×360	100	80
	100	32	2900	4.0	78	11.2	15					
	120	28	2900	5.0	75	12.2	15					
	30	9.2	1450	2.0	67	1.12	2.2					
	50	8.0	1450	2.5	75	1.45	2.2					
	60	6.8	1450	3.5	71	1.57	2.2					
IS100-65-200	60	54	2900	3.0	65	13.6	22		1020	600×320×405	102	65
	100	50	2900	3.6	76	17.9	22					
	120	47	2900	4.8	77	19.9	22					
	30	13.5	1450	2.0	60	1.84	4					
	50	12.5	1450	2.0	73	2.33	4					
	60	11.8	1450	2.5	74	2.61	4					

续表

泵型号	流程/(m^3/h)	扬程/m	转速/(r/min)	汽蚀余量/m	泵效率/%	功率/kW		泵质量/kg	参考价格/元	泵外形尺寸(长×宽×高)/mm	泵口径/mm	
						轴功率	配带功率				吸入	排出
IS100-65-250	60	87	2900	3.5	61	23.4	37		1120	625×360×450	100	65
	100	80	2900	3.8	72	30.3	37					
	120	74.5	2900	4.8	73	33.3	37					
	30	21.3	1450	2.0	55	3.16	5.5					
	50	20	1450	2.0	68	4.00	5.5					
	60	19	1450	2.5	70	4.44	5.5					
IS100-65-315	60	133	2900	3.0	55	39.6	75		1280	655×400×505	100	65
	100	125	2900	3.6	66	51.6	75					
	120	118	2900	4.2	67	57.5	75					
	30	34	1450	2.0	51	5.44	11					
	50	32	1450	2.0	63	6.92	11					
	60	30	1450	2.5	64	7.67	11					
IS125-100-200	120	57.5	2900	4.5	67	28.0	45		1150	625×360×480	125	100
	200	50	2900	4.5	81	33.6	45					
	240	44.5	2900	5.0	80	36.4	45					
	60	14.5	1450	2.5	62	38.3	7.5					
	100	12.5	1450	2.5	76	4.48	7.5					
	120	11.0	1450	3.0	75	4.79	7.5					
IS125-100-250	120	87	2900	3.8	66	43.0	75		1380	670×400×505	125	100
	200	80	2900	4.2	78	55.9	75					
	240	72	2900	5.0	75	62.8	75					
	60	21.5	1450	2.5	63	5.59	11					
	100	20	1450	2.5	76	7.17	11					
	120	18.5	1450	3.0	77	7.84	11					
IS125-100-315	120	132.5	2900	4.0	60	72.1	11		1420	670×400×565	125	100
	200	125	290	4.5	75	90.8	11					
	240	120	2900	5.0	77	101.9	11					
	60	33.5	1450	2.5	56	9.4	15					
	100	32	1450	2.5	73	11.9	15					
	120	30.5	1450	3.0	74	13.5	15					
IS125-100-400	60	52	1450	2.5	53	16.1	30		1570	670×500×635	125	100
	100	50		2.5	65	21.0						
	200	48.5		3.0	67	23.6						
IS150-125-250	120	22.5	1450	3.0	71	10.4	18.5		1440	670×400×605	150	125
	200	20		3.0	81	13.5						
	240	17.5		3.5	78	14.7						

续表

泵型号	流程/(m³/h)	扬程/m	转速/(r/min)	汽蚀余量/m	泵效率/%	功率/kW		泵质量/kg	参考价格/元	泵外形尺寸(长×宽×高)/mm	泵口径/mm	
						轴功率	配带功率				吸入	排出
IS150-125-315	120	32	1450		78		30		1700	670×500×630	150	125
	200											
	240											
IS150-125-400	120	53	1450	2.0	62	27.9	45		1800	670×500×715	150	125
	200	50		2.6	75	36.3						
	240	46		3.5	74	40.6						
IS200-150-250	240	20	1450		82	26.6	37		1960	690×500×655	200	150
	400											
	460											
IS200-150-315	240	37	1450	3.0	70	34.6	55		2050	830×550×715	200	150
	400	32		3.5	82	42.5						
	460	28.5		4.0	80	44.6						
IS200-150-400	240	55	1450	3.0	74	48.6	90		2140	830×550×765	200	150
	400	50		3.8	81	67.2						
	460	45		4.5	76	74.2						

24. Y型离心油泵（摘录）

泵型号	流量/(m³/h)	扬程/m	转速/(r/min)	允许汽蚀余量/m	泵效率/%	功率/kW	
						轴功率	电机功率
50Y60	13.0	67	2950	2.9	38	6.24	7.5
50Y60A	11.2	53	2950	3.0	35	4.68	7.5
50Y60B	9.9	39	2950	2.8	33	3.18	4
50Y60×2	12.5	120	2950	2.4	34.5	11.8	15
50Y60×2A	12	105	2950	2.3	35	9.8	15
50Y60×2B	11	89	2950	2.25	32	8.35	11
65Y60	25	60	2950	3.05	50	8.18	11
65Y60A	22.5	49	2950	3.0	49	6.13	7.5
65Y60B	20	37.5	2950	2.7	47	4.35	5.5
65Y100	25	110	2950	3.2	40	18.8	22
65Y100A	23	92	2950	3.1	39	14.75	18.5
65Y100B	21	73	2950	3.05	40	10.45	15
65Y100×2	25	200	2950	2.85	42	35.8	45
65Y100×2A	23	175	2950	2.8	41	26.7	37
65Y100×2B	22	150	2950	2.75	42	21.4	30
80Y60	50	58	2950	3.2	56	14.1	18.5
80Y100	50	100	2950	3.1	51	26.6	37
80Y100A	45	85	2950	3.1	52.5	19.9	30
80Y100×2	50	200	2950	3.6	53.5	51	75
80Y100×2A	47	175	2950	3.5	50	44.8	55
80Y100×2B	43	153	2950	3.35	51	35.2	45
80Y100×2C	40	125	2950	3.3	49	27.8	37

25. F型耐腐蚀泵

泵型号	流量/(m^3/h)	扬程/m	转速/(r/min)	汽蚀余量/m	泵效率/%	功率/kW	
						轴功率	电机功率
25F-16	3.60	16.00	2960	4.30	30.00	0.523	0.75
25F-16A	3.27	12.50	2960	4.30	29.00	0.39	0.55
40F-26	7.20	25.50	2960	4.30	44.00	1.14	1.50
40F-26A	6.55	20.00	2960	4.30	42.00	0.87	1.1
50F-40	14.4	40	2900	4	44.00	3.57	7.5
50F-40A	13.1	32.5	2900	4	44.00	2.64	7.5
50F-16	14.4	15.7	2900		62.00	0.99	1.5
50F-16A	13.1	12	2900			0.69	1.1
65F-16	28.8	15.7	2900			0.69	
65F-16A	26.2	12	2900			1.65	2.2
100F-92	94.3	92	2900	6	64.00	39.5	55.0
100F-92A	88.6	80				32.1	40.0
100F-92B	100.8	70.5				26.6	40.0
150F-56	190.8	55.5	2900	6	67.00	43.0	55.0
150F-56A	170.2	170.2				34.8	45.0
150F-56B	167.8	167.8				29.0	40.0
150F-22	190.8	190.8	2900	6	75.00	15.3	30.0
150F-22A	173.5	173.5				11.3	17.0

注：电机功率应根据液体的密度确定，表中仅供参考。

26. 4-72-11型离心通风机规格（摘录）

机号	转速/(r/min)	全压/Pa	流量/(m^3/h)	效率/%	所需功率/kW
6C	2240	2432.1	15800	91	14.1
6C	2000	1941.8	14100	91	10.0
	1800	1569.1	12700	91	7.3
	1250	755.1	8800	91	2.53
	1000	480.5	7030	91	1.39
	800	294.2	5610	91	0.73
8C	1800	2795.0	29900	91	30.8
	1250	1343.6	20800	91	10.3
	1000	863.0	16600	91	5.52
	630	343.2	10480	91	1.51
10C	1250	2226.2	41300	94.3	32.7
	1000	1422.0	32700	94.3	16.5
	800	912.1	26130	94.3	8.5
	500	353.1	16390	94.3	2.3
6D	1450	1961.4	20130	89.5	14.2
	960	441.3	6720	91	1.32
8D	1450	1961.4	20130	89.5	14.2
	730	490.4	10150	89.5	2.06
16B	900	2942.1	121000	94.3	127
20B	710	2844.0	186300	94.3	190

注：传动方式：B、C为皮带轮传动；D为联轴器传动。

27. 管壳式热交换器系列标准（摘录）

（1）管板式固定

① 换热管为 ϕ19mm 的换热器基本参数（管心距 25mm）

公称直径/mm	公称压力/MPa	管程数	管子根数	中心管排数	管程流通面积/m²	计算换热面积/m²					
						换热管长度1500mm	换热管长度2000mm	换热管长度3000mm	换热管长度4500mm	换热管长度6000mm	换热管长度9000mm
159	1.50	1	15	5	0.0027	1.3	1.7	2.6	—	—	—
219			33	7	0.0058	2.8	3.7	5.7	—	—	—
273	2.50	1	65	9	0.0115	5.4	7.4	11.3	17.1	22.9	—
		2	56	8	0.0049	4.7	6.4	9.7	14.7	19.7	—
325	4.00	1	99	11	0.0175	8.3	11.2	17.1	26.0	34.9	—
		2	88	10	0.0078	7.4	10.0	15.2	23.1	31.0	—
	6.40	4	68	11	0.0030	5.7	7.7	11.8	17.9	23.9	—
400		1	174	14	0.0307	14.5	19.7	30.1	45.7	61.3	—
		2	164	15	0.0145	13.7	18.6	28.4	43.1	57.8	—
	0.60	4	146	14	0.0065	12.2	16.6	25.3	38.3	51.4	—
450		1	237	17	0.0419	19.8	26.9	41.0	62.6	83.5	—
		2	220	16	0.0194	18.4	25.0	38.1	57.8	77.5	—
	1.00	4	200	16	0.0088	16.7	22.7	34.6	52.5	70.4	—
500		1	275	19	0.0486	—	31.2	47.6	72.2	96.8	—
		2	256	18	0.0226	—	29.0	44.3	67.2	90.2	—
	1.60	4	222	18	0.0098	—	25.2	38.4	58.3	78.2	—
600		1	430	22	0.0760	—	48.8	74.4	112.9	151.4	—
		2	416	23	0.0368	—	47.2	72.0	109.3	146.5	—
	2.50	4	370	22	0.0163	—	42.0	64.0	97.2	130.3	—
		6	360	20	0.0106	—	40.8	62.3	94.5	126.8	—
700		1	607	27	0.1073	—	—	105.1	159.4	213.8	—
	4.00	2	574	27	0.0507	—	—	99.4	150.8	202.1	—
		4	542	27	0.0239	—	—	93.8	142.3	190.9	—
		6	518	24	0.0153	—	—	89.7	136.0	182.4	—
800	0.60 1.00 1.60 2.50 4.00	1	797	31	0.1408	—	—	138.0	209.3	280.7	—
		2	776	31	0.0686	—	—	134.3	203.8	273.3	—
		4	722	31	0.0319	—	—	125.0	189.8	254.3	—
		6	710	30	0.0209	—	—	122.9	186.5	250	—
900		1	1009	35	0.1783	—	—	174.7	265.0	355.3	536
		2	988	35	0.0873	—	—	171.0	259.5	347.9	524.9
		4	938	35	0.0414	—	—	162.4	246.4	330.3	498.3
	0.60	6	914	34	0.0269	—	—	158.2	240.0	321.9	485.3
1000	1.00	1	1267	39	0.2239	—	—	219.3	332.8	445.2	673.1
		2	1234	39	0.1090	—	—	213.6	324.1	434.6	655.6
	1.60	4	1186	39	0.0524	—	—	205.3	311.5	417.7	630.1
	2.50	6	1148	38	0.0338	—	—	198.7	301.5	404.3	609.9
(1100)	4.00	1	1501	43	0.2652	—	—	—	394.2	528.6	797.4
		2	1470	43	0.1299	—	—	—	385.1	517.7	780.9
		4	1450	43	0.0641	—	—	—	380.8	510.6	770.3
		6	1380	42	0.0406	—	—	—	362.4	488.0	733.1

注：表中的管程流通面积为各程平均值。括号内公称直径不推荐使用。管子为正三角形排列。

② 换热管为 ϕ25mm 的换热器基本参数（管心距 32mm）

公称直径/mm	公称压力/MPa	管程数	管子根数	中心管排数	管程流通面积/m²		计算换热面积/m²					
					ϕ25mm×2mm	ϕ25mm×2.5mm	换热管长度1500mm	换热管长度2000mm	换热管长度3000mm	换热管长度4500mm	换热管长度6000mm	换热管长度9000mm
159	1.60	1	11	3	0.0038	0.0035	1.2	1.6	2.5	—	—	—
219			25	5	0.0087	0.0079	2.7	3.7	5.7	—	—	—
273	2.50	1	38	6	0.0132	0.0119	4.2	5.7	8.7	13.1	17.6	—
		2	32	7	0.0055	0.0050	3.5	4.8	7.3	11.1	14.8	—
325	4.00	1	57	9	0.0197	0.0179	6.3	8.5	13.0	19.7	26.4	—
		2	56	9	0.0097	0.0088	6.2	8.4	12.7	19.3	25.9	—
	6.40	4	40	9	0.0035	0.0031	4.4	6.0	9.1	13.8	18.5	—
400		1	98	12	0.0339	0.0308	10.8	14.6	22.3	33.8	45.4	—
		2	94	11	0.0163	0.0148	10.3	14.0	21.4	32.5	43.5	—
	0.60	4	76	11	0.0066	0.0060	8.4	11.3	17.3	26.3	35.2	—
450		1	135	13	0.0468	0.0424	14.8	20.1	30.7	46.6	62.5	—
	1.00	2	126	12	0.0218	0.0198	13.9	18.8	28.7	43.5	58.4	—
		4	106	13	0.0092	0.0083	11.7	15.8	24.1	36.6	49.1	—
500	1.60	1	174	14	0.0603	0.0546	—	26.0	39.6	60.1	80.6	—
		2	164	15	0.0284	0.0257	—	24.5	37.3	56.6	76.0	—
	2.50	4	144	15	0.0125	0.0113	—	21.4	32.8	49.7	66.7	—
600		1	245	17	0.0849	0.0769	—	36.5	55.8	84.6	118.5	—
	4.00	2	232	16	0.0402	0.0364	—	34.6	52.8	80.1	107.5	—
		4	222	17	0.0192	0.0174	—	33.1	50.5	76.7	102.8	—
		6	216	16	0.0125	0.0113	—	32.2	43.2	74.6	110.0	—
700	0.60 1.00 1.60 2.50 4.00	1	355	21	0.1230	0.1115	—	—	80.0	122.6	164.4	—
		2	342	21	0.0592	0.0537	—	—	77.9	118.1	158.4	—
		4	322	21	0.0279	0.0253	—	—	73.3	111.2	149.1	—
		6	304	20	0.0175	0.0159	—	—	69.2	105.0	140.8	—
800		1	467	23	0.1618	0.1466	—	—	106.3	161.3	216.3	—
		2	450	23	0.0779	0.0707	—	—	102.4	155.4	208.5	—
		4	442	23	0.0383	0.0347	—	—	100.6	152.7	204.7	—
		6	430	24	0.0248	0.0225	—	—	97.9	148.5	119.2	—
900		1	605	27	0.2095	0.1900	—	—	137.8	209.0	280.2	422.7
		2	588	27	0.1018	0.0923	—	—	133.9	203.1	272.3	410.8
	0.60	4	554	27	0.0480	0.0435	—	—	126.1	191.4	256.6	387.1
		6	538	26	0.0311	0.0282	—	—	122.5	185.8	249.2	375.9
1000	1.60	1	749	30	0.2594	0.2352	—	—	170.5	258.7	346.9	523.3
		2	742	29	0.1285	0.1165	—	—	168.9	256.3	343.7	518.4
		4	710	29	0.0615	0.0557	—	—	161.6	245.2	328.8	496.0
	2.50	6	598	30	0.0403	0.0365	—	—	158.6	241.1	323.3	487.7
(1100)		1	931	33	0.3225	0.2923	—	—	—	321.6	431.2	650.4
	4.00	2	894	33	0.1548	0.1404	—	—	—	308.8	414.1	624.6
		4	848	33	0.0734	0.0666	—	—	—	292.9	392.8	592.5
		6	830	32	0.0479	0.0434	—	—	—	286.7	384.4	579.9

注：表中的管程流通面积为各程平均值。括号内公称直径不推荐使用。管子为正三角形排列。

(2) 浮头式（内导流）换热器的主要参数

公称直径/mm	管程数	管子根数①		中心管排数		管程流通面积/m^2			计算换热面积②/m^2			
		19mm	25mm	19mm	25mm	19mm×2mm	25mm×2mm	25mm×2.5mm	换热管长度 3m		换热管长度 4.5m	
									19	25	19	25
325	2	60	32	7	5	0.0053	0.0055	0.0050	10.5	7.4	15.8	11.1
	4	52	28	6	4	0.0023	0.0024	0.0022	9.1	6.4	13.7	9.7
426	2	120	74	8	7	0.0106	0.0126	0.0116	20.9	16.9	31.6	25.6
400	4	108	68	9	6	0.0048	0.0059	0.0053	18.8	15.6	28.4	23.6
500	2	206	124	11	8	0.0182	0.0215	0.0194	35.7	28.3	54.1	42.8
	4	192	116	10	9	0.0085	0.0100	0.0091	33.2	26.4	50.4	40.1
600	2	324	198	14	11	0.0286	0.0343	0.0311	55.8	44.9	84.8	68.2
	4	308	188	14	10	0.0136	0.0163	0.0148	53.1	42.6	80.7	64.8
	6	284	158	14	10	0.0083	0.0091	0.0083	48.9	35.8	74.4	54.4
700	2	468	268	16	13	0.0414	0.0464	0.0421	80.4	60.6	122.4	92.1
	4	448	256	17	12	0.0198	0.0222	0.0201	76.9	57.8	117.0	87.9
	6	382	224	15	10	0.0112	0.0129	0.0116	65.6	50.6	99.8	76.9
800	2	610	366	19	15	0.0539	0.0634	0.0575	—	—	158.9	125.4
	4	588	352	18	14	0.0260	0.0305	0.0276	—	—	153.2	120.6
	6	518	316	16	14	0.0152	0.0182	0.0165	—	—	134.9	108.3
900	2	800	472	22	17	0.0707	0.0817	0.0741	—	—	207.6	161.2
	4	776	456	21	16	0.0343	0.0395	0.0353	—	—	201.4	155.7
	6	720	426	21	16	0.0212	0.0246	0.0223	—	—	186.9	145.5
1000	2	1006	606	24	19	0.0890	0.105	0.0952	—	—	260.6	206.6
	4	980	588	23	18	0.0433	0.0509	0.0462	—	—	253.9	200.4
	6	892	564	21	18	0.0262	0.0326	0.0295	—	—	231.1	192.2
1100	2	1240	736	27	21	0.1100	0.1270	0.1160	—	—	320.3	250.2
	4	1212	716	26	20	0.0536	0.0620	0.0562	—	—	313.1	243.4
	6	1120	692	24	20	0.0329	0.0399	0.0362	—	—	289.3	235.2
1200	2	1452	880	28	22	0.1290	0.1520	0.1380	—	—	374.4	298.6
	4	1424	860	28	22	0.0629	0.0745	0.0675	—	—	367.2	291.8
	6	1348	828	27	21	0.0396	0.0478	0.0434	—	—	347.6	280.9
1300	4	1700	1024	31	24	0.0751	0.0887	0.0804	—	—	—	—
	6	1616	972	29	24	0.0476	0.0560	0.0509	—	—	—	—

① 管排数按正方形旋转 45°排列计算。

② 计算换热面积按光管及公称压力 2.5MPa 的管板厚度确定。

(3) U形管式

① 换热管为ϕ19mm×2mm，按正三角形排列（管心距 25mm）主要工艺参数

壳径/mm	管程数	管子数①		流通面积②/m^2		换热面积③/m^2	
		总数	中心管排数	管程	壳程隔板间距 200mm	换热管长度3m	换热管长度6m
325	2	38	11	0.0067	0.02250	13.4	27.0
	4	30	5	0.0027	0.04462	10.6	21.3
400	2	77	15	0.0136	0.02231	26.9	54.5
	4	68	8	0.0060	0.04811	23.8	48.2
500	2	128	19	0.0227	0.02697	44.6	90.5
	4	114	10	0.0101	0.06014	39.7	80.5
600	2	199	23	0.0352	0.03162	69.1	140.3
	4	184	12	0.0163	0.07217	63.9	129.7
700	2	276	27	0.0492	0.03628		194.1
	4	258	12	0.0228	0.09157		181.4
800	2	367	31	0.0650	0.04093		257.7
	4	346	16	0.0306	0.09622		242.8
900	2	480	35	0.0850	0.04512		336.2
	4	454	16	0.0402	0.11443		317.8
1000	2	603	39	0.1067	0.04973		421.5
	4	576	20	0.0510	0.11904		402.4
1100	2	738	43	0.1306	0.05434		514.6
	4	706	20	0.0625	0.13824		492.2
1200	2	885	47	0.1566	0.05894		615.8
	4	852	24	0.0754	0.14285		592.6

① 管子数系指U形管的数量，ϕ19mm×2mm换热管按正三角形排列，ϕ25mm×2.5mm换热管按正三角形旋转45°排列。

② 壳程流通面积=(壳程－中心管排数×管外径)×(板间距－板厚)；当壳径≤700mm时，板厚6mm；当壳径800～900mm时，板厚8mm；当壳径1000～1500mm时，板厚10mm；当壳径1600～1800mm时，板厚12mm。

③ 换热面积按光管及管壳程公称压力4.0MPa的管板厚度确定。

② 换热管为 ϕ25mm×2.5mm，按正三角形排列（管心距 32mm）主要工艺参数

壳径/mm	管程数	管子数①		流通面积②/m²		换热面积③/m²	
		总数	中心管排数	管程	壳程隔板间距 200mm	换热管长度 3m	换热管长度 6m
325	2	13	6	0.0041	0.03395	6.0	12.1
	4	12	5	0.0019	0.0388	5.6	11.2
400	2	32	8	0.0100	0.0388	14.7	29.8
	4	28	7	0.0044	0.04365	12.9	26.1
500	2	57	10	0.0179	0.0485	26.1	53.0
	4	56	9	0.0088	0.05335	25.7	52.1
600	2	94	13	0.0295	0.05335	42.9	87.2
	4	90	11	0.0141	0.06305	41.1	83.5
700	2	129	15	0.0411	0.06305		119.4
	4	128	13	0.0201	0.07275		118.4
800	2	182	17	0.0571	0.07275		168.0
	4	176	15	0.0276	0.08245		162.5
900	2	231	19	0.0725	0.0816		212.8
	4	226	17	0.0355	0.0912		208.2
1000	2	298	21	0.0936	0.0912		273.9
	4	292	19	0.0458	0.1008		268.4
1100	2	363	24	0.1140	0.096		332.9
	4	356	21	0.0559	0.1104		326.5
1200	2	436	26	0.1369	0.1056		399.0
	4	428	21	0.0672	0.1296		391.7

① 管子数是指 U 形管的数量，ϕ19mm×2mm 换热管按正三角形排列，ϕ25mm×2.5mm 换热管按正三角形旋转 45°排列。

② 壳程流通面积＝(壳程－中心管排数×管外径)×(板间距－板厚)；当壳径≤700mm 时，板厚 6mm；当壳径 800～900mm 时，板厚 8mm；当壳径 1000～1500mm 时，板厚 10mm；当壳径 1600～1800mm 时，板厚 12mm。

③ 换热面积按光管及管壳程公称压力 4.0MPa 的管板厚度确定。

28. 管壳式换热器型号的表示方法

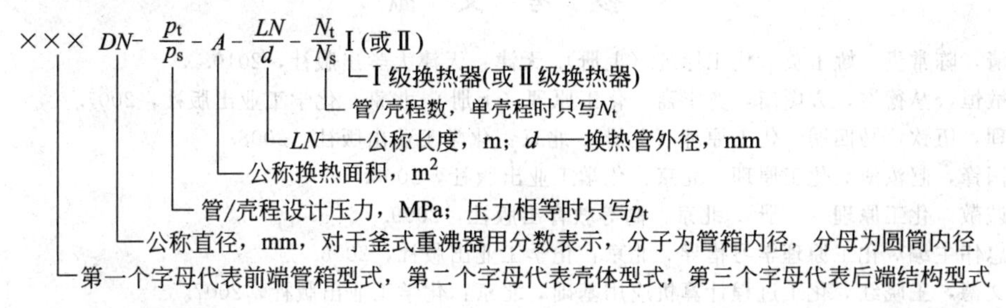

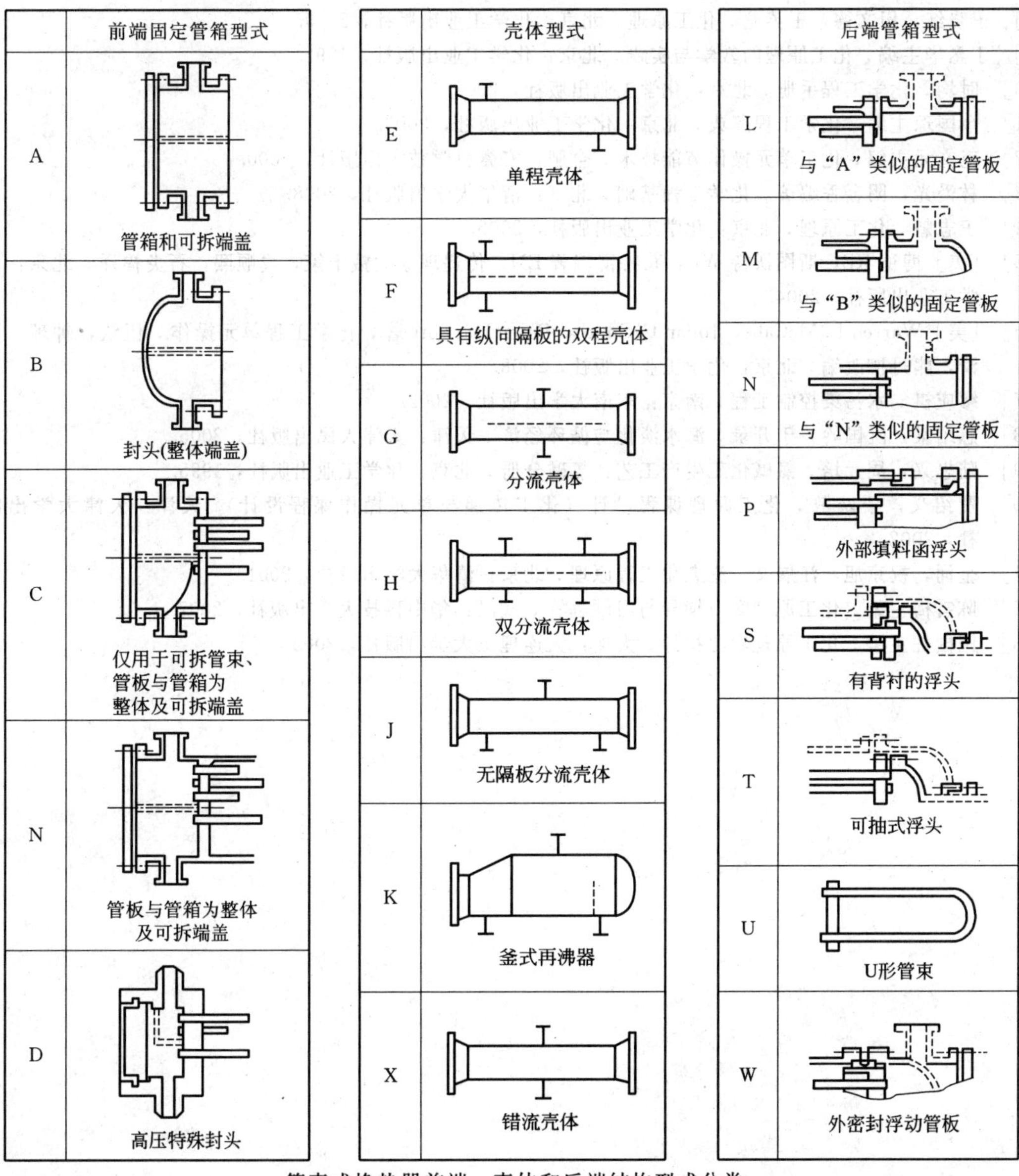

管壳式换热器前端、壳体和后端结构型式分类

参 考 文 献

[1] 夏清，陈常贵，姚玉英．化工原理（上册）．天津：天津大学出版社，2010.

[2] 陈敏恒，丛德滋，方图南，齐鸣斋．化工原理（上册）．北京：化学工业出版社，2007.

[3] 钟理，伍钦，马四朋．化工原理（上册）．北京：化学工业出版社，2008.

[4] 管国锋，赵汝溥．化工原理．北京：化学工业出版社，2008.

[5] 柴诚敬．化工原理（上册）．北京：高等教育出版社，2009.

[6] 丁忠伟主编．化工原理学习指导．北京：化学工业出版社，2006.

[7] 田文德，王晓红．化工过程计算机应用基础．北京：化学工业出版社，2007.

[8] 王晓红，田文德，王英龙．化工原理．北京：化学工业出版社，2009.

[9] 丁惠华主编．化工原理的教学与实践．北京：化学工业出版社，1992.

[10] 时均．化学工程手册．北京：化学工业出版社，2002.

[11] 余国琮主编．化学工程辞典．北京：化学工业出版社，2003.

[12] 范文元主编．化工单元操作节能技术．合肥：安徽科学技术出版社，2000.

[13] 林爱光，阴金香编著．化学工程基础．北京：清华大学出版社，2008.

[14] 王志魁．化工原理．北京：化学工业出版社，2005.

[15] ［美］博德 RB，斯图沃特 WE，莱特富特著 EN，传递现象．戴干策，戎顺熙，石炎福译．北京：化学工业出版社，2004.

[16] ［美］Warren L. McCabe，Julian C. Smith，Peter Harriott 著．化学工程单元操作．伍钦，钟理，夏清，熊丹柳改编．北京：化学工业出版社，2008.

[17] 缪应祺．水污染控制工程．南京：东南大学出版社，2002.

[18] 惠绍棠，阮国岭，于开录．海水淡化与循环经济．天津：天津人民出版社，2005.

[19] 陆忠兴，周元培．氯碱化工生产工艺：氯碱分册．北京：化学工业出版社，1995.

[20] 贾绍义，柴诚敬．化工原理课程设计（化工传递与单元操作课程设计）．天津：天津大学出版社，2002.

[21] 金涌，祝京旭，汪展文．流态化工程原理．北京：清华大学出版社，2001.

[22] 陈雪梅主编．化工原理学习辅导与习题解答．武汉：华中科技大学出版社，2007.

[23] 匡国柱主编．化工原理学习指导．大连：大连理工大学出版社，2002.